Steve Brusatte

*Eine neue Geschichte der Säugetiere*

Steve Brusatte

# EINE NEUE GESCHICHTE DER SÄUGETIERE

## Mammut, Schnabeltier, Homo sapiens – wie sie die Welt eroberten

Aus dem amerikanischen Englisch von Katja Hald

Mit 134 Schwarz-Weiß-Abbildungen

PIPER

*Mehr über unsere Autorinnen, Autoren und Bücher:*
*www.piper.de*

Von Steve Brusatte liegen im Piper Verlag vor:
Aufstieg und Fall der Dinosaurier
Eine neue Geschichte der Säugetiere



Unser Versprechen für mehr Nachhaltigkeit
• Klimaneutrales Produkt
• FSC®-zertifiziertes Papier
• Hergestellt in Deutschland

FSC www.fsc.org MIX Papier | Fördert gute Waldnutzung FSC® C014496

ISBN 978-3-492-07193-2
2. Auflage 2023
Die Originalausgabe erschien 2022 unter dem Titel *The Rise and Reign of the Mammals* bei Mariner Books, New York – Boston

Illustrationen: Todd Marshall und Sarah Shelley
Satz: Eberl & Koesel Studio, Kempten
Gesetzt aus der Minion Pro
Litho: Lorenz & Zeller, Inning am Ammersee
Druck und Bindung: GGP Media GmbH, Pößneck
Printed in Germany

*Für Anthony, mein kleines Lieblingssäugetier*

# INHALT

# ZEITACHSE DER SÄUGETIERE (IN MILLIONEN JAHREN)

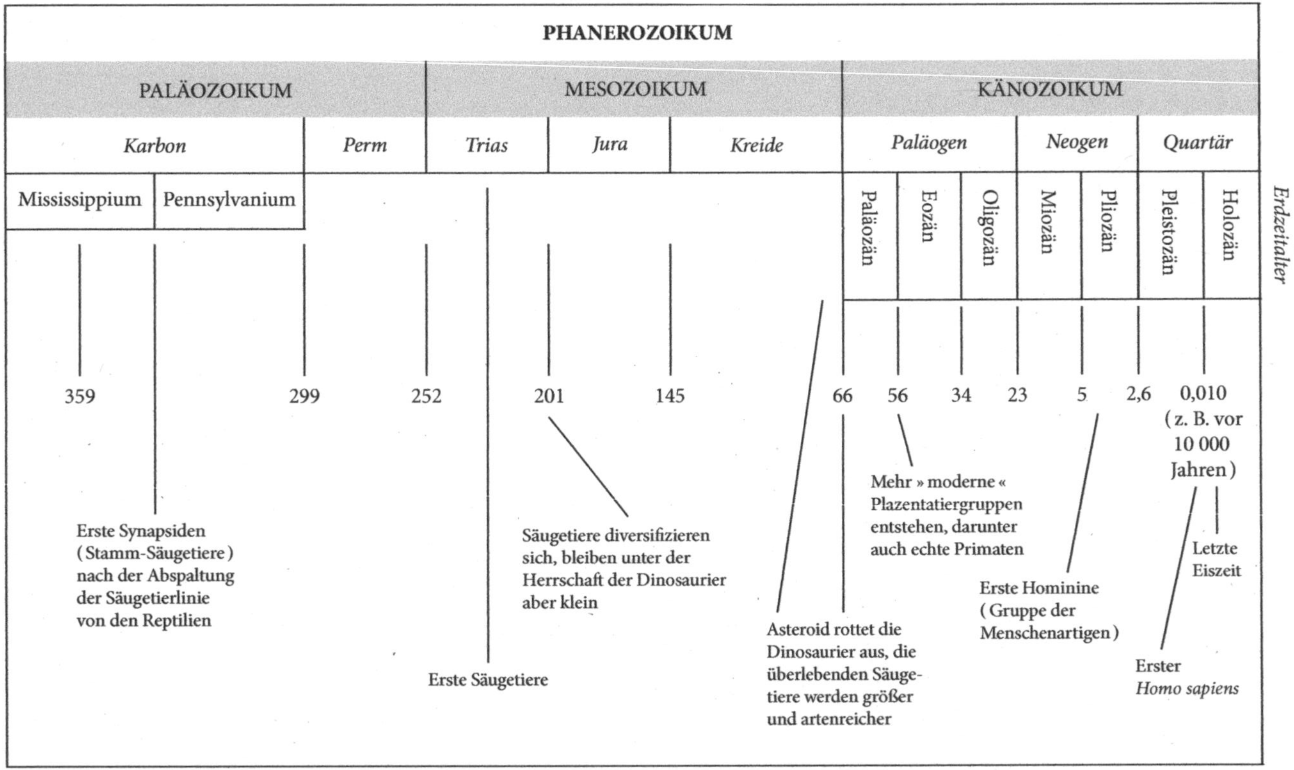

# STAMMBAUM DER SÄUGETIERE

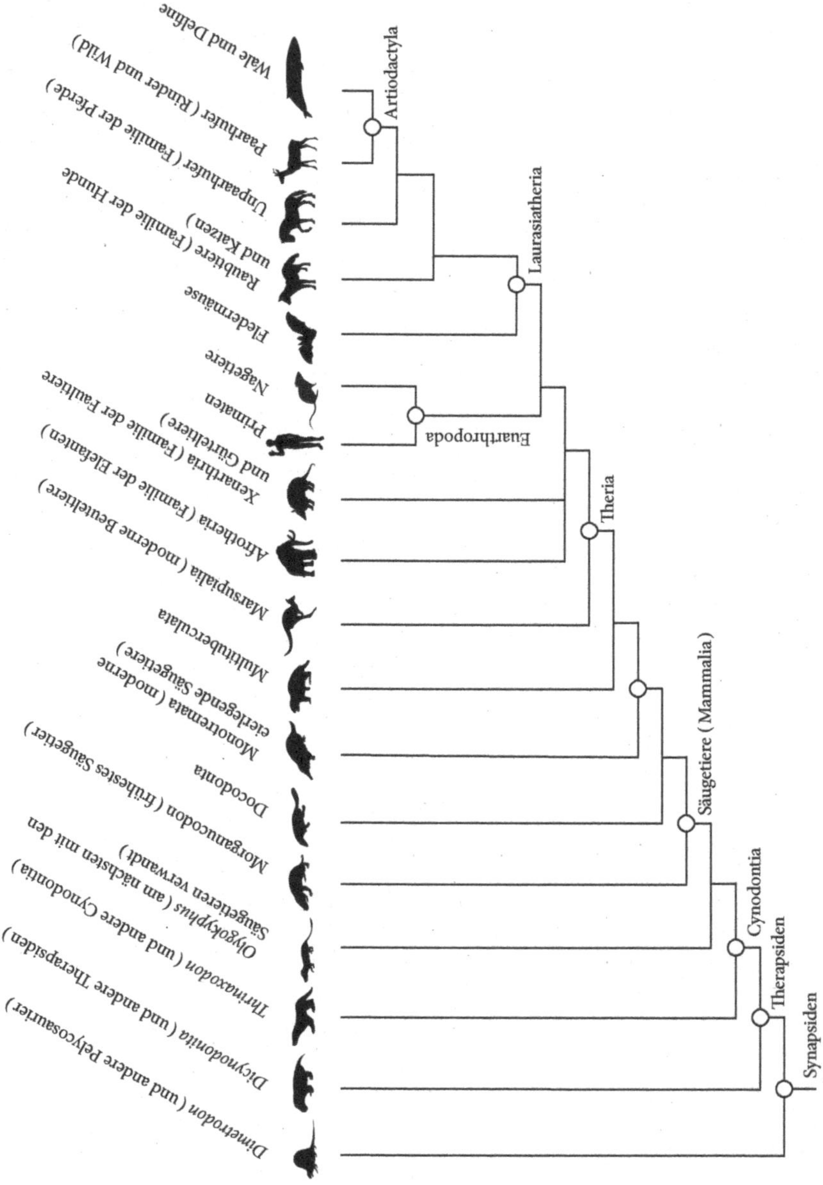

EINFÜHRUNG

# UNSERE FAMILIE, DIE SÄUGETIERE

**Zum ersten Mal seit Jahren** durchbrachen wieder Sonnenstrahlen den finsteren Himmel. Rauchschwaden trieben unter den grauen Wolken und überzogen den Boden mit düsteren Schatten. Das Land war verwüstet. Dreckiger Schlamm, so weit das Auge reichte, eine farblose Einöde ohne Grün oder andere bunte Tupfer. In der Luft hing eine gespenstische Stille. Nur das Plätschern eines Flusses war zu hören, dessen Lauf von Stöcken, Steinen und verrottenden Pflanzen behindert wurde.

Am Flussufer lag das Skelett einer Bestie, Fleisch und Sehnen waren längst verschwunden, die Knochen von einem stockfleckigen Beige. Aus dem wie zum Schrei aufgerissenen Kiefer waren die Zähne herausgeschlagen und lagen verstreut neben dem Schädel. Sie waren groß wie Bananen und messerscharf, mörderische Waffen, mit denen dieses Ungeheuer seine Beute zerfetzt und ihr die Knochen zermalmt hatte.

Es war das Skelett eines *Tyrannosaurus Rex* – einst König der Dinosaurier, ein Echsentyrann, der den gesamten Kontinent unterdrückte. Nun gab es seine Spezies nicht mehr. Und auch sonst schien kaum etwas überlebt zu haben.

Plötzlich drang aus dem Inneren des toten Giganten ein leises Geräusch. Ein Rascheln und Trippeln, dann tauchte zwischen zwei *T.-rex*-Rippen eine winzige Nase mit zitternden Tasthaaren auf, zögernd zunächst, als witterte sie Gefahr, aber da war nichts.

Die Zeit war gekommen, aus dem Versteck zu kriechen. Schnell huschte die Kreatur ins Licht und erklomm die Knochen.

Mit ihrem fellüberzogenen Körper, den Knopfaugen, dem dünnen, langen Schwanz und der Schnauze voller Zähne, die an Berggipfel erinnerten, hätte sie einem *T. rex* nicht unähnlicher sein können.

Sie hielt einen Moment inne, kratzte sich das Nackenfell und stellte die Ohren auf, bevor sie sich auf allen vieren auf den Weg machte. Hände und Füße stabil unter dem Körper, kletterte sie flink und zielsicher über die Rippenbögen nach oben und dann entlang der Wirbelsäule auf den Dinosaurierschädel.

In einer der Augenhöhlen, durch die der *T. rex* einst *Tricera-*

*tops*-Herden beobachtet hatte, blieb das Fellknäuel sitzen, drehte sich Richtung Brustkorb und stieß ein grelles Quieken aus. Aus dem Monster krochen zwölf etwas kleinere Fellknäuel und flitzten zu ihrer Mutter. Noch keine Minute an der Erdoberfläche, drängten sie sich um ihren Bauch und schlabberten gierig ihre Frühstücksmilch.

Während sie ihre Babys säugte, blinzelte die Mutter ins Sonnenlicht. Die Welt gehörte nun ihr, ihr und ihrer Familie. Die Herrschaft der Dinosaurier war vorüber. Die feurige Zerstörungswut eines Asteroiden und ein langer, globaler nuklearer Winter hatten sie beendet. Die Erde war im Begriff zu heilen, und es war ein neues Zeitalter angebrochen – die Ära der Säugetiere.

**Rund 66 Millionen Jahre später** stand an ebenjener Stelle ein anderes Säugetier mit einer Kreuzhacke in der Hand. Sarah Shelley war meine erste Doktorandin, nachdem ich meinen Job als Paläontologe an der Universität von Edinburgh in Schottland angetreten hatte. Wir waren auf Fossilienjagd in den USA, in New Mexico, und suchten nach Knochen, Zähnen und Skeletten, die uns helfen sollten zu verstehen, wie die Säugetiere den Asteroideneinschlag überlebt hatten und die Dinosaurier bis heute überdauert haben. Wie haben sie sich die Welt zu eigen gemacht und sind zu den pelzigen Gesellen geworden, die wir auch heute noch kennen, lieben und manchmal fürchten?

Säugetiere sind – bei allem Respekt für Reptilien, Vögel und die anderen über acht Millionen Tierarten, die nicht zu den Säugern zählen – die charismatischsten und meistgeliebten Lebewesen auf unserem Planeten. Teilweise liegt das wohl einfach daran, dass die meisten von ihnen niedlich und flauschig sind, teilweise aber auch daran, dass wir eine Beziehung zu ihnen herstellen können und uns selbst in ihnen wiedererkennen. Auf dem Bildschirm verfolgen wir gebannt das Drama einer von einem Gepard gejagten Gazelle, geraten in Verzückung über eine Ottermutter, die auf dem Cover einer Zeitschrift mit ihren Jungen spielt, unsere Kinder betteln, dass wir mit ihnen im Zoo die Elefanten und Nilpferde besuchen, und während uns die meisten Spendenaufrufe nur nerven, erregen bedrohte Pandas unfehlbar unser Mitleid. Füchse und Eichhörnchen haben sich an unsere Städte gewöhnt, und selbst Rehe und Hirsche wagen sich bis in die Randbezirke. Wir sind schwer beeindruckt von Walen, die länger sind als ein Basketballfeld und meterhohe Geysire aus ihren Blaslöchern in die Luft prusten, gruseln uns vor Vampirfledermäusen, die tatsächlich Blut trinken, und der Anblick eines Löwen oder Tigers jagt uns ein Schaudern über den Rücken. Wir lieben knuddelige Haustiere, Katzen, Hunde oder auch exotischere Arten. Als Rindersteaks, Schweinswürstchen oder Lammkoteletts sind Säugetiere für viele von uns Nahrung. Und natürlich zählen wie Bären oder Mäuse auch wir selbst zur Familie der Säugetiere.

Während in der Ferne eine Horde Präriehunde heulte, schwang Sarah unbeirrt ihre Kreuzhacke. Mit jedem Schlag stieg eine faulig nach Schwefel stinkende Staubwolke aus dem Gestein auf, und jedes Mal wartete Sarah geduldig, bis der Staub sich gelegt hatte,

Sarah Shelley und ich in New Mexico auf der Suche nach Zähnen von Säugetieren, die kurz nach dem Aussterben der Dinosaurier lebten. (Foto: Tom Williamson)

um nachzusehen, ob der Boden etwas Interessantes preisgegeben hatte. Über eine Stunde lang kam jedoch nichts anderes zutage als gewöhnlicher Stein. Bis dann nach einem Schlag plötzlich eine Form mit einer anderen Beschaffenheit und Färbung zu erkennen war. Sarah kniete sich auf den Boden, um sich die Stelle genauer anzusehen. Dann stieß sie einen so lauten und spontanen Freudenschrei aus, dass mir hier schlicht die Worte fehlen, um ihn zu beschreiben.

Sie war auf ein Fossil gestoßen, den ersten großen Fund ihrer Studentinnenlaufbahn.

Als ich zu ihr lief, um ihren Schatz zu begutachten, händigte sie mir zwei an der Spitze zusammenhängende Kieferknochen aus. Die mit Gipsspat überzogenen Zähne glitzerten in der Wüstensonne, und ich sah sofort, dass es sich um scharfe Eckzähne und die dahinterliegenden Mahlzähne handelte. Ein Säugetier! Aber nicht irgendein Säugetier. Sondern jene Gattung, die die Thronfolge der Dinosaurier angetreten hatte.

Wir klatschten uns ab und machten uns sofort wieder an die Arbeit.

Der von Sarah gefundene Kiefer gehörte zu einer Gattung namens *Pantolambda*, und er war groß, ungefähr so groß wie der eines Shetlandponys. Die *Pantolambda* lebten »nur« ein paar Millionen Jahre nach den Dinosauriern, also einige Generationen, nachdem die kleine Säugetiermutter in meiner fiktiven, aber durchaus realistischen Eingangsgeschichte zwischen den Rippenbögen des *T. rex* hervorgekrochen war. Die *Pantolambda* waren bereits bedeutend größer als alle Säugetiere, die *T. rex* oder *Brontosaurus* je zu Gesicht bekommen hatten. Nachdem ein paar dieser genügsamen Geschöpfe den Asteroiden dank ihrer geringen Größe – keines von ihnen war größer als ein Dachs – überlebt hatten, fanden sie sich plötzlich in einer dinosaurierfreien Welt wieder. Sie wurden größer, breiteten sich aus, und es entstanden neue Arten, die bald komplexe Ökosysteme bildeten, die jene der Dinosaurier – die mehr als 100 Millionen Jahre über die Erde geherrscht hatten – ersetzten.

Dieses spezielle *Pantolambda* lebte im Dschungel am Rand eines Sumpfgebiets (daher der üble Geruch des Gesteins, in dem es begraben lag). Es war in der Gegend der größte Pflanzenfresser, und wenn es nach einem Mittagessen aus Blättern und Bohnen durch das kühle Wasser watete, sah oder hörte es eine Vielzahl anderer Säugetiere. Über seinem Kopf turnten kätzchengroße Akrobaten, die sich mithilfe ihrer Greifhände durch die Äste der Bäume schwangen. Am Sumpfrand steckten Köter mit Gesichtern wie gotische Wasserspeier ihre Schnauzen in den Schlamm und gruben mit ihren Krallen nach nährstoffreichen Wurzeln und Knollen. In den lichteren Teilen des Waldes tänzelten auf behuften Zehen anmutige Ballerinas über die Wiesen, während verborgen hinter den subtropischen Gewächsen des paläozänen Urwalds der Tod in Form eines Spitzenprädators lauerte: gebaut wie eine Bulldogge mit scharfen, gebleckten Zähnen.

Das Ende der Dinosaurier hatte den Aufstieg dieser Säugetiere begünstigt – nicht nur in New Mexico, sondern überall auf der Welt. Die Anfänge ihrer Geschichte liegen jedoch sehr viel weiter zurück. Die Säugetiere – oder besser wir – entstanden vor über 200 Millionen Jahren, in etwa zur selben Zeit wie die Dinosaurier, als die Landmasse noch ein einziger Superkontinent war, übersät mit den Brandflecken ausgedehnter Wüsten. Das Erbe dieser ersten Säugetiere wiederum lässt sich zurückverfolgen bis in die feuchten Steinkohlesümpfe vor rund 325 Millionen Jahren, in denen sich die Linie unserer Säugetiervorfahren auf dem Stammbaum des Lebens von der Linie der Reptilien trennte. Von da ab entwickelten die Säugetiere über die immense Dauer mehrerer geologischer Zeitalter ihre typischen Merkmale: Fell, einen ausgeprägten Geruchs- und Hörsinn, große Gehirne und einen scharfen Verstand, schnelles Wachstum und einen warmblütigen Stoffwechsel, spezifische Zahnreihen (Schneidezähne, Eckzähne, Prämolaren, Molaren) und Milchdrüsen, über die weibliche Tiere den Nachwuchs mit Milch versorgen.

Auch die heutigen Säugetiere sind Teil dieser langen und reichen Evolutionsgeschichte. Momentan teilen wir den Planeten mit über 6000 Arten – unter den Millionen je existierender Spezies unsere engsten Verwandten. Sämtliche modernen Säugetiere können einer von drei Gruppen zugeordnet werden: den Eier legenden Kloakentieren (Monotremata), zu denen das Schnabeltier zählt; den Beuteltieren (Marsupialia) wie Kängurus oder Koalabären, die ihre winzigen Jungen in Bauchtaschen großziehen; oder den Plazentatieren (Placentalia), die ihren Nachwuchs wie wir relativ weit entwickelt zur Welt bringen. Diese drei Säugetiertypen sind jedoch nur die spärlichen jüngsten Triebe eines einst weitverzweigten Familienstammbaums, den die Massenaussterben im Laufe der Zeit stark beschnitten haben.

Zu unterschiedlichen Zeiten gab es einst Legionen von Fleischfressern mit Säbelzähnen (nicht nur die berühmten Tiger, auch Beuteltiere mit Eckzähnen wie Speere), schreckliche Wölfe, riesige Elefanten mit dickem Fell und Hirsche mit lächerlich großen Geweihen. Es gab XXL-Nashörner, die zwar keine Hörner hatten, dafür aber lange Hälse, dank derer sie hoch oben in den Baumwipfeln die Blätter abrupfen konnten, die ihre fast 20 Tonnen Lebendgewicht nährten. Diese Säugetiere machten *Brontosaurus* Konkurrenz und gelten als die größten behaarten Tiere, die je auf diesem Planeten gelebt haben. Viele dieser fossilen Säuger sind heute Ikonen der Vorgeschichte, die wir aus Zeichentrickfilmen oder als Exponate in renommierten Naturkundemuseen kennen.

Noch faszinierender sind jedoch einige ausgestorbene Säugetierarten, die es nie unter die Stars der modernen Popkultur geschafft haben. So gab es einst winzige Säuger, die über die Köpfe der Dinosaurier hinwegsegelten, und andere, die Saurierbabys zum Frühstück verspeisten, Gürteltiere von der Größe eines VW-Käfers, Faultiere, für die ein Dunking im Basketball eine Leichtigkeit gewesen wäre, und »Donnerdrachen« mit Rammbockhörnern von einem Meter Länge. Es gab schräge Gestalten wie das *Chalicotherium,* optisch eine missratene Kreuzung aus einem Pferd und einem Gorilla, das auf den Knöcheln ging und mit seinen ausgefahrenen Krallen Baumzweige zu sich herunterzog. Bevor es an Nordamerika andockte, war Südamerika mehrere zehn Millionen Jahre ein Inselkontinent, auf dem eine ganze Dynastie exzentrischer Huftierarten beheimatet war, deren frankensteinartiges Sammelsurium an anatomischen Eigenheiten Darwin einst in großes Erstaunen versetzte – und deren Verwandtschaft mit anderen Säugetieren erst vor Kurzem durch die bahnbrechende Entdeckung sehr alter DNA nachgewiesen wurde. Elefanten waren einmal nicht größer als Zwergpudel. Kamele, Pferde und Nashörner galoppierten durch eine amerikanische Savanne, und Wale hatten funktionstüchtige Beine.

Die Entwicklungsgeschichte der Säugetiere umfasst eindeutig mehr als das, was wir heute noch von ihr sehen, und reicht weit über die Ursprünge des Menschen und dessen Ausbreitung in den letzten paar Millionen Jahren hinaus. All die fantastischen Säuger, die ich gerade erwähnt habe, werden Sie auf den folgenden Seiten kennenlernen.

Meine wissenschaftliche Karriere begann mit der Erforschung der Dinosaurier. Deren Entwicklungsgeschichte bis zu ihrem apokalyptischen Ende habe ich vor ein paar Jahren in meinem Buch *Aufstieg und Fall der Dinosaurier* bereits erzählt. Ich liebe Dinosaurier und werde mich auch weiterhin mit ihnen befassen, aber seit ich Professor bin und in Edinburgh lebe, bin ich von diesem Thema ein wenig abgekommen. Vielleicht nur eine logische Konsequenz meiner bisherigen Arbeit, denn nachdem ich intensiv zum Aussterben der Dinosaurier geforscht hatte, wollte ich unbedingt wissen, was danach geschah. Und so verfiel ich den Säugetieren.

Manchmal fragen mich die Leute, wieso. Jedes Kind träumt davon, Dinosaurierknochen auszugraben. Warum also nach etwas anderem suchen? Und warum ausgerechnet nach Säugetieren? Meine Antwort ist einfach: Dinosaurier sind der absolute Wahnsinn, aber sie sind nicht wir. Die Geschichte der Säugetiere hingegen ist *unsere* Geschichte. Indem wir unsere Vorfahren erforschen, begreifen wir unsere eigene Natur besser – warum wir aussehen, wie wir aussehen, wie wir uns entwickeln und Kinder großziehen, weshalb wir Rückenschmerzen haben, teure Zahnbehandlungen brauchen und weshalb wir in der Lage sind, über unsere Umwelt nachzudenken und sie derart stark zu beeinflussen.

Und falls Ihnen das noch nicht genügt, hier noch ein Grund: Manche Dinosaurier waren riesig, so groß wie eine Boeing 737. Aber die größten Säugetiere – Blauwale und ihre Verwandten – sind noch größer. Stellen Sie sich eine Welt vor, in der die Säugetiere ausgestorben sind und nur noch fossile Knochen von ihnen existieren. Mit Sicherheit wären sie ebenso berühmt und kultig wie die Dinos.

Das Tempo, in dem wir über die Entwicklungsgeschichte der Säugetiere dazulernen, ist atemberaubend. Es werden mehr Säugetierfossilien gefunden als je zuvor, die wir mit einer Vielzahl von Technologien – CT-Scans, Hochleistungsmikroskopen, Computeranimationen – untersuchen können und die uns offenbaren, wie die Tiere gelebt, geatmet, sich bewegt, gefressen, sich fortgepflanzt und weiterentwickelt haben. Aus manchen Säugetierfossilien – wie beispielsweise der seltsamen südamerikanischen Spezies, die Darwin einst so faszinierte – lässt sich heute sogar DNA gewinnen, die uns wie ein Vaterschaftstest über die Verwandtschaftsverhältnisse zu modernen Arten aufklärt. Die von Männern im viktorianischen England begründete Säugetierpaläontologie wurde im Laufe der Zeit immer differenzierter und internationaler. Ich hatte das große Privileg von Mentoren, die mich – noch einen dieser Dinofreaks! – in ihrem Spezialgebiet, der Säugetierforschung, herzlich willkommen hießen, weshalb es mir heute die allergrößte Freude bereitet, der nächsten Generation wie Sarah Shelley (deren Illustrationen auch diese Seiten zieren!) und vielen anderen herausragenden Studierenden, die mit ihren Entdeckungen die Geschichte der Säugetiere weiterschreiben werden, meinerseits ein Mentor zu sein.

In diesem Buch werde ich die Evolutionsgeschichte der Säugetiere so erzählen, wie wir sie heute kennen. Ungefähr die erste Hälfte des Buchs wird dabei die frühen Entwicklungsstadien abdecken, beginnend mit der Abspaltung von den Reptilien bis zum Aussterben der Dinosaurier. In diesem Zeitraum entwickelten die Säugetiere nahezu alle ihre typischen Merkmale – Fell, Milchdrüsen und so weiter – und verwandelten sich nach und nach von eidechsenähnlichen Vorformen in Tiere, die wir heute als Säugetiere wahrnehmen würden. Die zweite Hälfte des Buchs beschreibt, was nach dem Ende der Dinosaurier geschah: wie die Säugetiere ihre Chance nutzten und die Herrschaft übernahmen, wie sie sich an das ständig wechselnde Klima anpassten, mit den Kontinenten auseinanderdrifteten und so die unglaubliche Artenvielfalt an Läufern, Gräbern, Fliegern, Schwimmern und Leserinnen und Lesern mit großen Gehirnen entwickelten, die wir heute kennen. Ich möchte Ihnen auch erzählen, wie wir uns die Geschichte der Säugetiere anhand fossiler Funde Stück für Stück erschlossen haben, und Ihnen dadurch einen Eindruck vermitteln, was es bedeutet, Paläontologe zu sein. Ich werde Ihnen meine Mentoren vorstellen, meine Studierenden und all die Menschen, die mich bei meiner Arbeit inspirierten und deren Entdeckungen die Beweise lieferten, die mir die Niederschrift dieser Chronik der Säugetiere überhaupt erst ermöglichten.

Dieses Buch konzentriert sich nicht in erster Linie auf den Menschen. Bücher, die das tun, gibt es viele. Auch ich werde natürlich die Ursprünge der Menschheit thematisieren und darlegen, wie wir uns von den Primaten weiterentwickelten, uns auf zwei Beine stellten, unsere Gehirne aufblähten und – nachdem wir lange Zeit Seite an Seite mit anderen frühen menschlichen Spezies gelebt hatten – schließlich die gesamte Welt kolonisierten. Aber ich werde das in einem einzigen Kapitel abhandeln und den Menschen nicht mehr Aufmerksamkeit schenken als den Pferden, Walen oder Elefanten. Denn letztendlich sind wir nur eine unter vielen Glanzleistungen in der Evolutionsgeschichte der Säugetiere.

Und doch muss unsere Geschichte erzählt werden, weil wir, obwohl wir als einzelne Art nur einen Bruchteil der Evolutionsgeschichte ausmachen, diesen Planeten verändert haben wie kein anderes Säugetier vor uns. Unsere phänomenalen Erfolge beim Errichten von Städten, beim Anbau von Nahrung und beim Ausbau von globalen Straßennetzen und Flugrouten haben für unsere nächsten Verwandten verheerende Folgen. Seit *Homo sapiens* die Wälder verlassen und sich über die gesamte Erde ausgebreitet hat, sind mehr als 350 Säugetierarten ausgestorben und viele andere Arten bedroht (denken Sie nur an Tiger, Pandas, schwarze Nashörner oder Blauwale). Entwickeln sich die Dinge im aktuellen Tempo weiter, wird die Hälfte der Säugetierarten bald dasselbe Schicksal ereilen wie die Wollhaarmammuts und Säbelzahntiger. Sie werden aussterben, und von ihrer majestätischen Erscheinung wird nichts bleiben als geisterhafte steinerne Schatten.

Die Säugetiere stehen an einem Scheideweg. Sie – oder wiederum besser wir – befinden uns am prekärsten Punkt unserer Geschichte, seit wir dem Asteroiden, die Dinosaurier die Existenz kostete, die Stirn geboten haben. Und was für einer Geschichte! Während unseres evolutionären Langstreckenlaufs gab es Zeiten, in denen die Säugetiere den anderen Tieren nahezu unbemerkt hinterherschlichen, und Zeiten, in denen sie das Feld anführten. Streckenabschnitte, in denen es ganz großartig lief, und andere, in denen sie zurückfielen oder durch Massenaussterben um ein Haar ganz aus dem Rennen geworfen wurden. Zeiten, in denen die Dinosaurier sie in Schach hielten, und Zeiten, in denen sie die Oberhand hatten. Zeiten, in denen keines von ihnen größer war als eine Maus, und Zeiten, in denen sie die größten Lebewesen der Erde waren. Es gab Phasen, in denen sie extremer Hitze ausgesetzt waren, und Phasen, in denen sie es mit Gletschern und kilometerdicken Eisschichten zu tun hatten. Zeiten, in denen sie in der Nahrungskette die untersten Ränge belegten, und Zeiten, in denen ein paar von ihnen – wir – ein Bewusstsein entwickelten und die Welt nach ihren Vorstellungen gestalteten, im Guten wie im Schlechten.

Die Gesamtheit dieser Geschichte bildet die Grundlage für unsere moderne Welt, für uns und unsere Zukunft.

*Steve Brusatte*
Edinburgh, Januar 2022

# 1

# VORFAHREN DER SÄUGETIERE

*Dimetrodon*

**Vor ungefähr 325 Millionen Jahren – auf** ein paar Millionen Jahre mehr oder weniger kommt es hier nicht an – klammerte sich eine Gruppe schuppiger Gesellen an ein Floß, das aus einem wilden Gewirr aus Farnen und abgebrochenen Baumstämmen bestand. Normalerweise waren sie als Einzelgänger unterwegs und hockten getarnt im dichten Grün des Urwalds, aus dem sie nur gelegentlich auftauchten, um sich ein Insekt zu schnappen und dann wieder in die Anonymität abzutauchen. Aber die Zeiten waren schlecht, und das hatte sie zusammengeführt. Ihre Welt veränderte sich rasant, und das Meer war im Begriff, sich ihr sumpfiges Paradies zwischen Wasser und Land zurückzuholen.

Die kleinen Abenteurer, die größten von ihnen waren gerade mal 30 Zentimeter lang, sahen sich nervös um. Mit ihren seitlich abstehenden Beinen und dem langen Schwanz, den sie hinter sich herzogen, erinnerten sie an Geckos oder Leguane. Die Jüngeren unter ihnen kraxelten mit ihren langen, dünnen Zehen noch auf dem verrottenden Grünzeug hin und her, aber die älteren Tiere schaukelten bereits reglos in den Wellen und starrten züngelnd hinaus auf die unendliche Weite des Meeres, während das Wasser gegen ihre Körper schlug.

Vor ein paar Wochen schien noch alles normal zu sein. Aus ihren gut versteckten Höhlen spähten sie in den vor Feuchtigkeit triefenden Urwald, umgeben von Pflanzen in allen Grüntönen, die man sich nur vorstellen kann. Der Waldboden war überzogen von Farnen, deren Sporen nach jeder willkommenen Windbö durch die stickige Luft tanzten. Die mittlere Schicht des Waldes bildeten samentragende Stauden, einige von ihnen entfernte Verwandte heutiger Nadelbäume, die, wann immer es regnete – was es fast immer tat –, murmelgroße Samen abwarfen und den Boden in ein Kugellager verwandelten, auf dem das Gehen äußerst tückisch war.

Die Wipfel der Bäume, die scheinbar unendlich hoch in den Himmel aufragten, konnten die schuppigen Gesellen mit ihren winzigen Augen nicht sehen. Das dichte Blätterdach des Urwalds bildeten zwei bis zu 30 Meter hohe Baumarten: *Kalamiten*, die mit ihren geraden, bambusähnlichen Stämmen, die in unregelmäßigen Abständen Äste mit Quirlen aus nadelförmigen Blättern austrieben, aussahen wie dürre Weihnachtsbäume, und *Lepidodendron*, deren Stamm bis zu zwei Meter dick wurde und bis auf ein Dickicht aus Ästen und Blättern an der obersten Spitze nackt war – ein gigantischer Blättermopp an einem langen Stiel. Diese Bäume wuchsen bemerkenswert schnell. Von der Spore über den Schössling bis zur vollen Höhe dauerte es nur 10 bis 15 Jahre. Dann starb der Baum, verrottete zu Kohle und wurde von der nächsten Generation ersetzt.

Die schuppigen Gesellen waren eine von mehreren Hundert Arten, die, zumindest bis zu jenem Tag, in den Sumpfwäldern zu Hause waren. Ihre Vielfalt reichte von gewöhnlich bis äußerst ungewöhnlich. Es gab unzählige Insekten, die eine perfekte Nahrungsquelle abgaben. Spinnen und Skorpione krabbelten durch Laubhaufen und die Baumstämme hoch, und an den vor Fischen strotzenden Bächen versammelten sich primitive Amphibien. Auch Eurypteriden patrouillierten an den Ufern, gepanzerte Wesen – manche so groß wie ein Mensch –, die an riesige Skorpione erinnerten und sich mit Nussknackerzangen ihre Beute schnappten. In jenen noch beschaulichen Zeiten plätscherten die Bäche in einen Fluss, der sich zu einem Delta verzweigte, das wiederum in die ruhige Gezeitenströmung einer Brackwasserbucht überging.

Gelegentlich durchbrach ein unheimliches Schlurfen die Stille, ein *Arthropleura*, ein monströser, über zwei Meter langer Tausendfüßler, der nach Sporen und Samen suchte. Oder es wehte ein noch Furcht einflößenderes Geräusch über den Sumpf: das Flattern einer *Meganeura*, einer taubengroßen Libelle mit vier riesigen transparenten Flügeln. Normalerweise war sie auf der Jagd nach Käfern, aber wenn sie hungrig genug war, griff sie auch die schuppigen Gesellen an – noch ein Grund, weshalb diese lieber im Verborgenen blieben.

Als sie auf ihr improvisiertes Floß kletterten, war die Angst vor einer *Meganeura*-Attacke jedoch nebensächlich, denn die Gefahr, die ihnen aktuell drohte, war sehr viel größer. Sie waren umgeben von Wasser, und die Strömungen wurden immer stärker. Weit im Süden schmolz eine gewaltige Eiskappe, die Wasser ins Meer leitete und den Meeresspiegel ansteigen ließ. Auf der ganzen Welt wurden die Küstengebiete überschwemmt, und die Mangrovenwälder aus *Kalamiten* und *Lepidodendron* gingen samt ihren tierischen Bewohnern in den Fluten unter. Doch davon wussten die schuppigen Gesellen nichts. Alles, was sie wussten, als sie auf ihrem Floß durch schäumende Strudel aus toten Krabben und Quallen schaukelten, war, dass es ihren Wald nicht mehr gab.

Ein Blitz zuckte über den Himmel, gefolgt von einem mächtigen Donnerschlag. Der Sturm peitschte das Floß gegen eine gewaltige Wasserwand, sodass es kippte und in zwei Hälften brach. Ein paar der Schuppentiere wurden von Bord gespült, und ihre schlaffen Körper gesellten sich zu den toten Quallen und Krabben, aber die meisten konnten sich auf eine der beiden Floßhälften retten. Während der Regen auf die Bucht niederprasselte und der Sturm weitertobte, teilte sich mit einem Mal die Strömung, und die beiden Floßhälften trieben samt ihrer schuppigen Fracht in unterschiedliche Richtungen davon: die eine Hälfte nach Osten, die andere nach Westen.

Ein paar Tage später ließ der Sturm nach, und die Floßhälften wurden an unterschiedliche Ufer gespült. Als die beiden Abenteurergruppen sich aufmachten, ihre neue Heimat zu erkunden, sahen sie sich entsprechend mit unterschiedlichen Herausforderungen konfrontiert – mit unterschiedlichen Lebensräumen, Klimata und Raubtieren. Beide Gruppen passten sich ihrer neuen Umgebung über viele Generationen immer weiter an, bis es schließlich zwei Spezies waren, die ihrerseits neue Arten hervorbrachten, und so entstanden zwei Hauptlinien. Die eine entwickelte zwei fensterähnliche Öffnungen hinter der Augenhöhle, um Raum für größere und kräftigere Kiefermuskeln zu schaffen, die andere eine einzelne, breite Öffnung.

Die erste Gruppe mit den zwei Schädelöffnungen waren die Diapsiden, die sich zu Eidechsen, Schlangen, Krokodilen, Dinosauriern, Vögeln und Schildkröten (bei denen sich die Schädelfenster allerdings wieder schlossen) weiterentwickelten. Die zweite Gruppe mit der einzelnen Schädelöffnung waren die Synapsiden. Auch sie sollten eine unglaubliche Artenvielfalt entwickeln, zu der – mehr als 100 Millionen Jahre später – auch die Säugetiere zählten.

**Das alles ist nur eine Geschichte,** und die Ereignisse haben in exakt dieser Abfolge vielleicht nie stattgefunden. Fakt ist jedoch, dass vor ungefähr 325 Millionen Jahren – in einer Phase der Erdgeschichte, die sich Pennsylvanium (oder auch Spätkarbon) nennt – eine bescheidene Anzahl kleiner, mit Schuppen überzogener Kreaturen in üppigen Sumpfwäldern lebte, die regelmäßig von den ansteigenden Meeren überflutet wurden. Ebenso wahr ist, dass ihre Entwicklungslinie sich trennte und ein Zweig des Stammbaums zu den Reptilien führte und der andere zu den Säugetieren.

Woher wir das wissen? Paläontologen – also Wissenschaftlerinnen und Wissenschaftler, die wie ich frühe Lebensformen erforschen – haben dafür zwei grundsätzliche Methoden der Beweisführung, derer auch ich mich hier bediene.

Zum einen sind da die Fossilien und das Gestein, in das diese eingebettet sind. Fossilien sind ein direkter Nachweis früher Lebensformen, entscheidendes Beweismaterial, für das Paläontologen um die ganze Welt reisen und jedem Ungemach – Hitze, Kälte, Feuchtigkeit, Regen, Geldmangel, Moskitos und sogar Kriegen – trotzen. Viele von uns verstehen sich als Detektive, die in den Tiefen der Zeit ermitteln. Entsprechend sind Fossilien für uns Indizien, vergleichbar mit am Tatort zurückgelassenen Haaren oder Fingerabdrücken. Sie offenbaren uns, was wo wann lebte. Manche Fossilien zeugen von prähistorischen Dramen. Wir finden von Räubern zerfleischte Beutetiere, die Opfer von Flutkatastrophen oder die Überlebenden eines Massensterbens. Weithin bekannt sind die sogenannten Körperfossilien: von einst lebenden Organismen erhaltene Teile, wie Knochen, Zähne, Panzer oder Blätter. Weniger bekannt sind die Spurenfossilien. Sie dokumentieren das Verhalten eines Organismus oder sind etwas, das er zurückgelassen hat, wie Fußspuren, eine Erdhöhle, Eier, Bissspuren, oder Koprolithe, fossiler Kot.

Fossilien findet man nicht einfach auf der Straße oder beim Umgraben des Gartens, eher in Sand- oder Schlammstein. In unterschiedlichen Milieus haben sich unterschiedliche Gesteinsschichten gebildet, von denen manche mit einer chemischen Methode datiert werden können. Dabei wird das Alter des Gesteins anhand der Anzahl seiner radioaktiven Mutter- und Tochterisotope bestimmt, basierend auf Werten ihres radioaktiven Zerfalls, die man wiederum aus Laborexperimenten kennt. Das alles liefert den entscheidenden Kontext, um verstehen zu können, wann und in welcher Art von Lebensraum die versteinerte Kreatur gelebt hat.

Ein zweites Beweismittel für die Existenz früherer Lebensformen findet man tatsächlich überall. Man braucht dazu weder besondere Fähigkeiten noch Glück. Ich spreche von der DNA, die wir und alle anderen Organismen in unseren Zellen mit uns herumtragen. Die DNA enthält den Bauplan, der uns zu dem macht, was wir sind. Sie ist der genetische Code, der festlegt, wie wir aussehen, unseren Körperbau bestimmt, unser Wachstum und wie wir zukünftige Generationen zeugen. Die DNA ist aber auch eine Art Archiv, denn in die Milliarden von Basenpaaren, die unser Erbgut ausmachen, ist unsere Evolutionsgeschichte eingeschrieben. So wie sich die Arten im Laufe der Zeit verändern, verändert sich auch ihre DNA. Gene mutieren, bewegen sich und werden aus- oder eingeschaltet. DNA-Stränge werden vervielfältigt oder ausgelöscht, neue DNA-Teile eingebaut. Die DNA zweier Spezies mit denselben Vorfahren unterscheidet sich im Laufe der Zeit folglich immer mehr, da jede Art ihren eigenen Weg geht und sich an spezielle Gegebenheiten anpasst. Nimmt man also die DNA-Sequenzen heutiger Spezies und vergleicht diese, lässt sich, indem man Arten mit einer ähnlichen DNA zusammengruppiert, ein Stammbaum erstellen. Aber es gibt auch noch einen anderen, raffinierteren Trick. Dazu nimmt man die DNA zweier beliebiger Spezies und zählt die Unterschiede. Anhand der aus Laborexperimenten bekannten Geschwindigkeit, mit der sich die DNA verändert, lässt sich zurückrechnen, wann sich die Evolutionslinien dieser Arten getrennt haben.

Meiner Geschichte über den von der Flut zerstörten Sumpf liegen beide Arten von Beweismitteln zugrunde. DNA-Studien legen nahe, dass sich die Linien von Reptilien und Säugetieren vor ungefähr 325 Millionen Jahren getrennt haben, während Fossilien und Gestein uns verraten, wie die verlorene Welt, in der dies geschah – eine Landschaft, die sich von der heutigen stark unterschied –, ausgesehen hat.

Auf einer Weltkarte des Pennsylvaniums würden wir die Erde kaum wiedererkennen. Es gab nur zwei große Landmassen: Gondwana, in dessen Mitte sich der Südpol befand, und Laurasia mit seinen im Osten von Inseln ausgefransten Rändern, das sich um den Äquator legte. Über mehrere Millionen Jahre driftete Gondwana mit ungefähr derselben Geschwindigkeit, in der unsere Fingernägel wachsen, nach Norden, bis es schließlich auf Laurasia prallte. Das war die Geburtsstunde der Pangäa, eines Superkontinents, der später die frühen Stadien der Evolution der Säugetiere und Dinosaurier erleben sollte. Als die beiden Erdkrusten gegeneinanderkrachten, entstand parallel zum Äquator eine lange Gebirgskette mit den Ausmaßen des heutigen Himalajas. Die im Vergleich dazu eher bescheidenen Appalachen im Osten der USA sind ein Überbleibsel dieses einst alles überragenden Gebirges.

Die tropischen und subtropischen Gebiete zu beiden Seiten des Äquatorgebirges boten himmlische Lebensbedingungen. Heute spricht man von Kohlesümpfen, da der Großteil der Kohle, mit der im 19. Jahrhundert die industrielle Revolution befeuert wurde, in eben diesen Sümpfen aus den abgestorbenen und komprimierten Überresten der riesigen, schnell wachsenden *Lepidodendron* und *Kalamiten* entstand. Mit den Palmen, Magnolien und Eichen, die wir heute in ähnlich grünen Regionen finden, hatten diese

Bäume wenig gemeinsam. Als nahe Verwandte der Bärlapppflanzen und Schachtelhalmgewächse trieben sie weder Blüten, noch brachten sie Früchte oder Nüsse hervor – primitive Pflanzen, die heute als traurige Überreste ihrer einstigen Größe nur noch im Unterholz zu finden sind. Die Baumriesen des Pennsylvaniums – und auch die gigantischen Libellen, die in ihren Ästen brummten, oder die Monstertausendfüßler, die über ihre Wurzeln krabbelten – hatten ihre Größe dem damaligen Sauerstoffgehalt der Luft zu verdanken, der ungefähr 70 Prozent über dem heutigen lag.

Die Bäume bildeten riesige Regenwälder, die die Ufer der flachen, weit in den wachsenden Superkontinent hineinschwappenden Meere und die vielen Bäche, Ströme, Deltas und Flussmündungen säumten. Auf Luftbildern hätten diese Sümpfe wahrscheinlich große Ähnlichkeit mit den Bayous des Mississippi-Deltas im modernen Louisiana: eine dichte Decke eng verflochtener Bäume und Pflanzen in einem Gewirr aus langsam fließenden Gewässern, teils zusammengedrängt auf schlammigen Inseln, teils mit Wurzeln, die wie Spinnenbeine ins Wasser ragten, und dazwischen kletterten, krochen, hüpften und flogen die verschiedenartigsten Kreaturen. Aber es waren keine Vögel, Moskitos, Biber, Otter oder sonstige mit Fell bedeckten Säuger. Diese werden, auch wenn ihre Vorfahren alle Kohlesumpfbewohner waren, erst sehr viel später auftauchen, in einer völlig anderen Welt.

Wie kam es, dass so viele Bäume unter Sedimenten begraben und zu Kohle wurden? Das lag daran, dass sich der Meeresspiegel in einem pulsierenden Rhythmus hob und senkte und das Meer die Sümpfe regelmäßig überflutete. Das Pennsylvanium war ein Gletscherzeitalter – die letzte große Eiszeit vor der jüngsten, in der Mammuts und Säbelzahntiger die Welt beherrschten (aber dazu später mehr). Nicht die ganze Welt war gefroren, die Kohlesümpfe waren es nicht, aber den Südpol von Gondwana, später Pangäa, bedeckte eine enorme Eiskappe, die ihre Existenz diesen Kohlesümpfen verdankte. Die Baumriesen zogen beim Wachsen

Kohlendioxid aus der Atmosphäre, und je weniger von diesem Treibhausgas den Planeten isolierte, umso weiter fielen die Temperaturen. Über mehrere zehn Millionen Jahre nahm die Eiskappe dadurch regelmäßig zu und wieder ab und regulierte so die Höhe des globalen Meeresspiegels. Das Eis schmolz, der Meeresspiegel stieg, die Sümpfe wurden überflutet, die Bäume starben und wurden unter Sedimenten begraben. Die Eisdecke wurde wieder größer, sog das Wasser aus den Meeren, der Meeresspiegel sank und machte Platz für Sumpfgebiete, in denen Baumriesen wuchern konnten – ein ständiges Hin und Her, von dem wir wissen, weil Gestein aus dem Pennsylvanium häufig Barcodesequenzen, sogenannte Zyklotheme, aufweist. Es handelt sich dabei um wiederkehrende Abfolgen dünner, an Land oder im Wasser entstandener Schichten, die mit Kohleflözen durchsetzt sind.

Aus jener Zeit gibt es zahlreiche Fossilien, insbesondere im Norden von Illinois, wo ich aufgewachsen bin. Man findet sie, eingebettet zwischen zwei Kohleschichten, überall in den Zyklothemen. Aber die besten verbergen sich an den Ufern des Mazon Creek, eines ruhigen Nebenflusses des Illinois River, oder in den Tagebauminen im Osten, wo im Pennsylvanium Meer und Sumpf aufeinandertrafen. Dort spülte es die Bewohner des Regenwalds ins Meer, wo sie auf den Grund sanken und in ihren Gräbern aus Eisenstein eingeschlossen wurden – flachen, ovalen Klumpen aus rostfarbenem Stein, die man heute im Flussbett oder im Abraum der Minen findet. Als Teenager suchte ich nach genau diesen Klumpen und grub mich durch die Abraumhalden der längst geschlossenen Minen. Wenn ich Glück hatte, ließ sich der Klumpen teilen und enthüllte einen Schatz: ein Fossil auf der einen Seite, den Abdruck davon auf der anderen. Das Gefühl, der erste Mensch zu sein, der dieses Ding zu Gesicht bekam – das vor 300 Millionen Jahren gelebt hatte! –, war unbeschreiblich. Viele der Klumpen enthielten Pflanzen: Blätter von Farnen, ein Stück Rinde von einem *Kalamiten*, Wurzelteile eines *Lepidodendron*. Besonders gern mochte ich Quallen, ich erfreute mich aber auch an einer Krabbe oder einem Wurm.

Was ich jedoch wirklich suchte – und nie das Glück hatte zu finden –, war ein Tetrapode, ein an Land lebendes Tier mit Knochen. Aus den Lehrbüchern, die ich verschlang, wusste ich, dass Tetrapoden von Fischen abstammten und vor ungefähr 390 Millionen Jahren, also noch vor dem Pennsylvanium, an Land gekrochen waren. Die ersten Tetrapoden waren Amphibien, die, um ihre Eier abzulegen, noch ins Wasser zurückmussten. Ein paar Skelette von primitiven Amphibien – entfernten Verwandten von Fröschen und Salamandern – hatte man auch am Mazon Creek gefunden.

Irgendwann im Laufe des Pennsylvaniums spaltete sich von diesen Amphibien eine neue Gruppe ab – die Amnioten. Sie waren spezialisierte Tetrapoden, die ihren Namen ihren amniotischen Eiern verdanken, deren Innenmembran den Embryo schützte und vor dem Austrocknen bewahrte. Diese neue Art von Eiern eröffnete viele neue Möglichkeiten. Die Amnioten waren nicht länger auf Gewässer angewiesen, sondern konnten ihre Eier auch an Land ablegen, was ihnen neue Lebensräume erschloss. Baumkronen, Höhlen, Ebenen, Berge, Wüsten. Erst mit dem Aufkommen des amniotischen Eis konnten die Tetrapoden die Meere hinter sich lassen und das Landesinnere erobern.

Von den Amnioten zweigen die Linien der Reptilien und Säugetiere ab – der Diapsiden und Synapsiden –, die fortan getrennte Wege gehen, wie zwei Geschwister, die ihr Elternhaus verlassen. Das ist nicht nur ein simpler Vergleich, genau so bringt die Evolution neue Arten, Familien und Dynastien hervor. Die Arten verändern sich mit ihrer Umgebung: Darwins Evolution durch natürliche Auslese. Manchmal werden Populationen einer Spezies getrennt – durch eine Überschwemmung, ein Feuer oder ein Gebirge –, und die Gruppen entwickeln sich durch natürliche Selektion unabhängig voneinander weiter. Bleiben sie getrennt, wird sich jede Gruppe auf ihre Art immer weiter verändern und ihrer ganz spezifischen Situation anpassen, bis die Populationen nicht mehr gleich aussehen, sich nicht mehr gleich verhalten und sich auch nicht mehr paaren können: Aus einer Spezies sind zwei geworden. Werden die neuen Spezies wieder getrennt, werden aus zwei vier, aus vier acht und so weiter. Auf diese Weise diversifiziert sich das Leben immer weiter, verzweigt sich wie ein über vier Milliarden Jahre gewachsener Baum. Aus diesem Grund bilden wir Abstammungslinien nicht als Netze, Straßenkarten, Pyramiden oder sonstige Grafiken ab, sondern als Stammbäume – nicht nur die ausgestorbener Tierarten, sondern auch unsere eigenen.

Die Trennung in Diapsiden und Synapsiden – die sich tatsächlich ganz unspektakulär mit der Trennung einer kleinen, geschuppten Spezies vollzog – war ein Meilenstein in der Entwicklung der Wirbeltiere. Dass Diapsiden und Synapsiden – die sich durch ihre charakteristischen Schädelfenster und ihre Kiefermuskulatur unterschieden – genau in jener Zeit getrennte Wege einschlugen, als auch die Mazon-Creek-Klumpen entstanden, wusste ich, und so hoffte ich mit jedem Hammerschlag, auf den fossilen Heiligen Gral zu stoßen, der einen entscheidenden Beitrag zu dieser Geschichte leisten würde. Leider habe ich ihn nie gefunden.

Fossilienjäger in anderen Teilen Nordamerikas hatten mehr Glück. Im Jahr 1956 machte ein Forscherteam der Harvard-Universität unter der Leitung des legendären Paläontologen Alfred Romer in einer verlassenen Kohlemine bei Florence in der kanadischen Provinz Nova Scotia nahe der Atlantikküste eine wichtige Entdeckung. Einem der Techniker, Arnie Lewis, fielen mehrere versteinerte Stümpfe einer Baumart namens *Sigillaria* auf, nahe Verwandte des *Lepidodendron*, deren Kronen sich sehr weit oben verzweigten und den Bäumen das Aussehen riesiger Bürsten verlieh. Die Stümpfe standen da, als hätte der ansteigende Meeresspiegel sie erst gestern überflutet – und nicht vor 310 Millionen Jahren, was ihrem tatsächlichen Alter entsprach. Das Team watete durch die engen Gänge der unter Wasser stehenden Mine und fand insgesamt fünf Stümpfe, in deren Innerem eine weitere Überraschung auf sie wartete: Dutzende fossile Skelette! Wahrscheinlich hatten die armen Geschöpfe in den hohlen

Bäumen Schutz vor dem näher rückenden Meer gesucht, ohne zu ahnen, dass ihr Schicksal damit besiegelt war. In einem der Baumstümpfe fand man mehr als zwanzig Tiere, darunter Amphibien, Diapsiden und Synapsiden: das Dreigestirn der frühen, an Land lebenden Tetrapoden.

Etwas später wurden die Synapsiden dann von Robert Reisz, einem Masterstudenten, als zwei getrennte Gattungen beschrieben, *Archaeothyris* und *Echinerpeton.* Heute einer der weltweit anerkanntesten Paläontologen, sammelte Reisz mit diesen frühen Synapsiden seine ersten Erfahrungen. Mit dem Namen *Archaeothyris* – »altes Fenster« – hob er das wichtigste Merkmal dieser Gattung hervor: die große, bullaugenförmige Öffnung hinter der Augenhöhle, in der sie einen deutlich kräftigeren Kiefermuskel unterbrachte als ihre Vorfahren. Diese einzelne Öffnung, die im Fachjargon als laterales Schädelfenster bezeichnet wird, definiert die Synapsiden, die – angefangen bei den Kohlesumpfpionieren bis zu den heutigen Fledermäusen, Spitzmäusen und Elefanten – alle dieses besondere Schädelfenster oder eine veränderte Form davon aufweisen. Auch wir haben dieses Fenster und spüren es jedes Mal, wenn wir den Kiefer schließen. Legen Sie die Hand auf Ihren Wangenknochen, und beißen Sie die Zähne aufeinander. Spüren Sie die Kontraktion Ihrer Wangenmuskulatur? Die Muskeln drücken durch die Überreste des Schädelfensters, das bei modernen Säugetieren mehr oder weniger in die Augenhöhle übergeht, aber noch immer den *Musculus temporalis* verankert,

*Archaeothyris* (Illustration: Todd Marshall)

der sich über die Seite unseres Kopfes bis zum Unterkiefer zieht und dafür sorgt, dass wir ordentlich zubeißen können. Die einzelne Öffnung hat sich bei den Synapsiden schon sehr früh herausgebildet, direkt nach der Trennung von den Diapsiden, die zwei dieser Öffnungen hinter der Augenhöhle entwickelten.

Hätten wir ein *Archaeothyris* durch den Kohlesumpf huschen sehen, wäre es uns wahrscheinlich nicht weiter aufgefallen. Von der Schnauze bis zur Schwanzspitze war es ungefähr 50 Zentimeter lang, mit einem kleinen Kopf auf einem langen, schlanken Körper. Über seine Gliedmaßen weiß man nicht sehr viel, aber die erhaltenen Vorder- und Hinterbeine lassen keinen Zweifel daran, dass diese wie bei einer Eidechse oder einem Krokodil seitlich vom Körper abstanden. Schnelligkeit war eindeutig keiner seiner besonderen Vorzüge, bei genauerem Hinsehen gibt es jedoch andere Auffälligkeiten. So hatte es neben der kräftigeren Kiefermuskulatur, die sich in seinem Schädel verbarg, eine Reihe gebogener spitzer Zähne im Maul. Einer der vorderen Zähne war auffällig länger als die anderen und sah aus wie ein kleiner Eckzahn. Amphibien, Eidechsen und Krokodile haben keine Eckzähne. Sie haben ein einheitliches Gebiss mit Zähnen, die im gesamten Kiefer gleich aussehen. Säugetiere haben im Vergleich dazu sehr viel abwechslungsreichere Zahnreihen, mit Schneidezähnen und Eckzähnen sowie vorderen und hinteren Backenzähnen, die sich die Arbeit teilen – weshalb wir gleichzeitig zubeißen, kauen und mahlen können. Das komplette Säugetier-

*Diapsiden* *Synapsiden*

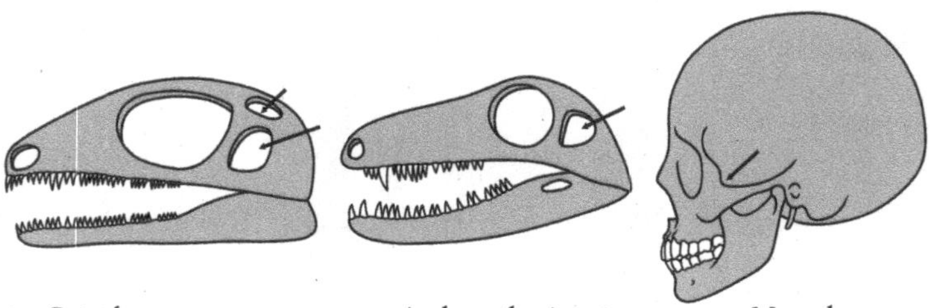

*Petrolacosaurus* *Archaeothyris* *Mensch*

gebiss, wie wir es kennen, formierte sich erst später in unzähligen evolutionären Schritten, aber die winzigen Eckzähne von *Archaeothyris* waren bereits die ersten Anzeichen einer dentalen Revolution.

Zusammen waren die großen Kiefermuskeln sowie scharfen Zähne und Eckzähne ein Waffenarsenal, das es *Archaeothyris* ermöglichte, sich von großen Insekten und vielleicht sogar anderen Tetrapoden wie *Echinerpeton* zu ernähren. Dieser zweite Nova-Scotia-Synapside hätte zusammengerollt locker zwischen die Seiten dieses Buches gepasst. Die dürftigen Fossilien, die wir von ihm haben, weisen jedoch ein besonderes Merkmal auf, dem *Echinerpeton* auch seinen Namen verdankt: »stacheliges Reptil«. Hals- und Rückenwirbel – die Knochen, aus denen sich die Wirbelsäule zusammensetzt – weisen senkrecht nach oben stehende Dornfortsätze auf, die als Reihe gesehen ein kleines Segel entlang des Rückens bildeten. Dieses Segel könnte dazu gedient haben, Partner anzulocken, oder als Sonnenkollektor, mit dem das Tier an kühlen Tagen seinen Körper wärmte, oder als Fächer an heißen Tagen oder auch als etwas völlig anderes.

Es gibt noch ein ausgestorbenes, sehr viel bekannteres und größeres Tier mit Rückensegel: *Dimetrodon*. Es lebte im Perm, dem Zeitalter nach dem Pennsylvanium. *Dimetrodon* posiert auf Dinopostern oft neben *T. rex* oder steckt mit *Brontosaurus* und *Stegosaurus* in einer Spielzeugschachtel, weshalb es häufig für einen Dinosaurier gehalten wird. Aber das war es nicht, sondern eine primitive Gattung der Synapsiden, um genau zu sein, ein sogenannter Pelycosaurier.

Pelycosaurier waren die erste große evolutionäre Welle der Synapsiden-Linie, die Ersten, die sich diversifizierten und auf dem wachsenden Superkontinent Pangäa ausbreiteten. Und sie waren auch die Ersten, die ein paar der Charakteristika entwickelten, die etwas über 300 Millionen Jahre später noch immer zu den Merkmalen zählen, durch die sich Säugetiere von Amphibien, Reptilien und Vögeln unterscheiden – wie das Fenster für den *Musculus temporalis* oder Eckzähne. Wir finden diese Merkmale auch schon bei *Archaeothyris* und *Echinerpeton*, was schlicht daran liegt, dass diese beiden Nova-Scotia-Gattungen die allerältesten Pelycosaurier überhaupt sind, die Gründer der ersten großen Dynastie auf dem Weg zu *Dimetrodon* und schlussendlich den Säugetieren.

**Als das Pennsylvanium** sich dem Ende zuneigte, lebten in den Äquatorgebieten der Pangäa zu beiden Seiten des immer noch wachsenden Gebirgszugs synapside Pelycosaurier. Manche ernährten sich von Insekten, andere jagten kleine Tetrapoden oder Fische, und ein paar begannen, mit einer Art von Nahrung zu experimentieren, die sie bis dahin ignoriert hatten: Blättern und Zweigen. Sie diversifizierten sich, machten aber dennoch nur einen geringen Anteil ihrer Ökosysteme aus, die von Amphibien überschwemmt wurden, weil diese sich in den feuchten Wäldern der Kohlesümpfe hervorragend vermehren und ausbreiten konnten.

Dann, vor 303 bis 307 Millionen Jahren, erfuhr die Welt durch den Kollaps des Karbonregenwalds eine dramatische Veränderung. Das Klima wurde trockener, die Temperaturen schwankten zwischen kalt und heiß, die Eiskappen tauten und verschwanden im darauffolgenden Perm vollständig. Da die hoch aufragenden *Kalamiten*, *Lepidodendron* und *Sigillaria* in dem trockeneren Klima nicht mehr gediehen, gingen die Karbonwälder ein und wurden durch trockenresistentere Nadelbäume, Palmfarne und andere samentragende Pflanzen ersetzt. Immerfeuchte Tropenlandschaften wichen semiariden Trockengebieten, deren Klima von Jahreszeiten beherrscht wurde, während andere Teile der Pangäa sich in ausgedörrte Wüsten verwandelten. In den Gesteinsschichten lässt sich diese Entwicklung am plötzlichen Wechsel von Kohlen und Zyklothemen zu »roten Schichten« ablesen, die mit im trockenen Klima entstandenem rostigem Eisen angereichert sind.

Diese Veränderungen hatten verheerende Auswirkungen auf die Biodiversität. Besonders hart traf es die Pflanzenwelt. Nicht nur, dass die Karbonwälder des Pennsylvaniums von besser an das trockene Klima angepassten Samenpflanzen verdrängt wurden, es kam auch zu einem Massenaussterben, bei dem viele Pflanzenarten des Pennsylvaniums für immer verschwanden. Manche hinterließen gar keine Nachkommen oder Verwandten, andere nur ihre kleinwüchsigen, nicht annähernd so beeindruckenden Cousins. Alles in allem starb etwa die Hälfte der Pflanzenfamilien des Pennsylvaniums aus. Es war eines von nur zwei Massenaussterben, die uns aus der fossilen Überlieferung der Pflanzen bekannt sind. Das zweite, auf das wir auch noch zu sprechen kommen, ereignete sich Ende des Perms. Aus botanischer Sicht war der Kollaps des Karbonregenwalds also eine größere Katastrophe als der endkreidezeitliche Asteroideneinschlag, der die Dinosaurier ausrottete.

Und was geschah mit den Tieren, die in den Karbonwäldern lebten? Über ihr Schicksal klärt eine Studie der jungen Forscherin Emma Dunne auf. Sie ist eine der herausragendsten Persönlichkeiten einer neuen Generation von Paläontologen. Auch sie sammelt Fossilien, hat sich zusätzlich aber auf Big Data und fortschrittliche Methoden der Statistik spezialisiert. Um die Muster und Prozesse der Evolution wirklich zu verstehen, denkt Emmas Generation wie Börsenanalytiker. Sie sammeln Unmengen von Daten, benutzen Statistikmodelle, um Unsicherheiten auszuloten, und stützen sich beim Abwägen von zwei Hypothesen nicht auf ihre Intuition, sondern auf Zahlen.

Mit diesem Ansatz legte Emma eine Datenbank mit über 1000 Fossilien von Tetrapoden aus dem Karbon und Perm an und verzeichnete darin deren Gruppenzugehörigkeit und Fundorte. Um Stichprobenverzerrungen auszugleichen, die in der Paläontologie, die zu großen Teilen von zufälligen Fossilienfunden an den wenigen Orten abhängt, an denen sich Knochen und Zähne Millionen von Jahre erhalten, natürlich nicht auszuschließen sind, bediente sie sich statistischer Tools und erstellte Modelle, anhand derer sie feststellen konnte, wie sich die Artenvielfalt und die Verbreitung der Spezies – darunter auch Amphibien, Diapsiden und Synapsiden – durch den Kollaps des Regenwalds verändert haben.

Die Ergebnisse waren beunruhigend. Der Wechsel vom Karbon zum Perm ging mit einem massiven Rückgang der Artenvielfalt einher, bei dem zahlreiche Karbonwaldtetrapoden ausstarben. Das geschah sicher nicht von heute auf morgen, sondern innerhalb mehrerer Millionen Jahre, in denen die Trockengebiete auf ihrem Vormarsch von Osten nach Westen den tropischen Karbonwald nach und nach verdrängten. Die Veränderung der Lebensräume – eher ein Übergang als ein Kollaps – führte zu mehr offenen Landschaften, die wiederum die Migration förderten. Tetrapoden, die dem trockeneren Klima standhielten, hatten mehr Bewegungsfreiheit. Amphibien, die die Feuchtgebiete des Pennsylvaniums lange dominierten, konnten diese aufgrund ihrer Fortpflanzungsstrategien, die sie ans Wasser banden, nicht nutzen, während Diapsiden und Synapsiden für die neuen Gegebenheiten perfekt gerüstet waren. Plötzlich verliehen ihnen ihre amniotischen Eier mit Membranen, die die Embryonen ernährten, schützten und feucht hielten, Superkräfte. Sie waren frei, umherzuziehen und Verbindungen in Regionen herzustellen, die zuvor isoliert gewesen waren, wodurch neue Spezies entstanden, mit neuen Körperformen, neuen Ernährungsweisen und neuen Verhaltensmustern.

Mit der Verwandlung der Kohlesümpfe in offene Trockengebiete im voranschreitenden Perm wurde die Erde zum Planeten der Pelycosaurier. Keine Gattung versinnbildlicht dieses neue Zeitalter besser als *Dimetrodon*. Eine Ikone mit Rückensegel, die uns insbesondere von Dutzenden Fossilienfunden in Texas bekannt ist. Dass *Dimetrodon* oft mit einem Dinosaurier verwechselt wird, hat seine Gründe. Groß, kräftig, mit einem langen Schwanz, scharfen Zähnen und auf seinen kurzen, nach außen abstehenden Beinen eher langsam unterwegs, lässt es sich mangels eines passenderen Begriffs am besten mit »reptilienartig« beschreiben. Auch sein kleines, röhrenförmiges Gehirn ähnelte mehr dem eines Dinosauriers als einem Säugerhirn, dessen großflächigem, an Spaghetti erinnerndem Zerebrum die Säugetiere ihre Intelligenz und scharfen Sinneswahrnehmungen verdanken.

Was das anging, hatte *Dimetrodon* sich gemessen an seinen kleinen, schuppigen Vorfahren, die sich im Pennsylvanium einst in Diapsiden und Synapsiden trennten, kaum verändert.

Es hatte jedoch andere Merkmale, durch die es sich von seinen Vorgängern deutlich unterschied. Am besten ist dieser Unterschied am Gebiss zu erkennen, das mit den uniformen Zahnreihen aus Schneide- oder Kegelzähnen, die man von Amphibien und Diapsiden kennt, nichts mehr gemein hat. Vorne im Maul wuchsen ihm große, abgerundete Schneidezähne, dahinter lange Eckzähne, gefolgt von mehreren kleinen, spitzen postcaninen Zähnen entlang der Wangen. In der Entwicklung des klassischen Säugetiergebisses war das nach dem Auftauchen der Eckzähne bei früheren Pelycosauriern – wie beispielsweise dem sich in Baumstümpfe verkriechenden *Archaeothyris* – der nächste Schritt. Gemeinsam mit den Zähnen veränderte sich auch die Kiefermuskulatur. Sie wurde größer und hing an einem stärkeren und tieferen Unterkiefer, der es ermöglichte, noch kräftiger zuzubeißen. Auch die Verbindung zwischen den Rückenwirbeln veränderte sich, sodass die für die Fortbewegung bei Reptilien und Amphibien typische seitliche Wellenbewegung der Wirbelsäule stark eingeschränkt wurde.

*Dimetrodon* weist also sowohl primitive als auch fortschrittliche Merkmale auf, eine Art Frankensteinmix, der ältere, reptilienartige Eigenschaften mit bereits weiterentwickelten Säugetierkennzeichen kombiniert – was bei seiner Position auf dem Familienstammbaum auch zu erwarten war. In älteren Lehrbüchern werden *Dimetrodon* und vergleichbare Gattungen oft als »säugetierähnliche Reptilien« bezeichnet, ein Begriff, der zwar bildhaft, aber längst überholt i st. Denn trotz seines Aussehens ist *Dimetrodon* kein Reptil. Es stammt noch nicht einmal von echten Reptilien ab – denn diese sind Nachfahren der Gruppe der Diapsiden. Seine »reptilienartigen« Merkmale sind lediglich primitive Überbleibsel, die es erst noch ablegen musste. Mittlerweile spricht man in der wissenschaftlichen Klassifizierung bei *Dimetrodon* und anderen Pelycosauriern von »Stamm-Säugetieren«: ausge-

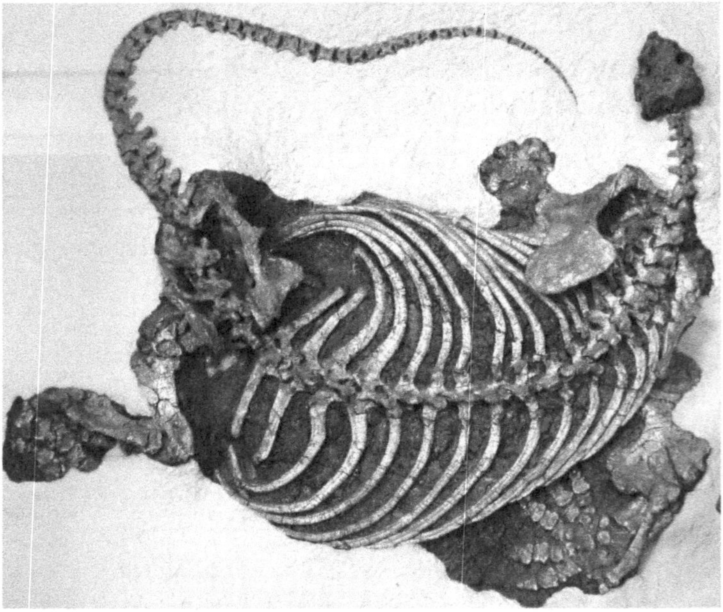

Pelycosaurier, primitive synapside Vorfahren der Säugetiere: *Dimetrodon* mit Rückensegel (oben), kugelbäuchiges, pflanzenfressendes Caseidae (unten). (Fotos: H. Zell [oben] und Ryan Somma [unten])

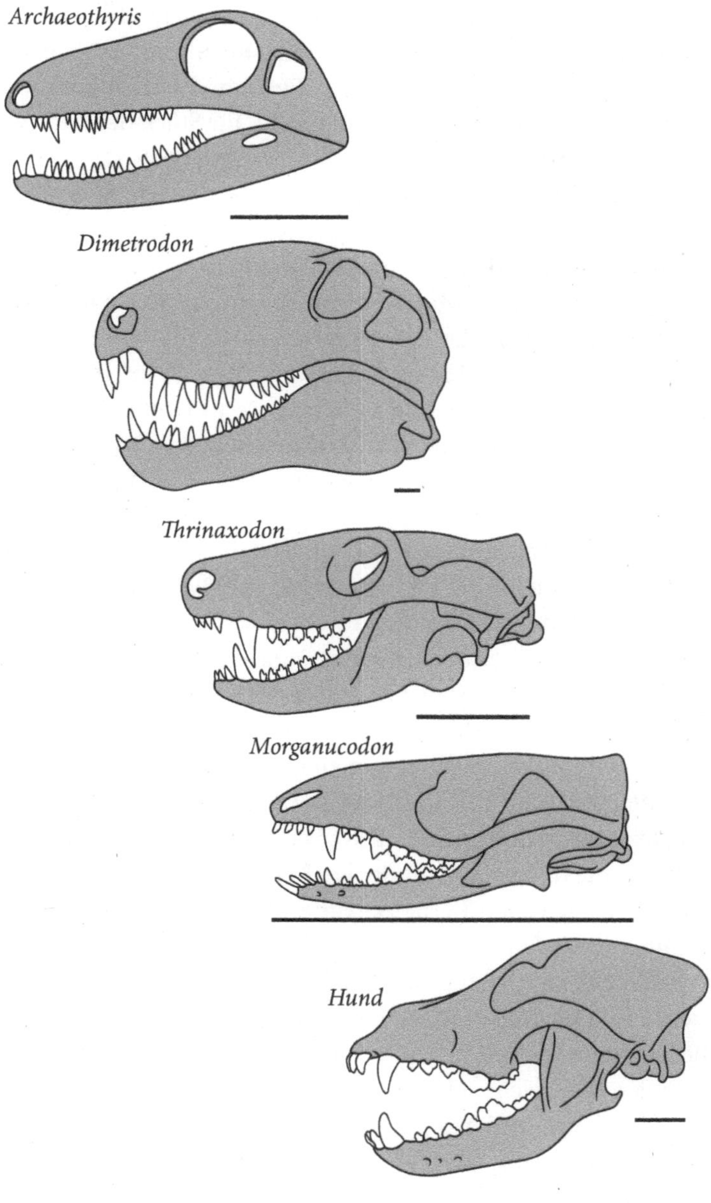
Archaeothyris
Dimetrodon
Thrinaxodon
Morganucodon
Hund

storbene Gattungen in der Evolutionslinie zu den modernen Säugetieren, die mit diesen näher verwandt sind als mit jeder anderen heute noch lebenden Gruppe. Entlang dieser Stammlinie entstand über Millionen von Jahren Stück für Stück der Bauplan für den Körper eines Säugetiers.

Kreaturen, die aussahen wie Reptilien – was sie aber nicht waren! –, verwandelten sich also nach und nach in haarige, warmblütige Säugetiere mit großen Gehirnen.

Das bedeutet, *Dimetrodon* ist mit Ihnen und mir näher verwandt als mit *T. rex* oder *Brontosaurus*.

Vor 299 bis 273 Millionen Jahren, im frühen Perm, der Blütezeit von *Dimetrodon*, existierten Säugetiere also nur als ein Konzept, das die Evolution erst noch realisieren musste. Es ist richtig, dass *Dimetrodon* und seinesgleichen bereits Merkmale entwickelten, die wir heute als typische Säugetiermerkmale einstufen, aber sie entwickelten diese nicht, um letztendlich zu Säugetieren zu werden. Die natürliche Auslese plant nicht für die Zukunft, sie wirkt ausschließlich in der Gegenwart, indem sie Organismen an ihre aktuellen Lebensbedingungen anpasst. Im großen Kontext der Erdgeschichte gesehen, handelt es sich dabei meist um Nichtigkeiten: lokale Veränderungen des Klimas oder der Topografie, die Ankunft neuer Prädatoren in einem bestimmten Waldgebiet oder die plötzliche Verfügbarkeit eines neuen Nahrungsmittels. Bei *Dimetrodon* und anderen Pelycosauriern war wahrscheinlich Nahrung die treibende evolutionäre Kraft, was auch die Entwicklung der frühen Säugetiermerkmale erklärt.

Mit *Dimetrodon* war nicht zu spaßen. In seinem Ökosystem – bewaldetem, mit Seen gesprenkeltem und von Flüssen durchkreuztem Tiefland – war es das gefährlichste Raubtier. Obwohl die Kohlesümpfe längst Geschichte waren, gab es in seinen Ökosystemen zahlreiche Moore und Gewässer, und das um die 4,5 Meter lange und 250 Kilogramm schwere *Dimetrodon* fraß, was immer ihm über den Weg lief. Auf seinem Speiseplan standen andere an Land lebende Tetrapoden, Diapsiden und Synapsiden, Amphibien, die es entlang der Bachläufe fand, und Süßwasserhaie, die es aus den Flüssen fischte. Das Rückensegel bedrohlich aufgerichtet, stapfte es durchs Nadelgehölz und die Ufer entlang, schnappte sich mit den gerade erst entwickelten Schneidezähnen sein Opfer und erledigte es mit einem tödlichen Biss seiner gebogenen Eckzähne. Danach trennte es mit den Backenzähnen Muskeln von Sehnen, bevor es seine Beute verschlang. Versuchte sein Opfer zu entkommen, hielt *Dimetrodon* es mit seinen gewaltigen Kiefermuskeln fest. Es war der erste große, an Land lebende Spitzenprädator, der Gründer einer Nische, die später entfernte Säugetierverwandte wie Löwen oder Säbelzahntiger besetzen würden.

War *Dimetrodon* besonders übermütig oder hungrig, griff es auch andere Pelycosaurier an, wie beispielsweise seinen Doppelgänger *Edaphosaurus*. Dieses Geschöpf war ebenfalls mit einem Rückensegel ausgestattet, insgesamt aber ein wenig kleiner als *Dimetrodon*, dafür schwerer, mit einem runden Bauch und kleinen Kopf. Sobald *Edaphosaurus* das Maul aufmachte, war jedoch sofort klar, dass er nicht nur einer anderen Gattung angehörte, sondern sich auch völlig anders ernährte. Anstelle von Schneide- und Eckzähnen hatte *Edaphosaurus* ein einheitliches Gebiss aus scharfen, dreieckigen Zähnen und eine zweite Batterie merkwürdig flacher Zähne am Gaumen und der Innenseite des Unterkiefers. Diese Doppelbesetzung war ideal, um Pflanzen zu fressen. Mit den Backenzähnen des Ober- und Unterkiefers schnitt *Edaphosaurus* wie mit einer Gartenschere Blätter und Zweige ab, und die inneren Zähne übernahmen dann das Kauen und Mahlen.

Pflanzen zu fressen, unter heutigen Tieren eine gängige Art und Weise zu überleben, scheint nichts Besonderes zu sein. Im Perm war es allerdings ein brandneuer Trend. *Edaphosaurus* war einer der ersten Tetrapoden, die auf eine rein pflanzliche Diät umstellten. Seine Vorfahren im Pennsylvanium hatten mit dieser Ernährungsform zwar auch schon vor dem Kollaps des Karbonwalds experimentiert, zu einem weitverbreiteten Lebensstil wurde sie aber erst in der trockeneren, von Jahreszeiten bestimmten Welt danach, die reich an samentragenden Pflanzen war. Tatsächlich entwickelten verschiedene Familien von Pelycosauriern unabhängig voneinander eine Vorliebe für Grünzeug – ein eindeutiges Zeichen dafür, dass die pflanzliche Ernährung sich von einer Modeerscheinung schnell zum Mainstream auswuchs. Eine dieser Familien, die Caseidae, waren die vielleicht skurrilsten Synapsiden überhaupt. Mit ihren winzigen Köpfen und breiten Brustkörben erinnerten sie mehr an die Geschöpfe der Macher von »Star Wars« als an eine überlebensfähige, von der Evolution hervorgebrachte Tierart. Aber es gab sie, und sie waren hervorragend ausgerüstet zum Pflanzenfressen, weshalb ein paar von ihnen – wie beispielsweise der eine halbe Tonne schwere *Cotylorhynchus* – sich zu den stämmigsten Synapsiden ihrer Zeit entwickelten. Um all die Zweige und Blätter, die *Cotylorhynchus* in sich hineinstopfte, verdauen zu können, brauchte es einen enormen Bauch. Gemeinsam mit den Caseidae schuf die *Edaphosaurus*-Gruppe in der Nahrungskette eine Nische für die breite Basis der Pflanzenfresser, die nach ihnen von sehr vielen Säugetieren wie Pferden, Kängurus, Hirschen und Elefanten besetzt werden sollte.

Das fleischfressende *Dimetrodon*, der pflanzenverschlingende *Edaphosaurus* und die moppeligen Caseidae waren aber nur ein paar wenige der sich im frühen Perm tummelnden Pelycosaurier, denen für mehrere zehn Millionen Jahre die Welt gehörte – insbesondere die Tropen, die feuchter und nicht so sehr den Jahreszeiten ausgesetzt waren wie andere Gebiete der Pangäa. Doch dann, in der scheinbaren Hochzeit der Pelycosaurier, ging es mit ihnen plötzlich bergab. Die Gründe dafür sind unklar, es könnte jedoch an der mit dem Kollaps des Karbonwaldes einsetzenden zunehmenden Hitze und Trockenheit und dem endgültigen Verschwinden der Eiskappe gelegen haben. In der Übergangsphase vom frühen zum mittleren Perm, vor ungefähr 273 Millionen Jahren, nahm in den Tropen, die immer trockener wurden, die Artenvielfalt der Pelycosaurier jedenfalls massiv ab. Auch das war keine plötzliche Katastrophe, sondern ein langsames Sterben, das sich über Millionen von Jahren hinzog. In den höher gelegenen, gemäßigten Regionen kam es ebenfalls zu starken Veränderungen mit einem nahezu kompletten Austausch der Arten. Sowohl in den Tropen als auch in den gemäßigten Zonen tauchte ein neuer Typus von Synapsiden auf, der sehr schnell zu einer vielfältigen Horde aus Fleischfressern und Pflanzenfressern, Winzlingen und Giganten mutierte.

Ich spreche von den Therapsiden, die aus *Dimetrodon*-ähnlichen Pelycosauriern hervorgingen und zahlreiche fortschrittliche Eigenschaften wie ein schnelleres Wachstum, einen besseren Stoffwechsel, schärfere Sinne, effizientere Fortbewegungsarten und ein kräftigeres Gebiss entwickelten. Sie waren der nächste große Schritt in der Evolution der Säugetiere.

**Die Karoo in Südafrika** ist eine wunderschöne, aber erbarmungslose Gegend, deren unendlich blauer Himmel eine unvergleichliche Ruhe verbreitet. Die wolkenlose Szenerie bedeutet sehr wenig Regen, was die Karoo zu einer klassischen Halbwüstenlandschaft macht, die tagsüber in der Sonne schmort und nachts vor Kälte zittert, während die reglose, trockene Luft den Aloen und anderen hitzeresistenten Stauden, die dort zwischen Sand und Gestein sprießen, kaum ein Rascheln entlockt. Die ersten europäischen Eindringlinge versuchten mehrfach, das Land zu besiedeln, jedoch ohne Erfolg, während die indigenen Völker das Leben hier problemlos meisterten.

Stein ist in der Karoo überall. Er formt Berge und Täler oder liegt verstreut auf dem Wüstenboden. An einer Stelle türmen sich die überwiegend aus Sand- und Schlammstein bestehenden Gesteinsschichten früherer Flüsse, Seen und Dünenfelder zu einer rund zehn Kilometer dicken Hochzeitstorte auf. Im Karbon und Perm, aber auch noch in der darauffolgenden Trias und im Jura war die Karoo ein großes, von Pflanzen und Tieren bevölkertes Becken, in dem sich der sandige Schlamm sammelte, den die Flüsse aus den Bergen anschwemmten. Die Karoo war ein gieriger Landstrich, der den Hals nicht vollbekommen konnte. Während die Flüsse dort unablässig ihre Fracht abluden, sorgten

Verwerfungen im Gestein dafür, dass sich der Boden immer weiter absenkte. Als dieses ewige Füllen und Absenken dann doch einmal ein Ende hatte, konnte die Karoo mit mehr als 100 Millionen Jahren dokumentierter Erdgeschichte aufwarten – Weltrekord! An ihren Sedimentschichten lassen sich der Kollaps des Karbonwaldes ablesen, das Austrocknen der Landschaft im Perm, der Übergang vom Gletscherkühlhaus zum Treibhaus und die Entstehung des Superkontinents Pangäa.

Um durch diese Gesteinsschichten Straßen zu graben, brauchte es gute Ingenieure, und einer der besten war Andrew Geddes Bain. Der im schottischen Hochland geborene Bain zog schon als Teenager nach Südafrika, wo sein Onkel, ein Colonel in der damals britischen Kapkolonie, stationiert war. Nachdem er sich bereits in verschiedenen Berufen versucht hatte – Sattler, Schriftsteller, Captain bei der Armee, Farmer –, wurde Bain vom Militär damit beauftragt, Straßen in der Karoo zu bauen. Je mehr Kilometer Straße er baute, umso vertrauter wurde er mit dem Gestein und fügte seiner beeindruckenden Liste an Tätigkeiten schließlich auch noch die des Geologen hinzu, indem er die erste detaillierte geologische Karte Südafrikas erstellte. Dabei sammelte Bain auch Kuriositäten, die er zwischen den Gesteinsschichten entdeckte, unter anderem einen hundegroßen Schädel mit Fangzahn aus dem Perm, der keinem der bis dahin aus der modernen südafrikanischen Savanne bekannten Tier ähnelte. Den ersten dieser Schädel entdeckte er 1838 bei der Arbeit in der Nähe von Fort Beaufort, einem kleinen Dorf, das als religiöse Mission errichtet und später zu einem Militärlager umfunktioniert wurde. Da es vor Ort keine Museen gab, in denen er seine Fossilien hätte ausstellen können, schickte Bain ein paar davon nach London. Es stellte sich heraus, dass die Geologische Gesellschaft bereit war, dafür zu bezahlen, und so schickte er immer mehr.

In der britischen Hauptstadt fanden die Fossilien ihren Weg zu Richard Owen, dem berühmten Naturforscher und Anatom. Damals in den Vierzigern, war Owen im viktorianischen Großbritannien ein Titan des wissenschaftlichen Establishments und hatte erst ein paar Jahre zuvor das Wort »Dinosauria« geprägt, mit dem er die Skelette uralter Giganten beschrieb, die man in Südengland gefunden hatte. Jede Medaille und jeden Preis, den man im viktorianischen Königreich für wissenschaftliche Leistungen erhalten konnte, gewann er in seiner langen Karriere einmal, was wohl für die Genialität dieses angriffslustigen, paranoiden und heuchlerischen Egomanen spricht, der stets zu einem Streit aufgelegt war und sehr viel mehr Feindschaften als Freundschaften pflegte.

Im Jahr 1845 beschrieb Owen in einer Publikation einige von Bains Fossilien, von denen er eines *Dicynodon* nannte. Ein wirklich erstaunliches Tier mit reptilienartigem Kopf, einem Schnabel wie eine Schildkröte, aber auch zwei Furcht einflößenden Eckzähnen, die ihm seinen Namen einbrachten, der »Zwei-Hundezahn« bedeutet. Einer anderen Gattung, die er in einer späteren Publikation beschrieb, gab er den Namen *Galesaurus*, »Wieseleidechse«. Owens Namensgebung spiegelt, was er in dem Fossil erkannte: eine ungewöhnliche Mischung aus eidechsenähnlichen und säugetierähnlichen Merkmalen. Ganz besonders faszinierten ihn jedoch die Zahnreihen, die er in vielen von Bains Schädeln fand und die bekannte Unterteilung in Schneidezähne, Eckzähne und Backenzähne eines Säugetiergebisses aufwiesen. Ansonsten sahen diese Tiere, was Körperbau und Proportionen anging, aber aus wie Reptilien, weshalb Owen ein paar von ihnen fälschlich als Dinosaurier klassifizierte.

Er ermutigte Bain, noch mehr Fossilien zu sammeln, die er, sobald sie aus der fernen Kolonie bei ihm eintrafen, studierte und benannte. Obwohl sein Bestand an Karoo-Fossilien immer größer wurde, wusste Owen nicht so recht, wie er sie einordnen sollte. Sie wiesen zahlreiche Ähnlichkeiten mit Säugetieren auf, was er in Essays und Vorträgen und später auch seinem wegweisenden, 1876 veröffentlichten Katalog südafrikanischer Fossilien einräumte. Dennoch wollte er sie nicht als Vorfahren der Säugetiere oder Bindeglieder in der Evolutionskette zwischen primitiven, reptilienartigen Tieren und modernen Säugetieren aner-

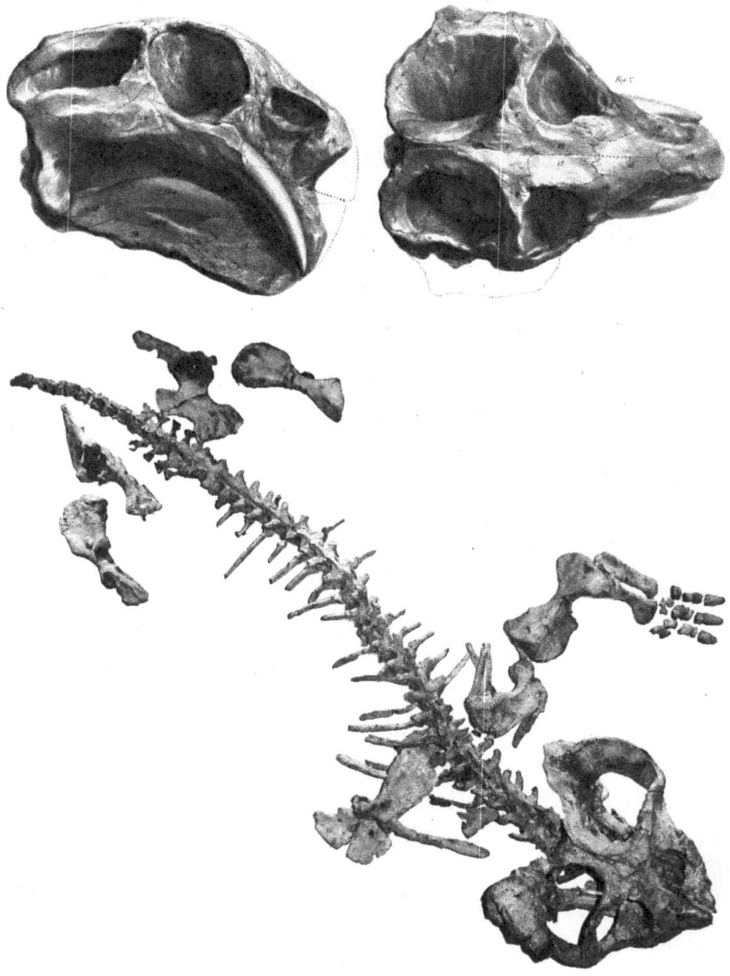

Dicynodontier, primitive synapside Vorgänger der Säugetiere: Schädel (oben) und Skelett (unten) eines *Dicynodon* aus Richard Owens Monografie aus dem Jahr 1845. (Foto: Christian Kammerer)

kennen. Das lag vor allem daran, dass er mit Charles Darwin in einem Dauerclinch lag, bei dem es um nichts Geringeres als die Evolution selbst ging. Als standhafter Konservativer und feuriger

Verfechter des Status quo lehnte Owen Darwins Evolutionstheorie der natürlichen Auslese rigoros ab und brachte eine bissige Kritik an Darwins *Über die Entstehung der Arten* zu Papier, die bis heute als eine der verfehltesten Schriften in der Geschichte der Wissenschaft gilt. Nicht, dass Owen nicht geglaubt hätte, dass die Arten sich verändern, das schon. Aber die Mechanismen, die Darwin dahinter sah, hielt er für komplett falsch. Hinzu kam, dass er schlicht einen persönlichen Groll gegen den Konkurrenten hegte.

Kein Wunder also, dass Darwins treuester Verteidiger, der Naturforscher Thomas Henry Huxley, die Säugetiermerkmale von Owens Karoo-Reptilien oder die Möglichkeit, dass die Säugetiere von diesen abstammten, nicht anerkennen wollte. Stattdessen stellte er eine These auf, die im Nachhinein wie eine Farce wirkt: Säugetiere, so Huxley, stammten von salamanderähnlichen Amphibien ab. Die Jahre zogen ins Land, und Owen und Huxley zankten sich immer weiter. Als sie in den 1890er-Jahren beide starben, war der Streit noch immer nicht beigelegt – obwohl die meisten neuen Funde für Owens Theorie sprachen. Eine dieser Neuentdeckungen war ein »Reptil« mit Rückensegel: *Dimetrodon.* Der Paläontologe Edward Drinker Cope – merken Sie sich diesen Namen, wir werden ihm später in einem noch abenteuerlicheren Kontext wieder begegnen –, der *Dimetrodon* und andere Fossilien aus Nordamerika beschrieb, sprach sich für eine Verbindung zwischen den »reptilienähnlichen« Pelycosauriern, Owens Karoo-Fossilien und den heutigen Säugetieren aus.

Endgültig bestätigt wurden Owen und Cope dann schlussendlich ein paar Jahrzehnte später von einem anderen Schotten, Robert Broom. Er war auf den Spuren Bains ebenfalls nach Südafrika ausgewandert war, um in der Karoo gezielt nach Fossilien von »säugetierartigen Reptilien« zu suchen und diese zu studieren. Broom war davon besessen, den Ursprung der Säugetiere zu finden. Mehrere Jahrzehnte praktizierte er in verschiedenen Provinzstädtchen als Arzt, suchte nebenbei nach Fossilien und ließ sich ab und an zum Bürgermeister wählen.

Während der ersten Hälfte des 20. Jahrhunderts war Broom einer der berühmtesten Wissenschaftler Südafrikas. Er verfasste mehr als 400 Artikel über Fossilien aus der Karoo und beschrieb über 300 Arten »säugetierartiger Reptilien«. Broom machte die Fossilien zu seiner Lebensaufgabe, er untersuchte die Karoo systematisch, indem er sich mit Farmern und Straßenbauern anfreundete und ihnen beibrachte, wie sie Fossilien erkannten.

Sein größtes wissenschaftliches Vermächtnis war der eindeutige Beweis für Copes hypothetische Verbindung zwischen den Pelycosauriern, den permischen Karoo-Fossilien und den Säugetieren. Im Jahr 1905 prägte er den Begriff »therapsid«, um eine große Zahl der »säugetierartigen Reptilien« der Karoo zu kategorisieren, und brachte überzeugende Argumente vor, weshalb die Säugetiere von diesen abstammen müssten. In den Jahren 1909 und 1910 besuchte er die Vereinigten Staaten, um dort die Fossilien von *Dimetrodon* und anderen Pelycosauriern zu untersuchen. Er stellte eindeutige Gemeinsamkeiten von Pelycosauriern und Therapsiden fest und publizierte daraufhin in einer wegweisenden Monografie seine These, dass diese eng miteinander verwandt seien. Damit brachte er zwei Dinge zusammen, die die Argumentation für eine Pelycosaurier-Therapsiden-Säugetier-Linie lieferten. Er stellte fest, dass Therapsiden fortschrittlicher waren als Pelycosaurier, insbesondere aufgrund ihrer gut entwickelten senkrechten Glieder, die ihnen erlaubten, aufrechter zu stehen, wodurch der Bauch einen größeren Abstand zum Boden hatte. In diesem Punkt waren sie den Säugetieren ähnlicher als die Pelycosaurier. Und daraus wiederum folgt, dass die Pelycosaurier zuerst da waren und die Therapsiden die nächste Stufe auf dem Weg zu den Säugetieren bildeten.

Aber wie sahen diese Therapsiden aus? Es gab Hunderte von Arten, die in verblüffender Vielfalt auftraten. Owens *Dicynodon*, den Namensgeber für die vielfältigste Untergruppe von Therapsiden im Perm, die Dicynodontier, haben wir bereits kennengelernt. Nachdem Owen es benannt hatte, wurde *Dicynodon* zu einer Art Berühmtheit, die 1854 in der legendären Crystal-Palace-

Ausstellung in London einen Platz neben den neu entdeckten Dinosauriergattungen *Iguanodon* und *Megalosaurus* bekam. Die beiden Dicynodontier-Modelle, die viel dazu beitrugen, die viktorianischen Massen mit der prähistorischen Welt bekannt zu machen, sind zwar etwas in die Jahre gekommen, können aber auch heute noch besichtigt werden. Der Ruhm hatte jedoch auch seine Schattenseiten. Als erster Vertreter der neu entdeckten Gruppe der Dicynodontier wurde die Bezeichnung *Dicynodon* zur taxonomischen Schutthalde für unzählige neue Fossilien. So wurden *Dicynodon* in den darauffolgenden 150 Jahren nicht weniger als 168 neue Arten zugeordnet, was Broom zu einer Klage über die »schwierigste Gattung, mit der wir uns zu befassen haben«, veranlasste, die ihm »großes Kopfzerbrechen« bereite.

Erst 2011 brachte ein anderer, ebenso leidenschaftlicher und detailverliebter Paläontologe Ordnung in dieses Chaos: Christian Kammerer. Jahrelange akribische Forschungen gipfelten schließlich in einer monografischen Neubewertung des *Dicynodon*, die er in unserem Büro im American Museum of Natural History schrieb, einer der gemeinsamen Stationen unserer sich immer wieder kreuzenden akademischen Wege. Er beschreibt darin nur zwei echte Arten des *Dicynodon* – alles andere, was einst als solches bezeichnet wurde, gehörte einer nur sehr weitläufig verwandten Gruppe der *Dicynodon*-Linie an, die aus mehreren unterschiedlich großen Spezies mit divergierenden Merkmalen ihren eigenen weitverzweigten Stammbaum bildeten. Das heißt, was jahrelang im *Dicynodon*-Papierkorb landete, war in Wirklichkeit eine unglaubliche Vielfalt an eigenen Arten.

Dicynodontier waren weltweit in den meisten Landökosystemen des mittleren Perms die größte Gruppe von Synapsiden und oft auch der Wirbeltiere insgesamt. Sie waren Pflanzenfresser und lebten vermutlich in großen sozialen Gruppen. Die meisten Dicynodontier waren – abgesehen von den an ein Walross erinnernden Stoßzähnen – zahnlos, was sie durch einen Schnabel ausglichen, mit dem sie Blätter und Zweige abrissen, die sie dann mit den Kiefern zermalmten. Wenn sie mit ihren kurzen Beinen, den aufgeblähten Bäuchen und grotesk kurzen Schwänzen Blätter von den Ästen zogen oder mit ihren dicken vorderen Gliedmaßen und Stoßzähnen Wurzelknollen ausgruben, müssen sie ein unverkennbares Bild abgegeben haben.

Für kurze Zeit teilten sich Dicynodontier die Nische der Pflanzenfresser mit einer anderen Untergruppe von Therapsiden, den Dinocephaliern. Diese Tiere verdanken ihren Namen (Griechisch für »schreckliche Köpfe«) den extrem dicken und sta-

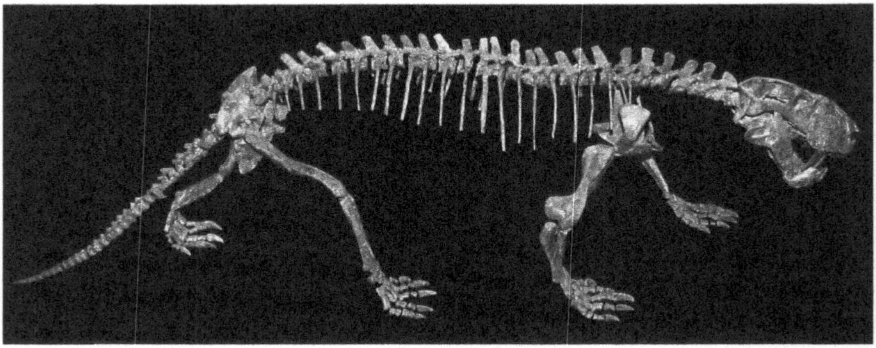

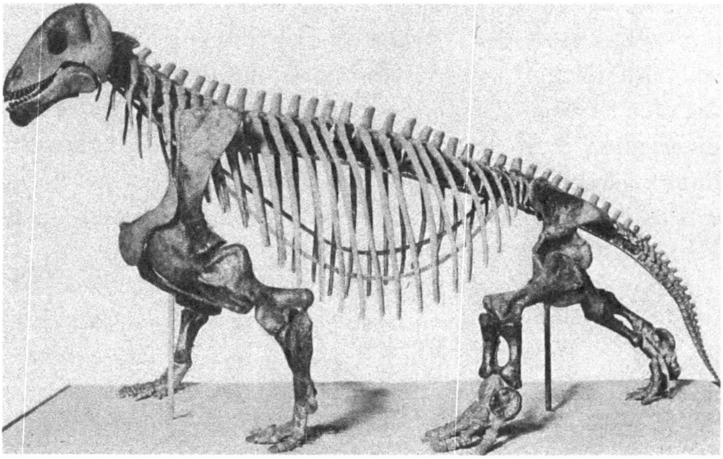

Therapsiden, primitive synapside Vorfahren der Säugetiere: ein Gorgonopsier mit Säbelzähnen (oben) und ein auf Kopfstöße spezialisierter Dinocephalier *Moschops* (unten). (Fotos: H. Zell und AMNH Library)

bilen, häufig mit hässlichen Knorpeln, Beulen oder Hörnern besetzten Schädelknochen. Der Schädel einer Gattung namens *Moschops*, mit dem diese wahrscheinlich Rivalen im Kampf um einen Partner oder Territorium Kopfstöße versetzten, war rund 12 Zentimeter dick. Wahrscheinlich sahen sie mit ihren grotesken Schädeln, wuchtigen Körpern und gewölbten Rücken aus wie die Ungeheuer aus *Wo die wilden Kerle wohnen.* Stellen Sie sich zwei *Moschops*-Alphatiere vor, wie sie ihre Köpfe gegeneinanderschlagen, während der Rest der Herde vor Schreck gelähmt im Kreis um sie herumsteht. Eine grässliche Szene, insbesondere wenn man weiß, dass nicht alle Dicynodontier Vegetarier waren. Es gab unter ihnen auch überzeugte Fleischfresser, von denen einer, *Anteosaurus*, bis zu 5 Meter lang wurde und circa eine halbe Tonne wog, was dem durchschnittlichen Gewicht eines Eisbären entspricht. Bevor die modernen Säugetiere auf der Bildfläche erschienen, war *Anteosaurus* eines der größten synapsiden Raubtiere, die je gelebt hatten.

Es gab noch einen anderen therapsiden Raubtiertyp, der zwar ein bisschen kleiner, aber wahrscheinlich deutlich bösartiger war. Ich spreche von Gorgonopsiern, den Schrecken des mittleren und späten Perms. Ihre Größe variierte zwischen der eines kleinen Hundes und Monstern wie *Inostrancevia*, die bis zu 3,5 Metern lang und 300 Kilo schwer wurden, mit einem 60 Zentimeter langen Kopf. Ihre fieseste Waffe waren die verlängerten Eckzähne im Säbelzahnstil. Sie konnten das Maul absurd weit aufreißen und schufen dadurch genügend Platz, um diese Zähne durch das Fell in die Luftröhre ihrer Opfer zu schlagen. Im Gegensatz zu den Säbelzahntigern – die wie wir echte Säuger waren – wuchsen den Gorgonopsiern die Zähne jedoch ein Leben lang nach. Das heißt, sie attackierten ihre Opfer in der Gewissheit, dass ein abgebrochener Eckzahn noch nicht das Ende ihrer Prädatorenlaufbahn bedeutete. Ergänzt wurde ihr dentales Waffenarsenal noch durch kneifzangenähnliche Schneidezähne, mit denen sie ihre zappelnde Beute packten, und stark hervortretende Kiefermuskeln, die hinten und seitlich deutlich breiter waren als die anderer

Therapsiden. Was sie allerdings nicht waren: auffällig intelligenter. Sie hatten noch immer die bescheidenen, röhrenförmigen Gehirne ihrer Vorfahren, der Pelycosaurier.

Diese und andere Therapsiden setzten sich in der Welt des mittleren und späten Perms durch und beanspruchten – wie später die Dinosaurier und dann die Säugetiere – die Herrschaft für sich. Unterschiedliche Therapsidenarten bildeten komplexe Ökosysteme, die sich zum ersten Mal in der Geschichte der Erde vom Wasser komplett gelöst hatten. Ein erster Zwischenstopp auf dem Weg dorthin waren, wie Sie sich sicher erinnern, die Pelycosaurier des frühen Perms, die jedoch noch in der Nähe von Flüssen und Seen lebten und Teil einer Nahrungskette waren, zu der auch Haie und Fische gehörten. Die Therapsiden der Karoo hingegen bildeten eine Gemeinschaft, die sich in ihrer allgemeinen ökologischen Struktur von der Fauna der heutigen afrikanischen Savanne kaum unterschied. Große Herden pflanzenfressender Dicynodontier, die den fleischfressenden Gorgonopsiern zahlenmäßig um ein Zehnfaches überlegen waren, bildeten die Basis der Nahrungspyramide. Die Pflanzen an Land waren die Primärproduzenten, die pflanzenfressenden Therapsiden die Primärkonsumenten, die fleischfressenden Therapsiden die Prädatoren an der Spitze – kein allzu großer Unterschied zu dem Trio aus Gräsern, Gnus und Löwen der heutigen Savanne.

Die komplette Artenvielfalt der Therapsiden – von Dicynodontiern bis zu Dinocephaliern, Gorgonopsiern und den vielen Untergruppen, die ich hier gar nicht erwähnt habe – stammt von einem einzigen gemeinsamen Vorfahren ab, einem mittelgroßen, fleischfressenden Pelycosaurier, der zwischen 50 und 100 Kilo auf die Waage brachte und nicht länger lebte als bis ins frühe mittlere Perm. Es hat den Anschein, dass dieser Vorfahre und die frühen Therapsiden, die aus ihm hervorgingen, aus gemäßigten Regionen kamen – weit entfernt von den feuchten Tropengebieten, in denen immer sommerliche Temperaturen herrschten.

Die frühen Therapsiden fingen an, etwas sehr Ungewöhnliches zu tun: Sie fuhren ihren Stoffwechsel hoch, was ihnen eine bessere Kontrolle ihrer Körpertemperatur ermöglichte. Die Gründe dafür sind nicht wirklich klar. Vielleicht waren sie durch die höhere Lage ihrer Heimat gezwungen, sich an das jahreszeitliche Wetter anzupassen, und überlebten dank der besseren Einstellung ihrer inneren Heizung sowohl Kältephasen als auch Hitzewellen. Vielleicht war es aber auch der Hunger, der diese Entwicklung vorantrieb. Die Vorgänger der Therapsiden, die Pelycosaurier, bewegten sich auf ihren abgespreizten Beinen wahrscheinlich nur langsam. Das heißt, sie waren »abwartende« Räuber, die die meiste Zeit auf der Lauer lagen und hin und wieder aus ihrer Deckung schnellten, um sich ein Beutetier zu schnappen. Manche Therapsiden entwickelten sich dann zu Jägern, die auf der Suche nach Beute weite Gebiete durchstreiften. Diese Art zu jagen erfordert deutlich mehr Energie und damit einen höheren Stoffwechsel. Die Debatte um die Ursachen ist noch im Gange; daran, dass die Physiologie der Therapsiden sich im Perm veränderte, besteht jedoch kein Zweifel. Ungeachtet der Gründe machten diese Tiere die ersten entscheidenden Entwicklungsschritte in Richtung eines der typischsten Säugetiermerkmale: eines warmblütigen (in wissenschaftlichen Kategorien auch endothermen) Stoffwechsels.

Es gibt einige wenige Indizien dafür, dass Therapsiden – obwohl sie noch keine echten Warmblüter waren – schneller wuchsen und auch sonst einen aktiveren Stoffwechsel hatten als die Pelycosaurier. Die wichtigsten Hinweise hierzu geben dünner als eine Scheibe Salami geschnittene Knochen auf einem Objektträger. Sieht man sie sich unter dem Mikroskop etwas genauer an, deuten die unterschiedlichen Strukturen auf ein unterschiedlich schnelles Wachstum hin. Manche Knochen weisen sogar Jahresringe auf, an denen sich – wie bei Baumstämmen – ablesen lässt, wie alt ein Tier war, als es starb. Eine Pionierin auf diesem Gebiet, der sogenannten Knochenhistologie, ist die südafrikanische Paläontologin Anusuya Chinsamy-Turan, eine weltweit anerkannte Expertin für die Bestimmung der Wachstumsgeschwindigkeit anhand der Struktur fossiler Knochen. 2005 kürte man sie aufgrund ihrer wissenschaftlichen Arbeit sogar zu Südafrikas Frau des Jahres.

Anusuya und ihre Kolleginnen Sanghamitra Ray und Jennifer Botha schnitten unzählige Knochen von Therapsiden in Scheiben, insbesondere Rippen und Gliederknochen von Dicynodontiern und Gorgonopsiern. Dabei stellten sie fest, dass eine sogenannte fibrolamellare Knochenstruktur, die ein willkürlich verschlungenes Muster aufweist, dominierte – das Resultat eines sehr schnellen Wachstums. Die Knochen hatten sich so rasant gebildet, dass Kollagen und Mineralien sich in zufälligen Mustern ablagerten, durch die sie sich von den Knochen langsamer wachsender Tiere, die eine regelmäßigere, lamellare Knochenstruktur mit ordentlichen Schichten aus Mineralkristallen aufweisen, unterschieden. Dass fibrolamellare Knochen sehr weitverbreitet nachgewiesen wurden, lässt darauf schließen, dass diese Therapsiden, zumindest zeitweise, sehr schnell wuchsen. Da die Knochen aber auch Wachstumslinien aufwiesen, musste das Wachstum zwischendurch ausgesetzt haben, vermutlich im

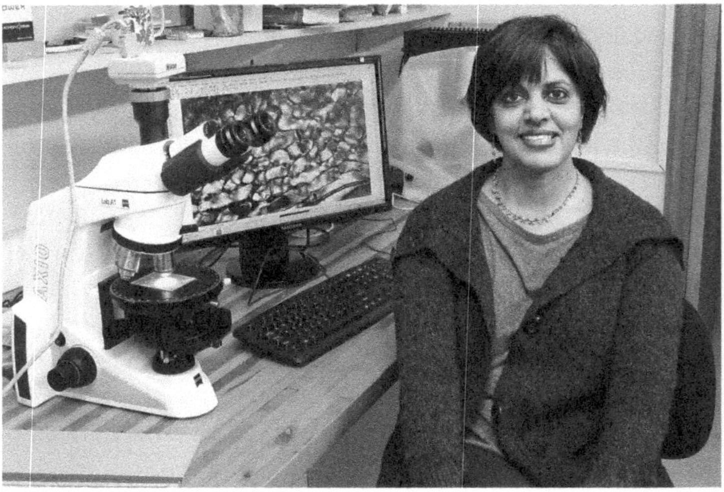

Anusuya Chinsamy-Turan beim Studium mikroskopischer Aufnahmen von Knochen in ihrem Labor.

Winter oder in der Trockenzeit. Im Vergleich zu den typischen »Reptilienarten« wuchsen diese Therapsiden also deutlich schneller und konnten bis zu einem gewissen Grad ihre Körpertemperatur kontrollieren, wenngleich sie wahrscheinlich nicht in der Lage waren, diese wie echte Warmblüter konstant hoch zu halten.

Es gibt neben den Knochen aber auch noch einen anderen Hinweis auf den erhöhten Stoffwechsel und die besser kontrollierte Körpertemperatur bei Therapsiden.

Haare.

Die Therapsiden, so scheint es, haben das Haar erfunden. Koprolithe – versteinerter Kot –, in denen man Therapsidenknochen fand, enthielten auch Klumpen aus haarähnlichen Strukturen. Die Funde sind nicht eindeutig, aber wenn es sich tatsächlich um Haare handelt, ist die Wahrscheinlichkeit, dass diese zu den Therapsiden gehörten, sehr hoch. Unabhängig davon gibt es aber noch einen eindeutigeren Beweis für die therapside Behaarung: Viele Fossilien weisen in den Gesichtsknochen ein Netz aus Vertiefungen und Rillen auf, das an die Versorgungskanäle erinnert, durch die die Tasthaare moderner Säugetiere mit Blutbahnen und Nervensystem verbunden sind. Das heißt nicht unbedingt, dass Therapsiden ein Fell hatten, also am ganzen Körper behaart waren. Es ist nicht auszuschließen, aber sehr viel wahrscheinlicher ist, dass sie nur spärlich behaart waren oder die Behaarung sich auf Stellen wie Kopf oder Nacken beschränkte. Entscheidend ist, dass die Behaarung offenbar auf die Therapsiden zurückgeht.

Haare oder Fell sind eine der wesentlichen neuen Errungenschaften der Säugetiere. Sie sind ein fundamentaler Bestandteil unserer fleischigen, mit Drüsen versehenen Haut, die so ganz anders ist als das schuppige Integument unserer Vorgänger, der Tetrapoden, das bei heutigen Reptilien erhalten blieb. Anfangs waren Haare wahrscheinlich eine Wahrnehmungshilfe (wie Tasthaare), ein Balzmerkmal oder Teil eines drüsenbasierten Systems zum Schutz gegen Nässe, das später zu einer Körperbedeckung für den Wärmeerhalt umfunktioniert wurde. Eine starke Körperbehaarung ist stets ein sicheres Zeichen, dass ein Tier Körperwärme erzeugt und alles tut, um zu verhindern, dass diese wieder entweicht. Heizen ist teuer. Wenn wir unsere Heizungen voll aufdrehen, machen wir auch die Fenster zu, damit die Heizkosten nicht ins Unermessliche steigen. Die Behaarung ist das geschlossene Fenster der Säugetiere.

Das schnellere Wachstum und der höhere Stoffwechsel bei Therapsiden waren entscheidende evolutionäre Errungenschaften, die mit einer Reihe anderer Veränderungen in deren Anatomie und Biologie einhergingen. Die Gliedmaßen rückten mehr unter den Körper, was zu einer aufrechteren Haltung führte, wie Broom bei seinem Vergleich der Therapsiden mit ihren Vorgängern, den Pelycosauriern, feststellte. Dicynodontier hatten senkrechte Hinterbeine und abgespreizte Vorderbeine, was nicht nur an der Form der Schultern und Hüftgelenke abzulesen ist, sondern auch an fossilen Fußspuren, bei denen die hinteren Abdrücke näher beieinanderliegen als die vorderen. Bei den weiterentwickelten Gorgonopsiern waren dann Vorder- und Hinterbeine senkrecht und die Glieder insgesamt beweglicher. Das unpraktische schraubenförmige Schultergelenk, das den Pelycosauriern einen merkwürdig ausholenden Gang aufzwang, verloren die Therapsiden, wodurch die vorderen Gliedmaßen frei waren, alle möglichen neuen Dinge zu tun – wie laufen, graben oder klettern.

All diese Veränderungen vollzogen sich gemeinsam, und in den meisten Fällen ist schwer zu sagen, was was bedingte. Tom Kemp, ein anerkannter Experte für frühe Säugetiere, spricht von einer »korrelierenden Progression«: Viele anatomische, funktionale und verhaltensbezogene Aspekte der Therapsiden veränderten sich zeitgleich und führten – Schritt für Schritt – zu den charakteristischen Merkmalen moderner Säugetiere. Oder anders ausgedrückt, die Therapsiden entwickelten sich im Laufe des Perms nach und nach zu Säugetieren.

# 2

# ENTSTEHUNG DER SÄUGETIERE

*Thrinaxodon*

**In der Ferne grollte der Donner**, und es regnete in Strömen, als ein kleines Tier den Kopf aus seinem Bau steckte und mit zuckender Nase die Schnurrhaare in den Wind hielt. Höchste Zeit, hier zu verschwinden.

Als die wieselgroße Kreatur – ein *Thrinaxodon* – vor ein paar Monaten seinen Bau gegraben hatte, hatte es seit Monaten nicht mehr geregnet gehabt. Die Erde war staubig, der Fluss fast ausgetrocknet, und von den Farnen und Bärlapppflanzen, die einst dessen Ufer gesäumt hatten, standen nur noch vereinzelte welke Reste. Windhosen fegten durchs Tal und überzogen ganze Herden dickbauchiger Pflanzenfresser, die auf der verzweifelten Suche nach den letzten essbaren Blättern und Wurzeln waren, mit einer Schicht aus Staub. Einige von ihnen waren bereits tot. Halb verdeckt lagen ihre mumifizierten Kadaver in den Dünen, eine dystopische Szenerie, der die hoch aufragenden Stoßzähne einen noch düstereren Anstrich verliehen.

Es gab nichts mehr zu fressen, weder Insekten noch schmackhafte Amphibien, nur noch die letzten ausgedörrten Fleischfetzen an den Knochen der Kadaver. Dem haarigen Kerlchen war keine Wahl geblieben: Es musste sich für eine Weile in seinem Bau vergraben und wertvolle Energie einsparen, bis die Bedingungen wieder besser wurden.

Nun, als wäre ein Hebel umgelegt worden, peitschte der Monsunregen durch das Tal. Der Fluss war über die Ufer getreten, und Wasser drang in die runde Kammer des Baus, in der das *Thrinaxodon* sich ausgeruht hatte. Grüne Sprösslinge reckten die Köpfe aus dem Schlamm, den der angeschwollene Fluss über die Dünen und Kadaver gespült hatte. Die Welt war eine andere. Endlich war das Leben zurückgekehrt, die monatelange Trockenheit nur noch eine ferne Erinnerung. Aber in dieser bipolaren Welt würde der Regen nicht lange anhalten. Dem *Thrinaxodon* blieb nicht viel Zeit.

Zuallererst musste es fressen und seinen Stoffwechsel wieder in Gang bringen. *Thrinaxodon* war ein unersättlicher Vielfraß, dessen gewaltiger Appetit sein schnelles Wachstum begünstigte und ihm die Energiereserven verschaffte, dank derer es sich während der Monate des Torpors in seinen Bau zurückziehen und seine Körpertemperatur halten konnte. Das Fasten hatte es noch hungriger gemacht, als es ohnehin schon war, und der Gedanke, seine mit spitzen Höckern versehenen Zähne in den Panzer eines Insekts oder die schleimige Haut einer der kleinen Amphibien zu schlagen, die sich jetzt in der Nähe des Flusses versammelten, ließ ihm das Wasser im Maul zusammenlaufen.

Sobald sein Bauch voll war, konnte es sich seiner nächsten Aufgabe widmen: der Partnersuche. Das *Thrinaxodon*, das am Ende der letzten Regenzeit geboren wurde, war noch kein Jahr alt. Ein paar Wochen war es mit Mutter und Geschwistern unterwegs gewesen, hatte Insekten geknuspert und sich mit der Topografie des Flusstals vertraut gemacht. Dann war es allein weitergezogen, um sich ein nettes Fleckchen matschiger Flussebene zu suchen, an dem es sich eingraben und in seinem Bau zusammenrollen konnte, sobald die Hitze unerträglich würde. Mit dem zurückkehrenden Regen hatte es die vielleicht einzige Chance, sich zu paaren, in einem ungewöhnlich kurzen Leben, das nicht lange nach der Geburt in die Bewegungslosigkeit überging, um dann in einem finalen Rausch der Völlerei und Fortpflanzung zu enden.

Aber es hatte Glück, an potenziellen Partnern mangelte es nicht. Die Ebene war zu beiden Seiten des Flusses mit *Thrinaxodon*-Höhlen übersät, deren schmale, nach oben offene Ausgänge den Boden in eine pockennarbige Mondlandschaft verwandelt hatten. Überall entdeckte das *Thrinaxodon* Artgenossen, die ebenfalls die zuckenden Nasen aus ihrem Bau streckten. Der Regen rann ihnen über die haarigen Gesichter, während ihre Barthaare zu ertasten versuchten, was da draußen vor sich ging. Sie alle stellten sich dieselbe Frage: fliehen oder bleiben?

Unser *Thrinaxodon* traf eine Entscheidung. Es faltete die Beine unter den Körper und quetschte sich aus seinem Bau. Als es in die nasse, schlammige Ebene hinaustrat, spreizte es die Gliedmaßen wieder weit ab, um sich gegen jegliche Gefahr zu wappnen. Eine Weile sah es noch unschlüssig zu, wie sich sein Bau mit Wasser füllte, dann machte es sich auf den Weg in eine unsichere Zukunft. Vielleicht erwarteten es hier draußen Nahrung und eine Partnerin, vielleicht auch nicht. Sein Leben würde so oder so bald schon wieder vorüber sein.

Es waren interessante Zeiten, aber das wusste das *Thrinaxodon* nicht. Um sich seines Platzes in der Geschichte des Lebens, der Evolution oder der Erde bewusst zu sein, fehlte ihm das nötige Hirnschmalz. Aber seien wir ehrlich, wer ist sich dessen schon wirklich bewusst – gefangen im Moment, haben auch wir nicht viel mehr als die nächste Mahlzeit, die Familie oder eine Million anderer Dinge im Blick. Dass wir mitten in einem gewaltigen Umbruch stecken, stellen wir meist erst im Nachhinein fest, wenn die Dinge sich wieder beruhigt haben. Unser *Thrinaxodon* erlebte, wie sich später herausstellen sollte, einen der größten Kataklysmen der Erdgeschichte – einen kurzen Zeitraum zwischen 10 000 und 100 000 Jahren, der mit einem katastrophalen Massenaussterben, von dem sich die Erde nur zögerlich wieder erholen sollte, begann, der jedoch entscheidend dazu beitrug, dass sich aus der Ordnung der Therapsiden die Säugetiere entwickelten.

***Thrinaxodon* ist ein Cynodontier**, der vor ungefähr 251 Millionen Jahren zu Beginn der Trias lebte. Cynodontier gehörten zur »Stammlinie« der Säugetiere und neben den Dicynodontiern mit ihren Stoßzähnen (die mumifizierten Kadaver unserer Geschichte), den Kopfnüsse verteilenden Dinocephaliern und den säbelzahnwetzenden Gorgonopsiern zur Gruppe der Therapsiden. Die Therapsiden entwickelten sich aus den Pelycosauriern, die von den »schuppigen Gesellen« abstammten, die sich zu Zeiten der Karbonwälder in die Linien der Synapsiden und Diapsiden trennten, die wiederum auf die Tetrapoden zurückgehen, die sich ihrerseits einst aus Fischen entwickelten, die an Land krochen und anfingen, amniotische Eier zu legen.

Das alles haben wir im vorangegangenen Kapitel gelernt. Aber das Leben reicht natürlich noch sehr viel weiter zurück. Fische entwickelten sich aus den ersten Wirbeltieren, winzigen Schwimmtierchen, die während der Kambrischen Explosion – einer Flutwelle evolutionärer Veränderungen vor circa 540 bis 520 Millionen Jahren – ihre Körper mit Knochen zu verstärken begannen. Es war derselbe Zeitraum, in dem auch viele der heute bekannten Meerestierarten sich diversifizierten und ihre typischen Skelette ausbildeten – Weichtiere wie Mies- oder Venusmuscheln, Stachelhäuter wie Seeigel oder Seesterne, Gliederfüßer wie Garnelen oder Krebse. All diese Tiere hatten Vorfahren, deren weiche Barbapapa-Körper im Ediacarium, also vor ungefähr 600 Millionen Jahren, ihre geisterhaften Abdrücke im Sandstein hinterließen. Sie waren die ersten Tiere, die sich aus sich zu größeren und komplexeren mehrzelligen Formen zusammenrottenden Bakterien entwickelt hatten. Das geschah vor ungefähr zwei Milliarden Jahren, nachdem sich noch einmal zwei Milliarden Jahre davor die ersten einzelligen Bakterien entwickelt hatten, eine halbe Milliarde Jahre nachdem die Erde aus einer Wolke aus Gas und Staub entstanden war.

Das Leben ist also ein vier Milliarden Jahre andauerndes evolutionäres Spektakel, das selbstverständlich noch immer nicht zu Ende ist. Und in all dieser Zeit war das Leben seiner Ausrottung – einer vollständigen Auslöschung, die nur kahle Erde zurückgelassen hätte – nie näher als an der Perm-Trias-Grenze vor circa 252 bis 251 Millionen Jahren, also nicht lange bevor das *Thrinaxodon* sich in seinen Bau in der Karoo des heutigen Südafrika verkroch, während der Planet gerade anfing, sich von der Katastrophe zu erholen.

Das endpermische war das größte Massenaussterben aller Zeiten. Mehr als 90 Prozent aller Arten, vielleicht mehr, fielen ihm zum Opfer. Im Gegensatz zu anderen Massakern der Fossilgeschichte haben wir es hier jedoch nicht mit einem ungelösten Fall zu tun. Wir kennen die Täter. Es waren Vulkane – sogenannte Megavulkane –, gespeist von einem Magma-Hotspot tief im Inneren der Erdkruste unter dem heutigen Sibirien, das damals den nördlichen Rand des Superkontinents Pangäa bildete. Derartige Eruptionen haben menschliche Augen nie gesehen – zum Glück. Die Dimensionen sind für uns unvorstellbar. Mehrere Hunderttausend Jahre lang spuckte die Erde Feuer aus gewaltigen Rissen. Der Planet war überzogen mit einem Netz aus kilometerlangen Vulkanschloten, aus denen die Lava blutete, als hätte man die Erde mit einer gigantischen Machete niedergemetzelt. Feuersbrünste und ruhigere Phasen wechselten sich ab, und als es schließlich vorüber war, waren mehrere Millionen Quadratkilometer der Pangäa mit einer Kruste aus Basalt – ausgehärteter Lava – überzogen. Auch heute noch, nach über 250 Millionen Jahren Erosion, erstreckt sich diese Basaltschicht über circa 2,5 Millionen Quadratkilometer – was ungefähr der Größe Westeuropas entspricht.

Die Vulkane bereiteten der friedlichen Welt der Therapsiden, in der die frühen Vorfahren der Säugetiere glücklich über die Sichel der Pangäa flanierten, ein jähes Ende. Es gab unendlich viele von ihnen, Spezies jeglicher Form und Größe, mit Stoßzähnen oder Schnäbeln, schlagkräftigen Schädeln oder spitzen Eckzähnen, die die unterschiedlichsten Dinge fraßen und als zähnebleckende Raubtiere oder vegetarische Gourmets zahlreiche Nischen besetzten. In der Endphase des Perms, kurz bevor die ersten Vulkane anfingen zu brodeln, sah es aus, als würde die Herrschaft der Therapsiden noch lange fortdauern. Aber es sollte nicht sein.

Im späten Perm lebten viele Therapsiden im heutigen Russland, nicht allzu weit entfernt von den Vulkanen. Gorgonopsier schlugen ihre Säbelzähne in Dicynodontier, und Cynodontier lauerten in den Samenfarnwäldern ihrer Beute auf. Wahrscheinlich waren sie die ersten Opfer, die wie in einem klischeehaften Katastrophenfilm von den Lavamassen buchstäblich verschlungen wurden. Aber sie blieben nicht die einzigen. Die Vulkane waren sehr viel tödlicher, als es zunächst den Anschein hatte, da mit der Lava unbemerkt auch giftige Gase wie Kohlendioxid und Methan an die Oberfläche stiegen, die in die Atmosphäre sickerten und sich über die gesamte Welt verteilten. Diese sogenannten Treibhausgase heizen die Atmosphäre auf, indem sie die von der Erdoberfläche abgestrahlte Wärme absorbieren und wieder zurückschicken, was zu einem unkontrollierten Temperaturanstieg führt. Innerhalb weniger Zehntausend Jahre wurde es dadurch auf der Erde um 5 bis 8 Grad wärmer – was in etwa der derzeitigen Erderwärmung entspricht. Nur dass die Temperaturen damals deutlich *langsamer* stiegen als heute (eine Tatsache, die uns zu denken geben sollte). Wie auch immer, die höheren Temperaturen sorgten für eine Übersäuerung der Meere und entzogen ihnen den Sauerstoff, was ein weitverbreitetes Sterben wirbelloser Schalentiere und anderer Meerestiere nach sich zog.

An Land war es nicht besser. Und die besten Beweise für das damalige Geschehen – was starb aus, was überlebte, und was erholte sich wie schnell? – liefert die Karoo. Mit den Vulkanausbrüchen und der Erwärmung der Atmosphäre wurde das Klima in der Karoo zu Beginn der Trias heißer und trockener. Die jahreszeitlichen Wechsel waren ausgeprägter, ebenso wie die Temperaturunterschiede zwischen Tag und Nacht. Die Karoo wurde zu der Wüste, die sie auch heute noch ist, mit einem entscheidenden Unterschied: Gelegentlich wurde sie von Monsunregen heimgesucht, die quer über die Pangäa trieben. Die Artenvielfalt der Permwälder, in denen das Samenfarn *Glossopteris* und immergrüne Nacktsamer dominierten, kollabierte, und die Pflanzenwelt erlebte ihr zweites und vorerst letztes Massenaussterben nach dem Kollaps der Karbonwälder rund 50 Millionen Jahre früher. Farne und Bärlapppflanzen, sehr viel kleinere Verwandte der *Lepidodendron*-Bäume, die einst in den Kohlesümpfen standen, nahmen deren Platz ein. Da sie Sporen und keine Samen bildeten, wuchsen sie schneller und kamen besser mit den extremen Jahreszeiten und schwankenden Niederschlägen zurecht. Mit der sich verändernden Vegetation verschwanden in der Trias auch die breiten, mäandernden Flusssysteme des Perms und wurden durch schnell fließende, schmale Wasserläufe ersetzt, die in den trockenen Monaten zu Rinnsalen verkümmerten und ohne das Wurzelwerk großer Bäume, die die Ufer befestigten, in der Regenzeit das Land überfluteten.

Die Eskapaden ihrer Umwelt hatten auf die Tiere der Karoo, insbesondere die Therapsiden, desaströse Auswirkungen. Bevor sie ausstarben, lebten sie in einer gut funktionierenden Gemeinschaft aus mehreren pflanzenfressenden Dicynodontiern am Ende der Nahrungskette, die von kleinen Fleischfressern, den Biarmosuchiern – ebenfalls Therapsiden mit beeindruckenden Hintern und kleinen Hörnern auf dem Kopf – verschlungen wurden, von denen sich wiederum die Gorgonopsier, die Spitzenprädatoren, ernährten. Eher seltene Cynodontier wie *Charassognathus* – das älteste bekannte Mitglied dieser Gruppe von der Größe eines Eichhörnchens – fraßen Insekten und teilten sich die Nische der kleinen Wirbeltiere mit einer Vielzahl von Amphibien und Reptilien, von denen manche ebenfalls Käfer und der Rest Fisch fraß. Mit dem sich verändernden Klima verschwand der Wald jedoch und mit ihm zwischen 70 und 90 Prozent der Oberflächenvegetation. Das gesamte Ökosystem brach in sich zusammen wie ein Kartenhaus. Das Nahrungsnetz wurde zu Beginn der Trias – mit nur noch wenigen Pflanzen- und Fleischfressern – deutlich grobmaschiger und litt dann ungefähr fünf Millionen Jahre unter wiederkehrenden Boom-Bust-Zyklen, bis es sich, nachdem die Vulkanausbrüche aufgehört und die Temperaturen sich normalisiert hatten, schließlich wieder stabilisierte.

Den Therapsiden blühte damals eines von drei möglichen Schicksalen. Erstens, auszusterben – wie beispielsweise die Gorgonopsier, die in der Trias mit ihren Säbelzähnen und weit aufgerissenen Mäulern keine Beutetiere mehr in Angst und Schrecken versetzten. Zweitens, zu überleben, aber zu degenerieren – wie die Dicynodontier, die der Katastrophe zwar trotzten, ohne jedoch an ihre Erfolge im Perm anknüpfen zu können, sodass sie nach und nach verkümmerten, bis das nächste Massenaussterben am Ende der Trias sie schließlich für immer von ihrem Elend erlöste. Und drittens, zu überleben und am Ende zu triumphieren – wie die Cynodontier. Ihnen konnte nichts etwas anhaben, weder die Vulkanausbrüche noch die globale Erwärmung, noch Dürren, Monsunregen, der Kollaps der Wälder, die Implosion der Ökosysteme oder die mühsamen fünf Millionen Jahre der Regeneration, aus denen sie nur umso stärker hervorgingen. In den noch verbleibenden 50 Millionen Jahren der Trias diversifizierten sie sich fröhlich weiter und entwickelten eine enorme Vielfalt neuer Spezies – große und kleine, Fleischfresser und Pflanzenfresser –, und eine dieser Cynodontierlinien entwickelte mehr und mehr »säugetierartige« Merkmale, bis schließlich ein echtes Säugetier entstand.

Hier stellt sich die Frage, weshalb ausgerechnet die Cynodontier – plus ein paar entfernter Verwandter der Dicynodontier – überlebten? Ich erinnere mich noch genau, wann ich es erfahren habe. Es war 2013 in Los Angeles beim jährlichen Treffen der Society of Vertebrate Paleontology. Ich hatte gerade meine Doktorarbeit abgeschlossen, meinen neuen Job an der Universität von Edinburgh angefangen und stellte dort im Rahmen des Alfred Sherwood Romer Prize – benannt nach dem legendären Harvard-Paläontologen, der in Nova Scotia die im vorigen Kapitel erwähnten Baumstümpfe mit frühen Synapsiden entdeckte – die Ergebnisse meiner Arbeit über die Abstammung der Vögel von den Dinosauriern vor. Der Romer Prize ist die renommierteste Auszeichnung, die ein Uniabsolvent in meinem Fachbereich erhalten kann. Leider gewann nicht ich, sondern Adam Huttenlocker, der das Publikum mit seiner Erklärung zum rätselhaften Überleben der Cynodontier am Ende des Perms fesselte. Als er sich wieder setzte, hatte ich mich bereits in mein Schicksal gefügt. Keiner hatte den Preis mehr verdient als er. Ein weiteres Mal hatten die Säugetiere (oder in diesem Fall die Protosäuger) über die Dinosaurier triumphiert.

Adam beschrieb ein eigenartiges Phänomen während und nach dem Massenaussterben: den Lilliput-Effekt. Benannt nach der fiktiven, von winzigen Menschen bewohnten Insel in *Gullivers Reisen,* handelt es sich dabei um das Schrumpfen von Tierarten, die ein Massenaussterben überleben und sich danach wieder ausbreiten. Dieser Effekt tritt nicht immer ein, aber im Fall der Cynodontier und ihrer nahen Verwandten war es so, und das trug entscheidend zu ihrem Überleben bei. Adam hatte eine riesige Datenbank mit fossilen Therapsiden aus der Karoo erstellt und dabei einen auffälligen Rückgang sowohl der maximalen als auch der durchschnittlichen Körpergröße bei den frühen Therapsiden der Trias im Vergleich zu ihren Vorgängern am Ende des Perms festgestellt. Ursache war die Aussterberate, die bei großen Arten deutlich höher war, als die Vulkane ausbrachen und die Temperaturen nach oben schnellten. Größe war in jenen instabilen Zeiten offensichtlich ein Nachteil. Die Cynodontier, die kleiner waren als die meisten anderen Therapsiden, hatten in all dem Chaos wohl die besseren Chancen, sich irgendwie durchzuschlagen.

Aber warum? Zum einen konnten sich kleine Tiere besser verstecken und schlechtes Wetter, Temperaturschwankungen oder Sandstürme einfach aussitzen, indem sie sich im wahrsten Sinne des Wortes in ihren Höhlen vergruben. Über den Schichten des Massenaussterbens – mit mumifizierten Kadavern gespickter Schlammstein, der in den überfluteten Flussebenen entstand – finden sich in der Karoo unzählige, teils mit Skeletten erhaltene Tierbaue. Es sind die Knochen von *Thrinaxodon*, der Gattung des Helden unserer Geschichte am Anfang dieses Kapitels. Im bemerkenswertesten dieser Erdhöhlengräber lagen Seite an Seite ein *Thrinaxodon* und eine kleine Amphibie mit verletzten Rippen, die im Begriff waren zu heilen. Der kleine Verwandte eines Salamanders hat sich anscheinend neben das zusammengerollt schlafende *Thrinaxodon* gelegt, um sich auszuruhen und wieder zu Kräften zu kommen. Da der Bau sehr eng und das *Thrinaxodon* ein Raubtier mit scharfen Zähnen war, ist unwahrscheinlich, dass die Amphibie sich dort unbemerkt verkriechen konnte. Die einzige befriedigende Erklärung für die traute Zweisamkeit ist daher, dass das *Thrinaxodon* über einen längeren Zeitraum Sommerschlaf hielt, um Energie zu sparen und die Trockenzeit zu überstehen.

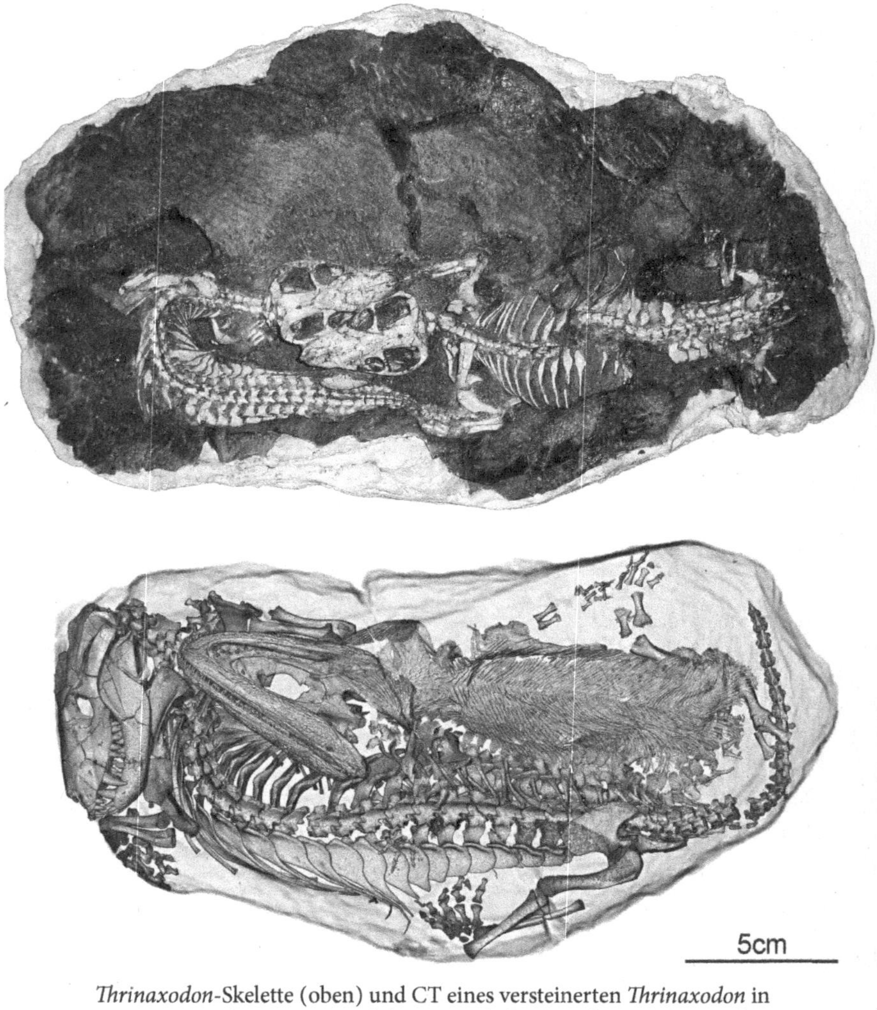


*Thrinaxodon*-Skelette (oben) und CT eines versteinerten *Thrinaxodon* in seinem Bau neben einer Amphibie (unten). (Fotos: Christian Kammerer und aus Fernandez et al., 2013, *PLoS ONE*)

Zum anderen bedeutet eine kleinere Körpergröße Veränderungen bezüglich des Wachstums und des Stoffwechsels, wie Jennifer Botha in einer wichtigen 2016 veröffentlichten Studie darlegt, die sie mit Adam und anderen Kollegen durchführte. Die frühesten triassischen Cynodontier – wie beispielsweise *Thrinaxodon* – wuchsen schnell, vermehrten sich schnell und hatten ein sehr kurzes Leben von wahrscheinlich nicht mehr als ein paar Jahren. Woher wir das wissen? Aus der Knochenhistologie – von mikroskopischen Untersuchungen hauchdünner Knochenschichten. Die Knochen der meisten permischen Therapsiden weisen zahlreiche Wachstumslinien auf, was bedeutet, dass es mehrere Jahre dauerte, bis sie ausgewachsen waren. Die Knochen der frühesten triassischen Cynodontier hingegen haben nur sehr wenige Wachstumslinien und *Thrinaxodon* tatsächlich überhaupt keine, weshalb es extrem schnell gewachsen sein muss. Womöglich wurde es innerhalb eines einzigen Jahres erwachsen, pflanzte sich fort und starb. Die frühe Vermehrung kompensierte den frühen Tod. Obwohl kein *Thrinaxodon* je ein hohes Alter erreichte, war diese Strategie gut für den Erhalt der Spezies. Durch das schnelle Wachstum und die frühe Fortpflanzung waren die Chancen, bis zur Paarungszeit zu überleben und in diesen harten, unberechenbaren Zeiten seine Gene an die nächste Generation weiterzugeben, deutlich höher.

Damit hatten *Thrinaxodon* und andere Cynodontier anscheinend die besten Karten, dem Aussterben zu entgehen. Ungefähr 30 Meter über der Extinktionsschicht tauchen plötzlich Dutzende *Thrinaxodon* auf, ein sicheres Zeichen dafür, dass sie sich innerhalb weniger Zehntausend Jahre im Karoo-Becken stark verbreitet hatten. Sie könnten die Nachfahren permischer Spezies gewesen sein, die vor dem Massenaussterben aber nur einen geringen Anteil des Karoo-Ökosystems ausmachten, oder – was sehr viel wahrscheinlicher ist – aus den intertropischen Gebieten der Pangäa zugewandert sein, wo das härtere permische Klima sie auf Dürrezeiten vorbereitet hatte. In den Gesteinsschichten der frühen Trias gibt es so viele Skelette von *Thrinaxodon* und dem ähnlich häufig auftretenden Dicynodontier *Lystrosaurus*, dass diese Gattungen auch als »Katastrophenspezies« bezeichnet werden, weil sie an die fiesen Treibhausbedingungen nach dem Massenaussterben, mit denen die meisten Arten nicht zurechtkamen, am besten angepasst waren. Tatsächlich schienen sie diese Konditionen, unter denen sie prächtig gediehen, sogar zu mögen. *Thrinaxodon* und *Lystrosaurus* waren gewissermaßen die Kanalratten und Kakerlaken der frühen Trias.

Der Vergleich mit diesen modernen Plagen wird *Thrinaxodon* aber nicht wirklich gerecht, denn in Wahrheit war es ein Champion, eine der wenigen tapferen Kreaturen, die es durch die finstere Hölle des größten Massenaussterbens der Vorgeschichte schafften und so dafür sorgten, dass die Linie der Säugetiere nicht schon gekappt wurde, lange bevor deren Evolution überhaupt erst richtig begann.

Dabei war *Thrinaxodon* nicht zum Helden geboren. Kaum 60 Zentimeter lang, mit Schnurrhaaren und einem spärlichen Fell, verbrachte es die meiste Zeit zusammengerollt in seiner Höhle, wo niemand es finden konnte. Zum Fressen musste es allerdings nach draußen. Es hatte eine Vorliebe für Insekten und andere kleine Beutetiere, und wie bei seinen Vorfahren, den Therapsiden, setzte sich sein Gebiss aus Schneide-, Eck- und Backenzähnen zusammen. Worin es sich unterschied – und was ihm den Namen »Dreispitzzahn« einbrachte –, waren seine an ein Clipart-Gebirge erinnernden Backenzähne mit einem hohen Gipfel in der Mitte, der von zwei niedrigeren Spitzen flankiert wurde. Diese Molaren mit den drei Spitzen – oder Höckern –, die perfekt waren, um Insektenpanzer zu knacken oder Fleisch zu zerreißen, wuchsen *Thrinaxodon* zeit seines kurzen Lebens nach, so wie bei Reptilien oder Amphibien.

In vielerlei Hinsicht hatte *Thrinaxodon* im Gegensatz zu seinen Vorgängern, den Therapsiden, jedoch mehr von einem Säugetier als von einem Reptil. Es ging aufrechter und spreizte die Beine deutlich weniger ab, wodurch der Bauch mehr Abstand zum Boden hatte. Dadurch konnte es schneller laufen, bewegte sich athletischer und passte bequemer in seinen Bau. Seine Wirbelsäule war nicht durchgängig gleich, sondern in Abschnitte mit und ohne Rippen unterteilt, was sie flexibler machte und ein Zusammenrollen für den Sommerschlaf ermöglichte. Die kräftige Kiefermuskulatur war an einer vom Schädeldach aufragenden Knochenplatte – dem Schädelkamm – verankert, die mit dem Jungtier wuchs und dafür sorgte, dass *Thrinaxodon,* bis es ausgewachsen war, immer kräftiger zubeißen konnte. In einigen Fossilien sind mehrere *Thrinaxodon* versteinert, was darauf schließen lässt, dass es sich um soziale, in Gruppen lebende Tiere handelte; in anderen finden sich erwachsene Tiere gemeinsam mit jüngeren – ein Beweis für elterliche Fürsorge.

Und noch ein letzter wichtiger Punkt: *Thrinaxodon*-Funde sind nicht auf das Karoo-Becken beschränkt. Ihre Fossilien tauchen auch in der Antarktis auf, was bedeutet, dass sie an die verpestete Welt der frühen Trias so gut angepasst waren, dass sie sich über die gesamte Pangäa ausbreiteten. Zu jener Zeit, als die Erdoberfläche noch eine geschlossene, von einem einzigen Ozean umgebene Landmasse war, die Vulkane langsam auskühlten und die Ökosysteme sich vom Massenaussterben erholten, waren die Cynodontier bereits im Begriff, zu einem der Hauptakteure auf dieser neuen Bühne zu werden.

**Wie viele Autoren** schrieb Walter Kühne einige seiner besten Arbeiten in Gefangenschaft. Die allerbeste Geschichte ist jedoch, wie der Paläontologe mit einer Leidenschaft für mikroskopisch kleine Zähne dort hineingeriet.

Kühne wurde 1911 als Sohn eines Zeichenlehrers in Berlin geboren. Während seines Paläontologiestudiums an der Friedrich-Wilhelm-Universität und später an der Universität von Halle war er für zwei Dinge bekannt: seine Begeisterung für mittelalterliche Kirchenglocken und seine Sympathien mit dem Kommunismus. Die Nazis, die zu jener Zeit gerade ihre Schreckensherrschaft errichteten, interessierte vor allem Letzteres, weshalb er für neun

Monate ins Gefängnis wanderte und 1938 gezwungen war, nach Großbritannien zu emigrieren.

Nur, womit sollte der mittellose politische Flüchtling sich und seine junge Frau in dem fremden Land ernähren? Mit der Suche nach Fossilien natürlich. Kühne hatte von einer Handvoll triassischer Säugetierzähne gehört, die man Mitte des 19. Jahrhunderts in einer Höhle in der Nähe von Holwell in Südengland gefunden hatte. Dieser spektakuläre Fund, der eigentlich in die Geschichte hätte eingehen müssen, war aber weitgehend ignoriert worden. Außer Kühne war anscheinend kein Paläontologe bereit, sich in der Hoffnung, ein paar winzige Zähnchen zu finden, monatelang durch unzählige Scheffel Bruchstein zu wühlen. Doch er wusste, dass er die richtigen Talente hatte. Schon als Student hatte er einen scharfen Blick für Fossilien entwickelt, und was fast noch entscheidender war, er hatte Geduld. Also machte er sich auf nach Holwell, sammelte und schlämmte. Mit der Unterstützung seiner Frau Charlotte untersuchte er die mehr als zwei Tonnen Lehm, mit denen die Höhle verfüllt war. Die gewissenhafte Arbeit der Kühnes und ihr unermüdlicher Fleiß zahlten sich aus, als sie zwei Prämolaren fanden, mit denen Walter sofort zur Universität von Cambridge marschierte. Dort zeigte er sie dem Paläontologen Rex Parrington, den Kühnes Fund so beeindruckte, dass er

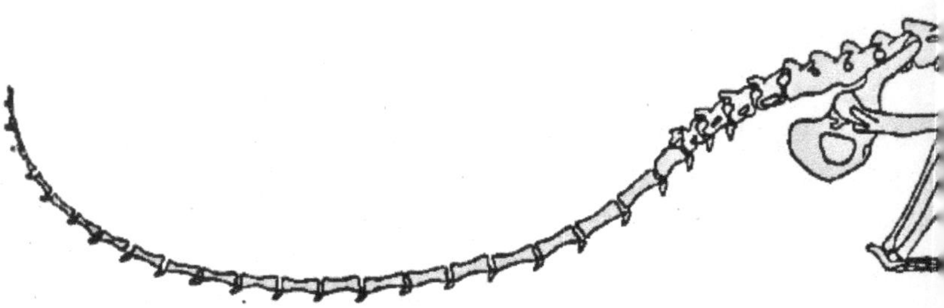

Walter Kühnes Zeichnung eines *Oligokyphus* aus seiner Monografie von 1956 (leicht abgewandelt).

ihn auf seine Gehaltsliste setzte und ihm fortan für jeden Säugetierzahn 5 Pfund bezahlte.

Voller Zuversicht weiteten Walter und Charlotte ihre Suche auch auf andere Höhlen und Bodenspalten im Süden Großbritanniens aus und entdeckten kurz darauf, im August 1939, in den Mendip Hills, einer idyllischen Landschaft südlich von Bristol, ein neues Fossil. Sie sammelten Dutzende einzelner Zähne und Knochen eines Cynodontiers, der viel von einem Säugetier hatte, und seinen Namen, *Oligokyphus*, zwei ein paar Jahrzehnte zuvor in Deutschland gefundenen Zähnen verdankte. Die Kühnes gruben weiter, immer auf der Suche nach der nächsten großen Entdeckung. Und so erreichte Walter, Hammer und geologische Karte in Händen, im September die Atlantikküste, wo er sofort anfing, ein paar Kalksteinklippen zu untersuchen. Ob der eifrige Forscher mitbekommen hatte, dass sein einstiges Vaterland gerade nach Polen einmarschiert war, ist nicht bekannt.

Die britischen Soldaten, die dort patrouillierten, wussten jedoch, dass ein Krieg ausgebrochen war, und der Deutsche, der mit einer Handvoll Karten die Küste entlangspazierte, war ihnen äußerst suspekt. Walter wurde ein zweites Mal in Haft genommen, dieses Mal in einem Internierungslager auf der Isle of Man

in der Irischen See, die von 1941 bis 1944 gegen Walters Willen zu seiner neuen Heimat wurde.

Zum Glück hatte er sich zu diesem Zeitpunkt bereits den Respekt der wissenschaftlichen Elite Englands verdient, und so organisierten die Kuratoren und Wissenschaftler des British Museum schon kurz nach dem Blitzangriff der deutschen Luftwaffe auf die Londoner City eine zweite Ausgrabung in den Mendip-Höhlen, die noch mehr Zähne und Knochen zutage brachte. Und rund 2000 dieser Fossilien schickte man mit dem Schiff ins Internierungslager auf der Isle of Man.

**Wie er selbst sagte, hatte** Walter »eine beträchtliche Menge an Zeit zur Verfügung«. Er breitete die Fossilien vor sich aus, fügte die Knochen und Zähne Stück für Stück zusammen und erhielt so ein nahezu vollständiges *Oligokyphus*-Skelett. Die akribische Untersuchung der Fossilien beschäftigte ihn, solange er in Gefangenschaft war, und als er gegen Ende des Krieges entlassen wurde, hatte er bereits angefangen, seine Ergebnisse niederzuschreiben, die er 1959 als Monografie über *Oligokyphus* veröffentlichte. Seine Arbeit gilt bis heute als wegweisend für Cynodontier an der Schwelle zum Säugetier.

*Oligokyphus* – das ungefähr die Größe eines mickrigen Dackelwelpen hatte – war weder ein Säugetier noch ein direkter Vorfahre der Säugetiere. Stellen Sie es sich einfach als einen nahen Verwandten vor, eine Art Cousin ersten Grades. Es gehörte zu einer Untergruppe fortschrittlicher, pflanzenfressender Cynodontier, den Tridylodontiern, die auf dem Familienstammbaum den Ast neben den Säugetieren besetzen. Wie bei nahen Verwandten zu erwarten, waren sich Tridylodontier und die ersten Säugetiere, was Körperbau und Verhalten angeht, sehr ähnlich. So saßen die Gliedmaßen bei beiden direkt unter dem Körper, weshalb sie im Gegensatz zu anderen Cynodontiern, bei denen die Beine noch leicht abgespreizt waren, vollständig aufrecht gingen. Sowohl Tridylodontier als auch die Säugetiere gingen aus einem Diversifikationsschub bei den Cynodontiern hervor, der vor circa 220 Millionen Jahren in der späten Trias einsetzte, also rund 30 Millionen Jahre nachdem *Thrinaxodon* dem endpermischen Massenaussterben getrotzt und die Säugetierlinie wohlbehalten durch ihre – bis dahin – prekärste Phase geführt hatte. In diesen 30 Millionen Jahren hatte sich viel verändert. Indem sich die Cynodontier erfolgreich gegen das garstige Wetter und die noch garstigere Konkurrenz wehrten, fügten sie ihrer »Stammlinie« immer mehr »Säugetiermerkmale« wie die aufrechten Extremitäten hinzu.

Die größte Veränderung war jedoch, dass sie kleiner wurden. Ihre geringe Körpergröße war für die Cynodontier schon am Ende des Perms hilfreich, also behielten sie diese bei, und im Laufe der Trias wurden die Vertreter der Säugetierlinie dann immer noch kleiner. Was als wieselgroße Gattung angefangen hatte (wie beispielsweise *Thrinaxodon*), diversifizierte sich in der späten Trias zu einer Vielzahl Arten von der Größe einer Ratte oder Maus. Es gab aber auch Ausnahmen. Gelegentlich ging aus einer Abspaltung auch eine größere Gattung hervor, wie *Oligokyphus* und seine Brüder, die Tritylodontier, die für ihre pflanzliche Ernährung einen größeren Verdauungstrakt benötigten. Alles in allem war die Evolution der triassischen Cynodontier jedoch von Verzwergung bestimmt.

Warum schrumpften die Cynodontier? Zum einen, weil sie in der schönen neuen Welt der Trias nicht allein waren. Auch andere Tiere hatten die katastrophale Endzeit des Perms überlebt und kämpften um einen Platz auf der sich langsam erholenden Pangäa. Es entstand ein evolutionärer Schmelztiegel, aus dem nicht nur die Säuger hervorkrochen, sondern auch viele andere bekannte Tiere wie Schildkröten, Eidechsen und Krokodile, die sich den Planeten bis heute mit den Säugern teilen – plus die Nachfahren von bescheidenen, katzengroßen Lebewesen, die die Vulkanausbrüche ebenfalls überlebt hatten und zu Furcht einflößenden Kreaturen mutierten, die sich schnell über den gesamten Superkontinent ausbreiteten.

Die Dinosaurier.

Die Urdinosaurier kämpften mit ihren Cousins, den Krokodilen, um die Vorherrschaft und wurden dabei größer und größer, sodass am Ende der Trias Geschöpfe wie der langhalsige, 9 Meter lange und 10 Tonnen schwere *Lessemsaurus* – ein primitiver Verwandter des gigantischen Sauropoden *Brontosaurus* – den Planeten bevölkerten, ebenso wie einige Karnivoren mit messerscharfen Zähnen, die diese jagten. Je größer die Dinosaurier wurden, umso kleiner wurden die Vorgänger der Säugetiere. Es war der Anfang einer langen Geschichte, welche die Schicksale der Säugetiere und Dinosaurier untrennbar miteinander verwob.

Zusammen mit ihrer schwindenden Körpergröße wurden viele Cynodontier der Säugetierlinie möglicherweise nachtaktiv. Das Nachtleben war eine gute Taktik, um den tödlichen Mäulern und trampelnden Beinen der Dinosaurier, die wahrscheinlich bei Tageslicht unterwegs waren, aus dem Weg zu gehen. Sich in diese Nische zurückzuziehen dürfte den Cynodontiern nicht allzu schwergefallen sein, da viele der frühen Synapsiden der Säugetierlinie – permische Pelycosaurier und Therapsiden – diesen Lifestyle bereits ausprobiert hatten. Das Leben im Schutz der Nacht hatte aber auch seinen Preis. Die Vorgänger der Säugetiere büßten einiges an Sehschärfe ein und setzten stattdessen auf ihr Gehör, ihren Geruchs- und ihren Tastsinn. Viele Säugetiere sehen nur wenige Farben, weshalb die meisten ein braunes oder graues Fell haben. Warum sich in bunt schillernde Gewänder kleiden – wie es tagaktive, scharfsichtige Vögel und Reptilien tun –, wenn weder Freund noch Feind diese sehen? Uns, die wir in Farbe sehen, mag das merkwürdig vorkommen, aber unter den modernen Säugetieren sind wir gemeinsam mit unseren engsten Verwandten, den Primaten, eine Ausnahme. Ein Stier sieht, wenn ein Matador ihm mit seinem Tuch vor der Nase herumfuchtelt, nicht rot, sondern schwarz.

Die Dinosaurier zu meiden war sicher Grund genug, klein zu bleiben, ihre geringe Körpergröße könnte den Vorfahren der Säugetiere aber auch noch andere Vorteile gebracht haben. Die Pangäa war zwar eine stabile Landmasse, aber kein sicheres

Zuhause. Es war heiß, die Pole hatten keine Eiskappen, und das Inland war größtenteils eine weite, endlose Leere. Starke Luftströme fegten über den Äquator und begünstigten extreme Wetterlagen, sogenannte Megamonsune. Es handelte sich dabei, wie der hochgegriffene Name vermuten lässt, um noch heftigere Versionen heutiger Tropenstürme. Theoretisch hätte ein Protosäugetier von einem Pol zum anderen wandern können, was jedoch ein närrisches Unterfangen gewesen wäre, da die Megamonsune dazu beitrugen, die Pangäa in Klimazonen mit unterschiedlichen Niederschlagsmengen, Winden und Temperaturen zu unterteilen. Die Regionen um den Äquator waren eine feuchtheiße Hölle, eingeschlossen von unpassierbaren Wüsten, während es in den mittleren Breiten ein wenig kühler und deutlich nasser war, weshalb dort auch die meisten der sich schnell entwickelnden Tiere der Pangäa lebten. Eine geringe Größe war unter diesen harten Bedingungen sicher eine gute Überlebensstrategie. Je kleiner man war, umso leichter konnte man sich verstecken oder eingraben und den Megamonsunregen samt seinen tödlichen Gefahren einfach verschlafen.

Was auch immer die Gründe für das Schrumpfen der Cynodontier waren, es hatte einen entscheidenden Einfluss auf ihre biologische und evolutionäre Laufbahn, denn mit dem Kleinerwerden veränderten sich Wachstum, Stoffwechsel, Ernährung sowie die Art der Nahrungsaufnahme. Die höhere Körpertemperatur und den höheren Stoffwechsel hatten die Cynodontier bereits von ihren Vorgängern, den Therapsiden, übernommen, aber nun entwickelten sie sich zu echten Warmblütern. Auch die starke Kiefermuskulatur und das kräftige Gebiss waren schon angelegt – ein Vermächtnis der noch älteren Pelycosaurier –, hinzu kamen jedoch neue Methoden, schnell große Mengen an Nahrung aufzunehmen und dabei kontinuierlich zu atmen: Fressen »on the go«.

Es war die Fortsetzung der »korrelierenden Progression«, die Tom Kemp schon bei den permischen Therapsiden feststellte. Vieles veränderte sich in perfekter Harmonie, weshalb schwer auseinanderzudividieren ist, was dabei was bedingte. Vielleicht verlangte die geringere Größe nach einer höheren Körpertemperatur, um plötzliche Klimawechsel auszugleichen, oder nach effektiveren Methoden, um kleinere Mengen an Nahrung schneller zu finden und zu verarbeiten. Vielleicht waren diese Cynodontier als Warmblüter gezwungen, größere Mengen zu fressen, um ihre Temperatur zu halten. Vielleicht war es aber auch genau umgekehrt: Kiefer und Kaumuskeln veränderten sich, die Cynodontier konnten mehr fressen, hatten dadurch mehr Energie und entwickelten die Physiologie von Warmblütern. Wir wissen nicht, wie genau alles abgelaufen ist, dafür jedoch, dass die geringere Körpergröße, der warmblütige Stoffwechsel und das kräftigere und effizientere Gebiss sich gemeinsam als Teile eines Gesamtpakets entwickelten.

Woher wir das wissen? Von den erstaunlich reichhaltigen Fossilfunden triassischer Cynodontier – die *Thrinaxodon*, *Oligokyphus* und Säugetiere miteinander verbinden.

Schauen wir uns zuerst die Physiologie und den Stoffwechsel an. Auch wenn wir dieses Thema im letzten Kapitel bereits gestreift haben, verdient es eine eingehendere Betrachtung. Die Bezeichnung Warmblüter fasst eine ganze Reihe hoch entwickelter Mechanismen zur Kontrolle der Körpertemperatur zusammen, wobei das Blut von Warmblütern nicht, wie man vermuten könnte, wärmer ist als das von Kaltblütern. Würde man die Temperatur eines beliebigen warmblütigen Säugetiers mit der einer beliebigen Echse vergleichen, würde das Thermometer wahrscheinlich einen ähnlich hohen Wert anzeigen. Vielleicht wäre er bei einer Echse sogar höher als bei einem Warmblüter, insbesondere an einem sonnigen Tag. Kaltblüter verlassen sich, um sich warm zu halten, auf ihre Umgebung. Das heißt, sie sind Wetterveränderungen, Jahreszeitenwechseln oder auch Temperaturschwankungen zwischen Tag und Nacht oder Sonne und Schatten vollständig ausgeliefert.

Warmblüter, im Fachjargon auch endotherme Lebewesen, haben sich von dieser Abhängigkeit befreit und produzieren ihre eigene Wärme – häufig indem sie mehr energieerzeugende Mitochondrien in ihre Zellen packen. Auf diese Weise gelingt es ihnen, eine Körpertemperatur zu halten, die höher ist als die ihrer Umgebung. Wir erleben das immer wieder aufs Neue, wenn wir hinaus in die eisige Winterluft treten und nicht auf der Stelle erfrieren.

Warmblüter besitzen eine innere Heizung, die immerzu läuft und deren konstante Wärme einen höheren Stoffwechsel, ein schnelleres Wachstum, energetischere Lebensstile, eine bessere Ausdauer und athletischere Fortbewegungsmethoden ermöglicht. So können Säugetiere beispielsweise achtmal schneller und länger laufen als Echsen und auf der Suche nach Nahrung sehr viel größere Gebiete durchstreifen. Diese Superkräfte haben jedoch ihren Preis. Da Warmblüter einen höheren Ruhestoffwechsel haben, verbrauchen sie auch im Ruhezustand mehr Kalorien als Kaltblüter. Und natürlich verbrennen sie, wenn sie aktiv sind – laufen, springen, Beute jagen, vor Raubtieren fliehen, auf Bäume klettern, Höhlen graben oder sonst eines der vielen Dinge tun, die einem Warmblüter sehr viel leichter fallen –, ebenfalls *deutlich* mehr Kalorien. Kurz, ein Warmblüter braucht sehr viel mehr Kalorien und Sauerstoff als ein gleichgroßer Kaltblüter.

Ein Tier muss nicht zwingend entweder kalt- oder warmblütig sein. Es gibt auch Fälle dazwischen. Heutige Säugetiere und Vögel sind waschechte Warmblüter, und das bedeutet: Sie haben eine *hohe* und *gleichbleibende* Körpertemperatur, die sie intern *regulieren,* unabhängig von den Widrigkeiten ihrer Umgebung. Dieses System haben die Warmblüter nicht von heute auf morgen entwickelt, sondern in einer langen Übergangsphase, in der ihre Vorgänger immer besser darin wurden, Wärme zu erzeugen und die Temperatur ihrer inneren Heizungen zu regulieren. Bei den Säugetieren setzte dieser Prozess mit den Therapsiden im Perm ein, als diese lernten, mit dem saisonalen Wetter in ihrer höher gelegenen Heimat umzugehen. Und an der Perm-Trias-Grenze waren die bessere Regulierung der Körpertemperatur und das schnellere Wachstum wahrscheinlich ausschlaggebend für ihr Überleben, insbesondere das der Cynodontier der Gattung *Thrinaxodon*. In der Trias setzten diese Cynodontier ihre Entwicklung zu echten Warmblütern dann fort.

Das ist mehrfach belegt. Zum einen nahm die Häufigkeit fibrolamellarer Knochen – deren chaotische Struktur auf ein schnelles Wachstum hindeutet – während ihrer Entwicklung zum Säugetier immer weiter zu. Zum anderen schrumpften die Knochenzellen und die Knochenkanäle, in denen die Blutgefäße verlaufen – ein sicheres Zeichen, dass auch die roten Blutkörperchen kleiner wurden, und das ist ein weiteres Merkmal von Säugetieren, aufgrund dessen sie mehr und schneller Sauerstoff aufnehmen. In einer cleveren Studie wurden die zerriebenen Knochen und Zähne verschiedener permischer und triassischer Spezies auf die Zusammensetzung des enthaltenen Sauerstoffs untersucht. Die Anteile der beiden stabilsten Sauerstoffisotope – des leichteren und häufigeren $^{16}O$ und des schwereren und selteneren $^{18}O$, die sich durch die Anzahl ihrer Neutronen unterscheiden – hängt von der Temperatur ab, bei der Knochen und Zähne gewachsen sind, weshalb dieser Wert Paläontologen als eine Art Fieberthermometer dient. Die Anzeige des Thermometers ist eindeutig: Die triassischen Cynodontier hatten eine höhere und konstantere Körpertemperatur als zeitgleich lebende andere Tiere, zu denen auch die meisten Therapsiden zählten.

Bleibt die Frage, womit diese Cynodontier ihre enormen Heizkosten bezahlten. Wie jeder andere Warmblüter auch – mit Sauerstoff und Kalorien, weshalb die Cynodontier auf dem Weg zum Säugetier viele anatomische Merkmale entwickelten, durch die sie ihren Konsum von beidem stetig steigerten.

Entscheidend dabei war, dass die Cynodontier ihren gespreizten Gang, der Amphibien und Reptilien zwingt, beim Gehen mit dem Körper seitlich hin und her zu wackeln, ablegen konnten. Durch das Krümmen der Flanken wird beim Gehen permanent ein Lungenflügel gedehnt und der andere komprimiert, was das gleichzeitige Atmen erheblich erschwert und Geschwindigkeit und Beweglichkeit stark einschränkt. Die Cynodontier entwickelten nicht nur einen aufrechten Gang, wie wir schon gesehen haben, sondern auch knöcherne Blockaden an den Wirbeln, die verhinderten, dass die Wirbelsäule sich zu stark seitlich verbog. Diese Modifizierung des Skeletts veränderte ihre Art, sich fortzubewegen, grundlegend. Die Gliedmaßen bewegten sich vor und zurück anstatt hin und her, und die Wirbelsäule bog sich nicht mehr seitlich (wie bei einer Schlange), sondern auf und ab (wie bei einer Gazelle). So konnten sie, während sie sich bewegten, ungehindert atmen.

Das war aber nicht die einzige Veränderung der Wirbelsäule. Während die Rückenknochen von Amphibien und Reptilien alle mehr oder weniger gleich sind, entwickelten sich bei den Cynodontiern unterschiedliche Bereiche mit speziellen Funktionen. Im Bereich des Oberkörpers fehlten an den Wirbeln am Übergang vom Thorax in den Lendenbereich mit einem Mal die Rippen, was ein sicheres Zeichen für ein Zwerchfell ist – den kräftigen Muskel, der Luft in die Lungen zieht.

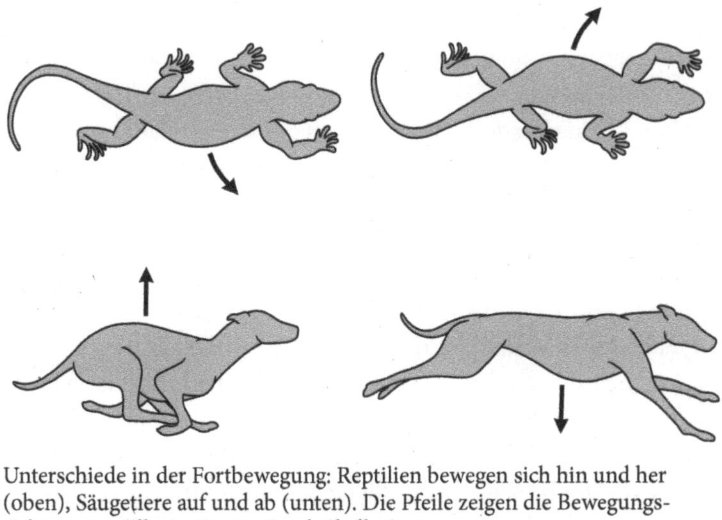

Unterschiede in der Fortbewegung: Reptilien bewegen sich hin und her (oben), Säugetiere auf und ab (unten). Die Pfeile zeigen die Bewegungsrichtung an. (Illustrationen: Sarah Shelley)

Auch der Schädel veränderte sich. Die Cynodontier entwickelten einen harten Gaumen, der Mund- und Nasenhöhle trennte, sodass die Luft einen separaten Durchgang zu den Lungen hatte. Dadurch konnten die Cynodontier gleichzeitig atmen und fressen. In dieser umgebauten Nasenhöhle gab es eine außergewöhnliche Neuerung, die sogenannten Nasenmuscheln – dünne, eingerollte Lamellen aus Knorpel oder Knochen, die in den Luftstrom ragen. Auf den ersten Blick scheinen sie eher hinderlich, sind aber der Grund, weshalb die Körpertemperatur auch dann konstant bleibt, wenn viel kalte Luft eingeatmet wird. Manche Nasenmuscheln – wie beispielsweise unsere, die in der Nasenhöhle und im Rachenraum sitzen – sind mit Schleimhäuten überzogen, die die eingeatmete Luft wärmen und befeuchten, bevor sie in die Lungen gelangt. Diese Schleimhäute sorgen dafür, dass selbst die kalte, trockene Luft, die wir an eisigen Wintertagen atmen, im Bruchteil einer Sekunde so warm und feucht wird, als stünden wir in einem tropischen Regenwald. Und auch beim Ausatmen sind sie nützlich, da sie wertvolle Feuchtigkeit zurückhalten.

All diese scheinbar sehr spezifischen anatomischen Veränderungen liefen am Ende auf ein entscheidendes neues Merkmal hinaus: Lungen, die deutlich mehr Sauerstoff aufnehmen konnten. Gleichzeitig steigerten die Cynodontier ihre Kalorienzufuhr, indem sie eine neue Art zu kauen entwickelten.

Hier war der erste Schritt, dass die Kiefermuskulatur sich in mehrere separate Stränge unterteilte, die kräftigere und komplexere Kieferbewegungen erlaubten. Diese getrennten Muskeln – das für Säugetiere charakteristische Quartett aus Temporalis, Masseter und den beiden Pterygoidei – wurden zunehmend größer. Sie benötigten mehr Platz und eine stabilere Verankerung, weshalb die Knochen des oberen Schädels robuster wurden und sich mehr oder weniger zu einer einzigen Struktur zusammenfügten – der Grund, weshalb wir heute einen *Schädel* haben und nicht Dutzende locker verbundene Schädelknochen wie Reptilien oder Amphibien. Das seitliche Schädelfenster – jenes Loch, das zur Zeit der Kohlesümpfe entstanden war und die Linie der

Synapsiden definierte – verschmolz mit der Augenhöhle, wodurch eine einzige, große Kammer für die Muskeln entstand.

Am auffälligsten veränderte sich jedoch der Unterkiefer. Die Vorfahren der Säugetiere hatten komplizierte Mundwerkzeuge, die sich aus mehreren Knochen zusammensetzten, alle mit einem eigenen Namen. Da gab es das Dentale, den zentralen Knochen, auf dem die Zähne saßen, das Articulare, den Knochen, der mit dem Schädeldach das Kiefergelenk bildete, und viele mehr: Angulare, Surangulare, Prearticulare, Spleniale, Coronoideus. Wir Menschen haben – wie alle Säugetiere – nur einen dieser Unterkieferknochen, das Dentale (man spricht in unserem Fall alternativ aber eher von der Mandibula). Und schuld daran sind die triassischen Cynodontier, deren anschwellende Kiefermuskeln sich verschoben, sodass sie irgendwann nur noch am Dentale befestigt waren. Das war absolut sinnvoll, denn es war der einzige Knochen mit Zähnen. So garantierte die neue Anordnung der Kiefermuskeln, welche die Spitzenbeißkraft in bestimmten Bereichen der Zahnreihe je nach Bedarf optimierte, ein kräftigeres und präziseres Zubeißen.

Die neue Anordnung der Muskeln machte jedoch auch eine komplette Umgestaltung der Knochen notwendig. Das Dentale wurde größer, tiefer und entwickelte einen weit über die Zahnreihe hinausreichenden *Processus coronoideus (mandibulae)* – einen Knochenvorsprung, der als Ansatz für den Muskel diente –, während die anderen Knochen des Unterkiefers, an denen keine Muskeln mehr hingen, nach und nach verkümmerten. Sie wurden kleiner und verschoben sich immer weiter nach hinten, bis sie mit dem Dentale nur noch locker verbunden waren. Ein paar von ihnen wanderten sogar bis zum Steigbügelknöchelchen im Ohr, wo sie, von ihrer zuschnappenden Tätigkeit entbunden, die Übertragung von Tönen zu unterstützen begannen.

Die Sache hatte jedoch einen Haken: Das Kiefergelenk hing noch am Articulare, das immer kleiner und schwächer wurde. Und das Quadratum, der Schädelknochen, mit dem es verbunden war, war auch im Niedergang begriffen. Einige Cynodontier entwickelten am Surangulare des Unterkiefers eine Art Kamm, um die Kontaktstelle mit dem Schädel zu verstärken, da das Surangulare sich aber ebenfalls zurückbildete, brachte das nicht viel. Selbst der lausigste Ingenieur hätte ein besseres Kiefergelenk konstruiert, und es gab nur einen einzigen Grund, weshalb es überhaupt noch funktionierte: Diese Cynodontier wurden so klein, dass sie sich den Strapazen erbitterter Beißereien im Gegensatz zu ihren Vorfahren gar nicht mehr aussetzen mussten.

Die Cynodontier brauchten eine Lösung für ihr Kieferproblem und fanden sie – eine Lösung, die zur Definition der Säugetiere werden sollte.

**Klassifikationen sind etwas Menschliches.** Die Natur verpasst den Dingen keine Etiketten, nur für uns Menschen ist eine Maus ein Säugetier, eine Schlange ein Reptil, ein *T. rex* ein Dinosaurier.

Säugetiere, Reptilien, Dinosaurier. Sie alle sind eigenständige Gruppen auf dem Stammbaum des Lebens. Aber wie definieren wir sie?

Betrachtet man nur die moderne Welt, ist es einfach, ein Säugetier zu definieren. Mäuse, Elefanten, Menschen, Fledermäuse, Kängurus und Tausende andere Arten teilen sich eine ganze Reihe von Merkmalen. Wir haben Haare, große Gehirne, Zahnreihen aus Schneidezähnen, Eckzähnen, Molaren und Prämolaren, wir ernähren unseren Nachwuchs mit Milch, sind Warmblüter und so weiter. Aber diese »Säugetiereigenschaften« entstanden nur nach und nach in über 100 Millionen Jahren Evolution. Wo in dieser langen Linie soll man die Grenze zwischen Säugetier und Nichtsäugetier ziehen?

Angesichts einer Fülle Mitte des 20. Jahrhunderts neu entdeckter Fossilien aus dem Perm und der Trias kamen die damaligen Paläontologen diesbezüglich zu einer gemeinsamen Entscheidung. Säugetiere waren all jene Lebewesen, deren Entwicklung vom ersten lebenden Organismus aus gesehen auf eine zentrale Erfindung hinsteuerte: ein neuartiges Gelenk zwischen dem Dentale des Unterkiefers und dem Squamosum des Schädeldachs.

Dieses neuartige Kiefergelenk war die einfache, aber elegante Lösung für die stetig schrumpfenden Knochen im hinteren Kieferbereich. Walter Kühnes *Oligokyphus* hatte noch keine Verbindung zwischen Dentale und Squamosum, war also kein Säugetier. Die Gattungen eine Stammbaumverzweigung weiter, wie beispielsweise *Morganucodon* – ebenfalls eine Entdeckung Kühnes, die er in einer Höhle in Wales machte –, hatten diese Verbindung. Das heißt, laut Beschluss waren sie Säugetiere, so wie fortan alle Tiere, bei denen nachgewiesen werden konnte, dass ihre Herkunft auf diesen einen Vorfahren mit dem neuartigen Kiefergelenk zurückgeht – ob sie nun in der Trias lebten oder sich wie wir erst später entwickelten.

Als Definition mag das ein bisschen unbefriedigend klingen, zu subjektiv, was es in gewisser Weise auch ist. Aber besagte Paläontologen haben sich nicht einfach irgendein Merkmal ausgesucht, um ihr Säugetieretikett daran zu befestigen. Sie entschieden sich für *das* Markenzeichen aller moderner Säugetiere, durch das wir uns von allen Amphibien, Reptilien und Vögeln klar unterscheiden. Die Entwicklung des neuen, kräftigeren Squamosum-Dentale-Gelenks war ein Wendepunkt in der Evolution der Säugetiere, der, wie wir noch sehen werden, einen regelrechten Dominoeffekt auslöste, was Ernährung, Intelligenz und Fortpflanzung anbelangte. Nachdem die Evolution die Säugetiere in einem langwierigen Prozess mühsam zusammengebaut hatte, gab das Squamosum-Dentale-Gelenk dem Ganzen den letzten Schliff – der letzte noch fehlende Stein zur Vollendung eines komplizierten Bauwerks.

An dieser Stelle muss kurz erwähnt werden, dass die meisten zeitgenössischen Paläontologen obige Definition nicht mehr anwenden. In den letzten Jahrzehnten ist durch die sogenannte Kronengruppendefinition Bewegung in die Bestimmung von Säugetieren gekommen. Dieser Definitionsansatz nimmt alle heute noch lebenden Säugetiere – etwas mehr als 6000 Kloaken-, Beutel- und Plazentatiere – und verfolgt ihre Stammbaumlinien zurück bis zum jüngsten gemeinsamen Vorfahren, der die Ausfahrt von der Nichtsäugetierspur auf die Säugetierspur markiert. Die Kronengruppendefinition hat viele Vorteile, insbesondere ihre Einfachheit. Aber sie hat auch Nachteile. Hunderte von versteinerten Arten, die aussahen wie Säugetiere, sich verhielten wie Säugetiere, wuchsen, verstoffwechselten, fraßen, säugten und sich die Haare wachsen ließen wie Säugetiere, bogen bereits eine Stammbaumabzweigung früher ab als die Vorfahren der modernen Säugetiere, weshalb all diese fossilen Arten – wie eben *Morganucodon* – streng genommen keine Säugetiere sind.

Ich will ehrlich zu Ihnen sein: In wissenschaftlichen Publikationen verwende ich die Kronengruppendefinition. Das heißt, in einem Forschungsbericht würde ich *Morganucodon* nicht als »Säugetier«, sondern als »basale Mammaliaformes« oder »nichtsäugetierartige Mammaliaformes« bezeichnen. Sie sehen, die Terminologie wird hier schnell ein wenig sperrig. Um uns davor zu bewahren, ständig über die Bezeichnungen für Fastsäugetiere zu stolpern, die gerade so außerhalb der Kronengruppe liegen, werde ich hier der Einfachheit halber alles mit einem Squamosum-Dentale-Gelenk als Säugetier bezeichnen und hoffe, dass meine Kolleginnen und Kollegen es mir verzeihen.

Denn alle Definitionen einmal beiseitegelassen, wirklich entscheidend ist die Tatsache, dass Cynodontier wie *Morganucodon* in der späten Trias für ihr Kieferproblem eine Lösung fanden. Ihr Dentale wurde so groß und tief, dass es irgendwann unweigerlich das Schädeldach berührte, wodurch sich ein Kugelgelenk, und damit eine neue Art von Kiefergelenk, bildete. Die schwache – immer noch schwächer werdende – Verbindung zwischen Schädel und Kiefer verstärkte sich wieder, indem neben der Kontaktstelle zwischen Articulare und Quadratum ein zweiter Gelenkpunkt zwischen Dentale und Squamosum entstand. Eine Zeit lang existierten noch beide gleichzeitig, das Squamosum-Dentale-Gelenk über dem Quadratum-Articulare-Gelenk, bis Articulare und Quadratum beim Maulaufreißen irgendwann keine Rolle mehr spielten und so weit verkümmerten, dass sie sich vom restlichen Kiefer lösten. Anstatt jedoch ganz zu ver-

*Morganucodon,* eines der ersten Säugetiere. Auf CT-Scans basierende Rekonstruktionen von Schädel und Kopf (oben) und ein versteinerter Kiefer mit einem Reiskorn als Maßstab (unten). (Fotos: Stephen Lautenschlager und Pamela Grill)

schwinden, übernahmen sie eine überraschende neue Funktion, der wir uns im nächsten Kapitel noch widmen werden.

Das Squamosum-Dentale-Gelenk war eine bahnbrechende Neuerung. Plötzlich waren die notdürftig am Schädel aufgehäng-

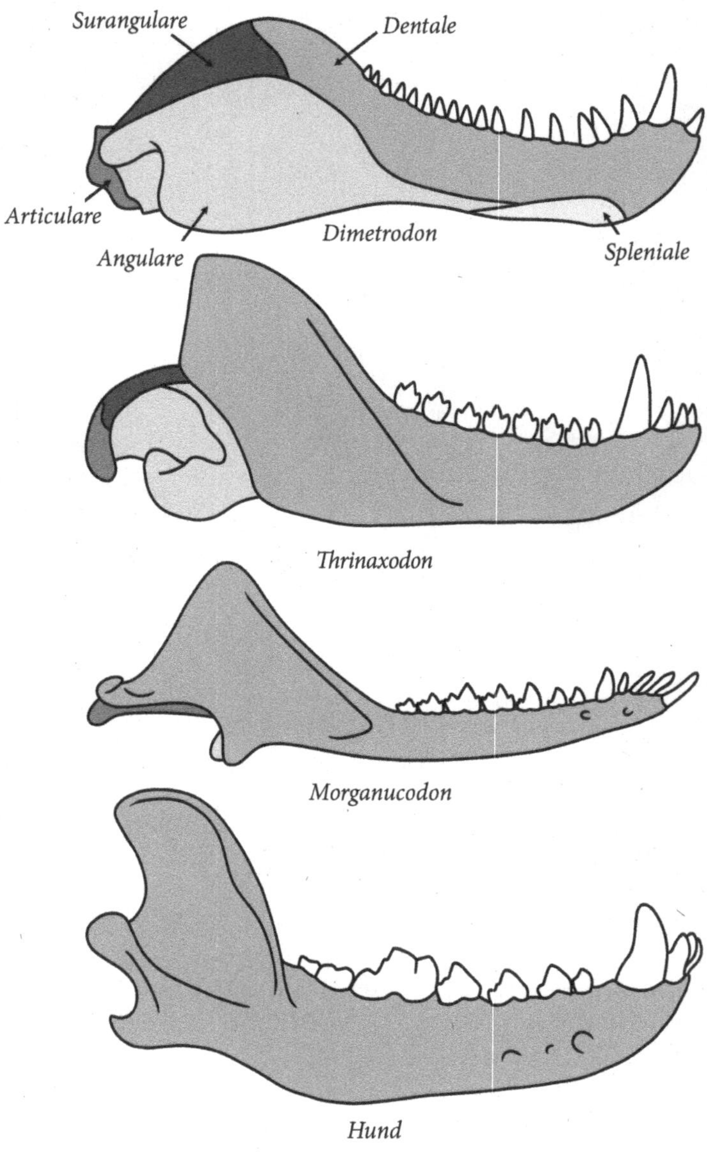


Rückbildung und Vereinfachung des synapsiden Kiefers im Laufe der Zeit, bis zum durchgängigen Unterkieferknochen (Dentale) bei Säugetieren. (Illustrationen: Sarah Shelley)

ten Kiefer fest mit diesem verbunden. Mit dem neuen Gelenk, das von der durch die Evolution bereits gestärkten Kiefermuskulatur bedient wurde, konnten die Cynodontier nicht nur sehr viel kräftiger, sondern dank der getrennten Muskelstränge Temporalis, Masseter und Pterygoidei, die das Gebiss wie die Fäden eines Puppenspielers koordinierten, auch sehr viel präziser zubeißen. Mit den neuen Kiefern konnten sie ihre Beißkraft steuern und je nach Situation gezielt auf bestimmte Zähne konzentrieren, was eine völlig neue Art der Nahrungsaufnahme ermöglichte. Uns mag diese selbstverständlich erscheinen, unter Tieren ist sie aber kaum verbreitet: das Kauen. Indem sie die Nahrung zu Brei zermalmten, bevor diese im Magen ankam, erledigten die frühen Säugetiere einen Teil der Verdauung bereits im Maul. Wieder ein neuer Weg, mehr und effizienter Kalorien zu sich zu nehmen.

Die Säugetiervorfahren – all die Pelycosaurier, Therapsiden und Cynodontier – hatten größtenteils ein sehr einfaches Gebiss, das sie einsetzten wie Eidechsen oder fleischfressende Dinosaurier. Sie schnappten zu, und das war's. Maul auf, Maul wieder zu. Die Nahrung wurde in Fetzen gerissen und geschluckt, ohne sie lang im Maul zu zerkleinern. Nur ein paar der fortschrittlicheren Cynodontier, wie beispielsweise *Oligokyphus*, konnten den Unterkiefer bei geschlossenem Maul nach hinten verschieben und so die Pflanzen, die sie fraßen, zermahlen. Diese Fähigkeit war jedoch selten.

Demgegenüber entwickelten sich die Säugetiere der Trias zu regelrechten Maschinen, was die Nahrungsverarbeitung anbelangte. Sie konnten ihre Kiefer auf und ab, vor und zurück sowie von links nach rechts bewegen. Daraus entwickelten sie eine Kautechnik aus drei aufeinanderfolgenden Bewegungen, ähnlich den Bewegungen beim Brustschwimmen. Zuerst schloss sich das Maul, wobei sich der Unterkiefer innen nach oben dem Oberkiefer annäherte (Druckphase), dann öffnete sich das Maul mit einer Abwärtsbewegung des Unterkiefers wieder (Rückholphase), der sich schließlich ein klein wenig zur Seite bewegte (Überleitungsphase), bevor das Ganze von vorne begann. Diese einzigartige rollende Kaubewegung war nur mit einem in alle Richtungen beweglichen Unterkiefer möglich, eine Flexibilität, die Sie spüren, sobald Sie mit Ihrem Unterkiefer wackeln, und für die unsere entfernten triassischen Verwandten die Wegbereiter waren.

Komplexe und koordinierte Kieferbewegungen waren aber nur ein Teil des Erfolgsrezepts. Um kauen zu können, mussten die obere und die untere Zahnreihe dieser Säugetiere exakt aufeinanderpassen, man spricht hier auch von Okklusion oder Verzahnung. Und in diesem Punkt unterscheiden sich die Säugetiere von den Dinosauriern oder Reptilien, bei denen bei geschlossenem Maul die Zähne des Oberkiefers in der Regel über die des Unterkiefers beißen oder die Zähne im Zickzack ineinandergreifen, ohne sich zu berühren. Wenn wir den Mund schließen, merken wir den Unterschied sofort: Die vorderen Schneidezähne haben ein klein wenig Überbiss, aber die Zähne entlang der Innenseite unserer Wangen sitzen fest aufeinander, wobei die oberen exakt auf die unteren passen. Unsere Kiefer sind so eng verzahnt, dass sie, wenn wir sie aufeinanderbeißen, tatsächlich fixiert sind. Die enge Verzahnung der oberen und unteren Zähne sorgt für die zum Kauen notwendigen Oberflächen. Sie entstanden bei triassischen Säugetieren wie *Morganucodon*, die mit der Unterscheidung der Backenzähne in Molaren und Prämolaren den letzten Entwicklungsschritt zum klassischen Säugetiergebiss machten.

Die Okklusion brachte jedoch eine neue Herausforderung mit sich. Die oberen und unteren Zähne mussten wirklich exakt aufeinanderpassen, das heißt, Erhebungen (Höcker) und Furchen (Fissuren) perfekt ineinandergreifen, ansonsten wäre das Kauen im besten Fall ineffizient und im schlechtesten unmöglich gewesen. Für Tiere mit lebenslang nachwachsenden Zähnen – wie die Vorfahren der Säugetiere – wäre das Kauen aus diesem Grund nicht möglich gewesen. Denn selbst wenn obere und untere Zähne perfekt gepasst hätten, wäre ein Zahn, sobald sein Gegenüber ausgefallen wäre, nicht mehr verzahnt gewesen. Der fehlende Zahn wäre natürlich nachgewachsen, aber nur langsam, und er hätte dabei immer wieder die Form verändert, also nie so recht gepasst, was beim Kauen ziemlich unpraktisch ist. Aber auch hier fanden die Säugetiere eine geniale Lösung. Sie hörten einfach auf, ihre Zähne ein Leben lang nachwachsen zu lassen, und tauschten das endlos nachwachsende Gebiss ihrer Vorgänger gegen zwei Sätze von Zähnen, die ein Leben lang halten mussten: Milchzähne in der Entwicklungsphase und bleibende Zähne im Erwachsenenalter. Man spricht hier von Diphyodontie. Wenn Sie sich also das nächste Mal einen Zahn ab- oder gar ganz ausschlagen und einen kostspieligen Zahnersatz brauchen, dürfen Sie dafür Ihre triassischen Vorfahren verfluchen.

Woher wir wissen, dass die ersten Säugetiere all diese Entwicklungsschritte durchliefen? Auch hier sind es wieder Fossilien, die das Geheimnis preisgeben. Zum einen ist an fossilen Schädeln von *Morganucodon* und anderen frühen Säugetieren leicht zu erkennen, dass die oberen und unteren Zähne ineinandergreifen – insbesondere Prämolaren und Molaren –, zum anderen weisen die dreihöckerigen Backenzähne von *Morganucodon* und anderen triassischen Säugern eindeutige Abnutzungsspuren auf: abgeriebene Oberflächen und Furchen, die nur durch den wiederholten Kontakt mit dem gegenüberliegenden Zahn entstanden sein können. Die Abnutzung der Zähne war für diese Arten ein schwieriger Balanceakt. Benutzten sie ihr Gebiss zu häufig, rieben sie es ab, bis sie nur noch Stummel im Maul hatten – für ein Tier, dem keine Zähne mehr nachwachsen, eine Katastrophe. Das exakte Maß an Abnutzung führte jedoch zu ebenen Flächen mit scharfen Kanten, die beim Kauen wie Scherenklingen arbeiteten und diesem noch eine schneidende Komponente hinzufügten.

Die Fossilien der frühesten, gut verzahnten Säuger mit stabilen Kiefern sind aber noch aus einem anderen Grund bemerkenswert. Ihre Schädel weisen riesige Hohlräume auf, in denen Gehirne steckten, die sehr viel größer waren als die ihrer Vorgänger, der Pelycosaurier, Therapsiden und Cynodontier. Am stärksten hatte das Gehirnvolumen im vorderen Teil zugenommen, sodass die länglichen Gehirne der Vorfahren nun die eher runde, in zwei

Hälften geteilte Form moderner Säugetiergehirne hatten. Als man das Gehirn von *Morganucodon* anhand von CT-Scans digital rekonstruierte, zeigten sich neben dessen größerer und rundlicherer Form noch zwei weitere entscheidende Säugetiermerkmale: Die Riechkolben, die den Geruchssinn koordinieren, waren gewaltig, und die Oberfläche wies eine neue Struktur auf, den Neokortex, ein aus sechs Schichten aufgebautes Nervengewebe, das sich noch als eine der großartigsten Erfindungen in der Geschichte der Säugetiere herausstellen sollte. Neurologen sehen im Neokortex den Schlüssel für die Wahrnehmung, Lernfähigkeit, Intelligenz und das Gedächtnis von Säugetieren. Je besser die ersten triassischen Säugetiere kauten, umso intelligenter wurden sie. Vielleicht förderten die größeren Mengen an Nahrung, die aufgenommen werden konnten, die Entwicklung eines größeren und komplexeren Gehirns, vielleicht drängte das größere Gehirn aber auch die Kiefermuskeln in eine andere Position, die mit einer größeren Beißkraft und ausgefeilteren Kaubewegungen einherging. Wie auch immer es gelaufen ist, diese grundlegenden Veränderungen bei der Nahrungsaufnahme und Intelligenzleistung triassischer Säugetiere gingen Hand in Hand.

Das bekannteste dieser ersten Welle von Säugetieren ist *Morganucodon* – eines der vielen basalen Mammaliaformes, die in der Trias ihre Blütezeit hatten und bis in den Jura hinein weiterexistierten. Seinen Namen erhielt es 1949 von Kühne – dessen Leben mit der Entlassung aus der Internierungshaft, nach der er als Dozent an die Universität von London berufen wurde, noch einmal eine bemerkenswerte Wende genommen hatte. Als Grundlage hatte er nur einen einzigen abgebrochenen Zahn, kaum einen Millimeter lang, den er aus einem Zehnkilosack Gestein gefischt hatte, das aus einer walisischen Höhle stammte. Spätere Grabungsarbeiten in Südwales, die das Ehepaar Kenneth und Doris Kermack durchführte, nachdem Kühne 1952 nach Deutschland zurückgekehrt war, um eine Professur in Berlin anzunehmen, brachten Hunderte weitere Knochen und Zähne zutage.

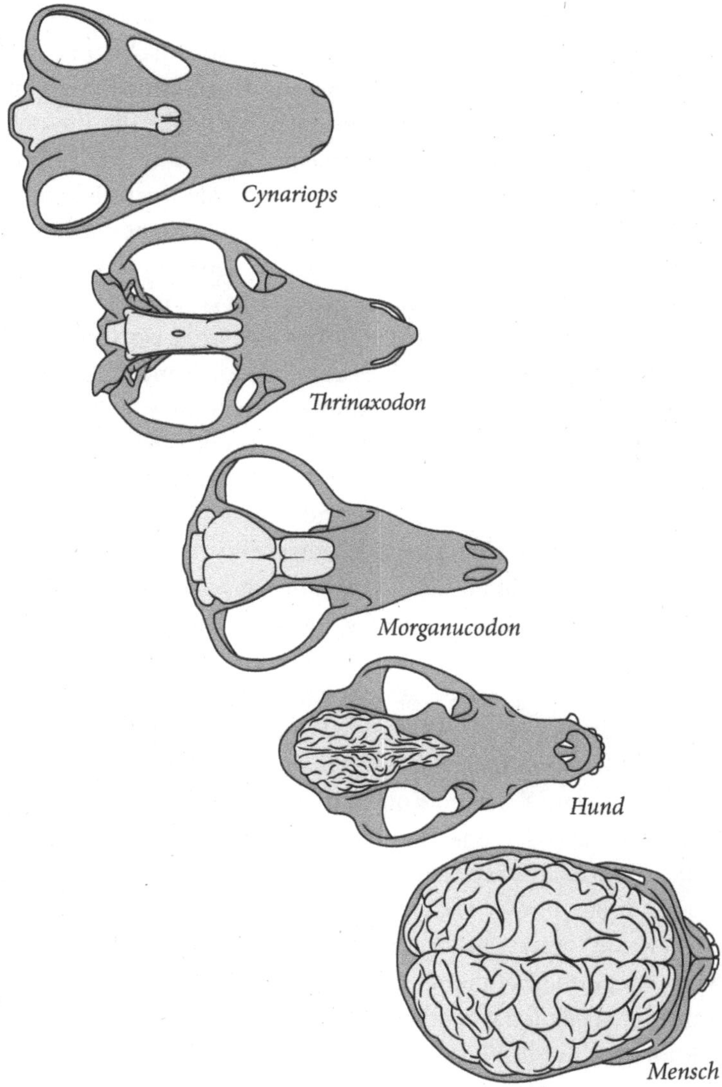


Die kontinuierliche Ausdehnung des Gehirns bei Synapsiden bis zu der verschlungenen Struktur eines vergrößerten Neokortex des Zerebrums bei Säugetieren. (Illustrationen: Sarah Shelley)

Zwischenzeitlich hatte sich ein Team von Paläontologenpriestern der katholischen Fu-Jen-Universität in Peking ebenfalls auf die Suche nach Spuren der frühen Säuger gemacht. Einer von ihnen, Vater Edgar Oehler, den es nach Westen in die Provinz Yunnan verschlagen hatte, fand dort einen 2,6 Zentimeter langen Schädel mit einem kompletten Unterkiefer, den er zurück nach Peking zu seinem Priesterkollegen Vater Harold Rigney schickte. Als Rigney das Fossil gerade untersuchte, klopfte die Geheimpolizei, die Maos neue Regierung gerade erst gegründet hatte, an seine Tür. Er wurde verhaftet und für vier Jahre ins Gefängnis gesteckt. Da die Kommunisten es mit der Säuberung Chinas von religiösen Institutionen ernst meinten, hatte Rigney nicht so viel Glück wie Kühne. Für ihn war es hinter Gittern zunächst einmal vorbei mit der Paläontologie. Dank diplomatischer Verhandlungen kam er schließlich aber frei und kehrte in die Vereinigten Staaten zurück, wo es zu einem freudigen Wiedersehen mit dem Schädel kam, den man den Kommunisten heimlich entwendet hatte. Während er seine Autobiografie mit dem bezeichnenden Titel *Vier Jahre in roter Hölle* verfasste, legte Rigney den Schädel noch für ein paar Jahre beiseite, beschrieb ihn dann aber 1963 in einer Publikation, in der er die Welt mit einer neuen Spezies der Gattung *Morganucodon* bekannt machte. Zusammen mit der immer größeren Zahl von Knochen- und Zahnfunden aus Wales ließ dieses faszinierende Fossil *Morganucodon* zum Standartenträger der frühen Säugetiere werden.

Es gab auch noch andere frühe Säuger: eine Vielzahl triassischer und jurassischer Gattungen, von denen die meisten wie *Morganucodon* Briten waren, denn sie wurden in englischen oder walisischen Höhlen gefunden. Möglicherweise lebten die kleinen Schnorrer unter der Erde, sehr viel wahrscheinlicher ist jedoch, dass sie während einer Flut in die Höhlen gespült wurden oder in Spalten und Risse fielen, wo ihre Knochen sich im Laufe der Zeit zu prähistorischen Ossarien auftürmten. Kühne entdeckte eine dieser Gattungen, ohne es jedoch zu bemerken. Es waren die beiden Zähne, die er kurz nach seiner Ankunft im britischen Exil gefunden und an Rex Parrington in Cambridge verkauft hatte, der sie zu einer neuen Gattung erklärte: *Eozostrodon*. Eine zweite entdeckte Diane Kermack in einer der walisischen Höhlen, die sie zu Ehren Kühnes *Kuehneotherium* taufte.

Und dann waren da noch die Gattungen, mit denen Kühne nichts zu schaffen hatte. In Südafrika entdeckte die Amateurarchäologin Ione Rudner einen bemerkenswerten Schädel mit Skelett, der den Namen *Megazostrodon* erhielt. Am anderen Ende der Welt, in Grönland, fand der Harvard-Professor und frühere US-Marine Farish Jenkins, der bei Ausgrabungen immer eine Waffe trug, um Eisbären zu verjagen, und seine Camps wie Militärlager führte, die Kiefer und Zähne eines *Morganucodon*-ähnlichen Säugetiers. Und dann wurden noch einige neuere Entdeckungen gemacht, darunter auch das alle Rekorde brechende *Hadrocodium* aus China. Mit einem Kopf von der Größe eines Fingernagels und einem Körper, der auf eine Büroklammer gepasst hätte, war es in etwa so groß wie eine thailändische Schweinsnasenfledermaus, das kleinste heute lebende Säugetier.

Die ersten Säugetiere gediehen prächtig. Sie mutierten mit schwindelerregender Geschwindigkeit zu neuen Arten, wobei sie den Vorteil ihrer großen Gehirne und neu erworbenen Kaukünste nutzten. Schnell eroberten sie weite Teile der Pangäa und wurden zu einem globalen Phänomen. Die Säugetiere waren eine der ersten großen Tiergruppen, die sich, nachdem Monsunregen und Wüsten sie nicht mehr daran hinderten, über den gesamten Superkontinent ausbreiteten. Die meisten von ihnen fraßen wahrscheinlich Insekten. Mit ihrer geringen Körpergröße und ihrem starken und präzisen Biss füllten sie in der damaligen Tierwelt die Nische der agilen Insektenjäger perfekt aus. Aber nicht alle hatten die gleichen Insekten auf dem Speiseplan. Pam Gill und ein paar ihrer Kollegen verglichen das Gebiss des *Morganucodon* mit dem des *Kuehneotherium* und stellten fest, dass diese zeitgleich zu Beginn des walisischen Juras lebenden Gattungen sich auf unterschiedliche Nahrung spezialisiert hatten. *Morganucodon* fraß Insekten mit harten Schalen wie beispielsweise Käfer, während *Kuehneotherium* weichere Beute wie Schmetterlinge bevorzugte. Es waren die ersten Anzeichen eines Trends, der über die gesamte Säugetierevolution anhalten sollte. Die ersten Vorboten einer neuen Welle von Säugetierarten waren in der Regel winzige Insektenfresser, die still und heimlich vor sich hin mutierten.

**Wenn Farish Jenkins** nicht gerade mit dem Gewehr über der Schulter Jagd auf Säugetierkiefer machte, war er ein charmanter Harvard-Professor, der in steifen Anzügen eloquente Vorlesungen hielt und mit trockenem Humor und skurrilen Requisiten – am berühmtesten ist wohl die Captain-Ahab-Beinprothese, an der er die verschiedenen Arten der menschlichen Fortbewegung demonstrierte – Generationen von Studierenden unterhielt. Mehr als alles andere werden diesen aber die minutiösen Zeichnungen von Schädeln und Skeletten in Erinnerung geblieben sein, die sein wichtigstes Lehrmittel darstellten. Er kam mehrere Stunden vor Vorlesungsbeginn, manchmal schon in den dunklen Morgenstunden, wenn die letzten nachtaktiven Säugetiere des Harvard-Campus noch auf Insektenjagd waren, um seine Meisterwerke mit Kreide an die Tafel zu zeichnen.

Seine berühmteste Zeichnung ist die von *Megazostrodon*, die er, perfektioniert von einem professionellen Künstler, 1976 in seiner Beschreibung des von Ione Rudner ein Jahrzehnt zuvor entdeckten Skeletts zum ersten Mal veröffentlichte. Sie wurde zu einer jener klassischen wissenschaftlichen Abbildungen, die in Lehrbüchern und PowerPoint-Präsentationen immer wieder auftauchen und sehr viel mehr repräsentieren als nur ein Individuum.

Jenkins' Zeichnung zeigt ein winziges *Megazostrodon*, nicht größer als eine Spitzmaus. Etwas hat das Tier aufgeschreckt. In höchster Alarmbereitschaft verharrt es unter einem Baum, die Beine senkrecht unter dem geschmeidigen Körper. Es ist unentschlossen. Sein rechter Hinterfuß zeigt zum Baum, als wollte es hinaufklettern und zwischen den Zweigen verschwinden, wäh-

Farish Jenkins' revolutionäre Zeichnung von *Megazostrodon*, einem frühen Säugetier. (Zeichnung übernommen aus Jenkins & Parrington, 1976)

rend die Vorderfüße nach vorne ausgerichtet sind und ihm die Möglichkeit bieten, über die Ebene zu fliehen. Es wittert etwas – eine Gefahr vielleicht oder einen schmackhaften Käfer. Sein Unterkiefer hängt locker nach unten und entblößt eine komplette Zahnreihe aus Schneidezähnen, Eckzähnen, Molaren und Prämolaren. Die Zähne sind winzig, aber scharf und sehen aus, als könnten sie jede Sekunde zuschnappen. Die Augenhöhlen sind klein, weshalb es sich beim Abschätzen seiner Umgebung mehr auf seine anderen Sinne verlassen muss. Was immer gerade seine Aufmerksamkeit erregt, muss es gerochen oder gehört haben.

Wäre das Skelett mit Fleisch ausgefüllt, würden wir dieses Tier auch heute noch eindeutig und ohne jeden Zweifel als Säugetier erkennen. Es hatte ein Fell, einen aufrechten Gang, bei dem es die Beine vor und zurück bewegte, und ein komplettes Säugetiergebiss zum Kauen, das es nur einmal im Leben austauschte. Es war sehr agil, konnte auf Bäume klettern und sich schnell über den Boden fortbewegen, und es war ein Warmblüter, oder im Begriff, einer zu werden. Zumindest war es, wenn es in kühlen Nächten auf Insektenjagd ging, in der Lage, eine angenehme Körpertemperatur zu halten. In seinem Schädel ruhte ein großes Gehirn, das für seine Intelligenz und seinen feinen Geruchssinn verantwortlich war, zudem konnte es sehr gut hören.

Aber wie gesagt, Jenkins' Zeichnung ist mehr als ein solches Einzelporträt – sie versinnbildlicht vielmehr die Revolution der ersten Säugetiere, die dabei waren, sich auf der ganzen Welt auszubreiten, um eine Dynastie zu gründen.

Die Zeit der Säugetiere war angebrochen, der Erben unzähliger bemerkenswerter Anpassungen, die Pelycosaurier, Therapsiden und Cynodontier über mehr als 100 Millionen Jahre Evolution angesammelt hatten. Sie brachten sich in Stellung, um sich die Vorherrschaft über die Pangäa zurückzuerobern, die ihre Vorfahren, die Therapsiden, in den Wirren des endpermischen Vulkanismus verloren hatten.

Aber war die Zeit dafür wirklich schon reif?

Während der Superkontinent im Begriff war auseinanderzubrechen, wurden die Dinosaurier immer größer und herrischer, und die Möglichkeiten der neuen Säugetiere waren trotz ihrer evolutionären Neuerungen begrenzt.

Sie mussten lernen, ein Leben im Untergrund zu führen.

# 3

# SÄUGETIERE UND DINOSAURIER

*Vilevolodon*

**William Buckland wusste, wie man** ein Publikum fesselt.

Anfang des 19. Jahrhunderts war er ein etwas schrulliger Professor an der Universität von Oxford, dessen Vorträge über Geologie und Anatomie für jeden, der gute Unterhaltung zu schätzen wusste, ein absolutes Muss waren. Gekleidet im akademischen Ornat, flitzte er die Hörsaalgänge auf und ab und bombardierte die Studierenden mit Fragen, während er abgetrennte Tierteile durch die Reihen reichen ließ.

Sein Wohnhaus war ein Sammelsurium aus Knochen, ausgestopften Tieren, Muscheln und anderen Kuriositäten, und eine Zeit lang unterhielt er sogar einen privaten Zoo. Bei Dinnerpartys führte er seinen Hausbären vor, der wie sein Herr und Meister in akademischer Tracht gekleidet war, und kredenzte seinen Gästen mysteriöse Fleischgerichte aus den entferntesten Ecken des britischen Empires. Ein Klassiker waren Mäuse auf Toast, es standen aber auch Panther oder Schweinswal auf der Menükarte. Manchmal hatten seine Freunde Glück und mussten nur Vogel Strauß oder Krokodil hinunterwürgen, was Buckland selbst sicher zu den langweiligeren Gerichten zählte.

Sein erklärtes Lebensziel war, sich durch die Tierwelt des Königreichs zu essen. Alles war erlaubt, wenn man der Legende glauben darf, was geschah, als der Erzbischof von York ihm ein einbalsamiertes Herz in einer silbernen Dose zeigte, das angeblich König Ludwig XVI. gehört hatte. »Ich habe schon viele merkwürdige Dinge gegessen«, soll Buckland gesagt haben, »aber noch nie das Herz eines Königs.« Dann schnappte er sich das Organ und verschlang es vor den Augen seines Publikums, dem der Mund offen stehen blieb.

An jenem Tag, von dem ich erzählen will, sollte er eine noch beeindruckendere Vorstellung geben.

An einem frühen Winterabend im Jahr 1824 erhob Buckland sich von seinem Stuhl, um vor der Geologischen Gesellschaft London zu sprechen. Man hatte ihn gerade zum Präsidenten des Mitgliederclubs ernannt, dem Who's who der Naturwissenschaftler, Theologen und aristokratischen Steinesammler der präviktоrianischen Gesellschaft. Ambitionierter Entertainer, der er war, wollte er seine Antrittsrede zu einem unvergesslichen Erlebnis machen und hatte ein Ass im Ärmel. Seit Jahren gab es Gerüchte, er habe riesige fossile Knochen erstanden, die Arbeiter beim Abbau von Kalkstein in der Nähe des malerischen Dörfchens Stonesfield in der englischen Pampa gefunden hatten. Die breiten, flachen Steinplatten waren ideal, um damit Dächer zu decken. Gerüchten zufolge wurden in den Gesteinsschichten aber auch immer wieder Knochen und Zähne gefunden. Nach fast zehn Jahren Forschungsarbeit war Buckland nun bereit, Ergebnisse zu verkünden.

In dramatischen Ausführungen erklärte er, dass zwischen den Kalksteinplatten tatsächlich Knochen gefunden worden waren – große Knochen, Knochen, die größer waren als die jedes im modernen England lebenden Tieres. Form und Proportionen ließen auf ein Reptil schließen, eine riesige, echsenähnliche Kreatur, wie sie niemand in seinem ehrenwerten Publikum je zu Gesicht bekommen hatte. Ein radikal neues Lebewesen, für das er sich bereits den perfekten Namen ausgedacht hatte: *Megalosaurus*.

Seine verzückten Zuhörer hatten es noch nicht begriffen, aber Buckland hatte soeben den allerersten Dinosaurier enthüllt.

Dieser Abend war nicht nur ein denkwürdiger Moment in der Geschichte der Wissenschaft, er war auch die Geburtsstunde der anhaltenden Faszination der Menschheit für Dinosaurier. Die Geschichte wird immer wieder erzählt, für gewöhnlich jedoch nicht erwähnt, dass Buckland noch eine zweite, hinsichtlich der Körpergröße sehr viel kleinere Entdeckung vorstellte, die aber nicht minder revolutionär war. Zwischen den Gigantenknochen hatte man auch andere Fossilien in den Kalksteinschichten gefunden, die Buckland mit für ihn untypischer Untertreibung als »durchaus bemerkenswert« bezeichnete.

Es waren zwei winzige, kaum zweieinhalb Zentimeter lange Kieferknochen mit gehöckerten Zähnen – die unverwechselbaren Unterkiefer von Säugetieren, ungefähr so groß wie die einer Feld- oder Spitzmaus. Die Zähne wiesen nach Bucklands Ansicht frappierende Ähnlichkeiten mit Opossumzähnen auf – ein Tier, das ihm von seinen Dinnerpartys hinlänglich bekannt gewesen sein dürfte. Da sie bei den *Megalosaurus*-Knochen gefunden wurden, waren die Kiefer der Beweis, dass gigantische Saurier und primitive Säugetiere einst Seite an Seite gelebt hatten – ein erster Hinweis, dass die Geschichte der Säugetiere sehr viel weiter zurückging, als man bis dahin angenommen hatte.

In den Anfangsjahren der Paläontologie, als sie sich vom Steckenpferd einzelner Gentlemen langsam zu einer wissenschaftlichen Disziplin entwickelte, waren diese winzigen Kiefer – und nicht etwa Bucklands Dinosaurier – eine Zeit lang Gegenstand heftiger Debatten, in denen sich Anfang bis Mitte des 19. Jahrhunderts zahlreiche Galionsfiguren der Paläontologie zu Wort meldeten. So zum Beispiel auch Richard Owen, der reizbare Anatom, der später die ersten »säugetierähnlichen« Reptilien aus der Karoo beschrieb und den Begriff »Dinosaurier« prägte, um Bucklands *Megalosaurus* und all die anderen Riesenreptilien, die plötzlich überall im viktorianischen England auftauchten, zu klassifizieren. Buckland, Owen und andere Paläontologen stritten jahrzehntelang über die Bestimmung der kleinen Kiefer, eine der vielen Schlachten im Krieg um die Frage, ob die Arten im Laufe der Zeit entstanden waren oder nicht.

Den Beliebtheitswettbewerb gewannen am Ende jedoch die Dinosaurier. *T. rex*, *Triceratops* und *Brontosaurus* waren in aller Munde, während Bucklands mickrige Kiefer, die zu den Gattungen *Phascoloterium* und *Amphitherium* gehörten, gerade mal einen Platz in wissenschaftlichen Lexika ergatterten – in Zeiten großer Entdeckungen war das eine bittere Realität. Im Laufe des 19. Jahrhunderts tauchten in England und Europa immer wieder große Dinosaurierknochen auf, und etwas später holten raubeinige Söldner im amerikanischen Westen gigantische Skelette aus den Badlands, finanziert von nach Ruhm dürstenden Industriellen wie Andrew Carnegie. Fossilfunde von Säugetieren aus jener Zeit – vom Jura bis in die Kreide – waren hingegen eher selten und unspektakulär. Bei den meisten handelte es sich um einzelne

Zähne oder Kiefersplitter, komplette Skelette gab es nicht. Und selbst wenn es sie gegeben hätte, die mausgroßen Fossilien hätten die Leute niemals in gleichem Maße begeistert wie ein flugzeuggroßer *Diplodocus.*

Kein Wunder also, dass man den Säugetieren des Jura und der Kreidezeit bald nachsagte, farblos zu sein. Sie hatten den Ruf langweiliger, wenig spezialisierter Generalisten, die nicht nur wie Mäuse aussahen, sondern sich auch so verhielten – dazu verdammt, in den langen Schatten der Dinosaurier ein elendes Dasein zu fristen; Nebenfiguren, die in der großen Tragödie der Dinosaurier kaum eine Rolle spielten.

Kein Wunder also auch, dass die meisten an Fossilien interessierten jungen Menschen – mich eingeschlossen – sich mehr zu Dinosauriern hingezogen fühlen als zu jurassischen Säugetieren. Da ich meine jugendliche Leidenschaft zum Beruf machen konnte, fand ich mich vor ein paar Jahren am nordöstlichen Rand Chinas wieder, wo ich die Museen abklapperte, um die gefiederten Dinosaurier aus der Provinz Liaoning zu untersuchen.

Ein paar Tage nach meiner Ankunft wechselte im Museum von Beipiao während einer Pause mein Freund Junchang Lü – einer von Chinas führenden Dinosaurierjägern, der 2018 traurigerweise verstorben ist – einen vielsagenden Blick mit dem Direktor. Es wurden ein paar Worte in Mandarin geflüstert, dann gab mir Junchang ein Zeichen, ihm zu folgen. »Wir haben da eine geheime Sache, die wir dir zeigen wollen«, sagte er. »Aber es ist kein Dinosaurier!«

Wir verließen das Museum, sprangen ins Auto und hielten schließlich vor einem versteckt gelegenen Gebäude, das aussah wie ein in die Jahre gekommener Wohnblock.

Das Licht fiel in den Eingangsbereich, als der Direktor die Tür aufschloss, und vor uns breitete sich eine bizarre Szenerie aus. In den Räumlichkeiten, die wir betraten, sah es aus, wie ich mir Bucklands Haus in Oxford vor zweihundert Jahren vorstellte. Überall lag Staub. Der Boden war übersät mit Schachteln und Holzkisten, auf den Tischen und Werkbänken stapelten sich Zei-

Jungchan Lü (Mitte) und sein Team zeigen mir in Beipiao, China, das mysteriöse Säugetierfossil. (Foto: Steve Brusatte)

tungen zu gewagt hohen Türmen, zwischen denen überall verstreut Hämmer, Meißel und Bürsten, Klebstoffflaschen und kleine Plastikbeutel lagen – und Fossilien, viele Fossilien, eingebettet in ungefähr zwei Zentimeter dicke Kalksteinplatten, die sich wahrscheinlich gut als Dachziegel geeignet hätten. Das hier war keine Wohnung. Es war eine Werkstatt, ein improvisiertes Labor, in dem von ortsansässigen Bauern erstandene Fossilien freigelegt wurden, um sie im Museum auszustellen.

Einer der Assistenten des Direktors verschwand in einem Nebenraum, und als er wieder herauskam, hielt er zwei Gesteinsplatten in Händen, die wie Puzzlestücke aneinanderpassten. Er legte die Platten auf einen Tisch und holte eine Lampe, richtete den Lichtstrahl auf seinen Schatz und bat mich, näher zu kommen.

Auf der grauen, mit winzigen Muschelfossilien gesprenkelten Kalksteinoberfläche war ein brauner Fleck von der Größe eines

Apfels zu erkennen. Ich sah genauer hin. Das Braune waren Haare, und in der Mitte verlief eine Wirbelsäule.

Es war ein versteinertes Säugetier! Ein Säugetier, das zeitgleich mit den gefiederten Dinosauriern vor ungefähr 160 Millionen Jahren im Jura gelebt hatte. Einerseits wies es die typischen Merkmale auf und war so klein, dass ein geflügelter Dinosaurier es problemlos hätte wegfegen oder zertreten können. Andererseits, und das war das Entscheidende, passte es nicht ganz in das typische Bild eines jurassischen oder kreidezeitlichen Säugetiers. Zu beiden Seiten der Wirbelsäule war ein Hautlappen zu erkennen, der zwischen Armen und Beinen gespannt war wie die Flugmembran eines Gleithörnchens.

Dieses Tier war keine unscheinbare Mausimitation, es konnte von einem Baum zum nächsten fliegen. Die Säugetiere, die zu Zeiten der Dinosaurier lebten, waren ganz offensichtlich sehr viel interessanter, als Generationen von Paläontologen – bis zurück zu Buckland – lange geglaubt hatten.

**Bevor sie in Jura und Kreidezeit** über die Köpfe der Dinosaurier hinwegsegeln konnten, mussten die Säugetiere es jedoch genau wie die Saurier durch die Trias schaffen. Und das war alles andere als leicht.

Während sich in der Trias aus den Cynodontiern erste Säugetiere wie *Morganucodon* entwickelten, veränderte sich auch die Erde. Tief in ihrem Inneren hatte sich ein gewaltiger Druck aufgebaut, der die Pangäa dehnte und im Osten und Westen an ihr zerrte. Das alles passierte jedoch so langsam, dass die Säugetiere an der Oberfläche es viele Millionen Jahre lang gar nicht bemerkten, bis es sich vor ungefähr 201 Millionen Jahren, gegen Ende der Trias, zu einer Katastrophe auswuchs. Der Superkontinent begann auseinanderzubrechen, teilte sich in der Mitte, als würde man einen Reißverschluss aufziehen. Nordamerika wurde von Europa getrennt, Südamerika von Afrika, und dazwischen entstand der Atlantik. Unsere heutigen Kontinente sind die Scheidungskinder der Pangäa. Bevor sich der Riss zwischen den frisch getrennten Landmassen jedoch mit Wasser füllte, blutete die Erde Lava.

Ungefähr 600 000 Jahre lang brachen entlang der zukünftigen Atlantikküste in vier schrecklichen Eruptionswellen Megavulkane aus, die die Ränder der neuen Kontinente in Brand setzten. An manchen Stellen türmten diese Lavaströme und Magmaschlote – die man heute noch als Basaltfelsen in der Nähe von New York oder der marokkanischen Wüste bewundern kann – sich bis zu 900 Meter hohen Schichten auf. Aber wie schon 50 Millionen Jahre zuvor waren das Schrecklichste nicht Lava und Asche, sondern die Gase, die die Vulkanschlote von tief unter der Erde in die Atmosphäre spuckten – Treibhausgase wie Kohlendioxid und Methan, Katalysatoren für eine globale Erderwärmung. Und wie schon an der Perm-Trias-Grenze ließ der Temperaturanstieg die Meere versauern, entzog Niedriggewässern den Sauerstoff und brachte Ökosysteme an Land und im Meer zum Kollabieren. Wieder kam es zu einem Massenaussterben, das mindestens 30 Prozent aller Arten, wahrscheinlich sehr, sehr viele mehr, auslöschte.

Unter den Opfern waren auch bemerkenswerte Persönlichkeiten wie die letzten Dicynodontier mit Stoßzähnen – enge Verwandte der Säugetiere, die sich als trauriger Rest der permischen Artenvielfalt an Therapsiden durch die Trias gerettet hatten und dann noch einmal zu schwerfälligen, dickbäuchigen Pflanzenfressern mutierten, von denen einige, wie die polnischen *Lisowicia*, die Größe eines Elefanten erreichten. Auch viele Amphibien fanden ihr Ende, so beispielsweise fast der gesamte Clan der Krokodile, die den Dinosauriern in der Trias noch einen harten Konkurrenzkampf geliefert hatten.

Überlebt haben vor allem Säugetiere und Dinosaurier. Die Frage, warum Letztere überlebten, ist bis heute unbeantwortet und eines der größten Rätsel der Dinosaurierforschung. Vielleicht, weil sie nach dem Dahinscheiden ihrer Krokodilfeinde plötzlich ohne Konkurrenz waren. Vielleicht, weil sie ein Federkleid hatten, das sie vor Temperaturschwankungen schützte, oder weil sie schnell wuchsen und die Nestlinge schnell erwachsen waren. Vielleicht hatten sie aber auch einfach nur Glück. Was die Säugetiere anbelangt, ist hingegen klar, weshalb sie gegen Wetterumschwung und Gletscherschmelze gewappnet waren. Sie hatten das perfekte Blatt auf der Hand – kleine Körper, schnelles Wachstum, ausgeprägte Sinne, Intelligenz – und konnten sich auf Bäumen oder in Höhlen verstecken. Wie Ratten, die sich an die dunkle Enge und giftigen Abgase der U-Bahn-Tunnel gewöhnt haben, konnte die globale Erderwärmung Säugetieren vom Typ *Morganucodon* nichts anhaben.

Als die Vulkane schließlich versiegten und die neuen Kontinente Zentimeter für Zentimeter auseinanderdrifteten, erholte sich die Erde, so wie sie es immer tat. Die Trias wich dem Jura, und die Säugetiere und Dinosaurier machten sich auf, ihre neue, sehr viel leerer gewordene Welt zu erobern. Die Dinosaurier taten dies, indem sie größer wurden – sehr viel größer.

Die Säugetiere hingegen blieben klein. Bei all den Dinosauriern, die nun die Gegend unsicher machten, mussten sie das wohl. Aber genau wie die Saurier brachten auch sie viele neue Arten hervor, mit den unterschiedlichsten Ernährungsgewohnheiten, Verhaltensweisen und Fortbewegungsarten. Sie spezialisierten sich auf das Leben im Untergrund, agierten in der Dunkelheit, verborgen im Unterholz, auf Bäumen oder im Schatten der Wälder. Wo immer es eine Nische gab, in die die riesigen Dinosaurier nicht kamen, waren sie zu finden, und sie gediehen prächtig.

In dieser Zeit wächst der Säugetierstammbaum exponentiell, verzweigt sich in ein Gewirr aus sogenannten absterbenden Zweigen, das heute zwischen den frühesten triassischen Säugetieren wie *Morganucodon* an der Wurzel und den modernen Arten an der Spitze liegt. Der Begriff »absterbend« ist jedoch nicht ganz fair, denn der einzige Grund, weshalb wir diese Gruppen – wie beispielsweise die Docodontier und Haramiyiden, über die wir gleich noch mehr erfahren werden – als »absterbend« wahrnehmen, ist das Privileg des Rückblicks. Diese Säugetiergruppen haben zwar nicht bis heute überlebt, sich im Jura und in der Kreide aber mit halsbrecherischer Geschwindigkeit entwickelt und mit vielen Ernährungs- und Fortbewegungsarten experimentiert, die wir auch bei modernen Säugern antreffen. In ihrer Zeit waren sie also alles andere als im Aussterben begriffen.

**Ich selbst machte** mit den Säugern des Juras und der Kreidezeit ungefähr zu jener Zeit Bekanntschaft, als sich das Klischee der mickrigen Langweiler gerade zerschlug.

Es war im Frühling 1999, meinem ersten Jahr auf der Highschool, und meine große Leidenschaft galt den Dinosauriern. Nach einem Besuch des Carnegie Museum of Natural History in Pittsburgh – jenes Tempels, den Andrew Carnegie einst errichten ließ, um darin die gigantischen Dinosaurierskelette auszustellen, die seine Söldner aus der Wildnis des Westens mitgebracht hatten – wollte ich, mit den regulären Ausstellungsstücken nicht zufrieden, eine Backstage-Führung durch die Fossiliensammlung, und wusste auch, wen ich darum bitten konnte.

Ein paar Wochen zuvor war Zhe-Xi Luo in den Nachrichten gewesen, einer der Kuratoren des Museums. Luo und seine chinesischen Kollegen hatten ein faszinierendes neues Säugetier aus der Kreidezeit entdeckt. Es war nur wenige Zentimeter groß, hatte einen dünnen Schwanz, bewegliche Glieder und dreihöckerige Backenzähne, mit denen es Insekten knabberte. Sie hatten es *Jeholodens* getauft, nach dem alten Namen der chinesischen Region, in der es gefunden wurde: der Provinz Liaoning. Viele Magazine und Zeitungen im ganzen Land druckten eine gelungene Zeichnung dieser Kreatur mit gepunktetem Fell, wie sie sich aus ihrem fossilen Skelett erhebt. Es war zwar kein Dinosaurier, aber ich fand *Jeholodens* dennoch ziemlich cool, also durchforstete ich die Website des Carnegie Museums nach Luos E-Mail-Adresse und bat ihn auf gut Glück um eine private Führung.

Luo schrieb zurück, sehr schnell sogar. Für einen berühmten, viel beschäftigten Wissenschaftler war er äußerst entgegenkommend, und so führte er kurze Zeit später meine Familie und mich über eine Stunde geduldig durch die mit fossilen Knochen vollgestopften Hinterzimmer und störte sich nicht daran, dass ich ihn mit Fragen zu Dinosauriern löcherte. Am Ende der Tour stellte Luo uns noch Mark Klingler vor, den Künstler, dessen Zeichnung in der Presse erschienen war, und riet mir unter Marks bestätigendem Nicken, ein Auge auf China zu haben. *Jeholodens* sei erst der Anfang, meinte er. In Liaoning fänden die Bauern neben den gefiederten Dinosauriern immer wieder neue Säugetiere. Einige von ihnen waren zwischen 130 und 120 Millionen Jahre alt und gehörten wie *Jeholodens* der kreidezeitlichen Jehol-Gruppe an, während andere sich als sehr viel älter herausstellten. Diese sogenannte Yanliao-Gruppe lebte vor circa 157 bis 166 Millionen Jahren im Jura.

Über die nächsten zwanzig Jahre beobachtete ich mit Staunen und Bewunderung, wie sich Luos Prophezeiung bewahrheitete. Immer mehr chinesische Fossilien kamen zum Vorschein – und tun es noch –, darunter mehrere neue Liaoning-Säuger. Fast jedes dieser neuen Fossilien wird durch eines von zwei freundschaftlich rivalisierenden Forschungsteams vorgestellt, die beide von chinesischen Paläontologen angeleitet werden, deren Forschungen sie in die USA geführt haben. Da ist zum einen Luos Team, das mittlerweile seinen Sitz an meiner Alma Mater hat, der Universität von Chicago, und zum anderen die Truppe um Meng Jin, Kurator am American Museum of Natural History in New York, wo ich meinen Doktor gemacht habe. Obwohl ich ein eingefleischter Dinofachidiot war, verlagerte sich mein Interesse mit der Zeit immer mehr auf fossile Säuger, und es war eine große Ehre, sowohl mit Luo als auch Meng arbeiten zu dürfen, zwei bescheiden gebliebenen Experten von Weltruf, die mich auf meinem Säugetierlehrpfad als Mentoren begleiteten.

Die Liaoning-Säugetiere macht so besonders, dass sie mit mehr aufwarten können als nur mit Zähnen und Kieferknochen – was der Fluch Bucklands und all der anderen Säugetierpaläontologen war, die vor Luos und Mengs Generation jurassische und kreidezeitliche Fossilien untersuchten. Bei vielen handelt es sich um

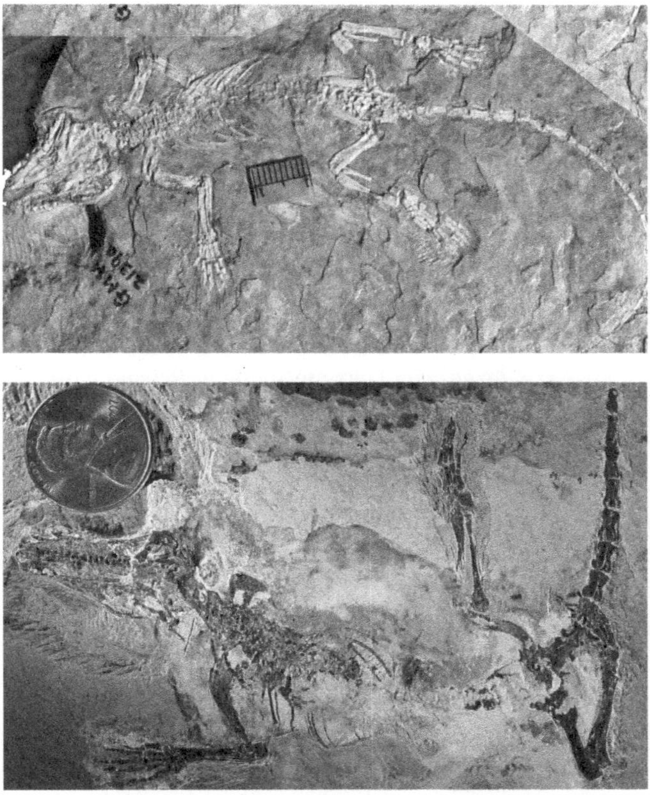

Erstaunlich gut erhaltene Säugetierfossilien aus Liaoning, China: *Jeholodens* (oben), *Agilodocodon* (Mitte), *Microdocodon* (unten). (Fotos: Zhe-Xi Luo)

komplette Skelette mit exzellent erhaltenen Knochen und Weichteilen, die wir denselben vulkanischen Blitzbeerdigungen zu verdanken haben, die auch die Dinosaurierfedern zu Stein erstarren ließen. Und diese Skelette offenbarten ein Geheimnis, das Zähne und Kiefer gar nicht verraten konnten: Es gab im Jura und in der Kreide unzählige Arten unterschiedlichster Säugetiere, deren einzige Gemeinsamkeit ihre Größe war. Die meisten waren so groß wie eine Maus oder Spitzmaus, was die lückenhaften Funde fossiler Zähne bereits vermuten ließen. Keine uns bekannte Art war größer als ein Dachs. Und doch war zumindest einer dieser Säuger – eine kreidezeitliche Gattung namens *Repenomamus* – groß genug, um etwas wirklich Erstaunliches zu vollbringen. In seinem Magen fand man die Knochen eines Dinosaurierbabys, was der uralten Geschichte von Dinosauriern und Säugetieren eine ganz neue Wendung verlieh: Es gab wohl tatsächlich Saurier, die in ständiger Angst vor Säugetieren lebten.

Veranschaulichen lässt sich die unerwartete Artenvielfalt des Juras an zwei Säugern aus der Yanliao-Biota: den Docodontiern und den Haramiyiden, den beiden ersten Säugetiergruppen, die sich weit verbreiteten. Keine hat die Kreide überstanden. Hätte das Schicksal es ein wenig besser mit ihnen gemeint, und ein paar hätten überlebt, zählten sie heute wahrscheinlich zu den Kloakentieren – genau wie das Schnabeltier, Überbleibsel der ersten großen Säugetierwelle, niedlicher Star zahlreicher Onlinevideos und ein Muss für jeden Zoobesucher, das zwar ziemlich seltsam und etwas primitiv ist, aber auf Glauben und Gewissen ein Säugetier. Die Stammbaumzweige sowohl der Haramiyiden als auch der Docodontier sind heute zwar Sackgassen, aber zu ihrer Zeit gediehen sie prächtig.

Hier ein paar Kurzporträts der Yanliao-Docodontier: Da ist einmal das winzige *Microdocodon,* ein Nager, der – wenn ich das noch einmal sagen darf – wie eine ganz gewöhnliche Maus oder Spitzmaus aussah und nicht einmal 10 Gramm wog. Noch asketischer wurden diese Säuger allerdings nicht mehr. Eine andere Gattung, *Agilodocodon,* hatte schlanke Glieder, lange Finger mit

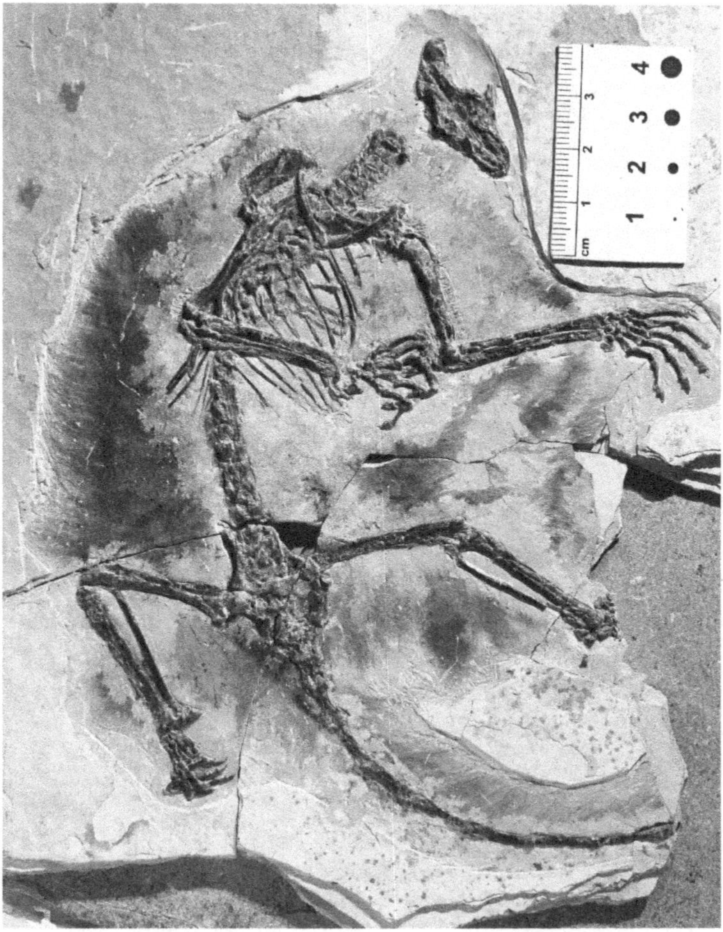

Der durch die Luft segelnde, jurassische Haramiyide *Maiopatagium* aus Liaoning, China. (Foto: Zhe-Xi Luo)

gebogenen Krallen und extrem flexible Gelenke – alles Merkmale von Baumkletterern wie den modernen Primaten. *Docofossor* war da von ganz anderer Statur. Sein Skelett weist massive Ellbogengelenke auf, eine verringerte Anzahl von Fingerknochen, breite Hände und schaufelartige Klauen. Eindeutige Anpassungen ans Graben, typisch für moderne Goldmulle, die in unterirdischen Höhlen und Tunneln leben. Und dann war da noch *Castorocauda* mit einem breiten, flachen Schwanz und Schwimmhäuten an den Hinterfüßen wie ein Biber. Seine Backenzähne weisen fünf abgerundete Höcker auf, wie die einiger früher Wale – perfekt, um sich von glitschigen Fischen und wirbellosen Meerestieren zu ernähren. *Castorocauda* war ein semiaquatischer Zeitgenosse, der sowohl durchs Wasser paddelte als auch am Ufer entlangzottelte.

Auch Haramiyiden waren in vielerlei Hinsicht bemerkenswert. Sie hatten Backenzähne mit mehreren niederen Höckern, die in parallelen Reihen angeordnet waren. Ihre Kiefer bewegten sie vor und zurück – man spricht hier von einer palinalen Bewegung –, sodass sich die Zahnhöckerreihen des Ober- und Unterkiefers gegeneinander verschoben und eine breite Fläche zum Zermahlen von Samen, Blättern, Zweigen und anderem Pflanzenmaterial boten. Haramiyiden fraßen jedoch nur das Beste aus den Baumkronen, denn wie das Fossil, das man mir heimlich in Beipiao gezeigt hatte, waren sie Gleiter – die ersten Flugakrobaten unter den Säugetieren, die von Ast zu Ast und von Baum zu Baum segeln konnten.

Bei mehreren Gattungen – darunter *Vilevolodon*, *Maiopatagium* und *Arboroharamiya* – entdeckte man dreifache Hautmembranen. Die größten waren von der Wirbelsäule ausgehend zwischen Vorder- und Hinterbein gespannt, die beiden anderen zwischen Nacken und Vorderbeinen und zwischen Hinterbeinen und Schwanz. Gemeinsam bildeten sie mehrere Tragflächen, ähnlich wie bei den heutigen Gleitfliegern. Die englische Bezeichnung für Dermoptera lautet »flying lemur«, wenngleich diese gar keine Lemuren waren, sondern eine Säugetiergruppe von Nichtprimaten. Aber die Haramiyiden konnten nicht nur segeln. Ihre Finger und Zehen, die alle mehr oder weniger dieselbe Länge und tiefe Rillen an den Unterseiten der Zehen hatten, lassen vermuten, dass sie in der Lage waren, sich kopfüber aufzuhängen. Mit anderen Worten, sie konnten sich zum Schlafen an Händen oder

Kreidezeitlicher, dinosaurierfressender *Repenomamus* aus Liaoning, China. (Foto: Meng Jin)

Füßen an Äste oder Höhlendecken hängen und rotteten sich womöglich wie die heutigen Fledermäuse zu gespenstischen, stinkenden Riesenkolonien zusammen.

Läufer. Kletterer. Gräber. Schwimmer. Gleiter. Fischfänger, Blättermampfer, Samenmahler. Die jurassischen Docodontier und Haramiyiden experimentierten mit vielen Lebensstilen moderner Säuger und füllten vom Wald über die Seeufer bis in den Untergrund zahlreiche Nischen. Sie waren keine langweiligen Generalisten. Wahrscheinlich konnten sie mit einer genauso großen – wenn nicht noch größeren – ökologischen Vielfalt aufwarten wie die Dinosaurier, nur in kleinerer Form.

Diese Erkenntnis hat zu einer radikalen Neuinterpretation der jurassischen und kreidezeitlichen Welt geführt. Im Kleinsein waren die Säugetiere eindeutig *besser* als die Dinosaurier. Damals waren die mickrigsten Dinosaurier primitive Vögel, nicht viel größer als eine Taube. Kein Stegosaurus oder Tyrannosaurus, keine Ceratopsier oder Hadrosaurier schrumpfte auch nur annähernd auf die durchschnittliche Größe eines Docodontiers oder Haramiyiden. Die Saurier hielten die Säugetiere davon ab zu wachsen, das ist richtig, aber die Säuger taten etwas mindestens ebenso Beeindruckendes: Sie hinderten die Dinosaurier am Schrumpfen.

**Was im Jura passierte**, war nicht nur ein chinesisches, sondern ein globales Phänomen. Während die Kontinente auseinanderdrifteten, breiteten sich Docodontier, Haramiyiden und viele andere frühe Säugetiergruppen über die ganze Welt aus. Wahrscheinlich hat das Auseinanderbrechen der Pangäa die Diversifikation sogar begünstigt, da die getrennten Landmassen zur Heimat einzigartiger Gemeinschaften wurden. Die Fossilien dieser frühen Säuger findet man weltweit, wobei meine Lieblingsjagdgründe auf der Isle of Skye in Schottland liegen.

Zum ersten Mal besuchte ich Skye, eine Insel mit zerklüfteten Bergen, nebligen Mooren und vom Meer umtosten Klippen, ein paar Monate nachdem ich meinen Job an der Universität von Edinburgh angetreten hatte. Und wieder einmal waren es die Dinos, die mich und mein Team dorthin zogen, denn in dieser magischen Landschaft gibt es viele Dinosaurierfossilien. Aus demselben Grund stattete schon in den frühen 1970er-Jahren ein Lehrer namens Michael Waldman der Isle of Skye mit seinen Schülern einen Besuch ab. Wegen des exponierten Juragesteins an den Küsten schien ihm Skye ein vielversprechender Ort für Funde zu sein. Seine Vermutung bewahrheitete sich, als er einen kaum ein Zentimeter langen Kiefer mit gehöckerten Zähnen fand. Es war der Kiefer eines Säugetiers, einer neuen Gattung von Docodontiern, die er *Borealestes*, »nordischer Räuber«, nannte. Die nächsten zehn Jahre kehrte Waldman mit Robert Savage, seinem Mentor an der Universität von Bristol, immer wieder nach Skye zurück, um noch sehr viel mehr Säugetierfossilien zu sammeln – überwiegend die gewohnten Zähne und Kiefer. Aus welchen Gründen auch immer kamen die beiden

Moji Ogunkanmi, Mitglied unseres Teams, auf der Isle of Skye bei der Suche nach kleinen Fossilien im Juragestein. (Foto: Steve Brusatte)

aber nie dazu, sie auch zu beschreiben, und irgendwann in den 1980er-Jahren waren diese Fossilien dann scheinbar verschwunden.

Zu der Zeit, als ich meine erste Exkursion auf Skye plante, stattete ich auch dem externen Lagerhaus des National Museum of Scotland einen Besuch ab, wo ein Großteil der Fossiliensammlung aufbewahrt wird. Ich wollte mich mit der Art von Fossilien – Form, Farbe, Struktur –, wie wir sie auf Skye vielleicht finden würden, vorab ein wenig vertraut machen. Ich tat, was Paläontologen in einem solchen Fall häufig tun, und fing an, mich ohne einen konkreten Plan durch die Schubladen zu wühlen – bis ich auf einmal erstarrte.

Vor mir lag ein weißer Kalksteinbrocken von ungefähr der Größe eines Fußballs. Die zahllosen Fluten, die über die Brandungsplattform geschwappt waren, auf der man ihn gefunden hatte, hatten der Oberfläche eine pockennarbige Struktur verliehen, in deren Mitte ein Gewirr aus schwarzen, glänzenden Knochen von der Größe eines Apfels zu erkennen war – Rückenwirbel, Rippen und Gliedmaßen.

Es war ein Skelett. Ein Säugetier!

Eines der verloren geglaubten Fundstücke von Waldman und Savage, gefunden mindestens fünfzehn Jahre bevor die ersten Berichte von Skelettfunden aus Liaoning zu uns kamen – als man noch glaubte, die jurassischen Säugetiere bestünden nur aus Zähnen und Kiefern. Die beiden hatten ein Skelett gefunden und es nicht ausgewertet. Zum Glück war es im Nationalmuseum gelandet, wo es für zukünftige Forscher sicher aufbewahrt wurde.

Sofort machte ich mich daran, einen Antrag auf Fördermittel zu verfassen, in dem ich das Fossil in überschwänglicher Prosa als ein »Kronjuwel« der schottischen Paläontologie beschrieb, das bahnbrechende Einblicke in die frühe Evolution der Säugetiere geben könne. Leider teilten die entsprechenden Stellen meinen Enthusiasmus nicht, und der Antrag wurde abgelehnt. Ich musste es auf anderem Weg versuchen. Ich tat mich mit Nick Fraser und Stig Walsh zusammen – befreundeten Paläontologen am National Museum of Scotland –, um ein Doktorandenprojekt mit Fokus auf das Skelett vorzuschlagen. Da keiner von uns auf die Säugetiere des Juras spezialisiert war, rekrutierten wir noch einen weiteren Kollegen, der diese Tiere besser kannte als irgendjemand sonst: Zhe-Xi Luo. Zum ersten Mal sollte ich mit dem Mann zusammenarbeiten, der mich als Teenager mit fossilen Säugetieren bekannt gemacht hatte, und das Projekt mit ihm gemeinsam betreuen.

Wir mussten nur noch einen geeigneten Studenten oder eine geeignete Studentin finden, und das taten wir mit Elsa Panciroli. Die junge Frau aus den schottischen Highlands war, nachdem sie eine Zeit lang für eine Meeresschutzorganisation gearbeitet hatte, an die Uni zurückgekehrt, um Paläontologie zu studieren. Elsa zeigte sich begeistert, ein so wichtiges, so nah ihrer Heimat gefundenes Fossil untersuchen zu können, was sie in den folgenden Jahren bis ins letzte Detail tat. Mithilfe von CT-Scans isolierte sie einzelne Knochen und setzte diese digital zu einem vollständig artikulierten Skelett zusammen, das sie als *Borealestes* identifizierte – den Körper, der zu Waldmans Kiefer passte. Als Elsa 2018 ihre Forschungsergebnisse auf der Paleontological Association Conference vorstellte, der größten Fossilienforschertagung im gesamten Vereinigten Königreich, war das Publikum so beeindruckt, dass man ihr den President's Prize für den besten Vortrag einer studentischen Forscherin verlieh.

Die auf Skye gefundenen Fossilien – Säugetiere, Dinosaurier, Meerestiere und vieles mehr – zeichnen ein lebendiges Bild der zeitgenössischen Welt. Schottland war Teil einer Insel im damals noch schmalen Atlantischen Ozean, der aber sukzessive breiter wurde, je weiter Europa und Nordamerika sich voneinander entfernten. Tosende Flüsse zerfurchten hoch aufragende Berge und mäanderten über die Ebenen, bevor sie sich in weiten Deltas in die kristallklaren Meere ergossen. Strände und Lagunen säumten die Küsten, an denen Dinosaurier und Säugetiere sich unter Krokodile und Salamander mischten, und in den Küstengewässern tummelten sich Plesiosaurier. *Borealestes* führte wahrscheinlich ein ähnliches Leben wie sein chinesischer Cousin *Castorocauda* – paddelte in den subtropischen Gewässern einer Lagune, jagte Fische und machte hin und wieder einen Ausflug an Land, wenn er seinen Speiseplan mit Insekten anreichern wollte oder auf der Flucht vor Plesiosauriern war.

Die überlegenen Herrscher dieser Welt – zumindest was die Masse betraf – waren jedoch die Dinosaurier. Die Fußabdrücke der Sauropoden, die mein Team vor ein paar Jahren entdeckte, sind so breit wie Autoreifen – Spuren von Ungeheuern, die ihre Hälse mehrere Stockwerke hoch gen Himmel recken konnten. In den Fußabdruck eines Sauropoden passten schätzungsweise mehrere Dutzend *Borealestes*. Mit einem einzigen Tritt hätte einer dieser Saurier eine ganze Docodontierkolonie auslöschen können. Dennoch war *Borealestes* eines von vielen Säugetieren, das auf dieser Insel nicht nur irgendwie überlebte, sondern sich ausbreitete und weiterentwickelte. Es war das Zeitalter der Dinosaurier, aber das der Säugetiere war in kleinen, versteckten Nischen und Ecken bereits angebrochen.

**Angesichts der enormen Artenvielfalt** der Docodontier und Haramiyiden, ihrer globalen Verbreitung von den Wäldern Chinas bis in die Lagunen Schottlands und der überwältigenden Vielfalt ihrer Ernährung, Lebensräume und Lebensstile erscheint es unsinnig, sie als eine Sackgasse in der Evolution der Säugetiere zu bezeichnen, was ich in einigen meiner älteren Veröffentlichungen und Vorlesungen unglücklicherweise getan habe.

Aber es gibt auch noch einen weiteren Grund, weshalb diese Formulierung problematisch ist. Zwar ist es richtig, dass kein Docodontier oder Haramiyide bis heute überlebt hat, aber diese Gruppen zweigen vom selben Stamm des Säugetierbaums ab, auf den auch die heutigen Säugetiere zurückgehen. Jurassische und kreidezeitliche Spezies eigneten sich entlang dieser Stammlinie viele Merkmale an, die – zusammengenommen mit dem, was Pelycosaurier, Cynodontier und *Morganucodon*-Typen bereits entwickelt hatten – zu wichtigen Komponenten ebenjenes Bauplans wurden, der die modernen Säugetiere, uns eingeschlossen, definiert. Viele dieser typischen neuen Eigenschaften sehen wir bereits in den Fossilien der Docodontier und Haramiyiden.

Beginnen wir mit der Behaarung. Wie wir bereits wissen, sprossen die ersten Haare wahrscheinlich den permischen Therapsiden – den Dicynodontiern und Cynodontiern – nicht als dichte Ganzkörperbehaarung, sondern als Tasthaare, äußere Balzmerkmale oder Teil eines Schutzsystems der Haut vor Nässe. Hierzu haben wir bisher leider nur Indizienbeweise wie haarähnliche Strukturen in fossilen Exkrementen von Therapsiden oder Löcher und Rillen in der Schnauze, an der Stelle, wo Tasthaare wachsen würden. Dass viele der jurassischen und kreidezeitlichen Säugetierskelette aus Liaoning – zu denen sowohl Docodontier als auch Haramiyiden zählen – Fell am ganzen Körper hatten, ist hingegen keine Mutmaßung: Das Fell ist da, dank der Vulkane mit den Knochen an Ort und Stelle erhalten, genau wie die Federn der Dinosaurier.

Diese Säuger waren also definitiv echte Warmblüter, da die Notwendigkeit, sich in einen wärmenden Pelz zu hüllen, nur bei endothermischen Tieren besteht, die ihre Körpertemperatur selbst erzeugen und konstant halten. Für einen Kaltblüter wäre Fell sogar von Nachteil, da er an einem sonnigen Tag überhitzen könnte. Wann genau in der Entwicklung von Therapsiden über Cynodontier zu Säugetieren die vollständige Warmblütigkeit auftritt, wird noch diskutiert. Das im vorangegangenen Kapitel entworfene Szenario, in dem die triassischen Cynodontier für die Endothermie verantwortlich gemacht werden, könnte sich aufgrund zukünftiger Forschungsergebnisse also noch als falsch erweisen. Nichtsdestotrotz müssen die Säugetiere unseren komplexen, hochenergetischen Stoffwechsel zu jener Zeit, als die jurassischen Docodontier und Haramiyiden ihren vielfältigen Lebensstilen frönten, bereits entwickelt haben.

Und ein weiteres – noch ausgeklügelteres – Säugetiermerkmal taucht an dieser Stelle des Stammbaums auf. Es ist *das* Säugetier-Feature schlechthin, dem wir unseren Namen verdanken und das uns von allen anderen Tieren unterscheidet: Milchdrüsen. Diese Drüsen, die größten und komplexesten in unserer fleischigen Haut, produzieren die Milch, mit der Säugetiermütter ihre Jungen ernähren – ein Vorgang, der Laktation genannt wird.

Seine Babys mit Milch zu füttern hat viele Vorteile. Milch ist erstaunlich nährstoffreich, und weder die Mutter noch das Kleine müssen sie zuerst suchen, sammeln oder jagen. Die Mutter erzeugt und kontrolliert ihren Milchvorrat selbst, während sie ihren Nachwuchs säugt, was ihr einen Puffer gegen wetter- oder jahreszeitlich bedingte Nahrungsknappheit gibt. Vogeleltern, die Würmer sammeln, um ihre Nestlinge zu füttern, haben es da nicht so gut. Vernichtet eine Trockenheit den Wurmbestand, haben die Kleinen ein echtes Problem. Eine jederzeit verfügbare Nahrungsquelle ermöglicht den Neugeborenen, schnell zu wachsen, und bindet das Junge an die Mutter, was für die kognitive und soziale Entwicklung sehr wichtig ist.

Zur Entwicklung der Laktation, einem Mysterium, über das auch Darwin persönlich eine beträchtliche Zeit gerätselt hat, existieren zahlreiche Theorien, von denen heute zwei dominieren. Die eine geht davon aus, dass die Hautdrüsen begonnen hätten, antimikrobielle Flüssigkeiten abzusondern, um die Neugeborenen vor bakteriellen Infekten zu schützen, und sich diese Absonderungen dann zu einer echten Nahrungsquelle weiterentwickelt hätten. Die andere nimmt an, dass die Milch anfangs dazu diente, die winzigen Säugetiereier feucht zu halten und vor dem Austrocknen zu schützen, die Frischgeschlüpften dann aber anfingen, sie zu trinken, weshalb sie durch natürliche Selektion zur Nahrung wurde.

Ja, Sie haben richtig gelesen: Eier und Schlüpflinge.

Obwohl wir das Lebendgebären den Säugetieren allgemein zuschreiben, ist es nur ein fortschrittliches Merkmal der Theria, jener Gruppe aus Beutel- und Plazentatieren, der auch wir angehören. Die meisten primitiven heute lebenden Säugetiere – Monotremata wie das Schnabeltier oder der Ameisenigel – legen Eier, und es ist davon auszugehen, dass alle triassischen, jurassischen und kreidezeitlichen Säugetiere, die wir bislang besprochen haben, das auch taten.

Obwohl wir (noch!) keine versteinerten Eier früher Säugetiere haben, wissen wir, dass ihre nächsten Verwandten, die Tritylodontier – die Gruppe, der auch Walter Kühnes Kühne *Oligokyphus* angehörte – Eierleger gewesen sein müssen. 2018 schloss Eva Hoffman – noch eine kluge Doktorandin, deren Forschungen unsere Sicht auf die Entwicklung der Säugetiere verändern – sich mit ihrem Berater Tim Rowe zusammen, um eine fossile Tritylodontier-Familie, *Kayentatherium*, zu beschreiben – eine Mutter in einem Knäuel mit mindestens 38, vielleicht auch mehr, winzigen Nachkommen, die von einer Flut überrascht wurden. Das katzengroße Fastsäugetier konnte unmöglich mehrere Dutzend Junge geboren haben. Das heißt, sie müssen aus Eiern geschlüpft sein. Genauso unmöglich ist, dass die Mutter alle gesäugt hat, zumindest nicht ausschließlich. Womöglich war die Familie auf gemeinsamer Futtersuche, als ihr Schicksal sie ereilte.

Aber wann genau hat sich die Laktation dann entwickelt? Bisher wurden nicht einmal bei den am allerbesten erhaltenen Liaoning-Säugetieren fossile Milchdrüsen gefunden. Glücklicherweise gibt es aber andere Anhaltspunkte, die uns verraten, dass ein Säugetier als Neugeborenes Milch getrunken hat.

Ein Hinweis ist die Diphyodontie – der einmalige Zahnwechsel vom Milch- zum Erwachsenengebiss –, die, wie wir im vorangegangenen Kapitel gelernt haben, zum ersten Mal in der Trias bei den *Morganucodon*-ähnlichen Säugetieren auftrat. Es hat seinen Grund, weshalb man vom »Milchgebiss« spricht, das sich entwickelt, während der Säugling von der Mutter noch mit Milch versorgt wird. Die erste Zahngeneration ist oft schlechter ausgebildet als die zweite, mit Zahnhöckern, die nicht sauber ineinandergreifen, wenn der Mund sich schließt, und auch die Zahnreihen sind noch nicht komplett. Die Molaren (und manchmal auch andere Zähne) sind bei Säuglingen noch nicht angelegt. Sie bilden sich erst, wenn das Baby entwöhnt wird. Zum Kauen, Zermalmen und Mahlen ist ein Milchgebiss eher suboptimal, was aber kein Problem ist, solange das Kleine mit Flüssignahrung versorgt wird.

Eine andere Sache ist da schon eher problematisch. Wie am zahnlosen Lächeln menschlicher Babys – oder ihrem Gebrüll beim Zahnen – unschwer zu erkennen ist, kommen viele Säuger ohne Zähne auf die Welt. Bevor die ersten Milchzähne durchbrechen, müssen die Kiefer erst größer und stärker werden. Das heißt, die Kleinen, die ohnehin schon so verletzlich sind, können in den ersten Wochen, wenn nicht Monaten, zur Nahrungsaufnahme noch nicht einmal auf ein suboptimales Gebiss zurückgreifen. Aber auch hier ist die Lösung Milch, denn der Säugling muss nichts weiter tun als saugen und schlucken.

Und hier kommt der zweite Hinweis auf Laktation ins Spiel, die für das Saugen notwendigen Besonderheiten am Skelett. Zum einen braucht man einen Gaumen, ein hartes Dach über der Mundhöhle, das die Cynodontier in der Trias entwickelten. Der Gaumen trennt den Mundraum von den Luftwegen und stellt so sicher, dass selbst die schwächsten Säuglinge beim Nuckeln nicht ersticken. Aber nicht nur das. Wenn Babys trinken, ziehen sie den Nippel ihrer Mütter mit der Zunge weit in die Mundhöhle und drücken ihn dabei gegen den Gaumen, wodurch die Milch erst fließt. Ein Gaumen allein genügt aber nicht zum Saugen. Um genügend Kraft aufzubringen, braucht der Säugling einen muskulösen Hals und ein komplexes und bewegliches Knochenbein, das die Muskeln verankert und den Halsknorpel stabilisiert. Dieses einzigartige System taucht zum ersten Mal bei Docodontiern wie dem winzigen *Microdocodon* aus Liaoning auf.

In Anbetracht dessen müssen die Säugetiere schon früh in ihrer Geschichte mit dem Säugen begonnen haben, wahrscheinlich schon, als erste Gattungen wie *Morganucodon* durch die Trias huschten, ganz sicher aber im Jura, dem Zeitalter der Docodontier. Dass zur selben Zeit auch die Gehirne größer wurden, ist bestimmt kein Zufall. Aus metabolischer Sicht ist ein großes Gehirn teuer, und eine reichhaltige, kontinuierlich verfügbare Nahrungsquelle wie Milch lieferte die für mehr Nervengewebe nötige Energie – insbesondere für den neuen, sechsschichtigen Neokortex, das hoch entwickelte Rechenzentrum und den Sitz der Intelligenz und sensorischen Integration von Säugetieren.

Milch – das typischste aller Säugetiermerkmale – ernährt nicht nur unsere Babys, sie hat uns auch klüger gemacht, wobei die Intelligenz nur eine Komponente des neurosensorischen Arsenals der Säugetiere ist.

**Bereits im 16. Jahrhundert** bemerkten Anatomen in den Paukenhöhlen menschlicher Leichen etwas Ungewöhnliches: drei reiskorngroße Knöchelchen direkt hinter dem Trommelfell, die mit Abstand kleinsten Knochen des menschlichen Körpers.

Zunächst erschien ihnen das merkwürdig. Knochen mussten stark und kompakt sein. Sie hielten den Körper aufrecht, schützten lebenswichtige Organe und bildeten das Gerüst für die Muskulatur. Auch wenn man die Knochen selbst nicht sah, waren sie da und gaben dem Gesicht seine Form, definierten die Konturen der Taille, stützten die gewölbten Muskeln der Arme, knackten, wenn man die Faust ballte oder älter wurde. Knochen waren irgendwie gruselig, mysteriös – ein Emblem des Todes, das die Gräber zierte.

Die neu entdeckten Knöchelchen, die so ganz anders waren, gaben Rätsel auf. Warum steckten sie im Ohr, und wozu dienten sie?

Aber wofür auch immer sie gut waren, wir Menschen waren nicht die Einzigen, die diese Knochen besaßen. Etwas später identifizierten Anatomen dasselbe Trio auch bei anderen Tieren – allerdings nur bei Säugetieren. Da sie so winzig waren, zu klein, um als echte Knochen durchzugehen, bezeichnete man sie als Gehörknöchelchen und verpasste später als Wiedergutmachung jedem von ihnen noch einen eigenen lateinischen Namen: Malleus, Incus und Stapes. Aus der Schule kennen die meisten von uns sie wahrscheinlich unter den inoffiziellen Bezeichnungen Hammer, Amboss und Steigbügel, die wie bei den Sternbildern Krebs oder Großer Bär ihrem Aussehen geschuldet sind. Als die Anatomen weitere Säugetierohren sezierten, fiel ihnen auf, dass die drei Gehörknöchelchen mit einem weiteren winzigen Knochen verbunden waren: dem Ectotympanon, auch bekannt unter dem etwas gefälligeren Namen Trommelfellring, den er seiner runden Form verdankt.

Hammer, Amboss und Steigbügel werden beim Knochenzählen auch gern mal vergessen, den Trommelfellring erwähnt aber tatsächlich nie irgendjemand. Das liegt wohl daran, dass er beim Menschen mit dem Schläfenbein verwachsen ist, jenem Knochen, der hinter Augen und Wangen einen großen Teil unseres seitlichen Schädels ausmacht. Trotz ihrer geringen Größe waren diese Knochen jedoch extrem wichtig, wie Wissenschaftler und Ärzte später noch feststellen sollten.

Das Ectotympanon bildet, wie bei einem Tamburin, den Rahmen für das Trommelfell, jene straff gespannte Membran, die Schallwellen aus der Luft empfängt und mit Hammer, Amboss und Steigbügel eine Übertragungskette ins Innenohr bildet. Das Trommelfell berührt den Hammer, der über ein Gelenk mit dem Amboss verbunden ist, der wiederum den Steigbügel berührt, welcher gegen die Hörschnecke schlägt, einen weichen Teil im Innenohr, der die Geräusche verarbeitet und akustische Signale an das Gehirn weiterleitet. Die Gehörknöchelchenkette hat drei wichtige Funktionen. Erstens leitet sie die Schallwellen vom Trommelfell (dem Empfänger) weiter an die Hörschnecke (den Bearbeiter), wobei sie diese zweitens wie eine Reihe hintereinandergeschalteter Megafone verstärkt und drittens in Wellen umwandelt, die über die Flüssigkeit in der Hörschnecke weiterübertragen werden. Die minimalen Wellen bewegen in der Hörschnecke winzige Härchen, welche sie in elektrische Signale umwandeln, die über die Nerven an das Gehirn weitergeleitet werden und dort das produzieren, was wir als Geräusche wahrnehmen.

Ring, Hammer, Amboss und Steigbügel sind also für eine der fortschrittlichsten neurosensorischen Leistungen der Säugetiere verantwortlich: die Fähigkeit, ein sehr breites Spektrum an Geräuschen wahrzunehmen, insbesondere im hochfrequenten Bereich. Vögel, Reptilien und Amphibien können auch hören. Sie alle empfangen Schallwellen, die sie in ihren Hörschnecken in liquide Wellen umwandeln. Aber ihr Gehör ist nicht annähernd so gut und ihr Frequenzbereich nicht annähernd so breit wie bei Säugetieren, weil sie nur ein einziges Gehörknöchelchen haben, das die ganze Arbeit machen muss – den Stapes alias Steigbügel.

Aber wie kamen die Säugetiere zu Hammer, Amboss und Ring? Hat sich die Evolution einfach so, als eine kleine Hörhilfe, drei völlig neue Knochen ausgedacht? Die Vermutung lag nahe, denn tatsächlich entstehen durch die natürliche Selektion häufig neue Strukturen, die einem ganz bestimmten Zweck dienen – wie beispielsweise ein Horn oder Schnurrhaare.

Als Anatomen sich Anfang des 19. Jahrhunderts die Entwicklung der Ohren bei Säugetierembryonen genauer anschauten, entdeckten sie jedoch Erstaunliches. Mit nicht mehr als einer Lupe ausgerüstet, fand der deutsche Embryologe Karl Reichert heraus, dass Hammer und Amboss sich nicht im Mittelohr bildeten – noch nicht einmal in der Nähe des Ohrs. Bei Embryonen befanden sich diese Knochen am hinteren Ende des Kiefers und bildeten in einem frühen Stadium sogar das Gelenk zwischen Schädeldach und Unterkiefer.

Die Knochen, die bei Wirbeltieren, die keine Säugetiere sind, das Kiefergelenk bilden, heißen Articulare und Quadratum. Was Reichert beobachtete, war einfach, aber genial: In der frühesten Entwicklungsphase der Säugetiere waren Hammer und Amboss in etwa gleich groß wie Articulare und Quadratum bei Reptilien, und sie befanden sich an derselben Stelle. Was nur eines bedeuten konnte: Hammer und Amboss *waren* Articulare und Quadratum und damit Kieferknochen.

Der Anatom Ernst Gaupp – ebenfalls Deutscher wie so viele herausragende Knochenexperten zu jener Zeit – führte Reicherts Arbeit fort und formulierte eine umfassende Theorie zur Entwicklung des Säugetierohrs, die noch heute an medizinischen Instituten auf der ganzen Welt gelehrt wird, die Reichert-Gaupp'sche Theorie. Als die technischen Mittel zur Untersuchung von Embryonen besser wurden, beobachtete Gaupp die kleinen Veränderungen während der Entwicklung des Ohrs unter dem Mikroskop und konnte Reicherts Vermutung bestätigen, dass Hammer und Articulare sowie Amboss und Quadratum identisch waren. Zudem löste er das Rätsel um das Ectotympanon, dessen Entwicklung ebenfalls am hinteren Ende des Unterkiefers beginnt, an der Stelle, an der bei Reptilien der Angulare sitzt. Ectotympanon und Angulare sind also ebenfalls identisch. Auch der Trommelfellring ist ein Kieferknochen.

Diese Erkenntnis ist insofern außergewöhnlich, als es sich bei den Gehörknöchelchen um keine neue Erfindung handelt, sondern um von der Evolution zum Hören umfunktionierte Kieferknochen.

Moderne Biologen können die embryonale Entwicklung anhand von CT-Scans oder Objektträgern mit unterschiedlich eingefärbten Gewebeproben – Kochen, Knorpel, Muskeln etc. – sehr detailliert beobachten, weshalb wir heute verstehen, was geschieht, während ein Säugetierembryo heranwächst. Im Laufe seiner Entwicklung vom frühen über den späten Embryo zum Neugeborenen verändern sich auch Hammer und Amboss. Sie hören früher als die restlichen Knochen im Schädel auf zu wachsen und verfestigen sich. Dann wandern sie nach hinten innen, bis sie, abgesehen von ein paar fadenscheinigen Gelenkbändern, den Kontakt zum Kiefer verlieren und in einer knöchernen Blase, der sogenannten Paukenhöhle, eingeschlossen werden. Währenddessen bildet sich hinten im Unterkiefer das Ectotympanon, zunächst als Streifen, der sich dann zusammenrollt und auf den Weg zu Hammer und Amboss macht, von denen Letzterer wiederum bereits Kontakt zum Steigbügel aufgenommen hat. Solange all das passiert, bildet sich zwischen dem Dentale des Unterkiefers und dem Squamosum des Schädeldachs ein neues Gelenk, das zum Dreh- und Angelpunkt für das Saugen und spätere Kauen wird.

All das geschieht normalerweise in der Gebärmutter. Beim Menschen beispielsweise lösen sich Hammer und Amboss im achten Schwangerschaftsmonat vom Unterkiefer. Nur in sehr seltenen Fällen entwickelt sich das Squamosum-Dentale-Gelenk nicht, und der Mund wird auch im Erwachsenenalter noch über das Hammer-Amboss-Gelenk *im Ohr* geschlossen. Beuteltiere wie das Opossum hingegen tun etwas Witziges. Ihre schmächtigen Neugeborenen fangen im Beutel direkt an zu saugen, noch bevor Dentale und Squamosum voll ausgebildet sind, und dazu benutzen sie in den ersten 20 Tagen das Gelenk zwischen Hammer und Amboss als primäres Kiefergelenk. In dieser Zeit saugen sie ihre Milch tatsächlich mit den Ohren, während sich zwischen Dentale und Squamosum ein zweites Gelenk bildet. Beide Gelenke

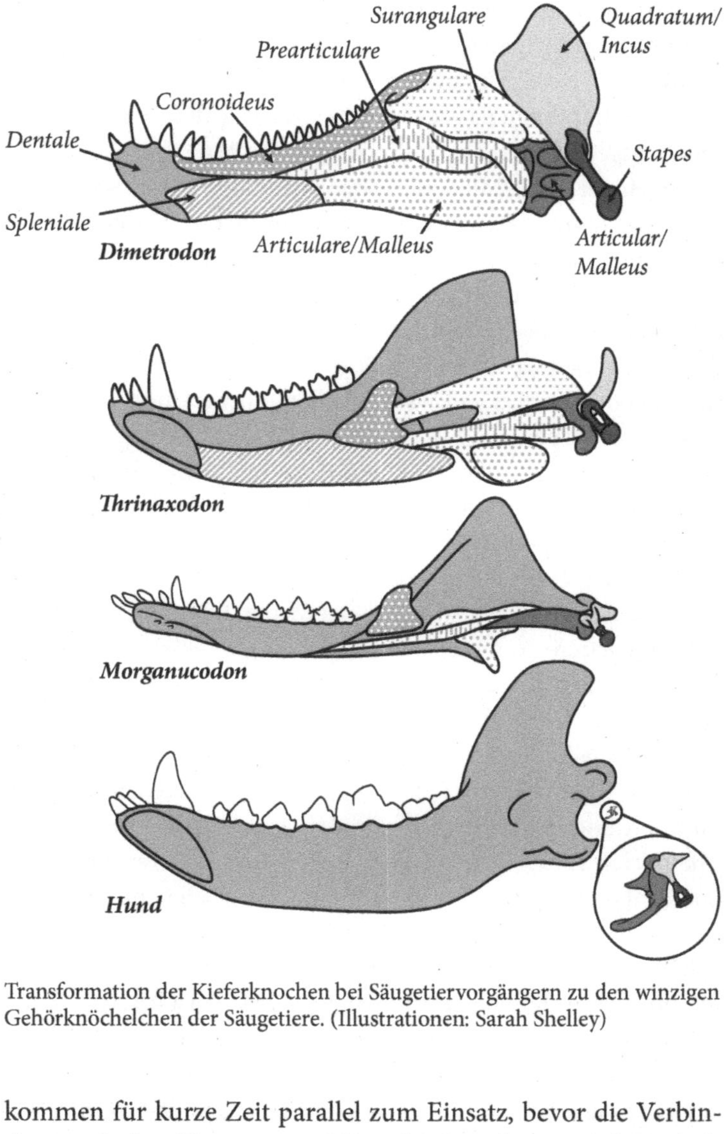


Transformation der Kieferknochen bei Säugetiervorgängern zu den winzigen Gehörknöchelchen der Säugetiere. (Illustrationen: Sarah Shelley)

kommen für kurze Zeit parallel zum Einsatz, bevor die Verbindung zwischen Hammer und Unterkiefer gekappt wird. Danach dienen Hammer und Amboss ausschließlich zum Hören und Dentale und Squamosum ausschließlich zum Schließen des Mauls.

Schrumpfende, nach hinten wandernde Kieferknochen, die nicht mehr zum Schließen des Mauls benutzt werden. Ein neues, kräftigeres Gelenk, das zwischen Dentale und Squamosum entsteht. Kommt Ihnen das bekannt vor? Richtig, darüber haben wir im vorangegangenen Kapitel schon gesprochen.

Sie erinnern sich: Mit der Evolution der Cynodontier schrumpften Quadratum, Articulare und viele der kleineren Knochen im hinteren Kieferbereich zusammen, während sich gleichzeitig das neue und stärkere Squamosum-Dentale-Gelenk bildete, über das wir heute Säugetiere definieren. Diese evolutionäre Sequenz, die sich bei den Cynodontiern über Millionen Jahre hinzog, entspricht eins zu eins der individuellen Entwicklung moderner Säugetierembryonen. Ontogenese rekapituliert Phylogenese, wie Biologen sagen würden. Oder anders ausgedrückt, der sich entwickelnde Embryo bildet die Evolution der Kieferknochen zu Gehörknöchelchen ab wie in einem Zeitrafferfilm.

Die Fossiliengeschichte erzählt uns dasselbe. Entwicklungssequenzen von Cynodontiern über frühe *Morganucodon*-ähnliche Säugetiere zu modernen Säugern lassen erkennen, wie die Kieferknochen im Laufe der Zeit zu Gehörknöchelchen umgeschult wurden – und sie werfen auch ein wenig Licht auf die Frage, weshalb dies geschehen ist.

Zunächst eine kurze Zusammenfassung. Pelycosaurier, Therapsiden und die ersten Cynodontier hatten gewöhnliche Reptilienkiefer. Die Zähne steckten im Dentale, während mehrere postdentale Knochen den hinteren Teil des Kiefers bildeten, darunter auch der Articulare, der Verbindung zum Quadratum des Schädeldachs hatte und mit diesem das Kiefergelenk bildete. Wie wir im vorigen Kapitel gelernt haben, wurde der Dentale bei den Cynodontiern zunehmend größer und kräftiger, während die postdentalen Knochen immer weiter verkümmerten, bis schließlich ein neues Gelenk nötig war und sich das Squamosum-Dentale-Gelenk bildete. Dieses neue Gelenk tauchte als Erstes bei Tieren wie *Morganucodon* auf. Heute zählen wir alle Arten mit diesem Gelenk zu den Säugetieren. Das Squamosum-Dentale-

Gelenk ist die Trennlinie zwischen Säugetieren und Nichtsäugetieren (so wie ich sie in diesem Buch definiere).

Diese ersten Säuger hatten zwei Kiefergelenke: das neue Squamosum-Dentale-Gelenk und das alte Quadratum-Articulare-Gelenk. Das Squamosum-Dentale-Gelenk erledigte weitgehend das Kieferschließen und war verantwortlich für die Bisskraft und die ausgefeilte Kautechnik dieser Tiere, das Quadratum-Articulare-Gelenk trug aber noch immer einen Teil der Kieferbelastung. Gleichzeitig waren Quadratum und Articulare so weit nach hinten gewandert, dass das Quadratum den Stapes berührte – jenen angestammten Mittelohrknochen, der bei Reptilien, Amphibien und Vögeln Geräusche vom Trommelfell in die Hörschnecke überträgt. Aufgrund dieser Berührung übernahm das Quadratum-Articulare-Gelenk bei Säugetieren wie *Morganucodon* fortan zwei Aufgaben: Es übermittelte Geräusche ans Ohr, war aber auch am Schließen des Mauls beteiligt – eine prekäre Doppelbelastung, die nicht von Dauer sein sollte.

Manche Fossilien weisen auch Übergangsstadien auf, wobei das wohl erstaunlichste Beispiel, das von den Liaoning-Vulkanen eingeschlossene, ungefähr 30 Zentimeter lange *Liaoconodon* ist, das von Meng Jin und seinem Team beschrieben wurde. Bei ihm bilden Dentale und Squamosum das einzige funktionierende Kiefergelenk, während Quadratum, Articulare und Angulare bereits als kleine Knöchelchen nach hinten innen in die Paukenhöhle gewandert sind. Kiefer und Ohren scheinen getrennt – sind es aber noch nicht ganz. Über einen dünnen Knochensteg sind Articulare und Angulare noch mit dem Dentale verbunden, möglicherweise als Stütze für die filigranen Gehörknöchelchen. Da sie dadurch physikalisch aber noch mit dem Kiefer verbunden waren, müssen die Kaubewegungen auf die Gehörknöchelchen übertragen worden sein.

Der nächste Evolutionsschritt ist offensichtlich: Der dünne knöcherne Verbindungssteg zwischen Kiefer und Ohr musste gekappt werden. Dieses Stadium ist bei *Origolestes* zu finden, einem anderen Liaoning-Säugetier, das Meng und sein Kollege Fangyuan

Mao mit ihrem Team beschrieben. Da die ehemaligen Kieferknochen sich nun komplett vom Kiefer gelöst haben, können wir sie bei ihren neuen Namen nennen: Hammer und Trommelfellring. Dieser Schritt war klein, aber revolutionär, denn nun konnten die Kiefer ihr eigenes Ding machen und sehr viel effektiver beißen und kauen, ohne dabei das Gehör zu beeinträchtigen. Und die Ohren ihrerseits konnten sich auf die Wahrnehmung hochfrequenter Töne konzentrieren, ohne vom Kiefer gestört zu werden.

Die Trennung von Kiefer und Ohr resultierte in einem »separaten Mittelohr«, und die Haramiyiden-Segler sind mit die ersten Fossilien, die diese separierten Ohren aufweisen. Die vom Kiefer losgelösten Gehörknöchelchen kuschelten sich in die Paukenhöhle, wo sie, geschützt von der Paukenblase *(Bulla Tympanica)*, funktional gesehen Teil des Schädeldachs wurden. Die Hörschnecke des Innenohrs wurde ebenfalls eingekapselt, vom Petrosum, dem sogenannten Felsenbein, das seinen Namen seiner extremen Dichte verdankt. Sowohl Paukenblase als auch Felsenbein dienen Säugetieren als eine Art dämpfende Kopfhörer gegen Kaugeräusche, weshalb sie auch beim Fressen außergewöhnlich gut hören. Achten Sie einmal darauf, wenn Sie das nächste Mal vor dem Fernseher Chips knabbern.

Die Geschichte nimmt aber noch eine finale Wendung. Auf den ersten Blick scheinen wir es mit einem reibungslosen Übergang von Kieferknochen zu Gehörknöchelchen zu tun zu haben, eine schrittweise Veränderung, durch die die Säugetiere sich im Laufe der Trias, des Juras und der Kreide immer weiter perfektionierten. Ordnet man die entsprechenden Säugetierfossilen aber auf dem Stammbaum ein und sieht sich ihre anatomischen Merkmale noch einmal genauer an, wird die Sache ein wenig komplizierter. Das separierte Mittelohr hat sich nicht nur einmal entwickelt, sondern gleich mehrfach: mindestens drei-, vier- oder fünfmal, vielleicht sogar noch öfter. Es gab eine Evolutionsstufe am Stamm des Säugetierbaums, in der die klein gewordenen Kieferknochen bereits ins Ohr gewandert, aber noch immer über knöcherne

Stege mit dem Kiefer verbunden waren. Dieses Zwischenstadium war weder für das Hören noch für das Kauen optimal.

Interessanterweise sind die Gelenke zwischen Hammer und Amboss bei Säugetiergruppen, die ihr Gehör unabhängig voneinander vom Kiefer separierten, unterschiedlich geformt. Manche, wie zum Beispiel wir Menschen, haben ein Kugelgelenk, mit dem Amboss als Kugel und dem Hammer als Pfanne. Andere Säuger, wie Kloakentiere, haben ein einfaches überlappendes Gelenk. Eine noch diskutierte These lautet, dass die unterschiedlichen Gelenke im Ohr die unterschiedlichen Kiefergelenke widerspiegeln, aus denen sie sich entwickelt haben: Kiefergelenke, die auf unterschiedliche Weise zusammenhingen und sich unterschiedlich bewegten.

Dies lässt nur eine logische Schlussfolgerung zu: Vor dem separierten Mittelohr entwickelten diese Säugetiergruppen unterschiedliche Formen sowohl des Quadratum-Articulare-Gelenks als auch des Squamosum-Dentale-Gelenks, die ihnen unterschiedliche Kautechniken ermöglichten: den einen eine Vor-und-zurück-Bewegung, den anderen ein etwas freieres Hin-und-Her und Auf-und-Ab, und so weiter. Danach haben sich dann bei jeder dieser Gruppen Kiefer und Ohr getrennt, wahrscheinlich eine Verschlankung, denn zwei gleichzeitig arbeitende Kiefergelenke waren bestenfalls redundant und schlimmstenfalls störend – wie Stützräder am Fahrrad, wenn man schnell vom Fleck kommen will. Von nur einem stabilen, muskulösen Kiefergelenk koordiniert, dem Squamosum-Dentale, war das Kauen sehr viel effizienter. Seiner Aufgaben enthoben, wurde aus dem Quadratum-Articulare-Gelenk das Malleus-Incus-Gelenk (Hammer-Amboss), als das es sich fortan ausschließlich der Übertragung von Geräuschen vom Trommelfell in die Hörschnecke widmete, wobei seine Form dem Kaustil seiner Vorgänger geschuldet war.

Warum die Säugetiere so versessen aufs Kauen waren, dass sie in gleich mehreren Fällen ihre Kiefer von den Ohren separierten? Weil es im Jura, und insbesondere in der Kreide, unzählige neue

Dinge zu fressen gab. Ganze Schwärme schmackhafter, bis dahin unbekannter Insekten tauchten auf, die neuartige Pflanzen mit delikaten Blüten, Früchten, Blättern, Wurzeln und Samen bestäubten.

In jener Zeit, in der Evolution und ökologische Veränderungen einen wilden Walzer tanzten und die wir heute als Kreidezeitliche Terrestrische Revolution kennen, entstanden Plazentatiere, Beuteltiere und Kloakentiere – die drei modernen Säugetiergruppen.

# 4

# DIE REVOLUTION DER SÄUGETIERE

*Kryptobaatar*

**Als wir zu dem außerhalb von Warschau gelegenen Landhaus** abbogen, konnte ich vor Erschöpfung kaum die Augen offen halten. Es war Mitte Juli 2010, und ich war als Doktorand mit dem britischen Paläontologen Richard Butler und unseren polnischen Freunden Grzegorz Niedźwiedzki und Tomasz Sulej auf Außeneinsatz in Osteuropa. Nachdem wir auf der glücklosen Suche nach triassischen Dinosauriern anderthalb Wochen kreuz und quer durch Polen und Litauen unterwegs gewesen waren, kehrten wir nun in die polnische Hauptstadt zurück. Als wir ausstiegen und zum Landhaus gingen, um zu klingeln, war ich aufgrund unserer Pechsträhne ziemlich schlecht gelaunt. Doch schon bald sollte ich feststellen, dass sie zu Ende war.

Die Tür öffnete sich einen Spalt, und ein kleiner Zwergspitz kam herausgeschossen. Mit einem giftigen Kläffer stürzte er sich direkt auf meine Knöchel und verbiss sich im Hosenbein.

Eine ältere Dame erschien auf der Veranda und entschuldigte sich in gebrochenem Englisch für sein schlechtes Benehmen. Kleine Säugetiere könnten ziemlich angriffslustig sein, meinte sie mit einem verschmitzten Lächeln. Sie war kaum einen Meter fünfzig groß und ging gebückt. Man hatte uns gesagt, dass sie gerade 85 Jahre alt geworden war, und rein äußerlich unterschied sie nichts von den Babulas, den »Großmütterchen«, die wir auf unserer Reise durch die Dörfer hatten schlurfen sehen.

Sie bat uns ins Haus, wo ein Tisch mit Kuchen und Tee gedeckt war. Ihr Mann, nur wenig größer als sie, kam dazu, um uns Gesellschaft zu leisten. Nach der Mühsal der erfolglosen Feldarbeit war das hier eine willkommene Abwechslung.

Den Mund voller Sahnetorte, klagten wir ihr unser Leid. Erzählten von einer Autopanne, von Regen, Hitze und unseren nur spärlichen Fossilienfunden. Sie nickte verständnisvoll, aber als wir unsere rührselige Geschichte beendet hatten, fing sie an zu kichern.

»In der Wüste Gobi war es noch viel schlimmer«, meinte sie.

Wenn man sie so sah, hätte man es nicht für möglich gehalten, aber diese freundliche Großmutter war eine der berühmtesten

Fossiliensammlerinnen der Welt, eine Pionierin. Auf den Spuren von Dinosauriern und Säugetieren war sie einst in die endlose Weite sandiger Dünen gezogen, die Leiterin einer der ersten großen, von einer Frau geführten Fossilienexpeditionen. Ihr Name war Zofia Kielan-Jaworowska, und sie war eine meiner Heldinnen. Nun in ihrer Küche zu sitzen, während sie von ihren entbehrungsreichen Abenteuern erzählte, ließ mich die im Verhältnis lächerlichen Strapazen unserer Arbeit fast vergessen.

Zofia wurde 1925 östlich von Warschau geboren. Als die Nazis einfielen, war sie noch ein Teenager, und da diese nicht viel davon hielten, dass Polinnen eine akademische Ausbildung bekamen, begann sie nach Beendigung des Lyzeums, heimlich Unikurse zu belegen. Als sie inoffiziell noch Zoologie an der Universität von Warschau studierte, erhob sich 1944 die polnische Heimatarmee gegen die Deutschen, doch der Warschauer Aufstand wurde niedergeschlagen. Die Stadt wurde weitgehend zerstört, rund 200 000 Menschen verloren ihr Leben. Während dieser finsteren zwei Monate unterbrach Zofia ihr Studium und versorgte als Sanitäterin die Verwundeten.

Nach Kriegsende 1945 nahm die Universität wieder den Betrieb auf, auch wenn von den Gebäuden kaum noch welche standen. Die Seminare fanden in der ganzen Stadt statt, so auch in der Wohnung von Professor Roman Kotzlowski. Eine seiner häuslichen Vorlesungen hielt er über die Zentralasienexpeditionen in den 1920er- und frühen 1930er-Jahren – wilde Odysseen durch die Mongolei, angeführt von dem charismatischen Entdecker und Fossilienforscher Roy Chapman Andrews, der Gerüchten zufolge als Vorbild für die Figur des Indiana Jones diente. Andrews' Expeditionen waren Stoff vieler Legenden und ihre Funde spektakulär: die ersten Dinosauriernester, das erste Skelett eines bösartigen *Velociraptors* und fast ein Dutzend Säugetierschädel, die zur damaligen Zeit der größte zusammenhängende Befund kreidezeitlicher Säuger waren.

Zofia war so fasziniert, dass sie beschloss, die Paläontologie zu ihrem Beruf zu machen und in Andrews' Fußstapfen zu treten.

Richard Butler und ich zu Besuch bei Zofia Kielan-Jaworowska in ihrem Haus in Polen 2010 (oben), und Zofia in der Wüste Gobi in der Mongolei 1970 (unten). (Fotos: Tomasz Sulej und Paläobiologisches Institut Warschau)

Die Mongolei war jedoch sehr weit weg, und es gab auch in ihrer Heimat Fossilien. Auf Kotzlowskis Betreiben hin setzte sie daher zunächst ihre Studien zu Trilobiten fort – ausgestorbenen käferähnlichen Gliederfüßern mit harten Exoskeletten, die Hunderte Millionen Jahre vor den Dinosauriern und Säugetieren die Meere bevölkerten. Ihren Traum von der Wüste Gobi gab sie aber nie ganz auf.

Anfang der 1960er-Jahre hatte Zofia sich den Ruf einer weltweit anerkannten Expertin für Trilobiten und andere wirbellose Kreaturen erarbeitet und stieg in die Führungsebene des Warschauer Instituts für Paläobiologie auf. Nachdem Kotzlowski in den Ruhestand getreten war, wurde sie Direktorin, was ihr den nötigen Einfluss verschaffte, neue Forschungsprojekte anzuschieben. Es war die Zeit des Kalten Krieges, und die polnische Führung war bereit, gemeinsame wissenschaftliche Projekte mit den Genossen anderer kommunistischer Länder – wie der Mongolei – zu unterstützen.

Zofia ergriff die Gelegenheit beim Schopf und regte eine polnisch-mongolische Expedition in die Wüste Gobi an. Ihr Antrag schien ein wenig vermessen. Sie war (noch) keine Expertin für Dinosaurier oder Säugetiere, und zudem hatte keine Frau je eine so große paläontologische Expedition geleitet, nirgendwohin. Aber ihrem Antrag wurde stattgegeben. Für ihr Team rekrutierte sie mehrere junge Frauen, darunter Halszka Osmólska, Teresa Maryańska und Magdalena Borsuk-Białynicka, die später selbst renommierte Paläontologinnen werden sollten. Sie hatten wenig Erfahrung mit Ausgrabungen außerhalb der Grenzen Polens, und die meisten von ihnen waren noch nie in der Wüste gewesen. Dennoch schlossen sie sich mit den jungen mongolischen Forschern Demberlin Dshzeveg, Rinchen Barsbold und Altangerele Perle – später ebenfalls anerkannte Paläontologen – zu einem eingeschworenen Team zusammen, das zwischen 1963 und 1971 acht Expeditionen unternahm.

Es waren anstrengende Reisen. Tagsüber lagen die Temperaturen häufig über 40 °C im Schatten, nachts fielen sie unter den

Gefrierpunkt, Wasser war knapp. Von einem Ausgrabungsort zum nächsten zu gelangen, dauerte oft Tage. Die Strecken führten querfeldein, und Zofias Team hatte zur Orientierung auf dem Weg zu erfolgversprechenden Fossilienstellen kaum mehr als eine Karte, einen Kompass und vielleicht ein paar alte Reifenspuren zur Verfügung. Ihre Lastwagen mit Sechsradantrieb, die sie sich von der staatlichen polnischen Automobilfabrik geliehen hatten, waren zwar robust, aber sehr schwerfällig, was die Fahrten ziemlich unbequem machte.

Doch während ihrer acht Jahre in der Wüste Gobi fanden Zofia und ihr Team unzählige Fossilien. Viele davon waren Dinosaurier und (anfangs) der Grund, weshalb ich sie so bewunderte. Die Dinos machten Zofia und ihre Expeditionen berühmt, was sie aber eigentlich suchte, waren Säugetiere. Die winzigen Schädel,

Zofia Kielan-Jaworowskas Team auf der Suche nach winzigen Säugetierfossilien, Wüste Gobi, 1968. (Foto mit freundlicher Genehmigung des Paläobiologischen Instituts, Warschau)

die Andrews von seinen Expeditionen mitgebracht hatte, faszinierten sie. Sie erkannte ihre Bedeutung für die frühe Säugetierevolution in jenen undurchsichtigen Zeiten, als die Dinosaurier noch auf den Höhlen der Säuger herumtrampelten. Und sie erkannte noch etwas: Andrews' Team war nur auf große, glanzvolle Fossilien aus gewesen, die zu Hause für Schlagzeilen sorgten und zu Blockbustern in den Museen taugten. Die Säugetiere, die Andrews aus der Wüste Gobi mit nach Hause brachte, waren – obwohl damals die ersten fossilen Funde ihrer Art – nur Beiwerk. Zufällig mit aus dem Wüstenboden gerissen, von Forschern, die nur Augen für Dinosaurier hatten. Obwohl sie nicht gezielt nach fossilen Säugetieren suchten, fanden sie mehrere Schädel und Skelettteile. Und das konnte nur eines bedeuten: Es musste dort draußen noch mehr Säugetiere geben, die nur darauf warteten, von der richtigen Paläontologin gefunden zu werden.

Zofia war diese Paläontologin. Eine Lupe in der Hand, die Nase dicht am Boden, kroch sie auf allen vieren über die Erde auf der Suche nach kleinen Schädeln, Kieferknochen und Zähnen. Diese mit Rückenschmerzen, geschundenen Knien und brennenden Augen einhergehende Arbeit war weit weniger glamourös als Andrews' machomäßige Großwildjagd nach Dinosauriern, aber sie war effektiv. Allein 1964 entdeckte ihr Team neun Säugetierschädel, fast ebenso viele wie Andrews' Mannschaft in einem ganzen Jahrzehnt. Und das war erst der Anfang.

1970 führte Zofia ihr Team zu den dunkelroten Felsen der Barun-Goyot-Formation. Sie war von russischen Paläontologen, die in den Jahren nach dem Zweiten Weltkrieg in der Gobi geforscht hatten, für fossilienfrei erklärt worden, doch Zofia hatte so eine Ahnung, dass ihre Lupenmethode dies widerlegen würde – und sie hatte recht. In nur wenigen Stunden fand Halszka Osmólska einen wunderschönen Säugetierschädel, der anders war als alle, die Andrews, die Russen oder Zofias frühere Teams je gefunden hatten. Eine neue Spezies! Zofia stellte eine größere Mannschaft zusammen und brachte sie zu einer Fundstelle namens Khulsa, die bald zu ihrem, wie sie es nannte, Eldorado werden sollte. Allein an jenem Nachmittag fanden sie fünf Säugetierschädel. Sie blieben zehn Tage, in denen sie auf 17 weitere Schädel stießen. In weniger als zwei Wochen bargen sie damit den weltweit besten Fundkomplex kreidezeitlicher Säugetiere.

Nach einer kurzen Winterpause in Polen kehrte Zofias Team im Frühling 1971 zurück in ihr Eldorado in der Mongolei und machte sich voller Tatendrang wieder an die Arbeit. Nachdem sie gleich am ersten Tag drei weitere Schädel entdeckt hatten, weiteten sie die Suche aus und stießen in Hermiin Tsav auf eine zweite fossile Fundgrube. Leider kamen sie dort einer großen Gruppe von Fossilienjägern aus der Sowjetunion in die Quere, die seit mehreren Jahren durch die Wüste streiften und nun in erstklassiges Fossilienterrain vorgedrungen waren. Die Sowjets hatten mehr Mittel und größere politische Unterstützung – schließlich war die Sowjetunion die Supermacht und Polen nur der Satellitenstaat. Und sie waren geschickte Intriganten, denen es gelang, einige von Zofias mongolischen Wissenschaftlern auf ihre Seite zu ziehen. Eine Zeit lang versuchten die Mongolen, es beiden Parteien recht zu machen, aber gegen Ende der Saison 1971 wurden die Spannungen zu groß. Zofia wurde zum Präsidenten der Mongolischen Wissenschaftsakademie bestellt, der schlechte Nachrichten für sie hatte. Seine Forscher durften nur noch für die Sowjets arbeiten. Es war das Ende der polnisch-mongolischen Expeditionen. »Als ich das erfuhr, war ich am Boden zerstört«, schrieb Zofia später. »Aber der Gedanke an all die mongolischen Fossilien, die wir schon hatten und in den kommenden Jahren auswerten konnten, tröstete mich.«

Unter diesen Fossilien waren auch 180 kreidezeitliche Säugetiere – die Summe ihrer jahrelangen Arbeit in Khulsan, Hermiin Tsav und an anderen Fundstellen. Das war die größte, vollständigste, vielfältigste und spektakulärste Sammlung kreidezeitlicher Säugetiere, die je zusammengetragen wurde. Die nächsten Jahrzehnte verbrachte Zofia damit, die Schädel und Skelette auszuwerten, weitgehend in ihrem Arbeitszimmer bei sich zu Hause.

Bei unserem Besuch lag die letzte polnisch-mongolische Expedition fast vierzig Jahre zurück, und Zofia hatte immer noch zu tun. Sie arbeitete weiter bis März 2015, bevor sie einen Monat vor ihrem neunzigsten Geburtstag verstarb und ein Haus voller mongolischer Fossilien hinterließ, die noch ausgewertet werden müssen.

**Die von Zofia** und ihrem Team gesammelten Säugetiere stammen aus Gesteinsschichten in der südlichen Mongolei, die sich ungefähr zwei Tagesfahrten von Ulaanbaatar entfernt zu Felswänden, Klippen, Furchen, Badlands und anderen Wüstenlandschaften formiert haben. Die meisten dieser Formationen sind entweder aus Sand- oder Schlammstein, der sich in den Flussläufen der einst üppigen Wälder abgelagert hat, oder die Überreste uralter Sanddünen und Wüstenoasen, die in der heutigen Mongolei kaum auffallen würden. All diese Felsen entstanden während des Campaniums und des Maastrichiums am Ende der Kreidezeit vor circa 84 bis 66 Millionen Jahren, also rund 80 Millionen Jahre nach der Blütezeit der Docodontier und Haramiyiden.

Seitdem hatte sich einiges geändert. Der Jura war 150 Millionen Jahre zuvor in die Kreide übergegangen, ein Wechsel, den weder Megavulkane noch andere geologische Katastrophen ausgelöst hatten und der auch nicht von einem nennenswerten Massenaussterben oder Kollaps der Ökosysteme begleitet war. Stattdessen haben wir es mit kontinentalen und klimatischen Veränderungen zu tun, die sich summierten und langsam in die neue kreidezeitliche Welt führten. Über einen Zeitraum von zehn Millionen Jahren sanken die Meeresspiegel und stiegen wieder an. Die schwüle Treibhaushitze des späten Jura verschwand, es wurde kalt, dann trocken, und schließlich normalisierte sich das Klima Anfang der Kreidezeit wieder. Währenddessen waren die Kontinente in ständiger Bewegung. Die Landmassen der alten Pangäa drifteten mit der kaum wahrnehmbaren Geschwindigkeit von wenigen Zentimetern pro Jahr immer weiter auseinander, was multipliziert mit 80 Millionen Jahren bedeutet, dass sich die Kontinente am Ende der Kreide mehr oder weniger in ihrer heutigen Position befanden.

Dennoch haben wir es noch nicht mit einer neuzeitlichen Weltkarte zu tun. Südamerika war von Nordamerika klar getrennt, hatte aber noch eine dünne Verbindung zur Antarktis, die wiederum Australien fast berührte. Indien war ein Inselkontinent vor der Ostküste Afrikas und zielstrebig unterwegs Richtung Norden. Eiskappen gab es keine, weshalb die Meeresspiegel hoch waren und Europa nur als eine Ansammlung kleiner Inseln aus der tropischen See ragte. Ein anderes Meer, das zeitweise vom Golf von Mexiko über das Landesinnere Nordamerikas bis in den Arktischen Ozean schwappte, trennte den Kontinent in einen bergigen westlichen Teil namens Laramidia und einen östlichen Teil namens Appalachia. Die europäischen Inseln bildeten praktische Trittsteine zwischen Nordamerika und Asien, während der breite Ozean zwischen den südlichen und nördlichen Kontinenten eine unüberwindbare Barriere darstellte.

Zofias Gobi-Säuger lebten also in der Mitte einer großen asiatischen Landmasse, die über die Beringstraße immer mal wieder mit Laramidia verbunden war und zudem leichten Zugang zum europäischen Archipel im Westen hatte. Die fast 200 Säugetiere, die Zofia aus der Wüste mitgebracht hatte, bilden eine artenreiche Fauna mit unzähligen Spezies aus zahlreichen Untergruppen ab. Einige sind letzte Überbleibsel aus der Frühphase der Geschichte der Säugetiere, andere weisen lange Abstammungslinien auf, die bis zu den heutigen Plazenta- und Beuteltieren führen. Die meisten von ihnen sind jedoch Multituberculata.

Nach dem Niedergang der Docodontier und Haramiyiden waren die Multituberculata die nächste große Welle in der Entwicklung der Säugetiere. Wahrscheinlich stammten sie von den Haramiyiden ab, da beide Gruppen ähnliche Backenzähne aufweisen, mit langen Höckerreihen für mahlende Kaubewegungen, bei denen die Kiefer sich vor- und zurückbewegen.

Multituberculata waren *die* Säugetiere der Kreidezeit, zumindest auf den nördlichen Kontinenten. Bisher wurden mehr als 100 Spezies gefunden, und auch bei den in der Wüste Gobi entdeckten Säugetierfossilien handelt es sich in rund 70 Prozent der

Fälle um Multituberculata. Zofia beschrieb mehrere neue Arten, überwiegend Funde aus Khulsan oder Hermiin Tsav, aber auch von einer anderen ergiebigen Fundstätte, einer zerklüfteten, sich in flammendem Orange gegen den blauen Himmel abzeichnenden Sandsteinformation, die Andrews in den 1920er-Jahren, als seine Mannschaft dort die ersten Fossilien fand, Flaming Cliffs taufte. Zu den Gobi-Multituberculata zählt *Kryptobaatar*, die am häufigsten auftretende Gattung, die wir von mehreren Schädeln und Skeletten kennen und die Zofia 1970 in einem Forschungsbericht beschrieb, in dem sie auch *Sloanbaatar* und *Kamptobaatar* vorstellte. Etwas später kamen noch *Catopsbaatar*, *Nemegtbaatar*, *Bulganbaatar*, *Chulsanbaatar* und *Nessovbaatar* hinzu. Sicher ist Ihnen die wiederkehrende Endung *baatar* aufgefallen. Das ist mongolisch für »Held« und auch im Namen der Landeshauptstadt Ulaanbaatar, »Roter Held«, enthalten – ein Relikt ihrer kommunistischen Vergangenheit. Gut möglich, dass in den Schachteln in Zofias Arbeitszimmer noch mehr potenzielle *Baatare* schlummern, die nur darauf warten, als neue Spezies identifiziert zu werden.

Zofia musste ihre Suche nach Fossilien 1971 zwar aufgeben, seitdem haben andere Teams jedoch unzählige neue Multituberculata in der Gobi gefunden. Fast unmittelbar nach Ende des Kommunismus in der Mongolei 1990 wurden Andrews' Zentralasienexpeditionen von einem Team des American Museum of Natural History unter der Leitung von Mike Novacek, von dessen populärwissenschaftlichen Reiseberichten ich als Teenager schwer begeistert war, und Mark Norell, der später mein Doktorvater werden sollte, wieder aufgenommen. Drei Jahrzehnte kehrten die beiden Jahr für Jahr in die Wüste Gobi zurück und knackten Zofias Rekord nicht nur, sondern übertrafen ihn um Hunderte Säugetierschädel. Viele davon stammen von einer neuen außergewöhnlichen Fundstelle, einem vier Quadratkilometer großen kreidezeitlichen Dünenfeld, das sich Ukhaa Tolgod nennt. Tausende Säugetiere, Eidechsen, Dinosaurier und Schildkröten, die in den Dünen und ihren Oasen lebten, wurden hier von plötzlichen Wüstenregen überrascht und unter den zusammenbrechenden Sanddünen begraben. Wie zu erwarten waren die meisten Säugetiere Multituberculata, unter ihnen auch ein weiterer *Baatar – Tombaatar.*

Hätten wir in der mongolischen Kreide ein Sonnenbad auf einer Düne genommen oder uns im Gebüsch einer Oase vor den riesigen Dinosauriern versteckt, hätte es dort von Multituberculata wahrscheinlich nur so gewimmelt. Diese Tiere waren überall, wie Ratten in der Kanalisation oder Mäuse auf einem Feld. Sehen würden wir sie wahrscheinlich nur selten, aber wir könnten sie hören. Sie hockten in den Löchern, kauerten in den Schatten, krochen durch Höhlen und Laubhaufen.

Jurassische und kreidezeitliche Säugetiere werden noch immer viel zu oft und ungerechtfertigterweise als Nagetierabklatsch stereotypisiert. Sprechen wir von Multituberculata, ist dieser Vergleich ausnahmsweise jedoch gerechtfertigt. Sie hatten nicht nur vorstehende Schneidezähne, mit denen sie gut kauen und nagen konnten, sondern bewegten sich in vielerlei Hinsicht auch wie heutige Ratten oder Mäuse fort. Manche hatten lange, gerade Beine, mit denen sie schnell über den Boden flitzten, andere gruben Erdhöhlen, und wieder andere konnten hüpfen und springen. Viele von ihnen konnten ihre Fußgelenke so weit drehen, dass die Zehen nach hinten zeigten, was es ihnen ermöglichte, kopfunter Bäume hinunterzuklettern, so elegant und sicher wie die Eichhörnchen vor meinem Fenster. Aber Multituberculata waren keine Nagetiere. Denn während Nager wie wir Plazentatiere sind, zählen Multituberculata zu einer primitiveren Säugetierfamilie, die auf dem Stammbaum zwischen Kloakentieren und Beutel- plus Plazentatieren angesiedelt ist. Das heißt, sie haben sich ihre Nagetiereigenschaften völlig unabhängig von den modernen Ratten, Mäusen und Spitzmäusen angeeignet, womöglich um dieselben ökologischen Nischen zu füllen. In der Kreide waren die Multituberculata in der Gewichtsklasse der zwischen Maus und Meerschweinchen großen Geschöpfe äußerst erfolgreich.

Und das Geheimnis dieses Erfolgs war ihr neu entwickelter, individueller Fressstil. Sie waren hervorragende Kauer, was ihnen die Aufnahme unterschiedlicher Nahrungstypen, insbesondere von Pflanzen, ermöglichte.

Multituberculata weisen ein vielfältiges und hochkomplexes Gebiss auf, dessen Zähne aus dem Kieferknochen ragen wie die Skyline einer Großstadtmetropole. Die Schneidezähne stehen wie »Hasenzähne« in einem stumpfen Winkel vor, was den Tieren wohl ein etwas dümmliches Grinsen verlieh. Hinter den Schneidezähnen kommt in der Regel eine Lücke, gefolgt von mindestens einem großen Prämolaren, der wie das Blatt einer Tischkreissäge lang und schmal aus dem Kiefer ragt. Vervollständigt wird die Zahnreihe von breiten, flachen Molaren mit parallelen, an Legosteine erinnernden Höckerreihen. Der Name Multituberculata, der »viele Tuberkel« bedeutet, geht auf diese besonderen Backenzähne zurück.

Beim Zerkleinern von Nahrung arbeiteten die verschiedenen Zähne zusammen wie die Klingen eines Schweizer Taschenmessers. Die Schneidezähne packten die Nahrung und nahmen sie auf – viele Arten konnten damit auch nagen –, bevor die Prämolaren sie mit ihren scharfen Kanten zerkleinerten, wobei die senkrechte Auf-und-ab-Bewegung des Unterkiefers funktionierte wie eine Schere. Die interessanteste Bewegung führten jedoch die Backenzähne aus. Der Unterkiefer war so konstruiert, dass er sich, wenn die Kiefer zuklappten, gegen das Schädeldach nach oben hinten verschob. Die oberen und unteren Backenzähne rieben gegeneinander, und alle Nahrung wurde zwischen den langen oberen und unteren Höckerreihen zermalmt. Diesen rückwärtsgerichteten Kieferhub steuerten große Kieferschließmuskeln, die sehr weit vorne am Unterkiefer ansetzten – sehr viel weiter vorne als bei den meisten Säugetieren einschließlich Nagetieren. Diese auffällig langen Muskeln verlangten nach einem langen Kiefer und damit einer langen Schnauze. Im Pass eines Multituberculata wären unter besonderen Merkmalen wahrscheinlich eine lange Nase, große Augen und dicke Backen vermerkt gewesen.

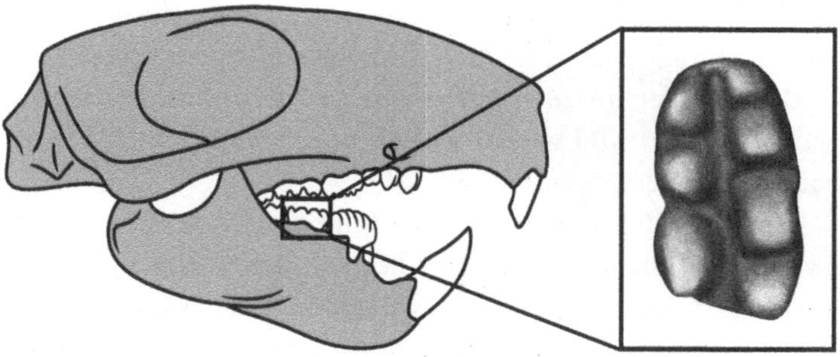

Der Schädel eines kreidezeitlichen Multituberculata mit einer Detaildarstellung der Kaufläche seiner an Legosteine erinnernden Molaren. (Illustrationen: Sarah Shelley)

Die ersten Multituberculata lebten im mittleren und späten Jura, der Hochzeit der Docodontier und Haramiyiden. Ihre eigene Blütezeit war jedoch die Kreide. In der Kreide – insbesondere den letzten 20 Millionen Jahren – wurden Multituberculata unglaublich zahlreich und dominierten, wie die vielen von Zofia in der Wüste Gobi gesammelten Schädel und Skelette bestätigen, in Scharen sämtliche kleinen Nischen.

Mit dem Voranschreiten der Kreide erweiterten die Multituberculata ihren Speiseplan. Ihre Molaren wurden größer und entwickelten mehr und ausgefeiltere Höcker. Greg Wilson Mantilla (den wir im nächsten Kapitel noch näher kennenlernen werden) wies mit seinem Team in einer cleveren Studie mithilfe von Geoinformationssystemen (kurz GIS, eine Technik aus der Kartografie) nach, wie die Landschaft der multituberkularen Molaren im Laufe der Oberkreide zunehmend komplexer wurde, mit höheren Gipfeln, tieferen Tälern und einer unregelmäßigeren Oberflächenstruktur. Aus Studien zu modernen Säugetieren ist bekannt, dass die Komplexität der Zähne von Fleischfressern über Allesfresser bis hin zu Pflanzenfressern mit der Art der Ernährung zunimmt, weshalb Multituberculata, während sie sich in der späten Kreidezeit immer mehr auf Pflanzen spezialisierten, auch immer barockere Zähne entwickelten. Diese Mutationen resultierten in neuen Arten, die sich zu ganzen Horden neuer Spezies wie beispielsweise Zofias Heer von *Baataren* verzweigten. Und sie wurden größer – auch wenn sie im Schnitt immer noch gerade mal ein Kilo wogen und man sie bequem auf den Arm hätte nehmen können.

In dieser Zeit breiteten sich die Multituberculata auf der Suche nach neuen Pflanzenarten über die gesamten nördlichen Kontinente aus. Mindestens ein halbes Dutzend Arten, vielleicht sogar mehr, knabberten genüsslich ihr Grünzeug, während *T. rex* und *Triceratops* sich im endkreidezeitlichen Ökosystem der Hell-Creek-Formation auf dem laramidischen Subkontinent bekriegten und viele Tausend Kilometer entfernt die endemische Familie der Kogaioniden die europäischen Inseln bevölkerte. Diese wurden anscheinend auf der Insel Haţeg angespült, einem vorgelagerten Landstreifen ungefähr so groß wie das heutige Spanien, wo sie sich schnell an das Inselleben anpassten und von einem aus dem Meer ragenden Fleckchen Land zum nächsten hopsten.

Im Jahr 2009 entdeckte Mátyás Vremir, als er mit seinen Söhnen an einem Fluss in Rumänien Fossilien suchte, einen Dinosaurier, der seines Erachtens einigen von Mark Norells fossilen Fleischfressern aus der Wüste Gobi ähnelte. Er informierte ihn per E-Mail, was einen Flug ins winterliche Bukarest nach sich zog, wo wir Mátyás' Dinosaurier als eine neue, eng mit dem Gobi-*Velociraptor* verwandte Spezies identifizieren konnten. Mátyás' Fund war der Beginn einer langen Zusammenarbeit während jährlicher Feldkampagnen im Frühsommer. Dabei stießen wir auf mehr Säugetiere als Dinosaurier, und zwar ausschließlich auf Multituberculata, die größtenteils dieselben Merkmale aufwiesen wie ihre mongolischen Verwandten – aber auch einige unerwartete Besonderheiten.

Die Multituberculata von der Haţeg-Insel – mindestens fünf Spezies plus ein paar, die bald noch beschrieben werden – sind alle Angehörige des Kogaioniden-Clans, der ausschließlich auf den europäischen Inseln lebte. Ihre Knochen und Zähne wurden an vielen Stellen in den transsilvanischen Bergen gefunden, am

Feldarbeit in Rumänien: Fossiliensuche im »Multi-Bett« (oben), Mátyás Vremir holt ein Fossil aus dem Fluss (unten). (Fotos: Akiko Shinya und Steve Brusatte)

faszinierendsten ist jedoch ein Skelettfriedhof in der Nähe des Dorfes Pui namens »Multi-Bett«, wo passend zur vampirischen Umgebung in einer circa einen halben Meter dicken dunkelroten Schlammsteinschicht fossile Kadaver entdeckt wurden. In der Oberkreide lag der Bodenhorizont in einer Flussniederung, und

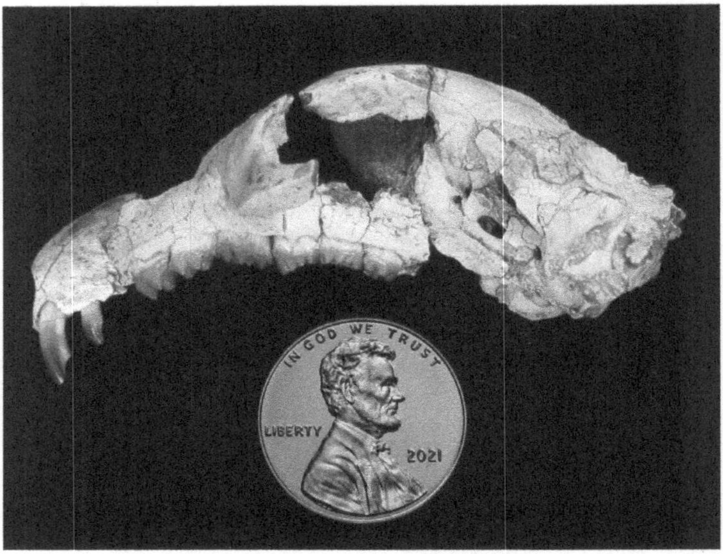


*Litovoi* – ein Multituberculata mit einem Gehirn, das nicht viel größer war als eine Erbse. (Foto: Mick Ellison)

als die Multituberculata dort ihre Erdhöhlen gruben, wägten sie sich in diesen wahrscheinlich in Sicherheit vor den Raptoren. Die Höhlen wurden jedoch zu ihrem Grab. Es ist davon auszugehen, dass sie im schnell ansteigenden Fluss ertranken.

Während ich über den kreidezeitlichen Tathergang nur spekulieren kann, steht außer Zweifel, dass das heutige Multi-Bett unter dauerhafter Überschwemmung leidet; denn zu unserem großen Leidwesen liegt die Knochenschicht mittlerweile inmitten der Stromschnellen des Bărbat – will heißen, die besten Fossilen liegen direkt im Flussbett. Skelette zu bergen, ohne sie zu beschädigen, wird dadurch zu einem Ding der Unmöglichkeit. So viele Fossilien wir auch herausholen, jeder weiße Knochensplitter, den wir den Fluss hinuntertreiben sehen, tut weh, und jeden Tag, jede Stunde, vielleicht sogar jede Minute werden neue Knochen aus dem Grund geschwemmt und von der Strömung mitgerissen.

Aber unser Team gibt sein Bestes, und glücklicherweise war Mátyás ein begnadeter Sammler. Er hatte ein übernatürlich gutes Auge für Knochen, schärfer als das jedes Paläontologen, mit dem ich je gearbeitet habe.

An einem Juniabend im Jahr 2014 war Mátyás in unserer Pension bester Laune. Er öffnete eine XL-Flasche rumänisches Bier und stieß mit uns an, dann zeigte er uns, was er am Nachmittag im Multi-Bett gefunden hatte. Es war ein Schädel mit mehrhöckrigen Molaren plus der Gliedmaßen, Wirbelsäule und Rippen eines Säugetiers, das zwischen 140 und 170 Gramm gewogen haben musste. Es war so klein, dass es sich problemlos in seiner Hand hätte zusammenrollen können – weshalb es ihm überhaupt nur gelungen war, so viel davon aus dem Flussbett zu angeln. »Bester kreidezeitlicher Säugetierfund Europas??!!«, steht dazu in meinem Feldbuch.

Tatsächlich war es der mit Abstand am besten erhaltene und vollständigste Kogaionide, der je auf den europäischen Inseln gefunden wurde, und eines der schönsten Multituberculata jenseits der Wüste Gobi. 2018 gaben wir der neuen Gattung ihren Namen, *Litovoi*, nach dem im 13. Jahrhundert lebenden rumänischen Herrscher mit demselben Rang wie Vlad der Pfähler alias Graf Dracula.

Und es gab noch eine Überraschung. Als Mark die Knochen für weitere Untersuchungen mit nach New York nahm, tat er, was Paläontologen heute routinemäßig tun, wenn sie ein nettes Fossil finden: Er steckte es in den CT-Scanner, um sich die innere Anatomie genauer anzusehen. Was wir auf dem Bildschirm sahen, verschlug uns die Sprache: Die Schädelhöhle war winzig. Erstaunlich winzig. Als wir das Gehirnvolumen bestimmten, hatte *Litovoi* eines der kleinsten Gehirne, das bei einem Säugetier je gemessen wurde, mit einem Gehirn-Körper-Größenverhältnis, das näher bei dem primitiver Cynodontier lag als bei dem anderer nicht kogaionider Multituberculata.

Wir glauben zu wissen, warum das so ist. *Litovoi* lebte auf einer Insel, und so ein Inselleben ist beschwerlicher, als man glaubt. Es gibt wenig Platz, und die Ressourcen sind begrenzt, zumindest verglichen mit dem Festland. Von modernen Säugetieren wissen wir, dass viele Arten, die es auf eine Insel gespült hat, ihr Verhalten und ihre Biologie den Einschränkungen ihrer neuen Heimat angepasst haben. Eine der häufigsten Veränderungen betrifft das Gehirn. Große Gehirne sind teuer im Unterhalt, weshalb es, um Energie zu sparen, oft schrumpft. *Litovoi* beherrschte offensichtlich bereits in der Kreidezeit einen sehr fortschrittlichen Überlebenstrick moderner Säugetiere.

Wieder ein faszinierendes Beispiel für die extreme Anpassungsfähigkeit der Multituberculata, die sie in der Oberkreide so erfolgreich machte. Sie veränderten nicht nur ihr Gebiss und ihre Ernährung entsprechend ihrer Umgebung, sondern auch ihr Gehirn. Sie schlossen sich zu sozialen Gruppen zusammen, die in Erdhöhlen lebten und bauten sogar gemeinsame Nester, wie der Fund einer fossilen Kolonie 2021 belegt. Masse aufzubauen in einer Welt voller Dinosaurier war schwer, also blieben sie klein und mutierten zu den Herren der kreidezeitlichen Unterwelt.

**Trotz ihrer vielen Talente und ihres Erfolgs** waren Multituberculata nur eine von vielen Gruppen, die sich in der Kreide rapide veränderten. Die Dirigenten dieser evolutionären Ouvertüre waren Pflanzen – aber nicht irgendwelche Pflanzen.

Es war eine ganz neue Art von Blattwerk, die den Takt vorgab und sich zu *der* treibenden Kraft der kreidezeitlichen Evolution entwickelte. Ich spreche von den Angiospermen, auch bekannt als Bedecktsamer. Wie ein wild gewordener Maestro fuchtelten sie mit ihrem Stab und dirigierten Insekten, Säugetiere, Dinosaurier und andere Tiere in völlig unerwartete Richtungen – die Anführer einer evolutionären Bewegung, welche die Erde neu gestalten sollte. Heute sind die Angiospermen die bei Weitem häufigste Pflanzenart in fast allen terrestrischen Landschaften unseres Planeten. Sie zieren unsere Gärten, aus ihren Hölzern bauen wir unsere Häuser, und ihre Blüten dienen als romantische Gaben für geliebte Menschen. Und sie liefern den Großteil unserer Nahrung – von Früchten über die meisten Gemüsesorten bis hin zu Getreidearten wie Weizen oder Mais, die zu den domestizierten Gräsern (einer sehr speziellen Art von Angiospermen) zählen.

Während ich hier einen musikalischen Vergleich ziehe, bevorzugen andere Paläontologen die Metapher des Umbruchs und sprechen von der Kreidezeitlichen Terrestrischen Revolution (KTR), ein Begriff, der sich auf den Zeitraum zwischen der mittleren und jüngeren Kreide vor circa 125 bis 80 Millionen Jahren bezieht. Es war eine Epoche der Diversifikation und des Wandels, der Übergang einer urzeitlichen Lebensgemeinschaft in eine moderne Welt, voller lebendiger Wälder mit duftenden Blüten, bunten Früchten, summenden Insekten, zwitschernden Vögeln und – für unsere persönliche Geschichte am bedeutendsten – einer Vielzahl neuer Säugetiere, darunter auch die direkten Vorfahren unserer heutigen Plazenta- und Beuteltiere.

Angezettelt wurde dieser Umsturz von den unscheinbarsten Revolutionären, die man sich nur vorstellen kann: kleinen Kräutern und Stauden, die im Schatten von Nadelwäldern oder an Seeufern gediehen. Indem sie Früchte, Blüten und ein effizienteres Wachstum entwickelten, nahmen diese bescheidenen Angiospermen immer mehr Raum an der Basis der Ernährungspyramide ein, was schließlich die Struktur des gesamten Ökosystems veränderte. Oder um bei unserer Metapher zu bleiben: Die Angiospermen waren die Bauern, die den König stürzten und ein neues Regierungssystem etablierten. Es war ein Umsturz, der schleichend vonstattenging. Die Angiospermen fielen weder aus einem fernen Land ein, noch übernahmen sie die Kontrolle, nachdem eine Katastrophe die alte Ordnung zerstört hatte. Sie waren immer schon da, warteten im Schatten, bis ihre Zeit gekommen war – eine Revolte von innen.

Es ist die klassische Erfolgsgeschichte eines Außenseiters. Angiosperme entwickelten sich bereits vor sehr langer Zeit, wahrscheinlich in der späten Trias oder im frühen Jura, worauf die enorme Vielfalt in der DNA moderner Blütenpflanzen schließen lässt, die nur über einen so langen Zeitraum entstehen konnte. Dennoch tauchen sie als Fossilien erst in der Unterkreide vor circa 140 bis 130 Millionen Jahren auf, und auch dort nur als mikroskopisch kleine Pollenkörnchen. Die ersten Fossilien tatsächlicher Pflanzen stammen aus einigen derselben Vulkangräber wie die gefiederten Dinosaurier und pelzigen Säugetiere, die man im 125 Millionen Jahre alten Gestein von Liaoning gefunden hat. Krautige Gewächse mit dünnen Stängeln und feinen Blättchen, die ein bisschen aussahen wie der Thymian oder Oregano heutiger Kräutergärten. Bis vor circa 100 bis 80 Millionen Jahren blieben die Angiospermen diesem unscheinbaren Stil treu und begrenzten sich wahrscheinlich auf Sümpfe und Feuchtgebiete. Dann fingen sie an, größer zu werden, Blüten und Früchte zu produzieren und von niederem Gestrüpp bis zu haushohen Bäumen unzählige neue Spezies zu entwickeln, die sich zu artenreichen Wäldern zusammenschlossen. Gegen Ende der Kreidezeit stellten die Angiospermen rund 80 Prozent der Floren und waren zu vertrauten Formen wie Palmen oder Magnolien erblüht.

Die Machtübernahme der Angiospermen war, wie so viele menschliche Revolutionen auch, eine Kombination aus Geschick und gutem Timing. Das Geschick der Angiospermen lag in ihrer extremen Anpassungsfähigkeit, die sie von anderen Pflanzen wie Schachtelhalmen, Farnen und Nadelhölzern (Kiefern etc.) unterschied. Mit ihren Blüten und Früchten setzten sie auf die Bestäubung durch Insekten und damit auf eine weite Verbreitung. Die höhere Dichte der Blattadern (durch die sie mehr Wasser transportieren konnten) und die größere Anzahl von Stomata (kleine Öffnungen auf der Blattoberfläche, durch die das Kohlendioxid eindringt) ermöglichten ihnen, mehr der für die Fotosynthese notwendigen Stoffe aufzunehmen, durch die sie ihre Nährstoffe produzierten, was wiederum ein schnelleres und effizienteres Wachstum unterstützte. Das alles hätte den Angiospermen aber nicht viel genutzt, hätte sich parallel dazu nicht auch ihr Lebensraum verändert. Mit dem Auseinanderbrechen der Pangäa schrumpften in der Kreide die Trockengürtel entlang des Äquators – die in Trias und Perm noch sehr ausgeprägt gewesen waren – zu kleinen Fleckchen zusammen. Auf den meisten neuen Kontinenten herrschte ein einheitlich feuchtes Klima, und die höher gelegenen gemäßigten Regionen waren nicht länger durch Wüsten von den tropischen Gebieten getrennt – ideale Bedingungen für die Angiospermen, um zu gedeihen und sich auszubreiten.

Die Fülle an neuen Pflanzenarten war Manna für die Multituberculata. Mit ihren gehöckerten Backenzähnen kauten Zofias *Baatare* und Mátyás' erbsenhirnige *Litovoi* genüsslich Blätter, Stängel, Knospen, Früchte, Blüten, Wurzeln und andere Teile der schnell wachsenden Revolutionäre, die in der Regel nahrhafter waren als Farnwedel oder Kiefernadeln. Schlussendlich breiteten sich die Multituberculata in der oberen Kreide also deshalb so stark aus, weil sie größere Zähne und ein komplexeres Gebiss mit mehr Höckern entwickelten, um von dem neuen Grünzeug zu profitieren. Und während sie das taten, mutierten sie zu zig neuen Arten, die sich auf die Ernährung mit unterschiedlichen Pflanzen spezialisierten.

**Aber das ist nur die Hälfte der Erfolgsgeschichte,** denn der koevolutionäre Tanz der Angiospermen mit ihren Bestäubern brachte unzählige neue Insektengruppen hervor, insbesondere Motten, Wespen, Fliegen, Käfer, Schmetterlinge und Ameisen sowie Spinnen und andere Krabbeltierchen. Wie wir bereits wissen, waren Insekten schon seit Längerem – seit den allerersten Arten wie *Morganucodon* – der bevorzugte Snack vieler Säugetiere. Kein Wunder also, dass diese sich bemühten, aus der Insektenschwemme in der Kreide Profit zu schlagen. Eine Säugetiergruppe entwickelte beispielsweise eine besondere Backenzahnform, die perfekt dazu geeignet war, die harten Exoskelette mancher Insekten zu knacken und die saftigen Nährstoffe aus dem Inneren zu schlürfen.

Ich spreche von der Gruppe der Theria, die Beuteltiere und Plazentatiere zusammenfasst. Das neue Zahndesign war der Schlüssel zu ihrer – oder sollte ich sagen, *unserer?* – Erfolgsgeschichte, die während der Kreidezeitlichen Terrestrischen Revolution ihren Anfang nahm und bis heute anhält. So lachhaft es auch klingen mag, der entscheidende Beitrag zu unserem Triumph (und dem fast aller modernen Säugetiere) war ein kleiner Backenzahn.

Theria-Molaren sind »tribosphenisch«, ein Begriff, der zwei griechische Wörter kombiniert: *tribo* (reiben) und *sphen* (Keil). Diese neuen Molaren waren deshalb eine so großartige evolutionäre Erfindung, weil sie, wie der Name schon vermuten lässt, gleich zwei Funktionen hatten: mahlen *und* schneiden. Die Multituberculata waren ja deshalb erfolgreicher als andere jurassische und kreidezeitliche Säugetiere, weil sie fortschrittliche Gebisse mit Prämolaren zum Schneiden und Molaren zum Mahlen hatten, und nun setzten die Theria noch einen obendrauf, indem sie Backenzähne entwickelten, die beides konnten, schneiden und mahlen – und das gleichzeitig in einer einzigen Kaubewegung. Während das Schweizer Taschenmesser der Multituberculata noch eine komplette Zahnreihe war, hatten die Theria ihr Multifunktionswerkzeug in nur einem Zahn.

Die tribosphenischen Molaren entstanden in zahlreichen Entwicklungsschritten. Ausgangspunkt waren die Molaren erster triassischer und jurassischer Säugetiere wie *Morganucodon*, die von der Seite betrachtet aussahen wie ein Gebirgszug mit drei Spitzen. Diesen drei Höckern auf den unteren Molaren fügten die Theria noch drei weitere hinzu und trennten die Kaufläche in zwei Bereiche: ein »trigonides« Set aus drei spitzen Höckern vorne am Zahn und ein »talonides« Becken, das von drei niedrigeren Höckern eingerahmt wurde, hinten am Zahn. Auch die oberen Molaren veränderten sich, indem sie einen großen neuen Höcker auf der Zungenseite ausbildeten, den »Protocon«, der bei geschlossenem Kiefer exakt in das talonide Becken seines Gegenstücks im Unterkiefer passte.

Diese neue Anordnung hatte viele Vorteile. Der wohl entscheidendste war jedoch, dass die oberen und unteren Molaren, wenn man sie aufeinanderbiss, gleichzeitig schnitten und mahlten. Das

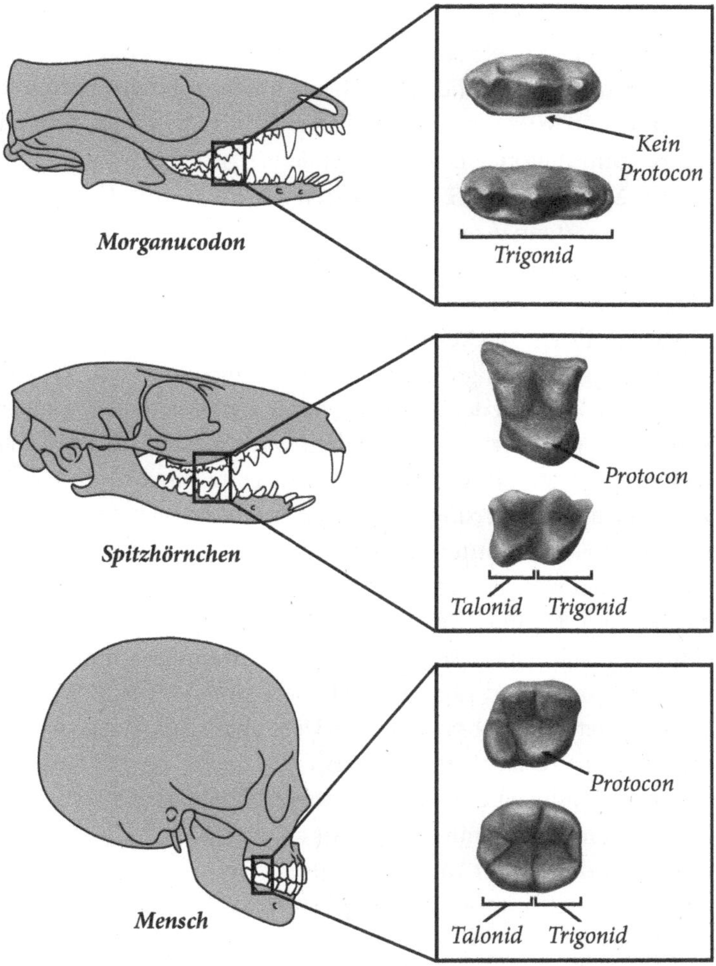


Die Entwicklung tribosphenischer Molaren. Die Vergrößerungskästen zeigen die Kauflächen (Okklusionsflächen) der oberen und unteren Molaren der jeweiligen Spezies. Die einfachen, dreihöckerigen Molaren früher Säugetiere (oben) entwickelten sich zu den komplexeren tribosphenischen Molaren der Theria mit einem großen Protocon auf dem oberen Molar, der in das Becken des sechshöckerigen unteren Molars passte (Mitte). Diese Zähne haben wir Menschen heute noch (unten). (Illustrationen: Sarah Shelley)

Schneiden übernahmen die Kanten des Trigonid vorne auf den unteren Molaren, während die Protoconen der oberen Molaren die Nahrung im Talonid der unteren Molaren zermalmten wie ein Stößel Gewürze in einem Mörser. Tribosphenische Molaren waren zum Käferknacken sehr viel besser geeignet als ihre Vorgänger. Mit nur einem Biss schlitzten die Theria mit dem Trigonid den Insektenpanzer auf und zerkleinerten ihn mit dem Talonid, was ihnen ermöglichte, das nahrhafte Innere schneller aus gepanzerten Insekten zu holen und mehr zu fressen.

Mit all ihren Höckern und Kanten waren tribosphenische Zähne auch anpassungsfähiger. Kleine Veränderungen der Größe, Form oder Position der Höcker konnten eine ganze Reihe neuer Kau- und Mahlwerkzeuge schaffen, wodurch den Theria eine größere Auswahl an Nahrung zur Verfügung stand und sie sich schneller an Veränderungen ihres Habitats anpassten. Stürzt man sich in die Fachliteratur über tribosphenische Säugetiere, verliert man bei den vielen zungenbrecherischen Bezeichnungen für all die Höcker, Kämme, Erhebungen, Kanten und Furchen leicht den Überblick. Aber tribosphenische Molaren sind so unglaublich kompliziert und variabel – sehr viel mehr als die Zähne anderer Säugetiere, Dinosaurier oder Tiere überhaupt –, dass wir all diese Begriffe tatsächlich brauchen.

Die Vielseitigkeit der Theria ist wirklich bemerkenswert. Ausgehend vom tribosphenischen Gebiss entwickelte sich eine schwindelerregende Anzahl moderner Spezies mit den verschiedenartigsten Ernährungsweisen, angefangen bei insektenfressenden Spitzmäusen, deren Molaren noch die tribosphenische Grundform aufweisen, über fleischzerfetzende Hunde und Katzen sowie fischfressende Delfine bis hin zu allesfressenden Primaten, zu denen auch wir zählen. Wenn Sie mit offenem Mund in den Spiegel schauen, sehen Sie, dass die Hügel auf Ihren unteren Backenzähnen in einen vorderen und einen hinteren Bereich unterteilt sind: Trigonid und Talonid. Die Hügel selbst sind die Höcker. Das heißt, Sie und ich haben tribosphenische Backenzähne! Bei Menschen sind die Höcker insgesamt eher flach, und Trigonid und Talonid unterscheiden sich nur dezent – ideal für Generalisten mit einer omnivoren Ernährung. Aber nicht, dass Sie mich falsch verstehen, auch das ist eine Variation des ursprünglichen tribosphenischen Designs, das unsere weit entfernten, insektenfressenden Vorfahren einst entwickelten. Der Ursprung all dieser Innovationen liegt, wie so oft, auch hier in der insektenfressenden Nische, dem Brutkasten der Experimentierfreude und Diversifikation der Säugetiere.

Tatsächlich sind die tribosphenischen Molaren keine Kinder der Kreidezeitlichen Terrestrischen Revolution, sondern entwickelten sich bereits sehr viel früher. Das älteste Fossil mit zweifelsfrei tribosphenischem Gebiss ist das von Zhe-Xi Luo und seinem Team beschriebene *Juramaia*, ein spitzmausgroßer, circa 160 Millionen Jahre alter Baumkletterer aus dem mittleren bis späten Jura, der in der Yanlio-Biota in Liaoning gefunden wurde. Es ist also davon auszugehen, dass die Theria ihre tribosphenischen Molaren bereits im frühen Mitteljura entwickelten, während jener verrückten Stop-and-go-Phase in der Säugetierevolution, in der auch Docodontier, Haramiyiden und Multituberculata ihre spezifischen Gebisse und Ernährungsweisen ausbildeten. Da die frühen Säuger im Jura noch um Ressourcen konkurrierten, waren die tribosphenischen Molaren für die kleinen Insektenfresser zwar ein nützliches Detail, aber noch kein Gamechanger. Eine echte Veränderung brachte erst die explosionsartige Ausbreitung der Angiospermen während der Kreidezeitlichen Terrestrischen Revolution einige zehn Millionen Jahre später, die für eine massive Diversifikation der Insekten und damit für ein All-you-can-eat-Büfett für Insektivore sorgte. Nachdem sie sich in der Nische der bescheidenen, kleinen Insektenfresser lange gemächlich weiterentwickelten, verfügten die Theria mit ihrem tribosphenischen Gebiss plötzlich über das perfekte Werkzeug, um all die vielen neuen Insekten zu fangen, aufzuschlitzen und zu zermalmen. Und so breiteten sich die Theria immer weiter aus, während Säugetiere mit primitiven dreihöckerigen Molaren immer weniger wurden und schließlich ganz ausstarben.

Bereits lange vor ihrem großen Durchbruch in der Kreide trennten die tribosphenischen Theria sich in zwei Stämme: Metatheria und Eutheria. Zu den Metatheria zählen die heutigen Beuteltiere und ihre nahen fossilen Verwandten, zu den Eutheria Plazentatiere – wie wir – plus ihre direkte fossile Familie.

Heute sind Beuteltiere und Plazentatiere kaum noch zu verwechseln: Beuteltiere wie Kängurus oder Koalas gebären winzige Junge, die sich in der Bauchtasche entwickeln, während Plazentatiere gut entwickelte Junge zur Welt bringen. Diese Unterschiede in der Fortpflanzung traten wahrscheinlich aber erst später auf, lange nachdem die Wege von Metatheria und Eutheria sich im Jura getrennt hatten. Die Urformen der Metatheria und Eutheria waren sich erstaunlich ähnlich, was auch das Hin und Her um das *Sinodelphys* aus Liaoning zeigt, das Luo und sein Team als ältestes Metatheria beschrieben, andere Forscher dann aber als primitives Eutheria identifizierten. Frühe Theria sind aber auch *wirklich* schwer auseinanderzuhalten. Sie alle waren federgewichtige Baumkletterer, die mit tribosphenischen Zähnen Insekten knackten. Frühe Metatheria und Eutheria weisen nur minimale Unterschiede in der Anzahl der Zähne und im Wechsel vom Jungtiergebiss zum Erwachsenengebiss auf, die bei Fossilien häufig sehr schwer auszumachen sind.

Deutliche Unterscheidungsmerkmale entwickelten sich erst mehrere zehn Millionen Jahre später, während der Kreidezeitlichen Terrestrischen Revolution. In den Dünen, Oasen und an den Flussufern der Mongolei lebten in der Oberkreide, neben den noch immer sehr viel häufiger auftretenden Multituberculata, Mitglieder beider Stämme. Erste Funde vermeldete in den 1920ern Andrews' Expeditionsmannschaft, später fanden Zofias Teams und die des American Museum of Natural History dann noch sehr viel mehr und besser erhaltene Schädel und Skelette. Der Prototyp eines Gobi-Eutheria ist *Zalambdalestes*. Auf seinen langen Beinen stalkte dieses rennmausgroße Fellknäuel Insekten, die es sich mit seiner langen Schnauze schnappte und mit tribosphenischen Molaren zerkaute. Ein typischer Repräsentant der

*Zalambdalestes* und *Deltatheridium.*

Metatheria ist *Deltatheridium*. Es war ungefähr gleich groß wie *Zalambdalestes,* sah aber ganz anders aus und verhielt sich auch völlig anders. Obwohl sein Kopf nicht viel größer war als eine Aprikose, hatte es eine hervortretende Kiefermuskulatur, große, spitze Eckzähne und breite obere und untere Molaren, mit verkleinerten talonidenen Becken, dafür aber vergrößerten, klingenähnlichen Höckern und Kämmen. *Deltatheridium* hatte seine tribosphenischen Molaren zu Guillotinen umfunktioniert, mit denen es kleine Wirbeltiere wie Amphibien, Eidechsen und vielleicht auch andere Säugetiere zerlegen konnte – vermutlich waren die sich rein vegetarisch ernährenden Multituberculata besonders schmackhaft.

Während die Zahl der Säugetiere mit primitiveren Gebissen immer weiter zurückging, hatten Multituberculata und Theria sich am Ende der Kreide endgültig durchgesetzt und ihren Siegeszug über die nördlichen Kontinente angetreten. Aber was war mit den aufsteigenden Landmassen im Süden? Mit Afrika, Südamerika, Australien, der Antarktis oder Indien? Am plausibelsten ist, dass Multituberculata und Theria in der Kreide nie dorthin gelangten, denn im Laufe des Juras und der Kreide drifteten der nördliche und der südliche Teil der alten Pangäa immer weiter auseinander, wie zwei sich abstoßende Magnete, sodass zu Zeiten der Kreidezeitlichen Terrestrischen Revolution Norden und Süden durch die Tethys getrennt waren, eine breite Wasserstraße entlang des Äquators.

Während die Wüste Gobi, die europäischen Inseln und die Flussniederungen Nordamerikas immer mehr ihrer kreidezeitlichen Säugetiergeheimnisse freigaben, wusste man über die australische Fauna jahrzehntelang kaum etwas. Bis in den 1980er- und 1990er-Jahren plötzlich faszinierende Fossilien auftauchten. Es waren nur ein paar Zähne und Kieferknochen, aber die waren äußerst merkwürdig. Zumindest kamen sie Paläontologen mit einer nördlichen Prägung so vor. Einige dieser Zähne aus dem Süden gehörten eindeutig Pflanzenfressern, aber ihre großen Molaren mit vielen Schmelzfalten erinnerten mehr an kleine Pferde als an Multituberculata. Noch irritierender waren jedoch andere Molaren. Diese schienen tribosphenisch, mit Trigonid und Talonid, Form und Position ihrer Höcker waren aber eher unkonventionell. Waren das Multituberculata? Oder Theria? Oder ganz etwas anderes?

**Der 1737 im schottischen Leith geborene John Hunter liegt** bei den berühmtesten Studienabbrechern der Universität von Edinburgh wahrscheinlich auf Platz zwei. Aber Charles Darwin den Rang streitig machen zu wollen, wäre auch vermessen. Dieser hatte sein Medizinstudium in den 1820er-Jahren geschmissen, nachdem sein Vater, der ihn unbedingt als Arzt sehen wollte, den fatalen Fehler gemacht hatte, Darwins Ekel vor Blut zu ignorieren.

Aber wie dieser machte Hunter seinen Weg auch ohne Abschluss. Nachdem er die Uni 1754 verlassen hatte, tat er, was perspektivlose junge Männer seit jeher tun: Er meldete sich zur Marine. Schnell stieg er vom Handlanger zum rangniederen Offizier auf und fand sich in den nächsten Jahrzehnten, in denen Britannia die Meere beherrschte, mitten im Weltgeschehen wieder –

kämpfte im Siebenjährigen Krieg gegen die Franzosen, besuchte sowohl West- als auch Ostindien, umschiffte mindestens einmal den Antarktischen Ozean, nahm an mehreren Schlachten der Amerikanischen Revolution teil und befehligte als Kapitän das Begleitschiff eines Gefangenentransports in die neue australische Strafkolonie. Im Jahr 1795 trat er schließlich sogar das Amt des Gouverneurs der Kolonie New South Wales an. Leider übte er es nicht sehr lange aus. Da er nicht imstande war, korrupte Militäroffiziere davon abzuhalten, sich mit Strafgefangenen zusammenzutun und Alkohol zu schmuggeln, wurde er Ende 1799 seiner Pflichten wieder enthoben.

Dass Hunter als Politiker nicht viel taugte, lag zumindest teilweise daran, dass seine wahre Leidenschaft anderen Dingen galt. Wie Darwin war auch Hunter ein begeisterter Naturforscher, der seine vielen Seereisen dazu nutzte, Pflanzen und Tiere auf der ganzen Welt zu erkunden. Als Gouverneur schickte er regelmäßig Tierhäute und botanische Proben zurück nach England, und mit jeder neuen Fracht, die in seiner Heimat landete, wurde deutlicher, dass die Flora und Fauna Australiens äußerst speziell war und sich von der Europas oder der Neuen Welt radikal unterschied. Der Inselkontinent – der weit entfernt von allen anderen großen Landmassen war – bildete ein eigenes Ökosystem. Viele seiner Säugetiere gebaren winzige, hilflose Junge, die sie in ihren Beuteln großzogen – eine Aufzuchtmethode, die unter den Füchsen, Dachsen, Bären und Mäusen Europas gänzlich unbekannt war. Und einige pelzige Exemplare der australischen Tierwelt sollten sich sogar als noch seltsamer herausstellen.

Eines schönen Tages im Jahr 1797, als er eigentlich die Korruption hätte bekämpfen sollen, saß Hunter reglos am Ufer der Yarramundi Lagoon nördlich von Sydney und sah einem einheimischen Jäger zu, der etwas im Wasser beobachtete. Die Kreatur, die der Mann nicht aus den Augen ließ, war ungefähr so groß wie ein Murmeltier, mit dichtem braunem Fell überzogen und kam immer wieder an die Oberfläche, um Luft zu holen. Nachdem er ungefähr eine Stunde gewartet hatte, beschloss der Mann zuzuschlagen. Mit einer blitzschnellen Handbewegung schleuderte er seinen kurzen Speer ins trübe Wasser, woraufhin das Tier mit seinen großen Händen und Füßen hastig davonpaddelte. Gouverneur Hunter hatte keine Ahnung, was er da gesehen hatte. Später fertigte er eine Skizze des Wesens an, die er mit »ein amphibisches Tier, ähnlich einem Maulwurf« betitelte. Nur dass dieses Tier in Wirklichkeit größer war als ein Maulwurf, Schwimmhäute und scharfe Klauen an den Füßen hatte sowie einen dicken kurzen Schwanz wie ein Biber. Sein Gesicht hingegen, in dem es anstelle von Zähnen einen Schnabel hatte, sah aus wie von einer Ente. Tatsächlich sah es überhaupt nicht aus wie ein Maulwurf. Aber was war es dann?

Hunter gelang es, eines der Tiere zu fangen und eingelegt in einem Fass mit Alkohol nach England zu schicken. In Newcastle war das eigenartige Wesen eine Sensation. Es schien teils Säugetier, teils Vogel, teils Reptil, teils Fisch zu sein. Der zottelige Pelz sprach für ein Säugetier, aber es hatte keine Zitzen und legte angeblich Eier, für ein Säugetier keine gängige Art der Fortpflanzung. Die Aborigines schworen zwar, dass diese Tiere, die ihnen schon lange bekannt waren und die sie für eine Kreuzung aus

Ein Schnabeltier paddelt in einem Tümpel in Tasmanien. (Foto: Klaus via Flickr)

Ente und Ratte hielten, Eier legten und Nester bauten wie Vögel, das wissenschaftliche Establishment in England weigerte sich jedoch, das zu glauben. Als der Naturforscher George Shaw, zu dieser Zeit assistierender Kustos der naturgeschichtlichen Abteilung des Londoner British Museum, Hunters Exemplar 1799 beschrieb und ihm den Namen »Platypus« gab, war er sich noch nicht einmal sicher, ob es sich um ein echtes Tier handelte. Er und viele andere waren der Ansicht, es sei wahrscheinlich eine Fälschung: ein von Betrügern aus verschiedenen Tierteilen zusammengeflicktes Frankensteinmonster.

Als die Briten sich auch mit dem Osten Australiens besser vertraut machten, sichteten Siedler weitere Exemplare von Platypus. Dass es sich um ein echtes Tier handelte, war nicht länger von der Hand zu weisen. Es lebte in Flüssen und Seen, glitt mithilfe der Schwimmhäute an den Füßen mühelos durchs Wasser und steuerte mit dem Schwanz. Immer hungrig, tauchte es bis zu einer halben Minute ab, um dann mit einem Schnabel voller Garnelen, Würmer oder Flusskrebse wieder nach oben zu kommen. Ein gutes Jahrhundert später sollten Forscher nachweisen, dass ihm dieser Schnabel, der mit Tausenden Sensoren besetzt ist, über die es sowohl Bewegungen als auch elektrische Impulse wahrnimmt, als Warnsystem dient. So kann das Schnabeltier beim Abtauchen Augen, Ohren und Nase schließen und seine im schlammigen Grund gut getarnte Beute dennoch mit dem Schnabel aufspüren. Gelegentlich beobachteten die Siedler das Schnabeltier auch dabei, wie es an Land kam, um mit den langen, scharfen Krallen, die wie die Zinken eines Rechens aus den Schwimmhäuten ragten, Erdlöcher zu graben. Die Löcher waren ihre Ruheplätze, an denen die Weibchen aber offenbar auch ihre Jungen fütterten. Die Männchen – eher nicht der Typ liebevoller Vater – hatten giftige Sporne an den Fußknöcheln, mit denen sie sich in der Paarungszeit gegen andere Männchen behaupteten. Danach überließen sie die Weibchen mit den Jungen wieder sich selbst.

Aber wie brachten die Weibchen ihre Jungen zur Welt und ernährten sie? Dieses Geheimnis barg die Antwort auf die Frage, um was für ein Tier es sich bei Platypus handelte. War es ein etwas merkwürdiges Säugetier, oder war es etwas anderes? Fast ein Jahrhundert lang rissen die endlosen, oft auch hässlichen Debatten nicht ab. Viele der damals führenden europäischen Naturforscher und Anatomen mischten sich ein, darunter auch der leicht reizbare Richard Owen, dessen Name uns hier schon mehrfach begegnet ist. Der zentrale Streitpunkt war, ob das Schnabeltier seine Jungen mit Milch fütterte, was es als Säugetier ausweisen würde, oder Eier legte, was gegen ein Säugetier sprach.

Owen hatte, wie Sie sich denken können, kein Ohr für die Beteuerungen der Aborigines, dass das Platypus Eier lege. Er war davon überzeugt, es handle sich um ein Säugetier, und damit war für ihn die Sache klar: Säugetiere sind lebend gebärend. Als Lauderdale Maule, Leutnant der britischen Armee, 1831 berichtete, er habe eine Schnabeltiermutter mit ihren beiden Töchtern aus dem Nest genommen und dabei sei aus kleinen Öffnungen im Bauch der Mutter Milch ausgetreten, stieß Owen einen Triumphschrei aus. Doch dann erwähnte Maule zudem die zerbrochenen Eierschalen im Nest und dass andere Beobachter von einem Weibchen berichtet hätten, das zwei Eier gelegt habe, und Owen schnaubte verächtlich. Das sei keine natürliche Geburt gewesen, spottete er, das Weibchen müsse vor lauter Angst ihre Jungen frühzeitig verloren haben. Owen war das traurige Beispiel eines Wissenschaftlers, bei dem eine vorgefasste Meinung und persönliche Feindschaften über den gesunden Menschenverstand siegten – ganz zu schweigen von der jahrtausendealten Erfahrung Einheimischer mit einem Tier, das er, ein Londoner mit Kontakten zum Königshaus, nie lebend gesehen hatte.

Am Ende musste jedoch auch er, wie alle anderen, einsehen, dass das Schnabeltier Eier legte. Es kam fast einer Beichte am Totenbett gleich, als der achtzigjährige Owen 1884 den grausamen Bericht eines jungen Zoologen namens William Caldwell als glaubhaft akzeptierte. Caldwell hatte 150 Aborigines gezwungen, zwei Monate lang so viele Schnabeltiere abzuschlachten wie möglich, ebenso ein anderes pelziges australisches Geschöpf, das angeblich Eier legte: den stacheligen Ameisenigel. Es waren imperialistische Forschungsmethoden in ihrer schlimmsten Ausprägung. Rund 1400 Tiere wurden getötet und die Aborigines grausam misshandelt. Caldwell selbst schoss während des Massakers ein trächtiges Weibchen, das gerade seine Eier legte. Ein Ei lag neben dem Körper, das zweite war noch im Uterus.

Nun war es offensichtlich: Schnabeltier und Ameisenigel waren exzentrische Arten, die Eier legten wie Vögel oder Reptilien, ihre Jungen aber auch säugten. Da sie über nur eine Körperöffnung urinierten, defäkierten und sich fortpflanzten, gab man ihnen den wissenschaftlichen Namen »Monotremata« – was auf Griechisch »mit einem Loch« bedeutet –, allgemein wird jedoch von Kloakentieren gesprochen. Zu jener Zeit hatte sich die darwinsche Evolutionstheorie weitgehend durchgesetzt, und die Anatomen konnten die Kloakentiere besser einordnen: Es handelte sich um außergewöhnliche Säugetiere, weniger entwickelt als Beutel- und Plazentatiere, die noch Merkmale ihrer entfernten »reptilienartigen« Vorfahren (wie das Eierlegen) aufwiesen, aber auch sehr viele individuelle Merkmale entwickelt hatten (wie ihre empfindlichen Rezeptorenschnäbel). Und sie kamen ausschließlich in Australien und Neuguinea vor, isoliert auf einem kleinen Fleckchen des Globus. Nirgendwo sonst wurde je ein anderes Kloakentier oder Eier legendes Säugetier in freier Wildbahn gesehen.

Ein Rätsel war gelöst, dafür tauchte ein neues auf. Woher kamen die Kloakentiere im evolutionären Sinne? Da Anatomen Säugetierstammbäume bereits seit geraumer Zeit anhand von Vergleichen der ausgeklügelten Höcker und Wulste auf ihren Zähnen zeichneten, machte die Tatsache, dass ausgewachsene Schnabeltiere und Ameisenigel keine Zähne haben, diese Frage besonders schwierig. Die Lösung lag im Kiefer der Schnabeltierbabys, denen für kurze Zeit Zähne wachsen, bevor sie sich wieder in den Schnabel zurückziehen. Und diese Erkenntnis wiederum trug zur Lösung eines dritten Rätsels bei, nämlich der Frage, welche Säugetiere uns die seltsamen, an tribosphenische Molaren erinnernden Zähne in den kreidezeitlichen Fossilienbefunden der südlichen Kontinente hinterlassen hatten.

Als hätte jemand eine Reihe Dominosteine angestoßen, führte plötzlich eine Erkenntnis zur nächsten. Zuerst wurden in den 1970er-Jahren in Südaustralien ein paar obere Backenzähne gefunden, deren Höcker durch außergewöhnlich dicke Schmelzleisten, sogenannte Lophs, verbunden waren und die nahezu identisch mit den kurzlebigen lophodonten Zähnen heutiger Schnabeltierjungen waren. Die fossilen Zähne – die den Namen *Obdurodon* erhielten – waren 15 bis 20 Millionen Jahre alt und damals die ältesten fossilen Zeugnisse eines Schnabeltiers. Danach gefundene einzelne untere Backenzähne sowie ein kompletter *Obdurodon*-Schädel, bewiesen, dass auch die unteren Molaren lophodont waren. Damit hatten die Paläontologen etwas, wonach sie suchen konnten: Würden in älteren Gesteinsschichten ähnliche lophodonte Zähne gefunden, konnte man die Ursprünge der Monotrematen weiter zurückverfolgen.

Der große Durchbruch kam Anfang der 1980er-Jahre, als sich in dem kaum 2000 Einwohner zählenden Städtchen Lightning Ridge im staubigen Outback Australiens ein Schatzgräber durch 100 Millionen Jahre alten kreidezeitlichen Sand- und Schlammstein siebte. Er war auf der Suche nach einem blaugrünen Glitzern, denn das Gelände war bekannt für seine Opalvorkommen. An jenem besonderen Tag fand der Schürfer, wonach er suchte – einen Opal. Was er in der Hand hielt, war aber weder eine Kugel noch ein Klumpen, noch sonst eine Form, die man zu einem Edelstein hätte schleifen können. Der außergewöhnliche Stein war ungefähr zweieinhalb Zentimeter lang und sah aus wie ein abgeflachter Stab, aus dem an einem Ende drei kantige Spitzen hervorragten. Es war ein Kieferknochen, und die drei zerklüfteten Spitzen waren Backenzähne mit Höckern und Schmelzleisten. Dieser Säugetierkiefer wurde im flachen Meer unter Sand begraben, löste sich auf und wurde durch Kieselerde ersetzt, die zu Opal wurde. Es war eines der faszinierendsten und unwahrscheinlichsten Fossilien, das man sich vorstellen kann.

Und es war ein sehr bedeutendes Fossil. Als Michael Archer und seine Kollegen es 1985 beschrieben und ihm den Namen *Steropodon* gaben, brach es gleich mehrere Rekorde. Es war das erste australische Fossil, das älter war als die *Obdurodon*-Zähne oder ähnlich alte Fossilien, und damit das erste Down-Under-Säugetier aus dem Zeitalter der Dinosaurier. Außerdem war es, da aus Südamerika, Afrika, der Antarktis und Indien nichts dergleichen bekannt war, das älteste Säugetier der Unterkreide auf der gesamten Breite der südlichen Kontinente, und – für unsere Geschichte am bedeutendsten – es war das älteste Kloakentier überhaupt, das dieselben lophodonten Backenzähne aufwies wie heutige Schnabeltierbabys und das ausgestorbene *Oburodon*. Aber das war noch nicht alles. Eine Lücke an einem Ende des Kiefers wurde später als Ausgang eines Mandibularkanals gedeutet, eine Röhre, die sich durch den Unterkiefer des Schnabeltiers zieht und das dichte Netzwerk aus Arterien und Nerven enthält, welches die Elektrorezeptoren im Schnabel versorgt. Dieses winzige, blaugrün glänzende Fossil war also der Beweis, dass es Schnabeltiere auch schon vor sehr, sehr langer Zeit gab.

Und noch etwas war bemerkenswert an den *Steropodon*-Molaren, etwas, das an den kurzlebigen und über zig Millionen Generationen vererbten Zähnen moderner Schnabeltierjungen nicht unbedingt auffällt. Sie waren tribosphenisch oder wurden von Archer und seinem Team zumindest als solche beschrieben. Die unteren Molaren hatten einen trigoniden Bereich mit scharfen Höckern und Kanten im vorderen Teil und ein talonides Becken hinten. Die oberen Molaren waren unbekannt (und sind es noch), weshalb nicht klar ist, ob sie Protoconen aufwiesen, jene für das tribosphenische Design wesentlichen Mörserstößel.

In den darauffolgenden Jahrzehnten entdeckten Paläontologen auf ihren Streifzügen durch die südlichen Kontinente an anderen Stellen ähnliche Zähne. Zuerst in Victoria an der Südostspitze Australiens, wo das als Superstars der Paläontologie gefeierte Ehepaar Tom Rich und Pat Vickers-Rich auf den zerbrechlichen, kaum einen Zentimeter langen Kiefer einer Spezies stießen, die sie *Ausktribosphenos* tauften. Wie *Steropodon* stammte es aus der Unterkreide. Auf Madagaskar entdeckten John Flynn (einer meiner Mentoren an der Graduiertenschule in New York) und sein Team – wie auch immer sie das angestellt haben – einen nur 2,5 Millimeter großen Splitter eines Unterkiefers mit drei Zähnen, den sie *Ambondro* tauften. Die Spezies aus dem mittleren Jura war fast 170 Millionen Jahre alt, das heißt sehr viel älter als die australischen Arten, und ebenfalls ein Rekordhalter. Sie war doppelt so alt wie das älteste damals bekannte Säugetier Madagaskars, eines Inselreichs, das heute – wie Australien – eine einzigartige Tierwelt zu bieten hat, aber nur spärliche fossile Funde. Und noch ein paar Jahre später wurde dann ein jurassischer Kiefer namens *Asfaltomylos* zutage gefördert, dieses Mal in Argentinien.

Was waren das für Säugetiere? Die Fossilienfunde waren mehr als dürftig – eine Handvoll Unterkiefer, die meisten zerbrochen, und ein paar Zähne, verteilt über Tausende von Kilometern südlicher Landschaft und einen Zeitraum von über 70 Millionen Jahren. Und die alles entscheidenden oberen Molaren fehlten unglücklicherweise komplett. Da war nicht viel, auf das man zurückgreifen konnte. Waren sie alle mit den Kloakentieren verwandt, wie *Steropodon*? Oder waren manche von ihnen Theria? Immerhin machten ihre unteren Molaren einen tribosphenischen Eindruck. Das Ehepaar Rich ging sogar so weit, eine Verbindung zwischen einigen dieser Spezies und modernen Igeln als eine der vielen möglichen genealogischen Erklärungen vorzuschlagen.

An dieser Stelle betreten Zhe-Xi Luo und Zofia Kielan-Jaworowska die Bühne, zwei uns bereits bekannte Säugetierexperten. Mittlerweile arbeiteten die beiden Veteranen der Liaoning- und Gobi-Fossilien-Forschung mit ihrem amerikanischen Kollegen Richard Cifelli zusammen, und gemeinsam hatte das Trio unter seinen Mikroskopen viele Jahrzehnte die Berge und Täler von Säugetierzähnen studiert. Als die drei die Zähne aus dem Süden nun unter die Lupe nahmen, schien ihnen irgendetwas nicht ganz zu stimmen. Man konnte die unteren Molaren tatsächlich in einen vorderen und einen hinteren Bereich unterteilen und diese auch durchaus als Trigonid und Talonid bezeichnen, eine forensische Untersuchung der Molaren zeigte jedoch kleine Unterschiede zu Trigonid und Talonid von Theria. Um der Sache auf den Grund zu gehen, erstellten Luo, Zofia und Richard einen riesigen Pool aus so gut wie allen verfügbaren Daten zu Säugetierzähnen, darunter auch die Molaren der bekanntesten Vertreter südlicher Spezies, die dreihöckerigen Molaren primitiver Arten wie *Morganucodon*, die Molaren fossiler und moderner Theria sowohl der Eutheria- als auch der Metatheria-Linie und Molaren von Monotrematen. Anhand Dutzender Merkmale, die sich auf Vorhandensein, Größe, Form und Position von Höckern, Kämmen und Lophs bezogen, werteten sie die dentale Anatomie jedes einzelnen Zahns aus. Als sie die Daten danach durch ein Computerprogramm jagten, das Spezies anhand ihrer gemeinsamen Erbmerkmale gruppiert und daraus Stammbäume erstellt, war das Ergebnis ein Schock.

Die südlichen Zähne waren nicht wie erwartet zu den Theria gruppiert worden. Stattdessen clusterten südliche Arten wie *Ausktribosphenos* und *Ambondro* ausnahmslos mit *Steropodon* auf der Monotrematen-Linie und bildeten dort eine Art »Stammgruppe«, der Luos Team den Namen Australosphendia, »südliche Keile«, gab.

In anderen Worten, tribosphenische Zähne sind nicht gleich tribosphenische Zähne – es gibt eine Theria-Variante und eine Monotremata-Variante, die sich unabhängig voneinander, wahrscheinlich beide im mittleren Jura entwickelten, vermutlich mit demselben Ziel: einer Verbesserung der Schneidefähigkeit in Kombination mit einer neuen Mahlfunktion. Im Norden sorgte die Theria-Variante, die als extrem anpassungsfähige Zahnstruktur bis heute auch in unseren Mündern existiert, für die Ausbreitung und Vermehrung der Vorfahren der Beutel- und Plazentatiere während der Kreidezeitlichen Terrestrischen Revolution. Im Süden scheint die Monotremata-Variante sich im Jura und der Kreide bis weit unterhalb des Äquators ausgebreitet zu haben, verschwand dann aber fast vollständig. Die einzigen Überbleibsel sind die geisterhaften Zähnchen der Schnabeltierjungen, die sich auflösen, sobald diese das Nest verlassen.

Und noch etwas war auffällig an diesem neuen Familienstammbaum: Theria und Australosphendia lagen weit auseinander mit vielen anderen Säugetierlinien dazwischen. Australosphendia haben ihren Platz nah an der Wurzel, nicht allzu weit entfernt von den Docodontiern und nur wenige Stufen über den Spezies der späten Trias und des frühen Juras wie *Morganucodon*. Die Theria hingegen bilden die Krone des Säugetierstammbaums. Sowohl Theria als auch Monotrematen haben bis heute überlebt, aber zwischen ihnen liegen unzählige ausgestorbene Linien, sogenannte Sackgassengruppen wie die heute nicht mehr existierenden Multituberculata.

Was sich daraus ablesen lässt, verursacht – zumindest mir – eine Gänsehaut. Heutige Kloakentiere sind das Produkt einer langen, mindestens bis in den mittleren Jura zurückreichenden Linie – die letzten Vertreter eines einst lebenslustigen südlichen Stammes. Dass sie überhaupt überlebt haben, erscheint wie ein Wunder. Es hätte auch anders laufen und die Linie der Monotrematen bereits in der Kreidezeit gekappt werden können. In diesem Fall hätten Schnabeltier und Ameisenigel nicht überlebt, und wir wären der Möglichkeit, einen lebendigen Eindruck von den Anfängen der Säugetierevolution zu gewinnen – als pelzige Höhlengräber, denen Milch aus dem Unterleib tropfte, noch Eier legten –, beraubt worden. Genauso könnte man sich aber auch vorstellen, eine Linie der Docodontier oder Multituberculata hätte irgendwie in einer entlegenen Ecke der Welt bis heute überlebt. So wie die Dinge stehen, dürfen wir dankbar sein, dass uns Schnabeltier und Ameisenigel, das zoologische Äquivalent eines alten Ehepaars, das sich weigert, seine Wohnung zu räumen und der Gentrifizierung Platz zu machen, erhalten geblieben sind.

Die Geschichte, die ich hier erzähle, ist noch nicht zu Ende. Jurassische und kreidezeitliche Funde von den südlichen Kontinenten sind zwar noch immer ausgesprochen selten, aber wie einige aktuelle Funde belegen, sind diese Fossilien irgendwo dort draußen und warten nur darauf, entdeckt zu werden.

Eine dieser neueren Entdeckungen ist *Vintana* aus Madagaskar, das David Krause und sein Team 2014 nach dem madagassischen Wort für Glück benannt haben. Und es war tatsächlich ein Glücksfund, der endlich das Geheimnis um die merkwürdigen, pferdeähnlichen Zähne lüftete, die ich bereits angesprochen habe. Jahrelang hatten Paläontologen nur bruchstückhafte, über die gesamten Südkontinente verstreute Befunde: Stücke von hohen, kräftigen Molaren mit dicken, komplexen Schmelzfalten auf den Kauflächen, die vom ständigen Mahlen oft abgenutzt waren. Man steckte sie in eine eigene Gruppe und gab ihr den Namen Gondwanatheria. Diese Säugetiere waren eindeutig Pflanzenfresser mit einer rückwärtsgerichteten Kaubewegung wie die Multituberculata, was sich am Abrieb der Zähne ablesen lässt. *Vintana* offenbarte die Gondwanatheria als großäugige, agile und beißkräftige Vegetarier, mit breiten Wangenknochen als Verankerung für die Muskeln, mit denen sie ihre Molaren gegeneinanderrieben. Dieses Bild bestätigte 2020 auch Krauses Beschreibung des nahe verwandten, durch einen Schädel mit Skelett repräsentierten *Adalatherium*. Die Gondwanatheria bildeten eine eigene Gruppe, saßen auf dem Stammbaum aber direkt neben den Multituberculata. Man könnte auch sagen, sie waren die lange vermissten Cousins aus dem Süden, kleine Angiospermenfresser, die dort dieselben Nischen ausfüllten.

In der Kreidezeit gab es im Süden aber noch eine andere erfolgreiche Säugetiergruppe, die Dryolestoiden. Sie sind nahe Verwandte der Beutel- und Plazentatiere, da sie keine tribosphenischen Molaren aufweisen, aber noch keine Theria. Die ältesten Dryolestoiden tauchen in den jurassischen Schichten Nordamerikas und Europas auf, am weitesten verbreitet sind sie jedoch in der südamerikanischen Kreide. Im Jahr 2011 verkündeten Guillermo Rougier und Kollegen die Entdeckung einer neuen Spezies – *Cronopio* –, repräsentiert durch zwei Schädel mit langen

Schnauzen, großen gebogenen Eckzähnen und tiefen Einbuchtungen für Kiefermuskeln, die es den Tieren ermöglichten, mit den scharfkantigen Höckern auf ihren Zähnen kräftig zuzubeißen. Wahrscheinlich fraßen sie Insekten, hatten aber einen anderen Stil als die Theria im Norden oder die möchtegerntribosphenischen Monotrematen aus dem Süden.

Das war am Ende der Kreidezeit vor rund 66 Millionen Jahren also der Stand der Dinge. Die Säugetiere waren allgegenwärtig, aber noch klein. *Vintana* mit einem Gewicht um die neun Kilo war bei Weitem der größte Säuger, für einen Tyrannosaurier oder anderen fleischfressenden Saurier aber gerade mal ein Happen für zwischendurch. Theria und Multituberculata waren über den gesamten Norden verbreitet, von den zentralasiatischen Ebenen bis in die nordamerikanischen Berge und auf die europäischen Inseln. Zu ihnen zählten Insektenfresser, die mit ihren tribosphenischen Zähnen Käfer und andere Krabbeltiere knackten (Eutheria), Pflanzenfresser, die sich an Blüten, Früchten und anderen Teilen von Angiospermen gütlich taten (Multituberculata) und ein paar wenige Fleischfresser, die mit ihren scharfen, angepassten tribosphenischen Molaren auch Muskeln und Sehnen zerfetzten (Metatheria). Weiter im Süden, jenseits der kristallklaren Tethys, lebten andere Säugetiere, die ähnliche Rollen besetzten: Insektenfresser der Monotremata-Linie mit raubkopierten tribosphenischen Molaren (Australosphendia), andere Insektenfresser mit langen Schnauzen (Dryolestoiden) und Pflanzenfresser (Gondwanatheria).

All diese Säugetiergruppen waren live mit dabei, als von Norden nach Süden ein greller Lichtblitz den Himmel zerriss. Sie überlebten, zumindest für eine gewisse Zeit, doch von diesem Moment an sollte nichts mehr sein, wie es einmal war.

# 5

# SÄUGETIERE ÜBERLEBEN, DINOSAURIER STERBEN AUS

*Ectoconus*

**Die Feldforschung hat ein paar** nicht zu erklärende Regeln, und eine davon lautet: Die großen Skelette findet man immer erst am letzten Tag, wenn keine Zeit mehr bleibt, sie zu bergen. Man hat stundenlang ergebnislos gesucht, will gerade eine Pinkelpause einlegen, und in dem Moment findet man unweigerlich an genau der Stelle, an der man schon die ganze Zeit kniet, einen hübschen Schädel. Und meist sind es nicht die Professoren, die auf die besten Fossilien stoßen, sondern die Studierenden.

Diese letzte Regel bewahrheitete sich auch bei unserer Kampagne 2014 in den Badlands von New Mexico. Im Mai prospektierte das Team ungefähr zehn Tage lang die bunt gestreiften Hügel und Schluchten des Four-Corners-Gebiets, eines kleinen Stücks nördlich des Chao Canyon, an dem ein altes Pueblo-Volk vor rund tausend Jahren seine beeindruckende Stadt in den Felsen gebaut hat. Heute ist dieses Gebiet heiliges Land der Navajo. Eines Morgens fanden wir uns dort in einem trockenen Flussbett wieder, welches die Ureinwohner Kimbeto nennen – »Sperberquelle«. Das 65,6 Millionen Jahre alte Schlammgestein quillt über von Fossilien. Wie Pilze ragen sie aus dem ausgedörrten Boden und warten nur darauf, von jemandem, der einen Blick dafür hat, eingesammelt zu werden.

Carissa Raymond, die gerade ihr erstes Collegejahr hinter sich hatte, war eines der vielen Mitglieder unserer Feldmannschaft. Sie gehörte zum Team der Universität von Nebraska und war von ihrem Professor Ross Secord als Feldassistentin eingestellt worden. Damals hatte sie zwar noch keine Kurse in Paläontologie belegt, war aber mit herausragenden Leistungen in Ross' Geologieseminar aufgefallen, weshalb er ihr Gelegenheit gab, sich bei der Fossiliensuche zu bewähren.

Die ersten Tage lief es für Carissa nicht besonders gut. Ihre Augen mussten sich an die Art, wie ein fossiler Zahn das Licht reflektiert, oder an die Form eines aus dem Schlamm erodierten Kiefers erst noch gewöhnen. So etwas lernt man nicht auf die Schnelle. Diesen Instinkt entwickelt man nur mit Erfahrung, und die muss man sich erarbeiten – was nicht selten eine lange und frustrierende Phase des erfolglosen Suchens bedeutet. Bis es dann irgendwann klick macht und einem die Fossilien aus dem Gestein fast entgegenspringen. Wenn Studierende mit ihren scharfen Augen und ihrem jugendlichen Enthusiasmus dieses Nirvana einmal erreicht haben, können sie zu erstklassigen Fossiliensuchern werden.

Bei Carissa sollte es an einem glühend heißen Tag so weit sein. Als sie über einen Hügel auf ein flacheres Stück gelangte, blieb ihr Blick zunächst an den von der Erosion vernarbten schwarzen, braunen und roten Schichten hängen, die sich in den steileren Felsen am Horizont abwechselten. Danach starrte sie wieder auf den rissigen Wüstenboden mit seinem kantigen Muster aus getrocknetem Schlamm, der übersät war mit windgepeitschten Kieseln, die einem, wenn man nicht aufpasste, die Füße wegziehen konnten. Ihre Augen scannten den Boden. Kiesel, Kiesel, noch ein Kiesel.

Doch dann war da etwas anderes. Glänzendes. Schwarzes. Mit einer merkwürdigen Erhebung. Und noch einer. Und noch einer. Es war eine Reihe. Und das war auch kein Kiesel – es war ein Fossil! Versteinerte Zähne. Eine ganze Reihe davon, die sich zu einem Kiefer zusammenfügten. Die großen sahen aus wie Legosteine oder Maiskolben, mit drei parallel angeordneten Reihen von Höckern, die durch schmale Schlitze getrennt waren.

Carissa stieß einen schrillen Schrei aus, und unser Team lief aus allen Ecken des Kimbeto zusammen. Tom Williamson, Kurator am New Mexico Museum of Natural History and Science und Leiter unserer Expedition, der am weitesten weg war, stieß als Letzter zu uns. Carissa gab ihm die Zähne.

»Heilige Scheiße! Ich fasse es nicht!«, rief er. Tom suchte in diesem Gebiet bereits seit 25 Jahren nach Fossilien. Mit seinem enzyklopädischen Wissen und fotografischen Gedächtnis genügte ihm ein einziger Blick, um sagen zu können, worum es sich handelte – welche Art von Zahn oder Knochen und zu welcher Spezies er gehörte. Wir warteten auf seine Einschätzung wie auf ein Orakel.

Es sei ein Multituberculata, erklärte er uns schließlich. Er hatte es an den Zähnen erkannt. Diese Legostein-Zähne mit langen Reihen von dicken Höckern, mit denen sie zwischen Ober- und Unterkiefer ihre Nahrung zermalmten, hatten nur Multituberculata. Aber etwas an Carissas Multituberculata war merkwürdig. »Es war groß, richtig groß!«, stellte Tom mit einer Mischung aus Begeisterung und Erstaunen fest.

Zofia Kielan-Jaworowskas Gobi-Multituberculata hatten die Größe von Spitzmäusen oder Ratten – und Molaren, die locker auf einen Penny passten. Und auch die meisten anderen kreidezeitlichen Multituberculata waren in dieser Größenordnung. Die Backenzähne von Carissas Fossil hingegen waren in etwa so breit wie meine Fingernägel und fast so lang wie mein Daumen. Das bedeutete ein Körpergewicht von 10 bis 20 Kilo, also ungefähr das Gewicht eines Bibers, des zweitgrößten modernen Nagetiers.

In der darauffolgenden Stunde suchten wir den Fundbereich gründlich ab und fanden Kieferstücke von beiden Kopfseiten, mit Molaren und Prämolaren, plus die vorderen Schneidezähne und einen Teil des Schädeldachs, welches das Gehirn schützte. Zurück im Labor in Albuquerque, reinigten wir die Fossilien und fügten sie zusammen. Wir fotografierten sie, vermaßen sie, und ein Jahr später konnten wir *Kimbetopsalis* präsentieren, eine neue Gattung, die nach ihrem Fundort benannt war. Da der Name im täglichen Gebrauch ein wenig sperrig war, sprachen wir bald nur noch vom »Urbiber«.

»Ich wusste, es ist ein cooler Fund, aber nicht, dass er so cool ist«, erklärte die noch immer fassungslose Carissa, als später die Medien über sie herfielen.

Auch Tom wurde in Zeitungsartikeln immer wieder zitiert: »Ich wünschte, ich hätte es gefunden«, gestand er. Dabei hatte er gar keinen Grund, frustriert zu sein. Einen Tag zuvor hatte er ebenfalls ein ziemlich beeindruckendes Fossil gefunden. Hätte Carissa nicht die *Kimbetopsalis*-Zähne entdeckt, wäre es in diesem Jahr sicher der Hauptgewinn gewesen – ein Knochen, in dem Tom sofort den Humerus (Oberarmknochen) von *Ectoco-*

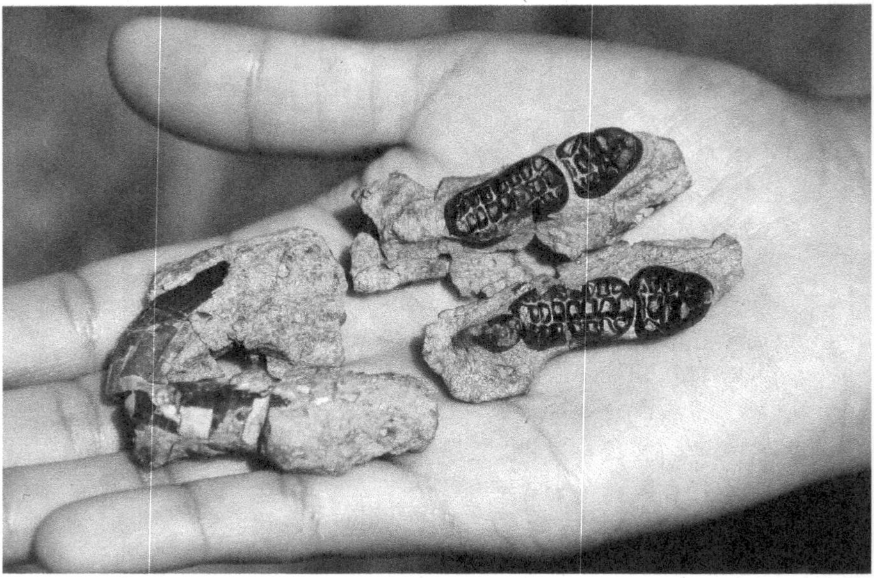

Der »Urbiber« *Kimbetopsalis*: fossiler Schädel mit Zähnen (oben) sowie Carissa Raymond und Ross Secord beim Bergen der Fossilien kurz nach ihrer Entdeckung 2014 (unten). (Fotos: Tom Williamson und Steve Brusatte)

*nus* erkannte, das bereits 1884 von einem der ersten Paläontologen beschrieben worden war, der in dieser Gegend in New Mexico tätig gewesen war.

Tom winkte mich zu sich, und ich rief nach meiner Doktorandin aus Edinburgh, Sarah Shelley. Auf allen vieren, darauf bedacht, weder einen Knochen zu beschädigen noch uns die Knie am harschen Wüstenboden aufzuschürfen, gruben wir mit Kellen und feinen Werkzeugen um die Humerus-Fragmente herum tiefer in den Schlammstein. Und je tiefer wir gruben, umso mehr Knochen fanden wir.

An diesem Humerus hing ein ganzes Skelett!

Wir legten einen Graben um das Skelett an und verpackten die Knochen in nasse Gipsverbände, die nach dem Aushärten eine schützende Hülle bildeten. Dann packten wir Hämmer, Meißel und Spitzhacken aus und befreiten die eingegipsten Knochen aus dem Gestein. Es war harte körperliche Arbeit, wie sie in der Regel nicht zum Tätigkeitsfeld von Wissenschaftlern zählt. Aber es machte Spaß. Und noch mehr Spaß machte, dass ich ganz in der Nähe auch noch *Ectoconus*-Zähne fand – vielleicht von einem anderen Exemplar. Aber wer weiß, schließlich fehlte unserem Fund ja der Kopf.

Und wieder sind es – wie so oft bei den Säugetieren – die Zähne, die uns verraten, wo wir *Ectoconus* auf dem Familienstammbaum einordnen müssen. *Ectoconus* hatte keine Höckerreihen wie Multituberculata, sondern tribosphenische Zähne, das heißt, die oberen und unteren Molaren funktionierten wie Mörser und Stößel – das typische Gebiss der Theria, der Beutel- und Kloakentiere, mit dem sie gleichzeitig schneiden und mahlen konnten. Die Anzahl der Zähne sagte uns zudem, dass es sich um ein Eutheria handelt, ein Exemplar der Plazentalinie, vielleicht sogar – wie wir – ein echtes Plazentatier. *Ectoconus*-Weibchen könnten ihre Föten über eine Plazenta in der Gebärmutter ernährt und geschützt und gut entwickelte Junge zur Welt gebracht haben.

Aber es gibt noch einen weiteren, offensichtlicheren Unter-

Sarah Shelley und Tom Williamson legen 2014 dem »urzeitlichen« Plazentatier *Ectoconus* einen schützenden Gipsverband an. (Foto: Steve Brusatte)

schied zu Carissas *Kimbetopsalis. Ectoconus* war größer – *deutlich* größer. Das Skelett, das wir bargen, hatte ungefähr die Größe eines Schweins mit ausladenden Schultern und breitem Beckengürtel, robuste, mit kräftigen Muskeln bepackte Vorderbeinknochen und Klauen, die aussahen, als wollten sie zu Hufen mutieren. Anhand der Knochen können wir sagen, dass es rund 100 Kilo Lebendgewicht auf die Waage brachte und damit wesentlich größer war als alle Säugetierfossilien, über die wir bislang gesprochen haben.

Bei dieser Kampagne fanden wir zwar keine davon, aber das Gestein in dieser Gegend barg auch bereits die Fossilien einer dritten Säugetierspezies, die uns bisher nur von Zähnen bekannt ist; und diese sind so winzig, dass man sie auf eine Kugelschreiberspitze legen kann. Es handelt sich dabei um Metatheria, die Beuteltierlinie der Theria-Gruppe, ebenfalls mit einer tribosphenischen Zahnstruktur. Merkwürdigerweise waren die Metatheria in New Mexico kleiner und schwächer als ihre Vorfahren, während die Multituberculata und Eutheria deutlich größer waren.

Und das war's auch schon. Multituberculata, Eutheria und Metatheria. Seit den 1880er-Jahren wurden im Kimbeto und den angrenzenden Badlands Zehntausende Säugetierfossilien von über einhundert Spezies gefunden. Und jedes einzelne von ihnen gehört einer dieser drei Gruppen an. Keine der anderen Säugetiergruppen, mit denen wir uns in den vorherigen Kapiteln beschäftigt haben, ist vertreten. Die New-Mexico-Säuger besetzen also nur drei Zweige des Familienstammbaums, sind aber aufgrund ihrer Artenvielfalt dennoch bemerkenswert. Nie zuvor gab es in einem Ökosystem mehr Säugetierarten mit einer größeren Bandbreite an Ernährungsformen, Körpergrößen und Verhaltensweisen.

Und noch etwas ist bemerkenswert. Die Schichten unter der Schlammsteinschicht, aus der wir die *Kimbetopsalis*-Zähne und das *Ectoconus*-Skelett bargen, sind ebenfalls Schlammstein, der nur wenig älter ist – rund 66,9 Millionen Jahre – und sich in einer ähnlichen, ebenfalls bewaldeten Flussniederung abgesetzt hat. Aber diese Schichten sind vollgepackt mit Dinosaurierknochen, in dieser Landschaft fallen die Splitter zertrümmerter Saurierknochen einfach aus dem Gestein. Der Wüstenboden ist übersät davon, und es ist nahezu unmöglich, nicht darauf zu treten. Aber niemand hat jemals einen Saurierknochen in der Kimbetoschicht oder den Schichten darüber gefunden, der nicht einem Vogelsaurier gehörte. Keinen einzigen Knochen, nicht einmal einen Splitter. Keinen Zahn. Keinen Fußabdruck.

Es ist, als hätten sich die Dinosaurier in Luft aufgelöst, während die Säugetiere plötzlich größer wurden, als sie es in Trias, Jura oder Kreide je waren.

***Kimbetopsalis*, *Ectoconus* und die anderen Säugetiere,** die wir im Kimbeto gefunden haben, lebten im Paläozän. Dieses Erdzeitalter folgte direkt auf die Kreide, und doch scheint es sich um zwei völlig unterschiedliche Welten gehandelt zu haben, um zwei aufeinanderfolgende Kapitel mit völlig unterschiedlichen Charakteren – Dinosaurier- und Säugetierfossilien –, die sich nicht zu einer fortlaufenden Erzählung zusammenfügen lassen. Das liegt wohl daran, dass die Erdgeschichte zwischen Kreide und Paläozän die mit Abstand größte Zäsur erlebte, die man sich vorstellen kann – die schlimmste Katastrophe in der Geschichte unseres Planeten.

Der Asteroid – vielleicht war es auch ein Komet, mit absoluter Sicherheit kann das niemand mehr sagen – kam aus weit entfernten Regionen unseres Sonnensystems jenseits des Marsorbits oder von noch weiter und hatte einen Durchmesser von rund 10 Kilometern. Das heißt, er war ungefähr so groß wie der Mount Everest – in den unendlichen Weiten des Universums nur ein kosmisches Staubkorn und doch der größte Himmelskörper, der sich in den letzten 500 Millionen Jahren in unsere Ecke des Sonnensystems verirrt hatte. Und dieser Asteroid schoss durchs All wie eine zufällig aus einem fahrenden Auto abgefeuerte Gewehrkugel – allerdings mit mehr als der zehnfachen Geschwindigkeit.

Er hätte überall einschlagen können, aber wie der Zufall es wollte, raste das steinerne Geschoss direkt auf die Erde zu. Er hätte sie auch verfehlen und ein paar Wellen in der obersten Schicht der Atmosphäre schlagen können, bevor er für immer in der Finsternis des Weltraums verschwunden wäre. Er hätte sich im Anflug auf die Erde auflösen können, gesprengt von der Schwerkraft, oder als harmloser Streifschuss enden können. Aber nein, er schlug exakt an der Stelle ein, an der sich heute die Halbinsel Yucatán in Mexiko befindet. Mit der Sprengkraft von mehr als einer Milliarde Atombomben ballerte er ein 40 Kilometer tiefes und 160 Kilometer breites Loch in die Erdkruste. Die Narbe, den Chicxulub-Krater, der sich nicht weit der Touristenhochburg Cancún von der Küste in den Golf von Mexiko hinein ausbreitet, sieht man heute noch.

Nachdem dieser Asteroid vor rund 66 Millionen Jahren auf die

Erde getroffen war, sollte nichts je wieder so sein, wie es einmal war.

Zunächst war das Ganze eine Frage der Physik. Die bei dem Aufschlag freigesetzte Energie musste irgendwohin und entlud sich in einer unvorstellbar lauten Explosion aus Hitze und Licht, die alles im Umkreis von rund 1000 Kilometern auf der Stelle auslöschte. Viele Saurier, Säuger und andere Tiere fanden so ein jähes Ende.

Die im 2400 Kilometer entfernten New Mexico lebenden Arten hatten ein klein wenig mehr Glück als die Bewohner Yucatáns, mussten aber orkanartige Stürme und Erdbeben von einer Stärke ertragen, wie sie die Menschheit nie erlebt hat. Ein Kugelregen aus heißem Glas ging auf sie nieder, als das durch den Aufschlag verflüssigte Gestein sich mit Staub vermischte, wieder verfestigte und auf die Erde zurückfiel. Während die geschmolzenen Kügelchen durch die Luft zischten, färbte sich der Himmel blutrot. Die Atmosphäre wärmte sich auf wie ein Backofen. Die Wälder gingen in Flammen auf. Lauffeuer breiteten sich über das Land aus. Jede dieser Katastrophen brachte den Tod und schlug umso unerbittlicher zu, je näher man sich am Einschlagkrater befand. Es ist schwer einzuschätzen, wie viele Tiere in New Mexico in diesen ersten chaotischen Stunden starben, aber es waren wohl viele – wahrscheinlich so gut wie alle.

Und was die direkten Auswirkungen des Asteroideneinschlags überlebte, hatte mit den Langzeitfolgen zu kämpfen. Die Flächenbrände schickten Ruß und Rauch in die Atmosphäre, die sich mit dem noch verbliebenen Staub mischten, der nicht zu Glas verklumpt war. Dieser giftige Cocktail gelangte in die Luftströme der atmosphärischen Zirkulation und tauchte den kompletten Planeten in kalte Dunkelheit – ein nuklearer Winter, der mehrere Jahre anhielt. Die von den Flächenbränden verschonten Pflanzen hatten kein Licht mehr für die Fotosynthese, welkten und starben. Die Wälder kollabierten, Ökosysteme brachen in sich zusammen wie Kartenhäuser. Aber das war noch nicht alles. Vulkane in Indien, die schon seit Tausenden von Jahren Lava und giftige

Gase spuckten, wurden plötzlich hyperaktiv. Stickstoff und Schwefeldämpfe verbanden sich mit Wasser zu einem sauren Regen, der den verätzten Boden durchdrang und die Ozeane vergiftete. All diese Ereignisse waren Teil einer globalen Katastrophe, die in den Jahren und Jahrzehnten nach jenem schicksalhaften Tag dafür sorgte, dass nichts mehr sicher war, ganz gleich, wie weit es vom Einschlagkrater entfernt war.

Und dann sorgte ein letzter grausamer Schlag des Schicksals dafür, dass der Asteroid noch über Generationen weitermordete. Als ob die rohe, destruktive Gewalt des Einschlags nicht genügt hätte, krachte er ausgerechnet auf eine Karbonatplattform, einen Gesteinskörper im Meer aus Kalk, Karbonaten und Sauerstoff, der im flachen Wasser aus den Skeletten von Korallen und Schalentieren entsteht. Zerstört man dieses Karbongestein, werden Sauerstoff und Karbonate freigesetzt, die als Kohlendioxid in die Atmosphäre gelangen. Das geschah schon am Ende des Perms, am Ende der Trias und kommt momentan auch wieder auf uns zu. Kohlendioxid ist ein Treibhausgas, das die Atmosphäre, die Erdoberfläche und die Meere aufheizt. Nach nur wenigen Jahrzehnten setzte nach dem nuklearen Winter die Erderwärmung ein, und die brütende Hitze machte es den Ökosystemen über mehrere Jahrtausende schwer, sich wieder zu erholen.

Ich bin überzeugt, in der mehr als vier Milliarden Jahre alten Geschichte der Erde waren dies die gefährlichsten Zeiten überhaupt. Der Asteroid war der ultimative Serienkiller, extrem effektiv und ausgerüstet mit einem ganzen Arsenal an Waffen, die er wie geschildert sukzessive zum Einsatz brachte. Um all diese Hürden im Kampf ums Überleben zu nehmen, brauchte es sehr viel Glück *und* Talent. Schätzungsweise 75 Prozent aller Arten starben aus, was dieses Ereignis zum größten Massenaussterben aller Zeiten macht.

Mit Ausnahme von ein paar Vögeln schafften die Dinosaurier es nicht, was ihr plötzliches Verschwinden aus den Gesteinsschichten in New Mexico erklärt. Auch viele Gruppen großer Reptilien schafften es nicht, etwa die langhalsigen Plesiosaurier, die die

Ozeane beherrschten. Ebenso wenig die Flugsaurier, auch bekannt unter dem Namen Pterodaktylus, eine Familie fliegender Reptilien, die bis ans Ende der Kreide den Vögeln den Luftraum streitig machten. Andere Tiere wie Krokodile, Schildkröten und Frösche überlebten, aber schwer angeschlagen. Auch viele Pflanzen verschwanden für immer, genau wie zahlreiche mikroskopisch kleine Planktonarten in den Meeren, was die Basis vieler Nahrungsketten an Land und zu Wasser für immer veränderte und im Paläozän den Aufbau völlig neuer Ökosysteme erforderlich machte.

Und die Säugetiere? Wir wissen natürlich, dass sie es geschafft haben, sonst wären wir ja nicht hier. Säugetiere überlebten, Dinosaurier starben aus, so fassen es die meisten Lehrbücher zusammen. Aber die Geschichte ist sehr viel komplexer und faszinierender als das, denn für die Säuger war der Asteroideneinschlag sowohl ein Moment höchster Gefahr als auch ihr großer Durchbruch.

**Die Säugetiere starben *fast* aus.** Beinahe hätten sie den gleichen Weg genommen wie die Dinosaurier. All ihre Errungenschaften, ihr komplettes evolutionäres Erbe – Haare, Milch, zu Gehörknöchelchen umfunktionierte Kieferknochen, all die verschiedenen Zähne – wären um ein Haar für immer verloren gewesen. Und alles, was noch kommen sollte – bis hin zu Ihnen, die Sie diese Seiten lesen –, hätte es nie gegeben. Es war knapp, und alles hing davon ab, was in den Tagen, Jahrzehnten und Jahrtausenden nach dem Asteroideneinschlag – einer lächerlich kurzen Zeit, im Vergleich zu den schier unendlichen Spannen der geologischen Zeitrechnung – passieren sollte.

In die Geschehnisse der wohl prekärsten Phase der Säugetiergeschichte haben wir einen ganz guten Einblick, den wir der Fossiliengeschichte verdanken. Im Nordosten Montanas liegt verborgen im Schlamm- und Sandstein der hügeligen Topografie ein fossiles Archiv. Die Gesteinsschichten dort wurden von Flüssen geformt, die zwischen Ende der Kreide bis Anfang des Paläozäns über einen Zeitraum von rund drei Millionen Jahren von den urzeitlichen Rocky Mountains ostwärts in eine Meerenge flossen, die damals noch Nordamerika teilte. Schicht für Schicht liefern das Gestein und seine Fossilien einen einzigartigen Befund, wie sich ein einzelnes Ökosystem nach dem Asteroideneinschlag veränderte.

Fast ein halbes Jahrhundert hat Bill Clemens dort gearbeitet, Wirbeltier-Paläontologe an der Universität von Kalifornien in Berkeley, der 2020 leider von uns gegangen ist. Jahr für Jahr suchte er in den kreidezeitlichen Felsen der Hell-Creek-Formation und der paläozänen Fort-Union-Formation mit Studierenden nach Fossilien und legte eine Sammlung mit Zehntausenden Zähnen, Kiefern und Knochen an, die immer noch wächst. Neben seinen Fossilien werden Bills bedeutendste Hinterlassenschaft die Studierenden sein, die er im Laufe der Jahre betreute – das Who's who heute führender Paläontologen, zu denen auch viele der berühmtesten Frauen in unserem Bereich zählen, wie etwa Anne Weil, heute Professorin an der Oklahoma State University.

Auch Greg Wilson Mantilla war einer von Bills Studenten. Mittlerweile ist er Professor an der Universität von Washington und hat vor ein paar Jahren die Zügel bei der Feldforschung in Montana übernommen, nachdem Bill in den wohlverdienten Ruhestand gegangen war.

Die von Bill, Greg, Anne und Kollegen zusammengetragenen Fossilien zeichnen ein anschauliches Bild der letzten Phase der Kreide in Montana, einer Welt, die ohne Frage von Dinosauriern dominiert war. Die Felsen des Hell Creek brachten einige der bekanntesten Saurierarten zutage: *Tyrannosaurus Rex*, den dreifach gehörnten *Triceratops*, den geschnäbelten Pflanzenfresser *Edmontosaurus*, den gepanzerten *Ankylosaurus* sowie nahe Verwandte von *Velociraptor*. Doch während in den Wäldern des Hell Creek *T. rex* der unbestrittene Champion der Schwergewichtsklasse war, dominierte in der Klasse der Fliegengewichte ein Säugetier: ein Metatheria der Beuteltier-Linie namens *Didelphodon*.

Mit seinen wenigen Pfunden war es wahrscheinlich ein noch verbissenerer Kämpfer als der tyrannische König der Saurier, auch wenn ich das als langjähriger *T.-rex*-Fan nur ungern zugebe.

Unter den kreidezeitlichen Säugetieren war *Didelphodon* – in etwa so groß wie sein entfernter Cousin, das Opossum – mit seinen rund fünf Kilo ein Schwergewicht. Seine Molaren waren scharfe Klingen, die Prämolaren bullige Zermalmer, die Eckzähne kräftige Hauer. 2016 beschrieb Greg fantastische neue Schädel von *Didelphodon* und schätzte, basierend auf Berechnungen bei modernen Säugetieren, anhand der Schädelgröße und der Zähne dessen Beißkraft. Das Ergebnis war erstaunlich: Die Eckzähne von *Didelphodon* waren kräftiger als die von Hunden oder Wölfen und seine Beißkraft – im Verhältnis zur Körpergröße – höher als die *jedes* modernen Säugetiers, das Greg untersucht hatte, höher als die eines Wolfs, eines Löwen oder eines Tasmanischen

Greg Wilson Mantilla (hinten) und Bill Clemens in Montana beim Sammeln von Fossilien. (Foto: Diane Clemens-Knott; mit freundlicher Genehmigung von Greg Wilson Mantilla)

Teufels. Im Ökosystem des Hell Creek besetzte *Didelphodon* wahrscheinlich die Rolle einer Hyäne: ein aggressives, aasfressendes Raubtier, das sowohl Kadaver verschlang als auch lebendige Beute jagte und sogar die Knochen zermalmte, um jeden enthaltenen Nährstoff zu verwerten. In seinem Magen landete jedes Kleintier, nach dem ihm der Sinn stand: andere Säugetiere, aber auch Schildkröten – ungeachtet ihrer harten Panzer – und sogar Dinosaurierbabys.

*Didelphodon* ist eine von 31 bisher bekannten Säugetierarten aus dem Hell Creek, die zahlreiche ökologische Rollen am hinteren Ende der Nahrungskette auffüllten, angefangen bei hoch spezialisierten Fleischfressern über Angiospermen knabbernde Alles- und Pflanzenfresser bis hin zu spitzmausgroßen Insektenfressern. Die große Mehrheit dieser Säuger waren Metatheria wie *Didelphodon* (zwölf Spezies) oder Multituberculata (elf Spezies). Eutheria aus der Linie der Plazentatiere waren nicht ganz so häufig. Von ihnen wurden bislang nur acht Spezies identifiziert, die nicht annähernd dieselbe Bandbreite an Körpergrößen und Ernährungsstilen aufweisen wie die anderen Säugetierarten. Die Eutheria waren eine Randgruppe, die sich durchs Unterholz schlug, während Metatheria die Spitzenräuber und Multituberculata die dominanten Pflanzenfresser waren.

Dieses Verhältnis bleibt in den Gesteinsschichten des Hell Creek während der letzten zwei Millionen Jahre der Kreide stabil. Das Auftauchen und Verschwinden einzelner Spezies sorgte zwar für gewisse Schwankungen, was die Artenvielfalt anbelangt – wahrscheinlich verursacht durch klimatische Veränderungen, die wiederum auf die indischen Vulkane und Verschiebungen der Küstenlinien der angrenzenden Meere zurückzuführen sind –, alles in allem hielten sich die letzten kreidezeitlichen Säugetiere jedoch ganz gut, insbesondere Metatheria und Multituberculata. Sie waren im Schnitt noch immer recht klein, wiesen aber eine große Artenvielfalt auf und besetzten viele ökologische Nischen. Es gab keinerlei Anzeichen für irgendwelche Schwierigkeiten.

Doch dann kam alles anders – in den Gesteinsschichten markiert durch eine dünne, mit Iridium gesättigte Linie. Iridium kommt auf der Erdoberfläche eher selten, im Weltall jedoch sehr häufig vor und ist der chemische Fingerabdruck des Asteroiden. Schlagartig verschwinden sämtliche Dinosaurier, und die Hell-Creek-Formation wird überlagert von der Fort-Union-Formation – die Kreidezeit weicht dem Paläozän.

Die ersten Schichten des Paläozäns zeugen von einem düsteren Szenario. Es gibt eine auf circa 25 000 Jahre nach dem Asteroideneinschlag datierte Fossilienfundstelle namens Z-Line Quarry, die geradezu nach Tod stinkt. Nicht nur sämtliche Dinosaurier sind verschwunden, sondern auch die meisten Säugetiere. Es finden sich nur sieben Arten, alle repräsentiert durch Zähne, die so winzig sind, dass sie nur unter dem Mikroskop als solche zu erkennen sind. Drei davon – ein Multituberculata namens *Mesodma*, ein Metatheria namens *Thylacodon* und ein Eutheria namens *Procerberus* – sind besonders häufig. Es handelt sich um »Katastrophenspezies«, wie wir ihnen in unserer Geschichte schon einmal begegnet sind, nach dem großen Massenaussterben am Ende des Perms. Diese Arten schwelgten im Chaos – Säugetieräquivalent zu Kakerlaken, die sich im dreckigen Dunkel besonders gut vermehren. Sie beziehungsweise ihre direkten Vorfahren überlebten den anfänglichen »Hitze-Tsunami«, Flächenbrände, brühend heißen Regen, nuklearen Winter sowie Erderwärmung und trugen die Fackel der Säugetiere durch die lange Finsternis des endkreidezeitlichen Massenaussterbens. Aber Vorsicht, ihre starke Verbreitung zu Beginn des Paläozäns ist kein Zeichen, dass der Planet sich bereits erholte. Im Gegenteil, sie zeugt von ungesunden, aus dem Gleichgewicht geratenen Ökosystemen.

Mehrere andere Fossilienfundstellen in Montana enthüllen, was in den darauffolgenden 100 000 bis 200 000 Jahren geschah. Nur wenn wir diese deutlich größere Zeitspanne betrachten, können wir das ganze Ausmaß der Zerstörung durch den Asteroiden wirklich erfassen. Alle fossilen Säugetiere aus dieser Zeit zusammengenommen, kommt man auf 23 Arten. Neun davon sind Multituberculata, ihre Aussterberate war also noch moderat. Von den Metatheria gibt es noch eine Spezies, das heißt, die Säugetiere der Beuteltierlinie, die in der Kreide noch so zahl- und artenreich waren, sind nahezu ausgelöscht. Ihr Überleben vor Ort war nur durch *eine einzige* Art gesichert. An ihre Stelle treten die Eutheria: die Säugetiere der Plazentalinie, die zuvor nur marginal aufgetreten waren, erweitern ihre Liste von acht Arten in der Kreide auf dreizehn im Paläozän.

Und eines dieser paläozänen Eutheria war unser Vorfahre – vielleicht eine Spezies aus Montana, vielleicht aber auch anderswoher. Um es kurz zu machen – hätte dieser tapfere kleine Vorgänger nicht allen Widrigkeiten getrotzt, wären wir heute nicht hier.

Aber woher kamen die in Montana lebenden Eutheria? Dass in den darunterliegenden kreidezeitlichen Gesteinsschichten keine offensichtlichen Verwandten vorkommen, lässt darauf schließen, dass die meisten von ihnen aus weit entfernten Regionen einwanderten. Vielleicht aus Asien, das damals über eine Landbrücke mit Nordamerika verbunden war. Asien, das von Ground Zero sehr viel weiter entfernt war als Montana und daher auch weniger stark von der verheerenden Zerstörung der ersten Tage und Wochen nach dem Einschlag betroffen war, könnte dazu beigetragen haben, dass die stark dezimierte Säugetiergemeinschaft Nordamerikas wieder anwuchs. Tatsächlich sieht es so aus, als hätten viele Tierarten sich in den Jahrtausenden nach dem Einschlag auf Wanderschaft begeben. Die einen verließen ihre zerstörte Heimat auf der Suche nach einem besseren Leben, während andere wie die Goldgräber und Spekulanten des amerikanischen Westens nach der schrecklichen Tötung und Verdrängung der ursprünglichen Bewohner des Landes eine Chance sahen, sich in die entstandenen Lücken zu drängen. Welche Gründe unseren Eutheria-Vorfahren auch antrieben, sehr wahrscheinlich war er einer dieser Migranten.

Vergleicht man die Zahl der kreidezeitlichen Montana-Säuger mit der der paläozänen Montana-Säuger, ist das Ergebnis ernüchternd. Drei von vier der endkreidezeitlichen Arten verschwanden, weil sie selbst oder ihre Nachkommen die Zerstörung ihrer Umwelt nicht überlebten. Vergleicht man alle kreidezeitlichen und paläozänen Fundstellen im Westen Nordamerikas, sind die Statistiken noch verheerender. Nur sieben Prozent aller Säugetierarten kamen mit dem Leben davon, eine Zahl, die faktisch sogar noch gravierender war, da sie eingewanderte Arten mitberücksichtigt: Eine Art, die in Montana ausstarb, in Colorado aber überlebte, fiel unter die Kategorie der Überlebenden. Stellen Sie sich vor, Sie würden mit einem Revolver mit zehn Patronenkammern, neun davon geladen, russisches Roulette spielen. Sie können sich Ihre Chancen ausrechnen. Und selbst diese geringe Überlebenschance von zehn Prozent ist noch ein klein wenig höher als die, die unsere Vorfahren in der dystopischen Welt nach dem Asteroideneinschlag tatsächlich hatten.

Das wirft die Frage auf, weshalb manche Säugetiere überlebten und andere nicht. Sieht man sich Opfer und Überlebende genauer an, ist die Antwort offensichtlich. Die Säugetiere im Paläozän waren kleiner als die meisten kreidezeitlichen Säuger, und ihre Gebisse deuten darauf hin, dass sie Allesfresser waren. Die Opfer hingegen waren große Arten, die sich entweder auf eine rein pflanzliche oder wie *Didelphodon* auf eine rein fleischliche Ernährung spezialisiert hatten. *Didelphodon* war an die endkreidezeitliche Welt hervorragend angepasst, als nach dem Asteroiden Anarchie ausbrach, wurde das jedoch zu einem Handicap. Die flexiblen Fressgewohnheiten der kleinen Generalisten hingegen waren ein Vorteil. Sie konnten fressen, was ihnen vor die Schnauze kam – auch wenn das vermutlich nicht viel mehr war als Samen, welkendes Grünzeug und verrottetes Fleisch. Hinzu kommt, dass Arten, die in der Kreidezeit über große Gebiete verteilt und in ihren jeweiligen Ökosystemen zahlreich vertreten waren, ebenfalls bessere Überlebenschancen hatten.

Letztendlich war es ein Pokerspiel. Ich habe diese Analogie schon einmal benutzt, um zu erklären, wie die Säugetiervorgänger frühere Massenaussterben überlebten, in diesem Fall ist sie jedoch besonders passend. Als der Asteroid plötzlich und unerwartet die kreidezeitliche Welt durcheinanderwürfelte, wurde die Erde zu einem Casino und das Überleben zu einem Glücksspiel, bei dem die Dinosaurier besonders schlechte Karten hatten – im Poker würde man von der »Dead Man's Hand« sprechen. Die meisten von ihnen waren groß und konnten sich nicht einfach in Erdlöcher flüchten oder in Gewässern abtauchen. Viele waren zudem hoch spezialisiert, was ihre Ernährung anbelangte. Auch viele Säugetiere hatten kein gutes Blatt – insbesondere Spezies wie *Didelphodon*, die groß waren und pingelige Fresser. Manche Säuger hatten aber auch ganz gute Karten – nicht viele, doch unsere Eutheria-Vorfahren waren glücklicherweise darunter. Sie waren klein, konnten sich leicht verstecken, fraßen die unterschiedlichsten Dinge, lebten weit verstreut in großen Gebieten, und es gab sehr, sehr viele von ihnen. Keine dieser Eigenheiten garantierte ihnen den Sieg, zusammengenommen waren sie jedoch der Jackpot.

Das evolutionäre Pokerspiel zu gewinnen und zu überleben genügte aber nicht. Man musste aus diesem Sieg auch etwas machen. Krokodile, Schildkröten und Frösche überlebten ebenfalls, konnten aber nicht dieselben Erfolge verbuchen wie die Säugetiere. Das lag daran, dass die wenigen Säugetierarten mit einem Royal Flush ihre Glückssträhne zu nutzen wussten. Dank ihrer besonderen Fähigkeit, sich anzupassen, weiterzuentwickeln und auszubreiten, konnten sie andere Gruppen, die ebenfalls überlebt hatten, überflügeln. Innerhalb von wenigen Zehntausend Jahren entwickelten sich manche zur besagten »Katastrophenspezies«, während andere sich auf den Weg machten und die durch das Massenaussterben frei gewordenen Nischen besetzten. Einheimische Überlebende und Einwanderer interagierten sowohl miteinander als auch mit ihrer Umgebung, sie mutierten, entwickelten neue Arten und – was das Wichtigste ist – wurden größer. Circa 375 000 bis 850 000 Jahre nach dem Asteroiden, als die Temperaturen stabiler wurden und die Ökosysteme sich erholten, gediehen die Säugetiere in Montana prächtig. Es gab mehr

Arten, als in der Kreidezeit je existierten, völlig neue Gruppen, zu denen auch mehrere stämmige Kreaturen mit Hufen und eine Horde Baumkletterer mit langen Gliedern zählten.

Die Fossilien, die wir von diesen neuen Säugetierarten aus Montana haben, sind ganz nett, aber die Funde aus New Mexico sind besser.

**Am 25. Juli 1874** machte sich am Bahnhof in Pueblo, Colorado, eine Gruppe von Forschern auf in Richtung Süden. Sie waren auf Pferden unterwegs und hatten Maultiere dabei, die mit genügend Proviant beladen waren, um in den dünn besiedelten Bergen, Wüstenhochebenen und Badlands, die sie durchqueren wollten – damals noch Territorium der Navajo und anderer amerikanischer Ureinwohner – mehrere Wochen zu überleben. Ihre Mission sollte ein kleiner Beitrag zum vom US-Kongress in Auftrag gegebenen Wheeler Survey werden, das sich zum Ziel gesetzt hatte, das Land westlich des 100. Meridians kartografisch zu dokumentieren.

Offizieller Leiter des Teams war der Zoologe H. C. Yarrow, den Ton gab aber Edward Drinker Cope an, ein Paläontologe aus Philadelphia. Mitte dreißig, mit üppigem Kinnbart und durchdringendem Blick, war Cope einer der bekanntesten Fossilienexperten der Nation und mit Erfahrung in Colorado, Wyoming und Kansas ein Veteran der Landvermessung. Ein Jahr zuvor hatte er Wind von faszinierenden Säugetierfossilienfunden in New Mexico bekommen und sich schon da entschlossen, die Gegend zu erforschen. Als ihm dann zu Ohren kam, dass George Wheeler, Offizier und namengebender Leiter des Survey, eine Kartierungsreise organisierte, bat er darum, teilnehmen zu dürfen. Wheeler zögerte. Cope wurde nachgesagt, den Spuren seiner Fossilien ungeachtet jeder Autorität zu folgen, wohin sie ihn auch führten. Aber Cope ließ nicht locker. Schließlich gab Wheeler nach unter der Bedingung, dass Cope sich ausschließlich seiner Aufgabe als Geologe widmete. Als Cope einwilligte, wussten wahrscheinlich beide Männer, dass er dieses Versprechen niemals halten würde.

Edward Drinker Cope im Jahr 1876, zwei Jahre nachdem er in New Mexico den »Puerco-Mergel« entdeckt hatte. (Foto: AMNH Library)

Keine drei Wochen nachdem sie in Pueblo losgeritten waren, widersetzte sich Cope der Anweisung bereits zum ersten Mal. Er hatte Säugetierzähne gefunden und weigerte sich, mit der Truppe weiter nordwärts zu ziehen, bevor er mit dem Bergen der Funde fertig war. Yarrow ließ ihm seinen Willen, was Cope nur ermutigte. Einen Monat später kamen ihm Gerüchte von sensationellen Fossilienfundstätten in Arroyo Blanco zu Ohren, weit abgelegen von ihrer Route. Dieses Mal nahm Cope sich einfach drei

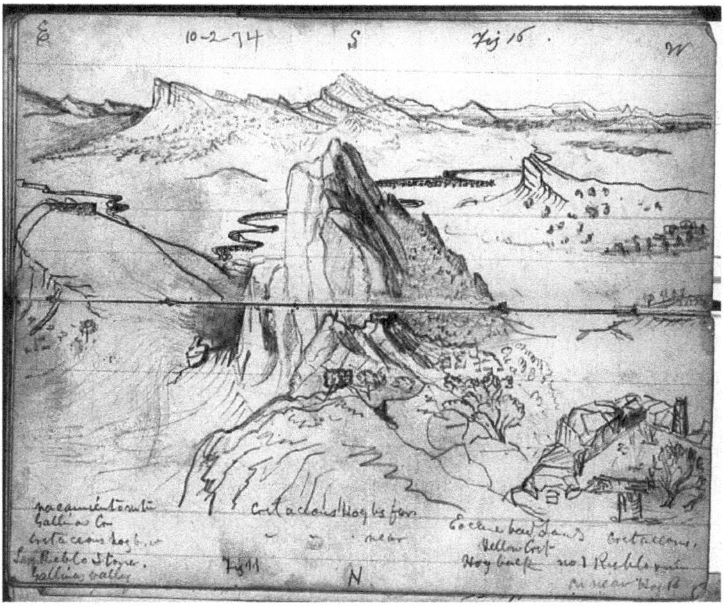

Eine Seite aus Copes Feldbuch aus dem Jahr 1874 mit einer Zeichnung der fossilienreichen Gesteinsformationen in New Mexico. (Foto: AMNH Library)

Männer, ein Maultier und Proviant für eine Woche und machte sich auf den Weg ins Stammesgebiet. Die Gerüchte bewahrheiteten sich. Er fand Fossilien von Krokodilen, Schildkröten, Haien und mindestens acht Säugetierarten. Cope erkannte in ihnen frühe Mitglieder heutiger Säugetiergruppen wie Pferde und schloss daraus, dass sie aus dem Eozän stammen mussten, einem Erdzeitalter, das ungefähr zehn Millionen Jahre nach dem Aussterben der Dinosaurier begann und bis vor circa 56 bis 36 Millionen Jahren andauerte.

Nachdem er seine Funde geborgen hatte, war der triumphierende Cope bereit zurückzukehren. Angeblich wollte er sich persönlich bei Wheeler entschuldigen. Aber sein Boss hatte ganz andere Sorgen: Der Kartograf war bei einem Unfall ums Leben gekommen, und man hatte Yarrow nach Washington zurückbeordert. Cope sei von nun an auf sich allein gestellt, erklärte ihm ein entnervter Wheeler.

Es war Mitte September, und Cope hatte mindestens noch einen Monat, um neue Entdeckungen zu machen, bevor das Wetter umschlagen würde. Er machte sich wieder auf den Weg, dieses Mal in Richtung Süden, und passierte Ende Oktober eine Zeltstadt namens Nacimiento, in der Tausende hartgesottene Kerle nach versteinerten Baumstämmen aus der Trias gruben – aber nicht, weil es sich um Fossilien handelte, sondern weil sie Kupfer enthielten. Als Cope das trockene Bett des Rio Puerco durchquerte, fielen ihm versteinerte Holzstücke auf, die aus dem grauen und schwarzen Lehm ragten. Das Holz war anders als die Stämme, nach denen man dort grub, und Cope wusste, dass der Lehm die Schicht zwischen Trias und Eozän bildete, in der er auch seinen »bedeutendsten geologischen Fund« gemacht hatte. In seinen Notizen taufte er den Lehm »Puerco-Mergel«. Er vermutete, dass dieser ebenfalls Säugetierfossilien enthalten könnte, hatte aber kein Glück, bevor der erste Schnee ihn zwang, zur Eisenbahnstation nach Pueblo zurückzukehren.

Das Wheeler Survey wurde im darauffolgenden Jahr fortgesetzt, aber da Cope nicht länger willkommen war, heuerte man einen ortsansässigen Grenzer namens David Baldwin an. Über ihn weiß man nur wenig. Er war wohl ein Einzelgänger, weshalb seine Einwilligung, die Forschergruppe zu begleiten, bemerkenswert ist. Normalerweise streifte er nur in Begleitung seines Esels durchs Hinterland.

Nachdem er beim Wheeler Survey Gefallen an der Sache gefunden hatte, kehrte Baldwin 1876 mit einem neuen Auftrag in die Gegend um San Juan in New Mexico zurück. Er sollte dort für einen aufstrebenden, Autoritäten verabscheuenden Ostküstenpaläontologen nach Fossilien suchen. Es war jedoch nicht Cope, für den er arbeitete, sondern dessen Rivale Othinel Charles Marsh von der Yale-Universität.

Die »Bone Wars«, die Knochenkriege, die sich danach zwischen Cope und Marsh entfachten, sind ein Paradebeispiel wissenschaftlicher Infamie. Egal, welches Buch über Dinosaurier Sie lesen, Sie werden um die traurige Geschichte der ehemals befreundeten Knochenjäger, die Habgier, Stolz und das Streben nach Ruhm zu erbitterten Feinden machten, nicht herumkommen. Heute erinnert man sich an ihre Fehde in erster Linie als einen Streit um Dinosaurier, wahrscheinlich weil einige der berühmtesten Namen im Dinosaurierlexikon – *Brontosaurus*, *Diplodocus*, *Stegosaurus* – aus jener verrückten Zeit in den 1870er- und 1880er-Jahren stammen, als Cope und Marsh verbissen versuchten, sich gegenseitig zu übertrumpfen.

Tatsächlich ging es bei ihren Streitereien aber meist um fossile Säugetiere. Beide waren versessen darauf, die ältesten und primitivsten Fossilien von Pferden, Primaten oder einer anderen modernen Gruppe zu finden, was Marshs Reaktion auf die Fossilien, die Baldwin ihm zwischen 1876 und 1880 schickte, umso verwunderlicher machte. Er ignorierte sie – und weigerte sich, dafür zu bezahlen. Woraufhin Baldwin das Offensichtliche tat und fortan für Cope arbeitete. Einen größeren Fehler hätte Marsh nicht begehen können, denn kurz nachdem er die Seiten gewechselt hatte, fand Baldwin in Copes »Puerco-Mergel«, eingeklemmt zwischen den letzten bekannten Dinosauriern und den jüngeren, 1874 von Cope entdeckten Eozänsäugetieren, fossile Knochen und Zähne von Säugetieren – die ersten Faunafunde aus der Übergangsphase vom Zeitalter der Dinosaurier ins Zeitalter der Säugetiere.

In den darauffolgenden zehn Jahren mäanderten Baldwin und sein Esel auf den Spuren des »Puerco-Mergels« durch die Wüste New Mexicos und sammelten Tausende von Fossilien. Unter den Fundstellen, die er entdeckte, war auch das ausgetrocknete Flussbett, welches die Navajo Kimbeto nannten – ebenjene Szenerie, in der dieses Kapitel 2014 mit den Arbeiten unseres Feldteams seinen Anfang nahm. Baldwin schickte alle seine Funde zu Cope nach Philadelphia, und dieser lohnte es ihm nicht nur mit Geld, sondern auch mit Respekt. Während Marsh keinerlei Interesse gezeigt hatte, beschrieb und benannte Cope die neuen Säugetiere mit großer Begeisterung, sobald Baldwin sie lieferte. Zwischen 1881 und 1888 veröffentlichte Cope 41 Aufsätze, in denen er fast 100 neue Spezies vorstellte. Er hatte es eilig und arbeitete oft schlampig, aber seine Schriften waren erst der Anfang.

In den darauffolgenden 125 Jahren wurden in New Mexico, in der Region, die heute unter der Bezeichnung San-Juan-Becken bekannt ist, ständig neue Funde gemacht, und es werden immer noch mehr. Der »Puerco-Mergel« ist heute Teil der Nacimiento-Formation, die weltweit als beste Fundstätte für Säugetiere aus dem Paläozän gilt – den ersten zehn Millionen Jahren nach dem Massenaussterben am Ende der Kreidezeit. Die Feldarbeiten in dieser Gegend leitet heute mein Freund Tom Williamson, den es in den frühen 1990er-Jahren als Doktorand nach New Mexico zog. Dass ich mich heute als Säugetierpaläontologe bezeichnen darf, ist allein sein Verdienst – und ich werde ihm ewig dafür dankbar sein.

Dank Toms Forschungen wissen wir heute, wo genau wir die paläozänen Säuger aus New Mexico in deren Geschichte um Aussterben, Überleben und Diversifikation verorten müssen. Die Fossilien aus dem Kimbeto sind rund 65,6 Millionen Jahre alt. Das heißt, sie lebten höchstens 380 000 Jahre nach dem Asteroideneinschlag und nur ein paar Hunderttausend Jahre nach der »Katastrophenfauna« Montanas. Aus geologischer Sicht ist das zwar keine Zeit, für die Kimbeto-Säuger war es aber genug, um – was die Anzahl der Spezies, die Bandbreite der Verhaltensweisen, Nahrungsquellen, Lebensräume, Fortbewegungsarten und vor allem der Körpergrößen anbelangt – alle Säugetiere vor ihnen weit in den Schatten zu stellen.

»Funde von Säugetieren in der Kreide sind äußerst selten. Wir müssen auf dem Boden herumkriechen und Dreck sammeln, den wir waschen und durch Fliegengitter sieben, um ihre Zähne zu bekommen«, erklärte mir Tom einmal. »Und in Montana mussten sie auch im frühen Paläozän alles durch Siebe waschen. Aber hier im Puerco-Mergel in New Mexico ist das etwas völlig anderes! Plötzlich finden wir überall große Säugetierkiefer!«

Zwei dieser Kimbeto-Säuger haben wir bereits kennengelernt. Zum einen den »Urbiber« *Kimbetopsalis*, das Pflanzen zermahlende Multituberculata, das auffällig kräftiger war als die kreidezeitlichen. Tatsächlich war es Cope, der 1884 den Begriff »Multituberculata« prägte, teilweise aufgrund einer Entdeckung Baldwins im Puerco-Mergel – einer ebenfalls ungefähr bibergroßen Spezies namens *Taeniolabis*.

Und dann ist da zum anderen *Ectoconus* – repräsentiert durch das von Tom entdeckte Skelett, obwohl es seinen Namen ebenfalls bereits 1884 von Cope bekam, nachdem Baldwin es gefunden hatte. *Ectoconus*, das, wie schon gesagt, in etwa die Maße eines Schweins hatte, war das größte Tier im Ökosystem des Kimbeto. Es ist ein Condylarthra (oder Stammhuftier) – ebenfalls eine Wortschöpfung Copes, die sich auf eine verschwommene Ansammlung schwer zu klassifizierender Säugetiere aus dem Paläozän und Eozän bezieht, mit primitiven Skeletten und stämmigem Körperbau. Sarah Shelley, die das Skelett gemeinsam mit Tom und mir freilegte und ihre Doktorarbeit über *Ectoconus* und andere Condylarthra verfasste, beschreibt *Ectoconus* mit dem für sie typischen Humor als »wirklich fettes Mischding aus Schaf und Schwein mit einem langen Schwanz und im Verhältnis zu seinem massigen Körper winzigen Kopf«. Seine großen Prämolaren und Molaren hatten niedere, abgerundete Höcker, die wahrscheinlich funktionierten wie diese Igelbälle, mit denen man sich den Rücken massiert, nur dass in diesem Fall Pflanzenmaterial durchgeknetet wurde. *Ectoconus* war am Boden zu Hause, wo es gemächlich, aber auch nicht zu langsam, von Busch zu Busch schlenderte. Man sah ihm jedoch bereits an, dass es auf mehr Geschwindigkeit aus war, denn seine Krallen fingen an, die Form kleiner Hufe anzunehmen.

*Ectoconus* ist eines von Dutzenden Eutheria der Plazentatier-Linie aus dem Kimbeto und kontrollierte die Gegend. Ich könnte mit den Beschreibungen der Eutheria, die unglaublich artenreich waren und komplexe Nahrungsnetze bildeten, mehrere Kapitel füllen. Während des Paläozäns lebten sie in sumpfigen Urwäl-

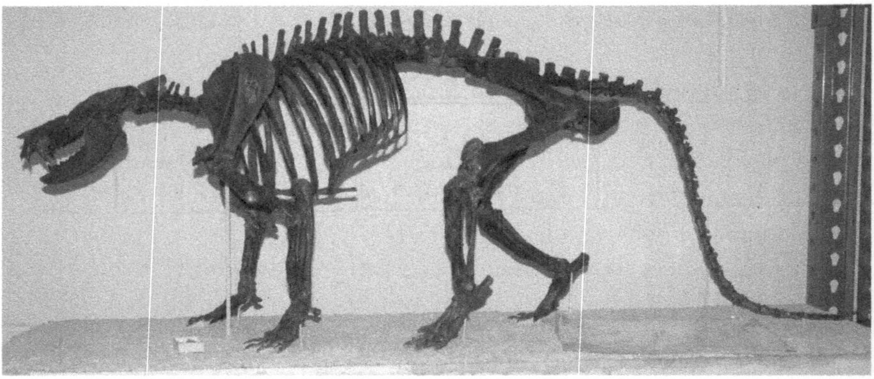

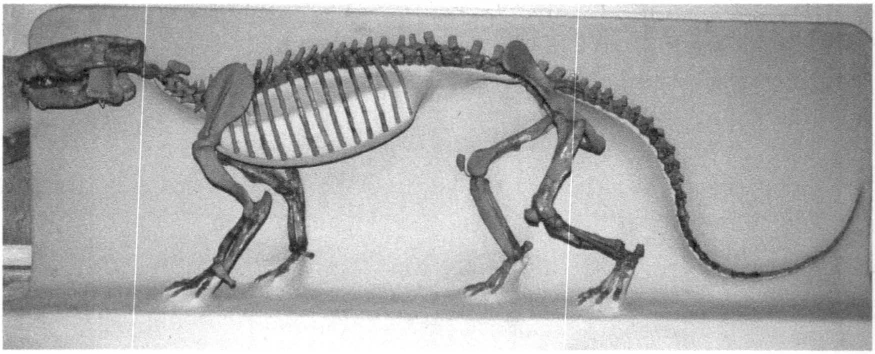

Zwei »Ur«-Plazentatiere: *Ectoconus* (oben) und *Pantolambda* (unten). (Fotos: Tom Williamson)

dern mit einem dichten Blätterdach aus Palmen und anderen Baumarten, deren ausladende, spitz zulaufende Blätter ein sicheres Zeichen waren, dass permanent Regenwasser an ihnen herabglitt. Die Wälder hatten eine üppige Vegetation, angefangen bei meterhohen Palmen bis hinunter zu Farnen und blühenden Büschen, die den feuchten Boden überwucherten. All diese Pflanzen gediehen deshalb so gut, weil es das ganze Jahr hindurch warm und feucht war, plus intensiver saisonaler Regenfälle und Monsune, die den Wald zu bestimmten Zeiten im Jahr noch zusätzlich wässerten. Flüsse aus den Rocky Mountains – die noch dabei waren, sich weiter aufzufalten – bahnten sich ihren Weg

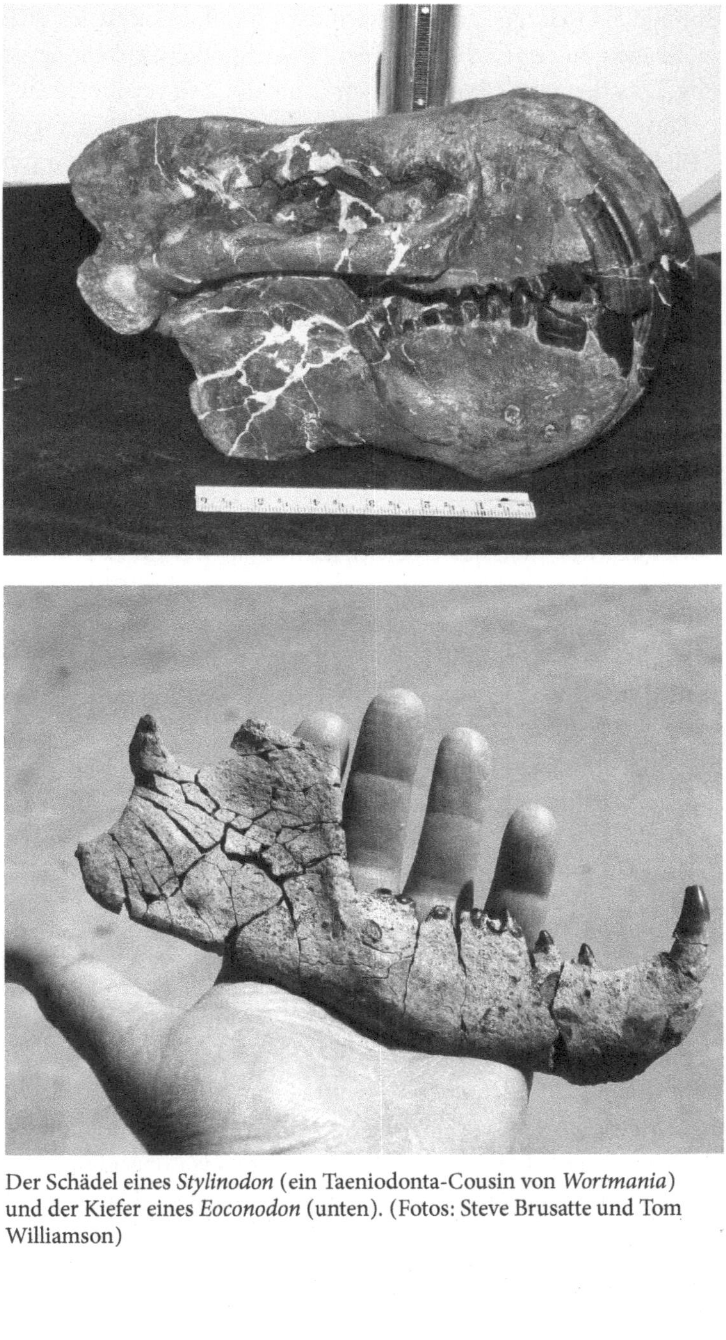

Der Schädel eines *Stylinodon* (ein Taeniodonta-Cousin von *Wortmania*) und der Kiefer eines *Eoconodon* (unten). (Fotos: Steve Brusatte und Tom Williamson)

durch den Dschungel, überfluteten die Ufer und sammelten sich in Teichen, in denen die Säugetiere manchmal ertranken, bevor ihre Knochen und Zähne dann im Laufe der Zeit versteinerten.

*Eoconodon*, ein anderer Eutheria-Bewohner dieser Dschungelwelt, trägt einen ähnlichen Namen wie *Ectoconus* und wurde von Cope ebenfalls als massiges Condylarthra klassifiziert. Aber da hören die Ähnlichkeiten auch schon auf. *Eoconodon* war im Paläozän der Schrecken New Mexicos, eine Bestie groß wie ein Wolf – nur deutlich muskulöser. Es stand an der Spitze der Nahrungskette und konnte die Kiefer so weit aufreißen, dass es die zylindrischen Reißzähne problemlos in jedes Beutetier schlug. Während sein Opfer dann reglos verblutete, schlitzte *Eoconodon* ihm mit seinen scharfkantigen, mit nach hinten zeigenden Höckern besetzten Prämolaren Haut und Muskeln auf, um ihm mit seinen großen Molaren, die mit denen eines Bären vergleichbar waren, die Knochen zu zerbeißen. *Ectoconus* war für *Eoconodon* sicher eine schmackhafte Mahlzeit, in den meisten Fällen aber wohl schnell genug, um diesem Schicksal zu entkommen.

Andere Eutheria, die dachsgroßen *Wortmania*, waren leichtere Beute. Sie hätten im Paläozän sicher keinen Schönheitswettbewerb gewonnen oder waren, wie Sarah Shelley es etwas weniger diplomatisch formuliert, »wahrscheinlich furchtbar hässlich«. Mit ihren riesigen, mit Klauen versehenen Vorderbeinen wühlten die muskulösen Gräber sich durch die Erde und rissen mit ihren gewaltigen Kiefern und langen Eckzähnen Wurzeln und Knollen ab. In ihren Erdhöhlen waren die dicken, schwerfälligen *Wortmania* wohl relativ sicher, und in einem Kampf Tier gegen Tier vielleicht ein nicht zu unterschätzender Gegner. Aber wenn *Eoconodon* eines von ihnen auf einer offenen Waldlichtung erwischte, konnte es einpacken. *Wortmania* war eine von mehreren Säugetierarten aus der Gruppe der Taeniodonta, die im Paläozän in New Mexico lebten, und mit die erste, die Zähne mit hohen Kronen entwickelte. Für Tiere, die sich von dreckverkrusteten Wurzeln und Knollen ernährten, ein Gottesgeschenk. Da sich das Gebiss bei Säugetieren nicht ein Leben lang erneuert, war der

Verzehr harter Speisen riskant, und ein abgebrochener Zahn konnte das Todesurteil sein. Daher ist die Entwicklung extralanger Zähne, die sich beim Kauen nur langsam abnutzen, eine clevere Strategie, dieses Problem zu umgehen.

Rund eine Million Jahre nach der Entstehung der Kimbetofossilien taucht in der Fossiliengeschichte New Mexicos eine neue Eutheria-Art auf. Ihr Name ist *Pantolambda*, und sie ist der Archetyp der Pantedontier, einer rätselhaften Säugetiergruppe, die im Paläozän und Eozän weitverbreitet war. Ihren Namen gab ihr 1870, Sie ahnen es bereits, Edward Drinker Cope. Die ersten bekannten Fossilien, ein paar Zähne, stammen jedoch aus dem lehmigen Boden bei London und wurden 1884 von einem anderen wiederkehrenden Charakter unserer Geschichte beschrieben: dem viktorianischen Bösewicht Richard Owen. Zu seiner Zeit war *Pantolambda* ein Monster. Ungefähr doppelt so groß wie *Ectoconus*, was in etwa einem Vechur entspricht, der kleinsten lebenden Rinderrasse. Als *Pantolambda* vor 64 Millionen Jahren durch New Mexico streifte, war es das größte Säugetier, das dort je gelebt hatte. Aber es war ein freundlicher Riese, der träge Blätter abrupfte und diese dann genüsslich kaute, ähnlich einer Giraffe, nur dass es keinen langen, sondern einen kurzen, dicken Hals hatte. Mit seinem kugelförmigen Brustkorb, den breiten Hüften und gewaltigen Pfoten – die einen an diese riesigen Schaumstoffhände denken lassen, wie man sie heute auf Sportveranstaltungen sieht – gab es wahrscheinlich schon aus der Ferne eine absurde Figur ab. Und aus der Nähe betrachtet, war es mit seinem winzigen Kopf, dem langen Kiefer, den auf der Schnauze sitzenden Augen und den überdimensionierten Eckzähnen, mit denen es wohl Partner anlockte oder Feinde abschreckte, sogar noch lächerlicher. Von *Pantolambda* wurden mehrere Skelette gemeinsam gefunden, was nahelegt, dass es sich um soziale, in Herden lebende Tiere handelte.

All diese paläozänen Eutheria waren sehr wahrscheinlich bereits mit einem der Wunder unserer Reproduktionsbiologie gesegnet – einer Plazenta, jenem temporären Organ, das nur während der Schwangerschaft existiert und den Fötus mit der Mutter verbindet. Plazentas kommen nicht nur bei Säugetieren vor, sie haben sich bei einer Vielzahl von Spezies, die vom Eierlegen zum Lebendgebären übergingen, darunter auch Fische, rund zwanzigmal entwickelt. Warum, ist nicht schwer zu erkennen. Ein Ei ist im Wesentlichen ein fertiges Carepaket. Der Dotter enthält alle Nährstoffe, die ein Embryo zu seiner Entwicklung benötigt. Hat die Mutter ihre Eier einmal gelegt, kann sie diese zwar beschützen, aber sie kann die Schale nicht aufbrechen, um ihren Nachwuchs mit zusätzlicher Nahrung zu versorgen. Für eine Lebendgeburt muss der Embryo (und später Fötus) bereits in der Mutter so weit herangewachsen sein, dass er überlebensfähig ist. Bis dahin muss er mit Nahrung und Sauerstoff versorgt werden, braucht aber auch eine Möglichkeit, seinen Abfall zu entsorgen. Hier kommt die Plazenta ins Spiel. Sie ist der ultimative Alleskönner, der dem Baby gleichzeitig als Speisekammer, Lunge und Ausscheidungssystem dient. Und nach der Geburt wird sie dann einfach als das entsorgt, was wir nüchtern die »Nachgeburt« nennen.

Im Vergleich mit der Plazenta lebend gebärender Fische oder Reptilien ist die Plazenta von Säugetieren einzigartig und so vollkommen, dass der artenreichste Zweig heutiger Säugetiere sogar ihren Namen trägt. Nicht nur wir sind Plazentatiere, sondern auch andere von Eutheria abstammende Arten wie Nagetiere, Fledermäuse, Wale, Pferde, Bären, Hunde, Katzen und Elefanten. Jedes heute lebende Säugetier, das kein Kloaken- oder Beuteltier ist, wird den Plazentatieren zugeordnet. Dennoch ist die Bezeichnung irreführend, denn Beuteltiere mit ihrer eigentümlichen Art, Nachwuchs in die Welt zu setzen, haben ebenfalls eine Plazenta, wenn auch nur für kurze Zeit. Bei den Beuteltieren ist das befruchtete Ei kurzzeitig von einer Schale umhüllt, schlüpft dann *im* Mutterleib und nistet sich in der Gebärmutter ein, wo es über eine Plazenta ernährt wird, bis es als nacktes Würstchen geboren wird, das sich in der Geborgenheit des mütterlichen Beutels entwickelt. Beuteltierplazentas sind klein und bestehen aus nur einer Membran, die die Nahrung weitergibt. Plazentatiere wie wir haben dagegen riesige und komplexe Plazentas mit separaten Membranen für die Nahrungsaufnahme und Ausscheidungen. Dieses ausgeklügelte System ist für lange Schwangerschaften bestens geeignet, weshalb Plazentatiere große, gut entwickelte Junge zur Welt bringen können.

Jeder, der schon einmal bei einer Geburt dabei war, weiß, dass eine Plazenta ein kuchenförmiger Klumpen aus weichem, mit Blutadern überzogenem Gewebe ist, an dem die Nabelschnur hängt. So etwas versteinert in der Regel nicht. Aber das Vorhandensein einer Plazenta lässt sich auch am Skelett erkennen. Kloakentiere und Beuteltiere haben einen dreieckigen Knochen, den Epipubis, der aus dem Becken in den Bauchraum ragt. Man nennt ihn auch »Beutelknochen«, weil man anfangs davon ausging, dass er als Stütze für den Beutel diente. Heute wissen wir, dass er als Muskelaufhängung für die hinteren Gliedmaßen sowie als Stütze beim Säugen der vielen kleinen Nachkommen (sowohl der ausgebrüteten als auch der lebend geborenen) dient. Epipubisknochen findet man bei vielen fossilen Arten, darunter auch einige der Cynodontier-Vorfahren der Säugetiere, Multituberculata und sogar kreidezeitliche Eutheria aus der Wüste Gobi. Das legt nahe, dass die frühesten Eutheria – die direkten Vorfahren der Plazentatiere – sich entweder wie Kloakentiere fortpflanzten und Eier legten oder wie Beuteltiere winzige Junge gebaren.

Im Gegensatz dazu haben wir, wie alle modernen Plazentatiere, keine Beutelknochen. Unsere Plazenta und der große, gut entwickelte Nachwuchs nehmen so viel Raum in der Bauchhöhle ein, dass für diese Knochen kein Platz ist. Und wir benötigen sie auch nicht als Stütze, da wir keine Horden winziger Babys zur Welt bringen, die uns ständig an den Zitzen hängen. *Ectoconus* und *Eoconodon*, *Wortmania* und *Pantolambda* sowie alle anderen paläozänen Eutheria New Mexicos oder sonst woher haben ebenfalls keine Beutelknochen. Ein sicheres Zeichen dafür, dass sie eine große, komplexe Plazenta entwickelt hatten und bereits echte Plazentatiere waren. Wer weiß, vielleicht war das eines der Geheimnisse ihres Erfolgs nach dem Massenaussterben.

Die paläozänen Plazentatiere waren jedoch nicht sonderlich intelligent. Untersuchungen von CT-Scans durch mein Team – angeleitet von Ornella Bertrand, einer französischen Paläontologin, die anhand von Röntgenaufnahmen der Schädelhöhle 3-D-Modelle des Gehirns zaubern kann – zeigen, dass Pantodontier und auch die meisten anderen paläozänen Säugetiere ungewöhnlich kleine Gehirne hatten. Im Vergleich zu Eidechsen, Fröschen und Krokodilen waren sie natürlich schon groß – immerhin waren diese paläozänen Spezies Säugetiere, und wie wir bereits wissen, entwickelten die ersten Säugetiere, nachdem sie angefangen hatten, ihren Nachwuchs mit Milch zu ernähren, größere Gehirne mit einer neuen Struktur zur Verarbeitung von Sinneswahrnehmungen, den Neokortex. Aber neben denen heutiger Säugetiere von vergleichbarer Größe waren die Gehirne der paläozänen Säuger auffällig winzig und hatten einen sehr viel kleineren Neokortex. Auf den ersten Blick scheint das keinen Sinn zu ergeben. Sollte man bei Säugetieren, die das Massenaussterben am Ende der Kreidezeit überlebten und sich danach rasant ausbreiteten, nicht eine hohe Intelligenz und scharfe Sinne erwarten? Leider scheint das nicht der Fall gewesen zu sein. Stattdessen legten diese paläozänen Säuger so schnell an Körpergröße zu, dass ihre Gehirne nicht mithalten konnten. Das für moderne Säugetiere so charakteristische Riesenhirn mit einem voluminösen Neokortex, der sich über fast das gesamte Großhirn spannt, tauchte erst im Eozän, mehr als zehn Millionen Jahre später, auf.

Die Säugetiere des Paläozäns haben sich nicht mit Köpfchen, sondern mit Muckis durchgesetzt. Nachdem sie mehr als 100 Millionen Jahre in ihren Kleintiernischen gefangen gewesen waren und nicht größer wurden als ein Vielfraß, waren sie nun plötzlich frei. Warum, ist kein Geheimnis: Die Dinosaurier waren weg. Nichts hielt die Säugetiere mehr auf. Innerhalb weniger Hunderttausend Jahre – in der Erdgeschichte ein Wimpernschlag – übernahmen die paläozänen Säugetiere die Rollen von *Triceratops*, Schnabelsauriern und Raptoren.

Bereits zur Zeit der Kimbetofossilien, aber definitiv zur Zeit von *Pantolambda* waren die Dinosaurier nur noch eine vage Erinnerung – als hätte es sie nie gegeben. Die Säugetiere bildeten eine komplette Nahrungskette aus Fleischfressern mit spitzen Zähnen, blätterkauenden Riesen, schweinsgroßen Pflanzenfressern und muskelbepackten Untergrundkämpfern, plus unzähliger anderer Arten, die über den Boden flitzten oder Bäume erklommen und von Ast zu Ast sprangen. Die Welt gehörte den Säugetieren.

Wobei, ganz richtig ist das nicht, denn eine Saurierart überlebte: die Vögel. Sie hatten ebenfalls ein Gewinnerblatt. Sie waren klein, pflanzten sich schnell fort, konnten vor Gefahren davonfliegen und hatten Schnäbel, um Samen aufzupicken, eine Nahrungsquelle, die lange nach dem Kollaps der Wälder noch im Boden steckte. In New Mexico findet man die feinen, hauchdünnen Knochen der paläozänen Vögel direkt neben denen fossiler Säugetiere, denn diese Pioniere der postasteroiden Ära feierten ihre ganz eigene Erfolgsgeschichte, die in Zehntausenden heute lebenden Vogelarten gipfelt. Das sind ungefähr doppelt so viele wie Säugetierarten! Aber Zahlen können trügerisch sein. Denn auch wenn Vögel heute unbestreitbar einen sehr artenreichen Teil unserer Welt ausmachen, sind sie lange nicht so dominant wie die Säugetiere. Selbst die größten je lebenden Vögel, die ausgestorbenen Elefantenvögel aus Madagaskar, die zwischen 500 und 730 Kilo wogen, wären Zwerge neben den Elefanten der Säugetierfamilie, die mit ihren 6000 Kilo Lebendgewicht kleine Erdbeben auslösen, wenn sie durch die afrikanische Savanne stapfen. Die meisten Vogelarten sind so winzig, dass sie in Ihre Hand passen und auf Ihrem Fensterbrett nisten können. Tatsächlich sind heutige Vögel der Gipfel eines lange währenden evolutionären Minimierungstrends, der bereits vor dem Massenaussterben einsetzte und sich danach noch beschleunigte.

Die evolutionären Rollen waren vertauscht worden. Vögel wurden kleiner, Säugetiere größer. Die Säugetiere hatten nicht nur den Platz der Dinosaurier eingenommen, sondern waren – in

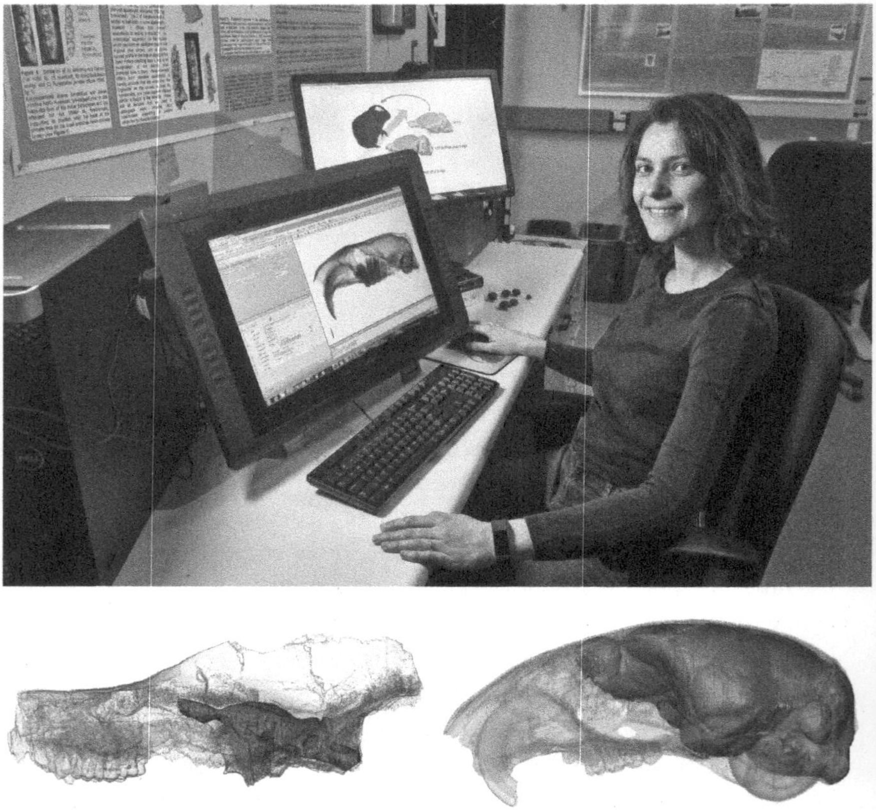

Ornella Bertrand untersucht CT-Scans von fossilen Säugetierschädeln (oben). Digitale Modelle, die das kleine Gehirn des »Ur«-Plazentatiers *Arctocyon* zeigen (unten links) und das sehr viel größere Gehirn eines modernen Erdhörnchens (unten rechts). (Foto: Universität von Toronto Scarborough; *Arctocyon*-Befund kuratiert vom Königlichen Belgischen Institut für Naturwissenschaften)

gewissem Sinne – zu Dinosauriern geworden. Das Zeitalter der Säugetiere war endgültig angebrochen.

# 6

# DIE SÄUGETIERE WERDEN MODERN

*Eurohippus*

**In Deutschland, etwa zehn Kilometer** nordöstlich von Darmstadt und nahe der Ortschaft Messel, ist ein großes Loch im Boden. Es hat eine Fläche von rund 400 000 Quadratmetern, ist circa 60 Meter tief und bildet eine ordentliche Mulde in der ansonsten recht flachen und bewaldeten Landschaft. Nachdem Einheimische Mitte des 19. Jahrhunderts dort mit Kerogen angereicherten Schwarzschiefer entdeckt hatten, aus dem sie Öl gewinnen konnten, wurde in Messel ein gutes Jahrhundert lang Ölschiefer abgebaut, bis es Anfang der 1970er-Jahre nicht mehr rentabel war. Die Grube wurde geschlossen, aber die Mulde blieb.

Sie war ein Schandfleck in der Landschaft, den die Landesregierung verfüllen und als Großdeponie für den Müll aus Südhessen nutzen wollte. Die Bewohner von Messel wehrten sich jedoch gegen die Pläne, und nach 20 Jahren gerichtlichem Gerangel gaben die Behörden schließlich auf.

Stattdessen wurde die Grube zum UNESCO-Welterbe erklärt. Diesen Titel, den die Vereinten Nationen weltweit bisher nur rund 1150 Orten mit besonderer kultureller, historischer oder wissenschaftlicher Bedeutung verliehen haben, verdankt die Grube Messel jedoch nicht dem Bergbau oder der Geschichte der Menschen in dieser Region, sondern ausschließlich den im Schwarzschiefer entdeckten Fossilien, deren Geschichte noch sehr viel älter ist und sich vor circa 48 Millionen Jahren im mittleren Eozän zugetragen hat, also direkt nachdem sich im paläozänen New Mexico die ersten Gemeinschaften von Plazentasäugetieren ausgebreitet hatten.

Wir können uns diese Welt und das Leben ihrer Bewohner gut vorstellen. Die folgende Geschichte ist natürlich frei erfunden, basiert aber auf realen Messelfossilien.

An einem lauen Frühlingsabend im Eozän, als dieser Teil Deutschlands noch eine Insel in einem Archipel ähnlich dem heutigen Indonesien war, verspürte eine Stute plötzlich starke Gelüste. Letzten Sommer, als die Tage bereits wieder länger geworden waren, war sie trächtig geworden, und trug nun seit mehr als 200 Tagen ihr Junges. Ihr Bauch war dick angeschwollen, genau wie ihre Fesseln, und sie hatte Schmerzen beim Gehen – für ein Tier, das es gewohnt war, durchs Unterholz zu galoppieren, ein seltsames Gefühl. Es war ihr erstes Junges, aber instinktiv wusste sie, dass der Zeitpunkt der Geburt näher rückte.

In diesem Moment war die Stute aber einfach nur hungrig. Es war ein ganz spezieller Hunger, der sie quälte. Sie hatte unbändige Lust auf die süßen weißen und rosafarbenen Seerosen, die ihre Blüten aus dem flachen Wasser des nahe gelegenen Sees streckten. Den Nachmittag über, den wärmsten und schwülsten Teil ihrer subtropischen Tage, hatte sie nichts gefressen, aber nicht freiwillig. Sie konnte einfach nicht die Kraft aufbringen, etwas anderes zu tun, als im Schatten zu liegen und zu dösen. Aber nun, da die Sonne unterging und kühle Abendluft sich auf den Wald legte, verspürte sie wieder ein wenig Energie. Es war Zeit, etwas zu fressen, der Plan hatte jedoch einen Haken. Der See war gut einen Kilometer entfernt und nur durch das dichte Unterholz des Urwalds zu erreichen, in dem sich zu dieser Stunde die Raubtiere auf die abendliche Jagd begaben.

Die Stute gewöhnte ihre Augen an die hereinbrechende Dämmerung und sah sich um. Verstreut über eine kleine Lichtung mitten im Wald konnte sie ungefähr zwanzig andere Tiere ihrer Herde ausmachen. Sie sahen alle gleich aus: terriergroße Geschöpfe mit einem struppigen braunen Fell, durch das sich entlang der Konturen ihres gewölbten Rückens schwarze Streifen zogen. Stolz standen sie, auf ihren Hufen balancierend, auf vier Beinen und verscheuchten mit ihren borstigen Stummelschwänzen die Stechmücken. Ein paar von ihnen hatten die Nasen am Boden und knabberten mit ihren Schneidezähnen Halme und Beeren, wobei ihre Zungen beim Kauen immer wieder über ihre Mäuler fuhren. Alle Ohren waren aufgestellt und lauschten sowohl dem möglichen Rascheln eines Raubtiers im Gebüsch als auch den Geräuschen ihrer Gefährten. Sie waren eine soziale Spezies, deren Anführer – die sowohl weiblich als auch männlich waren – mit einem schrillen Wiehern immer wieder für Disziplin in der Herde sorgten.

Obwohl sie nicht zu den Anführern zählte, hatte die Stute das Bedürfnis, auf sich aufmerksam zu machen. Vielleicht würde eines der anderen Tiere sie auf ihrem Weg zu den Seerosen begleiten. Sie stieß ein lautes Wiehern aus, das über die stille Lichtung hallte. Ein paar aus der Herde sahen verärgert auf, wandten sich dann aber wieder ihrem Abendessen zu. Die anderen ignorierten sie. Wenn sie ihre Gelüste befriedigen wollte, musste sie wohl alleine gehen. Also erhob sie sich, kehrte der Herde den Rücken und trabte auf ihren winzigen Hufen in den Dschungel, wo das Blätterwerk sie verschluckte.

Der Wald war ein Gewirr aus Kräutern, Sträuchern und Bäumen. Es gab auch Farne und Nadelbäume, aber die meisten Pflanzen waren Angiospermen, die jetzt im Frühling in voller Blüte standen. Die rosafarbenen Blüten der Magnolien leuchteten im Dämmerlicht, und der Duft von Lorbeer und Rosen hing in der vom nachmittäglichen Regenguss schweren Luft. Es gab Muskatnussbäume und Palmen, Misteln, Hornsträucher, Heidekraut, Teebäume, Amber, Buchen, Birken und Zitronenbäume, deren herbe Früchte sich bereits in den Blüten bildeten. Weinreben rankten sich um die Baumstämme und erstickten den Wald auf halber Höhe unter einer dichten Decke aus großen Blättern, von denen noch das Regenwasser aus den Baumkronen tropfte. Bohnenschoten, Walnüsse und Cashewnüsse hingen an den Ästen, würden aber in ein paar Monaten den Waldboden bedecken und der Herde und vielen anderen Tieren, die im Regenwald zu Hause waren, Nahrung im Überfluss bescheren.

Als die Stute sich ihren Weg durch eine Ansammlung von Lorbeersträuchern bahnte, hörte sie in den Ästen über sich ein Knacken. Sie schaute nach oben, direkt in die Augen eines ungefähr einen Meter langen, haarigen Tiers, mehr Schwanz als Körper, das im Begriff war, mit seinen gebogenen Krallen einen Baumstamm hochzuklettern. Den buschigen Schwanz zur Stabilisierung gerade nach hinten gestreckt, balancierte es einen Ast entlang, neigte den Kopf und begann, mit seinen riesigen, meißelähnlichen Schneidezähnen, Blätter zu knabbern. Etwas weiter oben in den Amberbäumen schwang sich währenddessen mit deutlich mehr Geschick ein anderes Tier von Baum zu Baum. Es war ein bisschen kleiner als das Knabbertier und hing mit großer Gelassenheit hoch oben in den Ästen. Seine Hände und Füße waren auffällig groß, und es hatte Nägel anstelle von Krallen. Mit der einen Hand hielt es sich fest, wozu es seinen opponierbaren Daumen und die langen Finger um einen Ast legte, und angelte sich mit der anderen eine Frucht, die zwar noch nicht ganz reif, aber offensichtlich genießbar war.

Fasziniert von den Geschehnissen in den Baumwipfeln bemerkte die Stute das noch viel merkwürdigere Geschöpf am Boden, das vor einem Ameisenhügel hockte, erst spät. Es war kräftig gebaut und holte mit seinen muskulösen vorderen Gliedmaßen gerade aus, um mit schaufelartigen Klauen den Hügel zu zerlegen. Die in Panik geratene Ameisenkolonie ergoss sich über den mit verrottenden Blättern überzogenen Waldboden, und der Hügelzerstörer fing an, mit seiner schmalen, zahnlosen Schnauze die Ameisen aufzusaugen, wobei er sich mit seiner langen Zunge genüsslich die Lippen leckte. Ein solches Tier hatte die Stute noch nie gesehen. Dem Ameisengourmet standen in seltsamen Winkeln einzelne Haarbüschel vom Rücken ab, ansonsten war sein Körper in sich überlappende, v-förmige Schuppen gehüllt, die einen dicken, aber sehr beweglichen Schutzpanzer bildeten.

Die durcheinanderwuselnden Insekten lenkten die Stute so sehr ab, dass sie ihre Seerosengelüste für ein paar Minuten völlig vergaß. Diese Unaufmerksamkeit blieb von einem nächtlichen Jäger, der sie getarnt hinter Farnen mit scharfen roten Augen beobachtete, nicht unbemerkt. Der mungogroße Fleischfresser hatte ihren Geruch gewittert, und nun zitterten seine Schnurrhaare gierig in der Brise. Er hatte bereits mehrere Eidechsen und Frösche verzehrt, war aber immer noch hungrig. Die messerscharfen Backenzähne gewetzt für den nächsten Gang, wägte der Räuber seine Chancen ab. Das Schuppentier wäre sicher schmackhaft, aber sich durch den Panzer zu beißen war ein zu großer

Aufwand. Die runde Stute, die ihre Umgebung kaum wahrzunehmen schien, war sicher die bessere Wahl.

Als der Jäger mit gebleckten Zähnen aus dem Farn schoss, bemerkte er eine dritte mögliche Beute. Links der Stute stand noch ein Tier. Wie die Stute hatte es an Hufe erinnernde Klauen, anstatt an zwei jedoch an drei Zehen. Es stand auf seinen spindeldürren Beinen, verschlang verfaulte, mit Schimmel überzogene Früchte und schien ihn nicht zu bemerken. Dieses Geschöpf war noch ahnungsloser – und noch hilfloser – als die Stute. Im Bruchteil einer Sekunde entschied das Raubtier sich um und stürzte sich auf den kauenden Fruchtfresser. Die Stute, die die Bewegungen hörte, war wieder hellwach. Sie hatte noch einmal Glück gehabt und sah zu, dass sie weiterkam.

Wieder bei Sinnen, ihre Mutterinstinkte in Alarmbereitschaft, trabte die Stute weiter. Sie würde sich nicht noch einmal ablenken lassen, die Seerosen riefen. Nachdem sie durch eine Wiese aus hohem Heidekraut gestelzt war, wich die Dunkelheit ein paar Minuten später plötzlich schimmerndem Mondlicht. Der Wald lichtete sich, und vor ihr breitete sich der See aus.

Konzentrische Wellen kräuselten die nachtblaue Oberfläche und umspülten blühende Algen, die dem Wasser eine trübe Färbung verliehen. In der Tiefe schwammen Fische, die Luftblasen aufsteigen ließen, und immer wieder steckten Schildkröten die Köpfe aus dem Wasser, um nach Luft zu schnappen. Am Himmel über ihr zeichneten sich gegen den letzten Hauch eines orange glühenden Sonnenuntergangs die Silhouetten fliegender Tiere ab, deren lautes Kreischen die sich herabsenkende Nacht erfüllte. Einige waren eindeutig Vögel, aus der Familie der Nachtschwalben, die den umherflatternden Motten und Libellen hinterherjagten. Aber es gab auch andere Arten, zwischen deren Finger sich Flügel aus Haut spannten. Sie waren mit Fell bedeckt und stießen Utraschallklicklaute aus, während sie zwischen den Nachtschwalben durch die Luft zischten oder mit den scharfkantigen Höckern ihrer Molaren Käfer aufschlitzten.

Dann sah die Stute, wonach sie gesucht hatte. Im Licht des fast vollen Mondes, das über das Ufer tanzte, leuchteten die farbenprächtigen Blüten der Seerosen. Sie spürte ihr Junges gegen ihren knurrenden Magen treten und näherte sich vorsichtig dem Ufer. Sie hatte im Wald ihre Lektion gelernt und war auf der Hut vor Raubtieren. Aber im Wasser paddelten nur ein paar Krokodile, die zu weit weg waren, um eine Gefahr darzustellen. Etwas raschelte im Laub, aber nichts, wovor man sich hätte fürchten müssen. Das winzige, pelzige Tier war nur 30 Zentimeter lang und hatte stacheliges Fell auf Rücken und Flanken. Die Kreatur war ebenfalls für ein Abendessen ans Seeufer gekommen, allerdings stand ihr der Sinn eher nach Fisch als nach Blütenblättern.

Die Stute setzte die Hufe in den Uferschlamm und watete ins warme Wasser, bis sie in einem Seerosenfeld stand. Mit einem erleichterten Wiehern tat sie, wozu sie hergekommen war, und begann zu fressen. Zuerst knabberte sie nur an den schönsten Blüten, gab ihre Zurückhaltung jedoch schnell auf und verschlang, was ihr zwischen die Zähne kam – Blüten, Blätter, Stängel. Die Mahlzeit war die reinste Wonne, genau was eine werdende Mutter brauchte, um neues Leben zu gebären. Sie ahnte, dass die Zeit fast gekommen war. Mit gefülltem Magen wandte sie sich dem Ufer zu, um sich auf den Weg zurück in die Sicherheit der Herde zu machen.

Aber irgendetwas stimmte nicht. Bei ihrem ersten Schritt aus dem Wasser geriet sie ins Wanken. Ihre Hinterbeine sackten weg, und es setzte sie auf den Hintern. Irritiert versuchte sie aufzustehen, was ihr jedoch nicht gelang. Dann wurde ihr schwarz vor Augen. Gemeinsam mit ihrem ungeborenen Jungen versank die Stute im Algenpfuhl des Messelsees.

**Der eozäne Messelsee** war kein gewöhnlicher See. Er war bei einem Vulkanausbruch entstanden, als das hervorquellende Magma mit Grundwasser in Kontakt kam und die Dampfexplosion einen gewaltigen Krater hinterließ, den die Flüsse aus dem umgebenden Regenwald mit Wasser füllten. Im Laufe der Zeit wurde er tiefer, und es bildeten sich Ablagerungen. Hin und wieder fing der See ohne Vorwarnung an zu blubbern, und aus seinen anoxischen Tiefen stieg unsichtbares Gas auf. Manchmal waren es vulkanische Gase, manchmal Abbauprodukte der Bakterien und Algen. In jedem Fall waren sie aber so giftig, dass jedes Tier, das an der Oberfläche schwamm, sich am Ufer aufhielt, an Ästen über dem Wasser hing, über den See flog oder im Flachwasser Seerosen fraß, erstickte.

Hinterrücks zur Strecke gebracht von einem unsichtbaren Mörder, sanken die Tiere tot, ohne erkennbare Verletzungen, auf den Grund des trüben Sees, wo die unversehrten Kadaver von Schlamm überspült wurden und ohne den für die Zersetzung notwendigen Sauerstoff zu hervorragend erhaltenen Fossilien versteinerten – nicht nur zu fossilen Skeletten, sondern zu Fossilien, die aussehen wie echte Tiere, mit Fell, ihren letzten Mahlzeiten im Bauch und in manchen Fällen sogar ungeborenem Nachwuchs. Im Schiefer ist ihr gesamtes Ökosystem erhalten, durchdrungen vom Kerogen der Algen, die gemeinsam mit den Tieren auf den Seegrund sanken. Unter den Tausenden Messel-Fossilien findet man alles: Blüten und Insekten, Fische und Schildkröten, Eidechsen und Krokodile, Vögel und Säugetiere.

Obwohl sie in meiner Geschichte namenlos sind, konnten Sie die Spezies, über die ich schreibe, vielleicht identifizieren. Die Stute ist natürlich ein Pferd: eine sehr kleine Art namens *Eurohippus*, die einem heutigen Vollblüter gerade mal ein Stück über die Fesseln reichen würde. Aus Messel gibt es mehrere *Eurohippus*-Skelette, darunter eines mit einem zusammengerollten, gut entwickelten Fötus im Uterus, umschlossen von Resten der Plazenta, das aussieht wie ein Ultraschallbild. Der Pflanzenfresser mit dem buschigen Schwanz ist ein Nagetier namens *Ailuravus*, das ähnlich ausgesehen haben muss wie ein Eichhörnchen. Der andere Baumbewohner mit den opponierbaren Daumen war der Primate *Darwinius* – ein sehr früher Vorfahre von uns. Der Ameisengourmet heißt *Eomanis* und war eines der ersten bekannten Schuppentiere, die heute leider vom Aussterben bedroht sind, da ihre Schuppen in der asiatischen Medizin ein beliebter Wirkstoff sind. Dem Räuber gab man den Namen *Lesmesodon*. Seine Verwandtschaftsverhältnisse sind zwar noch nicht ganz geklärt, wahrscheinlich handelt es sich aber um einen primitiven Fleischfresser – ein Mitglied der Hunde- und Katzengruppe. Seine Beute, der langbeinige Fruchtfresser, ein *Messelobunodon*, war ein mit Kühen, Schafen und Wild verwandter Paarhufer mit einer geraden Anzahl von Zehen. Der Fischjäger mit dem stacheligen Fell war ein *Macrocranion* aus der Linie der Igel. Und die geflügelten Insektenfresser, die mithilfe eines Echolots über den See flatterten, waren natürlich Fledermäuse, von denen aus Messel gleich mehrere Arten bekannt sind. Sie sind die im Ölschiefer mit am häufigsten gefundenen Fossilien.

Diese Säugetiergemeinschaft weist deutlich mehr Spezies mit einer größeren Vielfalt an Lebensräumen, Ernährungsformen, Körperbautypen und Verhaltensweisen auf als die paläozäne Fauna New Mexicos oder jedes anderen paläozänen Ökosystems. So wie das Paläozän artenreicher war als die Kreide, war das Eozän noch

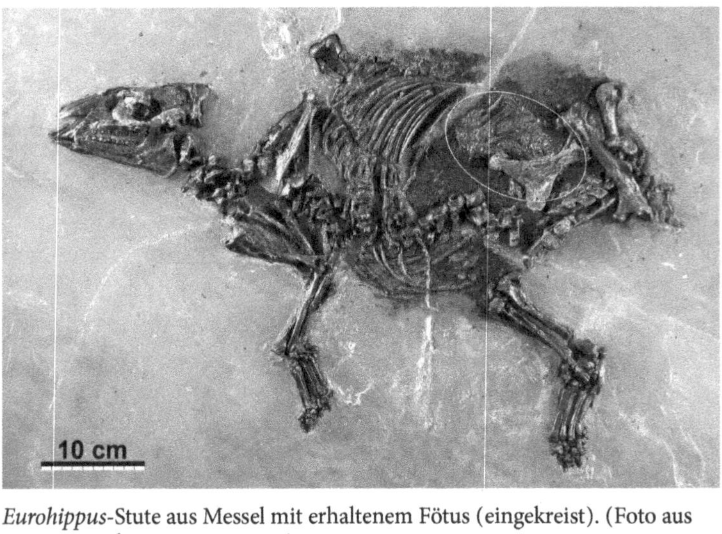


*Eurohippus*-Stute aus Messel mit erhaltenem Fötus (eingekreist). (Foto aus Franzen et al., 2015, *PLoS ONE*)

einmal artenreicher als das Paläozän. Darüber hinaus fallen an den Messelfossilien aber zwei Dinge ganz besonders auf.

Erstens sind alle Säugetiere in meiner Geschichte Plazentatiere. Es gab auch Metatheria im Messelurwald – Mitglieder des Beuteltierclans, aber sie spielten keine nennenswerte Rolle. Unter den Tausenden von Tierskeletten, die man aus dem urzeitlichen See barg, waren nur magere fünf Metatheria. Sie waren Allesfresser, die ihre Greifschwänze und kräftigen Füße dazu benutzten, sich wie ein Opossum an Äste zu hängen. Die Nagetiere und Primaten waren ihnen in den arborealen Nischen zahlenmäßig aber weit überlegen. Dies reflektiert auch den evolutionären Stand der Metatheria insgesamt. Nachdem sie durch das Massenaussterben am Ende der Kreidezeit einen herben Schlag erlitten hatten, konnten die Metatheria sich in Europa, Asien und Nordamerika noch einige wenige zehn Millionen Jahre halten, verschwanden dann aber von der nördlichen Hemisphäre. Ihr Erbe wurde allein durch die Ausbreitung nach Südamerika und Australien gerettet, wo sie sich wieder vermehren konnten – eine Geschichte, auf die wir später noch zurückkommen werden. Aber was war mit den Multituberculata, dieser in der Kreidezeit so dominanten und zahlreichen Gruppe, die das Massenaussterben überlebte und im Paläozän immer größer wurde? In Messel gibt es von ihnen nicht den Hauch einer Spur: nicht ein Skelett, nicht einen Kiefer, nicht einmal einen ihrer charakteristischen Legosteinmolaren. Als der Messelsee seine Schätze im Schlamm vergrub, waren die Multituberculata bereits im Aussterben begriffen, und am Ende des Eozäns, vor rund 34 Millionen Jahren, waren sie verschwunden.

Die zweite wichtige Besonderheit der Messelfauna ist, dass wir diese Plazentatiere wiedererkennen. Wir können sie in Untergruppen einordnen, die auch heute noch existieren. Unsere Heldin, die *Eurohippus*-Stute, ist ein Pferd. *Ailuravus* mit dem buschigen Schwanz ein Nagetier, *Darwinius* der Kletterermaxe ein Primate und so weiter. Bei den paläozänen Säugetieren der ersten zehn Millionen Jahre nach dem Aussterben der Dinosaurier ist

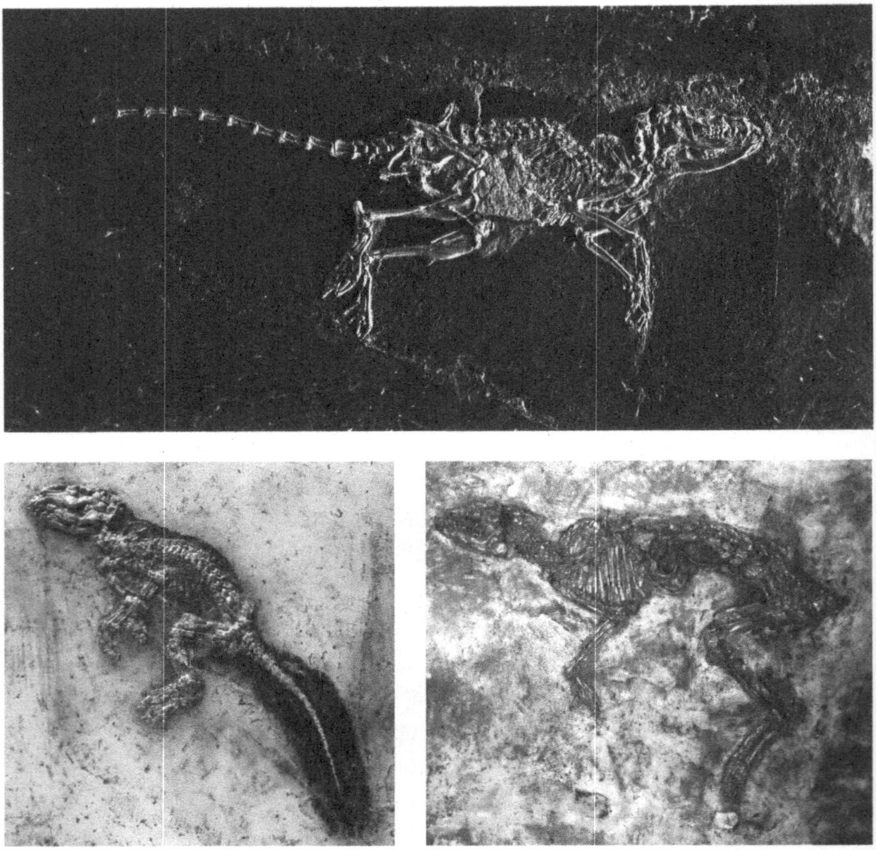

Säugetierfossilien aus der Grube Messel: *Macrocranion* (oben), *Lesmesodon* (unten links) und *Messelobunodon* (unten rechts). (Fotos: H. Zell, Norbert Micklich und Ghedoghedo)

das noch nicht der Fall. Wie Sie sich aus dem letzten Kapitel sicher erinnern, gab es in New Mexico im Paläozän zahlreiche Plazentatiere, die aber irgendwie merkwürdig und schwer zu kategorisieren waren. Was zur Hölle sind Condylarthra, Taeniodonta oder Pantodonta – die drei Schlüsselgruppen, die nur wenige Hunderttausend Jahre nach dem Asteroiden das Zeitalter der Säugetiere einläuteten? Sie weisen keine offensichtlichen

Merkmale heutiger Plazentatiere auf, wie die langen Schneidezähne der Nagetiere oder die opponierbaren Daumen der Primaten. Stattdessen scheinen ihre Merkmale eher allgemein zu sein und so primitiv, dass sie oft als »Ur«-Plazentatiere abgetan werden. Seit der Entdeckung erster Fossilien in den späten 1880er-Jahren versuchten Edward Cope und Legionen von Paläontologen fast schon verzweifelt, ihnen einen Platz auf dem Stammbaum der Säugetiere zuzuweisen.

Bereits seit über einem Jahrhundert zeichnen Wissenschaftler Säugetierstammbäume, wobei der heutige Konsens auf George Gaylord Simpsons bahnbrechendes Klassifikationsschema aus dem Jahr 1945 zurückgeht, das er mit einem 350-seitigen Manifest untermauerte. Simpson war einer der bedeutendsten Paläontologen des 20. Jahrhunderts, der den Fossilien ihren festen Platz am Tisch der Evolutionsbiologie sicherte, indem er zeigte, dass frühere Spezies denselben Gesetzen natürlicher Selektion unterworfen waren, die auch heute noch greifen.

Weil Simpson ein Mann mit Autorität war, blieb sein Säugetierstammbaum jahrzehntelang unangefochten. Erst 1992 brachte einer seiner Nachfolger am American Museum of Natural History – Mike Novacek, den wir bereits beim Sammeln kreidezeitlicher Fossilien in der Wüste Gobi getroffen haben – ihn auf den neuesten Stand. Im Großen und Ganzen war Novaceks Stammbaum dem Simpsons sehr ähnlich. Eierlegende Kloakentiere wie das Schnabeltier waren die primitivsten Säugetiere, gefolgt von Beutel- und Plazentatieren. Bei den Plazentatieren waren Elefanten in einer Gruppe mit den unpaarhufigen Pferden und den paarhufigen Rindern. Fledermäuse waren nahe bei den Primaten, mit denen sie sich zu einer Kongregation von Baumbewohnern mit großen Gehirnen zusammenschlossen, die Ameisen schlürfenden Schuppentiere waren bei den Ameisenbären und Faultieren, und es gab eine große Gruppe von Insektivoren, der man die vielen kleinen, schnell wachsenden Nager aus der ganzen Welt zuordnete. Die meisten dieser Verwandtschaften erschienen intuitiv sinnvoll, da Novaceks Stammbaum genau wie Simpsons sich auf die Anatomie stützte. Säugetiere, die dieselben anatomischen Merkmale aufwiesen – wie beispielsweise Hufe oder Molaren mit spitzen Höckern, um Insekten aufzuschlitzen –, steckte man in eine Gruppe. Es erschien absolut logisch. Die Evolution gestaltete die Körper der Säugetiere nach den Regeln der natürlichen Auslese. Wenn also mehrere Arten Hufe hatten, war das ein Zeichen für gemeinsame Vorfahren.

Dieser Ansatz birgt jedoch ein ernst zu nehmendes Problem: die evolutionäre Konvergenz. Zwei Organismen können unabhängig voneinander dasselbe Merkmal entwickeln, wenn sie demselben Druck durch ihre Umgebung ausgesetzt sind. Nehmen wir zum Beispiel Hufe. Es gibt keinen Grund, weshalb Hufe sich nur einmal, bei einem gemeinsamen Vorfahren aller heute lebenden Huftiere entwickelt haben sollten. Waren verschiedene – nur weitläufig verwandte – Arten gezwungen, schnell zu laufen, um im offenen Gelände zu überleben, könnten sie sich auch mehrmals entwickelt haben. Dasselbe gilt für Molaren mit spitzen Höckern. Vielleicht fanden mehrere Säugetiergruppen Geschmack an Insekten, und die Evolution tat für alle das ihre und stellte Zähne zur Verfügung, die gut geeignet waren, um Insektenpanzer zu knacken. Die Form folgt der Funktion – daher sahen sich die Zähne sehr ähnlich, obwohl sie Produkte separater evolutionärer Errungenschaften waren. Der Fehler, aus diesen ähnlich aussehenden Molaren auf eng verwandte Vorfahren zu schließen, obwohl tatsächlich nur Ernährung und Lebensräume sich ähnelten, liegt nahe. Simpson und Novacek kannten das Problem, hatten aber nicht die Möglichkeiten, zu unterscheiden, wo es sich um gewöhnliche Abstammung und wo um Konvergenz handelte.

Hier kam die DNA zu Hilfe, aber erst in den 1990er-Jahren. Es war die Ära des Humangenomprojekts – einer der größten Erfolge in der Geschichte der Wissenschaft –, das unseren genetischen Code entschlüsselte und damit auch die gemeinsame Basis der Menschheit beleuchtete. DNA-Abdrücke wurden in jener Zeit zu einer beliebten Technik in der Strafverfolgung, dank derer viele Verbrecher hinter Gittern landeten. Hinter dem Ganzen steckte eine verbesserte Technologie zur Sequenzierung der Genome. Einfach ausgedrückt, musste man menschliches Gewebe nur noch in eine Maschine stecken, die mittels chemischer Reaktionen die Komponenten eines Genstrangs las, welche mit den Buchstaben A, C, T und G bezeichnet werden. Dieselbe Technik konnte auch auf tierisches Gewebe angewendet werden, und so dauerte es nicht lange, bis die Biologen haufenweise neue Beweise hatten, auf die sie ihre Stammbäume stützen konnten.

Man kann sich A, C, T und G wie charakteristische Merkmale vorstellen – das molekulare Äquivalent zu Hufen oder scharfkantigen Molaren. Sequenziert man das Erbgut mehrerer Tiere, vergleicht die Ergebnisse und gruppiert Arten mit den größten Ähnlichkeiten in der DNA zusammen, erhält man einen Stammbaum. In der Praxis heißt das, die Arten werden basierend auf Mutationen in der DNA in Gruppen einordnet, je nachdem, ob eine bestimmte Mutation vorhanden ist oder nicht. Jede Mutation ist ein eigenständiger evolutionärer Schritt, genau wie die Entwicklung von Hufen oder besonderen Zähnen. Wie bei anatomischen Merkmalen kann es auch bei der DNA zu konvergenten Entwicklungen kommen. Das Problem ist dort aber nicht ganz so akut, da in der DNA potenziell Milliarden Basenpaare zum Abgleich vorhanden sind, sodass ein paar konvergente Mutationen leicht herausgefiltert werden können. Hinzu kommt, dass die DNA Fälle anatomischer Konvergenz aufdecken kann: Wenn zwei Tiere unabhängig voneinander Hufe entwickeln, dann tun sie das mit hoher Wahrscheinlichkeit auf unterschiedlichen genetischen Wegen, so wie zwei Historiker unterschiedliche Worte benutzen würden, um dieselbe Person – sagen wir mal Charles Darwin – zu beschreiben.

Endlich hatten die Paläontologen also ein Mittel, um festzustellen, ob ein von zwei Arten geteiltes anatomisches Merkmal auf eine gemeinsame Abstammung zurückzuführen war – und damit zur Erstellung eines Stammbaums taugte – oder ob es sich um eine irreführende Konvergenz handelte. Und was noch besser war, gemeinsam mit Molekularbiologen konnten Paläontologen Stammbäume erstellen, die allein auf der DNA basierten, und so die Probleme der Anatomie vollständig umgehen.

Als in den 1990er- und frühen 2000er-Jahren der Molekularbiologe Mark Springer und sein Netzwerk aus Mitarbeitern die ersten DNA-basierten Säugetierstammbäume veröffentlichten, war das ein Schock für die Paläontologen. Viele der von Simpson festgestellten Verwandtschaftsverhältnisse unter Plazentatieren entpuppten sich als anatomische Konvergenzen. Die Gene brachten ans Licht, dass die Schuppentiere gar keine nahen Verwandten der Ameisenbären und Faultiere waren, sondern zur Gruppe der Hunde und Katzen zählten. Genauso wie Fledermäuse nicht mit den Primaten verwandt waren, sondern einer größeren Gruppe angehörten, die neben Hunden, Katzen und Schuppentieren auch Unpaarhufer (wie Pferde) und Paarhufer (wie Rinder) miteinschloss. Zusätzlich zu diesen beiden letzten Gruppen findet man verstreut auf dem gesamten Säugetierstammbaum auch noch andere Spezies, die die Hufe schwingen – wie beispielsweise die niedlichen kleinen Schliefer, die der Gruppe der Elefanten zugeordnet werden. Hufe haben sich also tatsächlich mehrfach entwickelt, verglichen mit der irrsinnigen Konvergenz der Insektenfresser, ist das aber noch gar nichts. Was Simpson und Novacek einst für eine einzige Gruppe hielten, war über den kompletten DNA-Baum verteilt. Ein paar davon, zum Beispiel Goldmulle und Tenreks, sind eng verwandt mit Schliefern und Elefanten – eine äußerst ungewöhnliche Verwandtschaft, die aufgrund der Anatomie sicher niemand vermutet hätte. Insektivore – die Nahrung besteht ausschließlich oder großteils aus Insekten – und die Molaren, die diese ermöglichen, wurden demnach mehrfach und von zahlreichen Säugetierlinien entwickelt.

Springers Stammbaum hat den von Simpson mittlerweile als Standard ersetzt. Auf ihm teilen sich die Plazentatiere in vier Hauptgruppen. An der Basis zweigen zwei Linien vom Stamm ab, einmal die unerwartete Gruppe aus Goldmullen, Tenreks, Schliefern und Elefanten plus Erdferkeln und Seekühen. Diese Gruppe bezeichnet man als Afrotheria, da die meisten dieser Tiere heute in Afrika zu Hause sind, und das – wie Fossilienfunde belegen – schon seit geraumer Zeit. Die zweite Gruppe, die sich bereits früh abspaltet, ist die der Xenarthra oder Nebengelenktiere. Sie umfasst hauptsächlich südamerikanische Arten wie das Faultier, den Ameisenbär und das Gürteltier. Die Baumkrone bilden zwei weitverzweigte Gruppen nördlicher Spezies, die in Europa, Nordamerika und Asien weitverbreitet sind, vereinzelt aber auch südlich des Äquators vorkommen. Eine Gruppe wird als Laurasiatheria bezeichnet – bei ihnen handelt es sich um eine Clique aus Hunden, Katzen, Schuppentieren, Paarhufern und Unpaarhufern sowie Walen und Fledermäusen. Die zweite Gruppe sind die Euarchontoglires, zu denen auch wir zählen, nebst unseren Verwandten, den Primaten, sowie Hasen und Nagetieren.

Alles in allem reflektiert dieser Stammbaum eher geografische Aspekte als anatomische oder ökologische. Die Evolution der wichtigsten Untergruppen der Plazentatiere fand weitgehend auf isolierten Kontinenten oder Landmassen statt, dennoch entwickelten sie konvergente Ernährungsweisen und Lebensformen. Das legt nahe, dass die Untergruppen sich bereits trennten, als die Kontinente noch näher beieinanderlagen – also bevor Afrotheria und Xenartha durch das Auseinanderdriften der Kontinente in Afrika beziehungsweise Südamerika isoliert waren. Die nördlichen Gruppen konnten sich über die Landbrücken, die seit der Kreide Nordamerika, Europa und Asien immer wieder verbanden, frei bewegen. Dieses generelle Verbreitungsmuster wurde gelegentlich unterbrochen von Ereignissen, bei denen es ein paar Afrotheria (wie Seekühe und Mammuts) und Xenarthra (wie das Gürteltier) in den Norden verschlug und nördliche Arten wie Primaten und Nagetiere in den Süden. Auf die geografische Verbreitung und deren erkennbare Muster werden wir in den verbleibenden Kapiteln noch mehrfach zurückkommen.

Falls die geografische Struktur, die sich in Springers Stammbaum abzeichnete, die Paläontologen nicht überraschte, versetzte sie eine andere Schlussfolgerung in Erstaunen, die aus der DNA gezogen werden musste. Wie im ersten Kapitel im Zusammenhang mit der Abspaltung der Säugetierlinie von der Reptilienlinie in den pennsylvanischen Kohlesümpfen bereits erwähnt, dient die DNA auch einer zeitlichen Einordnung. Listet man die DNA zweier Spezies auf und zählt die Unterschiede, lässt sich daran ablesen, wann diese Arten ihren letzten gemeinsamen Vorfahren hatten (vorausgesetzt man weiß, wie schnell sich DNA-Mutationen normalerweise ansammeln, was anhand von Laborexperimenten oder auch mithilfe anderer Techniken festgestellt werden kann). Das Ganze ist vergleichbar mit einer Rechenaufgabe in der Grundschule: Wenn Jack und Jill 500 Kilometer voneinander entfernt sind und wir wissen, dass sie sich mit einer Geschwindigkeit von 100 Kilometern in der Woche auseinanderbewegen, dann müssen sich ihre Wege vor genau 5 Wochen getrennt haben. Als Springers Team diese Gleichung auf seinen DNA-Stammbaum anwandte, folgte ein weiterer Schock: Viele der modernen Plazentatierlinien – nicht nur Überordnungen wie Afrotheria und Laurasiatheria, sondern auch individuelle Linien wie die der Primaten oder Nagetiere – müssen bereits in der Kreide oder Anfang des Paläozäns entstanden sein. In vielen Fällen ist das lange bevor ihre Fossilien auftauchen, was auf eine lange, nicht überlieferte Vergangenheit hinweist.

Daraus ergibt sich ein faszinierender Verdacht: Könnte es sich bei ein paar der paläozänen »Ur«-Plazentatiere, wie Condylarthra, Taeniodonta oder Pantodonta, um die vermissten Fossilien aus den geheimnisumwobenen Anfängen der modernen Gruppen handeln? Konnten wir sie bisher nur noch nicht mit den modernen Gruppen in Verbindung bringen, weil sie die charakteristischen anatomischen Merkmale, die diese heute definieren, noch nicht entwickelt hatten? Die Idee ist nicht neu. Seit Cope spekulieren Paläontologen immer wieder in diese Richtung, und tatsächlich gibt es ernst zu nehmende Hinweise, dass einige Condylarthra frühe Mitglieder der Linie der Paar- und Unpaarhufer waren, und ein paar der Säuger, die sich kurz nach dem Asteroideneinschlag am Ende der Kreidezeit von Ast zu Ast schwangen, Urprimaten. Unser größtes Handicap ist, dass wir von Fossilien in der Regel nur die Anatomie einer Art kennen, und die ist, wie wir gesehen haben, häufig irreführend. Eine DNA-Probe dieser bizarren paläozänen Arten würde die Sache genauso schnell und eindeutig klären wie ein Vaterschaftstest – noch etwas, das die DNA-Revolution der 1990er möglich machte.

Es gibt noch viel zu tun, um einen wirklich umfassenden Stammbaum erstellen zu können – insbesondere was das Zusammenführen anatomischer Erkenntnisse fossiler Arten mit der Anatomie und DNA heutiger Spezies anbelangt. An diesem großen Projekt arbeitet mein Labor derzeit. Nach mehreren Anträgen erhielt es schließlich einen Zuschuss vom Europäischen Forschungsrat zur Erstellung eines Stammbaums, in den auch die paläozänen »Urspezies« eingeordnet werden sollen. Hierfür haben wir ein hervorragendes Team aus meinen New-Mexico-Mitstreitern Sarah Shelley und Tom Williamson, der Expertin für Säugetiergehirne Ornella Bertrand, John Wible, Spezialist für Säugetieranatomie (und einer meiner Lieblingsmentoren) sowie viele herausragende Doktoranden und Doktorandinnen zusammengestellt, das Sie auf dem Foto weiter unten bewundern können. Während ich das hier schreibe, weiß ich noch nicht, was wir herausfinden werden, aber wenn irgendjemand dieses Rätsel lösen kann, dann wir.

Mit Sicherheit können wir jedoch sagen, dass alle wichtigen modernen Plazentatiergruppen bereits vertreten und viele von ihnen weitverbreitet waren, als der Messelsee seine Opfer im Eozän unter Schlamm begrub. Die urzeitliche Tierwelt modernisierte sich demnach mit dem Übergang vom Paläozän zum Eozän, und wieder einmal waren der Auslöser einschneidende Veränderungen in der Umwelt.

**Im Paläozän war die Welt ein Treibhaus.** Die »Ur«-Plazentatiere aus New Mexico lebten im Regenwald, in einem üppig grünen Biom, das mit der ausgedörrten Landschaft, die diese Gegend heute prägt, nichts gemein hatte. Damals waren die mittleren Breitengrade mit subtropischen Wäldern überzogen, zusammengesetzt aus den neuen, blühenden Baumarten, die sich nach dem Asteroideneinschlag entwickelt hatten. In den hohen Breiten, die damals eisfrei und ebenfalls bewaldet waren, herrschte ein gemäßigtes Klima. Krokodile aalten sich in der Sonne, und das bisschen Schnee, das es noch gab, beschränkte sich auf die Gipfel der allerhöchsten Gebirge – wie die sich auffaltenden Rocky Mountains. Das alles war dem hohen Kohlendioxidgehalt in der Atmosphäre geschuldet, der die Erde aufheizte.

Vor rund 56 Millionen Jahren – Ende des Paläozäns, Anfang des Eozäns – wurde es im Treibhaus dann sogar noch heißer, als noch mehr Kohlendioxid die Luft schwängerte und die Temperaturen global um zwischen 5 und 8 °C anstiegen. In der Arktis schoss die Durchschnittstemperatur auf 25 °C in die Höhe, sodass Krokodile und Schildkröten nun *oberhalb* des Polarkreises im Schatten der Palmen herumlungerten. In den Äquatorgebieten herrschten glühend heiße 40 °C, die große Flachwassergebiete in Todeszonen verwandelten, in denen ein Überleben kaum – oder gar nicht mehr – möglich war. Weder vor noch nach dem Asteroideneinschlag war es auf der Erde je so heiß. Das alles passierte sehr schnell: Der hohe Kohlendioxidgehalt hielt höchstens 20 000 Jahre an, und die globale Erderwärmung erreichte ihren Höhepunkt innerhalb von nur 200 000 Jahren und klang dann wieder ab. Doch das genügte, um Lebensräume auf der ganzen Welt zu zerstören und der Evolution der Säugetiere eine andere Richtung zu geben.

Diese kurzzeitige Klimaveränderung, das sogenannte Paläozän/Eozän-Temperaturmaximum (PETM), ist in der Geologie *das* Beispiel für globale Erderwärmung. Es wurde schon von Hunderten Wissenschaftlern untersucht, weil sie hofften, den derzeitigen Klimawandel besser zu verstehen und vorhersagen zu können, wie die Erde reagieren wird. Aber auch wenn das PETM zweifellos die passendste urzeitliche Parallele zu unserem heutigen Dilemma ist, die Ursachen waren andere. Denn während die

Mein an einem neuen Säugetierstammbaum arbeitendes Team aus Studierenden, Kolleginnen und Kollegen. Hinten: Hans Püschel, Sarah Shelley, Sofia Holpin, Paige dePolo, Zoi Kynigopoulou, Tom Williamson. Vorne: Jan Janecka, ich und John Wible (mit seinem Lieblingsschuppentier). (Foto mit freundlicher Genehmigung von Steve Brusatte)

moderne Erderwärmung, angeheizt durch das bei der Verbrennung von Öl und Gas entstehende Kohlendioxid, auf unsere Kappe geht, war das PETM wie so viele prähistorische Hitzewellen das Werk von Vulkanen.

Während Sie das hier lesen, bahnt sich unter dem Atlantik Magma einen Weg durch Mantel und Erdkruste. Sobald es auf das kühle Meerwasser trifft, verhärtet es sich zu Basalt, und dieser immer weiter anwachsende Basaltklumpen hat nicht nur einen Namen – Island –, sondern markiert auch exakt die Stelle, an der sich im späten Paläozän Europa und Nordamerika trennten. Zunächst war Grönland noch mit Europa verbunden, dann baute sich aus Magma eine Plume auf, welche die beiden Landmassen auseinandertrieb und den nordatlantischen Korridor öffnete – eine der letzten Stufen des Zerfalls der Pangäa, der vor rund

140 Millionen Jahre einsetzte, als die ersten Säugetiere über den Planeten huschten.

Auf seinem Weg durch die Kruste an die Oberfläche verteilte sich das Magma auf Tausende horizontale Schichten, sogenannte Lagergänge, in denen alle organischen Materialien buchstäblich verbrannten. Wie bei einem Verbrennungsmotor entstanden dabei Treibhausgase: Kohlendioxid und das noch wirkungsvollere Methan. Trillionen Tonnen von Kohlenstoff gelangten in die Atmosphäre, wodurch der Anteil an Kohlendioxid gegenüber dem ohnehin schon brütend heißen Paläozän um das Doppelte bis Achtfache anstieg. Die Temperaturen schossen in die Höhe und hinterließen ihre verräterischen chemischen Fingerabdrücke im Gestein: einen deutlichen Abfall des schweren Sauerstoffisotops $^{18}O$, das mehr Neutronen aufweist als das leichtere $^{16}O$-Isotop. Aus Laborversuchen wissen wir, dass das Verhältnis dieser beiden Isotope als »Paläothermometer« funktioniert – und an der Paläozän-Eozän-Grenze misst es einen Temperaturanstieg zwischen 5 und 8 °C.

Eine so krasse globale Erwärmung hatte tiefgreifende Auswirkungen auf alle Ökosysteme und Säugetiere, die sich am besten im Bighorn Basin untersuchen lassen, dem größten, die Paläozän-Eozän-Grenze einschließenden Fossilienvorkommen weltweit. Das Bighorn Basin befindet sich im Norden des US-Bundesstaats Wyoming, westlich der imposanten Bighorn Mountains, die Touristen auf ihrem Weg in den Yellowstone-Nationalpark überqueren. Philip Gingerich und eine Schar von Studierenden, Kolleginnen und Kollegen – darunter Ken Rose, Jon Bloch, Amy Chew und Ross Secord – haben dort die Skelette, Kiefer und Zähne Tausender Säugetiere ausgegraben, die das PETM überdauert haben, und sich mit der Dokumentation dieser Fossilien einen Namen gemacht.

Heute sind dort Badlands, aber während des PETM war das Bighorn Basin ein feuchter grüner Wald, ähnlich dem im paläozänen New Mexico. Vor dem Temperaturanstieg waren diese Wälder ein artenreicher Mix aus immergrünen Koniferen und

Angiospermen wie Ulmen, Walnuss- und Lorbeerbäumen. Dann begannen die isländischen Vulkane, Kohlendioxid zu rülpsen, der Planet erwärmte sich, und im Wyoming des frühen Eozäns wurde es trockener. Die Koniferen gingen ein, und an ihre Stelle traten Baumarten, die der Hitze besser standhielten, insbesondere aus der Familie der Trompetenbaumgewächse, die sich über Strecken zwischen 600 und 1500 Kilometer aus den Tropen in den Norden ausbreiteten. Dann versiegten die Magmaströme wieder zu den Rinnsalen, die auch heute noch die isländischen Geysire befeuern und mit Aschewolken den Flugverkehr lahmlegen. Die ausgespuckte Kohlenstoffmenge verringerte sich stark. Die Temperaturen stabilisierten sich. Es fing wieder an zu regnen, und mit dem Regen kehrten auch die Koniferen zurück.

Dieser 200 000 Jahre währende Umsturz – die Temperaturschwankungen, die veränderte Vegetation, die Trockenheit und die Rückkehr des Regens – brachte eine völlig neue Säugetiergemeinschaft hervor. Im paläozänen Wyoming dominieren ähnlich wie im paläozänen New Mexico die »Ur«-Plazentatiere. Sie vermehrten sich in einer Phase, in der eine veränderte Kohlenstoffzusammensetzung des Gesteins den einsetzenden Vulkanismus anzeigt. Dann, in den 10 000 bis 27 000 Jahren danach, in denen die Sauerstoffanteile im Gestein die Spitze der Erwärmung dokumentieren, tauchen im Bighorn Basin plötzlich zig neue Säugetierarten auf. Die bedeutendsten dieser Arten waren die ersten Exemplare von drei modernen Gruppen, die wir heute als PETM-Trio bezeichnen: Primaten, paarhufige Artiodactyla und unpaarhufige Perissodactyla.

Dieses Trio tauchte zeitgleich in Europa und in Asien auf. Ganz offensichtlich hatte das PETM eine Massenmigration ausgelöst, aber da das fossile Trio sehr plötzlich – wie ein Schwarm Heuschrecken – in Erscheinung trat, ist schwer zu sagen, wie genau es sich ausbreitete. Sind die Arten in Asien entstanden und von dort nach Europa und Nordamerika gewandert? Oder ging die Wanderung in die umgekehrte Richtung? Oder nahmen sie eine völlig andere Route? Vielleicht haben sie sich schon viel früher entwickelt, aus »Ur«-Plazentatieren wie den New-Mexico-Condylartha, waren aber auf ein isoliertes Tal oder Gebirge beschränkt, bevor das wärmere Klima es ihnen ermöglichte, auszubrechen und sich über die polaren Korridore nach Norden auszubreiten. Vielleicht haben sie sich auch während der PETM-Phase selbst entwickelt, eine Laune der Evolution, beschleunigt durch die höheren Temperaturen und Umweltveränderungen. Noch sind wir uns nicht sicher. Mit absoluter Sicherheit können wir nur sagen, dass alles sehr schnell gegangen ist und dass bei Nachlassen der Vulkantätigkeit drei der bekanntesten modernen Säugetierarten weit über die nördlichen Kontinente verbreitet waren.

Die Ankunft des PETM-Trios brachte allerorts große Veränderungen mit sich. Im Bighorn Basin nahmen die Neuankömmlinge die Wälder in Beschlag und stellten fast sofort ungefähr die Hälfte aller Individuen des Ökosystems. Auch ihre eigenen Sitten und Gebräuche schleppten sie ein. Sie waren im Durchschnitt größer als die einheimischen Arten, und ihre Ernährungsweisen unterteilten sich im Vergleich zu den omnivoren und insektivoren Gaumen der Einheimischen in spezifische Kategorien wie Blätterfresser, Früchtefresser und Fleischfresser.

Auch mit neuen Formen der Anpassung konnten die Migranten aufwarten. Die ersten Primaten aus Wyoming, *Teilhardina*, hatten große Augen, Finger- und Zehennägel, um nach Ästen zu greifen, und biegsame Gelenke, die es ihnen ermöglichten, sich elegant durchs Blätterdach zu hangeln. Die frühesten Paarhufer, *Diacodexis*, sahen aus wie Rehe, waren aber nicht größer als Hasen – und wie dafür gemacht, sich schnell fortzubewegen. Ihre in Hufen endenden Gliedmaßen waren lang und dünn, und der wichtigste Fußgelenkknochen, das Sprungbein, hatte an den Enden jeweils eine tiefe Mulde, die sicherstellte, dass der Fuß sich nach vorne strecken und abwinkeln konnte, ohne seitlich auszuweichen. Diese beiden Gelenkrollen sind auch ein Alleinstellungsmerkmal heutiger Paarhufer – von Kühen bis zu Kamelen – und ermöglichen diesen Tieren, sehr schnell zu laufen, ohne sich die Knöchel zu verstauchen. Der Wegbereiter der Unpaarhufer, ein winziges Pferd namens *Sifrhippus*, war auch schnell, hatte aber eine andere Technik. Es hatte ebenfalls Hufe an den langen Gliedmaßen, Schulter- und Hüftgelenke waren jedoch flexibler, was es manövrierfähiger machte, wenn es durch das dichte Unterholz galoppierte – wie seine nahe Verwandte, die *Eurohippus*-Stute aus Messel, die etwas später, nach der großen Hitzewelle, im Eozän lebte. Alles in allem hatten die eingewanderten Arten zudem größere Gehirne als die im Vergleich dazu eher minderbemittelten paläozänen »Ur«-Plazentatiere.

Mit vielen der immigrierten Spezies – und auch mit ein paar der einheimischen Arten – geschah jedoch etwas Merkwürdiges, während sie der globalen Erwärmung trotzten: Sie verzwergten. Und als es wieder kühler wurde, wuchsen sie wieder. Phil Gingerich war der Erste, dem das auffiel, und einer seiner Studenten, Ross Secord, fand heraus, warum das so war. Heute Professor an der Universität von Nebraska, ist Ross Mitglied unseres Feldteams in New Mexico. Ich habe großen Respekt vor ihm, er ist einer der wenigen Paläontologen, die sich sowohl bis ins kleinste Detail mit der Anatomie der Säugetiere auskennen als auch in der Lage sind, die Kohlenstoff- und Sauerstoffisotope im Gestein zu lesen. Dadurch kann er alte Säugetierarten in einen ökologischen Kontext stellen und verstehen, wie Temperatur- und Klimaveränderungen ihre Entwicklung beeinflussten.

In einer bahnbrechenden Studie aus dem Jahr 2012 nahm Ross die Säugetierfossilien des Bighorn Basins genauer unter die Lupe und fand heraus, dass circa 40 Prozent der paläozänen einheimischen Arten während des PETM verzwergten, die meisten sich danach jedoch aufrappelten und wieder größer wurden. Noch frappierender war die Entwicklung der eingewanderten Arten, insbesondere die des Minipferds *Sifrhippus*. Die ersten Siedlerpferde kamen ins Bighorn Basin, als die Vulkane gerade anfingen, Kohlenstoff auszuspucken, und mit durchschnittlichen 5,6 Kilo waren sie schon da ziemlich klein. Dann stiegen die Temperaturen, und die Pferde wurden noch kleiner. Sie schrumpften um 30 Prozent auf ein erbärmliches Durchschnittsgewicht von 3,9 Kilo, was sie zu den winzigsten Pferden macht, die je existierten. Ungefähr 130 000 Jahre lang blieben sie so klein, dann legten sie, als das Klima wieder angenehmer wurde, rasant zu auf durchschnittliche 7 Kilo, was in etwa 75 Prozent Zunahme entspricht. Misst man die Sauerstoffisotope im Gestein, zeigt das Paläothermometer, dass Größenentwicklung und Temperaturentwicklung nahezu perfekt zueinanderpassen. Je heißer es auf der Erde wurde, umso kleiner wurden die Pferde, und als es dann abkühlte, wuchsen sie wieder.

Etwas ganz Ähnliches lässt sich auch heute beobachten, allerdings in einem räumlichen anstelle eines zeitlichen Zusammenhangs. Tiere, die in warmen Regionen leben, sind häufig kleiner als ihre zeitgenössischen Artgenossen in kühleren Gebieten – ein ökologisches Prinzip, das sich Bergmannsche Regel nennt. Die Gründe hierfür sind noch nicht ganz geklärt, teilweise liegt es aber wohl daran, dass kleine Tiere im Verhältnis zu ihrem Volumen eine größere Oberfläche haben als kräftigere Tiere und so überschüssige Wärme besser abgeben können. Das Spannende an Ross' Entdeckung ist, dass wir mit den derzeit steigenden Temperaturen davon ausgehen können, dass viele Säugetiere schrumpfen werden. Und der Mensch womöglich auch. Schließlich sind auch wir Säugetiere und einem ähnlichen ökologischen und evolutionären Druck ausgesetzt wie die Minipferde und unsere Verwandten, die Primaten aus dem PETM-Trio. Und es wäre nicht das erste Mal, dass die Menschen verzwergen, wie wir später noch sehen werden.

Während das Trio Wyoming kolonisierte und seine Körpergröße an die schwankenden Temperaturen anpasste, kam es in den Wäldern des Bighorn Basin zu einem nie da gewesenen Artenreichtum. Und das blieb auch so, denn die Einwanderer bevölkerten das Gebiet, ohne die Einheimischen zu verdrängen. »Ur«-Plazentatiere wie Condylarthra, Taeniodonta oder Pantodonta lebten über zehn Millionen Jahre lang Seite an Seite mit den neuen Spezies. Paradoxerweise hat die globale Erderwärmung des PETM – im Gegensatz zu den von Vulkanen ausgelösten Klimaveränderungen am Ende des Perms und der Trias – kein Massenaussterben verursacht. Aber auch die PETM-Migration hatte Folgen, wenngleich diese erst nach und nach spürbar wurden. So überlebten die »Ur«-Plazentatiere zwar noch eine Weile, aber ihr Todesurteil war gesprochen. Die Zukunft gehörte den Affen, Rindern und Pferden.

Im verbleibenden Eozän waren es die Pferde und ihre unpaarhufigen Verwandten, die sich ausbreiteten und immer artenreicher wurden. Heute sind die Unpaarhufer im Vergleich zu ihren paarhufigen Cousins eine verschwindend kleine Gruppe – es gibt keine 20 Spezies von unpaarhufigen Pferden, Nashörnern und Tapiren. Die Paarhufer – Rinder, Kamele, Wild, Schweine und Wale (die sich aus an Land lebenden Artiodactyla entwickelten, wie wir im nächsten Kapitel noch erfahren werden) – zählen hingegen fast 300 Arten. Obwohl die beiden Gruppen über ihre Hufe definiert werden, unterscheiden sie sich auch durch ihre Verdauung. Unpaarhufer sind Blinddarmfermentierer, die das Pflanzenmaterial erst im Darm zersetzen, nachdem es den Magen bereits passiert hat. Das ist auch bei uns Menschen und den meisten anderen Säugetieren so. Die Mehrzahl der Paarhufer leistet die Verdauungsarbeit in ihren komplexen, aus vier Kammern bestehenden Mägen. Das ist auch der Grund, weshalb Rinder wiederkäuen: Sie schlucken die Nahrung, zersetzen sie in den ersten beiden Magenkammern, würgen sie dann wieder hoch und kauen sie noch einmal, bevor sie sie durch den kompletten Magen schicken. So gewinnen sie aus jedem Hälmchen, das sie fressen, das Maximum an Nährstoffen – eine clevere Methode, wenn man sich von hartem, minderwertigem Grünzeug wie Gräsern ernährt. Graslandschaften sollten sich jedoch erst sehr viel später ausbreiten. Das Eozän war ein Zeitalter der Wälder, und in einer solchen Welt, in der es Früchte und Blätter im Überfluss gab, konnten die Unpaarhufer prächtig gedeihen.

Im Eozän fiel der Startschuss für Pferde, Nashörner und Tapire, die bemerkenswertesten Paarhufer jener Zeit waren jedoch zwei heute ausgestorbene Gruppen, fantastische Geschöpfe mit gewaltigen Körpern, die bis heute unsere Fantasie anregen. Die eine Gruppe, die Brontotheria, überlebte das Eozän leider nicht. Die andere, die Chalicotheria oder Krallentiere, hielt länger durch. Sie lebten bis vor weniger als einer Million Jahren in Afrika, wo sie wahrscheinlich noch unseren homininen Vorfahren begegneten – und von diesen gejagt wurden.

Brontotheria – Donnerhuftiere – waren die größten Säugetiere des Eozäns und die ersten, die ernsthaft versuchten, es den Saurierkolossen vergangener Zeiten gleichzutun. Der Name kann auf zwei Arten gedeutet werden. Zum einen bebte wahrscheinlich tatsächlich die Erde, wenn diese pelzigen, gehörnten Giganten über den Boden stampften. Zum anderen spielt der Name auf die »Donnertiere« in den Legenden der Sioux an, die bei Gewitter aus den Wolken springen und die Büffelherden in die Arme der Jäger treiben. Auch wenn diese Geschichte für unsere Ohren weit hergeholt klingt, war sie kein reiner Mythos. Bevor die Sioux in Reservate gezwungen wurden und die europäischen Siedler ihnen ihr Land und Gold stahlen, lebten sie in den Ebenen im Westen Amerikas inmitten zahlloser Fossilien, die sie sammelten und – genau wie wir heute – zu verstehen versuchten. Othinel Charles Marsh, Edward Copes erbitterter Rivale in den Knochenkriegen, war ein Freund von Roter Wolke, dem Häuptling der Oglala-Sioux, und investierte viel Zeit, um die US-Regierung auf die missliche Lage der Stämme aufmerksam zu machen – ein sehr anständiger Zug, den man von diesem skrupellosen Knochensammler kaum erwartet hätte. Eine Gruppe Sioux hatte Marshs Forschertrupp einen fossilen Kiefer gezeigt und ihm die Geschichte der Donnertiere erzählt. Und so schlug Marsh 1873 für die ausgestorbenen Unpaarhufer den Namen Brontotheria vor.

Die allerersten von ihnen waren bescheidene Sprinter, die den eozänen Miniaturpferden sehr ähnlich waren. Doch dann spielte die Evolution verrückt, und die Brontotheria blähten sich auf. Im Laufe des Eozäns erreichten die größten Exemplare eine Schulterhöhe von bis zu zweieinhalb Metern und maßen von der

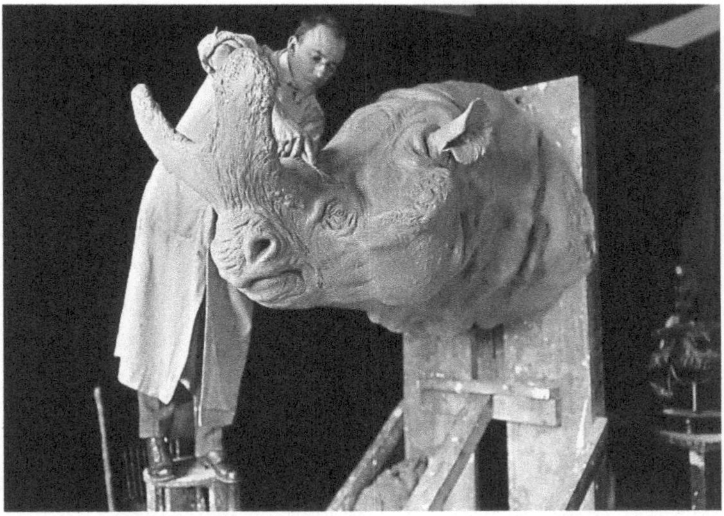

Bizarre, ausgestorbene Unpaarhufer: Brontotherium (oben) und Chalicotherium (unten) als klassische Ausstellungsstücke im American Museum of Natural History. (Foto: AMNH Library)

Schnauze bis zur Schwanzspitze fünf Meter. Damit brachten sie zwei bis drei Tonnen Gewicht auf die Waage, was in etwa einem afrikanischen Waldelefanten entspricht. Je größer die Brontotheria wurden, umso dicker und bulliger wurden ihre Körper. Ihre Beine hatten den Umfang griechischer Säulen, und auf ihren Schnauzen sprossen Hörner. Bei manchen Brontotheria gabelte sich das Horn an der Spitze, andere hatten einen einzelnen, nach oben gebogenen Rammbock von einem Meter Länge im Gesicht, mit dem sie Feinde abschreckten oder ihn wie heutige gehörnte Säuger bei Ringkämpfen und Kopf-an-Kopf-Gerangeln einsetzten. Dank Funden großer Massengräber mit zahlreichen erhaltenen Skeletten wissen wir, dass Brontotheria soziale Tiere waren, die in Herden umherzogen. Stellen Sie sich Hunderte dieser Ungeheuer vor, wie sie grunzend durch die Wälder des Eozäns pflügten, Farne und Sträucher niedertrampelten und sich ihre eigenen Weiden schufen, während sie die schmackhaften Blätter und Früchte von den Bäumen fraßen, die nur sie – nicht aber ihre winzigen Pferdeverwandten – erreichen konnten.

Aber so außergewöhnlich die Brontotheria auch waren, den Chalicotheria konnten sie nicht das Wasser reichen. Diese Tiere, die aussahen wie das, was herauskäme, würde ein Pferd sich mit einem Gorilla paaren, waren wohl die unglaublichsten Säugetiere, die je gelebt haben. Als man 1830 zum ersten Mal Knochen von ihnen entdeckte, wurden sie zunächst unterschiedlichen Tieren zugeordnet – einer Art mit Pferdekopf, deren Hufe noch unbekannt waren, und einer merkwürdigen, ameisenbärähnlichen Spezies, mit langen gebogenen Krallen, deren Kopf fehlte. Erst ein halbes Jahrhundert später fügte man die Puzzleteile zusammen und erkannte, dass Kopf und Krallen ein und demselben Tier gehörten: einem halluzinatorischen Geschöpf mit langen Armen und kurzen Beinen, das auf seinen Knöcheln daherwackelte, damit die scharfen Krallen beim Gehen nicht über den Boden schleiften. Diese Krallen setzte es aber nicht etwa ein, um sich zu verteidigen oder Beute zu schlagen. Nein, Chalicotheria setzten sich vor einem Baum auf den Hintern und zogen mit ihren langen Krallen die Äste zu sich herunter. Im Erwachsenenalter verloren sie ihre Vorderzähne, möglicherweise damit mehr Platz für ihre lange Greifzunge war, mit der sie Blätter von den Ästen rupften wie eine Giraffe. Was unsere Vorfahren sich wohl dachten, wenn sie einer solchen Kreatur begegneten? In jedem Fall ist es sehr bedauerlich, dass sie ausgestorben sind. Heute hätten sie neben Elefanten und Pandas sicherlich einen Ehrenplatz in jedem Zoo.

Aber nicht nur die Artenvielfalt der Chalicotheria, Brontotheria und anderer Unpaarhufer nahm im Eozän stark zu. Neben den Mitgliedern des PETM-Trios entwickelten noch zwei weitere Familien zahlreiche neue Arten, die heute sehr bedeutend sind: die Nagetiere und die Karnivoren. Beide Gruppen entstanden bereits im Paläozän, bevor die Temperaturen ihren Höhepunkt erreichten, breiteten sich aber erst danach, gemeinsam mit dem PETM-Trio, über weite Gebiete aus.

Frühe Nagetiere wie *Paramys* sahen aus wie eine Mischung aus Eichhörnchen und Präriehund, lebten überwiegend auf Bäumen und wiesen zwei typische Merkmale auf, die auch bei modernen Ratten, Mäusen, Bibern etc. zu finden sind: die Fähigkeit, beim Kauen die Kiefer vor- und zurückzubewegen, sowie permanent nachwachsende Schneidezähne. Sieht man sich die Röntgenaufnahme eines Nagetierschädels an, stechen sofort die massiven Schneidezähne ins Auge, von denen nur die Spitzen aus dem Zahnfleisch hervorschauen. Der Großteil der gebogenen Zähne steckt im Kiefer, wobei die Wurzel oft noch hinter den Molaren liegt. Die Entwicklung dieser überlegenen Fresswerkzeuge hat den Nagetieren wahrscheinlich geholfen, die zuvor so artenreichen Multituberculata auszustechen, die im Zeitalter der Dinosaurier und fast das gesamte Paläozän hindurch die Nischen der Nager und Pflanzenfresser beherrschten. Am Ende des Eozäns waren die Multituberculata ausgestorben und die Nagetiere auf dem Weg zu ihrer verblüffenden Artenvielfalt. Heute gibt es über 2000 Arten von Nagetieren, die rund 40 Prozent der Säugetiere ausmachen.

Gefressen wurden diese Nager genau wie die winzigen Pferdchen und die Brontotheria – wenn sie sich ranwagten – von den zur Gruppe der Hunde und Katzen zählenden Karnivoren. Über weite Strecken des Paläozäns war die Raubtiernische von »urzeitlichen« Stammhuftieren mit spitzen Eckzähnen wie *Econodon* aus New Mexico besetzt. Die Karnivoren setzten jedoch noch eins drauf und entwickelten ein neues dentales Werkzeug, um Fleisch zu schneiden und Knochen zu brechen: vergrößerte, wie Klingen aussehende Molaren oder Prämolaren. Von diesen sogenannten Reißzähnen, die das Scherengebiss bilden, gibt es vier Stück, jeweils einen rechts und links im oberen Kiefer und die Gegenstücke dazu im unteren. Dank dieser messerscharfen Reißzähne haben die Karnivoren die »urzeitlichen« Fleischfresser verdrängt und ihren Platz an der Spitze der Nahrungskette seitdem als Löwen, Tiger, Hyänen und Wölfe eisern verteidigt.

Die Ökosysteme nicht allzu lange nach dem PETM, ganz sicher aber jene zu Zeiten, in denen die Säugetiere an den giftigen Gasen des Messelsees erstickten, waren uns bereits vertraut. Das heißt, fänden wir uns plötzlich im mittleren Eozän wieder, wäre diese Welt gar nicht mal *so* fremd. Klar, eine Begegnung mit einem

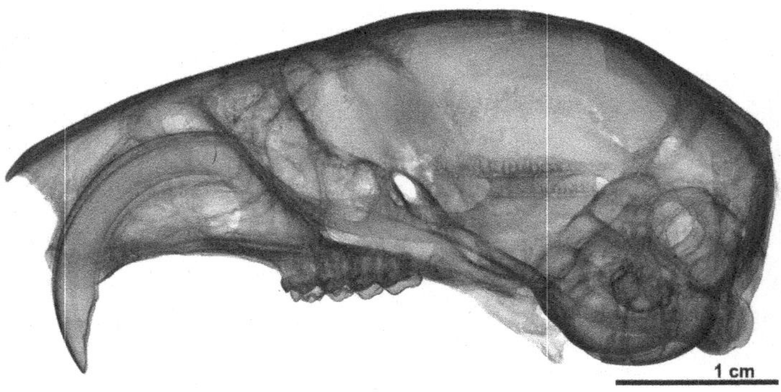


Röntgenaufnahme eines Eichhörnchenschädels mit extrem langen, gebogenen Schneidezähnen, deren Wurzeln weit in den Kiefer hineinreichen. (Foto: Ornella Bertrand)

Brontotherium oder Chalicotherium würde in uns natürlich den Verdacht erregen, dass da irgendetwas nicht ganz stimmt, aber es gab Pferde und Primaten und Nagetiere und Fleischfresser, die an kleine Hunde erinnerten. Allerdings dürfen wir nicht vergessen, dass dies nur auf den nördlichen Kontinenten – in Asien, Europa und Nordamerika – so war. Die südlichen Landmassen, die vom Norden seit der Kreidezeit durch Ozeane getrennt waren, hatten völlig andere Ökosysteme. So erlebten Südamerika, das damals ein Inselkontinent war, und seine Säugetiere ihr ganz persönliches evolutionäres Drama.

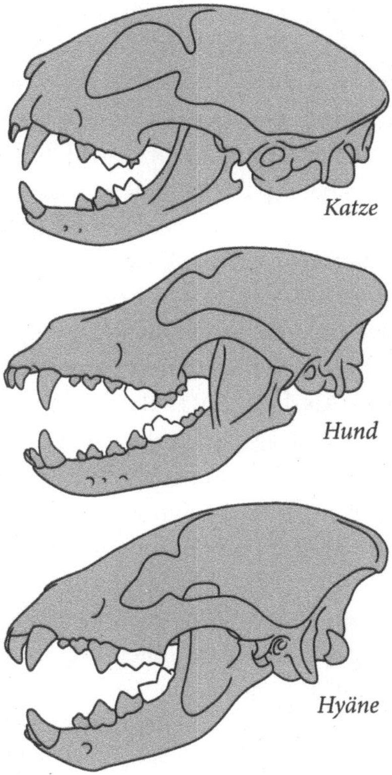


Das mit Reißzähnen (weiß) ausgestattete Scherengebiss fleischfressender Säugetiere. (Illustrationen: Sarah Shelley)

Wie die Sioux in den nordamerikanischen Ebenen stieß auch die indigene Bevölkerung Südamerikas immer wieder auf große versteinerte Knochen. Von den Sioux als »Donnertierknochen« verehrt, wurden diese von den südlichen Stämmen jedoch als die Knochen urzeitlicher Riesen verunglimpft, die Gott für ihr unsittliches Verhalten bestraft hatte. Diese Geschichten kamen bereits den spanischen Eroberern zu Ohren, die Südamerika ab 1500 brutal kolonisierten, und später dann auch den katholischen Missionaren.

Einen anderen Christen verschlug es im Jahr 1832 an die Atlantikküste des heutigen Argentinien und Uruguay – einen 23-jährigen Engländer mit blaublütigem Gebaren, der gerade seinen Abschluss in Cambridge gemacht hatte. Nach einem abgebrochenen Medizinstudium in Edinburgh hatte sein Vater ihn gedrängt, Theologie zu studieren, weshalb ihm ein ruhiges Leben als anglikanischer Pastor auf dem Land bevorstand. Für den jungen Mann eine trostlose Vorstellung. Als er daher die Gelegenheit bekam, auf einem Schiff namens *Beagle* um die Welt zu segeln, ergriff er sie, ohne lange zu überlegen, auch wenn seine Aufgabe an Bord nicht gerade ruhmreich war. Er sollte dem Kapitän, der sich die Gesellschaft eines anderen vornehmen Menschen wünschte, die Demütigung ersparen, mit Seemännern aus der Arbeiterklasse speisen zu müssen. Als das Schiff Ende 1831 von Plymouth auslief, konnte niemand vorhersagen, was die nächsten fünf Jahre bringen würden – oder dass dieser angehende Priester auf der Flucht vor seinem Amt mit den Beobachtungen, die er auf dieser Reise machen sollte, die westliche Zivilisation in ihren Grundfesten erschüttern sollte.

Charles Darwins Reise auf der *Beagle* ist zu einer Legende geworden, die ihren heldenhaften Höhepunkt in den meisten Erzählungen auf den Galapagosinseln vor der Westküste Ecuadors hat. Dort soll Darwin, als er die vielen Arten von Finken sah, von denen jede auf einer eigenen Insel lebte und eine einzigartige, an die Nahrung angepasste Schnabelform aufwies, die erhellende Idee gekommen sein, dass die Arten sich durch natürliche Selektion weiterentwickeln. Als er später sein berühmtes Werk *Über die Entstehung der Arten* verfasste, waren die Finken aber erstaunlicherweise nicht sein Aufhänger. Stattdessen erwähnt er zu Beginn etwas ganz anderes, etwas, das er auf dem südamerikanischen Festland entdeckt hatte: Fossilien. Während die *Beagle* die Küste entlang von Hafen zu Hafen schipperte, ging Darwin immer wieder von Bord, um das Landesinnere zu erkunden. Auf einigen dieser Ausflüge fand er versteinerte Knochen großer Säugetiere, und da er selbst kein Experte für Anatomie war, schickte er diese nach England. Dort untersuchte sie ein anderer junger Naturwissenschaftler, der – damals noch ein Freund – zu Darwins schärfstem Kritiker werden sollte: unser altbekannter Bösewicht Richard Owen.

Die meisten dieser Knochen konnten auch von einem Laien wie Darwin sofort Säugetieren zugeordnet werden. Sie stammten nicht von riesenhaften Menschen, wie die einheimischen Legenden nahelegten, sondern von Faul- und Gürteltieren – zwei eigentümlichen Plazentatiergruppen, die in Südamerika auch heute noch weitverbreitet sind. Darwin wusste, dass diese Tiere in Europa nicht vorkommen, aber es waren auch nicht dieselben Faul- und Gürteltiere wie unsere heutigen. In vielen Fällen waren sie größer, die Faultiere sogar auffällig größer, und sie gehörten eindeutig unterschiedlichen Spezies an. Das faszinierte Darwin. Es gab dort merkwürdige, ausgestorbene Säugetiere, die ganz offensichtlich Ähnlichkeiten mit den modernen tierischen Bewohnern Südamerikas hatten, überall sonst aber gänzlich unbekannt waren, sowohl lebendig als auch tot. Dies wies, wie Darwin in seiner Einleitung bemerkt, auf »Beziehungen der jetzigen zu der früheren Bevölkerung dieses Weltteils« hin. Mehr noch als in den Finken sah Darwin den entscheidenden Beweis dafür, dass die Arten sich im Laufe der Zeit veränderten, in dieser Kontinuität der Abstammung bei Säugetieren – »in dieser wunderbaren Beziehung zwischen den Toten und Lebenden in einerlei Kontinent«.

Auf ein paar Säugetierfossilien konnte Darwin sich dennoch

keinen Reim machen. Eines davon, mit langem Hals und langen Beinen, dem Owen den Namen *Macrauchenia* gab, war drei Meter lang und wog über eine Tonne. Es sah ein bisschen aus wie ein Kamel, aber seine Füße waren sehr viel größer und kräftiger, mehr wie die eines Nashorns. Noch seltsamer war eine Kreatur, die Owen *Toxodon* taufte. Der bullige, ebenfalls über eine Tonne schwere Körper sprach für ein Nashorn oder Nilpferd, gleichzeitig hatte es aber Zähne mit hohen Kronen, die wie bei einem Nagetier ständig nachwuchsen, und nach hinten verschobene Nasenöffnungen, die an Meerestiere wie Seekühe erinnerten. Darwin sprach von einem der vielleicht »wunderlichsten Tiere, das man je entdeckt hat«, und spekulierte, diese irritierende Kombination aus anatomischen Merkmalen könnte bedeuten, dass Säugetiergruppen, die heute in separate Familien unterteilt werden, früher »verschmolzen« waren. Noch eine Beobachtung seiner Reise, die ihn darüber ins Grübeln brachte, wie die Arten sich im Laufe der Zeit veränderten.

Aber alle philosophischen Überlegungen einmal beiseitegelassen, was waren das für Säugetiere, und wie waren sie zu klassifi-

Charles Darwins bizarre südamerikanische Huftiere: *Toxodon* (oben) und *Macrauchenia* (rechte Seite). Die Zeichnungen stammen aus William Scotts klassischer Monografie aus dem Jahr 1931. (Fotos: Hans Püschel)

zieren? Ein paar Jahrzehnte nach der Fahrt der *Beagle* machten drei Brüder aus Argentinien es sich zur Aufgabe, diese Fragen zu beantworten. Die Ameghinos waren Nachkommen armer italienischer Einwanderer und mussten ihre Forschungen – im Gegensatz zu wohlhabenden Gentlemen von Darwins Schlag – durch ehrliche Arbeit finanzieren. Juan, Inhaber eines Buchladens, finanzierte mit seinen Einkünften Carlos' Reise durch Patagonien, bei der er Fossilien sammelte, die Florentino auswertete. Carlos fand Tausende Säugetiere, darunter auch viele, in denen Florentino Ähnlichkeiten zu Darwins *Macrauchenia* und *Toxodon* erkannte, die keine Seltenheit waren. Vielmehr gab es eine ganze Gruppe eigentümlicher südamerikanischer Säuger, die in keine der bekannten nördlichen Gruppen eingeordnet werden konnten. Florentino, der sie in die Kreide datierte, sah in ihnen die Urahnen nicht nur heutiger südamerikanischer Arten, sondern aller Säugetiere. Andere hingegen zogen bereits in Erwägung, dass es sich um exotische, nur in Südamerika vorkommende Arten handeln könnte. Eine Sichtweise, die sich verfestigte, sobald klar wurde, dass diese Tiere nach der Kreide lebten, vom Paläozän bis in die jüngere Vergangenheit, zu einer Zeit also, zu der Südamerika noch eine Insel war.

Diese Säuger, die heute jeder als Darwins südamerikanische Huftiere kennt, da sie größtenteils auf Hufen gingen – den modifizierten Nägeln oder Endknochen eines Fingers oder Zehs –, waren erstaunlich artenreich. Man hat bereits Hunderte von Spezies entdeckt, von netten Schoßhündchen bis zu Exemplaren mit fast drei Tonnen Lebendgewicht. Viele von ihnen weisen unerwartete Mischungen aus Merkmalen von Antilopen, Kamelen, Pferden, Nashörnern, Nilpferden, Elefanten, Nagetieren und Hasen auf, als hätte die Evolution ein paar nördliche Arten auseinandergeschnippelt und dann neu zusammengeklebt. Darwins *Macrauchenia* und *Toxodon* sind Paradebeispiele dieser Wolpertinger, genau wie das massige *Pyrotherium* mit oberen und unteren Stoßzähnen, einem Elefantenrüssel und dem Körper eines Nilpferds. Andere sehen den nördlichen Arten ziemlich ähnlich, allerdings nur auf den ersten Blick. Oft weisen sie lediglich eines der charakteristischen Merkmale auf, während das übrige Skelett völlig anders ist. *Homalodotherium* beispielsweise hatte Sensenkrallen an den Vorderbeinen wie die auf den Knöcheln gehenden Chalicotheria, während andere Arten die speziellen Merkmale nördlicher Arten noch eine Stufe weiterentwickelten wie *Thoatherium*, das anmutig auf nur einem behuften Zeh ging, genau wie moderne Pferde, nur dass Pferde im Gegensatz zu *Thoatherium* rechts und links des Hauptzehs noch Reste von zwei weiteren Zehen haben.

Darwins Huftiere bevölkerten die Erde über 60 Millionen Jahre und hätten es fast bis in die Gegenwart geschafft, wären die letzten überlebenden Arten nicht der Eiszeit vor 10 000 Jahren zum Opfer gefallen. Doch dazu später mehr. Viele von ihnen waren gute Läufer, die auf ihren Hufen über das Land jagten, andere waren Springer, wieder andere Gräber, und wieder andere stampften durchs Gras oder wateten durchs seichte Wasser. Aber alle fraßen, wie es scheint, Pflanzen, wobei manche sich auf weiche Blätter spezialisiert hatten und andere auf Körner oder härtere Pflanzenteile. Ein paar wenigen gelang Ende des Paläozäns oder im Eozän der Wechsel in die Antarktis, als die dürren Finger der beiden Kontinente sich für kurze Zeit berührten und bevor sie wieder zurückzuckten. Davon abgesehen kennt man Huftiere aber tatsächlich nur aus Süd- und Mittelamerika. Es gab zwar ein paarmal falschen Alarm, letztendlich kam aber nirgendwo sonst einer ihrer Knochen oder Zähne an die Oberfläche (mit einer die Regel bestätigenden Ausnahme, auf die wir später noch zurückkommen).

Die alles entscheidende Frage, die die Paläontologen beschäftigte, seit die *Beagle* nach England zurückgekehrt war, war damit aber noch nicht beantwortet: Was für Säugetiere waren Darwins Huftiere? Darüber, wo sie auf dem Stammbaum ihren Platz hatten und wer ihre Vorfahren waren, wurde heftig debattiert. Waren sie mit den Huftieren der nördlichen Kontinente, den unpaarhufigen Perissodactyla oder den paarhufigen Artyodactyla verwandt? Hufe hatten sie, aber wie wir bereits gesehen haben, entwickelten sich diese in der Geschichte der Säugetiere mehrfach, weshalb sie keine verlässlichen Indikatoren für die Abstammung sind. Waren die Huftiere stattdessen vielleicht mit anderen Schwergewichten wie Elefanten verwandt oder seltsame Auswüchse einer ganz anderen Gruppe, wie beispielsweise der Nagetiere? Aber vielleicht hatten sie mit den nördlichen Plazentatieren auch gar nichts zu schaffen und besetzten einen ganz eigenen Ast, der schon vor sehr langer Zeit abgezweigt war?

Gelöst wurde dieses Rätsel erst 2015, als es zwei Teams von Molekularbiologen gelang, aus den von Darwin gefundenen *Macrauchenia* und *Toxodon* Proteine zu extrahieren. Normalerweise findet man weiches Gewebe in Fossilien, wenn überhaupt, nur sehr selten. Aber da Darwins Exemplare beide bis zur Eiszeit gelebt hatten, waren ihre Knochen deutlich besser erhalten als ältere Skelette aus dem Paläozän oder Eozän. Als man die Proteine in eine Datenbank einspeiste, um daraus einen Stammbaum zu rekonstruieren, gruppierten sich beide Arten zu den nördlichen Perissodactyla. Und zwei Jahre später wurde diese Klassifizierung dann durch einen noch aussagekräftigeren Beweis bestätigt – durch die DNA von *Macrauchenia.*

Der Vaterschaftstest hatte es ans Licht gebracht: Darwins Huftiere – zumindest die meisten von ihnen – waren nahe Verwandte von Pferden, Nashörnern und Tapiren. Wahrscheinlich entwickelten sie sich aus »Ur«-Plazentatieren wie den in New Mexico gefundenen Condylartha, die im Paläozän über Inseln von Nordamerika nach Südamerika gelangten. Als das Paläozän ins Eozän überging und Nord- und Südamerika sich endgültig trennten, gingen die nördlichen und südlichen Stämme dann ihrer Wege. Die während des PETM ausgewanderten Arten verzwergten, wurden in Nordamerika wieder größer und breiteten sich nach Asien und Europa aus, wo einige von ihnen Geschmack an den Seerosen im Messelsee fanden. Unabhängig davon entwickelten die im Süden sich ebenfalls weiter und eigneten sich dabei ein paar einzigartige Merkmale an. Wie ihre Geschwister im Norden kamen aber auch sie auf die Idee von Hufen, Stoßzähnen, Rüsseln, einzehigen Füßen und permanent wachsenden Zähnen. Da sie von den Blutlinien im Norden getrennt waren – beide Gruppen führten fortan separate evolutionäre Experimente durch –, entwickelten Darwins Huftiere geringfügig abweichende Versionen der konvergenten Merkmale und fügten diese zu eigenen Permutationen zusammen, wodurch sie vom Eozän bis in die Eiszeit immer größere Unterschiede zu ihren vor langer Zeit ausgewanderten Verwandten im Norden entwickelten.

Darwins Huftiere sind Teil einer auf Südamerika beschränkten Säugetiergemeinschaft, die sich, wie George Gaylord Simpson es formulierte, in »vortrefflicher Isolation« entwickelte. Einige dieser Säugetiere, wie die Huftiere, sind ausgestorben, während andere heute zu den typischen Bewohnern des Amazonasregenwalds, der Andenhochebenen oder des Graslands der patagonischen Pampa zählen.

Unter den Überlebenden sind auch Darwins andere beiden Fossilien: die Faultiere und Gürteltiere, die zusammen mit den Ameisenbären die Gruppe der Xenarthra bilden. Sie erinnern sich, dass die Xenarthra, eine der vier Hauptgruppen des Säugetierstammbaums, sich sehr weit unten am Stamm abgespalten haben, was sie mit zu den primitivsten Plazentatieren überhaupt macht. Ihren griechischen Namen verdanken sie zusätzlichen Gelenken – sogenannten Nebengelenken – zwischen den Wirbeln, die die Wirbelsäule kräftiger und stabiler machen, eine Anpassung, die vermutlich noch von ihren grabenden Vorfahren stammt. Diese könnten am Ende der Kreidezeit oder Anfang des Paläozäns von Nordamerika herübergekommen sein, gemeinsam mit den Vorfahren von Darwins Huftieren, und sich dann auf den südamerikanischen Inseln ausgebreitet haben. Heute zählen die Nebengelenktiere rund 30 Arten.

Kaum ein Säuger ist so fotogen wie ein Faultier. Diese Xenarthra werden zwar häufig für ihren sehr entspannten Lebensstil gerügt, dennoch sind es ebenso bewunderns- wie liebenswerte Geschöpfe. Mit ihren schlaksigen Armen und Beinen hängen sie an langen Krallen kopfüber von den Bäumen und mampfen Blätter, wobei ihr von Algen grünlich schimmerndes Fell sie mit dem Urwald verschmelzen lässt und vor den lauernden Blicken der Jaguare schützt. Gürteltiere hingegen, die so gar nicht wie Säugetiere aussehen, sind auf eine andere Art bemerkenswert. Ihre

Körper sind mit knöchernen Platten gepanzert, sogenannten Osteodermen, die in der Haut wachsen und sich aneinanderfügen, wie die Lederflecken eines Fußballs. Wird ein Gürteltier von einem Jaguar angegriffen, rollt es sich zu einer steinharten Kugel zusammen und wartet einfach, bis es vorbei ist.

Die Jaguare, die den heutigen Faul- und Gürteltieren das Leben schwer machen, sind Neuankömmlinge und erst vor zwei oder drei Millionen Jahren nach Südamerika eingewandert. Als dieses noch ein Inselkontinent war, machten weder Katzen noch Hunde, noch Bären die Gegend unsicher, nein, die Säugetiere, die Darwins Huftiere und die Nebengelenktiere über mehrere zehn Millionen Jahre terrorisierten und vom Paläozän bis vor ein paar Millionen Jahren die südamerikanische Raubtiernische besetzten, waren ganz anderer Art. Die Identität dieser Räuber überrascht, denn es waren keine Plazentatiere, sondern Metatheria aus der Familie der Beuteltiere. Fast hätten wir die Metatheria, nachdem sie auf den nördlichen Kontinenten ausgestorben waren, in unserer Geschichte abhaken können, doch die Totgeglaubten tauchten in Südamerika (und später Australien) wieder auf, an Außenposten, die die Plazentatiere erst noch besetzen mussten. In ihren neuen Inselreichen verschafften sie sich wieder den Vorsprung, den sie in der oberen Kreide gerade angefangen hatten zu genießen, als der Asteroid ihnen alles zunichtemachte.

Sparassodonta, die südamerikanischen, fleischfressenden Metatheria, wurden zuerst von Florentino Ameghino im späten 19. Jahrhundert beschrieben. Würden wir Sparassodonta heute begegnen, würden wir sie wahrscheinlich nicht als Beuteltier erkennen, zumindest nicht ohne einen Blick unter die Gürtellinie. Sie sahen nicht aus wie Kängurus oder Pandabären. Vielmehr waren sie die Ebenbilder von Plazentatieren wie Wieseln, Hunden, Katzen und Bären. Einem von ihnen, *Thylacosmilus*, wuchsen gewaltige Säbelzähne aus dem Oberkiefer, mit denen er seiner Beute den Leib aufriss, um an die inneren Organe zu kommen. Jeder hätte geschworen, dass es sich um einen Säbelzahntiger handelt, die berühmte eiszeitliche Riesenraubkatze. Noch ein Beispiel für konvergente Evolution – und eines der verblüffendsten in der gesamten Fossiliengeschichte. Echte Karnivoren wie Hunde und Katzen haben es im Paläozän und Eozän nicht nach Südamerika geschafft. Die Metatheria schon, und die imitierten die Plazentatiere. Oder waren es die Plazentatiere im Norden, die die Metatheria imitierten? Wie auch immer es gewesen sein mag, Sparassodonta wie *Thylacosmilus* wurden irgendwann von Jaguaren und anderen, echten Plazentaraubtieren, die gen Süden zogen, verdrängt. Rund 100 verwandte Arten konnten sich jedoch halten und leben heute als Opossums und andere Beuteltiere in Südamerika.

Säbelzahnbeuteltiere und andere Sparassodonta ernährten sich von Darwins Huftieren. Das wissen wir aufgrund von Bissspuren, die an den Knochen ihrer Beute gefunden wurden. Faultiere waren ebenfalls eine leckere Mahlzeit, genau wie Gürteltiere – sofern es ihnen gelang, diese zu knacken. Aber auf dem Ernährungsplan der Beutelräuber standen auch noch andere Snacks: Kletterer mit großen Gehirnen, die sich an ihren langen Armen von Ast zu Ast schwangen, sowie pausbackige Kerlchen mit Hasenzähnen, die sich im Laub vergruben oder in Urwaldflüssen schwammen.

Primaten und Nagetiere. Echte. Mit Plazenta. Keine merkwürdigen Fälschungen mit Beuteln. Aber wo kamen die her?

Ein Vaterschaftstest bringt Klarheit. Sie kamen aus Afrika. Sowohl auf DNA als auch auf Fossilienfunden basierende Stammbäume ordnen die südamerikanischen Primaten und Nagetiere diversen afrikanischen Gruppen zu. Das heißt, sie waren von einem Kontinent eingewandert, der sich vor mehreren zehn Millionen Jahren in der Kreide von Südamerika abgespalten hatte, und den im Eozän – als die Migration stattfand – mindestens 1500 Kilometer offener Atlantik von Südamerika trennten.

Afrika war im Eozän ebenfalls ein Inselkontinent und Heimat einer maßgeschneiderten Plazentatierfauna aus Elefanten und anderen Afrotheria. Irgendwann in der warmen Phase nach dem PETM mussten sich Primaten und Nagetiere aus Asien auf den

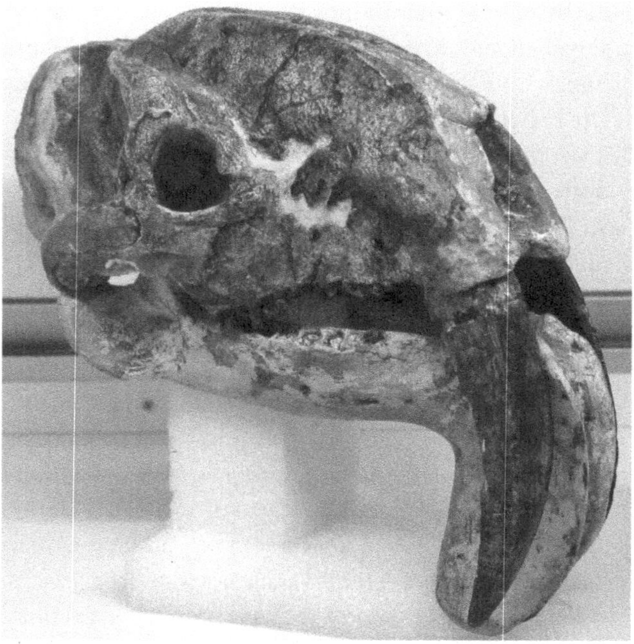

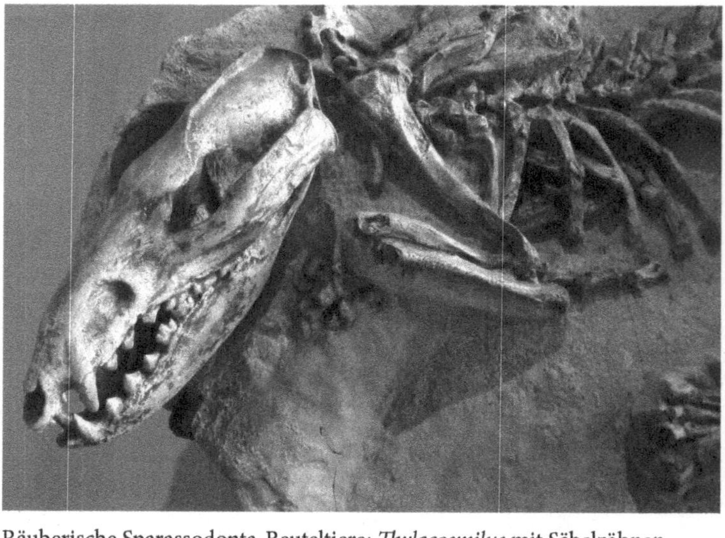

Räuberische Sparassodonta-Beuteltiere: *Thylacosmilus* mit Säbelzähnen (oben) und *Lycopsis* (unten). (Fotos: Jonathan Chen und Ghedoghedo)

Weg nach Afrika gemacht haben. Das ist gar nicht so abwegig, denn damals waren die Kontinente nur durch die schmale Meerenge der Tethys, des Vorläufers des Mittelmeers, getrennt, und die europäischen Inseln dazwischen dienten den Migranten als Trittsteine. Sehr viel rätselhafter ist, wie die Primaten von Afrika in den Westen nach Südamerika kamen. Landrouten gab es keine. Die Flüchtlinge müssen also auf dem Seeweg dorthin gelangt sein. Vielleicht sind sie bei Sturm auf verrottenden Baumstämmen von den Küsten Afrikas abgetrieben und in Südamerika wieder angespült worden. Vielleicht haben sie Zwischenstopps auf diversen Inseln gemacht, vielleicht in ihren Rettungsbooten aber auch den kompletten Weg zurückgelegt. Wie auch immer es gelaufen ist, sie waren wochenlang den schaukelnden Wellen und der sengenden Sonne ausgesetzt, mit sehr wenig oder gar keiner Nahrung. Wie so viele Flüchtlinge müssen sie unerschrocken und unglaublich zäh gewesen sein – Eigenschaften, die dem Erfolg in ihrer neuen Heimat dienlich waren.

Das alles scheint ziemlich unwahrscheinlich. Und das war es auch. Trotzdem können wir auch heute noch beobachten, wie kleine Säugetiere auf Flößen aus Laub große Gewässer überqueren und neue Landstriche kolonisieren.

Die Migration der Primaten und Nagetiere von Afrika nach Südamerika war ein Glücksfall, der der Evolutionsgeschichte der Säugetiere eine neue Richtung gab. Dass es heute Neuweltaffen und unzählige Caviomorpha-Nager gibt, verdanken wir nur dieser glücklichen Überfahrt. Die Neuweltaffen – etwas über 60 an der Zahl – sind heute ein nicht wegzudenkender Teil des mittel- und südamerikanischen Urwalds. Da sind Brüllaffen, die den Regenwald mit ihrem Gezeter erfüllen; Spinnenaffen, die einzigen Primaten, die sich mit ihren Greifschwänzen an Bäume hängen können; und Zwergseidenäffchen, die kleinsten Primaten der Welt, nur 15 Zentimeter groß und keine 200 Gramm schwer. Die Unterordnung der Caviomorpha, der Meerschweinchenverwandten, ist sogar noch größer. Es gibt Hunderte von grabenden, kletternden, rennenden und schwimmenden Arten in praktisch jedem Lebensraum, den Südamerika zu bieten hat. Unter anderem Chinchillas mit ihrem samtweichen Fell, die hundegroßen Capybaras, die größten heute lebenden Nagetiere der Welt, aber auch ausgestorbene Arten wie *Josephoartigasia*, die sogar noch größer – so groß wie eine Kuh – waren und nach José Artigas, dem »Vater der Unabhängigkeit Uruguays«, benannt sind. Und nicht zuletzt die Meerschweinchen selbst sind direkte Nachkommen der eozänen Floßfahrer.

Allein einen Ozean zu überqueren braucht mehr Durchhaltevermögen und Glück, als man sich vorstellen kann, aber die Säugetiere im Eozän taten noch viel abenteuerlichere Dinge. Während Affen und Nagetiere einen Ritt auf den Wellen wagten, blähten sich andere Plazentatiere zu gewaltigen Größen auf, ließen sich Flügel wachsen und schwangen sich in die Lüfte oder verwandelten ihre Gliedmaßen in Flossen und nahmen einen Ortswechsel vor, der sie zwar nicht in weite Ferne führte, aber dennoch sehr bemerkenswert war: Sie tauschten das Leben auf dem Land endgültig gegen ein Leben im Wasser.

# 7

# EXTREME SÄUGETIERE

*Deinotherium*

## WANDERER FINDEN KNOCHEN DES GRÖSSTEN SÄUGETIERS ALLER ZEITEN

25. Juli 2831

NEW MIAMI (Pressedienst) – Auf einer Wanderung durch die Wüste Miamis ist eine Familie über riesige fossile Knochen gestolpert, die vom größten Säugetier stammen könnten, das je auf der Erde gelebt hat.

Nach Schätzungen der zuständigen Paläontologen war der Koloss über 30 Meter lang und wog mehr als 100 Tonnen.

»Es ist erstaunlich«, sagt Professorin Lola Bricker vom New Miami Institute für Klima und Umwelt. »So riesige Knochen habe ich noch nie gesehen. Der Fund übersteigt unsere bisherige Vorstellung, wie groß Tiere werden konnten, bei Weitem.«

Die Knochen liegen verstreut auf einer Fläche von der Größe eines Footballfeldes und gehören einer noch namenlosen Kreatur mit einem länglichen, an ein Unterseeboot erinnernden Körper.

»Wenn meine Berechnungen richtig sind, war es mindestens doppelt so groß wie jedes heute lebende Tier«, erklärt Bricker einem Reporter neben einer Rippe, die sie um mindestens 30 Zentimeter überragt.

Die Wissenschaftler haben Teile der vorderen Extremitäten gefunden, die aussehen wie die Flossen eines Fischs, von den hinteren Extremitäten fehlt bislang jede Spur. Der massive Kopf mit gebogenen, zahnlosen Kiefern ist fast vollständig erhalten.

»Die vierköpfige Familie, die ihn gefunden hat, passt tatsächlich komplett in sein Maul«, erklärt Bricker und spielt damit auf ein Foto an, das nach dem Knochenfund der Wanderer im Netz kursierte und das viele Experten für eine Fälschung hielten.

Was der Koloss aß und wie er sich fortbewegte, bleibt ein Rätsel. Die Knochen, so die Wissenschaftler, seien in Schlammsteinschichten gefunden worden, die sich vor 5000 Jahren am Grund einer Wasserstraße bildeten, als Florida noch eine dicht bewachsene subtropische Halbinsel zwischen dem Golf von Mexiko und dem Atlantik war.

»Aufgrund seiner Gehörknöchelchen bin ich sicher, dass es sich um ein Säugetier handelt, und es muss im Wasser gelebt haben. Aber sehr viel mehr wissen wir bislang nicht«, räumt Bricker ein.

Sie plant, die Knochen auszugraben und in ihrem Labor zusammenzusetzen, fürchtet aber, dass ihr die nötigen Mittel fehlen.

»Um die Knochen freizulegen und zu bergen, was wahrscheinlich ein halbes Jahr dauern wird, werde ich ein Team von mindestens zwanzig Leuten brauchen. Und dann müssen wir einen Raum finden, der groß genug ist, um sie an der Universität untersuchen zu können«, erklärt Bricker, die auf einen wohlhabenden Spender hofft, der ihre Forschungen finanziell unterstützt.

Die Investition, so Bricker, würde sich lohnen, da solche Funde bei Kindern das Interesse an der Natur weckten.

»Können Sie sich vorstellen, einem solchen Geschöpf live zu begegnen? Sich eine Welt mit ihm zu teilen? Es übersteigt jede Vorstellungskraft.«

Bricker hofft, der Identifikation des Ungetüms noch etwas näher zu kommen, bevor sie die Knochen birgt.

»Meine Kollegen lachen mich wahrscheinlich aus, aber es gibt rund eintausend Jahre alte Sagen, in denen von im Meer lebenden Riesen die Rede ist, die man Wale nannte. Einige dieser Geschichten erwähnen einen über dreißig Meter langen Blauwal. Wir haben immer geglaubt, es handelt sich um einen Mythos, aber wer weiß, vielleicht gab es sie ja doch.«

**Dieser Zeitungsartikel ist** selbstverständlich frei erfunden und auch ein klein wenig überzogen. Ich hoffe natürlich, dass Florida keine Wüste wird, wir nicht den Bezug zu unserer Geschichte verlieren und auch die Wale nicht aussterben! Aber stellen Sie sich einmal vor, sie würden tatsächlich aussterben und zukünftige Generationen ihre Knochen finden. Wahrscheinlich würden sie bestaunt werden, wie wir heute die Knochen der Dinosauriergiganten bestaunen – Überreste superlativer Lebewesen aus vergangenen Zeiten, von denen wir uns wünschen, wir hätten sie aus Fleisch und Blut erlebt.

Was viele von uns – mich eingeschlossen – oft gar nicht zu schätzen wissen, ist die Tatsache, dass sich auch heute noch zahlreiche rekordverdächtige Tiere den Planeten mit uns teilen, und viele von ihnen sind Säugetiere. Das extremste dieser »extremen Säugetiere« ist der Blauwal. Er ist nicht nur das größte heute noch lebende Säugetier, sondern das größte Tier, das je gelebt hat. Noch nie hat irgendjemand ein Fossil von etwas noch Größerem gefunden. Der Blauwal hält den Rekord – er ist der in der gesamten Erdgeschichte ungeschlagene Meister im Schwergewicht.

Eine simple Feststellung, die es jedoch verdient, noch einmal wiederholt zu werden: Das größte Tier, das je gelebt hat, *lebt noch!* Und von den Milliarden Arten, die in den Milliarden Jahren der Erdgeschichte je lebten, sind wir eine der wenigen privilegierten Spezies, die diese Feststellung machen können. Ist es nicht großartig, dass wir dieselbe Luft atmen, im selben Wasser schwimmen und dieselben Sterne bewundern wie der Blauwal?

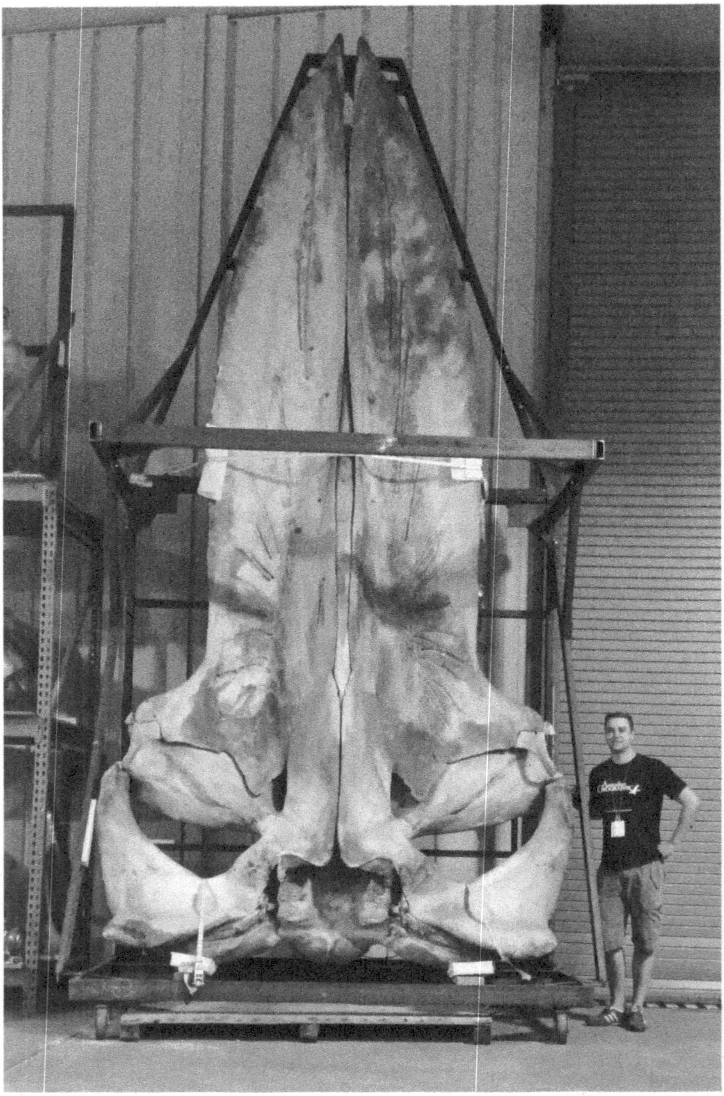

Der Blauwal, das größte Tier, das je auf der Erde gelebt hat. Ein im Londoner Naturkundemuseum ausgestelltes Skelett (vorherige Seite) und der Walpaläontologe Travis Park neben einem Schädel. (Fotos: Jan Beránek und Travis Park)

Während Sie das hier lesen, durchkreuzen die Blauwale die Ozeane – alle Ozeane. Mit Ausnahme der äußersten Nordspitze der Arktis sind sie auf der ganzen Welt verbreitet. Die bulligen, älteren Tiere sind etwas mehr als 30 Meter lang und wiegen in der Regel zwischen 100 und 110 Tonnen, gut 20 Tonnen mehr als das zugelassene Startgewicht einer Boeing 737 und wahrscheinlich 30 bis 40 Tonnen mehr als die massigsten Dinosaurier. Blauwalweibchen bringen Kälber mit 3 Tonnen Gewicht zur Welt, die so groß sind wie ein Schnellboot und nach einem halben Jahr Säugen bereits 15 Tonnen auf die Waage bringen. Erwachsene Blauwale können bis zu 315 Meter tief tauchen, über eine Stunde den Atem anhalten und stoßen beim Luftholen aus ihren Blaslöchern eine zwei Stockwerke hohe Fontäne aus. Mit einem Schluck nehmen sie mit ihrem dehnbaren Maul die Wassermenge eines Gartenpools auf, was sie mehrmals täglich tun, um die zwei Tonnen Krille – kleine Garnelen – zu sammeln, die sie brauchen, um ihren Stoffwechsel in Gang zu halten. Wale sind kluge, soziale Tiere, und ihr tiefer Gesang, der bis zu 1500 Kilometer weit durch die Tiefe hallt, ist das eindringlichste Geräusch im gesamten Tierreich.

Aber es steht nicht gut um sie. In den letzten Jahrhunderten wurden beim Walfang schätzungsweise 99 Prozent der Blauwale getötet. Von einer Population von einst Hunderttausenden Tieren sind nur noch Zehntausende übrig – wenn überhaupt. Und auch wenn es vielleicht abgedroschen klingt, wir sollten zu schätzen wissen, dass es diese Tiere gibt, und alles tun, um sie zu schützen und zu erhalten, bevor es zu spät ist und den Blauwal dasselbe Schicksal ereilt wie *Brontosaurus*.

Es ist nahezu unmöglich, über Blauwale zu reden, ohne den Superlativ zu verwenden. Dasselbe gilt auch für weitere extreme Säugetiere: andere Wale, riesige, an Land lebende Arten wie Elefanten oder kleine Säugetiere, die erstaunliche Fähigkeiten entwickelten, wie beispielsweise Fledermäuse – die einzigen Säuger, die sich mit kräftigen Flügelschlägen in die Lüfte schwingen und neben Pterodaktylus und Vögeln eine der nur drei Wirbeltiergattungen sind, die je das Fliegen gelernt haben. Alle diese extremen Säugetierarten – Elefanten, Fledermäuse und Wale – begannen im Eozän ihre Spuren zu hinterlassen und legten bis zu ihrem heutigen Ruhm einen weiten evolutionären Weg zurück.

**Die größten heute an Land** lebenden Säugetiere – oder eigentlich Tiere überhaupt – sind die Elefanten. Der Afrikanische Buschelefant, die größte Elefantenart, hat eine Schulterhöhe von 3 Metern, was der Höhe eines Basketballkorbs entspricht. Ein männliches Tier wiegt zwischen 5 und 7 Tonnen. Würde man einen Buschelefanten auf eine Wippe setzen, bräuchte man rund 100 Menschen, um sein Gewicht auszubalancieren. Elefanten sind lange nicht so groß wie Blauwale, das ist richtig, aber sie haben auch ein Handicap, das Wale nicht haben: die Schwerkraft. Während ein Blauwal sich einfach mit der Meeresströmung treiben lassen kann, muss ein Elefant sein Gewicht, wenn er sich bewegt, paart oder gebiert, mit den Beinen stemmen.

Verteilt über Subsahara-Afrika, Indien und Südostasien leben heute nur noch drei Arten von Elefanten – die traurigen Überreste einer Familie, die einst über die gesamte Welt verbreitet war. Zu ihnen zählten auch Spezies wie das Wollhaarmammut oder das Mastodon, die ungefähr doppelt so viel auf die Waage brachten wie der Buschelefant – was sie zu den größten an Land lebenden Säugetieren aller Zeiten macht (wahrscheinlich, wie wir noch sehen werden). Bevor die Elefanten zuerst zu Weltbürgern wurden und ihre Zahl dann wieder stark zurückging, waren sie über mehrere zehn Millionen Jahre ausschließlich in Afrika zu finden, als Teil der großen Gruppe der Afrotheria.

Wie wir im vorangegangenen Kapitel bereits gelernt haben, sind Afrotheria eine der vier großen Untergruppen des Säugetierstammbaums. Wie Xenarthra, die Familie der Faul- und Gürteltiere, zweigt der Ast der Afrotheria kurz über der Wurzel ab, was sie zu einer der primitivsten Gruppen der Plazentatiere macht. Und ebenfalls wie bei den Xenarthra beschränkten sich die Anfänge der Afrotheria im Paläozän und Eozän auf eine einzige, vom Rest der Welt abgeschnittene Landmasse. Faultiere und Gürteltiere lebten gemeinsam mit Darwins absonderlichen Huftieren und den Säbelzahnbeuteltieren auf dem Inselkontinent Südamerika, Elefanten und andere Afrotheria, wie der Name schon vermuten lässt, in Afrika – ebenfalls ein Inselkontinent.

Afrika war mehrere zehn Millionen Jahre eine abgeschottete Festung. Nachdem der Kontinent sich vor mehreren 100 Millionen Jahren irgendwann in der Kreide vom übrigen Gondwana, der südlichen Hälfte der alten Pangäa, abgespalten hatte, war er isoliert. Im Westen lag der immer breiter werdende Atlantik, den ab und an ein paar floßfahrende Affen und Nager überquerten. Im Süden und Osten erstreckte sich der Indische Ozean, dessen Wellen gegen die Antarktis und Australien schlugen und in dessen Mitte eine etwas kleinere Insel – Indien – auf ihre Kollision mit Asien im Eozän zusteuerte. Und im Norden war er von der Tethys begrenzt, der warmen äquatorialen Wasserstraße, die die nördlichen Kontinente von den südlichen trennte. Die Tethys war keine unüberwindbare Barriere. Immer wieder gelang es Arten aus dem Norden über die europäischen Inseln, die sich der afrikanischen Küste näherten, in den Süden zu gelangen, aber es war eine sehr riskante Reise. Erst vor 20 Millionen Jahren war Afrikas lange Phase der Isolation dann zu Ende, als Arabien an Eurasien andockte und von der Tethys nur noch der westliche Arm blieb – das heutige Mittelmeer.

Der Elefant ist nur einer von zahlreichen Afrotheria. Schlägt man das Familienalbum auf, findet man dort unter anderen auch im Meer lebende Seekühe, kleine, mit Hufen ausgestattete Schliefer, ameisenfressende Erdferkel, im Untergrund hausende Goldmulle, Tenreks von Madagaskar (oder den umliegenden Inseln) und Rüsselspringer, die aussehen wie kleine Nagetiere mit Elefantenrüssel. Falls Ihnen diese Familie suspekt vorkommt, sind Sie nicht allein. Denn wenn die Afrotheria überhaupt irgendwelche gemeinsamen anatomischen Merkmale aufweisen, dann sicher nicht viele. Einige Wissenschaftler behaupten, es könnte einen gemeinsamen Zahnhöcker oder Besonderheiten in der

Entwicklung der Wirbelsäule geben, und vielleicht haben sie recht. Der entscheidende – und eindeutige – Nachweis für eine Zugehörigkeit zu den Afrotheria liegt jedoch in den Genen. Die Identifikation einer Elefant-Seekuh-Schliefer-Tenrek-Gruppe war in den späten 1990er- und frühen 2000er-Jahren eine der überraschendsten Erkenntnisse der ersten DNA-Stammbäume, die trotz der mittlerweile verbesserten Gesamt-Genom-Analysen bis heute Bestand hat. Sehr zum Leidwesen von Anatomen der alten Schule ist das Ergebnis der Vaterschaftstests beweiskräftig. Es gibt sie, die Gruppe der Afrotheria.

Dass heutige Afrotheria sich so gar nicht ähnlich sehen, liegt daran, dass sie sich, ausgehend von einem primitiven gemeinsamen Vorfahren, bereits vor sehr langer Zeit auseinanderentwickelten, um die verschiedenen ökologischen Nischen auf dem afrikanischen Inselkontinent zu besetzen. Dieser gemeinsame Vorfahre war wahrscheinlich ein hundegroßes »Ur«-Plazentatier, ähnlich den Condylartha aus New Mexico, das entweder Ende der Kreide oder kurz nach dem Asteroideneinschlag Anfang des Paläozäns über die Inseln der Tethys aus dem Norden eingewandert war. Nach dem Verschwinden der Dinosaurier waren viele Jobs in der Nahrungskette plötzlich unbesetzt. Die Afrotheria nutzten die Lücken und passten sich den Lebensräumen am Waldboden, in Wiesen, Baumwipfeln und an der Tethysküste an.

Parallel dazu diversifizierte sich im Norden völlig unabhängig eine weitere der vier wichtigsten Untergruppen der Plazentatiere – Laurasiatheria. Im Norden entstanden behufte Perissodactyla und Artiodactyla, in Afrika Schliefer. Im Norden gab es ameisenfressende Schuppentiere und Gänge grabende Maulwürfe, in Afrika Erdferkel und Goldmulle. Im Norden flitzten Spitzmäuse und Igel über den Boden, in Afrika Rüsselspringer und Tenreks, die »kleinen Igel Madagaskars«. Im Norden entwickelten sich Wale (worauf ich gleich noch näher eingehen werde), während in Afrika Sirenia (die Gruppe der Seekühe) eine ganz ähnliche Transformation von Läufern zu Schwimmern durchmachten. Das alles ist ein weiteres, wunderbares Beispiel für konvergente Evolution. Primitive Plazentatiere fanden sich an isolierten Orten wieder, in einer plötzlich saurierfreien Welt, wo sie sich entfremdeten und – ohne Möglichkeit, sich zu vermischen und Gene auszutauschen – diversifizierten. Und doch schlug die Evolution ähnliche Wege ein, weil Afrotheria und Laurasiatheria sich ähnlichen Lebensräumen anpassen mussten.

Aus heutiger Sicht fällt es schwer, die Artenvielfalt der Afrotheria zu würdigen, da sie, nachdem Afrika und Eurasien zusammenwuchsen, durch die jüngere Zuwanderung nördlicher Säugetierarten – den Vorfahren der Zebras, Gnus, Löwen und Hyänen – überlagert wurde. Aber im Paläozän und vor allem im Eozän und im darauffolgenden Oligozän war Afrika das Reich der Afrotheria, und damit etwas ganz Besonderes.

Die Schliefer werden sogar in der Bibel erwähnt – im Buch der Sprichwörter 30,26 heißt es: »Klippdachse sind ein Volk ohne Macht, und doch bauen sie ihre Wohnung im Fels.« Sollten Sie wie ich aus dem Norden kommen, sei Ihnen jedoch verziehen, wenn Sie von den Klippdachsen, wie sie in der Heiligen Schrift heißen, noch nie gehört haben. Bis heute haben in Afrika und Vorderasien nur fünf Arten überlebt, entweder als pummelige, murmeltierähnliche Pflanzenfresser, die mit ihren Hufen in steinigem Gelände herumkraxeln, oder als Baumkletterer mit Saugnäpfen an den Füßen. Im Eozän und Oligozän gab es noch Dutzende von ihnen, von Arten, die nur ein paar Kilo wogen, bis zum nashorngroßen *Titanohyrax*, das 1,3 Tonnen auf die Waage brachte. Ein paar waren Allesfresser, andere hatten raue Zähne, mit denen sie Pflanzen raspelten, und wieder andere spezialisierten sich auf Samen und Nüsse. *Antilohyrax* hätte man mit einer Antilope verwechseln können, wenn es auf seinen dünnen Beinen durch die Wälder sprang, während andere afrikanische Schliefer mit ihren langen Schnauzen wie Schweine in der Erde wühlten. Die Schliefer füllten Nischen, die später von Gnus, Antilopen, Warzenschweinen, Nilpferden und Nashörnern besetzt wurden, und waren im Grunde alle Versionen der heute bekannten afrikanischen Hufsäugetiere.

Währenddessen streckten die ersten Sirenia entlang der Küste bereits vorsichtig ihre Zehen ins Wasser. Angefangen hatten sie als Landtiere mit kräftigen Armen und Beinen, mit denen sie auch in flachen Gewässern paddeln konnten. Im Laufe des Eozäns passte die Evolution sie dann an den aquatischen Lebensraum an, machte aus den Vorderbeinen Flossen, radierte die Hinterbeine ganz aus und ersetzte sie durch einen großen Schwanz, der den Sirenia, wenn sie ihn auf und ab bewegten, den nötigen Antrieb gab, um – wenn auch ein wenig unbeholfen – gegen die Strömung zu schwimmen. Sirenia waren die ersten Afrotheria, die sich weltweit ausbreiteten, zuerst entlang den Küsten der Tethys und dann darüber hinaus. Heute tauchen ihre Fossilien überall auf, von North Carolina über Ungarn bis Pakistan. Aber genau wie bei den Schliefern ist von ihrer einstigen Artenvielfalt nicht viel geblieben. Heute gibt es beschränkt auf die Karibik, Westafrika

Das ausgestorbene Afrotheria *Arsinoitherium*. (Foto: Aram Dulyan)

und das Amazonasgebiet nur noch drei Seekuharten plus die kleinen Dugongs im Indischen Ozean und südwestlichen Pazifik, die durch ihren entspannten Lebensstil – gemütliche Schwimmrunden zwischen ausgiebigen Seegrasmahlzeiten, bei denen sie leider gern mal in ein Fischernetz geraten oder mit einem Schiff kollidieren – zu einem knuddeligen Emblem gefährdeter Arten wurden.

Wenn wir nicht aufpassen, könnten Seekühe und Dugongs sich bald der traurigen Herde anderer einst artenreicher und weitverbreiteter Afrotheria anschließen und ebenfalls aussterben. Das wohl eindrucksvollste ausgestorbene Afrotheria im Pantheon der fantastischen Ungetüme war *Arsinoitherium*. Es sah aus wie ein Nashorn auf Steroiden. Aus seiner Stirn ragten zwei gewaltige Hörner, von denen jedes einzelne erheblich größer war als der Kopf – ein bisschen wie die Haare von Marge Simpson. Im Gegensatz zum Nashorn, einem Unpaarhufer, waren die Hörner von *Arsinoitherium* aber aus Knochen, nicht aus Hornstoff, und hohl. Zudem standen sie so weit nach vorne ab, dass sie beim Gehen bestimmt die Sicht einschränkten. Aber vielleicht war das gar kein so großes Problem, da der schwerfällige Pflanzenfresser sich wahrscheinlich vor nur wenigen Raubtieren fürchten musste. Man kann sich nicht wirklich vorstellen, wozu diese lächerlichen Hörner gedient haben könnten, außer vielleicht als ein etwas übertriebenes Mittel, um Partner anzulocken oder Feinde abzuschrecken.

Und dann sind da natürlich noch die Elefanten, die Ikonen der Afrotheria und – mehr noch als Schliefer, Seekuh und *Arsinoitherium* – eine Familie, von deren einstigem Glanz heute nur noch ein blasser Schimmer geblieben ist.

Wie alle Riesen haben auch die Elefanten einmal klein und bescheiden angefangen. Anhand einer Entwicklungssequenz von Fossilien aus Phosphorminen in Marokko, die der französische Paläontologe Emmanuel Gheerbrant gemeinsam mit marokkanischen Kollegen auswertete, lässt sich nachverfolgen, wie diese immer riesiger wurden. Die älteste dieser ausgestorbenen Elefan-

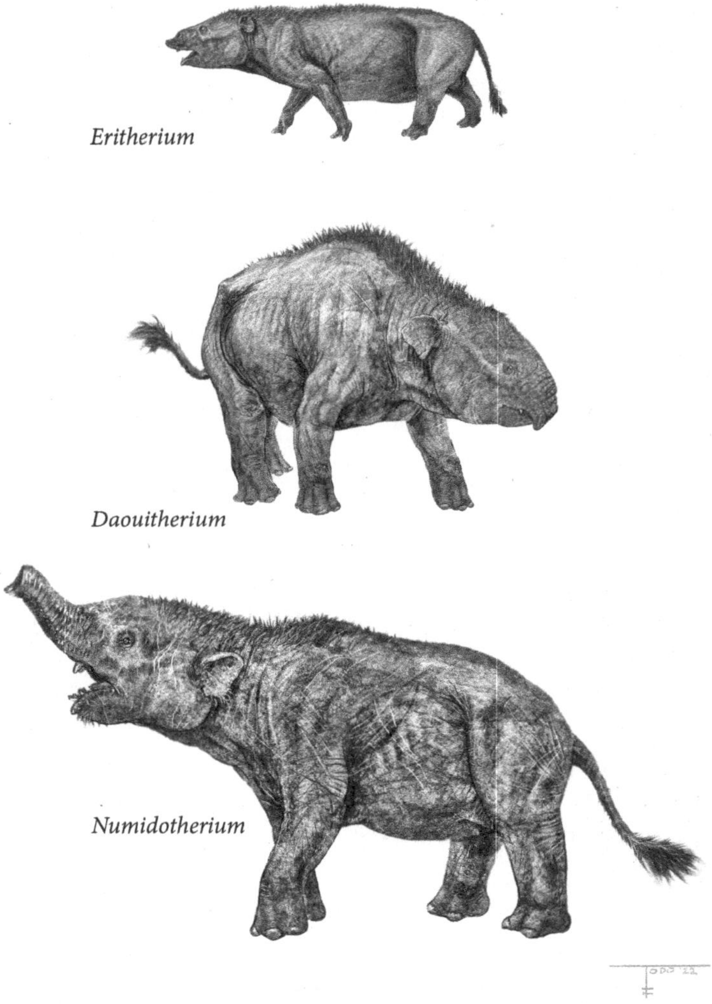


Entwicklung der Elefanten. (Illustrationen: Todd Marshall)

tenarten, *Eritherium*, lebte vor rund 60 Millionen Jahren im mittleren Paläozän und machte mit einer Schulterhöhe von circa 20 Zentimetern und einem Gewicht von 5 Kilogramm noch nicht viel her. *Eritherium* hätte vor jedem Schoßhündchen gekuscht, und ein moderner Elefant hätte es mit einem Tritt plattgemacht. Aber seine Zähne zeigten bereits Spuren der elefantischen Ernährung: quer verlaufende Schmelzleisten, die die Höcker der Zungenseite mit den Höckern der Wangenseite verbinden. Durch diese sogenannten Lophs entstehen gewellte Kauflächen, perfekt zum Zermalmen von Pflanzen.

Aus dem Paläozän wurde das Eozän, die globale Erwärmung des PETM kam und ging, und währenddessen wurden die mickrigen marokkanischen Elefanten immer größer und die Lophs auf ihren Zähnen immer ausgeprägter. Zuerst kam *Phosphatherium*, ungefähr dreimal so groß wie *Eritherium* und mit durchgängig gewellten Kauflächen, und dann *Daouitherium*, der erste Elefant, der wirklich etwas hermachte. Er brachte rund 200 Kilo auf die Waage, und als er vor ungefähr 55 Millionen Jahren durch die Wälder stampfte – lange bevor diese zu Savanne und Grasland wurden –, war er das größte afrikanische Säugetier, das je gelebt hatte. Sowohl *Phosphatherium* als auch *Daouitherium* hatten vorstehende Schneidezähne, ein erster Hinweis auf die Stoßzähne, die sich im nächsten Evolutionsstadium bei Arten wie dem ein Meter großen und stramme 300 Kilo schweren algerischen *Numidotherium* entwickeln sollten. In diesem Stadium kamen die Elefanten auch zu ihrer hohen Stirn. Die Nasenlöcher wanderten nach oben an die Spitze einer Rüsselnase, wie bei einem Tapir. An der Rüsselnase bastelte die Evolution dann so lange herum, bis ein Rüssel daraus wurde. Auch wenn sie vielleicht albern aussehen, waren die Rüssel ein echter Gamechanger. Sie erlaubten den Elefanten, Nahrung und Wasser aufzunehmen, ohne den gesamten Körper bewegen zu müssen, was Potenzial für eine noch beeindruckendere Körpergröße barg.

Sie wurden größer und größer. Im frühen Oligozän vor rund 34 Millionen Jahren waren Gattungen wie *Palaeomastodon* mit seinen zweieinhalb Tonnen Gewicht bereits schwerer als moderne Waldelefanten (die kleinste heute noch existierende Art). Die oberen Stoßzähne von *Palaeomastodon* wiesen nach unten, während die unteren Stoßzähne in einem Überbiss senkrecht aus dem

Die ausgestorbenen Elefantengattungen *Palaeomastodon* (oben) und *Deinotherium* (unten). (Fotos: Ägyptisches Museum für Geologie und Alexxx 1979)

Kiefer standen und über die oberen hinausragten. Es handelt sich dabei nur um eine der unzähligen Stoßzahnvarianten, die Elefanten im Oligozän (vor 34 bis 23 Millionen Jahren) und im darauffolgenden Miozän (vor 23 bis 5 Millionen Jahren) entwickelten. Es gab Arten mit Stoßzähnen, die aussahen wie Spaten oder Schaufeln. Bei anderen passten die vorstehenden oberen und unteren Stoßzähne genau aufeinander, wie eine riesige Pinzette, und eine Gattung namens *Deinotherium* hatte gar keine oberen Stoßzähne, dafür waren die unteren nach hinten gebogen wie bei einem Flaschenöffner. Diese Bandbreite an Formen hatte womöglich zwei Gründe: Zum einen hatten sich die verschiedenen Arten auf unterschiedliche Pflanzen spezialisiert – so konnte *Deinotherium* mit seinen Flaschenöffnerstoßzähnen beispielsweise hervorragend Äste von Bäumen reißen –, zum anderen demonstrierten die Tiere innerhalb der Herde mit den Zähnen ihre Stärke und Attraktivität.

Einige der miozänen Elefanten blähten sich zu Kolossen auf, deren Volumen das der heutigen Arten weit überstieg, und als Arabien an Eurasien andockte, breiteten sie sich von Afrika her weiter aus. *Deinotherium* hatte eine Schulterhöhe von 4 Metern und wog bis zu 14 Tonnen – doppelt so viel wie ein Afrikanischer Buschelefant. Aber *Deinotherium* war noch nicht der größte Elefant aller Zeiten. Dieser Titel geht an *Palaeoloxodon*, eine jüngere Art, die wir von Knochenteilen kennen, deren irrwitzige Dimensionen auf eine Schulterhöhe von 5 Metern und 22 Tonnen Gewicht schließen lassen. Falls diese Zahlen stimmen – ein gewisser Zweifel bleibt immer, wenn man von einzelnen Knochen auf die Körpergröße schließt –, wäre *Palaeoloxodon* das größte an Land lebende Säugetier aller Zeiten und würde dem derzeitigen Rekordhalter in den Lehrbüchern – einem hornlosen Nashorn namens *Paraceratherium* mit einer Schulterhöhe von 4,8 Metern und 17 Tonnen Gewicht, das an der Eozän-Oligozän-Grenze lebte – den Rang ablaufen.

Letztendlich ist aber nicht wichtig, wer der wahre Rekordhalter ist: Sowohl Elefanten wie *Palaeoloxodon* als auch Nashörner wie *Paraceratherium* waren Giganten. Was das Gesamtvolumen angeht, schenkten sie sich wahrscheinlich nicht viel, und das wiederum spiegelt einen allgemeinen Trend in der Säugetierevolution: An der Eozän-Oligozän-Grenze, also vor 34 Millionen Jahren, erreichten die Landsäugetiere ihre maximale Größe, und von da an trugen Nashörner und später verschiedene Gruppen von Elefanten den Titel »größtes an Land lebendes Tier« abwechselnd. Das legt nahe, dass die Gesamtkörpergröße von Säugetieren ein Limit hat, das durch eine Kombination verschiedener Faktoren gesetzt ist. Der erste Faktor ist die Ernährung. Die massigsten Säugetiere waren immer Pflanzenfresser und in der Regel zehnmal so schwer wie die Raubtiere, mit denen sie sich den Lebensraum teilten. Um besonders groß und schwer zu werden, braucht man eine sichere Kalorienquelle, und da sind Pflanzen, die leichter verfügbar sind als Fleisch, die beste Wahl. Der zweite Faktor ist die Temperatur. Große Tiere überhitzen leicht, ein Problem, das mit der Körpergröße wächst. Es könnte also sein, dass *Palaeoloxodon* und *Paraceratherium* mit ihrer Größe ein funktionales Limit erreicht hatten. Wären die Säugetiere noch größer geworden, hätten sie womöglich nicht mehr genug fressen oder ihre Körperwärme nicht mehr schnell genug abgeben können. Es könnten aber auch noch andere Faktoren eine Rolle gespielt haben. Wie dem auch sei, würde nur ein fossiler Knochen eines noch größeren Landsäugetiers entdeckt werden, müssten wir das alles ohnehin noch einmal überdenken.

Aber Sie stellen sich vielleicht eine ganz andere Frage: Weshalb sind die Landsäugetiere nie so groß geworden wie die Dinosaurier? Warum wurden *Palaeoloxodon* und *Paraceratherium,* so massig sie auch waren, noch nicht einmal halb so schwer wie die größten Langhalsdinosaurier? Diese Frage ist schwer zu beantworten. Ich vermute jedoch, dass es mit den Lungen zu tun hatte. Die Lungen von Säugetieren saugen die Luft ein und stoßen sie wieder aus, wobei sie sich ausdehnen und wieder zusammenziehen. Wir spüren das jedes Mal, wenn sich beim Atmen unsere Brust hebt und senkt. Bei Vögeln ist das anders. Bei ihnen durchströmt die Luft die Lungen nur in einer Richtung. Gesteuert wird diese technische Meisterleistung von ballonartigen Luftsäcken, die in einer präzisen Abfolge die Lungen mit Luft versorgen. Atmet ein Vogel ein, fließt ein Teil der sauerstoffreichen Luft direkt durch die Lungen und der Rest in die Luftsäcke. Ziehen die Luftsäcke sich beim Ausatmen dann zusammen, strömt die darin enthaltene Luft durch die Lungen. Das heißt, Vögel – und auch Dinosaurier, die dieselben Lungen hatten – nehmen beim Ein- *und* beim Ausatmen Sauerstoff auf. Und das wiederum bedeutet, dass Dinosaurier mit jedem Atemzug sehr viel mehr Sauerstoff aufnehmen konnten als ähnlich große Säugetiere. Und da ist noch etwas: Die Luftsäcke dehnen sich in den Körper und sogar in die Knochen hinein aus, dadurch funktionieren sie wie eine Klimaanlage und machen das Skelett zudem leichter. Daraus folgt: Die großen Saurier waren die effektiveren Atmer. Sie konnten ihre Körper besser kühlen und hatten leichtere und biegsamere Knochen. Das ist, denke ich, der Grund, weshalb kein Landsäugetier je diese kolossalen Ausmaße erreicht hat.

Aber auch wenn sie nicht die Dimensionen von manchen Dinosauriern haben, sind Afrikanische und Asiatische Elefanten – objektiv gesehen – noch immer sehr, sehr groß, und ihr gesamter Körper ist an diese Größe angepasst. Ihre Beine sind Baumstämme, die ihre Leibesfülle tragen wie griechische Säulen, während ihre lustigen Schlappohren ihnen als Fächer helfen, ihre Körpertemperatur zu regulieren. Die üblicherweise komplexen Zahnreihen eines Säugetiers sind vereinfacht zu langen Stoßzähnen und Molaren und Prämolaren so groß wie ein Schuh, von denen immer nur jeweils einer oder zwei auf eine Kieferhälfte passen. Das macht eine ganz neue Art des Zahnwechsels notwendig, die sich molare Progression nennt. Elefantenkiefer sind wie Fließbänder: Die neuen Molaren brechen hinten hervor und schieben sich dann nach vorne, wobei sie sich durch das Kauen abnutzen, ausfallen und durch den nachfolgenden Molaren ersetzt werden. Das ermöglicht den Elefanten, die Unmengen von

Pflanzen zu verschlingen – rund 150 Kilo am Tag –, die sie brauchen, um ihre beeindruckende Figur zu halten. Ihre Masse wirkt sich auch auf ihre Umwelt aus. Elefanten können Bäume ausreißen und Savannen in Grasland verwandeln, und wenn sie nach Wasser graben, schaffen sie kleine Wasserlöcher, die zum Lebenselixier neuer Miniökosysteme werden.

Elefanten für tumbe Riesen zu halten wäre jedoch ein Fehler. Erst so richtig beeindruckend macht sie, dass sie nicht nur Muskeln, sondern auch Grips haben. Ihre Gehirne sind, wie es bei einem so großen Tier zu erwarten ist, nicht nur absolut gesehen riesig, sondern auch relativ. Das Volumen eines Elefantengehirns entspricht im Verhältnis zur Körpergröße dem eines Primaten. Elefanten, Primaten und Wale sind der Big Brain Club der Säugetiere. Sie haben im Verhältnis zu ihrer Körpergröße die größten Gehirne, was sie zu besonderen Intelligenzleistungen befähigt. Elefanten haben ein außergewöhnlich gutes Langzeitgedächtnis, benutzen ihre Stoßzähne als Werkzeuge, zeigen ein komplexes Sozialverhalten, lösen Probleme und erkennen sich selbst im Spiegel. Mithilfe von niedrigfrequenten Infraschalltönen oder auch seismischen Wellen kommunizieren Elefanten über weite Distanzen. Sie sprechen miteinander, indem sie kleine Erdbeben verursachen! Derzeit diskutieren Biologen sogar, ob Elefanten, die sich um kranke oder sterbende Mitglieder der Herde sorgen und Interesse an den Knochen ihrer Vorfahren und Verwandten zeigen, nicht sogar Formen von Empathie entwickeln.

Trotz ihrer erstaunlichen Fähigkeiten gibt es jedoch eine Sache, die auch Elefanten nicht können. Im Gegensatz zu Dumbo, dem Leinwandhelden, der sich mit den Ohren schlagend in die Lüfte schwang, können echte Elefanten, weder in Afrika noch in Asien, fliegen. Genauso wenig wie alle anderen Säugetiere. Mit einer Ausnahme: Fledermäuse.

**Als ich in New York meine Doktorarbeit schrieb**, hatte ich ein Büro im American Museum of Natural History an der Westseite des Central Parks. Ich war wegen der Dinosaurier dort. Das

Museum besitzt eine der weltgrößten Sammlungen, darunter auch einige der berühmtesten *T.-rex*-Skelette. Einmal, als ich in der Dinosaurierlagerhalle war und durch die hohen, von Holzschränken gesäumten Gewölbegänge ging, traf ich zufällig Nancy Simmons.

Damals kannte ich sie nur flüchtig. In den fünf Jahren, die ich am Museum war, habe ich nur wenige Male mit ihr gesprochen, was ich heute sehr bedaure, denn je mehr sich mein Fokus weg von den Dinosauriern auf die Säugetiere verlagert, umso mehr beschäftigte ich mich mit ihren Forschungsarbeiten, die sie für mich zu einer großen Heldin der Wissenschaft machen.

Nancy ist Paläontologin, aber nur zur Hälfte. Schon gegen Ende ihres Studiums war sie eine weltweit anerkannte Expertin für Multituberculata. Dann wechselte sie das Fach und wurde Expertin für Fledermäuse. Ein paar Monate bevor ich mit meiner Doktorarbeit begann, veröffentlichte sie eine sensationelle Entdeckung, die es sogar aufs Cover des *Nature*-Magazins schaffte: *Onychonycteris*, die älteste und primitivste Fledermausart der Welt, die im frühen Eozän vor rund 52,5 Millionen Jahren lebte. Die meiste Zeit beschäftigt Nancy sich jedoch nicht mit der Beschreibung alter Knochen, sondern schlägt sich auf der Suche nach neuen lebenden Fledermausarten durch die Dschungel Südostasiens und der Neotropis, um DNA-Proben aus Fledermausblut und anderem Gewebe für Stammbäume zu sammeln.

Fledermäuse muss man nicht lange vorstellen. Ob man sie nun liebt oder sich vor ihnen gruselt, jeder kennt sie als die einzigen Säugetiere, die wirklich fliegen können. Es gibt ein paar Säuger, die mit Flughäuten segeln oder gleiten können, wie Flughörnchen oder Riesengleiter (die keine Primaten sind, fälschlicherweise aber oft als »Fluglemure« bezeichnet werden) oder auch die ausgestorbenen jurassischen und kreidezeitlichen Haramiyiden. Fledermäuse sind jedoch die einzigen Säugetiere, die mit eigenem *Antrieb* fliegen. Sie schlagen aktiv mit den Flügeln, wodurch sie die nötige Schubkraft und den Auftrieb generieren, um sich durch die Luft fortbewegen zu können.

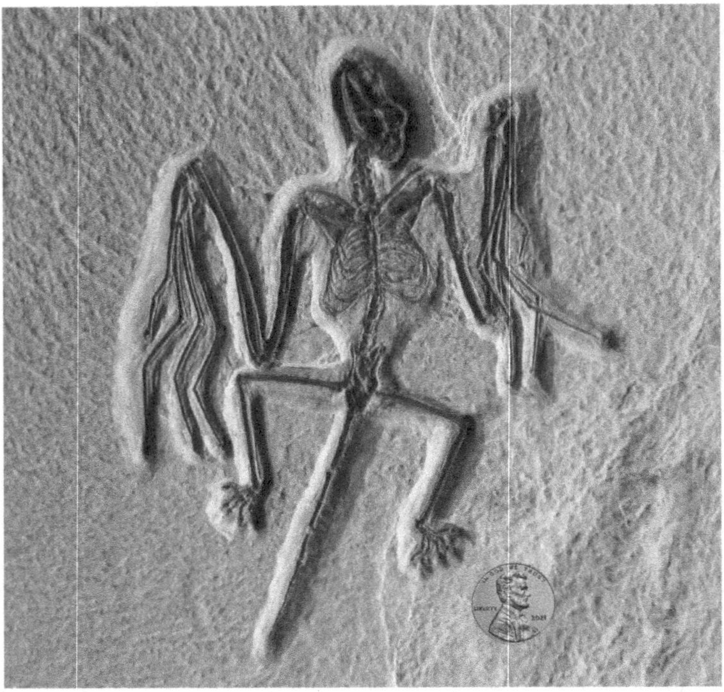

Das von Nancy Simmons beschriebene Fledermausfossil *Onychonycteris*. (Foto: Matthew Dillon)

Das Fliegen mit Flügeln ist nicht leicht, weshalb es den Wirbeltieren in der gesamten Evolutionsgeschichte auch nur dreimal gelungen ist – und jeder dieser Versuche, sich in die Lüfte zu erheben, sah anders aus. Pterodactyla streckten ihre Ringfinger und spannten daran ein großes Hautsegel auf, die Dinosaurier-vorfahren der Vögel verlängerten die kompletten vorderen Gliedmaßen, um eine gefiederte Tragfläche daran zu befestigen, und die Fledermäuse ließen fast alle ihre Finger zu einem »Handflügel« wachsen. Fledermausflügel sind genial konstruiert. Die Haut, die sich zwischen den Fingern spannt, ist dünn und flexibel, und der Flügelschlag wird durch die Kontraktion kräftiger Muskeln am Brustbein ausgelöst. Damit können Fledermäuse

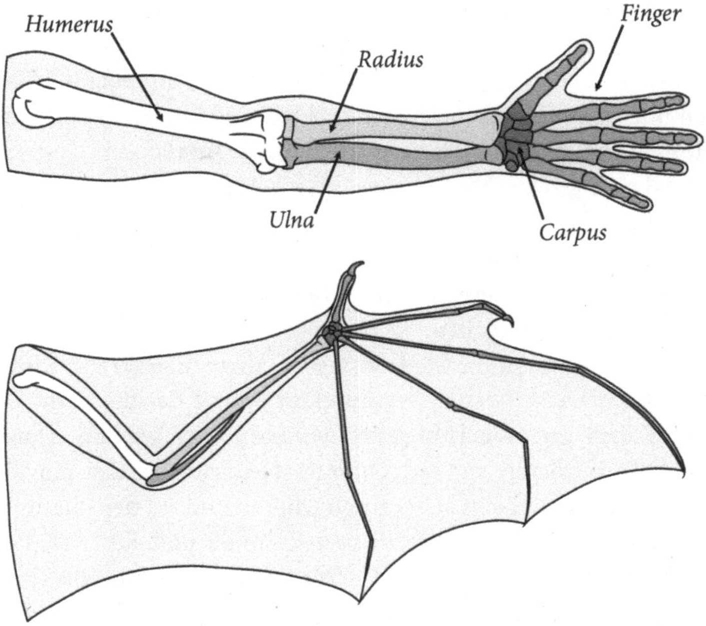


Ein Fledermausflügel im Vergleich zu einem menschlichen Arm.
(Illustration: Sarah Shelley)

sehr schnell fliegen – bei manchen hat man Geschwindigkeiten von 160 km/h gemessen – und problemlos Hindernissen ausweichen, was bei Tieren, die in der Regel nachtaktiv sind, von großem Nutzen ist.

Das Fliegen ist die Superkraft der Fledermäuse. Es verschafft ihnen Zugang zu Lebensräumen und Nahrung, die für erdgebundene Säugetiere unerreichbar sind, und das ist mit Sicherheit auch der Grund, weshalb Fledermäuse so zahl- und artenreich sind. Heute ist jede fünfte Säugetierart eine Fledermaus – rund 1400 Spezies insgesamt. Diese Artenvielfalt wird nur von Nagetieren noch übertroffen. Hinzu kommt, dass Fledermäuse wahre Meister des sozialen Lebens sind. In den Tropen findet man Ökosysteme, in denen mehr als hundert Arten zusammenleben, von denen manche zudem sehr zahlreich sind. Ein Grund, weshalb wir Fledermäuse so gruselig finden, ist ihr Zusammenleben in großen Kolonien. Unzählige Individuen hängen kopfüber in Höhlen oder unter Brücken, so dicht neben- und übereinander, dass sie eine durchgängige Decke bilden. Nur der bestialische Gestank und das in großen Mengen heruntertropfende Guano verraten, dass es sich um Tiere handelt. Dieses ausgeprägte Gemeinschaftsleben macht Fledermäuse aber auch anfällig für Krankheiten und Infektionen – und die Kolonien zu Brutstätten für Viren, die dann auf Menschen übergehen.

Aber wie kamen die Fledermäuse zu ihrer Superkraft? Überraschenderweise wissen wir nur sehr wenig darüber, wie sie ihre Flügel und die Fähigkeit zu fliegen entwickelten. Dank DNA-Tests wissen wir jedoch, dass Fledermäuse der nördlichen Gruppe der Laurasiatheria angehören und auf dem Stammbaum in der Nähe der Karnivoren (Hunde und Katzen) und Huftiere (Perissodactyla und Artiodactyla) angesiedelt sind. Dass Fledermäuse keine Ähnlichkeit mit Pferden oder Hunden haben, muss nicht extra erwähnt werden, was bedeutet, dass es eine Entwicklungssequenz ausgestorbener Spezies geben muss, die von am Boden lebenden Säugetieren mit Gliedmaßen zum Gehen zu Fliegern mit »Flügelhänden« mutierten. Leider haben wir kaum Fossilien, die diese evolutionären Veränderungen darstellen. Die ersten Fledermausskelette, die wie Nancy Simmons' *Onychonycteris* im Eozän auftauchen, sehen bereits wie Fledermäuse aus und haben die unverwechselbaren Umrisse des Batman-Logos: kleiner Kopf, kompakter Körper, winziger Schwanz, breite, zwischen den Fingern gespannte Flügel. Es waren federleichte Tiere, deren zerbrechliche Skelette nur unter außergewöhnlichen Umständen erhalten geblieben sind. *Onychonycteris* beispielsweise war in den stillen Tiefen eines Sees in Wyoming begraben, ähnlich den eozänen Fledermäusen aus dem Messelsee in Deutschland. Die Skelette der Vorgänger dieser durch einen Zufall so gut erhaltenen eozänen Fledermäuse waren vermutlich noch kleiner, weshalb sie nach ihrem Tod schnell zerfielen und wir keine Fossilien von ihnen bergen konnten … bisher.

Aber auch wenn wir von den direkten Fledermausvorfahren, die sich einst Flügel wachsen ließen und in die Lüfte schwangen, keine Fossilien haben, können wir aus *Onychonycteris* und anderen frühen Spezies diverse Rückschlüsse ziehen. Als Nancy und ihre Kollegen *Onychonycteris* beschrieben, stellten sie fest, dass es deutlich primitiver war als heutige Arten. Sicher, es hatte bereits Flügelhände und einen großen Kamm am Brustbein, an dem die Muskeln für die Flügelschläge verankert waren, es konnte also schon fliegen. Seine Flügel hatten aber eine eigenartige Form. Im Vergleich zu den breiten und eleganten Schwingen moderner Fledermäuse waren die Flügel von *Onychonycteris* kurz und robust, weshalb es nicht nur schlechter manövrieren konnte, sondern dabei auch sehr schnell fliegen musste, um genug Auftrieb zu haben und sich in der Luft zu halten. Sein Flugstil, bei dem es zwischen Flügelschlagen und Gleiten abwechselte, mutete wahrscheinlich recht seltsam an. Es muss durch die Gegend geflattert sein wie ein betrunkener Schmetterling. Aber *Onychonycteris* wies auch noch andere anatomische Kuriositäten auf. Von den Flügelhänden einmal abgesehen, hatte es den typischen Körperbau eines Gleiters, wie beispielsweise eines Flughörnchens, und – im Gegensatz zu modernen Fledermäusen – scharfe, gebogene Krallen an den Flügelfingern. Merkmale eines flinken Kletterers, der auf allen vieren die Bäume hinaufkraxelt.

Alles in allem legt dies nahe, dass Fledermäuse von Gleitern abstammen, die sich zu flatternden Fliegern mit langen Fingern und Flügelhänden entwickelten. Die neuen Flügel veränderten alles. Verglichen mit den Flughäuten der Gleiter hatten sie in etwa eine doppelt so große Tragfläche, die für mehr Auftrieb und Schubkraft sorgte und den Tieren ermöglichte, zielgerichteter und länger zu fliegen. Trotz allem waren ihre ersten Flugversuche mit Muskelantrieb wahrscheinlich noch recht unbeholfen. *Onychonycteris* hatte keine so ausgefeilte Aerodynamik wie moderne Fledermäuse und musste sehr viel härter arbeiten, um Auftrieb zu bekommen. Und es konnte auch nie so mühelos Bäumen und anderen Hindernissen ausweichen. Aber es hatte die entscheidende Schwelle bereits überschritten, denn ab dem Moment, in dem die Fledermäuse beim Fliegen mit den Flügeln schlugen, machte die natürliche Selektion sie zu immer besseren Fliegern mit immer größeren Flügeln, die ihnen mehr Auftrieb, längere Flugzeiten und eine bessere Manövrierfähigkeit garantierten.

Ausgehend von dem, was wir derzeit wissen, macht dieser Ablauf Sinn. Um ihn wirklich beweisen zu können, werden wir aber die Fossilien jener Spezies brauchen, die die Entwicklungsstufen vom Boden über das Gleiten bis hin zum Fliegen aus eigener Kraft markieren.

Unabhängig davon, wie genau sie zu ihren Flügelhänden kamen und wann sie anfingen, damit zu flattern, ist jedoch sicher, dass sich die Fledermäuse über die ganze Welt ausbreiteten, sobald sie flugtauglich waren. Gegen Ende des frühen Eozäns, nur wenige Millionen Jahre nach der globalen Erwärmung des PETM, hinterließen Fledermäuse ihre Fossilien in Nordamerika (beispielsweise *Onychonycteris*), Europa und Asien. Selbst in Australien, das damals bereits eine Insel am Ende der Welt war, tauchen ihre Fossilien auf, ebenso in Indien, das zu jener Zeit noch nicht an Asien angedockt hatte und ebenfalls eine Insel war. Fledermäuse waren die ersten kosmopolitischen Plazentasäugetiere – die ersten, die sich von den Fesseln der Geografie, welche die paläozäne und eozäne Evolution bis dahin diktiert hatten, befreiten. Wie ihnen das gelang, ist kein Geheimnis. Sie konnten die Ozeane, die die Migration von Landsäugetieren be- oder sogar komplett verhinderten, problemlos überfliegen. Wie eine Horde Invasoren stürmten sie den gesamten Globus, so schnell, dass sie Südamerika und Afrika – die beiden großen Inselkontinente – erreichten, bevor die einheimischen Arten eigene Flugtechniken entwickeln konnten. Das ist bedauerlicherweise wohl der Grund, weshalb es keine witzigen Fledermäuse mit Beuteln oder Afrotheria-Fledermäuse gibt – sondern nur den Laurasiatheria-Typ.

Mit ihrer Ausbreitung über die gesamte Erde – Fledermäuse sind heute mit Ausnahme der Antarktis auf allen Kontinenten und in so ziemlich jedem Landstrich, der nicht gefriert, zu finden – entwickelten sie unzählige Arten mit unterschiedlichen Körpergrößen, Flügelformen, Flugstilen, Ernährungsweisen und Ökosystemen. Im mittleren Eozän, vor rund 48 Millionen Jahren, stürzten Hunderte von Fledermäusen in den giftigen Schlamm des Messelsees, deren faszinierende Fossilien eine verblüffende Bandbreite an Merkmalen aufweisen. Es gab dort nachweislich sieben Arten, deren Flügelformen und versteinerten Mageninhalte von unterschiedlichen Lebensweisen zeugen. Es gab Überflieger mit schmalen Flügeln, die hoch über dem See ungehindert durch die Luft segelten, Draufgänger mit breiteren Flügeln, die durch das dichte Unterholz der Wälder schossen, und andere mit mittelgroßen Flügeln, die den Luftraum zwischen den hohen Bäumen beherrschten. Manche Arten fraßen Motten und fliegende Insekten, andere pflückten deren sesshaftere Vertreter wie etwa Käfer von den Ästen.

Alle am Messelsee lebenden Fledermäuse entwickelten offenbar zudem noch eine zweite Superkraft, mit der auch viele der heute lebenden Arten gesegnet sind: ein Echolot. Es handelt sich dabei um ein hochsensibles biologisches Sonarsystem, das mit keiner der Sinneswahrnehmungen, die wir so zu bieten haben, verglichen werden kann. Fledermäuse stoßen ein sehr hohes Quieken aus oder machen Klicklaute mit der Zunge und wandeln das Echo dieser Laute dann im Kopf in ein »Bild« ihrer Umgebung um. Auf diese Weise können sie im Dunkeln »sehen«. Ihr Echolot ist ein sechster Sinn, der auf der Lauer liegende Raubtiere enttarnt, Insekten aufspürt und verhindert, dass sie beim Fliegen gegen einen Baum knallen. Damit ihr Kehlkopfecholot funktioniert, brauchen Fledermäuse zwei Dinge: eine große, verschnörkelte Hörschnecke, um das Echo hören zu können, und eine feste Verbindung zwischen Kehlkopf und Ohr. Diese Verbindung stellt ein vergrößerter Knochen im Hals dar, der sogenannte Stylohyal, der sich um den Steigbügel im Trommelfell legt, sodass das Nervensystem die gesendeten Schreie mit dem empfangenen Echo abgleichen kann, und der zudem die großen Kehlkopfmuskeln stützt, die diese Schreie produzieren. Diese beiden anatomischen Besonderheiten sind auch bei Fossilien zu erkennen, weshalb wir wissen, dass die Messel-Fledermäuse die Echoortung beherrschten, Nancys *Onychonycteris* jedoch nicht. Und daraus wiederum folgt, dass die Echoortung sich nach dem Fliegen entwickelte.

Wie schon die ersten Flugversuche, waren auch die Anfänge der Echoortung eher bescheiden. Bei einigen Messel-Fledermäusen war die Hörschnecke kaum größer als bei Spezies ohne Echoortung, weshalb ihr Echolot wohl etwas anspruchsloseren Zwecken diente, wie der allgemeinen Orientierung oder dem Umfliegen offensichtlicher Hindernisse. Im Laufe der Zeit wurde das System mittels natürlicher Auslese jedoch stark verbessert. Größere Hörschnecken sorgten bei den weiterentwickelten Fledermäusen für eine sehr viel bessere »Sicht« im Dunkeln. Mithilfe ihres Sonars wichen sie Dingen nicht mehr nur aus, sondern begannen, um ihr Leben fliegende Insekten gezielt zu jagen. Moderne Fledermäuse zählen zu den begnadetsten Jagdfliegern überhaupt. Sie nehmen im Stockdunkeln das Summen eines Insekts wahr und orten seine Position so präzise, dass sie es sich im Flug aus der Luft schnappen können. Die Echoortung war für die Fledermäuse zukunftsweisend. Dank ihr hatten die Vögel – die sich aus den Dinosauriern entwickelten und mit ein paar wenigen Ausnahmen über keine Echoortung verfügten – keine Chance, sich auch den nächtlichen Luftraum zu erobern. Die Fledermäuse waren die alleinigen Herrscher über den Nachthimmel.

Aber nicht alle Fledermausarten orten mit ihrem Sonar Insekten. Manche spüren damit auch andere Nahrungsquellen auf. So trinken die berüchtigtsten und meistgefürchteten Fledermäuse, die Vampirfledermäuse, tatsächlich Blut. Die drei in Mittel- und Südamerika lebenden Arten sind sogar die einzigen Säugetiere, die sich ausschließlich von Blut ernähren, man spricht hier von Hämatophagie. Etwas Gruseligeres als diese Geschöpfe, die ihre schlafenden Opfer mit Echoortung und Instinkten aufspüren, die speziell auf Atemgeräusche ausgerichtet sind, hat die Natur nicht zu bieten. Still und leise fliegen sie – im Schatten der Dunkelheit natürlich – zu ihrem Opfer, landen, kriechen auf allen vieren langsam heran und lokalisieren mit einem Wärmedetektor in ihrer Nase eine Stelle, an der das Blut direkt unter der Haut fließt. Dann schlagen sie ihre spitzen Zähne in ihr Opfer und lecken mit der Zunge das Blut auf. Diese Trinkgelage dauern in der Regel um die 30 Minuten, dennoch achten die Vampire stets darauf, nicht zu viel Blut abzuzapfen, damit ihr Gastgeber ihnen für weitere Mahlzeiten erhalten bleibt. Ihre Beute sind meist Vögel, Kühe oder Pferde, aber es sind auch Fälle bekannt, in denen Vampirfledermäuse Menschen angegriffen haben. Und als ob das nicht schon furchterregend genug wäre, leben sie auch noch in großen Kolonien und hängen tagsüber zu Hunderten oder Tausenden von der Decke einer Höhle, bevor sie bei Einbruch der Nacht ausschwärmen und die Gegend unsicher machen. In einem Jahr trinkt eine hundertköpfige Kolonie das Blut von 25 Kühen.

Ob es im Eozän auch schon Fledermäuse gab, die Blut tranken? Wir wissen es nicht. Es ist eine der vielen unbeantworteten Fragen zur Evolution dieser Tiere. Solange wir noch keine Fossilien haben, die die Verwandlung der Fledermäuse von Läufern in Gleiter und dann Flieger dokumentieren, werden viele Rätsel offenbleiben. Aber es gab noch eine weitere Säugetiergruppe, die eine zwar völlig andere, aber nicht minder bemerkenswerte Verwandlung durchlief. Und in diesem Fall haben wir Fossilien, die uns verraten, wie diese vonstattenging – Schritt für Schritt.

**Seit über viertausend Jahren** trotzen die Pyramiden von Gizeh sengender Sonne, Sahara und Wüstenwind. Wie viele alte ägyptische Denkmäler hat man sie aus Kalkstein gebaut, einem widerstandsfähigen Material, das noch sehr viel älter ist als die Pharaonen. Dieses harte, kalziumreiche Gestein hat sich im Eozän, also vor über 40 Millionen Jahren, in den warmen und ruhigen Gewässern der Tethys gebildet, und die Kreaturen jener längst vergessenen Welt haben, lange bevor Nordafrika eine Landmasse, dann Wüste und schließlich die Wiege der menschlichen Zivilisation wurde, ihre fossilen Spuren darin hinterlassen. Die Steinblöcke der Pyramiden sind voll davon – Algen, mikroskopisch kleine Planktonschalen und versteinerte Schnecken. Ungefähr 160 Kilometer südwestlich der Pyramiden, in der Nähe der vom Nil bewässerten Palmenoase Fayyum, ragen aber noch deutlich größere Fossilien aus den Gesteinsschichten des Eozäns.

Der Name Wadi al-Hitan, auf Arabisch »Tal der Wale«, ist nicht metaphorisch zu verstehen. Tatsächlich ist der Wüstenboden dort mit Walskeletten gepflastert, als wäre der eozäne Meeresgrund trockengelegt und zu Stein geworden. Die Szenerie ist bizarr, irreal – Tausende von Walen, die in einem der trockensten Gebiete der Welt im Sand liegen und in der Sonne schmoren, ungefähr 160 Kilometer vom nächsten Meer, in dem ihre modernen Artgenossen schwimmen, entfernt. Dass diese Wale in der Wüste gestrandet sind, erscheint so unbegreiflich, als lägen sie in einem Krater auf dem Mond. Viele der Fossilien sind für derart alte Knochen extrem gut erhalten: riesige Skelette, die Knochen perfekt angeordnet, mit Schädeln, in denen noch die Zähne stecken, und sanft gebogenen Wirbelsäulen, aus denen seitlich die Rippen hervorstehen. Folgt man der Serpentine des Rumpfs, sieht man zuerst flache Flossen aus den Schultern ragen, dann folgt die Wirbelsäule, die in den Schwanz übergeht, und an der Stelle, an der der Schwanz anfängt, sich zu verjüngen, liegen, losgelöst vom restlichen Skelett, einige kleinere Knochen.

Ein Becken und ein Bein.

Eigenartig. Moderne Wale haben keine Beine. Wozu auch. Sie steuern mit den vorderen Flossen und schwimmen mit der Schwanzflosse.

Die Wadi-al-Hitan-Skelette – der 15 Meter lange *Basilosaurus*, sein kleinerer Cousin *Dorudon* und noch ein paar andere Gattungen – waren keine normalen Wale. Sie erinnern an eine Zeit, als die Wale noch zu Fuß unterwegs waren. Obwohl sie selbst im Meer lebten, hatten die Wadi-al-Hitan-Wale noch die Beine ihrer

Fossile Walskelette im Wadi al-Hitan in der ägyptischen Wüste.
(Fotos: Ahmed Mosaad und Mohammed ali Moussa)

an Land lebenden Vorfahren, die es im Laufe des zehn Millionen Jahre andauernden Eozäns ins Meer zog, wo aus den langbeinigen Sprintern U-Boot-förmige Schwimmmaschinen wurden, die das Festland nie wieder betraten. Einmal im Wasser, wurden die Wale immer größer und passten sich den Wellen immer besser an, wobei sie nach und nach auch die für Landtiere typischen Körperteile verloren und gegen aquatische Merkmale eintauschten.

Die Entwicklung der Wale ist ein Paradebeispiel für Evolution, das in fast jedem Biologiebuch zu finden ist: die radikale Verwandlung eines Organismus in etwas, das völlig anders aussieht und sich auch völlig anders verhält, mit einem neu gestalteten Körper, der einer neuen Umgebung angepasst ist. Die Evolution der Wale ist nicht hypothetisch. Wir haben tatsächlich eine Reihe von fossilen Skeletten, darunter auch *Basilosaurus* und *Dorudon*, die die Metamorphose der Wale Schritt für Schritt dokumentieren. Wenn irgendjemand behauptet, in der Fossiliengeschichte gebe es keine »Übergangsfossilien« oder »Missing Links«, dann erzählen Sie ihm von den »Walking Whales«, den an Land lebenden »wandelnden Walen«.

Stellen wir, bevor wir uns mit der Geschichte der Wale etwas genauer befassen, noch eine Sache klar. Es ist keine Schande, Wale für gigantische Fische zu halten. Wale sehen definitiv aus wie Fische. Ich selbst ging schon mehrere Jahre zur Schule, bis ich endlich begriff, dass Wale Säugetiere sind. Schuld an diesem Missverständnis ist die konvergente Evolution. Wale haben ihre Körper demselben Lebensraum angepasst wie Fische – sie schwimmen, fressen und vermehren sich im Wasser – und sehen daher genauso aus wie Fische. Daraus folgt, dass sie anderen Säugetieren nicht sehr ähnlich sehen. Die eozäne Entwicklung vom Landtier zum Meerestier hat viele »stereotype« Merkmale und Verhaltensweisen der Säugetiere ausradiert oder umfunktioniert. Somit sind Wale die Säugetiere, die mit Säugetieren die wenigsten Ähnlichkeiten aufweisen. Trotzdem sind es Säugetiere. Und bei genauerem Hinsehen sind die Anzeichen auch nicht zu übersehen. Sie haben den durchgehenden Unterkieferknochen und die drei Gehörknöchelchen, die ein Säugetier definieren. Sie haben Brustdrüsen und ernähren ihre Jungen mit Milch. Und obwohl ihre Haut sehr glatt ist, gibt es Reste einer Behaarung – Tasthaare am Maul, die bei manchen Arten nur noch die Jungtiere aufweisen. Hinzu kommt, Wale sind Plazentatiere, die große (oft *sehr* große) und gut entwickelte Junge zur Welt bringen, die im Mutterleib über die Plazenta ernährt werden. Der Beweis ist ihr Bauchnabel, an dem die Nabelschnur gehangen hat, über die sie in der Gebärmutter mit der Plazenta verbunden waren.

Wale sind also Säugetiere, aber was für eine Art von Säugetieren? Oder anders formuliert: Von welchen Landsäugetieren stammen sie ab? Diese Frage beschäftigte die großen Denker mehrere Jahrtausende. Schon Aristoteles bemerkte, dass Wale keine Fische sind. Aber zu jener Zeit, lange vor der Evolutionstheorie, konnte er den Gedanken, dass sie von anderen Arten abstammten, noch nicht in Begriffe fassen. In einem seiner wenigen peinlichen Momente mutmaßte Darwin, Wale könnten sich aus Bären entwickelt haben, die mit offenen Mäulern schwammen, um Insekten von der Wasseroberfläche zu fischen – eine so aberwitzige Idee, dass er sie aus späteren Ausgaben von *Über die Entstehung der Arten* herausstrich. Auch George Gaylord Simpson brütete über dieser Frage, als er 1945 seinen Säugetierstammbaum erstellte, und ordnete die Wale einem eigenen Zweig zu, weit entfernt von anderen Gruppen. Schließlich tauchten in der zweiten Hälfte des 20. Jahrhunderts neue vielversprechende Kandidaten für die Erbfolge der Wale in der Fossiliengeschichte auf: die Mesonychia, paläozäne »Ur«-Plazentatiere, deren dicke, scharfe Zähne denen der Wale sehr ähnlich waren. Als Nachweis war das allerdings ziemlich dürftig, wie es aufgrund der Konvergenz bei auf dentalen Ähnlichkeiten basierenden Verwandtschaftsverhältnissen häufig der Fall ist.

Eine verlässliche Antwort fand sich erst Ende des 20. Jahrhunderts, als ein DNA-Vaterschaftstest beider Fossilien – anders als in so vielen anderen Fällen, über die wir schon gesprochen haben – zum selben Ergebnis kam. Wale sind Artiodactyla. Sie gehören zur Familie der paarhufigen Säugetiere.

Zunächst war es nur die DNA, anhand derer nachgewiesen wurde, dass Wale auf dem Familienstammbaum eine Gruppe mit Kühen, Schafen, Nilpferden, Kamelen, Hirschen, Schweinen und anderen Pflanzenfressern mit gespaltenen Klauen bilden. Später bewiesen es dann auch die Fossilien. 2001 fand man mehrere Skelette von primitiven *Ambulocetus* – »wandelnden Walen« –, die aus dem Eozän stammten und das typischste aller Artiodactyla-Merkmale aufwiesen: ein Sprungbein mit zwei Gelenkrollen. Wie wir bereits im letzten Kapitel erfahren haben, entwickelten die Paarhufer dieses einzigartige Fußgelenk, mit dem sie sehr schnell laufen können, ohne sich den Knöchel zu verstauchen, in der globalen Wärme des PETM zu Beginn des Eozäns. Kein anderes Säugetier – nicht einmal schnelle Läufer wie Pferde oder Hunde – hat dieses Gelenk. Moderne Wale, bei denen keine Spuren von Füßen mehr vorhanden sind, natürlich auch nicht. Der einzige Grund, weshalb frühe Wale, deren Hinterbeine auf dem Weg ins Wasser bereits verschwindend klein waren, diese Sprungbeine hatten, war ihre Verwandtschaft mit den Paarhufern. Wie unser Blinddarm waren sie ein Überbleibsel, das keinem konkreten Zweck mehr diente. Dennoch eine gute Sache, denn im Gegensatz zur DNA war ein Fußgelenk etwas Greifbares, das auch die kritischsten Paläontologen davon überzeugte, dass Wale Paarhufer sind.

Womit wir bei der Frage wären, von welcher Art Paarhufern die Wale abstammen. Auch hier liefert der DNA-Test eine Antwort. Die engsten lebenden Verwandten der Wale sind Nilpferde, auch wenn Nilpferde und Wale kaum Ähnlichkeiten aufweisen. Hinzu kommt, dass die frühesten Nilpferde im Miozän lebten, also mehrere Millionen Jahre nachdem *Basilosaurus* und *Dorudon* die eozänen Meere durchschwammen. Daraus folgt, Nilpferde sind keine Vorfahren der Wale, sondern ihre Cousins. Die eigentlichen Vorfahren waren die Übergangsspezies, die wir von fossilen Funden kennen – eine Sequenz, in die sich auch *Basilo-*

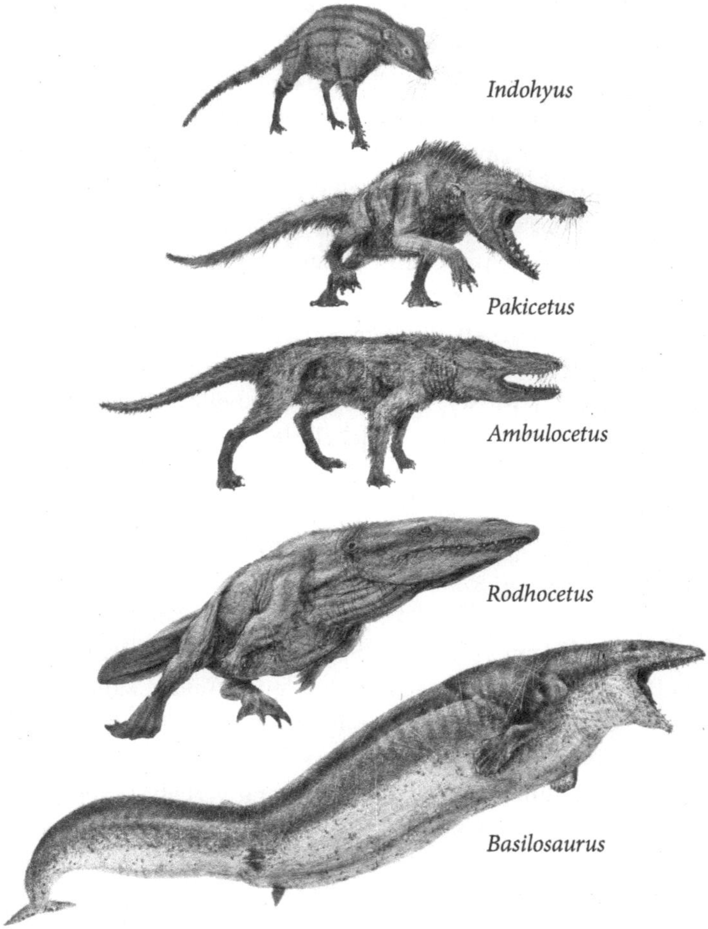


Die Entwicklung der Wale. (Illustrationen: Todd Marshall)

*saurus* und *Dorudon* einreihen. In diesem Fall sind es die Paläontologen, die triumphieren, denn es sind allein die Fossilien – nicht die DNA –, die erklären, wie die Wale ins Wasser gelangten und aus Bambi Moby Dick wurde.

Die Geschichte nimmt ihren Anfang mehr als zehn Millionen

Jahre vor den ägyptischen Walen, weit im Osten auf der anderen Seite der Tethys. Indien war noch eine Insel, die sich schnell in nördlicher Richtung durch die äquatoriale Seestraße bewegte, sollte dies aber nicht mehr lange bleiben. Es war auf Kollisionskurs mit Asien, dem ersten Akt der Schließung der Tethysseestraße. Vor ungefähr 50 bis 53 Millionen Jahren lag zwischen den beiden Landmassen, die bald aufeinanderprallen würden, nur noch ein schmaler Streifen tropischen Gewässers. Bald sollte dieses Gebiet sich übereinanderschieben und die beiden unbeweglichen Erdkrusten sich zu einer Sutur auffalten, dem Himalajagebirge. Aber für ein paar Millionen Jahre war an dieser Stelle noch ruhiges Gewässer, ein seichtes, sonnenbeschienenes, von indischen Flüssen gespeistes Schelfmeergebiet, das Schauplatz eines der größten Experimente in der Geschichte der Evolution werden sollte.

*Indohyus*, ein Paarhufer von der Größe eines Waschbären, war eines der vielen Säugetiere, die auf der indischen Insel festsaßen. Es war ein niedlicher Zeitgenosse, mit Hundeschnauze und Rehkitzkörper, der ein bescheidenes Leben führte. Auf seinen dünnen Beinchen trippelte *Indohyus* durch die Wälder, kaute Gräser und versteckte sich vor Raubtieren. Es war schneller als die meisten seiner Verfolger und mit einer zweifachen Gelenkrolle ausgestattet, die ihm seinen federnden Gang verlieh. Gelegentlich wurde es jedoch von Raubvögeln aufgescheucht, und diese begnadeten Jäger griffen nicht zu Fuß, sondern aus der Luft an. Aber auch da hatte der kleine Paarhufer einen Trick: Er sprang in Flüsse oder Seen und kauerte sich unter die Wasseroberfläche wie ein modernes afrikanisches Hirschferkel. Er war kein guter Schwimmer, aber das Wasser bot ihm Zuflucht, und vielleicht verspeiste er, während er darauf wartete, dass sein Feind wieder davonflog, gelegentlich auch ein paar Wasserpflanzen. Ich gebe zu, dass ich mir diesen Teil zusammengereimt habe, aber er beruht auf Fossilienfunden, die nicht nur den Lebensstil von *Indohyus* erhellen, sondern auch beweisen, dass diese magere Kreatur, deren schlanker Körperbau sich von den gigantischen Dimensio-

Skelette fossiler Wale, die von oben nach unten den Wandel vom Land- zum Meerestier zeigen. (Fotos: Kevin Guertin, Notafly, und aus Voss et al., 2019, PLoS ONE) Der Maßstab von einem Meter gilt nur für die beiden unteren Fotos.

nen eines Blauwals nicht stärker unterscheiden könnte, ein Vorfahre des Wals war.

Die ersten *Indohyus*-Fossilien, die er 1971 beschrieb, fand A. Ranga Rao, ein indischer Geologe, in Kaschmir – der umstrittenen Himalaja-Grenzregion zwischen Indien, Pakistan und China. Es waren nicht viele – nur ein paar Zähne und ein Stück Kieferknochen –, und als Rao starb, hatte er keine Vorstellung, was für ein Tier er da gefunden hatte. Seiner Witwe ließen die Kisten mit Gestein von der Kaschmirausgrabung ihres Mannes, von denen einige noch ungeöffnet waren, jedoch keine Ruhe, und so gab sie diese dem niederländisch-amerikanischen Paläontologen Hans Thewissen. Anfangs konnte Thewissen auch nicht viel damit anfangen – bis sein Techniker versehentlich einen im Stein enthaltenen Schädel zerbrach. Thewissen konnte nicht glauben, was er sah. Die Paukenblase, die die drei Mittelohrknochen umschließt, hatte die Form einer Meeresschnecke mit einer dicken, gebogenen Innenwand. Diesen hinten im Schädel versteckten Knochen mag außer einem Anatomen vielleicht niemand kennen, aber er impliziert zwei Dinge.

Erstens stellt die ungewöhnliche Paukenblase eine genealogische Verbindung zwischen *Indohyus* und Walen her, denn fast alle Säugetierarten haben empfindliche Paukenblasen, manche so dünn wie Eierschalen, die nicht nur so heißen, sondern auch aussehen wie eine Blase. Nicht so die Wale. Ihre Paukenblasen haben die Form einer Meeresschnecke und sind steinhart. So wie die doppelte Gelenkrolle die Visitenkarte der Paarhufer ist, ist diese Paukenblase ein unverkennbares Merkmal der Wale und mangels eines DNA-Nachweises, der bei einem so alten Tier wie *Indohyus* nicht mehr möglich ist, der sicherste Beweis für die familiäre Herkunft, den die Anatomie zu bieten hat.

Zweitens verrät uns die Paukenblase etwas über den Lebensstil von *Indohyus*, denn es gibt einen Grund für die merkwürdige Form der Paukenblase von Walen. Sie erinnern sich, dass diese höhlenartigen Knochen – auf jeder Schädelseite einer – wie schalldämmende Kopfhörer wirken, wenn die Gehörknöchelchen Geräusche zuerst an die Hörschnecke und von dort ins Gehirn übertragen. Da Wale unter Wasser hören müssen, dieses Element den Schall aber nicht so gut überträgt wie Luft, brauchen sie eine Hörhilfe – und die dicke Schale sowie die Windungen im Inneren der Paukenblase verbessern die Wahrnehmung von Geräuschen. Das bedeutet, *Indohyus,* der dieselbe Hörhilfe hatte wie moderne Wale, konnte unter Wasser ebenfalls gut hören, und das wiederum passte auch zu anderen Merkwürdigkeiten an Raos Fossilien. Die Knochen der Gliedmaßen waren ungewöhnlich dicht, mit dicken Wänden und sehr feinen Knochenmarkhöhlen, ein Merkmal von Wassertieren, die Ballast brauchen, der dem Auftrieb entgegenwirkt und sie unter Wasser hält. Und dann waren da noch die Körperproportionen – kleiner Kopf, massiver Körper, dürre Beine und lange Füße –, die denen eines Hirschferkels unheimlich ähnlich sind, was wiederum nahelegte, dass *Indohyus* ein vergleichbares Leben führte, an Flüssen und Seen nach Nahrung suchte und untertauchte, sobald Gefahr drohte.

Alles in allem folgt daraus, dass *Indohyus* ein Landtier war, das mit einem Leben im Wasser liebäugelte, und somit eine evolutionäre Reise antrat, die so nie vorgesehen war. Die Natur hatte die Wale nicht im Programm. So funktioniert Evolution nicht. Evolution plant nicht voraus, sondern reagiert auf den Moment, indem sie Organismen den unmittelbaren Herausforderungen anpasst. *Indohyus* ging nur ins Wasser, weil es fliehen musste oder nach Nahrung suchte. Es hatte keine Ahnung, dass seine Nachfahren sich zu Ozeanriesen entwickeln würden. Aber der Rubikon war überschritten, nachdem diese zierlichen Artiodactyla zum ersten Mal ihre Hufe ins Wasser getaucht hatten und die natürliche Selektion damit begann, sie zu immer besseren Schwimmern zu machen.

Als Nächstes musste man sich der Gliedmaßen annehmen. Die streichholzdünnen Beinchen und behuften Zehen von *Indohyus* taugten im Wasser nur bedingt zur Fortbewegung. Die Antwort der Evolution war *Pakicetus,* das nächste Glied in der Vom-Land-ins-Meer-Kette, beschrieben von Thewissens Doktorvater Phil

Gingerich, den wir im vorangegangenen Kapitel als einen Experten für die globale Erwärmung des PETM kennengelernt haben. Gingerich hat sich aber auch als Spezialist für frühe Wale einen Namen gemacht, und *Pakicetus* ist seine bekannteste Entdeckung. Es hatte die Maße eines großen Hundes und spitze Wolfszähne in der langen Schnauze – ein sicheres Zeichen, dass es vom Vegetarier zum Fleischfresser geworden war. Besonders auffällig sind jedoch die Gliedmaßen, die sehr viel robuster waren als die von *Indohyus* und deren Füße bereits aussahen wie Taucherflossen. *Pakicetus* war in seinen zwei Welten noch immer in erster Linie ein Läufer. Es konnte mit seinen doppelten Gelenkrollen entspannt am Ufer der in die Tethys fließenden Flüsse entlangschlendern, aber auch durchs seichte Wasser waten oder sich paddelnd vorwärtsbewegen. Kurz, es war ein tierisches Amphibienfahrzeug, das die unterschiedlichsten Arten der Fortbewegung nutzte. Dennoch war *Pakicetus,* das ein Leben zwischen Land und Wasser führte, noch alles andere als ein eleganter Schwimmer.

Das nächste von Thewissen beschriebene Glied in der Evolutionskette, *Ambulocetus,* machte sich von der indischen Insel auf den Weg an die salzigen Küsten der Tethys. Ungefähr so groß wie ein Seelöwe, war es deutlich seetauglicher als *Pakicetus*, mit einem langen zigarrenförmigen Körper, kurzen Gliedern und breiten Füßen, die aussahen wie Paddel. Und es war in der Lage, sich auf *zwei* Arten durch die Meeresströmungen zu bewegen, auf eine alte und eine neue Art. Es konnte mit den Füßen paddeln, wie seine an Land lebenden Vorfahren, oder sich durch Wellenbewegungen der Wirbelsäule fortbewegen, eine Technik, die es sich im Wasser angeeignet hatte. Außerdem entwickelte es noch eine weitere Hörhilfe, ein Fettpolster im Unterkiefer, das mit der Paukenblase verbunden war und Vibrationen unter Wasser ans Ohr weitergab. Wie heutige Wale hörte *Ambulocetus* mit dem Kiefer, ein evolutionärer Kniff, mit dem es die Untauglichkeit seines Landtiertrommelfells unter Wasser ausglich. Ein Tier mit den schwimmerischen und sensorischen Fähigkeiten von *Ambuloce-*

*tus* hatte für Landaufenthalte nicht mehr viel übrig. Obwohl es wahrscheinlich noch einigermaßen laufen konnte, lebte es eher wie ein Krokodil: ein lauerndes Raubtier, das am liebsten im seichten Wasser dümpelte und sich mit seinen spitzen Zähnen hin und wieder einen Fisch schnappte.

An dieser Stelle hatte die Evolution aus einem Lebewesen, das einst aussah wie ein winziges Reh, bereits einen ganz stattlichen Schwimmer mit Flossen gemacht, der unter Wasser gut hören konnte. *Ambulocetus* hatte Land und Süßwasser den Rücken gekehrt und lauerte nun paddelnd und sich windend in den flachen Gewässern vor den Küsten der indischen Insel. Von diesem Moment an gab es kein Zurück mehr. Das Festland im Rückspiegel, nahm es Kurs auf die offene See, ließ die Küsten seiner Insel endgültig hinter sich und wagte sich in die Dünung und dunklen Tiefen der Ozeane, die rund 70 Prozent der Erdoberfläche ausmachen.

Die ersten weltweit anzutreffenden Wale waren die Protocetiden, hier vertreten durch *Rodhocetus*, eine weitere von Gingerich benannte Gattung. Auch Protocetiden zählen zu den »Walking Whales« – gerade noch so. Ihre Vorderfüße, aber besonders ihre Hinterfüße waren fast lächerlich groß – was aber nicht daran lag, dass sie gute Läufer waren. Nein, die Füße gehörten zu ihrer Schwimmausrüstung. Denn obwohl Protocetiden sich noch an Land bewegen konnten, waren sie dabei wohl so unbeholfen wie ein Taucher, der versucht, mit Flossen über den Strand zu rennen. Wie Seehunde verbrachten sie die meiste Zeit im Wasser und hievten sich nur gelegentlich an Land, um sich auf einem Felsen zu sonnen, sich zu paaren, zu gebären oder ihre Jungen zu säugen. Davon abgesehen, brauchten sie das Festland nicht mehr. Sie alle hatten der terrestrischen Heimat ihrer Ahnen den Rücken gekehrt und sich dem offenen Meer zugewandt. Vor ungefähr 40 Millionen Jahren – als Indien gegen Asien stieß – gab es Protocetiden vor den Küsten Asiens, Afrikas, Europas und Nordamerikas. Eine Gattung, *Peregocetus*, hatte es sogar bis vor die Pazifikküste Südamerikas geschafft. Die Protocetiden und die

Afrotheria-Seekühe, die zur selben Zeit auf Wanderschaft gingen, waren nach den Fledermäusen die nächste Gruppe von Plazentasäugetieren, die kosmopolitisch wurde. Während die Fledermäuse sich von ihren geografischen Fesseln befreit hatten, indem sie das Fliegen lernten, entschieden sich die Protocetiden für das Schwimmen und eroberten die Welt mit ihren breiten Flossenfüßen.

Die »Walking Whales« hatten das Gehen aufgegeben. Die Trennung vom Land war besiegelt, und diesen bedeutenden Moment in der Entwicklungsgeschichte der Wale, als diese sich endgültig für ein Leben im Meer entschieden und zum ersten Mal ein walähnliches Aussehen hatten, dokumentieren die ägyptischen Wadi-al-Hitan-Skelette, insbesondere *Basilosaurus*.

Gleich mehrere Dinge unterschieden *Basilosaurus* von den Protocetiden. Zunächst einmal war er gewaltig: rund 17 Meter lang und über 5 Tonnen schwer, also deutlich größer als die meisten Protocetiden. Um seinen schweren Körper durchs Wasser zu bewegen, entwickelte *Basilosaurus* eine neue Schwimmhilfe: einen zweigeteilten Schwanz, der von breiten Wirbelknochen gestützt wurde, deren Wellenbewegungen ihm Schubkraft verliehen. Das war nur möglich, weil Becken und Hinterbeine sich noch weiter zurückgebildet und von der Wirbelsäule gelöst hatten, was den Schwanz beweglicher machte. Die Beine von *Basilosaurus* waren kümmerlich – kürzer als die eines Menschen und an einem Rumpf, der größer war als der der meisten heutigen Jachten. Aber sie lugten noch aus dem Körper hervor, wenngleich spätere Wale keine äußeren Anzeichen mehr aufweisen, lediglich geschrumpfte Reste von Becken und Beinen im Körper, die als Aufhängung für die Genitalmuskulatur noch eine letzte Gnadenfrist erhielten. Die vorderen Gliedmaßen von *Basilosaurus* standen, abgeflacht zu breiten Steuerpaddeln, hingegen weiter aus dem Rumpf hervor, waren aber selbstverständlich nicht mehr in der Lage, an Land 5 Tonnen Gewicht zu tragen. Der Hals wurde kürzer und verschmolz mit dem übrigen Körper nahtlos zu einer Torpedoform. Um die Knochen in den Ohren entstanden Hohlräume, die den

Druck beim Tauchen ausglichen, und die Nasenlöcher wanderten nach hinten, um zu Blaslöchern zu werden. Das alles machte *Basilosaurus* zu einem exzellenten Schwimmer. Aber nicht zu irgendeinem Schwimmer. *Basilosaurus* war ein gefürchteter Spitzenprädator, der auch andere Wale fraß, was die Knochen eines *Dorudon* beweisen, die man im Bauch eines Skelettes fand.

Am Ende des Eozäns war die Verwandlung abgeschlossen und die »Walking Whales« Geschichte. Aus einem Landtier war ein Meerestier geworden, das nicht mehr an Land zurückkehren konnte, weder um vor einem Angreifer zu fliehen noch um zu fressen, zu gebären oder zu schlafen. Von diesem Moment an taten Wale *alles* im Wasser. Die Evolution war mit ihren Bastelarbeiten aber noch nicht ganz fertig. Ist sie ja nie. An der Grenze vom Eozän zum Oligozän, vor rund 34 Millionen Jahren, begann die nächste Epoche in der Geschichte der Wale. Nun war die Zeit gekommen, die im Wasser lebenden Wale perfekt an das Meeresleben anzupassen.

In jener Zeit schlugen die Wale unterschiedliche Richtungen ein, die in den zwei Waltypen resultierten, die wir heute noch kennen: Zahnwale und Bartenwale, mit ihrem jeweiligen Katalog von an das Leben unter Wasser angepassten anatomischen Merkmalen und Verhaltensweisen. Erste Fossilien beider Gruppen tauchen an der Eozän-Oligozän-Grenze auf, und von da an durchbrachen die modernen Wale auch die letzten Schranken, die Protocetiden und *Basilosaurus* noch zurückhielten. Sie drangen bis in die höchsten Breiten und kältesten Ozeane vor, lebten in Küsten- und Tiefseegebieten, unter arktischen und tropischen Bedingungen, in der Tiefe und in seichten Gewässern, und wagten sich als Flussdelfine und andere Spezies (ja, auch Delfine sind Wale) sogar zurück ins Süßwasser, wo ihre Vorfahren *Indohyus* und *Pakicetus* einst die Ufergebiete bevölkert hatten. Die Wale hatten sich ein Imperium erobert, dass die gesamte Welt umspannte.

Zu den heutigen Zahnwalen – wissenschaftlicher Terminus Odontoceti – zählen Pottwale, Orcas, Narwale, Delfine und

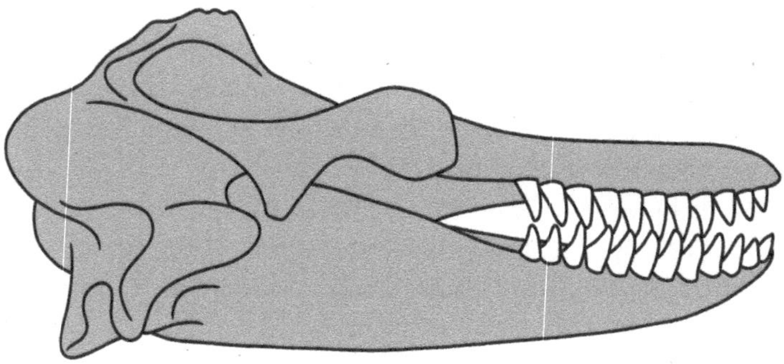

*Zahnwal*

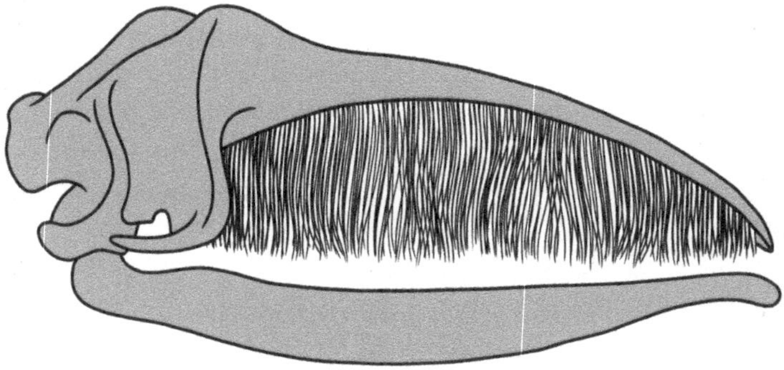

*Bartenwal*

Schädel von Zahnwal und Bartenwal. (Illustrationen: Sarah Shelley)

Schweinswale. Sie alle sind unerbittliche Räuber, die die Nahrungskette im Meer anführen, wofür die Natur sie mit drei entscheidenden Waffen ausgestattet hat.

Die erste sind ihre scharfen Zähne, die so stark mutiert sind, dass sie mit einem Säugetiergebiss nichts mehr gemein haben. Verschwunden sind all die komplexen Höcker und Kämme, verschwunden die langen Reihen aus Schneidezähnen, Eckzähnen, Molaren und Prämolaren, verschwunden der Zahnwechsel bei Jungtieren, verschwunden die Fähigkeit zu kauen. Die Zähne, mit denen die Odontoceti Fleisch aus Fischen und anderen Walen reißen und dann einfach schlucken, sind allesamt zapfenförmig. Manche Zahnwale benutzen ihre Zähne nicht einmal mehr zum Beißen, sondern schlucken ihre Beute einfach am Stück.

Ihre zweite Waffe teilen sie erstaunlicherweise mit den Fledermäusen, haben diese aber ganz offensichtlich unabhängig von diesen entwickelt: die Echoortung. Zahnwale produzieren hochfrequente Klicklaute und Pfiffe, indem sie Luft durch ihre Stimmlippen, eine Verengung der Nasenhöhle direkt unter dem Blasloch, pressen. Ein runder Fettklumpen unter der Stirn, der Melone genannt wird, fungiert als akustische Linse und fokussiert die Schallwellen, die dann als Echo zurückgeworfen und von der speziell geformten Hörschnecke eingefangen werden. Während Fledermäuse ihr Echolot zur Insektenjagd benutzen oder um Beute zu orten, der sie das Blut aussaugen können, benutzen Zahnwale ihr Sonar, um im trüben und dunklen Wasser der Ozeane Fisch- oder Tintenfischschwärme aufzuspüren. Die Echoortung funktionierte so gut, dass Zahnwale irgendwann auf das Riechen verzichteten – und es mittlerweile auch nicht mehr beherrschen.

Die dritte Waffe der Zahnwale ist ihr außerordentlich großes Gehirn. Von allen Tieren, die je auf der Erde gelebt haben, hat der Pottwal wahrscheinlich das größte. Es wiegt rund 10 Kilo, also ungefähr das Fünffache eines menschlichen Gehirns, und ist größer als jedes Elefantenhirn. Teilt man die Gehirngröße durch die Körpergröße, um grob die relative Intelligenz zu berechnen, erhält man von allen Tieren den zweithöchsten Wert – der nur noch vom Menschen getoppt wird. Pottwale sind clever genug, um ihre Beute auszutricksen, Werkzeuge zu benutzen und sich in einem Spiegel zu erkennen.

All diese räuberischen Fähigkeiten haben sich bereits lange vor dem modernen Pottwal und seinen Verwandten, ungefähr ab der Eozän-Oligozän-Grenze, entwickelt. Die ältesten Zahnwalfossilien, wie *Cotylocara* und *Echovenator* aus South Carolina, weisen schon zapfenförmige Zähne, große Gehirne und Schädelmerkmale auf, die mit der Produktion und Wahrnehmung hochfrequenter Töne in Zusammenhang stehen, wie beispielsweise eine schüsselförmige Einbuchtung für die Melone und die Muskeln, die sie steuern, sowie eine Hörschnecke mit einer verbreiterten Basis. Folglich haben Zahnwale ihre großen Gehirne und die Echoortung entwickelt, nachdem sie sich von den Bartenwalen abgespalten und angefangen hatten, ihre Jagd- und Wahrnehmungsmethoden auszufeilen. Vom Eozän bis heute haben sie ihr Sonarsystem durch immer größere Gesichtsmuskeln, die Töne produzieren, und Melonen, die sie aussenden, ständig verbessert.

Ein paar Urformen von Zahnwalen stellen die modernen Wale – selbst den Pottwal – jedoch weit in den Schatten, wie beispielsweise der miozäne *Livyatan melvillei* (eine Hommage an Moby Dick), der vor rund zwölf Millionen Jahren vor Südamerika den Pazifik unsicher machte. Mit einer Gesamtlänge von rund 18 Metern und einem Schädel von 3 Metern Länge, in dem man bequem einen Menschen untergebracht hätte – auch wenn es für diesen dort nicht wirklich bequem gewesen wäre –, war er einer der größten Prädatoren der Erdgeschichte. Er konnte das Maul so weit aufreißen, dass er dem größten Prädator, der je an Land gelebt hat – dem einzigartigen und unübertroffenen *T. rex* –, mit einem Happs den Kopf abgebissen hätte. Und um noch einen draufzusetzen: Seine 30 Zentimeter langen Zähne waren dicker als Eisenbahnnägel, perfekt, um die Knochen seiner bevorzugten Beute, der Bartenwale, zu zermalmen. Hinzu kam, als hätte sich das alles ein zweitklassiger Monsterfilmregisseur ausgedacht, dass *Livyatan* auch noch in denselben Gewässern schwamm wie der berühmt-berüchtigte Superhai *Megalodon* – wobei der Hai eine Begegnung mit dem Wal sicher mied.

So groß *Livyatan* und andere Zahnwale auch waren, an die größten Bartenwale kam nicht einer von ihnen auch nur annähernd heran.

Auch bekannt unter dem wissenschaftlichen Terminus Mysticeti, zählen zu den Bartenwalen Blauwale, Südkaper, Zwergwale und Buckelwale. Mit ihren übergroßen Schädeln und den schlanken, nackten Kiefern, die daraus hervorstehen wie der Rand eines

Abfalleimers oder Basketballkorbs, sehen ihre Skelette aus wie aus einem Comic. Man findet auf diesen beweglichen Kieferknochen nicht die Spur eines Zahns. Mysticeti haben die Zapfenzähne ihrer Vorfahren verloren und durch das ersetzt, was ihnen ihren Namen gibt: Barten. Diese Platten aus Horn – das Material, aus dem auch unsere Fingernägel sind – hängen den Bartenwalen wie ein dichter Vorhang im Gaumen und erlauben ihnen, etwas zu tun, zu dem kein anderes Säugetier in der Lage ist, nämlich ihre winzigen Beutetiere aus dem Wasser zu filtern. Dieser Fressvorgang ist wirklich beeindruckend. Der Wal klappt den Kiefer weit auf, sodass sein Maul sich in einen klaffenden Schlund verwandelt. Dann schluckt er eine unfassbare Menge Meereswasser und presst es mithilfe der Zunge und der Halsmuskulatur über das Blasloch wieder hinaus. Auf diese Weise vertilgt er Unmengen von Plankton. Es hat schon etwas Ironisches, dass ausgerechnet der größte Nimmersatt von so winziger Beute lebt. Bartenwale brauchen kein Echolot, um ihre Nahrung zu finden, oder große Gehirne für die Jagd. Sie müssen nichts weiter tun, als durchs Wasser zu mäandern und ab und zu das Maul aufzusperren.

Die Fossilgeschichte offenbart eine Besonderheit in der Entwicklung der Bartenwale. Die frühesten Arten wie die eozänen *Mystacodon* aus Peru und *Llanocetus* aus der Antarktis hatten noch Zähne, von denen manche aussahen wie die Zapfen der Zahnwale, andere hatten Höcker, die sich fächerförmig von der zentralen Spitze über die Kaufläche zogen. Barten, mit denen sie ihre Nahrung aus dem Wasser filterten, hatten sie keine. Trotzdem waren sie bereits sehr viel größer als andere zeitgenössische Wale. *Llanocetus* beispielsweise war rund 8 Meter lang und damit der größte aller Wale, bis ihn dann andere Zahnwale und Bartenwale wie *Livyatan* im Miozän überholten. Barten und das Filtern von Nahrung entwickelten sich also, nachdem die Bartenwale sich von den Zahnwalen abgespalten hatten, und sie waren auch nicht das Geheimnis, weshalb diese so groß wurden, zumindest nicht zu Beginn. Stattdessen belegen Fossilien, dass die ersten Bartenwale noch Zähne hatten, die sich dann zurückbildeten und sie dazu zwangen, die Nahrung einzusaugen, bevor sie sich Barten an ihren nackten Kiefern wachsen ließen, die ihnen das Filtrieren ermöglichten. Wie der Übergang vom Gehen zum Schwimmen bei den Urwalen, war auch der Wechsel von Zähnen zu Barten, und damit vom Beißen zum Filtrieren, ein schrittweiser Prozess.

Das Filtrieren der Nahrung ermöglichte den Bartenwalen, immer größer und noch größer zu werden. Im Gegensatz zu den Zahnwalen, die bis in alle Ewigkeit vom aktuellen Angebot an Tintenfischen, Fischen und anderen Walen abhängig sein werden, steht den Bartenwalen eine nahezu unerschöpfliche Menge an Plankton zur Verfügung, die sie, ohne viel Energie aufzuwenden, einfach aus dem Meer schlürfen können. Sie können passiv im Wasser treiben und sich an einem reichhaltigen Buffet aus Meeresfrüchten gütlich tun, insbesondere zur Algenblütenzeit und in Gebieten, in denen der Auftrieb Nährstoffe aus der Tiefe nach oben schwemmt, von denen sich Krillschwärme ernähren. Blauwale, wie gesagt die größten Wale aller Zeiten, sind Bartenwale. Sie sind der Gipfel eines lang anhaltenden evolutionären Trends, der an der Eozän-Oligozän-Grenze einsetzte und sich bis heute in immer gigantischeren Walen ununterbrochen fortsetzt. Dies steht der Entwicklung der Landsäugetiere entgegen, in der Elefanten und Nashörner, wie wir zu Beginn dieses Kapitels gelernt haben, um die Eozän-Oligozän-Grenze herum ihre maximale Größe erreicht hatten.

Könnte das bedeuten, dass es eines Tages noch mächtigere Riesen als den Blauwal geben wird? Könnten diese extremen Säugetiere noch extremer werden? Das wäre durchaus möglich … vorausgesetzt, der Blauwal und andere Bartenwale überstehen die aktuell rasanten Veränderungen von Klima und Umwelt und finden auch in den Ozeanen der Zukunft noch genügend Plankton, um dem Artensterben zu entgehen.

# 8

# SÄUGETIERE UND KLIMAWANDEL

*Teleoceras*

**Ein Tag in der amerikanischen Savanne** vor rund zwölf Millionen Jahren (Miozän).

Es war ein warmer Morgen zu Beginn des Frühlings. Der Winter war lang und mühsam gewesen, nicht besonders kalt oder schneereich, eher trocken und trübe – mehr als drei Monate angefüllt mit windstillen, kurzen Tagen. Als dann vor einigen Wochen endlich der Regen kam, fing die Savanne an, sich zu verwandeln.

Die Sonne tauchte wieder am Horizont auf und ergoss sich über die weiten, flachen Ebenen, tief im Landesinneren, gut 1500 Kilometer von der nächsten Küste entfernt. Ein grüner Teppich bedeckte die Landschaft. Über den Winter war das Gras verdorrt, aber nicht ganz abgestorben. Trillionen winziger kleiner Finger reckten sich aus dem schlammigen Boden wieder gen Himmel. Einzelne Baumgruppen standen in der Gegend, zu weit verstreut, um ein geschlossenes Blätterdach zu bilden, weshalb sie von oben aussahen wie Inseln in einem Meer aus Gras. Die Bäume waren ebenfalls aus ihrem Winterschlaf erwacht, und an ihren Zweigspitzen zeigten sich bereits die ersten zarten Blätter und Blüten.

In einem Gewirr aus Bächen plätscherte der Regen der vergangenen Nacht in einen kleinen See. Es war ein Wasserloch, an dem die Tiere der amerikanischen Savanne sich versammelten, um zu trinken, zu baden und Artgenossen zu treffen. Sie rotteten sich zusammen und schützten sich so vor der Gefahr, die zwischen den Bäumen lauerte. Ein Hund so groß wie ein Bär, mit hervortretenden Kiefern und Zähnen, die Knochen zermalmten – ein echter Höllenhund.

Die Tiere, die sich an jenem Morgen am Wasserloch eingefunden hatten, waren ein bunter Haufen. Verschiedene Pferdearten, von zierlichen Pferdchen mit drei Zehen an den dürren Beinchen, bis hin zu beeindruckenden Hengsten, deren muskulöse Glieder nur einen einzigen Huf hatten. Die kleinen knabberten die Blätter von niederen Büschen, die am Ufer gediehen, während die großen in einer Fontäne aus Schlamm um den See jagten und nur ab und an haltmachten, um ein wenig zu grasen.

Es waren auch Hirsche, Rehe und Kamele dort. Die meisten der Kamele sahen aus wie ganz gewöhnliche Kamele, mit langen Beinen, einem dümmlichen Grinsen und kleinen Höckern auf dem Rücken. Eine Art hatte mit den anderen jedoch fast nichts mehr gemeinsam. Sie hatte die Figur einer Giraffe, mit einem langen Hals, der bis zu drei Meter über dem Boden aufragte, perfekt, um sich die schmackhaften Blätter von den hohen Ästen zu angeln. Normalerweise verbrachten die Giraffenkamele ihre Vormittage kauend in den Bauminseln. Nicht so an jenem Morgen. Wie immer nach einem heftigen Regen war die Gefahr eines Höllenhundangriffs groß, sodass die Giraffenkamele das Frühstück ausfallen ließen und zum Wasserloch zogen, um Sicherheit in der Menge zu suchen.

Und dann waren da noch die Nashörner, viele Nashörner, mindestens dreihundert, wenn nicht mehr, aufgeteilt in mehrere Herden. Wie die Giraffenkamele waren sie fremdartig und hatten doch auch etwas Vertrautes. Es waren Nashörner, daran ließen ihre kegelförmigen Hörner auf der Nase keinen Zweifel. Aber mit ihren runden Bäuchen, stämmigen Beinen, dicken Köpfen und nahezu nicht existenten Hälsen hatten sie auch etwas von einem Nilpferd. Ein paar Nashörner planschten im seichten Wasser und genossen die Kühle des mit jeder Minute sonniger werdenden Tages. Andere waren offensichtlich nicht in der Stimmung, dem Müßiggang zu frönen. Ihre dicken Bäuche knurrten, also machten sie sich daran zu fressen. Um zu überleben, mussten sie täglich Dutzende Kilo Gras hinunterschlingen, und je früher sie damit anfingen, umso besser.

Der Morgen war wunderschön, dennoch lag Spannung in der Luft. Es war nicht nur die Angst vor den Höllenhunden, da war noch etwas anderes. In und zwischen den Nashornherden brodelte es – Rivalitäten, die außer den Nashörnern selbst niemand wahrnahm. Jede Herde hatte einen unangefochtenen Anführer. Einen Bullen, aber nicht irgendeinen. Es war immer der massigste aus der Herde, mit den längsten Stoßzähnen, und er umgab sich ausschließlich mit Weibchen. Tatsächlich waren die Herden eher Harems. Die meisten Kühe waren trächtig, und der Tag der Geburt rückte für alle sehr schnell näher. Während sie darauf warteten, versorgten sie noch die Kälber des Vorjahres, die zu verspielten Teenagern herangewachsen waren, aber noch immer Trost und Nahrung bei ihren Müttern suchten.

Die familiären Strukturen der Herde ließen den vielen etwas kleiner geratenen Jungbullen nicht viele Möglichkeiten. Ein paar suchten die Gesellschaft von Junggesellenherden – testosterongesteuerten Gangs, aufgestachelt von dem Gefühl, nicht mehr dazuzugehören. Hin und wieder nahm einer von ihnen all seinen Mut zusammen und machte einem der dominanten Bullen die Herrschaft über seinen Harem streitig, was für den Herausforderer aber meist böse endete. Noch trauriger waren die Einzelgänger, unglückliche Bullen, die wie Zombies um die Herden herumschlichen. Wann immer einer dieser Außenseiter den Kühen zu nahe kam, beschützte der Anführer seinen Harem, was in der Regel nicht ohne den Einsatz von Hörnern und Stoßzähnen vonstattenging. Der Kampf dauerte meist nicht lange.

Gerade als einer der Bullen argwöhnisch beobachtete, wie ein Außenseiter sich zögernd seinem Harem näherte, die Nashornkälber im Wasser herumtobten, die Pferde gelassen ihr Gras knabberten und die Giraffenkamele darüber nachdachten, ob sie zwischen den Bäumen wieder sicher wären, erschütterte ein gewaltiger Knall die Savanne.

Die Tiere am Wasserloch erstarrten.

Es war das lauteste Geräusch, das sie je gehört hatten und je hören sollten – der Fanfarenstoß, der die Apokalypse ankündigte.

Die Nashörner, Pferde und Kamele reckten die Hälse und sahen zu, wie vor dem makellosen Blau des Himmels eine gewaltige Wolke aufstieg. Die Tiere in der Savanne wussten es nicht, aber diese Wolke war rund 1600 Kilometer entfernt, in nordwestlicher Richtung, aus einer dünnen Fontäne entstanden, die wie Rauch aussah. Höher und höher war sie in den Himmel geschossen, wo sie sich in den oberen Schichten der Atmosphäre in einen Pilz verwandelte. Was immer das auch sein mochte, es war weit weg – zu diesem Zeitpunkt wahrscheinlich noch mehrere Hundert Kilometer – und, der Reaktion der Tiere nach zu urteilen, auch nichts, worüber man sich Sorgen machen musste. Der Bulle wandte sich knurrend wieder seinem Möchtegernnachfolger zu, die Jungtiere planschten fröhlich weiter, die Pferde neigten die Köpfe und fingen wieder an zu grasen, und die Giraffenkamele hatten endgültig die Schnauzen voll und beschlossen, dass kein Höllenhund der Welt sie von den saftigen Blättern der Bäume mehr abhalten konnte.

Währenddessen bewegte sich die Wolke immer weiter auf die Tiere zu. Getrieben von den Westwinden, kroch der Dunstschleier wie in Zeitlupe über den Horizont. Und während er der Savanne immer näher kam, wurde er größer und größer.

Im Osten ging die Sonne auf, von Westen her breitete sich die Wolke aus, zwei konkurrierende Mächte, die über der Savanne aufeinandertrafen. Langsam schob die Wolke sich zwischen Sonne und Erde, und der Tag wurde zur Nacht.

Es war eine unruhige, grausame Dunkelheit, die sich für die Tiere der Savanne anfühlte wie ein ungewöhnlich heftiger Schneesturm. Die Wolke zog nicht nur über sie hinweg. Etwas fiel vom Himmel und regnete auf sie herab, winzige Partikel, manche so groß wie Staub, andere wie Sandkörner, die Löcher in die Finsternis schlugen. Es war, als fegte ein Blizzard über die Ebene, nur dass die Flocken kein Schnee waren, sondern lauwarm statt kalt. Und auch nicht weiß, sondern schwarz verkohlt, nicht nass, sondern rau – winzige Glaskugeln, die Haut und Fell der Savannentiere zerkratzten und fürchterlich brannten. Und es stank – ein Geruch nach Schwefel und Feuer, der die Luft verpestete.

Vögel fielen vom Himmel. Ihre schlaffen Kadaver prasselten auf den Boden oder prallten von den Rücken der Nashörner ab, die nicht wussten, wie ihnen geschah. Ihre Augen konnten die Finsternis nicht durchdringen und fingen zudem auch noch an zu tränen. Die Körnchen aus der Wolke verstopften jede Körperöffnung: Augen, Ohren, Nasen, Mäuler, und während sich ihre Ohren immer mehr mit Dreck füllten, lauschten die Nashörner verzweifelt den Geräuschen der Savanne. Es wurde kalt. Ein beißender Wind, bellendes Husten der Herde, tote Vögel, die in so kurzen Abständen ins Gras plumpsten, dass es genauso klang, wie einmal in einer fernen, fernen Zukunft ein Maschinengewehr rattern würde. Ein Hagelsturm aus Vogelkadavern.

Dann kam Wind auf über der Savanne, und die Wolke trieb weiter gen Osten. Der finstere Schneesturm hatte nur ein paar Stunden gedauert, aber den Tieren kam es vor wie eine Ewigkeit. Endlich brach die Sonne durch den Smog, und die Nashörner, Pferde und Kamele kamen blinzelnd wieder zu sich. Was sie mit ihren verkrusteten, blutunterlaufenen Augen sahen, war eine fremde Welt.

Die Savanne war mit einer grauen, 15 Zentimeter dicken Schicht bedeckt. Asche.

Alles war in Asche gehüllt. Am Boden war kein einziger Grashalm mehr zu sehen, an den Bäumen nicht eine saubere Blüte, nicht ein noch grünes Blatt. Das Wasserloch war noch da, aber die auf der Oberfläche wirbelnde Asche hatte das Wasser in eine schlammige Pampe verwandelt.

Die Benommenheit wich der Panik. Die Nashörner rückten eng zusammen, ein Harem suchte die Nähe des anderen, Junggesellen und Einzelgänger mischten sich unter trächtige Kühe und dominante Bullen. Dicht aneinandergedrängt donnerte der tonnenschwere Mob über die Ascheebene und trampelte die toten Vögel platt. Doch irgendwann ging den Tieren die Kraft aus, und sie kehrten wimmernd an den Ort zurück, an dem sie immer sicher waren: das Wasserloch. Nur dass dieses sich in ein gefährliches Kieselschlammloch verwandelt hatte.

Die darauffolgenden Tage waren hart. Ohne Trinkwasser kamen die Tiere fast um vor Durst. Mit aufgesprungenen Lippen versuchten sie vergeblich, etwas Wasser aus dem Matsch zu saugen. Dabei wagten ein paar von ihnen sich zu weit hinein und wurden von der schlammigen Asche wie von Treibsand unter die Oberfläche gezogen, zu schwach, dagegen anzukämpfen.

Sie alle waren am Verhungern. Da ihnen nichts anderes übrig blieb, versuchten sie, mit Zungen und Füßen das Gras von der Asche zu befreien. Aber es nützte nichts. Es war abgestorben, erstickt und vergiftet von der Asche, die besser wirkte als jeder Unkrautvernichter. Und was noch schlimmer war: Bei dem Versuch, den Boden freizubekommen, wirbelten sie Asche auf – die sie einatmeten.

Mit jedem Atemzug nahmen die Tiere mehr der winzigen Partikel auf, die sich in ihren Lungen festsetzten. Zunächst verspürten sie nur ein wenig Druck auf der Brust, aber im Laufe der darauffolgenden Tage versteinerten ihre inneren Organe mit jedem Atemzug mehr, sodass sie bald kaum noch Luft bekamen. Sie hatten so wenig Sauerstoff im Blut, dass ihnen die Füße anschwollen und sie ins Delirium fielen.

Mit schwirrenden Köpfen und schweren Gliedern stolperten die Nashörner, Pferde und Kamele durch die Gegend, ihrem unausweichlichen Schicksal entgegen. Hungrig, durstig, erschöpft und kaum noch in der Lage zu atmen, stürzten sie eines nach dem anderen in die Asche und blieben liegen. Um das Wasserloch und in den Ebenen stapelten sich die Kadaver wie nach einem grausamen Krieg.

In der Ferne trottete zwischen den Baumgruppen eine einsame Bestie auf und ab und hinterließ ihre Fußspuren auf dem blutigen Schlachtfeld. Ein Höllenhund. Vor wenigen Tagen noch war er der Schrecken der Savanne gewesen. Nun waren alle Nashörner, Pferde und Kamele tot, und der Höllenhund war es auch fast. Ausgezehrt und hungrig war er kurz davor aufzugeben, als er am Seeufer verrottendes Fleisch entdeckte. Halbherzig biss er in die Flanke eines toten Nashorns und spuckte beim Kauen die Asche aus. Eine letzte Henkersmahlzeit, bevor er sich zum Sterben neben seine Beute legte.

Als der Wind auffrischte, hallte sein gespenstisches Rauschen über eine leere, öde Landschaft. Wie Schnee trieb er die Asche über die Ebene und begrub das Wasserloch mit all seinen toten Tieren unter einer dicken schwarzen Schicht.

**Vor rund zwölf Millionen Jahren**, im mittleren Miozän, brach im heutigen Idaho ein Vulkan aus. Er wurde von denselben heißen Magmaströmen gespeist, die auch heute noch unter dem Yellowstone Park fließen und den Old Faithful und andere Geysire zur Eruption bringen. Damals herrschten Winde, die die Asche über fast ganz Nordamerika verteilten und ungefähr 1600 Kilometer ostwärts, im heutigen Nebraska, dafür sorgten, dass sich eine 15 Zentimeter dicke Schicht aus scheußlichem, nach Schwefel stinkendem, glasigem Zeug wie Schnee über die Landschaft legte. Viele der Tiere starben auf der Stelle, insbesondere Vögel, die in der Luft überrascht wurden und an der Asche erstickten. Andere, am Boden lebende Kreaturen, darunter auch viele Säugetiere, hielten Hunger, Durst, Krankheiten und Erschöpfung noch einige Tage oder gar Wochen stand, bevor die Asche auch ihre Lungen verstopfte, das Wasser verschmutzte, ihre Nahrung vergiftete und sie unter sich begrub.

Meine dystopische Geschichte ist nicht erfunden. Bis heute zeugen Gesteinsschichten von dem tödlichen Vulkanausbruch, der die sterbenden Nashörner, Kamele und Pferde einst an Ort und Stelle zu einem prähistorischen Pompeji einfror.

Sie können ihre Skelette in einem der atemberaubendsten – und zugleich unauffälligsten – Museen der Welt heute noch bestaunen. Der »Rhino Barn« im Ashfall Fossils Bed State Historical Park im Nordosten Nebraskas erinnert von außen an ein Güterumschlaglager. Doch in dem niedrigen Gebäude, das mit der hügeligen Farmlandschaft des nordöstlichen Nebraskas zu verschmelzen scheint, sind über hundert Skelette in situ zu sehen … und es werden immer mehr.

Die ersten Knochen entdeckten der Paläontologe Mike Voorhies und seine Frau Jane 1971 beim Prospektieren in einer Kluft neben einem Maisfeld. Voorhies wurde auf das unverwechselbare Glänzen von Zähnen aufmerksam, die aus dem Grau der weichen

Das Skelett eines *Teleoceras*-Nashorns (oben) sowie eines in der Asche des Ashfall Fossil Beds erhaltenen *Teleoceras* und eines *Cormohipparion*-Pferds (unten). (Fotos: Ray Bouknight und Ammodramus)

vulkanischen Asche herauslugten. Bei näherem Hinsehen waren die Zähne in Kieferknochen eingebettet, die an einem Schädel hingen, an dem wiederum ein komplettes Skelett hing. Als man etwas später mit dem Bulldozer circa 600 Quadratkilometer Humus abtrug, kamen noch mehr Skelette zum Vorschein. Es waren vor allem Nashörner, aber auch Pferde, Kamele, Wild und um die Hufabdrücke der Nashörner herum unzählige Vögel. Die Paläontologen suchten weiter, und im Laufe der Jahrzehnte wurden aus Dutzenden Skeletten Hunderte. Auch heute noch wird unter dem Dach des »Rhino« gearbeitet, und Besucher können Wissenschaftlern und freiwilligen Helfern live dabei zusehen, wie sie Asche von zwölf Millionen Jahre alten Knochen kratzen.

Fossilien sind bekanntermaßen sehr empfindlich, weshalb wir – wenn wir Glück haben – meist nur ein paar Knochen entdecken. Säugetierfossilien zu finden bedeutet in der Regel, fossile Zähne zu finden. Unser Grabungsteam in New Mexico kann ein Lied davon singen. Manchmal stecken die Zähne noch in einem Stück Kieferknochen, aber für gewöhnlich sind sie einzeln – zerbrochen, abgenutzt, gesplittert. Und meist finden wir sie auch nicht dort, wo das zugehörige Tier gestorben ist. Die meisten Zähne wurden von Flüssen weggespült, vom Wind davongetragen oder von Aasfressern verschleppt, bevor sie irgendwo im Schlamm oder Sand begraben versteinerten. Die Arbeit eines Paläontologen ist vergleichbar mit der eines Detektivs, nur dass der Paläontologe es mit Tatorten zu tun hat, die Zeit und Umstände stark verändert haben.

Die Ashfall Fossil Beds sind eine seltene Ausnahme. Mit seinem zerstörerischen Ausbruch hat uns der Supervulkan im Yellowstone Park die tragische Momentaufnahme einer im Miozän lebenden Gemeinschaft hinterlassen. Ganz unten in der Asche liegen die Vögel, ein Zeichen dafür, dass sie die ersten Opfer waren. Dann kommen die Säugetiere – Nashörner, Pferde und Kamele –, die wohl noch ein paar qualvolle Tage länger durchhielten, bevor sie starben. Da sind Nashornkälber, die sich an ihre Mütter schmiegen, zwischen deren Rippen noch Henkersmahlzeiten aus Blätterbrei hängen. Nashörner, deren geschwollene Extremitäten – Füße und Knöchel – von einem Erstickungstod zeugen, andere, deren Skelette Spuren von durch Lungenversagen verursachten Knochenkrankheiten zeigen, und wieder andere mit Bissspuren von Aasfressern – wahrscheinlich Höllenhunden, jenen 1,70 Meter langen und 90 Kilo schweren Ungeheuern, die auf den wissenschaftlichen Namen *Epicyon* hören. Nicht einmal Alfred Hitchcock hätte sich ein so grausames Szenario ausdenken können.

Und doch ist diese brutale Momentaufnahme für Paläontologen extrem wertvoll, denn sie erzählt uns unglaublich viel über die Lebensweise der Säugetiere des Miozäns, insbesondere über Nashörner der Gattung *Teleoceras*. Es versteht sich von selbst, dass Nashörner, die in einer so großen Gruppe gestorben sind, auch in sozialen Gruppen gelebt haben müssen. Eine statistische Untersuchung ihrer Skelette enthüllte die Demografie einer prähistorischen Population. Ein paar der Nashörner, die noch ihre Babyzähne hatten, ließen sich anhand ihrer Größe in Gruppen von ein, zwei und drei Jahre alten Tieren einordnen. Offenbar kamen die Jungen einmal jährlich zur Welt. Die übrigen Nashörner mit Erwachsenengebiss konnte man in zwei Gruppen unterteilen: Tiere mit kleinen vorderen Stoßzähnen und Tiere mit großen vorderen Stoßzähnen. In den Leibern von Tieren mit kleinen Stoßzähnen wurden Föten gefunden, was einerseits beweist, dass es sich um Weibchen handelte, und andererseits impliziert, dass Männchen große Stoßzähne hatten. Und das wiederum lässt eine erstaunliche Schlussfolgerung zu: Auf dem Nashornfriedhof kommen auf ein männliches Tier ungefähr fünf weibliche. Diese ungleiche Geschlechterverteilung wäre in einer menschlichen Population unsinnig, ist jedoch typisch für moderne Säugetierarten, die in Harems leben: Ein männliches Alphatier paart sich mit mehreren Weibchen.

Die Harems machen diese zwölf Millionen Jahre alten Nashörner also fast modern, und tatsächlich kommen uns viele der biologischen und äußerlichen Merkmale der Ashfall-Säugetiere sofort vertraut vor. Okay, ein paar Nashörner sehen aus wie Nilpferde, und die Kamele haben zum Teil Hälse wie Giraffen, trotzdem besteht kein Zweifel, um welche Tiere es sich handelt. Nashörner. Kamele. Pferde. In den vorangegangenen beiden Kapiteln haben wir gelernt, dass die heutigen Hauptgruppen von Plazentatieren – Primaten, Paar- und Unpaarhufer, Karnivore wie Hunde und Katzen, Elefanten, Fledermäuse und Wale – vor ungefähr 56 Millionen Jahren im Eozän anfingen, sich stark zu vermehren. Die frühesten Mitglieder der modernen Gruppen hatten mit ihren heutigen Nachfahren nicht viel gemeinsam. Denken Sie nur an die »Walking Whales«, die welpengroßen Prototypen von Elefanten oder die mickrigen Pferdchen, die in den Messelsee gefallen sind. In Ashfall ist das anders. Bei den Vulkanopfern handelt es sich um Säugetiere, die jedes Kindergartenkind identifizieren kann. Es sind dieselben Tiere, die wir auch heute noch im Zoo finden. Im Miozän hatten die Säugetiergruppen sich also schon fast vollständig modernisiert.

Dennoch erscheinen die Ashfall-Säuger irgendwie deplatziert. Nashörner erwarten wir in Afrika, Kamele im Nahen Osten – nicht in der Mitte der Vereinigten Staaten. Wer heute bei einer Wanderung durch das Farmland Nebraskas ein Nashorn sichtet, der hat es entweder mit einer überzüchteten Rinderart zu tun oder halluziniert. Dasselbe gilt für Kamele. Die einzige Möglichkeit, weshalb ein Kamel durch Nebraska spazieren könnte, ist, dass es aus einem Zoo abgehauen und zu blöde ist, wieder zurückzufinden.

Warum gab es im Miozän in Nebraska Nashörner und Kamele? Andere Fossilien aus Ashfall geben Antwort. Bei diesen handelt es sich jedoch nicht um Besuchermagnete wie die Skelette, sondern um sehr viel bescheidenere Arten: mikroskopisch kleine Grassamen, die man in den Zähnen, Mäulern, Hälsen und Brustkörben der Nashörner gefunden hat. Aus diesen Samen würden nicht dieselben Gräser sprießen, die heute im Landesinneren der USA im Präriewind wogen, im Gegenteil. Es sind die Samen subtropischer Arten, wie sie derzeit in Mittelamerika gedeihen. Zudem deuten weitere Pflanzenfossilien aus Ashfall auf kleine Walnuss- und Zürgelwäldchen hin. Im Miozän war Nebraska also Savanne, eine von Gräsern überwucherte Landschaft mit kleinen Baumgruppen, in der kaum Regen fiel. Wahrscheinlich sah es aus wie in der afrikanischen Savanne, durch die heute Löwen, Gnus und Elefanten streifen.

So verrückt das klingt, aber im Miozän hätten Sie in Nebraska auf Safari gehen können.

Die amerikanischen Savannen unterschieden sich jedoch nicht nur von der heutigen Landschaft, sondern auch von den vorangegangenen im Paläozän und Eozän. Sie erinnern sich? Nachdem der Asteroid den Dinosauriern vor 66 Millionen Jahren den Garaus gemacht hatte, war die Welt des Paläozäns ein Treibhaus. Nordamerika war größtenteils von Urwäldern überwuchert, und die Pole waren eisfrei. An der Grenze zwischen Paläozän und Eozän, vor 56 Millionen Jahren, kochten die Temperaturen im Zuge einer globalen Erwärmung sogar noch weiter hoch, um dann im Laufe des Eozäns wieder ein wenig abzukühlen. Die Welt war aber immer noch ein Treibhaus. Der Urwald wucherte weiter, und auch die Pole blieben eisfrei. Dann, vor rund 34 Millionen Jahren, als das Eozän ins Oligozän überging, stellte sich das Weltklima auf den Kopf. Das Treibhaus wurde zum Kühlhaus und dann zum Gefrierschrank.

Dieser Wechsel kam so plötzlich, als hätte man den Warmwasserhahn zu und den Kaltwasserhahn aufgedreht. Der Temperatursturz dauerte alles in allem nur 300 000 Jahre – höchstens. In höheren Breiten sanken die Temperaturen im Schnitt um 5 °C, während die Auswirkungen im kontinentalen Landesinneren, wie beispielsweise den Gebieten, die zu den amerikanischen Savannen werden sollten, sogar noch spürbarer waren. Dort fielen die Temperaturen um ganze 8 °C. Mit der Abkühlung der Ozeane und Landmassen wurde das Klima saisonaler, abwechslungsreicher und sehr viel unberechenbarer. Es war die stärkste, lange anhaltende Temperaturveränderung seit dem Asteroideneinschlag, den nur der momentane Klimawandel noch toppen könnte, wenn auch in die andere Richtung – aber das bleibt abzuwarten.

Auslöser dieses Umsturzes war das zufällige Zusammentreffen dreier Ereignisse. Erstens, der Kohlendioxidanteil in der Atmosphäre nahm kontinuierlich ab, was bedeutete, dass immer weniger Treibhausgase die Erde isolierten und warm hielten. Zweitens, die Sommer wurden kälter, wahrscheinlich aufgrund von Schwankungen in der Umlaufbahn der Erde um die Sonne. Und drittens, was wohl entscheidend war, die Kontinente bewegten sich noch. Gondwana, der letzte Rest der alten Pangäa, vollzog gerade die endgültige Trennung.

Im Treibhaus des Paläozäns und frühen Eozäns war die Antarktis noch sowohl mit Australien als auch Südamerika verbunden, wenn auch nur sehr dünn. Nach anhaltenden Erdbeben über Millionen von Jahren riss sie sich im späten Eozän dann an beiden Seiten endgültig los, und die Lücken füllten sich mit Wasser. Es entstand ein neuer Kaltstrom um den Südpol, der das wärmere Wasser davon abhielt, in die südlichen Meere zu gelangen. Der sogenannte Zirkumpolarstrom wirkte, indem er die Gletscher speiste, welche die polare Landschaft schnell gefrieren ließen, wie eine Klimaanlage und versetzte die Antarktis in eine Kältestarre. Zum ersten Mal seit Hunderten Millionen Jahren, seit der Karbon-Perm-Grenze mit ihren frühen Vorfahren der Säugetiere, schoben sich wieder große Eisplatten über einen Kontinent. Den Nordpol bedeckte die Eisfläche noch nicht, da sich dort aufgrund der fehlenden Landmasse sehr viel schwerer Gletscher bildeten, aber auch dorthin sollte das Eis, wenn auch sehr viel später, noch kommen und zur Heimat von Mammuts und Säbelzahntigern werden – eine Geschichte für unser nächstes Kapitel.

Auch wenn die antarktischen Gletscher die offensichtlichste Folge der plötzlichen Kälte im Eozän und Oligozän waren, war der Temperatursturz weltweit zu spüren. Zehntausende Kilometer von den neuen Eisflächen entfernt, litt auch das nordamerikanische Inland, wo es nicht nur kälter, sondern auch trockener wurde und sich auf Kosten langsam wachsender Baumarten Pflanzen mit einer kürzeren Lebensdauer und weniger Holzanteilen ausbreiteten. Die Urwälder schrumpften und wichen zunächst einem spärlichen Waldwuchs, dann der Savanne und schließlich dem Grasland. Dieser langwierige Prozess zog sich durch das gesamte Oligozän (vor 34 bis 23 Millionen Jahren) bis in die Zeit der Ashfall-Säugetiere, das Miozän (vor 23 bis 5 Millionen Jahren), und sogar noch darüber hinaus. Temperaturen, Klima und Vegetation veränderten sich so grundlegend, dass den Säugetieren keine andere Wahl blieb, als sich anzupassen.

**Mein Vater hasst Rasenmähen.** Als meine Eltern vor ein paar Jahren aus dem Haus, in dem ich groß geworden bin, auszogen, behaupteten sie, näher bei ihrer wachsenden Horde von Enkelkindern sein zu wollen. Ich habe jedoch den Verdacht, es hatte auch damit zu tun, dass sie sich ein kleineres Haus mit einem möglichst kleinen Garten wünschten. Da ich mittlerweile selbst Hausbesitzer bin, verstehe ich sie nur zu gut. Der Rasen hört einfach nie auf zu wachsen. Im Winter ist einem zwar eine kurze Pause vergönnt, aber sobald der Frühling kommt, schießen die grünen Halme wieder wie Raketen aus dem Boden. Eine Woche ohne Rasenmähen, und das Haus sieht aus wie der heruntergekommene Drehort für einen Horrorfilm. Es hört nie auf. Und je öfter man das Gras mäht, umso schneller wächst es nach – dicker, dichter, saftiger – wie der Oberlippenflaum eines Teenagers.

Aber ich sollte mich nicht beklagen, denn eine Welt ohne Gras wäre äußerst befremdlich – und für Menschen sogar unwirtlich. Gräser sind mehr als nur flächendeckende Dekoration für unsere Gärten, Parks und Golfplätze. Heute gibt es mehr als 11 000 Grasarten, die als Savannen, Prärien, Grasland und vor allem von Menschen kultiviert 40 Prozent der Erdoberfläche bedecken. Ja, auch als Rasen, aber hauptsächlich als Getreidefelder. Viele unserer Grundnahrungsmittel sind Gräser wie Weizen, Mais und Reis, um nur ein paar zu nennen. Menschen wie ich, die auf dem Land groß geworden sind und den Sommer und Herbst mit Versteckspielen in Feldern und Maislabyrinthen verbrachten, wissen, worum es sich bei Getreide und damit allen Gräsern handelt: um einen speziellen Pflanzentyp, der, wenn man seine dünnen, geraden, hohlen Halme wachsen lässt, irgendwann blüht und potenziell essbare Früchte ausbildet. Ein Weizenkorn ist eine Frucht, wenn auch eine sehr eigenartige, genau wie ein Maiskorn.

Gräser sind ein so allgegenwärtiger Teil unserer Welt, dass man leicht glaubt, es habe sie schon immer gegeben. Hat es aber nicht. Die ersten 4,43 Milliarden Jahre der Erdgeschichte waren gräserlos, aber als sie sich dann entwickelten, veränderten sie alles. George Gaylord Simpson – der Mann, der in den 1940er-Jahren seinen berühmten Säugetierstammbaum zeichnete – hatte das erkannt. Die Entstehung von Graslandschaften, so Simpson, bedeutete für die Säugetiere, die in ihnen lebten, insbesondere Pferde, eine einschneidende Veränderung, die er als »Great Transformation«, den großen Wandel, bezeichnete. Simpson war nicht nur ein führender Paläontologe seiner Zeit, sondern auch ein begabter wissenschaftlicher Autor, der ein ganzes Buch über die Entstehung der Pferde aufgrund der Gräser schrieb. Was sich während der Revolution der Gräser tatsächlich abspielte, haben wir aber erst in den letzten Jahrzehnten wirklich begriffen.

Die Frau, die die Geschichte der Gräser neu schrieb, heißt Caroline Strömberg. Aufgewachsen in Schweden, sammelte sie schon als Kind Trilobiten an der steinigen Küste Gotlands. Später brachte ein Doktorandenstipendium sie nach Kalifornien, wo sie zufällig eine Vorlesung zur Evolution der Pferde hörte, die Zweifel in ihr weckte. War Simpsons Geschichte von der »Great Transformation« tatsächlich wahr oder doch eher ein Märchen? Es gab nur eine Möglichkeit, das herauszufinden: Sie musste über einen langen Zeitraum detaillierte Befunde von Gräsern *und* Pferden sammeln und untersuchen, wie sich diese gemeinsam veränderten. Es sollte ihre Doktorarbeit werden, die ihr 2004 den renommierten Romer Prize der Society of Vertebrate Paleontology für den besten studentischen Vortrag einbrachte.

Im Rahmen der Erdgeschichte gesehen, sind Gräser ein recht junges Phänomen. *Brontosaurus* hätte niemals einen Grashalm gefressen und hat auch nie einen zu Gesicht bekommen. *Triceratops* vielleicht, aber auch er hätte nur gelegentlich ein Hälmchen gefunden. Gräser tauchten erst in der späten Kreide auf – in den letzten Tagen des Dinosaurierimperiums, als die Säugetiere noch ein Schattendasein führten. Die Nachweise sind spärlich und ein bisschen ekelig: mikroskopisch kleine Kieselklümpchen, sogenannte Phytolithe, im versteinerten Kot indischer Langhalsdinosaurier. Caroline identifizierte sie, als indische Kollegen ihr bei ebenjenem Kongress, bei dem sie ihren Preis gewann, Fotos zeigten. Sie erkannte sofort, dass die kreidezeitlichen Klümpchen fast gleich aussahen wie die modernen Phytolithe, die Gräser als Stütze in ihren Fasern einlagern zum Schutz vor Überweidung. Caroline hüpfte vor Aufregung auf und ab, denn ihr war klar, dass sie eine revolutionäre Entdeckung gemacht hatte. Ungefähr ein Jahr beschrieb sie gemeinsam mit ihren indischen Freunden die unauffälligsten Fossilien überhaupt. Wie von Pionieren nicht anders zu erwarten, waren diese Gräser klein, selten und unauffällig. Sie wuchsen in Büscheln und waren weit davon entfernt, echte Grasflächen zu bilden. Wenn Sie also irgendwo Darstellungen von Dinosauriern auf einer Wiese sehen, sind diese vielleicht kunstvoll, aber falsch.

Für die Gräser veränderte sich nach dem Asteroideneinschlag nur wenig. In der Hitze des Paläozäns und des Eozäns machten ihnen wild wuchernde Urwaldbäume und Schlingpflanzen den Platz streitig, und sie mussten sich an ihre neue Umgebung erst anpassen. Manche Arten, wie beispielsweise Bambus, spezialisierten sich auf das Überleben in der klaustrophobischen Enge des Dschungels, denn es gab kaum Flächen, auf denen sich die Gräser ausbreiten konnten, und wenn doch, wurden diese sofort von Farnen und Büschen überwuchert.

Mit dem Übergang vom Eozän ins Oligozän verwandelte sich das Treibhaus in ein Kühlhaus. Das Klima wurde gemäßigter, die Niederschläge seltener, die durstigen Urwälder schrumpften, und die Landschaft öffnete sich. Diese Chance nutzten die Gräser. Ihr schnelles Wachstum und ihre Resistenz gegen die raueren Bedingungen ermöglichten ihnen, Stück für Stück den Raum der Wälder einzunehmen – eine Armee auf dem Vormarsch, die Welt zu erobern. In ihrer Doktorarbeit weist Caroline nach, dass die ersten Flächengräser in Nordamerika – wo die fossilen Funde der Übergangsphase am vollständigsten sind – im Oligozän auftauchten. Im Laufe von fast zehn Millionen Jahren breiteten sie sich immer weiter aus, indem sie das Land zwischen den immer kleiner werdenden Wäldern okkupierten, bis dann im Miozän, vor rund 23 Millionen Jahren, alles Grasland war, so weit das Auge reichte.

Ein Vorgang mit einschneidenden Konsequenzen. Basierend auf einem vegetarischen All-you-can-eat-Buffet, war ein komplett neues Ökosystem erschaffen worden. Das Grünzeug wuchs nicht mehr von oben nach unten, wie die Blätter der Bäume, sondern von unten nach oben, und je mehr man davon abknabberte, umso schneller wuchs es nach – dicker, dichter, saftiger. Allein das Abfressen der Gräser trug dazu bei, dass Graslandschaften sich immer weiter ausbreiteten. Und mehr noch. Das ständige Grasen sorgte dafür, dass langsamer wachsende Pflanzen wie Büsche und Bäume es schwer hatten, Wurzeln zu schlagen. Das kontinentale Inland verwandelte sich in ein Meer aus Gräsern. Für Pferde und andere Säugetiere war das ein Himmelsgeschenk – eine sichere Nahrungsquelle, bis heute.

Es gab nur ein Problem. Gräser sind für den Gaumen eine große Herausforderung. Im Gegensatz zu Blättern, Früchten und Blüten ist ihre raue und faserige Struktur häufig zäher als die von Blättern. Aber das war nicht die einzige Schwierigkeit. Noch problematischer waren zum einen die Phytolithe – die von Gräsern abgesonderten Kieselklümpchen, die für uns Paläontologen so hilfreich sind, weil sie sich gut als Fossilien erhalten, für Grasfresser aber so lästig wie Sandkörner im Salat – und zum anderen der Schmutz. Gräser wachsen am Boden in offenem Gelände und sind ein Magnet für Staub, Dreck und andere vom Wind verwehte Partikel. Viele heutige Säugetiere nehmen beim Grasen eine ungesunde Menge an Schmutz zu sich. Hausrinder fressen im Schnitt 4 bis 6 Prozent Dreck im Vergleich zu den weniger als

2 Prozent Schmutz der Blätterfresser. Bei Schafen, die nah am Boden grasen, ist es noch schlimmer. In Neuseeland hat man gemessen, dass Schafe zu 33 Prozent Dreck fressen. Das heißt, pro zwei Gramm Gras ein Gramm Dreck.

Schmutz und Pytholithe sind wie Sandpapier, das den grasenden Säugetieren die Zähne abschmirgelt, was ein echtes Problem darstellt. Moderne Weidetiere, deren Zahnschmelz beim Fressen regelrecht abgetragen wird, büßen jährlich ungefähr drei Millimeter ihrer Zähne ein. Pferden, Schafen und Kühen kann man aber kein Gebiss verpassen, das heißt, sobald ihre Zähne zu Staub zermahlen sind, müssen sie hungern.

Das Festmahl, das die Säugetiere im Oligozän und Miozän direkt vor der Nase hatten, war also tückisch: All das nahrhafte

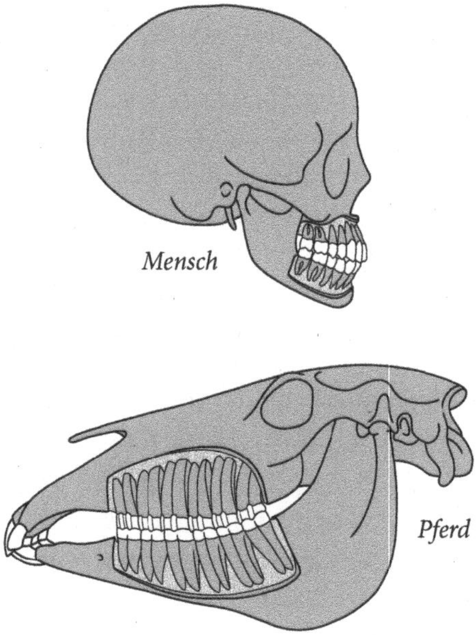


Die langen, hochkronigen Zähne eines Pferdes, deren Wurzeln tief in den Kiefer hineinragen, im Vergleich zu den deutlich kürzeren Wurzeln menschlicher Zähne. Über den Zahnfleischrand hinausragende Bereiche sind weiß dargestellt. (Illustrationen: Sarah Shelley)

Gras, das umso schneller wuchs, je mehr man davon fraß, hatte fatale Folgen. Aber auch hier fand die Evolution eine Lösung: Hypsodontie – ein kompliziertes Wort für extralange Zähne, die es Säugetieren ermöglichen, über einen längeren Zeitraum damit zu kauen. Die Rechnung ist simpel: Je länger die Zähne, umso länger der Zeitraum, bis die Zähne abgenutzt sind. Menschen brauchen für ihre Ernährungsweise keine längeren Zähne, während viele grasfressende Säugetiere – von denen Simpsons Pferde wohl die berühmtesten sind – diese einfache Korrektur unabhängig voneinander vorgenommen und Molaren (manche auch Prämolaren) entwickelt haben, die aussahen wie lang gezogenes Toffee. Die Zähne wurden so lang, dass die mit Zahnschmelz überzogenen, aus dem Zahnfleisch herausragenden Zahnkronen für das Maul zu groß waren, weshalb ein gutes Stück davon in Zahnfleisch und Kiefer steckte und nachrückte wie die Mine eines Druckbleistifts. Manche Säugetiere entwickelten sogar Zähne, die ein Leben lang nachwuchsen.

Die Entwicklung der Hypsodontie als Reaktion auf die Entstehung von Graslandschaften ist der Grundgedanke der »Great Transformation«. Laut Simpson war sie die treibende Kraft hinter der Evolution der Pferde von unscheinbaren Waldbewohnern, die sich von Blättern und Früchten ernährten, zu den majestätischen Sinnbildern für Geschwindigkeit und Eleganz, wie wir sie heute kennen. Carolines Forschungen – sowie die Arbeit vieler Kollegen – werfen jedoch einen Schatten auf diese einfache Parabel von Ursache und Wirkung. Zweifellos haben die Graslandschaften die Evolution der Pferde und vieler anderer Säugetiere befördert, aber die Geschichte ist nuancierter – und sehr viel komplexer –, als Simpson sie sich dachte.

Wie sich herausstellte, waren die Pferde Spätzünder. Sie entwickelten ihre hochkronigen Zähne sehr langsam, weshalb sie erst spät von dem Überfluss an Gras profitieren konnten. Tatsächlich waren sie sogar so langsam, dass viele andere Säugetiere das vor ihnen taten. Als die Landschaft im Oligozän immer offener wurde und Gras die Flächen zwischen den Urwäldern überzog, passten sich die kleinsten Säuger dieser Neuerung als Erste an. Nagetiere und Hasen mit ihrer wahnsinnig hohen Geburtenrate und ihren schnellen Generationenwechseln konnten die Launen der natürlichen Selektion am besten für sich nutzen. Sie waren die Ersten, die sich die Zähne wachsen ließen und mindestens zehn Millionen Jahre vor den Pferden begannen, Gras und Schmutz zu mümmeln. Etwas später kamen dann auch Säugetiere mit großen Hufen auf die Idee mit den langen Zähnen. Aber es waren nicht die Pferde, sondern paarhufige Artiodactyla – darunter eine Vielzahl an Kamelen, die sich zu den zahlreichsten Weidetieren des Oligozäns entwickelten. Während Hasen, Nagetiere und Kamele bereits die Nische der offenen Grasflächen besetzten, hatten Pferde noch immer die kurzen Zähne ihrer eozänen Vorfahren, deren geringer Abrieb des Zahnschmelzes ein sicheres Zeichen dafür ist, dass sie sich noch von weichen Blättern ernährten.

Zu Beginn des Miozäns, vor 23 Millionen Jahren, waren die Urwälder nur noch eine blasse Erinnerung und weite Teile Nordamerikas von Grasland überzogen. Und erst dann, als aus Grasinseln zwischen schrumpfenden Urwäldern bereits Grasmeere geworden waren, bemerkten es auch die Pferde. Endlich begriffen sie, dass ihr altes Leben vorüber war, und tauschten die Blätter zögerlich gegen Gras ein. Aber damit nutzten sich ihre Zähne plötzlich sehr viel stärker ab. Schmutz und Phytolithe schliffen die ausgeprägten Höcker ihrer blätterfressenden Vorfahren zu leichten Unebenheiten herunter, und die Zähne wurden von Generation zu Generation immer länger. Trotzdem dauerte es seine Zeit mit der Hypsodontie. Die natürliche Selektion hatte einiges nachzuholen. Zwischen den ersten Pferden mit stark abgenutzten Zähnen im frühen Miozän und den ersten Pferden mit einem echten Pferdegebiss im mittleren Miozän, das mit den hypsodonten Zahnreihen heutiger Pferde vergleichbar ist, liegen fünf Millionen Jahre. Aber diese Zeit nutzten die Pferde, um noch ein zweites Beißwerkzeug zum exzessiven Grasen zu entwickeln: ein Labyrinth aus messerscharfen Kanten auf den Kauflächen, mit denen sie die Gräser zerkleinerten und die durch die Abnutzung noch schärfer wurden.

Sie ließen sich Zeit, aber gegen Ende des Miozäns, vor fünf Millionen Jahren, hatten die Pferde die Kunst des Grasens so weit perfektioniert, dass sie zu den talentiertesten Grasfressern der Erdgeschichte zählten. Sie waren jedoch nicht die einzigen. Mindestens 17 Arten von Huftieren entwickelten unabhängig voneinander Hypsodontie, darunter auch die dickbäuchigen Nashörner aus dem Massengrab in Nebraska, deren Grasvorräte die Asche vernichtete. Die Tiere der amerikanischen Savanne passten sich aber auch noch auf andere Weise an. Pferde, Kamele und diverse weitere entwickelten lange, gerade Stelzen, auf denen sie über das offene Weideland galoppierten. Pferde reduzierten ihre Extremitäten auf nur einen Zeh, dessen alleiniger Zweck die Beschleunigung war und der seinen Besitzern ein Leben auf der Überholspur ermöglichte. Nicht länger in Wälder verbannt, experimentierten auch Nagetiere und Hasen mit neuen Arten der Fortbewegung wie Hüpfen und Springen oder alternativen Methoden, sich zu schützen, wie dem Graben von Löchern, in denen das umstehende Gras sie unsichtbar machte.

All die wohlgenährten, auf offenen Flächen grasenden Pflanzenfresser waren für Raubtiere eine willkommene Beute. Auch ihnen hatte die Natur ein All-you-can-eat-Buffet aufgetischt, von dem sie sich jederzeit bedienen konnten, sie mussten nur schnell genug sein. Oligozän und Miozän waren geprägt von einem Wettrüsten zwischen Räubern und Beutetieren. In dem Bestreben, den Gegner auszubooten, entwickelten beide Seiten immer mehr Spezies, und so terrorisierten auch viele neue fleischfressende Säugetiere die amerikanische Savanne: Bären, Katzen und Hunde in den unterschiedlichsten Größen und Formen, manche mit Säbelzähnen, um Fleisch zu zerfetzen, andere mit Kegelmolaren, mit denen sie Knochen durchbissen. Manche waren lauernde Jäger, die sich im hohen Gras oder hinter den verbliebenen Bäumen versteckten und ihre Opfer in Schockstarre versetzten, wenn sie plötzlich hervorbrachen. Andere entwickelten längere

Gliedmaßen, auf denen sie ihre Beute über kurze Strecke jagten, bevor sie zum tödlichen Sprung ansetzten.

Beim Anblick dieser mörderischen Menagerie fällt die Entscheidung, welcher dieser Prädatoren der Furcht einflößendste war, schwer. Vielleicht Borophagin, eine glücklicherweise ausgestorbene Unterfamilie der Hundeverwandten – zu der auch der Höllenhund *Epicyon* zählt, eine Hyäne im Wolfspelz, die ihre Beute erbarmungslos jagte, ihr mit den Zähnen die Knochen brach und sie zerfleischte. Oder vielleicht die Amphicyoniden, eine andere Familie ausgestorbener Hundeverwandter, die aussahen wie eine Kreuzung aus Bär und Hund – ein wahr gewordener Albtraum. *Amphicyon*, der Namensgeber der »Bärenhunde«, war 2,5 Meter lang und wog 600 Kilo, was ihn zu einem der größten Fleischfresser Nordamerikas seit dem Aussterben von *T. rex* vor 66 Millionen Jahren machte.

Meine Favoriten sind die Entelodonten. Diese sogenannten Höllenschweine« konnten einen Höllenhund, wenn es darauf ankam, problemlos kaltmachen. Es waren hässliche Biester mit riesigen Köpfen, buckligen Rücken und bulligen Körpern auf schlanken Beinen mit Hufen – eine beängstigende Kombination aus Kraft und Geschwindigkeit. Die größte Gattung, *Daeodon*, hatte eine Schulterhöhe von 2,10 Metern und wog bis zu 450 Kilo. Mit ihren langen Eckzähnen und gewaltigen Kiefern verschlangen sie so ziemlich alles: Blätter, Wurzeln, Kadaver oder auch lebende Beute. Für die Tiere der amerikanischen Savanne war es ein Glück, dass die Höllenschweine« wahrscheinlich häufiger aufeinander losgingen als auf andere Arten. Ihre schorfigen Schädel waren mit knorpeligen Beulen übersät, die ihnen ein so abstoßendes Aussehen verliehen, dass Rivalen wahrscheinlich zweimal darüber nachdachten, ob sie sich auf einen Kampf mit ihnen einließen. Viele der fossilen Schädel weisen Verletzungen und Bisswunden auf, Narben von Territorial- oder Paarungskämpfen.

Untersucht man die amerikanische Savanne etwas genauer, scheint Simpsons »Great Transformation« auch eine Phase gro-

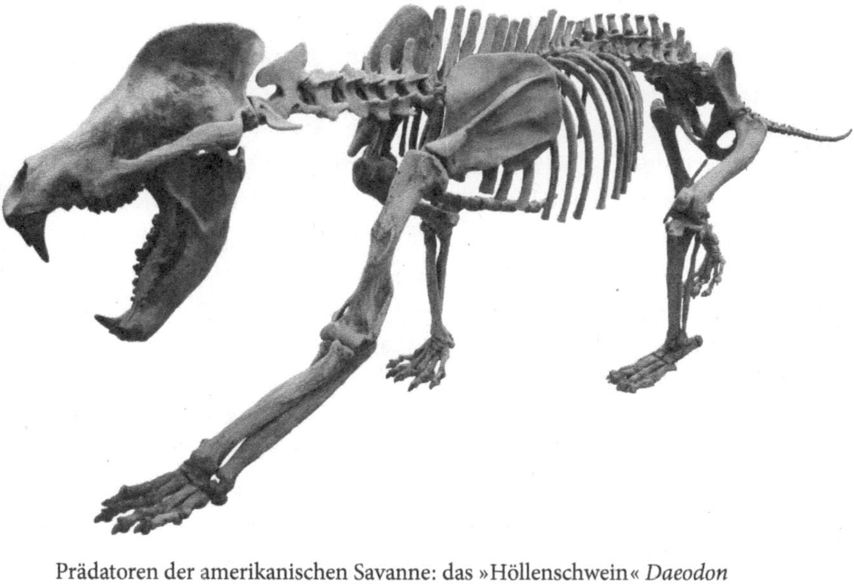

Prädatoren der amerikanischen Savanne: das »Höllenschwein« *Daeodon* (oben) und der »Bärenhund« *Amphicyon* (unten). (Fotos: James St. John und Clees v. Vogelsang)

ßer Artenvielfalt gewesen zu sein. Der Wechsel von Wäldern zu Grasland brachte zahlreiche neue Säugetiere hervor: Weidetiere wie Pferde und Nashörner, Hyperkarnivore wie die Höllenhunde und Höllenschweine sowie zahlreiche Sprinter, Springer und Hüpfer. Die Graslandschaften schufen neue Nischen, die zu den bereits existierenden in den Wäldern noch hinzukamen, wobei kühlere Temperaturen, Gräser und offene Landschaften dafür sorgten, dass sich die begrenzte Anzahl von Säugetieren zu einer sehr viel größeren, artenreicheren und spezialisierteren Kavallerie ausweitete als die der Urwaldbewohner.

Aber je mehr Charaktere eine Geschichte hat, umso komplizierter wird sie. Und Simpsons Geschichte von der »Great Transformation« sollte noch einige unerwartete Wendungen nehmen.

Die Evolution der Pferde macht den Anschein einer geradlinigen Entwicklung: Mit dem Ausbreiten der Savannen werden aus Blätterfressern Grasfresser, denen andere Arten wie Nashörner folgen, woraufhin auch die Prädatoren stärker und aggressiver werden, um mit ihrer Beute Schritt zu halten. Tatsächlich war das aber nur ein Handlungsstrang der verschlungenen Geschichte der amerikanischen Savanne. Als die Pferde anfingen, hochkronige Zähne zu entwickeln, um die Landschaft abzugrasen, waren nicht alle Pferdearten mit von der Partie. Viele Pferde im Miozän waren mit ihren Blättern zufrieden und blieben in den Wäldern, die nicht ganz verschwanden. Sie zogen sich nur zurück, zunächst auf die kleinen Inseln im Grasmeer und im Zuge des sich verändernden Klimas dann in die wärmeren Tropen und Subtropen.

Das Miozän war also weniger ein einheitlicher Pferdetross zu den Weideflächen der Savannen als vielmehr ein kunterbunter Pferdezirkus. Es war die Blütezeit der Pferde, in der ihre Artenvielfalt atemberaubende Ausmaße annahm. Laubfresser und Grasfresser diversifizierten sich zeitgleich immer weiter und unterteilten die Wälder und Grasflächen in kleine Nischen, sodass zeitweise bis zu einem Dutzend Arten gleichzeitig existierten. Zwei Familien, die fast 20 Millionen Jahre lang prächtig nebeneinander gediehen, waren die auf Gras spezialisierten Equidae und die auf Blätter eingeschworenen Anchitherium. Könnten wir uns ins Miozän zurückversetzen, wäre die Begegnung mit einem grasenden Pferd genauso wahrscheinlich wie die mit einem laubfressenden Pferd.

**Diese glorreichen Zeiten**, die bis vor ein paar Millionen Jahren andauerten, waren der Höhepunkt der Geschichte der Pferde, auf das ein Drama mit vielen Verlusten und einer unerwarteten Rettung folgen sollte.

Im Pliozän, dem Zeitintervall nach dem Miozän, wurde das Kühlhaus zum Gefrierschrank. Gletscher krochen über die nördlichen Kontinente, und die trockenen, offenen Graslandschaften breiteten sich immer weiter aus. Die laubfressenden Pferdearten starben aus, nicht nur in Nordamerika, sondern überall auf der Welt, und zurück blieben die grasenden Pferde, aus denen unsere heutigen Pferde hervorgingen – die vor vier bis fünf Millionen Jahren in Nordamerika entstandene Gattung der *Equus*. Doch von da an ging es auch mit *Equus* immer weiter bergab, bis sie vor rund 10 000 Jahren in Nordamerika sogar ganz ausstarben, Opfer des sich wandelnden Klimas und der Überjagung durch einen erbarmungslosen neuen Prädator auf zwei Beinen, der schlauer und gefährlicher war als jeder Höllenhund und jedes Höllenschwein. Durch einen glücklichen Zufall konnten ein paar *Equus* in die Alte Welt nach Asien fliehen, wo sie von einer Gruppe dieser jagenden Homininen vor rund 6000 Jahren domestiziert wurden. Von dort gelangten die Pferde nach Europa, von wo die Spanier sie im Zuge ihrer brutalen Kolonialisierung vor ein paar Hundert Jahren wieder zurück nach Nordamerika brachten. Wann immer Sie heute eine Herde »wilder« Pferde in den Weiten der Prärie sehen, sollte Ihnen klar sein, dass es sich nicht um Eingeborene handelt, deren Stammbaum bis zu den Grasfressern des Miozäns zurückgeht und die ihre Körper und Zähne einst der amerikanischen Savanne anpassten, sondern um die verwilderten Nachkommen spanischer Pferde.

Der Fokus auf Nordamerika verschleiert den Blick auf das Gesamtbild, denn im Oligozän und Miozän wurde es überall auf der Welt kälter (von ein paar vereinzelten Wärmephasen hie und da einmal abgesehen). Graslandschaften breiteten sich auf dem gesamten Globus aus, wenn auch unterschiedlich schnell. In Ostasien scheint sich der Wandel zeitgleich mit Nordamerika vollzogen zu haben – er fing im Oligozän an und nahm dann im Miozän immer mehr Fahrt auf. In Westasien und Europa hatten sich Savannenbewohner wie Pferde, Nashörner, Giraffen und Antilopen Ende des Miozäns vom Balkan bis nach Afghanistan ausgebreitet, und zur selben Zeit weitete sich das Grasland auch in Afrika aus, bevölkert von den Vorfahren der heutigen Safari-Ökosysteme aus Löwen, Gnus und Zebras. Das jenseits des Äquators gelegene Südamerika ging es etwas langsamer an, auch wenn ein paar seiner Säugetiere, darunter Darwins Huftiere, lange vor ihren entfernten Verwandten in Nordamerika hypsodonte Zähne entwickelten. Caroline Strömbergs Untersuchungen zeigen jedoch, dass dies mit der Asche der Andenvulkane zu tun hatte und nicht mit den Gräsern, die sich in den nicht tropischen Teilen des Kontinents erst ganz am Ende des Miozäns ausbreiteten.

Fehlt noch Australien, das sich nach seiner Abspaltung von der Antarktis um die Eozän-Oligozän-Grenze allein am Ende der Welt wiederfand, weshalb das Gras im australischen Outback erst sehr viel später sprießen sollte – nach einem miozänen Spektakel, das auf der Welt seinesgleichen sucht.

**Jedes Jahr** sprengt Mike Archer ungefähr eine Woche lang kleine Teile des australischen Outback. Meist kommt er mit dem Helikopter – manchmal mit einem Militärhubschrauber, meist chartert er jedoch den Heli eines Viehbesitzers oder Jägers, der sein Wild aus der Luft schießt. Aber im Grunde ist es Mike egal, wer ihn fliegt. Er setzt sich in den Heli und lässt den Piloten über dem Buschland kreisen, um Ausschau nach den grauen Kalksteinbrocken zu halten, die hin und wieder zwischen dem olivgrünen

Gras hervorblitzen. Er ist auf der Suche nach Orten, an denen ein Feuer den Boden versengt und die Steinplatten freigelegt hat, die normalerweise von den scharfen Halmen der *Spinifex*-Gräser und vereinzelten Bäumen überwuchert sind. Sobald er Fels entdeckt, gibt er dem Piloten Anweisung runterzugehen und springt aus der Luke, gefolgt von einer Einheit aus Studierenden und Kollegen. Wie echtes Militär ist die Wissenschaftlertruppe mit Zündschnüren und dünnen, mit leichtem Sprengstoff gefüllten Plastikröhren bewaffnet, die aussehen wie Computerkabel. Zündet man sie, spalten sie den Fels, wie ein Messer ein Stück Kuchen teilt, die Explosion nicht mehr als ein gedämpftes Rumpeln.

Mitte der 1970er-Jahre landete der in Sydney geborene und in den USA aufgewachsene Mike in Riversleigh Station, einer einsamen Gegend im Nordwesten von Queensland. Aus der Region waren Fossilienfunde bekannt, für die sich aber niemand zu interessieren schien – zumindest nicht so sehr, dass er die extreme Hitze und die Einsamkeit dieses Außenpostens auf sich nehmen würde. Mike fand dort ebenfalls Fossilien – in jedem Jahr, in dem er dorthin zurückkehrte, mehr. Seinen größten Fund machte er 1983 an einer Stelle, der er den Spitznamen Gag Site gegeben hatte. »Ich sah auf meine Füße, und da ragten ein Schädel und ein Kiefer aus dem Gestein. Es war unfassbar. Alles, wovon wir geträumt hatten, es in Australien zu finden, lag einfach da«, erinnerte er sich. Es gab da nur ein Problem: Das Gestein war hart wie Beton, weshalb man die Fossilien nicht auf die gewohnte Weise mit Hammer, Pinseln und zahnmedizinischen Instrumenten freilegen konnte. Mikes Team musste den Fels mit seinen explosiven Kabeln in handlichere Stücke sprengen, damit man diese in ein Labor transportieren und die Fossilien dort aus dem Stein holen konnte. Hierzu löste man den Kalkstein in Ethansäure – verdünntem Essig – langsam auf, bis nur die Knochen zurückblieben. Viele der Schädel sind so makellos, mit schimmernden Zähnen und ausgebleichten Knochen, dass sie frischer aussehen als die eines modernen tierischen Unfallopfers.

Fossiliensuche in Riverleigh, Australien: Mitarbeiter hebeln Steinblöcke mit Säugetierfossilien aus dem Boden (oben), Mike Archer auf einer Kiste mit Sprengstoff (links) und ein Versorgungshelikopter (rechte Seite). (Fotos mit freundlicher Genehmigung von Mike Archer)

**Die Riversleigh-Fossilien decken mit ein** paar Lücken den Zeitraum vom späten Oligozän, vor rund 25 Millionen Jahren, bis ins frühe Pleistozän ab, also eine Zeitspanne von rund 24 Millionen Jahren. Als Mike in den 1970er-Jahren mit der Fossiliensuche begann, dachten alle, dass Australien wie Nordamerika und der Rest der Welt ab Mitte des Miozäns mit Grasland überzogen war. Aber je mehr Fossilien Mike fand, umso mehr bezweifelte er dies. »Es war mehr als offensichtlich, dass nicht einer der Pflanzenfresser, die ich untersuchte, in Grasland hätte überleben können«, erklärte er mir. Ihr Zahnschmelz war hauchdünn, und sie hatten niederkronige Molaren – nicht die abartig langen, hypsodonten Zähne der Pferde, Nashörner und anderer Grasfresser aus der amerikanischen Savanne. Ihre Zähne schienen eher für eine weichere, saftigere Vegetation wie die Blätter, Blüten und Früchte des Regenwalds geeignet. Und es war ebenfalls mehr als offensichtlich, dass es sich bei Mikes Säugetieren nicht um Pferde, Nashörner, Kamele, Höllenhunde, Höllenschweine oder sonst einen der miozänen Savannenbewohner Nordamerikas handelte. Und auch aus dem Oligozän und Miozän Europas, Asiens, Afrikas und Südamerikas waren keine ähnlichen Funde bekannt.

Jedes einzelne von Mikes oligozänen und miozänen Säugetieren, mit Ausnahme von ein paar Fledermäusen und Eier legenden Montrematen, waren Beuteltiere. Bei manchen Skeletten fand er sogar »Joeys« im Beutelbereich – Mutter und Kind im Tode vereint während der prekären Phase, in der das Leben des Kleinen noch untrennbar an den Zitzen der Mutter hängt.

Angesichts der Tatsache, dass Australien heute von Beuteltieren überrannt wird, ist das keine große Überraschung. Viele der charismatischsten Säugetiere in Down Under sind Beuteltiere: Koalas, Kängurus, Wallabys, Nasenbeutler, Possums und Tasmanische Teufel, um nur ein paar der insgesamt 250 Arten zu nennen. Es gibt nur zwei Ausnahmen. Zum einen eine Handvoll Kloakentiere wie das Schnabeltier und den Ameisenigel – Überlebende aus der Kreide –, und zum anderen eine begrenzte Anzahl von Plazentatieren: Fledermäuse, die im Eozän, während ihrer weltweiten Diaspora, nach Australien flogen und dann zahlreiche neue Arten hervorbrachten; Nagetiere, die sich erst vor ein paar Millionen Jahren in Neuguinea und Indonesien auf Flößen in den Süden aufmachten; sowie unerwünschte Eindringlinge wie Dingos und Kaninchen, die vom invasivsten Säugetier aller Zeiten – dem *Homo sapiens* – eingeschleppt wurden.

Aber wie kamen die Beuteltiere nach Australien? Diese Frage hat dem Engländer Robin Beck, einem der vielen von Mike ausgebildeten Studenten, keine Ruhe gelassen. Seine Forschungen zeigen, dass Australien für die Beuteltiere die Endstation einer mehrere Millionen Jahre dauernden Odyssee rund um die Welt war. Wie Sie sich sicher erinnern, waren die Vorfahren der Beuteltiere, die Metatheria, in der Kreide auf den nördlichen Kontinenten weitverbreitet, bis der Asteroid ihren Träumen von der territorialen Herrschaft ein jähes Ende bereitete und sie um ein Haar dasselbe Schicksal ereilt hätte wie *T. rex* und *Triceratops*. Ein paar von ihnen konnten nach Südamerika fliehen, wo sie mit Darwins Huftieren und Nebengelenktieren auf dem Inselkontinent ein neues Ensemble bildeten. Unzufrieden mit dem Inseldasein, zog es die Metatheria jedoch bald weiter, und sie nutzten die schmalen Streifen, die Südamerika über die Antarktis mit Australien verbanden, als Migrationsautobahn. Aus welchem Grund auch immer, beschlossen die südamerikanischen Plazentatiere zur selben Zeit, in der Antarktis einzufallen, und mindestens eine Gruppe scheint es von dort auch bis nach Australien geschafft zu haben, wo sie sich aber nicht dauerhaft etablieren konnte. So waren die Beuteltiere letztendlich die Einzigen, die sich unter die einheimischen Kloakentiere mischten. Und als Australien sich im Eozän von den anderen Kontinenten losriss, wurde Down Under für die Beuteltiere zu einem Laboratorium, in dem sie nach Lust und Laune experimentieren konnten. Viele konvergierten mit den Plazentatieren – so gibt es Beuteltierversionen von Ameisenbären, Maulwürfen, Wölfen, Löwen und Murmeltieren –, während andere, wie wir noch sehen werden, ihr ganz eigenes Ding durchzogen.

Die Ausbreitung der Beuteltiere in Australien nahm ihren Anfang vor rund 55 Millionen Jahren im Eozän, in das die ältesten australischen Metatheria-Fossilien datieren. So richtig in Fahrt kam sie jedoch erst im Oligozän, wie erste Fossilien moderner Abstammungslinien wie Koalas oder Kängurus aus Riversleigh belegen, bevor sie ihren Höhepunkt im Miozän erreichte. Obwohl Temperaturen und Klima im Laufe von Oligozän und Miozän stark schwankten und die Wälder mal dichter Dschungel, mal etwas lichterer Wald waren, veränderte sich die Umwelt kaum. Australien war Regenwaldgebiet, kein Grasland. Die Luft war schwer von Feuchtigkeit, gigantische Blätter und bunte Blüten zierten die hohen Bäume, und es roch nach den reifen, pflaumenähnlichen Früchten – die man in Riversleigh als Versteinerungen findet. Sehr viel häufiger sind jedoch fossile Säugetiere, die, nachdem sie in Waldseen fielen oder in Höhlen plumpsten, im Kalkstein erhalten sind – die Schätze, nach denen Mike sucht.

Eines der schönsten Beispiele hierfür ist *Nimbadon*. In einer alten Höhle fand man mehr als zwei Dutzend dieser Wombatverwandten auf einem Haufen, die wahrscheinlich alle durch ein im Waldboden verstecktes Loch gestürzt sind. Moderne Wombats sind niedliche, pummelige Fellknäuel, die gemütlich auf allen vieren durch die Gegend wackeln und hin und wieder ein bisschen von ihrem abgefahrenen eckigen Kot fallen lassen. *Nimbadon* sah völlig anders aus. Es hatte lange muskulöse Arme, länger als seine Beine, und große gebogene Krallen – ein begnadeter Kletterer, der in den Bäumen zu Hause war. Mike denkt, dass es an seinen Steigeisenklauen wahrscheinlich kopfüber von den Bäumen hängen konnte wie ein Faultier. Erwachsene Tiere wogen um die 70 Kilo, was sie zu den größten auf Bäumen lebenden australischen Säugetieren aller Zeiten macht. Ihre runden Bäuche füllten sie mit Blättern und Knospen aus den Baumkronen, und sie waren höchstwahrscheinlich in Horden unterwegs.

Ein *Nimbadon* war wahrscheinlich eine schmackhafte Mahlzeit, sofern es gelang, eines aus den Ästen zu pflücken, wofür zwei Prädatoren infrage kamen. Da war einmal Thylacinus, ein hundeähnlicher Jäger, der heute ausgestorben ist, nachdem er bis 1936 durchgehalten hatte, als der letzte »Beutelwolf« mit gestreiftem Rücken sein Leben in einem tasmanischen Zoo aushauchte. In Riversleigh fand man mehrere fossile Thylacinus-Gattungen, darunter auch den fuchsgroßen *Nimbacinus*, der in dieselbe Höhle gefallen war wie die *Nimbadons*. Mit seinem robusten Schädel und muskulösen Kiefer konnte er Beute zerfleischen, die deutlich größer war als er selbst – zum Beispiel ein korpulentes *Nimbadon*. Aber nicht alle »Beutelwölfe« lechzten nach Blut. Ihre Evolutionsgeschichte brachte fast alles hervor, von Allesfressern bis zu Insektenfressern, von gewöhnlichen Fleischfressern bis zu hoch spezialisierten Knochenbrechern.

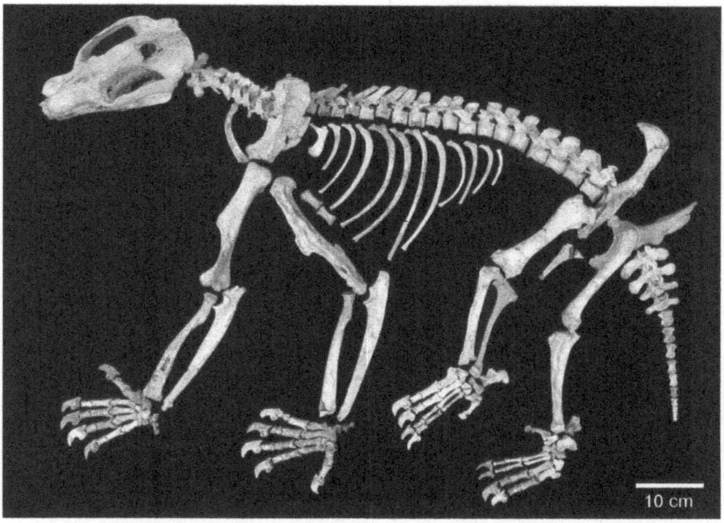


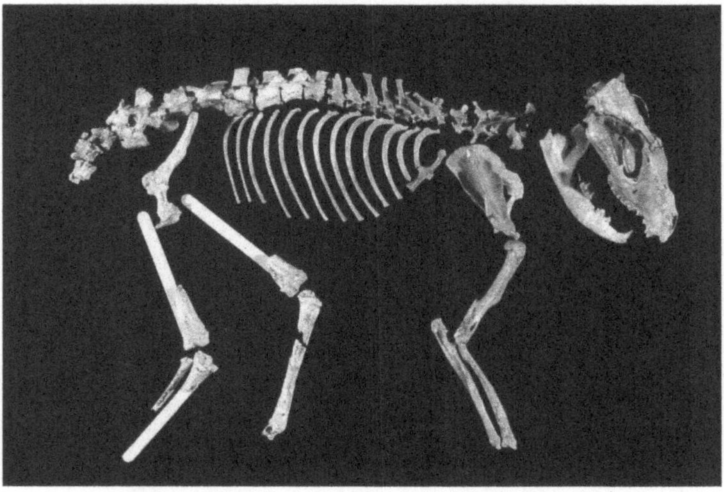

Fossile Beuteltiere aus Riversleigh: *Nimbadon*, ein Verwandter des Wombats (oben) und der mit dem »Beutelwolf« verwandte *Nimbacinus* (unten). (Fotos aus Black et al.; 2012, *PLoS ONE* und von Mike Archer)

Die zweite Raubtierfamilie, Thylacoleonidae, war noch bösartiger. Obwohl der Name ähnlich klingt wie Thylacinus, waren sie von anderer – recht außergewöhnlicher – Herkunft. Der Ordnung der Wombats und Koalabären zugehörig, entwickelten diese einst trägen Pflanzenfresser sich zu hyperkarnivoren Bestien, den »Beutellöwen«, die zu den blutrünstigsten Killern in der Geschichte der Säugetiere zählen. Wenn ihre kräftigen Kiefer zuschnappten, schnitten die rasiermesserscharfen Prämolaren durch das Fleisch wie die Beile zweier Guillotinen. Ein *Nimbadon* hatte selbst dann keine Chance, einem Beutellöwen zu entkommen, wenn es in die Bäume floh, denn dieser konnte mit seinen biegsamen vorderen Gliedmaßen und Schultern sehr gut klettern. Heute sind diese Bestien ausgestorben, aber die ersten australischen Ureinwohner sind der größten und Furcht einflößendsten Gattung, *Thylacoleo*, noch begegnet. *Thylacoleo* war so groß wie eine (echte) Löwin, wog bis zu 160 Kilo und seine Prämolaren, mit denen es Knochen brach und Fleisch zerfetzte, waren so effektiv wie Bolzenschneider.

Tausende Fossilien Dutzender anderer Arten runden das Gesamtbild der Riversleigh-Beuteltiere ab. Manche von ihnen waren Vorläufer der heutigen Beuteltiere, was daran erinnert, dass so gut wie alle Säugetierarten, die heute als »typisch australisch« gelten, aus längst verschwundenen Regenwäldern kommen. Es gab Kängurus, die mehr galoppierten als hüpften, und einen engen Verwandten von ihnen namens *Ekaltadeta*, der mit seinen scherenähnlichen Prämolaren nicht nur Pflanzen, sondern auch kleine Tiere fraß – was ihm den Spitznamen »Killerkänguru« eintrug. Es gab unterschiedliche Arten von Koalas, die gemeinsam in den Baumwipfeln hausten und vermutlich genauso faul und laut waren wie die heutigen Koalas, nur insgesamt kleiner und in ihrem Verhalten mehr wie Affen. Mikes Team fand sogar die zerbrechlichen Knochen eines Beutelmaulwurfs, der sich am Regenwaldboden durch verrottendes Laub und Moos grub. Zeitgenössische Beutelmaulwürfe wühlen sich durch den Wüstensand, weshalb uns auch dieses Fossil daran erinnert, dass das Australien, das wir heute kennen – ein flaches, trockenes Land –, einst von einer Horde Regenwaldbewohnern bevölkert war, die sich einer sich stetig verändernden Umgebung anpassten.

Und dann sind da noch die Riversleigh-Fossilien von Beuteltieren, die einfach nur exzentrisch waren, komplett anders als alle überlebenden Arten – Überreste einer Zeit, als es in Down Under noch sehr viel mehr Arten mit Beuteln gab als heute. *Malleodectes*, ein weit entfernter Verwandter des Tasmanischen Teufels, hatte einen vergrößerten oberen Backenzahn, der aussah wie eine halbe Bowlingkugel und den er als Hammer benutzte, um Schneckenhäuser zu zertrümmern und an das saftige Innere zu kommen. Und dann war da noch *Yalkaparidon*, ein rätselhaftes Wesen. Robin Beck grübelte jahrelang über seinen Zähnen und konnte, als er seine Doktorarbeit abgeschlossen hatte, mit einer

Der »Beutellöwe« *Thylacoleo*. (Foto: Karora)

spektakulären Interpretation aufwarten. Die enormen, ständig wachsenden Schneidezähne und kleinen Molaren mit bumerangförmigen Vertiefungen von *Yalkaparidon* waren die perfekte Kombination, um Löcher in Holz zu meißeln und Käferlarven zu ernten und zu kauen. Ein Beutelspecht! Ein Säugetier, das dieselben Merkmale entwickelte wie ein Vogel.

Diese bemerkenswerten Tiere, die einen üppig grünen Lebensraum bewohnten, konnten nicht ewig überdauern. Im Laufe des Pliozäns vor rund fünf Millionen Jahren breitete sich das Grasland auch in Australien aus, und mit der Ankunft der Gräser wurden Wombats und Kängurus zu Grasfressern, die hochkronige Gebisse entwickelten, um den Phytoliten und dem Schmutz gewachsen zu sein. Die schrumpfenden Wälder zwangen die Koalas in begrenzte Gebiete, wo sie sich auf eine einzige Spezies dezimierten, die sich auf eine einzige Baumart spezialisierte, die den neuen, trockeneren Bedingungen trotzte: Eukalyptusbäume.

Wieder einmal war es der Klimawandel, der all diese Opfer forderte. Derselbe Temperatursturz, der auch das Ende der Pferde und Nashörner Nordamerikas sowie der amerikanischen Savanne bedeutete. Das relativ stabile Kühlhaus des Oligozäns und Miozäns verwandelte sich nach und nach in einen Gefrierschrank. *Die Eiszeit war im Anmarsch.* Sowohl aus dem Süden als auch aus dem Norden rückten die Gletscher immer weiter vor, bis im Pliozän und darauffolgenden Pleistozän die Erde in weiten Teilen eingefroren war. Es wurde eiskalt, trocken und windig. Und die Säugetiere passten sich an, so wie sie es immer getan hatten. Dieses Mal wurden einige von ihnen riesig, andere ließen ihr Fell wachsen, und manche sprangen von den Bäumen, fingen an, auf zwei Beinen zu gehen, und blähten ihre Gehirne auf.

# 9

# SÄUGETIERE DER EISZEIT

*Megalonyx*

**Wer hat das erste Säugetierfossil** gefunden? Eine einfache Frage, die sich jedoch nicht beantworten lässt. Menschen stoßen schon seit Jahrtausenden immer wieder auf Fossilien, aber erst in jüngster Zeit haben sie angefangen zu dokumentieren, was sie gefunden haben und wann sie es gefunden haben. Und dann ist da noch die Frage, was das heißt, entdeckt. Wem gebührt die Ehre des Entdeckers? Demjenigen, der ein Fossil als Erster sieht? Demjenigen, der es birgt? Oder demjenigen, der es als Erster identifiziert und erkennt, dass es zu einer Tierart gehört, die vor sehr langer Zeit gelebt hat?

Schwer zu sagen. Eines wissen wir jedoch. Die Ersten, die in Nordamerika Säugetierfossilien gefunden, richtig identifiziert und ihre Eindrücke schriftlich festgehalten haben, waren afrikanische Sklaven. Die gesamte amerikanische Wirbeltierpaläontologie geht zurück auf eine Gruppe namenloser Zwangsarbeiter, die aus ihrer Heimat im heutigen Angola oder Kongo entführt und gezwungen wurden, in den malariaverseuchten Sümpfen an der Küste South Carolinas zu schuften.

Sie machten ihre Entdeckung um das Jahr 1725 auf einer Plantage namens Stono außerhalb von Charleston. Dort pflanzte eine Gruppe von Sklaven im Sumpf wahrscheinlich Baumwolle oder Reis. Die feuchte Luft schwirrte von Moskitos, während sie sich durch den schlammigen Boden gruben. Plötzlich stieß einer von ihnen auf etwas Hartes von der Größe eines Ziegelsteins, und dann fanden sie immer mehr von den Dingern. Sie waren mit glänzendem Zahnschmelz überzogen, und auf einer der Oberflächen verliefen parallele Rillen. Die Sklaven wussten sofort, was das war.

Als sie den Plantagenbesitzern zeigten, was sie gefunden hatten, waren diese sprachlos. Die Dinger mussten von einem sehr großen Tier sein. Aber von welchem? Wahrscheinlich kam man zu einer Ansicht, die damals recht häufig war, wenn Kuriositäten aus der Erde geholt wurden: Es musste sich um Körperteile von Kreaturen handeln, die während der biblischen Sintflut umgekommen waren. Man kann sich vorstellen, wie die Sklaven die Augen verdrehten und widersprachen.

Es waren Zähne. Elefantenzähne.

Backenzähne, um ganz genau zu sein, sogenannte Mahlzähne, mit denen Elefanten Gras und Blätter zermalmten. Die Sklaven kannten sich aus mit Elefanten. Zu Hause in Afrika waren sie ein alltäglicher Anblick. Aber in den Sümpfen Carolinas gab es keine Elefanten, und soweit man wusste, auch sonst nirgendwo auf dem amerikanischen Kontinent. Elefanten waren fremde, exotische Tiere. Man kann sich die ungläubigen Gesichter der Plantagenbesitzer unschwer vorstellen. Die Behauptung war völlig absurd! Die Sklaven mussten sich irren.

Aber das taten sie nicht – was bald auch allen klar werden sollte. Denn in den nördlichen und östlichen Gebieten der amerikanischen Kolonien tauchten ebenfalls »Mahlzähne« auf, häufig gemeinsam mit langen, geschwungenen Elfenbeinstoßzähnen. Es zeigte sich, dass es zwei Arten von Backenzähnen gab: mit gewellten Kauflächen, wie die der Stono-Spezies, und mit in Reihen angeordneten spitzen, pyramidenförmigen Höckern. Eine Zeit lang steckte man alle diese Fossilien in die Gruppe der »Mammuts«, elefantenähnliche Kolosse, deren Knochen aus dem sibirischen Permafrost auftauten. Später wurde den Anatomen klar, dass es zwei Arten von amerikanischen Elefanten gab: echte Mammuts mit gewellten Zähnen zum Zermalmen von Gras und Mastodonten mit Höckern auf den Kauflächen zum Abrupfen und Mahlen von Blättern.

Einem der amerikanischen Kolonisten, Thomas Jefferson, hatten es die Mammuts ganz besonders angetan. Ende des 18. Jahrhunderts hatte Jefferson einiges zu tun. Er musste einen Krieg gewinnen, eine Unabhängigkeitserklärung verfassen, verhindern, dass sein neues Land sich spaltete, zwei der erbittertsten Präsidentschaftswahlkämpfe in der Geschichte der USA führen und zwei Familien ernähren (oder zumindest zeugen). Dennoch beschäftigte er sich nebenbei unablässig mit Mammuts – er schrieb über Mammuts, bat darum, dass man ihm Mammutknochen zuschickte, und befahl sogar seinen Generälen, Mammutskelette herbeizuschaffen. Sicher war dieses Hobby für Jefferson, der die

Natur liebte und, wie er sagte, »eine ruhige Beschäftigung mit der Wissenschaft« den Faustkämpfen der Politik allemal vorzog, ein Stück weit Realitätsflucht, aber seine Mammutbesessenheit hatte auch noch einen anderen Grund. In einem weitverbreiteten Buch hatte der adelige französische Naturforscher Comte de Buffon seine »These der Degeneration Amerikas« vorgestellt, in der er behauptete, das feuchte und kalte Klima Nordamerikas sorge dafür, dass die Tiere dort »schwächer« und die Menschen »gefühlskälter« seien als in der erhabenen Alten Welt. Zerfressen von Patriotismus, sah Jefferson in den Mammuts – Elefanten, die größer waren als die Afrikas und Asiens! – das perfekte Argument, etwas dagegenzuhalten. Mammuts waren der Beweis, dass Amerika keineswegs rückständig war, sondern ein vitales Land mit einer strahlenden und produktiven Zukunft.

In seinem Feldzug gegen Buffon bekam Jefferson unerwartete Unterstützung durch den Fund weiterer Riesenknochen. Am 10. März 1797 hielt er eine Rede vor der Amerikanischen Gesellschaft für Philosophie in Philadelphia. Sechs Tage zuvor hatte man ihn nach einer äußerst knappen Niederlage gegen John Adams im Kampf um die Präsidentschaftsnachfolge von George Washington zum zweiten Vizepräsidenten der Vereinigten Staaten vereidigt. Nichtsdestotrotz hielt er dort einen Vortrag über ein paar Gliederknochen, die man in einer Höhle in Virginia gefunden hatte. Drei davon waren große, scharfe, Furcht einflößende Krallen. Mit gewohnter Eloquenz beschrieb er sie als einem Tier zugehörig, das wohl »einem Löwen glich, diesem bezüglich der Größe jedoch in beachtlichem Maße überlegen war«. Jefferson ging davon aus, dass es sich um einen gigantischen amerikanischen Löwen handelte, der dreimal so groß war wie die vermeintlich überlegenen Katzen der Alten Welt. Eine so grausame Bestie verdiente einen passenden Namen, weshalb Jefferson sie *Megalonyx* – »große Klaue« – taufte. Ein paar Monate später sollte sich herausstellen, dass das Geschöpf sogar noch außergewöhnlicher war, als Jefferson dachte. Als eifriger Leser stieß er auf einen obskuren Bericht aus Paraguay, in dem von einem »riesigen Krallentier« die Rede war. Es hatte dieselben Krallen wie sein *Megalonyx*, der Rest des Skeletts war jedoch das eines Faultiers – von monströsen Ausmaßen. Später dann setzten sich ein paar Naturforscher zusammen und erklärten *Megalonyx* zur offiziellen Bezeichnung für die Gattung der Bodenfaultiere und gaben dem Skelettfund Jefferson zu Ehren den Artnamen *Megalonyx jeffersoni*.

Etwas, das Jefferson einfach nicht akzeptieren konnte, war, dass die Mammuts und Riesenlöwen (oder Faultiere) ausgestorben sein sollten. Für ihn ein Ding der Unmöglichkeit, denn es brachte die natürliche Ordnung durcheinander. Sobald man ein Glied aus der Kette des Lebens entfernte, würde das die gesamte Schöpfung aus dem Gleichgewicht bringen. Jefferson vertrat diese Ansicht so vehement, dass er einen zweiten Rivalen auf den Plan rief. Und wieder war es ein Franzose: Georges Cuvier, ein Parvenu und virtuoser Anatom, der die Unterscheidung von Mammuts und Mastodonten offiziell machte. Cuvier argumentierte, die beiden unterschieden sich so stark von den bekannten Afrikanischen und Asiatischen Elefanten, dass es sich um zwei unterschiedliche Arten handeln müsse. Aber niemand hatte je ein Mammut oder Mastodon in Fleisch und Blut gesehen, alles, was man hatte, waren Knochen und Zähne und hin und wieder einen tiefgefrorenen Kadaver. Für Cuvier war die einfachste Erklärung hierfür, dass diese »Megafauna«-Säugetiere zwar einst lebten, nun aber nicht mehr. Jefferson wollte davon nichts hören. »Im Inneren unseres Kontinents ist zweifelsohne genügend Platz für Elefanten und Löwen sowie Mammuts und *Megalonyx*«, sagte er in seiner Rede von 1797 in der Hoffnung, dass mit der besseren Erforschung des amerikanischen Westens auch lebende Megafauna entdeckt werden würde.

Ein paar Jahre später war Jefferson dann endlich in der Lage, seinen Teil dazu beizutragen. Im Jahr 1800 kandidierte er erneut gegen seinen mittlerweile erbitterten Gegner John Adams als Präsident. Dem besonderen Wahlverfahren der damaligen Zeit geschuldet, war nach dem ersten Wahlgang aber nicht mehr Adams

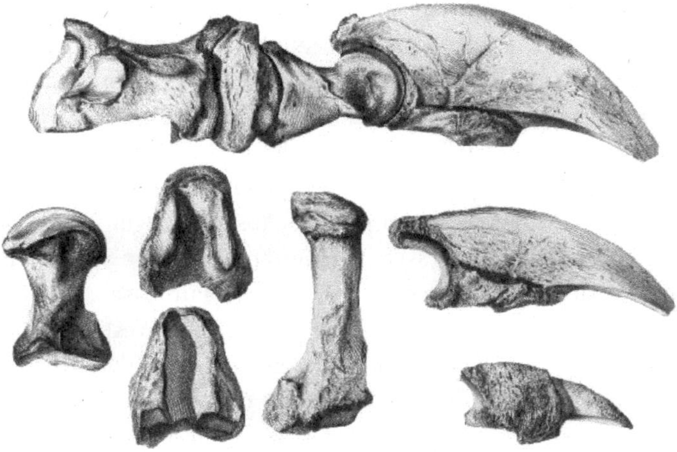

Thomas Jeffersons Bodenfaultier *Megalonyx*. Die ersten Zeilen aus Jeffersons Forschungsbericht aus dem Jahr 1797, eine frühe Zeichnung der Knochen und eine moderne Rekonstruktion des Skeletts. (Foto des Skeletts: MCDinosaurhunter)

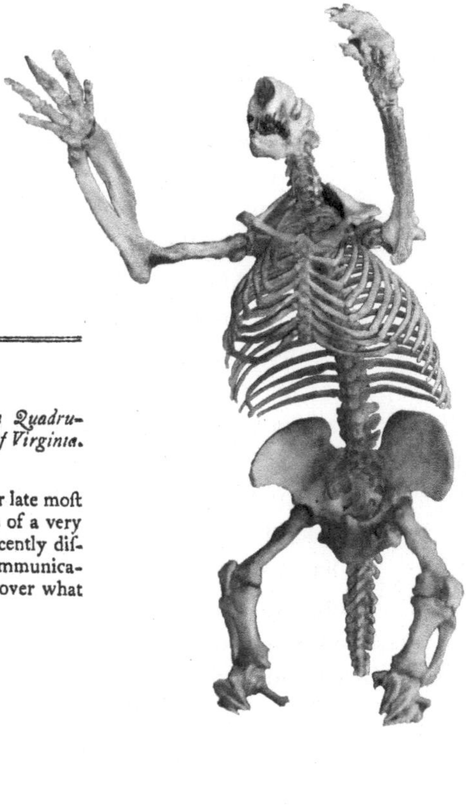

---

N°. XXX.

*A Memoir on the Diſcovery of certain Bones of a Quadruped of the Clawed Kind in the Weſtern Parts of Virginia. By* Thomas Jefferson, *Eſq.*

Read March 10, 1797. IN a letter of July 3d, I informed our late moſt worthy preſident that ſome bones of a very large animal of the clawed kind had been recently diſcovered within this ſtate, and promiſed a communication on the ſubject as ſoon as we could recover what were ſtill recoverable of them.

sein Konkurrent, sondern Aaron Burr, sein designierter Vizepräsident. Im Februar 1801, als die Hauptstadt vor Intrigen triefte und Jeffersons politische Karriere am seidenen Faden hing, korrespondierte er dennoch mit einem Arzt, von dem er hoffte, mehr Mammutknochen zu bekommen, dieses Mal aus New York. Zwischenzeitlich hatte das Repräsentantenhaus die Aufgabe, die Wahl zu entscheiden. Es brauchte 36 Abstimmungen, dann war Jefferson endlich zum Präsidenten gewählt. Aus dem Staatssäckel kaufte er 1803 im sogenannten Louisiana Purchase den Franzosen ein großes Stück des nordamerikanischen Westens ab und beauftragte einen Politiker und einen Leutnant – Meriwether Lewis und William Clark –, das Gebiet zu erforschen. Ihre Aufgaben dort waren zahlreich, aber eine Sache forderte Jefferson persönlich von ihnen: Tiere zu finden, »die man für selten oder ausgestorben erachtet«, und zu beweisen, dass Cuvier falschlag.

Leider sichteten Lewis und Clark auf ihrer Reise vom Mississippi zum Pazifik weder Mammuts noch Bodenfaultiere, noch sonstige Megafauna. Aber Jefferson gab nicht auf. Nicht lange nach seiner Rückkehr von der Expedition in den Westen erhielt Clark einen neuen Auftrag vom Präsidenten: Er sollte an einem Ort namens Big Bone Lick in der Nähe des Ohio River im Norden Kentuckys Megafaunaknochen bergen. Amerikanische Ureinwohner hatten dort massenhaft Skelette gefunden, die sie für riesige Büffel und andere Beutetiere hielten, getötet von »gewaltigen Biestern«, die daraufhin vom »Großen Mann« im Himmel mit Blitzen niedergestreckt wurden. Fossilien auszugraben war leichter, als ein lebendes Mammut zu finden, und Clarks Ausbeute war mehr als ergiebig. Er kehrte mit über dreihundert Knochen zurück, die Jefferson im East Room des Weißen Hauses auf dem Boden auslegte. Immer wenn der Präsident eine Pause von den Staatsgeschäften brauchte, machte er einen Abstecher in den East Room und setzte die riesigen Oberschenkelknochen, Schienbeine und Rückenwirbel wie Puzzleteile zu Skeletten zusammen.

Als Jeffersons zweite Präsidentschaft sich dem Ende zuneigte, ahnte er es wahrscheinlich bereits. Der amerikanische Westen war immer besser erforscht, und niemand hatte je ein lebendes Mammut oder Mastodon zu Gesicht bekommen. Mit jedem Tag schrumpften die Chancen, dass er Cuvier eines Besseren belehren konnte. Als Jefferson aus dem Weißen Haus auszog, nahm er seine Knochensammlung mit nach Monticello, in seinen selbst entworfenen Alterssitz, wo manche sich auch heute noch befinden. Andere brachte man in die Akademie für Naturwissenschaften in Philadelphia.

Im Jahr 1823 schrieb der betagte Jefferson einen Brief an seinen alten Feind John Adams, der ihm wieder ein Freund geworden war, in dem er in einer selbstkritischen Passage widerwillig einräumte, »dass bestimmte Tierarten wohl tatsächlich ausgestorben waren«. Die Debatte war beendet, und die weitreichenden Konsequenzen dieses Eingeständnisses sollten bald weithin akzeptiert sein.

Nordamerika war einst von einer Vielzahl von Säugetierriesen bevölkert. Manche von ihnen waren größere Ausgaben von Arten, die auch heute noch existieren, wie zum Beispiel Biber, andere Varianten von ebenfalls noch lebenden Arten, die aber in Nordamerika nicht mehr vorkommen, wie Faultiere und Elefanten. Und bei wieder anderen handelte es sich um bizarre Kreaturen, die kaum Verbindungen zu modernen Säugetieren aufweisen. Die Riesen waren bis vor ein paar Zehntausend Jahren auch in anderen Teilen der Welt verbreitet, und viele von ihnen hielten bis vor rund 10 000 Jahren durch – als die Menschen im Nahen Osten Tempel und Städte errichteten, Rinder domestizierten und Getreide anbauten. Das heißt, die Megafaunasäugetiere sind zwar heute ausgestorben, unsere Vorfahren kannten sie aber noch.

**Wer sich lange genug** in meiner Heimat im Norden Illinois aufhält, wird irgendwann anfällig für jede Art von Verschwörungstheorie. Das Land dort ist flach – und ich meine *wirklich* flach. Die Gegend ist so platt, dass es fast unnatürlich wirkt, als hätte jemand mit einem riesigen Bügeleisen alle Falten aus der Landschaft gebügelt. Und in gewisser Weise ist genau das tatsächlich passiert.

Der Norden von Illinois ist so flach, weil er vor mehreren Zehntausend Jahren von Gletschern bedeckt war, die während eines Kälteeinbruchs aus der Arktis heruntergekrochen kamen. Es war jene Phase der Erdgeschichte, in der die Welt tiefgefroren war und von der wir heute als Eiszeit sprechen. Die Eisplatten, die bis zu anderthalb Kilometer dick waren, flossen wie Molasse über die Landschaft, wobei sie sich im Rhythmus der steigenden und fallenden Temperaturen ausdehnten und wieder zusammenzogen. Dabei machten die vorrückenden Gletscher die Landschaft dem Erdboden gleich, rissen Felsen und Erde mit sich, füllten die Täler und schliffen Berge und Hügel ab. Wie Stahlwolle schrubbten sie die Topografie zu einer horizontalen Fläche ab.

Oder besser, zu einer weitgehend horizontalen Fläche. Die kontinentalen Eisplatten selbst waren natürlich nicht so makellos glatt wie der Zuckerguss auf einem Kuchen, sondern von Gletscherspalten und Tunneln durchzogen, durch die das Wasser floss wie Blut durch ein weitverzweigtes Netz aus Adern. Sie waren übersät mit Brüchen, die, wenn das Eis sich über unebenen Boden schob, rumpelten wie tektonische Platten. Und sie waren sehr, sehr schmutzig. Die Gletscherfronten bildeten steile Geröllhalden aus weichem Eis und vom Boden abgekratztem Sand, Kiesel und Staub, eine überdimensionale Variante dessen, was ein Schneepflug an den Straßenrand schiebt. Das alles hat in der Landschaft Spuren hinterlassen. Als die Gletscher schmolzen, hinterließen sie ein Bild des Vandalismus – einen weitgehend eingeebneten Landstrich voller Narben und Schürfwunden, welche das geschulte Auge eines Geologen sofort als die Hinterlassenschaften eines Eiszeitalters erkennt.

Ungefähr 16 Kilometer südlich meiner Heimatstadt Ottawa – am Rand eines Tals, durch das vor 19 000 Jahren das Schmelzwasser der Gletscher floss – gibt es einen langen, geschwungenen Erdhügel, der sich rund 200 Meter über dem Boden erhebt. Er ist eine von mehreren konzentrischen Moränen, die sich wie Wellen über die Landschaft ausbreiten und auf einer Karte aussehen, als hätte man einen Stein in den Lake Michigan geworfen. Tatsächlich zeichnen die Wellen den Rückzug eines Gletschers nach, wobei die Erhebungen jene Stellen markieren, an denen er haltmachte, um seine Sedimente abzuladen, während er sich mit den wärmeren Temperaturen in nordöstlicher Richtung davonmachte. Andere Verformungen sind noch unscheinbarer. So sind die kleinen Teiche, von denen ich immer glaubte, es handle sich um die Abflüsse von Farmen, in Wahrheit Toteisseen, die aus den schmelzenden Eisbrocken entstehen, die ein Gletscher hinterlässt. Bei länglichen, mäandernden Erhebungen, sogenannten Osern (Eskern), handelt es sich um das sandige Bett von Flüssen, die durch die Gletscher flossen, und die runden Kame sind Ablagerungen aus Kies und Sand, die sich in Absenkungen auf der Eisfläche gebildet haben.

In Ottawa werden viele Moränen, Oser und Kame abgebaut, um aus dem Stein den Beton für die kerzengeraden Straßen zwischen den Farmen herzustellen. Als ich klein war, nannte man die Steinbrüche Kiesgruben, aber da ist mehr als nur Kies. Tatsächlich findet man dort alles, was der Gletscher eingefroren und, als er schmolz, wieder freigegeben hat: feineres Material wie Sand oder den Staub, der den Boden Illinois so fruchtbar macht, aber auch größere Stücke wie Kieselsteine und Felsbrocken und manchmal … Fossilien. In den Haufen aus glazialem Schutt sind auch die Knochen und Zähne von Thomas Jeffersons Lieblingen begraben: Mammuts, Mastodonten und Bodenfaultieren, zusammen mit anderen Abstrusitäten, wie riesigen Bibern, Bisons, Moschusochsen und Hirschelchen. Diese Tiere waren die Überlebenskünstler der Eiszeit. Sie bestaunten Eisbrocken, die höher waren als Wolkenkratzer, suchten zitternd im Schnee nach etwas Essbarem und spürten die eiskalte Brise, die von der Gletscherspitze herwehte.

Man kann es sich kaum vorstellen, aber vor etwas mehr als 10 000 Jahren war halb Nordamerika noch eine Einöde aus Eis und Schnee. Wo heute Chicago, New York, Detroit, Toronto und Montreal stehen, war die Erde mit einer mehrere Tausend Meter dicken Eisschicht bedeckt. Aber das war nicht nur ein amerikanisches Phänomen: Auch der größte Teil des nördlichen Eurasiens – Dublin, Berlin, Stockholm und meine derzeitige Heimat Edinburgh – war unter einer Eisdecke begraben. Südlich des Äquators gelang es der antarktischen Eisdecke nicht, sich über die Kontinente auszubreiten, was aber nur daran lag, dass die großen Landmassen zu weit vom Südpol entfernt waren. Lediglich in den Anden machten sich Gletscher breit, die auch einen Teil Patagoniens unter sich begruben. Aber obwohl der restliche Süden überwiegend eisfrei blieb, verwandelten sich viele Regionen in eigenartig kalte und trockene Wüsten.

Noch erstaunlicher ist jedoch, dass diese globale Kältewelle – die vor 130 000 Jahren einsetzte, ihren Höhepunkt vor rund 26 000 Jahren hatte und vor ungefähr 11 000 Jahren wieder endete – nicht *die* Eiszeit war. Sie war nur eine von vielen Kältephasen in den letzten 2,7 Millionen Jahren – in nur einem von Dutzenden Zyklen, in denen die Gletscher vorrückten und sich wieder zurückzogen –, die wir heute in ihrer Gesamtheit als Eiszeit bezeichnen. Die Eiszeit (die sich überwiegend im Pleistozän abspielte) war also keine ewig währende Eishölle, sondern vielmehr eine Achterbahnfahrt zwischen Kälteeinbrüchen, in denen die Gletscher sich von den Polen weit über die Kontinente ausbreiteten (sogenannten Kaltzeiten), und wärmeren Phasen, wenn das Eis wieder zurückging (sogenannten Warmzeiten). Aber es war eine qualvolle Achterbahnfahrt, mit extremen Klimaveränderungen und harschen Wechseln zwischen warm und kalt. Allein innerhalb der letzten 130 000 Jahre war Großbritannien mehrfach unter einer kilometerdicken Eisschicht begraben und dazwischen herrschten Temperaturen, bei denen Löwen Hirsche jagten und Nilpferde in der Themse badeten. Die Wechsel zwischen diesen Extremen vollzogen sich sehr schnell, oft im Laufe weniger Jahrzehnte oder Jahrhunderte. Manchmal sogar innerhalb eines einzigen Menschenlebens.

Und was am allererstaunlichsten ist, wir befinden uns noch immer in der Eiszeit – nur dass die Gletscher sich momentan eine Auszeit nehmen und wir uns in einer Warmphase befinden. Bis die nächste Kaltzeit heranrückt und Chicago und Edinburgh wieder unter dem Eis verschwinden, wird es nicht mehr lange dauern. Es sei denn, all die Treibhausgase, die wir derzeit in die Atmosphäre pumpen, verhindern es – was ein unerwartet positiver Nebeneffekt der globalen Erwärmung wäre.

Nur eine Handvoll Abschnitte der Erdgeschichte können als echte Eiszeiten bezeichnet werden, in denen die Gletscher, die normalerweise nur die Pole mit Eis bedeckten, sich auch in tiefere Breiten und bis weit ins Innere der Kontinente vorwagten. Damit das passiert, bedarf es beträchtlicher Klimaveränderungen. Die Anfänge unserer Eiszeit reichen zurück bis an die Eozän-Oligozän-Grenze, vor rund 34 Millionen Jahren. Die am Südpol gestrandete Antarktis gefror unter den Gletschern, was einen Klimawandel auslöste, der die Erde von einem Treibhaus in ein Kühlhaus verwandelte. Diese weltweit tieferen Temperaturen fielen dann im Pleistozän, vor zwischen 3,3 und 2,7 Millionen Jahren, immer weiter, bis sich auch auf den Nordpol eine dicke Eiskappe legte. In diesem Moment, als die Eisplatten auf beiden Polen in den Startlöchern standen, um zu wachsen und sich auszubreiten, hatte die Erde die Schwelle zu einer neuen Eiszeit offiziell überschritten.

Was waren die Ursachen des Temperaturabfalls im Pleistozän? Ausschlaggebend waren wahrscheinlich zwei Faktoren, von denen wir einen bereits im letzten Kapitel angedeutet haben: den sukzessiven Rückgang eines entscheidenden globalen Temperaturreglers – des Kohlendioxidgehalts in der Atmosphäre, welcher wiederum indirekt mit der über mehrere zehn Millionen Jahre andauernden Entstehung des Himalajas, der Anden und der Rocky Mountains zusammenhing. Wenn Gebirge wachsen, geht das unweigerlich mit Erosionen einher. Erodierendes Gestein reagiert bei der Auflösung mit Kohlendioxid, und es bilden sich neue Mineralien, die das Kohlendioxid binden und so daran hindern, die Atmosphäre zu erwärmen. Höhere Berge bedeuten mehr Erosion und somit auch, dass mehr Kohlendioxid aus der Atmosphäre gezogen wird, was den Treibhauseffekt abschwächt und die Erde abkühlen lässt.

Als zweiter Faktor kam zu dieser langfristigen Entwicklung noch ein unerwartetes geografisches Ereignis hinzu – das zufällige Aufeinandertreffen zweier Fremder, die das Weltgeschehen nachhaltig beeinflussen sollte. Bevor der dinosauriermordende Asteroid einschlug, war Südamerika auf sich allein gestellt, ein Inselkontinent mit einer individuellen Fauna reich an Beuteltieren, aber arm an Plazentatieren – mit Ausnahme von ein paar hausgemachten schrulligen Gesellen wie den Faultieren, Darwins Huftieren und den Nachfahren der Nagetiere und Primaten, die von Afrika aus auf ihren Flößen den Atlantik überquert hatten. Vor rund 2,7 Millionen Jahren endete das Junggesellendasein Südamerikas, als die Landenge von Panama entstand und Nord- und Südamerika zusammenbrachte. Die beiden dürren Landzungen, die sich einander entgegenstreckten wie die Hände von Adam und Gott auf Michelangelos Gemälde in der Sixtinischen Kapelle, schufen mit ihrer ersten zarten Berührung von Nord und Süd die mittelamerikanische Landbrücke, die für die Strömung im Golf von Mexiko, die zuvor den Pazifik mit dem Atlantik verbunden hatte, zu einem unüberwindbaren Staudamm wurde. Die Strömung änderte die Richtung, und es floss mehr Atlantikwasser in den Norden, wodurch mehr Feuchtigkeit an den Nordpol gelangte. Mehr Feuchtigkeit bedeutete mehr Rohmaterial für Eis – die Gletscher schwollen an.

Für die Säugetiere hatte die Vermählung von Nord und Süd aber auch unmittelbarere Auswirkungen. Zwischen zwei Lebensräumen, die über 100 Millionen Jahre getrennt waren, war eine Migrationsautobahn entstanden, über die Säugetiere vom Norden in den Süden und vom Süden in den Norden strömten. In der Geschichte der Säugetiere war das ein so bedeutender Moment, dass man heute vom »Großen Amerikanischen Faunenaustausch« spricht. Für die auf ihrem Inselkontinent lange Zeit isolierten südamerikanischen Arten kam das dem Ausbruch aus einem Gefängnis gleich. Aber wie vielen entflohenen Häftlingen erging es auch ihnen in Freiheit nicht besonders gut. Nur ein paar von ihnen konnten oben im Norden Fuß fassen, darunter Gürteltiere, Faultiere und Opossums, die ersten Beuteltiere, die ihre Kleinen wieder auf nordamerikanischem Boden großzogen, nachdem sie dort vor mehreren Millionen Jahren ausgelöscht worden waren. Auch Darwins Huftiere wagten das Abenteuer, und für kurze Zeit lebte in Texas eine Gattung namens *Mixotoxodon*, die es langfristig aber auch nicht schaffte und am Ende der Eiszeit sowohl diesseits als auch jenseits der Landbrücke ausstarb.

Für die nordamerikanischen Säugetiere lief es besser. Sie ergriffen ihre Chance für eine feindliche Übernahme und besetzten die südamerikanischen Regenwälder und Graslandschaften, aus denen sie die Einheimischen schnell verdrängten. Viele Hufsäugetiere machten sich auf in den Süden, unter anderem Kamele, Tapire, Wild und Pferde. Der Druck dieser Invasoren – zu deren Nachkommen auch Lamas und Alpakas gehören, heute zwei der typischsten Vertreter der südamerikanischen Tierwelt – ist vielleicht auch einer der Gründe, weshalb Darwins Huftiere ausstarben. Auch viele Raubtiere, Vorfahren der heutigen Jaguare und Pumas sowie südamerikanischen Wölfe und Bären, zogen nach Süden und waren möglicherweise das Todesurteil für die amtierenden Spitzenprädatoren. Wobei Sparassodonta wie das »Säbelzahnbeuteltier« *Thylacosmilus*, einst dominante Jäger, bereits auf dem absteigenden Ast waren.

Während die Säugetiere also wanderten und sich mischten, trugen die Strömungen immer mehr Feuchtigkeit nach Norden. Die Eiskappen wuchsen, und das Eis begann zu pulsieren, sich mit den steigenden und fallenden Temperaturen auszudehnen und wieder zurückzuziehen. Das Tempo hierfür gaben die drei Himmelszyklen vor, kleine, sich wiederholende Abweichungen in der Erdumlaufbahn um die Sonne, die Einfluss darauf nehmen, wie viel Sonnenlicht auf unserem Planeten ankommt. Erstens ist die Umlaufbahn der Erde kein perfekter Kreis, sondern eine Ellipse, die sich in die Länge zieht und dann wieder komprimiert. Zweitens dreht sich die Erde um eine geneigte Achse, deren Winkel sich ebenfalls verändert, und drittens verändert sich dadurch, wenn man sich die Erde als Kreisel vorstellt, der Grad des Kippelns. In allen drei Zyklen gibt es Phasen, in denen die Erde oder Teile davon der Sonne näher sind und somit mehr Sonnenlicht auf den Planeten fällt, und Phasen, in denen sie weiter weg ist und weniger Sonne abbekommt.

Meist sind die drei Phasen aus dem Takt. Aber manchmal fallen die kalten Phasen der Zyklen auch zusammen, und es wird noch kälter. Niedrigere Temperaturen bedeuteten mehr Eis, das sich auf den Kontinenten ausbreitete. Das waren die Kaltzeiten. Gerieten die Zyklen dann wieder aus dem Takt, wurde es wärmer, das Eis schmolz, und es kam eine Warmzeit. Diese Zyklen waren schon immer da – und sind es noch –, aber sie können nur dann Chaos und eine neue Eiszeit auslösen, wenn genügend Eis auf den Polen ist.

Wenn eine kilometerdicke Eisschicht sich über einen Kontinent schiebt, hat das immense Folgen. Am besten lässt sich das am letzten Gletschervorstoß illustrieren, der seinen Höhepunkt vor rund 26 000 Jahren erreichte und in der Landschaft des nördlichen Illinois seine Moränen und Mammutknochen hinterließ. Als die Himmelszyklen damals in Einklang waren, fielen die Temperaturen im Vergleich zu ihrem Höchstwert in der Warmzeit weltweit um 12 °C. Und da kalte Luft weniger Feuchtigkeit enthält, wurde es nicht nur kälter, sondern auch trockener. Die nördliche Eiskappe zog Wasser aus den Ozeanen, um immer mehr Eis zu produzieren, wodurch der Meeresspiegel um mehr als 100 Meter sank. Große Bereiche des Kontinentalschelfs lagen plötzlich im Trockenen und verbanden zuvor getrennte Landmassen wie Australien und Neuguinea oder Asien und Nordamerika über die Beringstraße. Südlich der Eisplatte – die sich von Großbritannien und Spanien über den gesamten asiatischen Kontinent erstreckte und von dort über die Beringstraße nach Nordamerika – verwandelte sich ein breiter Gürtel in ein neues

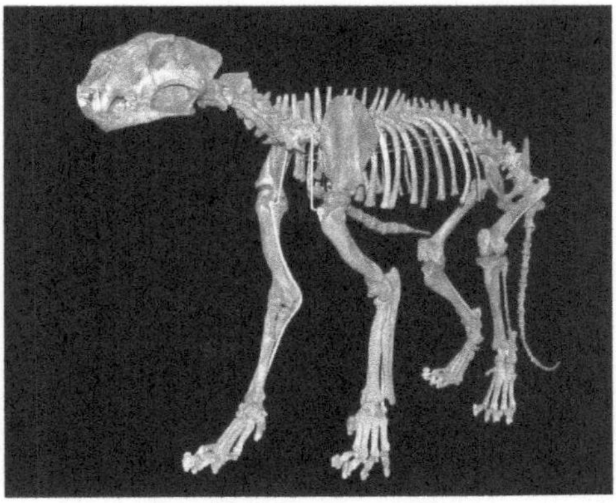

Megafauna der Eiszeit: Irischer Elch (oben links), Höhlenlöwe (oben rechts), Schattenwolf (Mitte rechts), Glyptodon (Mitte links), Wollnashorn (unten). (Fotos: Franco Atirado, Tommy von Arad, Mariomassone & Momotarou 2012, Ryan Somma, Didier Descouens)

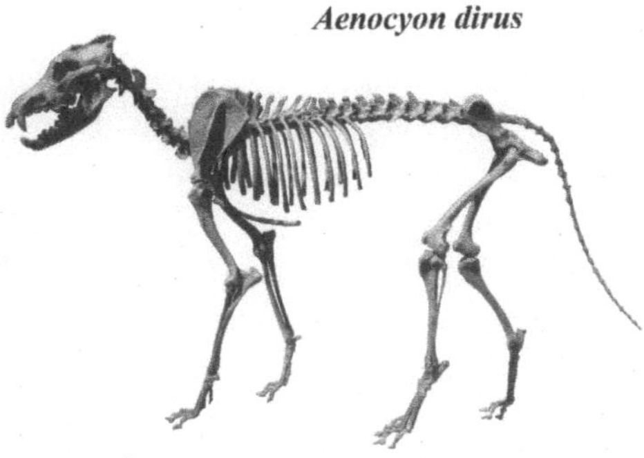


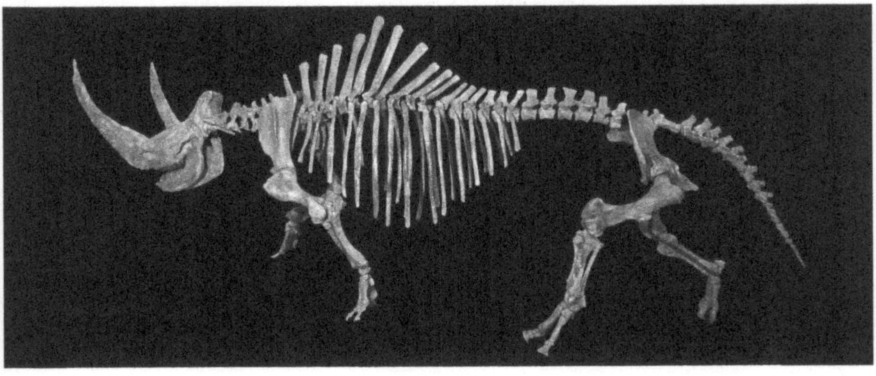

Ökosystem, die sogenannte Mammutsteppe, eine ausgedörrte Graslandschaft, über die von den Gletschern her eisige Winde wehten. In der Mammutsteppe wuchsen nur die zähesten Gräser, niedere Büsche, Wildblumen und kleine Kräuter. Bäume fand man, wenn überhaupt, nur an den Ufern der eiskalten Flüsse, die aus den Gletscherrändern sickerten. Im Winter herrschten dort Durchschnittstemperaturen von minus 30 °C – oder noch kälter.

**Die Mammutsteppe war das mit** Abstand größte Biom der eiszeitlichen Erde, und dort heimisch zu werden war nicht gerade einfach. Aber wie immer gelang es einigen Säugetierarten trotzdem. Die meisten von ihnen waren riesig und hatten ein außergewöhnlich dickes Fell. Sie waren der Inbegriff jener Megafauna, zu der auch die Giganten zählten, die Jefferson so begeisterten. Wie der Name des Ökosystems bereits vermuten lässt, waren die Wollhaarmammuts am zahlreichsten vertreten. Sie lebten dort mit Wollnashörnern, zwei Tonnen schweren Viechern mit riesigen Hörnern auf der Schnauze und einem dicken, zotteligen Fell, das mit der nackten, reptilienartigen Haut heutiger Nashörner keinerlei Ähnlichkeit hatte. Es gab aber auch monströse Bisons und die letzten amerikanischen Pferde, von denen sich Prädatoren wie Höhlenlöwen – die größer und muskulöser waren, als heutige Löwenarten – und knochenbrechende Hyänen ernährten, die sich in Erdlöchern versteckten. Das wuschelige Fell und die bullige Statur, die alle diese Megafaunasäugetiere charakterisierten, schützten sie, wie man sich unschwer denken kann, vor Wind und eisiger Kälte.

Gegenden mit einem milderen Klima, weiter südlich der Gletscher, wurden von einer gleichermaßen bemerkenswerten Fauna bevölkert. Es gab Bären mit eingedrückten Gesichtern, die dreieinhalb Meter groß wurden und eine Tonne wogen – die größten und schrecklichsten Bären, die je gelebt haben. Biber mit Meißelzähnen, größer als ein Mensch, und Bodenfaultiere wie Jeffersons *Megalonyx*, die, wenn sie sich auf die Hinterbeine stellten, bis in die Baumkronen reichten und, ohne hochzuspringen, einen Basketball im Korb hätten versenken können. Es gab Katzen mit Säbelzähnen, die amerikanische Version eines Gepards, Schattenwölfe und den fehlbenannten »Irischen Elch«: ein Hirsch mit einem so lächerlich überdimensionierten Geweih, dass man es für das Werk eines durchgeknallten plastischen Chirurgen halten könnte.

Anderenorts, weit entfernt vom winterlichen Einfluss der Gletscher, kämpften die Säugetiere der südlichen Hemisphäre ebenfalls gegen Kälte und Trockenheit. Und viele von ihnen waren genauso riesig. Australien war bevölkert von Beuteltieren mit absurden Dimensionen: drei Tonnen schweren Wombats, wie *Diprotodon*, das größte Beuteltier aller Zeiten, und stumpfnasigen Kängurus, die mit ihren 225 Kilo zum Hüpfen zu fett waren. Auch die »Beutellöwen«, die wir im letzten Kapitel kennengelernt haben, mischten mit. So groß wie moderne Plazentalöwen, tötete und zerlegte diese grauenvolle Löwen-Hyänen-Hybride mit prämolaren Bolzenschneidern ihre Beute.

In Südamerika gab es Gürteltiere, Glyptodonten, die die Form – und Größe! – eines VW-Käfers hatten. Sie teilten sich den Le-

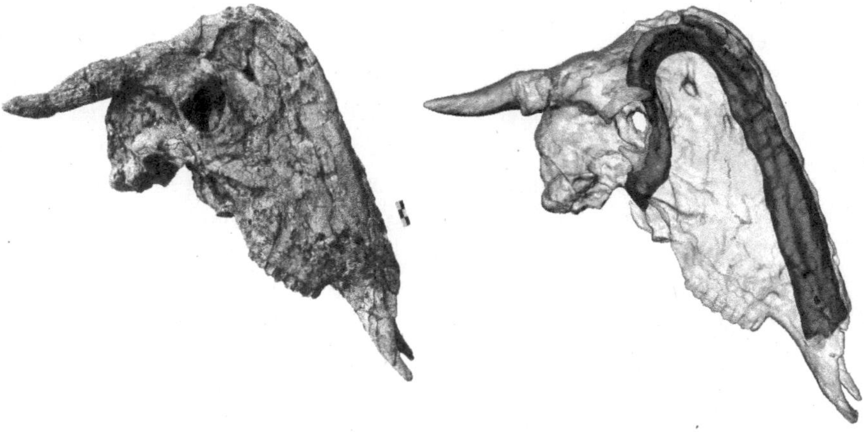

Das afrikanische Gnu *Rusingoryx*: Foto des Schädels und ein CT-Scan, der den Hohlraum im Inneren und den gebogenen Nasengang zeigt. (Bilder: Haley O'Brian)

bensraum jenseits der Landbrücke von Panama mit Bodenfaultieren, die noch größer waren als Jeffersons *Megalonyx*, und mit den letzten überlebenden und korpulentesten von Darwins Huftieren, den anderthalb Tonnen schweren *Toxodon*, deren durch einen Zufall erhaltene Proteine bewiesen, dass die südlichen Huftiere, die Darwin so erstaunten, Verwandte von Pferden und Nashörnern waren.

Auch Afrika trug seinen Teil an wuchtigen Zeitgenossen bei. Dort hausten zwei Tonnen schwere Rinder, *Pelorovis*, die fleischigsten Kühe, die je gelebt haben. Mit ihren geschwungenen, an einen Kaiser-Wilhelm-Bart erinnernden Hörnern waren sie jedoch nicht halb so skurril wie *Rusingoryx*, ein Gnu mit einer riesigen, birnenförmigen Schnauze, die innen hohl war. Haley O'Brian, die einen Schädel unter den CT-Scanner legte, um die Funktion dieser gewaltigen Schnauze zu ergründen, beschrieb mir *Rusingoryx* als »Gnus, die mit ihren Gesichtern Furzgeräusche machten«. Natürlich um zu kommunizieren.

Egal, wie nahe man den Gletschern in der Eiszeit war, überall gab es seltsame, erstaunliche, zottelige und vor allem extragroße Säugetiere. Es war die Zeit der bislang größten und prächtigsten Säuger und ist in der Erdzeitrechnung gerade mal ein paar Minuten her.

**Aus der gesamten Megafauna** genießen zwei Arten besonders viel Aufmerksamkeit: Mammuts und Säbelzahntiger. Sie sind die Superstars der Eiszeit, die mit Abstand beliebtesten Museumsexponate und so berühmt, dass sie sogar zur Metapher wurden. (Jefferson selbst führte »mammut« als Synonym für »groß« ein.) Kein Wunder also, dass Manni das Mammut und Diego der Säbelzahntiger aus *Ice Age* auch in Hollywood glänzen. Aber wie bei vielen Berühmtheiten kursieren auch über Mammuts und Säbelzahntiger viele falsche Gerüchte. Widmen wir uns also zunächst einmal der korrekten Biografie dieser Eiszeitikonen.

Mammuts sind wahrscheinlich die am besten erforschte ausgestorbene Tiergattung überhaupt. Anders als bei *T. rex* oder

Präriemammuts. (Illustration: Todd Marshall)

*Brontosaurus* oder so ziemlich jedem prähistorischen Säugetier in diesem Buch wissen wir von Mammuts tatsächlich, wie sie ausgesehen haben. Das liegt daran, dass wir – unsere *Homo-sapiens*-Vorfahren und Verwandten aus dem Neandertal – lebende Mammuts gesehen und immer wieder auf Wände gezeichnet haben. Höhlen in Frankreich und Spanien sind mit prähistorischen Mammutgraffiti unserer Vorfahren übersät, die anscheinend genauso vernarrt in Mammuts waren wie Jefferson.

Die Kunstwerke sind erstaunlich präzise, was sich anhand echter Mammutkadaver aus Sibirien und Alaska leicht überprüfen lässt. Jahrtausendelang tiefgefroren, handelt es sich hierbei nicht nur um Skelette, sondern um Eismumien mit Fell und Muskeln, die noch an den Knochen hängen. Sie haben noch Herzen, Lungen und andere innere Organe, exponierte Genitalien und Augäpfel, die uns aus ihren Höhlen heraus anstarren. Selbst ihre letzten Mahlzeiten stecken noch in den Eingeweiden. Mammuts waren gar nicht so selten, wie Sie vielleicht glauben. In der Arktis sind Zehntausende von ihnen, wahrscheinlich mehr, eingefroren,

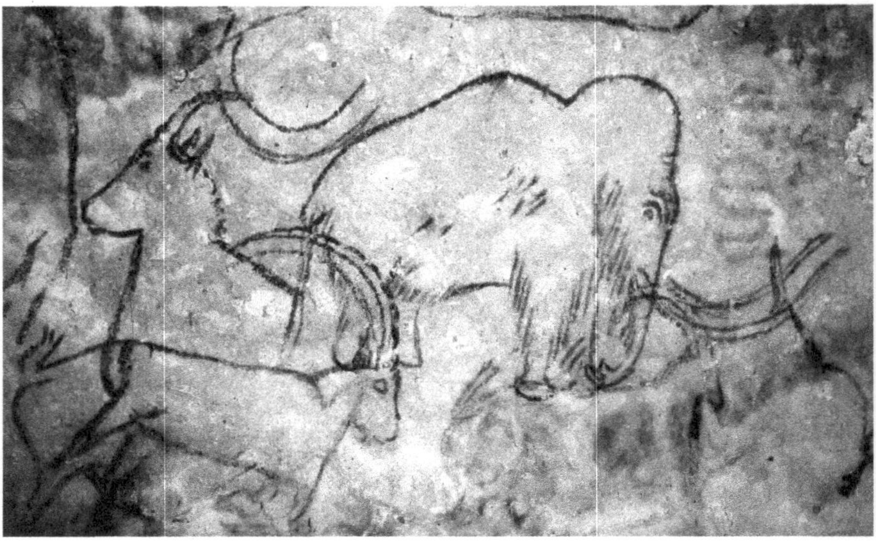

Zwischen 13 000 und 10 000 Jahre alte altsteinzeitliche Zeichnung von Steinböcken und einem Mammut in einer Höhle bei Rouffignac in Frankreich.

die der tauende Permafrost nach und nach freigibt. Sie tauchen aus dem Eis auf wie Schokostückchen aus einer Pfütze geschmolzenem Stracciatellaeis. Ein weiterer unerwarteter – und für die Männer, die die Mammutstoßzähne aus der Tundra ziehen und auf dem Elfenbeinschwarzmarkt verhökern, zudem sehr profitabler – Nebeneffekt der globalen Erwärmung.

Während Sie das hier lesen, sind Legionen russischer »Mammutjäger« auf der Pirsch. Mürrische, schweigsame Männer, die sich mit Wodka warm halten und wie einst die amerikanischen Goldgräber auf der Suche nach dem einen großen Fund sind, der sie aus ihrem kargen Leben in postkommunistischer Armut rettet. Es ist ein dreckiger Job. Mit Feuerwehrgerät saugen die Mammutjäger Wasser aus den Flüssen, mit dem sie den Permafrost wegpusten, Uferböschungen abbrechen und die Umwelt verschmutzen. Und es ist ein gefährlicher Job. Denn die improvisierten Tunnel, in denen sie sich auf ihrer Suche nach Stoßzähnen tief in den gefrorenen Boden wagen, können jeden Moment zusammenbrechen. Verletzen darf sich dabei niemand, und wenn es doch passiert, dann viel Glück. Vielleicht gibt es Hunderte Kilometer und mehrere Tagesreisen entfernt irgendwo ein Krankenhaus. Und natürlich, um das ganz unmissverständlich klarzustellen, ist die Mammutjagd illegal.

Die Höhlenmalereien und arktischen Mumien liefern ein plastisches Bild der Wollhaarmammuts, die in etwa so groß waren wie heutige Afrikanische Elefanten. Männliche Tiere hatten eine Schulterhöhe von 3 Metern und wogen bis zu 6 Tonnen, Weibchen waren nur wenig kleiner. Groß und kompakt, mit einer gewölbten Stirn, bulligen Schultern, einem steilen Rücken, dickem Bauch und stämmigen Beinen, waren die Mammuts in der Steppe kaum zu übersehen. Wie die Schaufel eines Frontladers ragten ihnen zwei lange, gebogene Stoßzähne aus dem Gesicht, während der Schwanz nur ein kurzer Stummel war, den sie klein hielten, um ihn vor Erfrierungen zu schützen. Aus demselben Grund waren auch die Ohren klein – kein Vergleich mit den Satellitenschüsseln heutiger Elefanten, die einen ganz anderen Zweck haben – in der glühend heißen Savanne für Abkühlung zu sorgen.

Der offensichtlichste Unterschied zwischen unseren Elefanten und der wolligen Eiszeitvariante ist natürlich die Behaarung. Wollhaarmammuts sind komplett mit Fell überzogen: einer Schicht struppigem, bis zu 91 Zentimeter langem Schutzhaar, unterfüttert von einer kürzeren und flauschigeren Schicht. Das Fell hing an extragroßen Talgdrüsen, die eine wasserabweisende und isolierende Flüssigkeit absonderten. Obwohl sie in Filmen oder Büchern oft einheitlich braun oder rötlich dargestellt werden, hatten Mammuts genau wie Menschen unterschiedliche Haarfarben, deren Palette von blond über rot und braun bis zu schwarz reichte. Manche Mammuthaare waren so hell, dass sie schon fast durchsichtig waren, andere mehrfarbig, eine Mischung mehrerer Farbtöne in einer Strähne. Ein einziges Tier konnte sowohl helle als auch dunkle Haare haben, wobei die hellen normalerweise eher die Unterwolle ausmachten und die dunklen das Deckhaar. Manche Mammuts trugen ihre Haarpracht meliert, andere scheckig mit Flecken in unterschiedlichen Farben. Insgesamt gesehen, waren Mammuts mit hellem Fell sehr viel seltener als Mammuts mit dunklem Fell. Das mag merkwürdig erscheinen, da heute viele in der Arktis lebende Säugetiere – wie beispielsweise Eisbären – ein strahlend weißes Fell tragen, um optisch mit dem Schnee zu verschmelzen. So überraschend ist das dunkle Fell letztendlich aber gar nicht, denn Mammuts lebten nicht auf Gletschern, sondern in der Steppe, wo wahrscheinlich nur im Winter Schnee lag.

Woher wir das alles wissen? Einerseits sind die Mumien mit Fell erhalten, weshalb wir es mit eigenen Augen sehen können. Andererseits können Fellfarbe und sehr viele andere biologische Merkmale der Mammuts auch anhand ihrer Gene nachgewiesen werden. Die Mumien sind so gut erhalten, dass noch genetisches Material vorhanden ist. Und das wiederum bedeutet: Wir haben die DNA einer ausgestorbenen Spezies! In einem der bemerkenswertesten Projekte der modernen Wissenschaft gelang es Genetikern 2015, das vollständige Genom der Wollhaarmammuts zu kartieren – ein Inventar von mehr als drei Milliarden Basenpaaren, den As, Cs, Ts und Gs, die den genetischen Code schreiben, der die Gattung der Mammuts ausmachte, steuerte und instand hielt. So erschreckend das klingt, aber über die DNA der Mammuts wissen wir mehr als über die der meisten lebenden Säugetiere.

Das Genom der Mammuts offenbart viele Geheimnisse. So zeigt ein mithilfe von DNA-Tests erstellter Familienstammbaum, dass Mammuts tatsächlich Elefanten sind – hoch entwickelte Elefanten, um genau zu sein, tief verwurzelt im Familienalbum und mit den heutigen Asiatischen Elefanten näher verwandt als mit den Afrikanischen. Mastodonten, die andere Gruppe eiszeitlicher Dickhäuter, die Jefferson noch mit den Mammuts in einen Topf geworfen hatte, sind hingegen gar keine echten Elefanten und nur sehr weitläufig mit ihnen verwandt, eine Art prähistorische

Cousins. In einer Studie fand man heraus, dass Wollhaarmammuts erstaunliche 98,55 Prozent ihrer DNA mit Afrikanischen Elefanten teilen, wobei viele der Unterschiede mit speziellen Merkmalen zusammenhängen, die den Mammuts das Überleben in der Kälte sicherten. Genetiker konnten Gene isolieren, die für die kleinen Ohren und Schwänze, die vergrößerten Talgdrüsen, die üppige Haarpracht und die isolierende Fettschicht verantwortlich sind, sowie Gene, die den Schlaf-wach-Rhythmus der Mammuts an die langen und dunklen Winter in höheren Breiten anpassten, Gene, die ihr Temperaturempfinden dahingehend optimierten, dass sie nicht froren, und Gene, die ihren Hämoglobinspiegel so veränderten, dass das Blut auch bei eisigen Temperaturen genügend Sauerstoff transportieren konnte.

Diese genetischen Mutationen waren für die Mammuts, die von aus wärmeren Regionen eingewanderten Elefanten abstammten, überlebensnotwendig. Das Wollhaarmammut – mit wissenschaftlichem Namen *Mammuthus primigenius* – war nicht das einzige seiner Art, sondern vielmehr die letzte Art einer einst großen, wanderlustigen Familie. Mammuts haben ihren Ursprung vor rund fünf Millionen Jahren im Pliozän in Afrika, lange bevor die Eiskappe des Nordpols sich über die Kontinente stülpte. Ein paar Millionen Jahre später machten sie sich dann auf nach Norden, wo sie sich über Europa und Asien ausbreiteten. Dabei entwickelten sie, je weiter sie in neues Territorium vordrangen, immer neue Arten. Eine dieser Mammutarten überquerte vor rund 1,5 Millionen Jahren, als der Meeresspiegel aufgrund einer Kältezeit sehr niedrig war, die Beringbrücke und fand sich in Nordamerika wieder, wo sie sich zu Präriemammuts entwickelte. Und dann, noch einmal etwas mehr als eine Million Jahre später, wanderten bei einem erneuten Meeresspiegelabfall Mitglieder derselben asiatischen Familie ebenfalls nach Nordamerika aus und mutierten dort zu Wollhaarmammuts. Damit waren sie eine der letzten Megafaunaarten, die nach Nordamerika immigrierten. Die Wollhaarmammuts trafen mit den alteingesessenen Präriemammuts ein Abkommen: Die zotteligen Artgenossen sollten weitgehend in den Steppen am Rand der Gletscher bleiben, während die Präriemammuts das wärmere Grasland im Süden besiedelten. Hin und wieder trafen sie im nordamerikanischen Inland aufeinander. Und da ihre DNA, wie erhaltenes genetisches Material beider Arten zeigt, noch genügend Gemeinsamkeiten aufwies, konnten sie sich erfolgreich paaren.

Weit weg von ihrer afrikanischen Heimat, entwickelten die Wollhaarmammuts mit ihren riesigen Körpern, ihrem schnellen Stoffwechsel und dem Bedürfnis, sich warm zu halten, einen unersättlichen Appetit. Moderne Elefanten fressen täglich bis zu 135 Kilogramm Pflanzen, und Mammuts fraßen wohl mindestens genau so viel, wenn nicht mehr. Sie waren bescheidene Steppengrasfresser, die sich, wie der Mageninhalt der Mumien zeigt, vorwiegend von Gräsern und Blumen (wie beispielsweise Hahnenfuß) ernährten, insbesondere während der Wachstumsphase im Sommer, ergänzt durch Blätter, Zweige und Rinde im Winter.

Um sich ihre Lieblingsnahrung zu beschaffen und zu verdauen, standen ihnen verschiedene Werkzeuge zur Verfügung. Zum einen ihre Stoßzähne, die sie trotz des bedrohlichen Aussehens seltener als Waffen und mehr als Schneeschaufel zum Freilegen von Grasflächen oder als Spaten zum Ausgraben von Wurzeln und Knollen benutzten. Diese gewaltigen Stoßzähne – modifizierte vordere Schneidezähne des Oberkiefers – waren bis zu 4,2 Meter lang, in einem schicken Schnörkel außen nach oben gebogen und wuchsen im Laufe eines Mammutlebens jährlich um mehrere Zentimeter. Ähnlich unseren Händen variierte ihre Größe und Form innerhalb einer Mammutpopulation, zudem waren sie asymmetrisch, vielleicht ein Zeichen dafür, ob ein Tier »Links- oder Rechtshänder« war.

War die Nahrung mithilfe der Stoßzähne ins Maul gelangt, wurde sie mit den Molaren zermahlen. Ein Mammutbackenzahn war nicht nur riesig – rund 30 Zentimeter lang und zwei Kilo schwer –, sondern auch komplex, mit einer gewellten Kaufläche aus parallel verlaufenden Zahnschmelzkämmen zum Zerreiben der Pflanzen. Es war diese unverwechselbare Morphologie –

Größe, Form, Kämme –, die die Stono-Sklaven sofort als elefantös erkannten, als sie die Mammutmahlzähne aus dem Sumpf zogen und die erste überlieferte korrekte Bestimmung eines nordamerikanischen Säugetierfossils ablieferten. Wie moderne Elefanten hatten die Mammuts immer nur vier Molaren gleichzeitig im Maul – zwei oben, zwei unten –, und die neuen rückten wie auf einem Fließband von hinten nach. Aber es gibt noch eine spannende Besonderheit: Mammutbackenzähne waren lang. Man spricht hier, wie bereits erwähnt, von Hypsodontie. Das heißt, die Mammuts verfolgten dieselbe Strategie wie die Pferde der amerikanischen Savanne im Miozän und ließen sich besonders hohe Zähne wachsen, die sich nicht so schnell abnutzten – eine Anpassung an abrasive Pflanzen wie beispielsweise Gräser.

Mammuts waren soziale Tiere und grasten zumindest zeitweise in Gruppen. In Alberta, Kanada, sind die tellergroßen Fußabdrücke einer Mammutherde erhalten, die über die verwehten Staubdünen vor einer Gletscherfront zog. An der Fundstelle mischen sich zu etwa gleichen Teilen die Spuren von Erwachsenen, Halbwüchsigen und Jungtieren, was Grund zu der Annahme gibt, dass die meisten erwachsenen Spuren von weiblichen Tieren stammen. Heutige Elefanten leben in Matriarchaten und organisieren sich in kleinen Gruppen von Müttern mit ihrem Nachwuchs. Männliche Tiere sind nur so lange Teil der Herde, bis sie ausgewachsen sind. Dann trennen sie sich von ihr und leben unabhängig oder schließen sich zu halbstarken Junggesellenherden zusammen. In Höhlen hat man Zeichnungen von Gruppen kleinerer Mammuts mit typisch weiblichen Merkmalen gefunden – die frühesten menschlichen Darstellungen tierischen Soziallebens.

Kindheit und Mutterschaft eines Mammuts waren nicht leicht. Das wissen wir von der erstaunlich gut erhaltenen Eismumie eines anderthalb Monate alten Kalbs, die man 2007 auf der Jamal-Halbinsel fand, einem gefrorenen Finger Sibiriens, der in den Arktischen Ozean hinausragt. Der Kadaver wurde von einem nenzischen Rentierhirten namens Yuri Khudi entdeckt, kurzfristig gestohlen, gegen zwei Schneemobile eingetauscht, von wilden Hunden angefressen, gerettet und in ein Museum gebracht, wo man es nach Yuris Frau Ljuba taufte. Das Kalb starb nach einem kurzen und entbehrungsreichen Leben vor rund 41800 Jahren, als es bei dem Versuch, einen Fluss zu überqueren, im kalten, nassen Uferschlamm stecken blieb und erstickte – eines der vielen Opfer der unbarmherzigen Härte der Mammutsteppe. Ihr früher Tod macht Ljuba jedoch zu einer wertvollen Zeitkapsel mit Informationen über das Wachstum und die Entwicklung von Mammuts, die – sollte man je auf die Idee kommen, Mammuts zu klonen – ironischerweise vielleicht irgendwann dazu beitragen werden, die gesamte Gattung wieder zum Leben zu erwecken.

Ljuba ist klein, ein bernhardinergroßes Baby, dessen Geburtsgewicht wahrscheinlich bei 90 Kilo lag. Ohne ihr Missgeschick wäre sie zu einer vier Tonnen schweren Kuh herangewachsen mit einer Lebenserwartung von rund 60 Jahren. Das Alter erwachsener Mammuts lässt sich, wie bei einem Baum, an den jährlichen Wachstumsringen der Knochen und Stoßzähne ablesen. Mammutkühe waren etwas weniger als zwei Jahre trächtig, wahrscheinlich ähnlich wie moderne Elefanten zwischen 21 und 22 Monaten. Gepaart wurde sich im Sommer oder Herbst, und die Jungen kamen im Frühling oder Sommer auf die Welt, worauf Ljubas Todeszeitpunkt nur wenige Wochen nach ihrer Geburt hinweist. Der Magen des Elefantenbabys war gut gefüllt, jedoch nicht mit Gräsern, wie es bei einem erwachsenen Mammut der Fall gewesen wäre, sondern mit Muttermilch. Sie hätte sich wohl noch ein paar Jahre länger darauf verlassen können, von der Mutter gesäugt zu werden, bevor sie in ihrem zweiten oder dritten Lebensjahr angefangen hätte zu grasen. An Mammutfossilien von Jungtieren lässt sich dieser Moment des Absetzens an einer veränderten Zusammensetzung der Isotope in den Knochen und Zähnen ablesen. Heutige Elefanten werden früher abgesetzt, weshalb das verspätete Absetzen der Mammuts wahrscheinlich auf das schlechtere und spärlichere Futter in ihren kälteren und dunkleren Lebensräumen zurückzuführen ist. Aber Ljuba ernährte sich

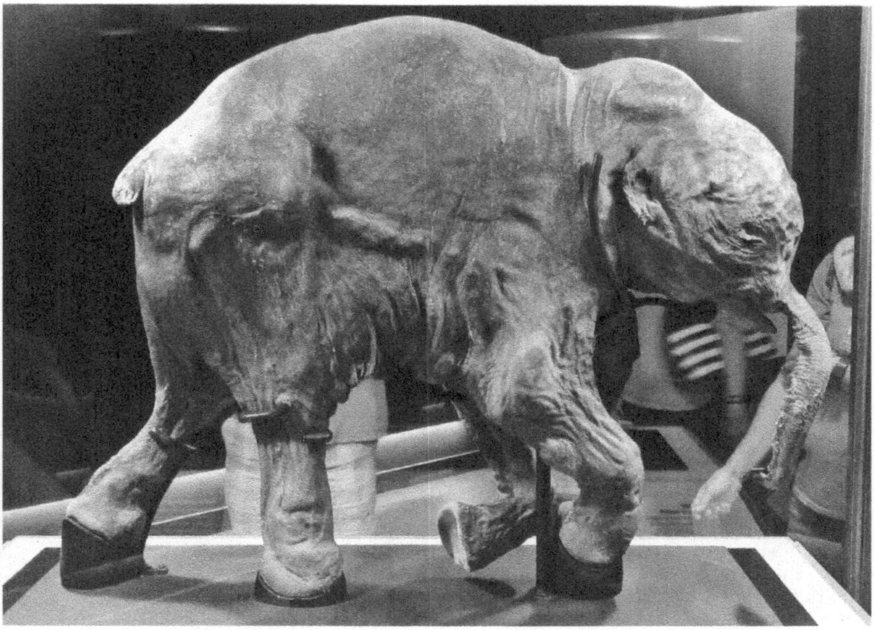

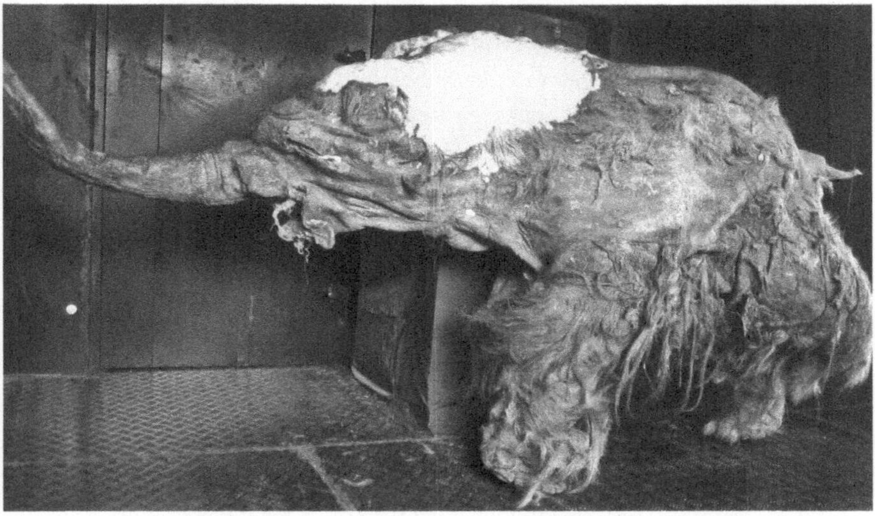

Im sibirischen Permafrost gefundene Mumien von Wollhaarmammuts: Ljuba (oben) und Yuka (unten). (Fotos: Ruth Hartnup und Cyclonaut)

nicht nur von Milch. In ihrem Magen wurden auch Fäkalien gefunden. Vermutlich fraß sie den Kot ihrer Mutter, was, so ekelig das klingt, bei vielen Säugetierarten normal ist und dafür sorgt, dass sich beim Nachwuchs Darmbakterien bilden.

Ljuba wurde die Natur zum Verhängnis, aber wäre sie nicht im Uferschlamm stecken geblieben, hätten sie vielleicht irgendwann Raubtiere erwischt. In der Mammutsteppe wimmelte es von Fleischfressern – Höhlenlöwen, Hyänen, Wölfe, Bären –, und Mammut war ein leckeres Abendessen. Aber gesunde erwachsene Mammuts waren selbst den grausamsten Prädatoren zu groß, weshalb sie sich auf junge und kranke Tiere konzentrierten – mit einer möglichen Ausnahme. Vielleicht, nur vielleicht, gab es ein blutrünstiges Monster, das auch ein ausgewachsenes Mammut erlegen konnte.

**Wer an Fossilienfundstätten denkt,** hat wahrscheinlich sofort die stereotypen Bilder des Discovery Channel vor Augen: eine öde, karge Landschaft, in der ein Kerl wie Indiana Jones kniet, der Sand von Knochen bürstet und dabei immer wieder innehält, um sich die Schweißperlen von der Stirn zu wischen. An das Zentrum von Los Angeles denkt wahrscheinlich kaum jemand. Und doch befindet sich eine kurze Strecke südlich von Hollywood, im Osten von Beverly Hills, eines der faszinierendsten Fossiliengräber der Welt.

In der Eiszeit streiften wilde Bestien durch das Tal und die Hügel von Los Angeles. Vampire, die durch das Valley zogen, den heutigen Ventura Boulevard hinunter gen Westen, oder ihre Beute in östlicher Richtung über den felsigen Boden des Mulholland Drive jagten – ihr zumindest auflauerten. Es waren große Katzen, mit Eckzähnen wie Messer, die ihnen in einem ordentlichen Überbiss weit aus dem Maul ragten.

Säbelzahntiger.

Während des letzten Gletschervorstoßes vor zwischen 40 000 und 10 000 Jahren tappten jedoch viele von ihnen im heutigen La Brea selbst in eine Falle. Ein Stück südlich von Westhollywood

Die Säbelzahnkatze *Smilodon*. (Illustration: Todd Marshall)

tritt natürlicher Asphalt aus dem Boden, in dem zahlreiche Mammuts, Bisons, Kamele und auch Jeffersons Bodenfaultiere kleben blieben wie an Fliegenpapier. Angelockt durch ein vermeintlich leicht zu habendes Mittagessen stürzten auch viele Säbelzahntiger in die zähe Masse, aus der es kein Entrinnen gab. Aufgrund der bereits geborgenen Skelette ist davon auszugehen, dass die La-Brea-Teergruben, die heute eine beliebte Touristenattraktion sind, mindestens 2000 Säbelzahntiger verschluckten. Der Asphalt balsamierte die Knochen und schützte sie vor dem Verfall, weshalb wir heute vom berühmtesten aller Eiszeitraubtiere unvergleichliche Befunde haben.

Säbelzahntiger. Schon allein der Name löst eine unterbewusste Unruhe in uns aus, die wir vielleicht von unseren Vorfahren geerbt haben, die sich, wenn sie loszogen, um zu jagen, Beeren zu sammeln oder ein eiszeitliches Schwätzchen zu halten, stets bewusst waren, dass dieser Dämon mit Macheten im Maul ihnen irgendwo auflauerte. Obwohl zweifellos sehr bildhaft, ist die Bezeichnung Säbelzahntiger aber nur zur Hälfte richtig. Dass Säbelzahntiger Säbelzähne hatten, ist nicht zu übersehen. Die oberen Eckzähne waren fast 30 Zentimeter lang, und der wissenschaftliche Name des La-Brea-Säbelzahntigers, dessen Eckzähne so scharf und dünn waren wie chirurgische Messer, lautete nicht ohne Grund *Smilodon*, »Skalpellzahn«. Aber *Smilodon* war kein Tiger. Die aus den La-Brea-Knochen und anderen Fossilien des sowohl in Nord- als auch Südamerika verbreiteten *Smilodon* gewonnene DNA bestätigt, dass es sich um eine Katze aus einer urzeitlichen Familie handelt, die bereits vor über 15 Millionen Jahren vom Stammbaum abgezweigt war und mit den heutigen Sibirischen und Bengalischen Tigern daher nur sehr weitläufig verwandt ist.

*Smilodon* war der letzte einer Dynastie von Säbelzahntigern, deren Anfänge im Miozän lagen und die im Laufe ihrer langen evolutionären Herrschaft Dutzende von Arten hervorbrachte. Zu Beginn waren ihr Herrschaftsgebiet Europa und Asien, aber im Pliozän – kurz bevor die Eisplatten in Bewegung gerieten – schaffte es eine Art nach Nordamerika. Diese Migranten wurden größer und gierten nach der Eroberung neuer Gebiete. Während die Eiskappen sich immer weiter ausbreiteten, teilte sich die Gattung in *Smilodon fatalis*, den Schrecken von La Brea, und eine noch größere Spezies namens *Smilodon populator*, die sich am Großen Amerikanischen Faunenaustausch beteiligte und vor etwa einer Million Jahren über die Landbrücke von Panama nach Südamerika einwanderte. Ungefähr so groß wie ein moderner afrikanischer Löwe, mit 400 Kilo Lebendgewicht, jedoch deutlich bulliger, war *Smilodon populator* eine der größten Raubkatzen aller Zeiten, hatte in *Smilodon fatalis* aber einen fast ebenbürtigen

Kontrahenten, der sich ebenfalls auf den Weg durch Mittelamerika machte. Die Faultiere, Gürteltiere, Beuteltiere und Huftiere Südamerikas wurden so von einer doppelten Invasion in die Defensive gedrängt. Hinzu kam, dass die beiden Säbelzahnkatzen einen besorgniserregenden Waffenstillstand schlossen: *Fatalis* machte die Pazifikküste westlich der Anden unsicher, *populator* den Osten Südamerikas. Hin und wieder kreuzten sich ihre Wege, und man kann sich die Konsequenzen unschwer vorstellen. Den im Norden gebliebenen *Smilodon fatalis* waren derlei Probleme unbekannt. Sie hatten Nordamerika für sich allein.

Ohne zu übertreiben, war *Smilodon fatalis* eine schreckenerregende Kreatur. Ja, er war kleiner als sein südamerikanischer Cousin *Smilodon populator*, aber nicht viel. Mit 280 Kilo wog *fatalis* ungefähr so viel wie ein moderner Sibirischer Tiger. Seine Knochen waren jedoch robuster, sein Körperbau bulliger und seine Glieder muskulöser. Stellen Sie sich einen Tiger auf Anabolika vor – das war *Smilodon fatalis*. Wenn er durch die Gegend schlich, stachen die Schulterblätter bedrohlich in die Luft wie die Rückenflosse eines Weißen Hais. Die Farbe seines Fells bleibt jedoch fraglich. War es gestreift wie ein Tiger? Gefleckt wie ein Leopard? Oder einfarbig wie ein Löwe? Anders als beim Wollhaarmammut haben wir von *Smilodon* bislang keine Eismumie mit üppig erhaltenem Fell. Und es wird auch schwer bleiben, eine zu finden, denn *Smilodon* war kein Bewohner der Mammutsteppe, der nach einem Sturz in einen eisigen Fluss oder eine Schneewehe schockgefrostet worden wäre. Seine Jagdreviere lagen südlich der Gletscher in den wärmeren und gefälligeren Graslandschaften und Wäldern.

Auch wenn das fast schon bedauerlich ist, waren Mammuts und Säbelzahntiger also keine Erzfeinde wie *T. rex* und *Triceratops*. Sie waren eher Zufallsbekannte, die sich an den Rändern ihrer Gebiete, wo die Mammutsteppe in mildere Biome überging, hin und wieder begegneten. Jeder Kampf zwischen ihnen wäre alles andere als normal gewesen. Ein paar Mammuts wurden aber dennoch von einigen Säbelzahntigern gerissen. In Texas gibt es eine Höhle, in der einst *Homotherium* hausten, Säbelzahnverwandte von *Smilodon*. Und diese Höhle ist voll mit zerkratzten und eingedellten Knochen junger Präriemammuts, will heißen, Knochen mit prähistorischen Bissspuren. Da Präriemammuts größer waren als Wollhaarmammuts und *Homotherium* kleiner als *Smilodon*, müssen das beeindruckende Kämpfe gewesen sein.

*Smilodon* war ein Großwildjäger. Er bevorzugte im Wald lebende Beute, wie Hirsche, Tapire und Waldbisons, obwohl er zu einem Pferd oder Kamel sicher auch nicht Nein gesagt hätte. Aber diese extrem schnellen Graslandbewohner wurden normalerweise von anderen Fleischfressern gejagt, von denen man in den La-Brea-Teergruben ebenfalls unzählige Exemplare gefunden hat: Schattenwölfe. Diese ungezähmten Hunde – die durch die Serie *Game of Thrones* zu spätem Ruhm gelangten – waren ein bisschen größer als moderne Wölfe, hatten aber deutlich mehr Bisskraft. Schattenwölfe waren wie gemacht für Verfolgungsjagden. Auf ihren für Geschwindigkeit optimierten Gliedmaßen, mit denen sie weder greifen noch springen konnten, hetzten sie ihre Beute über lange Distanzen. Zum Zupacken und Töten blieben ihnen nur ihre Kiefer. Prädatoren mit ihrer Kondition entwickelten sich erst im Pliozän, also sehr spät in der Erdgeschichte. Selbst im miozänen Grasland der amerikanischen Savanne gab es keinen schnelleren Jäger als den Schattenwolf – ein brandneues Modell unter den fleischfressenden Säugern.

*Smilodon* war ein guter Kurzstreckenläufer, aber er war kein ausdauernder Jäger. Getarnt zwischen Bäumen und Gräsern lauerte er auf seine ahnungslose Beute und schlug dann mit seinen Säbelzähnen – sehr vorsichtig – zu. Zähne, die so weit aus dem Kiefer ragten, brachen schnell mal ab, und als Säugetier wuchs *Smilodon* ein abgebrochener Eckzahn nicht mehr nach. Er konnte nicht riskieren, sich aufzuführen wie ein Irrer, der mit seinen Messern wahllos um sich sticht. Auch auf stumpfe Gewalteinwirkung war er nicht spezialisiert und auch nicht darauf, sich in seiner Beute zu verbeißen und diese zu ersticken wie ein Löwe. Nein, *Smilodon* war ein Präzisionskiller. Er sprang aus der

Deckung, rang die Beute mit seinen muskulösen Vorderbeinen nieder, riss das Maul auf und schlug ihr zielgenau die Säbel in den Hals. Dann trat er ein Stück zurück und sah zu, wie sein Opfer verblutete.

Säbelzähne waren also eher Eispickel als Messer und ausschließlich für den finalen Todesstoß geeignet – der eher ein Hacken als ein Schlitzen war. Das klingt vielleicht, als ginge hier ein wenig die Fantasie mit mir durch, diese Jagdtechnik ist aber durch Computersimulationen mit *Smilodon*-Schädeln belegt. Diese zeigen, dass die Beute auf diese Art zu töten nicht nur möglich, sondern sogar notwendig war. Denn trotz all ihrer Vorzüge hatte die Zahnreihe des *Smilodon* hinter den Eckzähnen nur eine geringe Beißkraft. All seine Kraft steckte in den Säbeln. Glücklicherweise war er aber mit Kiefern gesegnet, die er unglaublich weit aufreißen konnte, was ihm ermöglichte, auch Beutetieren, die deutlich größer waren als er selbst, wie beispielsweise Bisons, seine Säbel in den Nacken zu schlagen. Vielleicht gelang ihm das auch bei einem Präriemammut – insbesondere wenn dieses in einer Teergrube feststeckte und *Smilodon* mit einem leicht verdienten Mittagessen wie eine Sirene ins Verderben lockte.

Im Teer zu versinken war ein qualvoller Tod. Die La-Brea-Säbelzahntiger hatten aber auch schon vor ihren traumatischen letzten Minuten ein hartes Leben, was an ihren mit Verletzungen übersäten Skeletten zu erkennen ist. Die Paläontologen, die die La-Brea-Funde katalogisieren, haben an 5000 *Smilodon*-Knochen Wunden, Brüche oder andere Anzeichen von Verletzungen festgestellt. Damit weisen diese fast doppelt so viele Spuren von Gewalteinwirkung auf wie die ihrer Rivalen, der Schattenwölfe. Das liegt wohl teilweise daran, dass das Auflauern der Beute gefährlicher war als eine Hetzjagd, was wiederum die hohe Zahl an Verletzungen an Schulterknochen und Rückenwirbeln belegt, zu denen es beim Anspringen und Niederringen der Beute kommt.

Die vielen Narben könnten aber auch noch einen anderen Grund haben: *Smilodon* war höchstwahrscheinlich ein sehr soziales Tier, mehr als es heutige Raubkatzen sind, weshalb es heftige Auseinandersetzungen um Weibchen oder Territorium gehabt haben dürfte. Es gibt zwar kaum Nachweise für das Sozialleben von *Smilodon*, aber die wenigen, die wir haben, sind sehr überzeugend. Ersten wäre es merkwürdig, wenn so viele Einzelgänger in derselben Teergrube enden, und zweitens hat das Zungenbein im Kehlkopf von *Smilodon*, an dem die Sehnen und Halsmuskeln befestigt sind, die charakteristische Form von Katzen, die brüllen. Dieses Brüllen ist nicht nur Furcht einflößend, sondern bei sozialen Katzenarten auch ein Mittel der Kommunikation. Sie demonstrieren dadurch ihre Macht oder warnen das Rudel vor Gefahren. Falls Ihnen die Vorstellung eines einzelnen *Smilodon*, der unerwartet aus dem Hinterhalt zuschlägt, noch nicht grausam genug ist, dann stellen Sie sich ein ganzes Rudel vor, das sein Opfer gemeinsam anfällt, tötet und frisst.

Das von Gewalt beherrschte Leben eines *Smilodon* hatte aber auch seine zärtlichen Momente. Eine Fossilienfundstelle in Ecuador mit den Knochen einer Mutter und zwei Jungen belegt, dass Säbelzahntiger liebevolle Eltern waren. Die kleine *Smilodon-fatalis*-Familie, Nachfahren der zweiten Migrationswelle, die über die Panama-Landbrücke in den Süden gelangt war, wurde in einen Küstenkanal gespült und unter Muscheln und Haifischzähnen begraben. Die Jungen waren mindestens zwei Jahre alt, was darauf hindeutet, dass sie nach der Geburt noch lange bei der Mutter blieben. Darin glichen sie mehr Löwen, die erst mit drei Jahren selbstständig werden, als Tigern, die ihre Eltern sehr viel früher, ungefähr 18 Monate nach der Geburt, verlassen. Geschlechtsreif waren *Smilodon*-Babys aber genauso schnell wie Tiger, während Löwen deutlich länger brauchen. Ihre individuelle Entwicklung kombinierte das schnelle Wachstum der Tiger mit der ausgedehnten Kindheit der Löwen.

Aber warum hingen die Jungen so lange an ihren Müttern? *Smilodon*-Babys kamen mit den robusten und muskulösen Körperproportionen erwachsener Tiere auf die Welt und mussten sich nicht erst noch entwickeln. Aber sie wurden ohne Säbelzähne geboren. Es dauerte ein ganzes Jahr, bis ihre Milcheckzähne vollständig durchbrachen, die dann wieder ausfielen und durch einen zweiten und letzten Satz Eckzähne ersetzt wurden, der jedoch erst drei Jahre nach der Geburt, manchmal noch später, vollständig da war. Ohne ausgewachsene Eckzähne konnten junge *Smilodon* ihre Jagdtechnik – lauern, niederringen, zubeißen – nicht praktizieren. Und vielleicht war für diese sehr spezielle Technik auch eine längere Ausbildung vonnöten.

Nichtsdestotrotz waren die Kleinen nach drei, maximal vier Jahren ausgewachsen und bereit, ihre 30 Zentimeter langen Säbelzähne Bisons, Hirschen und vielleicht auch Präriemammuts und anderen eiszeitlichen Megafaunaarten ins Fleisch zu schlagen. Die Jagd konnte beginnen.

**Vor etwas mehr als 10 000 Jahren** wurden Wollhaarmammuts und Säbelzahntiger sehr schnell sehr selten. Nur ein paar der wuscheligen Gesellen gelang es, auf die Wrangelinsel zu fliehen, ein gefrorenes Stück Land nördlich von Sibirien oberhalb des Polarkreises, nicht viel größer als Jamaika, wo sie taten, was Säugetiere seit dem Zeitalter der Dinosaurier auf Inseln häufig taten: Sie verzwergten. Auf der Wrangelinsel hielten die Mammuts noch ein paar Jahrtausende durch, aber es ging ihnen dort nicht besonders gut. Die Insel ernährte nur eine Population von ein paar Hundert, maximal tausend Tieren, und diese sammelten genetische Defekte, die sich in der kleinen Gemeinschaft ausbreiteten wie ein Lauffeuer. Ihr Geruchssinn verkümmerte, und ihr üppiges, glänzendes Fell wurde matt und dünn. Vor rund 4000 Jahren, als die Pharaonen bereits Pyramiden errichten ließen und den Boden entlang des Nils bewässerten, verschwand auch noch die letzte der Wrangelmutationen – und das Wollhaarmammut war ausgestorben. Genau wie der Säbelzahntiger, der schon ein paar Jahrtausende früher das Zeitliche gesegnet hatte.

Vor dem kläglichen Ende der Megafauna, tief in der Eiszeit, begegneten wir Säugetierriesen wie dem Wollhaarmammut und dem Säbelzahntiger auf der ganzen Welt. Und ich benutze das

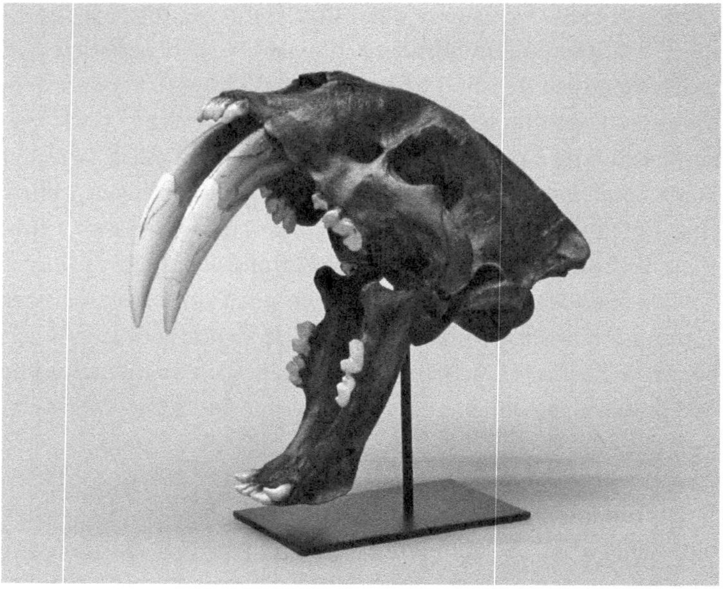

*Smilodon*-Skelett und -Schädel. (Fotos von Ninjatacoshell und Bone Clones)

»wir« hier keineswegs nur als Stilmittel, sondern ganz bewusst. Auch wir sind ein Produkt der Eiszeit. *Homo sapiens*, einer unserer Artgenossen, ist vielen der Megafaunasäugern persönlich begegnet, vor ihnen geflüchtet oder hat sie gejagt. Heute, nur wenige Jahrtausende später, ist von den Riesen so gut wie nichts mehr übrig. Nur wenige Landsäugetierarten, bei denen man tatsächlich von Megafauna sprechen kann, sind geblieben, darunter Nashörner, Bisons, Moschusochsen sowie die nächsten überlebenden Verwandten der Mammuts und Säbelzahntiger – Elefanten und Raubkatzen. Sollten sich die aktuellen Trends fortsetzen, sind sie vielleicht die letzten Schatten ihrer einst stolzen und artenreichen Gruppen, die losgezogen waren, die Welt zu erobern.

Falls die Welt derzeit ein wenig leer erscheint, dann weil sie es tatsächlich ist. Die Megafauna sollte eigentlich noch hier sein, denn die Nahrungsnetze haben sich noch nicht vollständig an ihr Verschwinden angepasst. In der Tundra haben die Wollhaarmammuts ein Loch hinterlassen, in Los Angeles fehlen die Säbelzahntiger. Ihre Geister weilen noch unter uns, aber sie selbst gibt es nicht mehr. Warum?

# 10

# MENSCHLICHE SÄUGETIERE

*Ardipithecus*

**Wisconsin vor 12 500 Jahren, am** Rande des Gletschers.

Auf dem Kamm einer Moräne stand, die zwei Meter langen Stoßzähne trotzig nach vorn gestreckt, ein einsames Mammut. Der Wintereinbruch war hart und abrupt gewesen, und aus nordöstlicher Richtung peitschte der Wind ihm den Schnee in seinen Mantel aus dickem rötlichem Fell. Die Sonne stand bereits tief, langsam legte sich abendliche Dunkelheit auf die karge Landschaft. Der Bulle reckte den zotteligen Rüssel gen Himmel und trompetete in die Luft, als wollte er den Elementen den Kampf ansagen. Sein Atem gefror sofort zu weißem Dampf.

Es waren harte Zeiten für Wollhaarmammutjunggesellen. Während die Herden der Weibchen sich aneinanderdrängten, um ihre Kälber warm zu halten, hatten die männlichen Tiere die kommenden sechs Monate, bis die Hahnenfußblüten den Beginn der Paarungszeit ankündigen würden, kaum etwas zu tun. Manche Männchen schlossen sich vorübergehend zu eigenen Herden zusammen, aber dieser Bulle zog es vor, allein zu bleiben. Mit 36 war er in den besten Jahren, und wenn nichts dazwischenkam, würde er noch weitere 20 Jahre oder länger leben. Er blieb gern für sich und war damit gut beraten. Dutzende der Mammutkälber in der Steppe und in den Fichtenwäldern um den Chicago-See waren von ihm.

Die Gegend lag nicht länger unter einer sichtbaren Eisschicht. Das schmelzende Eis zog sich zurück zum Polarkreis, aber es war kein friedlicher Rückzug. Nur einen Tagesmarsch nördlich lauerten die Gletscher, die noch immer die Jahreszeiten beherrschten. Die kalten Brisen, die von der Gletscherfront herwehten, sorgten für kühle Sommer und unerbittliche Winter, die die wuchernden Fichtenwälder davon abhielten, sich das Grasland der Tundra zurückzuerobern. Auch die Topografie wurde von den Gletschern beherrscht. Die Moräne, auf der das Mammut stand, war neu in der Landschaft, ein Müllberg aus Kies, Dreck, Holz und Knochen, den das Eis auf der Flucht zurückgelassen hatte.

Als in der Abenddämmerung der Mond aufging, wurde der Wind beißender. Das war kein normaler Schneesturm. Staubteufel fegten durch die Kälte, feine Partikel des Gesteins, welches das Eis auf seinem Weg nach Süden einst pulverisiert hatte und nun wieder ausspuckte. Staub und Schnee vermischten sich zu schmutzigem Matsch. Der Gletscher schien wütend zu sein, da war der höchste Punkt in der flachen Landschaft kein guter Ort, sich aufzuhalten. Das Mammut sah sich um. Im Norden breitete sich eine Todeszone aus kilometerdickem Eis aus. Im Osten war es nicht besser. Das eiskalte Wasser des Chicago-Sees, in den im Sommer die Gletscher riesige Eisbrocken kalbten, war eine gefrorene Fläche. Der Süden schien etwas vielversprechender, aber als sich der Bulle zum Gehen wandte, spürte er die beißende Kälte, die den Konturen des Sees folgte wie durch einen Windkanal.

Blieb nur noch der Westen.

Vorsichtig, um nicht Stoßzähne voraus in den Schnee zu fallen, stieg das Mammut, einen wolligen Fuß vor den anderen setzend, die Moräne hinunter. Aber mit jedem Schritt wurde der Abstieg gefährlicher. Der schmutzige Schnee gab dem sechs Tonnen schweren Mammut kaum noch Halt, und plötzlich geriet es ins Rutschen. Es verlor das Gleichgewicht und purzelte den Abhang hinunter.

Elegant sah das nicht aus, aber zum Glück war die Moräne nicht sehr hoch und der Sturz mehr peinlich als gefährlich. Das Mammut hievte sich auf die Beine, wischte sich mit dem Rüssel den Schnee aus dem Gesicht und atmete einmal tief durch. Mit den geprellten Rippen würde es sich die Nacht über ausruhen und auf besseres Wetter warten müssen.

Die Rutschpartie hatte das Mammut zu einem mit Eis verkrusteten Teich zwischen zwei Moränen geführt, die Schutz vor Wind und Staubteufeln boten. Es gab schlechtere Orte, um einen Eiszeitabend zu verbringen. Aus einer Schneewehe ragten ein paar einzelne Fichten, deren grüne Nadeln den Boden bedeckten und das Mammut einluden, sich hinzulegen und zu schlafen, bis der Schneesturm vorüber war.

Aber irgendetwas stimmte nicht.

Das Mammut fröstelte. Aber nicht wegen der Kälte. Es war dieses instinktive Zucken unter der Haut, wenn ein Schattenwolf oder Höhlenlöwe in der Nähe war. Irgendwo zwischen den Bäumen lauerte in der Dunkelheit, getarnt von Zweigen und staubigem Schnee, ein Raubtier. Das Mammut hörte ein Rascheln, dann ein seltsames Geräusch. Aber es war kein Brüllen, Bellen oder Knurren, sondern sehr viel komplexer. Ein hoher Ton, der tiefer wurde und wieder anhob und in eine Melodie überging. Es war ein Lied – ein angriffslustiges Lied. Eine zweite Stimme fiel mit ein, und bald war es ein ganzer Chor: eine Horde Bestien, die unisono schrie, sich austauschte und ihr Opfer verspottete. Eine Meute, die in den Krieg zog.

Mondlicht brach durch das Fichtengehölz, und da sah es sie. Die Umrisse eines Jägers, der auf das Mammut zustürmte. Er lief nicht auf vier Beinen wie ein Wolf oder Löwe, nur auf zwei. Er hatte auch keine lange Schnauze mit krummen Zähnen, sondern einen großen, runden Kopf, der stolz auf den Schultern saß. An seinen Händen, in denen er einen Speer hielt, waren keine Krallen. Und er war nicht allein. Es war ein ganzes Rudel, das das Mammut schreiend und johlend attackierte.

Der Anführer warf seinen Speer, der ein paar Sekunden, in denen die Augen des Prädators die seiner Beute trafen, in der Luft hing. Mit ihren großen Gehirnen und sozialen Fähigkeiten waren Mammuts daran gewohnt, die intelligentesten Tiere der Steppe zu sein. Wölfe und Löwen waren zwar bösartiger, aber klein und nicht sonderlich schlau – zumindest verglichen mit einem Mammut. Als der Speer seinen Nacken traf und der Bulle nach Luft schnappte, schoss ihm ein letzter Gedanke durch den Kopf. Diese neuen Raubtiere waren anders – scharfsinniger, gerissener und gefährlicher als alle, die es kannte.

Die Jäger versammelten sich um ihre Beute, und nachdem sie sichergestellt hatten, dass das Mammut tot war, machten sie sich an die Arbeit. Aus ihren Mammutfellumhängen zogen sie verschiedene Werkzeuge. Klingen, Kratzer und Klopfer, alle aus dem harten, glänzenden Feuerstein hergestellt, den sie im Gletschergeröll fanden. Im Wettlauf mit dem nächtlichen Sturm schlachteten sie das Mammut zielgerichtet und präzise. Trennten zuerst mit kräftigen Schlägen die Beine ab und machten sich dann an das Fleisch an Schultern und Flanken. Als sie fertig waren, war nur noch ein Haufen riesiger Knochen übrig. Sie warfen sich das Mammutfleisch über die Schultern und sammelten ihr steinernes Werkzeug ein. Warum sollte man eine gute Klinge liegen lassen? Eilig, wie sie es hatten, vergaßen sie aber dennoch zwei ihrer Werkzeuge, die versteckt unter dem Mammutbecken im Knochenhaufen lagen.

Mit einem Siegesschrei, der selbst den Schneesturm übertönte, zog die Jagdgesellschaft weiter, über die Moränen zurück in ihr Lager am Chicago-See. Schnee und Staub legten sich, der Himmel klarte auf, und mit dem Sommer kam die Paarungszeit – nur ein Mammutbulle fehlte. Die Gletscher tauten weiter, und ihr Schmelzwasser sickerte in den kleinen Teich zwischen den Moränen, in dem Mammutknochen und Werkzeug langsam versanken.

**Dies ist kein Buch über Menschen**. Wir, *Homo sapiens*, sind nur eine von über 6000 heute lebenden Säugetierarten und in der Entwicklungsgeschichte der Säugetiere insgesamt sogar nur eine einzige der Millionen von Spezies, die die Evolution in über 200 Millionen Jahren hervorgebracht hat.

Es geht nicht nur um uns. Die Entwicklungsgeschichte der Säugetiere, die auf diesen Seiten erzählt wird und die zurückgeht auf die schuppigen, in Kohlesümpfen hausenden Gesellen, die Massenaussterben, Dinosaurier und grausame Klimaverhältnisse überlebten, ist sehr viel mehr als die Vorgeschichte zu unserer unvermeidlichen Krönung. U-Boot-große Wale, Wollhaarmammuts und Säbelzahntiger, Affen, die auf Flößen Ozeane überqueren, und Fledermäuse mit Echolot – sie alle sind auf ihre Art etwas ganz Besonderes. Wir natürlich auch: zweibeinige Primaten mit großen Gehirnen und beweglichen Händen, deren Intelligenz und Zerstörungswut unter den Säugetieren ihresgleichen suchen. Plus, wir sind die einzige Spezies, die in der Lage ist, ihre eigene Herkunft zu reflektieren.

Einer der faszinierendsten Menschen, die ich je kennenlernen durfte, war ein Mann, der mir als junger Student regelmäßig auf seinen Spaziergängen im Hyde-Park-Viertel in Chicago begegnete. Mit krummem Rücken und einer formlosen roten Fischermütze auf dem Kopf, die er tief in sein pockennarbiges Gesicht gezogen hatte, schlurfte er scheinbar ohne konkretes Ziel durch die Gegend. Meist murmelte er dabei etwas in seinen langen weißen Bart, der einen an Gandalf – oder doch eher Gott? – denken ließ. Manchmal trafen sich unsere Blicke, und für den Bruchteil einer Sekunde sah ich in seine freundlichen, ein wenig traurigen Augen, in denen das Genie hinter einer Brille blitzte, deren Rahmen so dick und deren Gläser so stark waren, dass selbst der trendigste Hipster damit nicht mehr cool ausgesehen hätte.

Sein Name war Leigh Van Valen, und trotz seines Äußeren (manche würden vielleicht auch sagen, passend dazu) war er Professor und haarscharf auf der richtigen Seite des schmalen Grats zwischen Genie und Wahnsinn. Von Haus aus war er Evolutionsbiologe, befasste sich aber auch mit Mathematik und Philosophie. Wenn er nicht gerade über den Campus schlenderte, verkroch er sich in seinem Büro, von dem das Gerücht ging, dass er darin rund 30 000 Bücher aufbewahrte. Wer es betrat, riskierte seine Gesundheit. Überall stapelten sich, höher als Leigh selbst, kopierte Unterlagen, die schwankten wie Jenga-Türme. Von den Studierenden befürchteten nicht wenige, dass ihn eines Tages einer seiner Stapel unter sich begraben würde. Ihre Sorge war echt. Seine Studenten und Studentinnen liebten ihn.

Ich durfte mehrfach dabei sein, als er ein Seminar sprengte, indem er dem Gastredner eine verworrene Frage stellte, die mindestens drei Minuten dauerte und immer wieder von hohen Pfeiflauten unterbrochen wurde, die die Studierenden »Gronks« nannten. Wenn Leigh fertig war, hatte der Vortragende die Frage meist schon wieder vergessen, traute sich aber nicht, ihn zu bitten, sie zu wiederholen. Leigh war auch unter die Verleger ge-

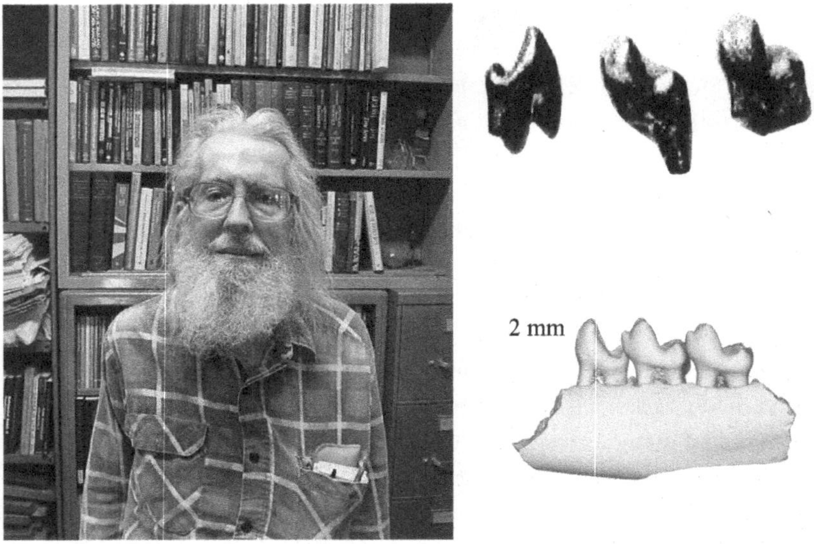


Leigh Van Valen in seinem mit Büchern vollgestopften Büro in Chicago (links), kopierte Bilder der *Purgatorius*-Zähne, die er in seiner selbst verlegten Zeitschrift veröffentlichte (rechts oben), und ein moderner CT-Scan derselben Zähne. (Aus Wilson Mantilla et al., 2021, Royal Society Open Science)

gangen. Aus Ärger über die Zeitschriften, die seine theoretischen Abhandlungen – die den Verstand seiner normalsterblichen Kollegen weit überstiegen – regelmäßig ablehnten, gründete er eine eigene Zeitschrift, die er eigenhändig setzte und druckte. Sein Motto diesbezüglich war »Inhalt geht über Form«, womit er indirekt einräumte, dass das Layout grauenhaft war.

Von all seinen Interessen und Obsessionen waren Säugetierfossilien Leighs eigentliches Spezialgebiet. Seine wichtigste Entdeckung war ziemlich klein, hätte aber in ihrer Bedeutung kaum größer sein können, denn sie enthüllte eines der tiefgründigsten Geheimnisse unserer Herkunft.

Ein Jahr zuvor fand ein von Robert Sloan geleitetes Feldteam der Universität von Minnesota in der Einöde der Purgatory Hills in Montana sechs Zähne. Es ist erstaunlich, dass diese winzigen

Zähnchen, von denen das größte, ein Molar, von der Krone bis zur Wurzel gerade mal drei Millimeter maß, überhaupt gesehen wurden. Hinzu kam, dass sie sehr alt und aus einer Gesteinsschicht waren, die sich im frühen Paläozän abgelagert hatte, also nur ein paar Hunderttausend Jahre nachdem der Asteroid am Ende der Kreide die Dinosaurier getötet hatte. Die meisten kleinen Säugetierzähne aus dieser Zeit und der etwas früheren Kreide hatten hohe, spitze Höcker, um Insekten zu knacken – für ein federleichtes Säugetier die einfachste Methode zu überleben. Leigh erkannte jedoch, dass diese Zähnchen ein wenig anders waren. Unter seinem Mikroskop zeigten sich etwas niederere Höcker, die runder waren und deren Größe, Form und Position nicht dafür gemacht waren, Insektenpanzer aufzuschlitzen, sondern eher zum Verzehr von weichen Pflanzen oder Früchten. Leigh zog die richtigen Schlüsse: Die winzigen Zähnchen, die er nach ihrem Fundort *Purgatorius* nannte, waren die Verbindung zwischen den heutigen Primaten und ihren insektenfressenden Vorfahren. Der Titel seines 1965 mit Sloan im *Science Magazine* veröffentlichten Artikels sagt alles: »Die ersten Primaten«.

Für meine Kollegin Mary Silcox an der Universität von Toronto, meines Erachtens die aktuell führende Expertin für den Ursprung der Primaten, war Van Valens Erkenntnis eine Revolution. »Zu erkennen, dass es sich bei *Purgatorius* um einen Primaten handelt, war genial! Es sieht nicht aus wie ein Primate, aber heute wissen wir, dass mit ihm alles begann«, erklärte sie mir.

*Purgatorius* ist ein Plesiadapiformes, ein Zungenbrecher, mit dem die Vorfahren der Primaten bezeichnet werden. Manche Wissenschaftler, wie Mary, folgen Leigh und sprechen auch hier von »Primaten«, andere bevorzugen den Begriff »Urprimaten« und beschränken die Bezeichnung »Primaten« auf die Kronengruppe, zu der die heutigen Arten und alle Nachfahren ihres ersten gemeinsamen Vorfahren zählen. (Es handelt sich hier um die bereits erwähnten »echten« Primaten, die sich während der globalen Erwärmung an der Paläozän-Eozän-Grenze weitverbreitet hatten). Aber sei's drum. Das alles ist schnöde Nomenklatur, nichts weiter als der menschliche Versuch, Ordnung zu schaffen. Durchaus wichtig ist jedoch, dass es sich bei *Purgatorius* um die älteste bekannte Art der Primatenlinie handelt, nachdem diese sich von der Hauptgruppe der Säugetiere abgespalten hatte, und die erste Art, die Veränderungen in Ernährung und Verhalten aufweist, die auf einen völlig neuen Lebensstil hindeuten.

Diese ersten Primaten fraßen mit ihren mutierten Backenzähnen nicht nur mehr Pflanzen, sondern zogen auch vom Boden auf die Bäume – wo sie Zuflucht vor dem Chaos der Klimaschwankungen und den Nachfolgerprädatoren der Saurier suchten. Fünfzig Jahre nach Leighs erster Abhandlung beschrieb Stephen Chester die Fußknöchel von *Purgatorius*. Kleiner als ein abgeschnittener Fingernagel, haben sie, wie moderne baumbewohnende Säugetiere, extrem flexible Gelenkoberflächen, die ihnen die nötige Beweglichkeit zum Klettern und Klammern verliehen. Ein paar Jahre später belegte Stephen seine erste Schlussfolgerung mit der Beschreibung eines besser erhaltenen Fossils: dem ältesten vollständigen Skelett eines Plesiadapiformes namens *Torrejonia*, das Tom Williamson aus einer 62 Millionen Jahre alten Gesteinsschicht in New Mexico geborgen hatte. Bei *Torrejonia* waren nicht nur die Fuß- und Handgelenke sehr beweglich, sondern auch Schultern und Hüften, wodurch es seine Arme und Beine in alle Richtungen drehen konnte.

Diese Veränderungen hinsichtlich Ernährung und Lebensraum vollzogen sich sehr schnell, nachdem die Dinosaurier ausgestorben waren, oder wie Mary es formulierte: »Diese Primaten stiegen in den Himmel auf wie Zeus.« Die derzeit ältesten *Purgatorius*-Fossilien stammen aus Montana, aus einer schmalen Gesteinsschicht, die direkt nach dem Massenaussterben und nur ein paar Hunderttausend Jahre nach dem Asteroiden entstanden ist. Es gibt aber Gerüchte von noch älteren solcher Fossilien. Leigh selbst beschrieb noch einen siebten Zahn aus Montana, der neben einem *Triceratops*-Skelett gefunden wurde, das er der Kreide zuordnete. Heute wird der Zahn ins Paläozän datiert, und man geht davon aus, dass ein uralter Fluss ihn neben den kreidezeitlichen

Saurier gespült hat, um bei Paläontologen für etwas Verwirrung zu sorgen. Dennoch legen DNA-Stammbäume nahe, dass die Primaten tatsächlich aus der Kreide stammen, und unsere Primatenvorfahren den Asteroideneinschlag selbst überlebt und nicht nur davon profitiert haben.

Im Laufe des Paläozäns und bis hinein ins Eozän entwickelten sich aus *Purgatorius* zahlreiche Plesiadapiformes, eine erfolgreiche Gruppe von über 150 bekannten Arten, die sich über Nordamerika, Europa und Asien ausbreiteten. Sie schafften es sogar bis auf die oberhalb des Polarkreises gelegene Ellesmere-Insel, wo sie, bis der Mensch auftauchte, die nördlichsten Primaten überhaupt waren. Mit ihrer erstaunlichen Vielfalt an Größen, Ernährungs- und Verhaltensweisen waren sie eine der ersten heute noch existierenden Plazentatieruntergruppen mit einer derart weiten Verbreitung. Die kleinsten von ihnen waren kaum schwerer als eine Traube – die mickrigsten Primaten aller Zeiten –, während andere so groß waren wie Kapuzineräffchen. Sie ernährten sich von Früchten, Harzen, Samen, Pollen, Blättern und ein paar der Insekten, die schon ihre *Purgatorius*-Vorfahren verspeist hatten. Sie alle waren Baumbewohner, allerdings mit unterschiedlich ausgebildeten Fähigkeiten. Die größeren Arten bewegten sich womöglich langsam und hauptsächlich auf den Stämmen, andere schwangen sich durch die Kronen, und eine von ihnen, *Carpolestes*, hatte lange Glieder mit opponierbaren Daumen und Zehen, mit denen es die Zweige fest umklammern konnte.

Verfolgt man die Entwicklung der Plesiadapiformes, ist ein gewisser Trend zu erkennen. Arten wie *Purgatorius* zogen zuerst in die Bäume, begannen dort, sich pflanzlich oder fruktivor zu ernähren, und bildeten danach ihre riesigen Gehirne aus. Als sie noch ausschließlich Früchte fraßen, blieben ihre Gehirne zunächst klein – wie Mary anhand von Schädelscans und digitalen Rekonstruktionen des Gehirns diverser Plesiadapiformes nachweisen konnte. Und auch ihre Sehkraft muss eingeschränkt gewesen sein, was die unauffälligen optischen Bereiche des Gehirns nahelegen und die seitlich gerichteten Augen, die ein komplexes dreidimensionales Sehen ausschließen. Ein großes Gehirn und eine hohe Intelligenz waren also weder ausschlaggebend dafür, dass die Primaten auf die Bäume kletterten, noch für die fruktivore Ernährung. Andersherum könnten das Leben in den Bäumen und die Früchte die Entwicklung großer Gehirne begünstigt haben, da sie kalorienreiche Mahlzeiten ermöglichten, zu denen die meisten anderen Säugetiere keinen Zugang hatten.

Was jedoch in engem Zusammenhang zu stehen scheint, sind fruktivore Ernährung und Entwicklung der Greiffähigkeit. Merkmale an Händen und Füßen, die ein besseres Greifen nach Zweigen ermöglichten, entwickelten sich parallel zu dentalen Merkmalen, die das Kauen von Früchten erleichterten. Für Mary folgt daraus, dass die Evolution der frühen Primaten durch ihre »Ast-

*Darwinius*, frühes Primatenfossil aus dem südhessischen Messel mit grazilen Fingern sowie Greifdaumen und -zehen. (Foto aus Franzen et al., 2009, *PLoS ONE*)

enden-Ernährung« vorangetrieben wurde, also durch das Klettern auf Astspitzen, von denen sie Früchte und ausgesuchte Blätter pflückten. Einige der wichtigsten Komponenten des menschlichen Bauplans – wie beispielsweise die langgliedrigen Finger, flexiblen Hand- und Fußgelenke oder Molaren mit flachen Höckern – sind wohl Überreste aus jener Zeit, als unsere Vorfahren anfingen, sich ihre Nahrung von Ästen zu angeln.

Als das Paläozän vor 56 Millionen Jahren ins Eozän überging und die globalen Temperaturen auf das PETM hochkochten, erweiterten einige Plesiadapiformes ihr sensorisches und motorisches Repertoire auf das echter Primaten – Mitglieder jener Kronengruppe, bei denen sich alle einig sind, dass sie diesen Titel verdienen. Der Archetypus dieser frühen anerkannten Primaten ist *Teilhardina*, der uns bereits bekannte Globetrotter, der das Bighorn Basin von Wyoming und in rascher Folge auch den Rest der nördlichen Kontinente kolonisierte.

Von ihren *Purgatorius*-Vorgängern unterschieden sich *Teilhardina* in zwei wesentlichen Punkten. Zum einen waren sie noch bessere Baumartisten, die sich mühelos von Ast zu Ast schwangen. Dazu hatten sie ihre Krallen durch flache Nägel ersetzt, dem opponierbaren großen Zeh und den langen Fingern ihrer Vorgänger noch einen opponierbaren Daumen und lange Zehen hinzugefügt sowie ein stabileres Fußgelenk entwickelt, das sich zwar immer noch in alle Richtungen bewegen ließ, aber auch zum Springen und Landen geeignet war. Zum anderen waren sie klüger und scharfsichtiger. Ihre Gehirne waren nicht nur gewachsen, sondern auch neu zusammengesetzt, mit einem größeren Neokortex für die zentrale Wahrnehmung und größeren visuellen Bereichen, die wuchsen, während die geruchsverarbeitenden Bereiche schrumpften – was einen Trend zu weniger Geruchssinn und mehr Sehkraft widerspiegelte. Ihre vorstehenden, nach vorne gerichteten Augen sahen dreidimensional, manche sogar farbig. Größere Augen und Gehirne plus eine verkümmerte Nase bedeuteten ein flacheres Gesicht mit wenig Schnauze. Viele Merkmale des menschlichen Bauplans – unsere glupschäugigen und stumpfnasigen Gesichter, unsere Finger- und Zehennägel, dass wir die Daumen hochhalten, nach Gegenständen greifen und die Farben eines Regenbogens oder die Lichter einer Ampel sehen können, aber auch die Ursprünge unserer Intelligenz – stammen aus einer Zeit, in der die Welt unter sengender Hitze ächzte und unsere Vorfahren sich von Ast zu Ast hangelten.

Dank dieser neuen Anpassungen verbreiteten und diversifizierten sich die Primaten in einer Intensität, die den Temperaturen des Eozäns in nichts nachstand. Schon bald traf man sie auch im Süden, in Arabien und Afrika. Ihre wuchernden Stammbäume brachten Lemuren hervor – mit kürzeren Schneidezähnen und zu Kämmen umfunktionierten Eckzähnen, mit denen sie ihr Fell pflegten – sowie Neuweltaffen, deren verrückte Odyssee sie von Afrika nach Südamerika führte. Mindestens einmal, vielleicht auch zweimal, stürzten sich die Lemuren ebenfalls in die Wellen und ließen sich von Mosambik gen Osten auf eine Insel treiben, die zunächst zu ihrer Spielwiese und später dann zu ihrer einzigen Zuflucht wurde: Madagaskar. Heute leben rund 100 Lemurenarten auf Madagaskar, wobei es vor nur wenigen Hundert Jahren noch sehr viel mehr waren. Ihre Vielfalt im Eozän aber war überwältigend. Es gab Koalalemuren, die so groß waren wie ein Mensch, Faultierlemuren, die an ihren dürren Beinchen kopfüber von den Bäumen hingen, und dann die unglaublichste Art von allen, den Riesenlemur *Archaeoindris*. Wie ein 200 Kilo schwerer Silberrücken trottete er über den Boden und kaute Blätter. Sie alle verschwanden ungefähr zur selben Zeit, kurz nach den Wollhaarmammuts, Säbelzahntigern und anderer kontinentaler Eiszeitfauna, während eine Aussterbewelle die Inseln auf der ganzen Welt heimsuchte.

Nachdem das Treibhausklima des Eozäns die Diversifikation der Primaten vorangetrieben hatte, bewirkten die kühleren Temperaturen des Oligozäns das genaue Gegenteil. Während die Antarktis über dem Südpol verwaiste und sich die südlichen Gletscher bildeten, nahm die Zahl der Primaten in Europa deutlich ab. In Nordamerika starben sie ganz aus und wurden aus ungeklärten Gründen auch nicht durch die südamerikanischen Neuweltaffen ersetzt, die nach ihrer wilden transatlantischen Odyssee des Reisens plötzlich müde wurden und sich nicht weiter als Mittelamerika ausbreiteten. Aus diesem Grund gibt es in den USA und Kanada – außer Menschen, Zoobewohnern und ein paar verwilderten Exemplaren in Florida – heute keine Affen. In den wärmeren Teilen der oligozänen Welt war es besser. Die asiatischen Primaten litten zwar ebenfalls, aber es gab tropische Ecken, in denen ein paar – überwiegend lemurenähnliche Arten und kleinere, mit Affen verwandte Primaten – überlebten.

Die wahre Erfolgsstory spielte sich jedoch in Afrika ab. Denn während es in den höheren Breiten kälter und trockener wurde, schien auf die Regenwälder Afrikas und Vorderasiens die Sonne, und so verlagerte sich das Epizentrum der Primatenevolution nach dort. Die afrikanischen Primaten gediehen im Oligozän prächtig, wie zahlreiche Fossilien aus dem Fayum-Becken in Ägypten belegen, die es auf die vor Walskeletten strotzenden eozänen Schichten noch obendrauf gab. Aus einem Teil dieser Primaten wurden Altweltaffen, aus dem anderen Menschenaffen und aus diesen …

**Gada Hamed war vom Stamm der Afar.** Er lebte im äthiopischen Awash-Gebiet, ganz in der Nähe der Ecke Ostafrikas, an der das Rote Meer auf den Golf von Aden trifft. Seine Freunde nannten ihn Gadi, aber für die amerikanischen Paläontologen war er »Zipperman«, der Reißverschlussmann. Zum ersten Mal kreuzten sich ihre Wege in den frühen 1990er-Jahren, als ein Forscherteam der University of California, das nach Fossilien grub, von seiner Arbeit aufsah und einen kleinen, buckligen Mann erblickte. Munitionsgürtel über der Brust und ein Gewehr in der Hand, starrte er sie an. Seine Schneidezähne waren zu spitzen Reißzähnen gefeilt, und um den Hals trug er eine Kette aus Reißverschlüssen – Jagdtrophäen aus dem jahrzehntelangen Bürgerkrieg, in dem die Stämme gegen die kommunistische Militärjunta kämpften.

Mit diesem Mann war nicht zu spaßen. Den äthiopischen Mitgliedern des Teams, die alle auch ihre Narben aus dem Krieg davongetragen hatten, war das mit einem Blick klar. Sie legten dem Expeditionsleiter, dem renommierten amerikanischen Paläoanthropologen Tim White, nahe, das Lager abzubauen und zu verschwinden. White, ein streitbarer Perfektionist und unerbittlicher Spürhund auf der Suche nach den Ursprüngen der Menschheit, gab normalerweise nicht so schnell auf, aber in diesem Fall blieb ihm keine Wahl.

Als Whites Team im darauffolgenden Jahr zurückkehrte, tauchte der Reißverschlussmann wieder auf. Dieses Mal handelten sie jedoch einen Kompromiss mit ihm aus, und Gadi wurde Mitglied des Grabungsteams. Schon bald war er als Wachmann, Führer, Antreiber, Arbeiter und Fossiliensucher unverzichtbar. Der Reißverschlussmann wurde zu Whites ständigem Begleiter, während sein Boss auf Fossilienjagd durch die Wüste raste. Eines Tages Ende Dezember 1993 hielt White, einer Eingebung folgend, an einer Felsnase, und das ungleiche Paar stieg aus, um sich umzusehen.

»Doktor Tim!«, schrie Gadi. »Kommen Sie her.«

Zwischen einer Ansammlung von Steinen hatte er einen kleinen, ausgebleichten Zahn entdeckt. Es war der Molar eines Homininen, eines frühen Glieds der menschlichen Abstammungskette. Der Zipperman hatte eine weitere menschliche Trophäe ergattert, wenngleich diese mit 4,4 Millionen Jahren deutlich älter war als seine Reißverschlüsse.

White rief seine Truppe zusammen, und die Doktoranden suchten das Gebiet ab, in dem der Afarkrieger – ausgebildet für den Kampf und das Hüten von Kamelen, aber nie für wissenschaftliche Forschungen – seine Entdeckung gemacht hatte. Und sie fanden noch mehr Fossilien. Zuerst einen Eckzahn, dann weitere Zähne. Alles in allem waren es am Ende zehn Zähne eines einzelnen Individuums, das White, Berhane Asfaw und ihr japanischer Kollege Gen Suwa später als eine neue Spezies beschrieben: *Ardipithecus ramidus*. In der Sprache der Afar bedeutet

»ardi« Boden und »ramidus« Wurzel. Das Fossil gehörte zweifellos der menschlichen Linie an. Es hatte kleine, diamantförmige obere Eckzähne, die im Gegensatz zu den spitzen, durch das Reiben an den unteren Prämolaren scharfen Hauern von Schimpansen und Gorillas ein typisch menschliches Merkmal sind. Alles andere war jedoch unsicher. Lief es aufrecht auf den Hinterbeinen wie ein Mensch, oder kletterte es auf Bäume wie Affen? Wozu benutzte es seine Hände? Hatte es ein riesiges Gehirn wie wir oder ein kleines wie die Schimpansen? Um das zu beantworten, musste man erst noch vollständigere Fossilien finden.

Und man fand sie. Bei der nächsten Feldexpedition. Als White im November 1994 wieder in Äthiopien war, führte er sein Team als Erstes zu Gadis Fundstelle, und Yohannes Haile-Selassie, ein herausragender, von White ausgebildeter äthiopischer Paläoan-

Tim Whites äthiopisch-amerikanisches Grabungsteam bei der Suche nach Fossilien von Homininen in Aramis, Äthiopien. (Foto: Kermit Pattison)

thropologe, entdeckte 50 Meter nördlich von Gadis Zähnen mehrere Handknochen. Die Ausgräber suchten nicht nur die Oberflächen ab, sondern siebten auch die Sedimente und gruben in die Tiefe. Auf diese Weise konnten sie in dieser und der darauffolgenden Feldkampagne mehr als 100 Knochen eines rund 50 Kilo schweren und 1,20 Meter großen Weibchens sammeln.

Solange das Team arbeitete, stand Gadi auf einer Anhöhe und bewachte die Ausgrabungen. Leider hat er das Ende des Projekts nicht mehr erlebt. 1998 geriet er in eine Schießerei zweier Stämme, bei der ihn eine Kugel ins Bein traf. Die Wunde entzündete sich, und er starb. White zollte ihm seinen Respekt auch damit, dass er die Entdeckung nach 15 Jahren akribischer Forschung 2009 unter großem internationalen Interesse endlich veröffentlichte. Das sogenannte Ardi-Skelett war Thema einer Sonderausgabe des *Science Magazine* und einer Dokumentation des Discovery Channel. Wenn irgendein Fossilienfund so viel Aufmerksamkeit verdient hat, dann dieser: ein Lebewesen, halb Mensch, halb Affe, das auf den Hinterbeinen gehen konnte – eine typische Superkraft der Menschen –, aber noch einen opponierbaren großen Zeh und enorme Arme und Hände hatte, mit denen es auf Bäume klettern konnte. Sein Gesicht war nicht größer als das eines Menschen und sein Gehirn nicht größer als das eines Schimpansen.

*Ardipithecus* ist ein Hominide – gerade so auf unserem Ast des Familienstammbaums, nachdem wir uns von den Menschenaffen getrennt haben. Seit Darwins Zeiten ahnte man, dass Menschen eng mit Schimpansen, Gorillas und Orang-Utans verwandt sind, was durch DNA-Tests in jüngster Zeit endgültig bestätigt wurde. Schimpansen, mit denen wir 98 Prozent unserer Gene teilen, sind unsere nächsten Verwandten. Somit lassen sich die Anfänge der Menschheit an jener evolutionären Gabelung im Familienstammbaum verorten, an der Hominine und Schimpansen getrennte Wege gingen. Diese Trennung, die gar nicht so lange zurückliegt, war kompliziert – kein kurzer und schmerzloser Abschied, sondern ein langwieriger Trennungsprozess, der vor fünf bis sieben Millionen Jahren, im Miozän, seinen Anfang nahm. Bis ins frühe Pliozän, vor rund vier Millionen Jahren, scheint zwischen der Linie der Schimpansen und der menschlichen noch ein reger Genaustausch stattgefunden zu haben. Das war die Zeit, in der *Ardipithecus* lebte. Verstehen Sie mich nicht falsch. *Ardipithecus* stammt nicht vom Schimpansen ab und auch nicht von einem Vorfahren, der aussah wie ein Schimpanse. Moderne Schimpansen sind hoch spezialisierte Tiere, das Produkt von über vier Millionen Jahren unabhängiger Evolution. Genauso hoch spezialisiert wie der moderne Mensch, nachdem er sich vier Millionen Jahre unabhängig von der Linie der Schimpansen weiterentwickelt hat.

Diese evolutionären Veränderungen vollzogen sich vor dem Hintergrund sowohl klimatischer als auch ökologischer Veränderungen. Im Miozän, bevor Schimpansen und Menschen sich trennten, waren deren Menschenaffenvorfahren extrem artenreich. Die Erde war damals ein Planet der Affen, zumindest in der alten Welt. Menschenaffen waren in ganz Afrika und Asien verbreitet und bevölkerten, nachdem die Primaten nach der Abkühlung im Oligozän dort fast ausgestorben waren, auch wieder Europa. Neben den Graslandschaften, die sich im Miozän ausgebreitet hatten, gab es auch noch bewaldete Flächen, und die Menschenaffen passten sich dem schwungvollen Leben in den Bäumen an, indem sie nicht nur lange Arme und Schultern mit einem großen Bewegungsradius entwickelten, sondern auch ihre unpraktischen Schwänze zurückbildeten. Zu ihren miozänen Hochzeiten entwickelten sich in Afrika aus ein paar Menschenaffen auch Gorillas, von denen eine Population sich nach Südostasien ausbreitete und dort zu Orang-Utans mutierte. Während die Menschenaffen sich immer weiter diversifizierten, experimentierten sie mit immer neuen Methoden, sich in den Bäumen fortzubewegen. Manche liefen auf den Hinterbeinen und suchten mit den Händen Halt in den Ästen über ihnen, wobei sie wahrscheinlich aussahen wie Kleinkinder, die sich beim Laufenlernen an den Möbeln entlanghangeln. Aber es war ein Anfang.

Im Pliozän nahmen Abkühlung und Trockenheit weiter zu, und was bislang in Schüben rund um den Globus aufgetreten war, traf nun auch Afrika. Die tropischen Wälder schrumpften zu kleinen Flächen zusammen, und stattdessen breitete sich in vielen Gebieten Grasland aus. Und die afrikanischen Menschenaffen passten sich an, was eine unglaubliche Sequenz fossiler Funde aus dem Großen Afrikanischen Grabenbruch dokumentiert – einer Spalte, die sich von Gadis Stammesland in Äthiopien in südlicher Richtung durch Kenia und Tansania zieht. In dieser Narbe, die mit dem Auseinanderdriften des Kontinents immer tiefer wird, sammeln sich seit dem Miozän Sedimente und Fossilien an. Ein paar der Menschenaffen, wie Gorillas und Schimpansen, blieben in den schrumpfenden Wäldern, aber die Homininen entschieden sich für einen anderen Weg: raus aus den Wäldern, hinaus in die offene Landschaft. Doch dazu mussten sie anständig laufen lernen.

Auf zwei Beinen zu stehen und zu gehen ist nicht leicht und, wenn man darüber nachdenkt, im Tierreich auch äußerst selten. Es hat seinen Grund, weshalb Platon den Menschen als »federlosen Zweibeiner« definiert. Lässt man Vögel (und ihre Vorfahren unter den Dinosauriern) einmal beiseite, sind wir eine der wenigen Tierarten, die sich konsequent auf zwei Beinen fortbewegt und damit die Hände für andere Dinge frei hat. Platon hätte auch andere menschliche Merkmale aufzählen können: unsere großen Gehirne und unsere Intelligenz, unsere geschickten Hände, die auf so viele unterschiedliche Arten greifen können, unsere Fähigkeit, Werkzeug zu benutzen, Feuer zu kontrollieren und uns in sozialen Gruppen zusammenzuschließen. Denn das ist das Gesamtpaket, das einen Menschen zum Menschen macht und ihn vom Schimpansen, Gorilla und jedem anderen Affen unterscheidet. Es wurde lange darüber debattiert, wie diese Komponenten zusammenkamen. Entwickelten sie sich alle auf einmal? Oder eher nach und nach? Waren bestimmte Merkmale Auslöser für die Entwicklung anderer Merkmale? Heute wissen wir, dass einige Teile unseres Bauplans vererbte Relikte jener frühen Primaten sind, die Leigh Van Valen untersuchte, viele andere hingegen erst entstanden, nachdem sich die Hominiden-Linie von den Schimpansen abgespalten hatte.

Von all den Dingen, die uns zu Menschen machen, scheint der aufrechte Gang auf zwei Beinen jedoch ein Schlüsselmerkmal zu sein, und Gadis *Ardipithecus* ist unser erster stichhaltiger Hinweis, wie wir ihn entwickelt haben. Ardi konnte bereits auf den Hinterbeinen gehen: Es hatte die markanten Muskelansatzstellen an den Hüftknochen, an denen die kräftigen Quadrizeps von Zweibeinern hängen, und starke breite Füße, mit denen es sich zuerst mit der Ferse und dann mit den Zehen vom Boden abdrückte. Aber es war kein reiner Fußgänger, es konnte auch klettern, wofür es mit opponierbaren großen Zehen und schlaksigen Armen ausgerüstet war. Ardi ist der Beweis, dass frühe Homininen das Klettern nicht in einem Zug gegen das Gehen am Boden eintauschten, sondern in einer Übergangsphase sowohl kletterten als auch gingen und sich sowohl in den Bäumen als auch im Grasland aufhielten. *Ardipithecus* waren Generalisten – die eindeutig dabei waren, neues Terrain zu erkunden. Warum sie ins offene Gelände umsiedelten, ist noch unklar. Waren sie auf der Flucht vor Prädatoren? Auf der Suche nach neuen Formen der Ernährung? Oder versuchten sie nur, irgendwie zu überleben, weil die Wälder immer kleiner wurden? Wir wissen lediglich, dass diese frühen Homininen anfingen, auf zwei Beinen zu gehen, *bevor* sie ihre großen Gehirne entwickelten und lernten, Werkzeuge aus Stein herzustellen. Der aufrechte Gang scheint diese anderen menschlichen Erfindungen erst möglich gemacht zu haben – wahrscheinlich indem er die Hände von ihren lokomotorischen Aufgaben befreite und den Homininen dadurch ermöglichte, neue kalorienreiche Nahrung zu sich zu nehmen, die in Gehirnmasse umgesetzt werden konnte.

Mit der Zeit und unterstützt durch die helfende Hand der natürlichen Selektion wurden aus den halb gehenden, halb kletternden Homininen dauerhafte Zweibeiner, die sich ausschließlich am Boden aufhielten und fortbewegten. Um die Transformation komplett zu machen, unterzogen sie ihren Körperbau zudem einer Rundumerneuerung. Der Kopf nahm seine neue Position ein und saß fortan gerade auf dem Hals, anstatt nach vorne wegzustehen. Die Wirbelsäule, die bei Pferden, Mäusen, Walen und so ziemlich jedem anderen Säugetier horizontal ausgerichtet ist, im rechten Winkel zu den Hinterbeinen, richtete sich parallel zu den Beinen auf und entwickelte ihre geschwungene Form.

Diese neue menschliche Haltung – aufrecht, würdevoll, Beine, Rücken, Hals und Kopf in einer geraden Linie auf gewölbten Fußsohlen – sehen wir bei *Australopithecus*, einem anderen frühen Homininen, der kurz nach *Ardipithecus* lebte. *Australopithecus* ist der berühmteste aller menschlichen Vorläufer, weil er durch eines der bekanntesten Fossilien repräsentiert wird, das je gefunden wurde: Lucy. Das 1974 in Äthiopien gefundene Skelett ist nach dem Beatles-Song »Lucy in the Sky with Diamonds« benannt, der bei den Bergungsarbeiten angeblich in Dauerschleife lief. Ihr Mitentdecker Donald Johanson machte sich mit Büchern und Dokumentationen über Lucy einen Namen, nachdem er zunächst gemeinsam mit dem jungen Tim White, lange bevor dieser die Bekanntschaft von Gadi und *Ardipithecus* machte, eine wissenschaftliche Auswertung des Skeletts zu Papier brachte.

Dass *Australopithecus* aufrecht ging, ist nicht nur eine reine Vermutung aufgrund der Form seiner Knochen. Wir wissen es mit absoluter Sicherheit, denn vor rund 3,6 Millionen Jahren hinterließ eine Gruppe von drei oder vier dieser Homininen (oder sehr naher Verwandter) ihre Fußabdrücke in einer Schicht vulkanischer Asche, die die Erde bedeckte wie Schnee und sich dann in nassen Zement verwandelte. Diese Spuren könnten auch wir am Strand hinterlassen haben: nur Füße, keine Hände, tief eingedrückte Fersen und Zehen mit einem schwächeren Abdruck des Fußgewölbes dazwischen. Es sind die Spuren eines Individuums mit aufrechtem Gang. Der Spurenleger war jedoch nicht sonderlich schlau. *Australopithecus* hatte ein kleines Gehirn, das angeordnet war wie das eines Schimpansen und sich in einer langen Wachstumsphase entwickelte. In anderen Worten, Lucy und

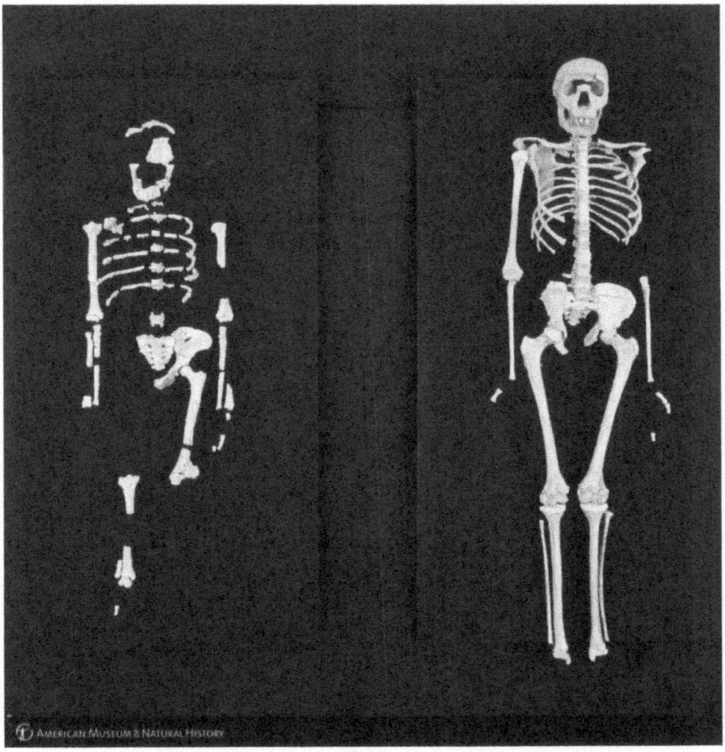


Die Skelette von *Australopithecus* (Lucy) und Turkana Boy (einem frühen Mitglied unserer Gattung, *Homo*). (Foto: AMNH Library)

ihresgleichen genossen eine ausgedehnte Kindheit – ein weiteres Merkmal des Menschen.

Ausgehend von *Ardipithecus* und *Australopithecus* erblühte ein ausladender Hominidenstammbaum – keine ordentliche Großmutter-Tochter-Enkelin-Sequenz, in der sich wie auf einer Leiter aus *Ardipithecus Austrolopithecus* entwickelt und aus *Austrolopithecus* der moderne Mensch. Unser Familienstammbaum ist mehr wie ein wild wuchernder Busch, ein dicht verzweigtes, dorniges Gestrüpp aus Vorfahren und Verwandten, das in den ersten paar Millionen Jahren unserer Geschichte fest in Afrika verwurzelt

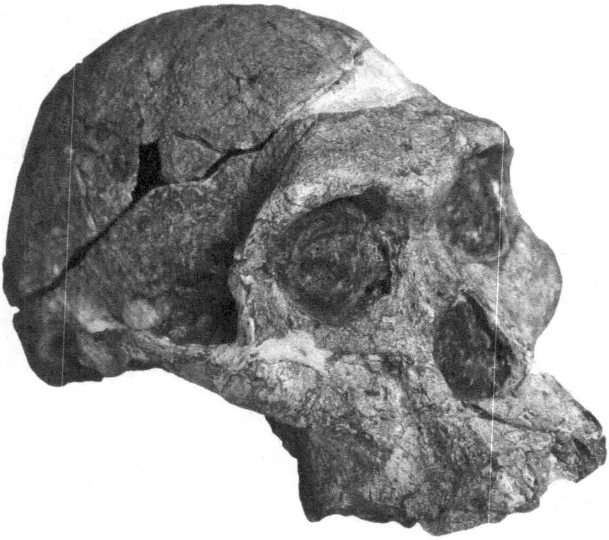

Schädel von *Australopithecus*, einem frühen Homininen und nahem Verwandten des Menschen. (Foto: José Braga und Didier Descouens)

war – der Wiege der Menschheit. Anfangs waren die Menschen eine endemische Gruppe, die nur in Afrika vorkam, wo sie all ihre großartigen Fähigkeiten wie Zweibeinigkeit, Intelligenz und den Gebrauch von Werkzeugen entwickelte. Afrika war unser Zuhause, und genau wie Löwen, Elefanten und Gazellen waren wir ein Teil der afrikanischen Savanne. Spätestens im mittleren Pliozän, vor ungefähr 3,5 Millionen Jahren, lebten im Osten und Süden Afrikas zahlreiche hominine Arten zeitgleich. Logisch, so wie es verschiedene Arten von Hunden und Katzen gibt, gab es auch verschiedene Arten von Menschen. Die Artenvielfalt der Menschheit, die noch bis vor Kurzem fortbestand, war völlig normal. Dass heute nur noch eine einzige menschliche Spezies, *Homo sapiens*, existiert, ist ein Tiefpunkt in unserer Artenvielfalt und auf lange Sicht eher die Ausnahme als die Regel.

Unsere einst unglaubliche menschliche Vielfalt hatten wir vor allem der Ernährung zu verdanken. Einzelne hominine Arten

Zwei *Australopithecus* hinterlassen vor rund 3,7 Millionen Jahren ihre Fußspuren in Tansania. (Foto: AMNH Library)

spezialisierten sich auf unterschiedliche Nahrung, die sie auf unterschiedliche Weise beschafften und verarbeiteten. Die ersten Homininen unterschieden sich wahrscheinlich wenig von anderen Menschenaffen und hatten Früchte, Blätter und Insekten auf dem Speiseplan. Als sie aus den Wäldern in spärlich bewaldete Lebensräume und dann in Graslandschaften zogen, begannen einige, sich auch von härteren Dingen zu ernähren. Sie entwickelten lange Kiefer mit großen Prämolaren und Molaren, mit denen sie Wurzeln und Knollen zermalmten – in gewisser Weise eine menschliche Variante der hypsodonten Pferde der amerikanischen Savanne. Andere stellten ihre Ernährung sehr viel gründlicher um, und begannen, Fleisch zu essen. Diese ersten menschlichen Karnivoren hinterließen ihre Visitenkarten: Knochen von geschlachteten Tieren mit Schnittspuren von Steinwerkzeugen tauchen vor rund 3,4 Millionen Jahren auf, gefolgt von den Werkzeugen selbst. Es sind die frühesten archäologischen Funde, die wir haben. Fortan war unsere Existenz nicht länger allein durch fossile Knochen, Zähne und Fußspuren belegt, sondern durch die Dinge, die wir herstellten.

Die Ernährungsumstellung auf Fleisch war bahnbrechend, denn Fleisch hatte sehr viel mehr Kalorien als Blätter und Insekten, was wiederum das Wachstum des Gehirns förderte. Nahrhafte, energiereiche Mahlzeiten bedeuteten auch, dass diese Homininen sowohl weniger Zeit und Energie für die Nahrungssuche aufwenden mussten als auch für das mühselige Kauen von Wurzeln und Blättern. Ihre Zähne und Kaumuskeln wurden kleiner, die Voraussetzung für unser einnehmendes Lächeln und unsere schmalen Gesichter. Mehr Freizeit bedeutete mehr Zeit, soziale Kontakte zu pflegen, zu kommunizieren, zu lehren und zu lernen – die Grundlagen unserer Kultur. Aber auch das Herstellen von Werkzeugen war eine alles verändernde Neuerung. Zum ersten Mal waren die Menschen nicht mehr auf die natürliche Selektion angewiesen, um neue Hilfsmittel zur Beschaffung neuer Nahrung – wie Zähne, Krallen oder Ähnliches – zu entwickeln. Sie konnten ihre Klingen, Kratzer und Hämmer selbst fabrizieren. Gemeinsam mit dem flexiblen und immer größeren Appetit trug die Vielfalt ihrer Werkzeuge entscheidend dazu bei, dass die Menschen extrem anpassungsfähig wurden. Vor rund zwei Millionen Jahren lebten sie in einer bunten Mischung afrikanischer Landschaften: auf Wiesen, in Wäldern, an Seeufern, im Grasland, in trockenen Steppen und sogar in verbrannten Landstrichen.

Von verschiedenen homininen Arten hergestellte Werkzeuge: behauene Steinkerne, wahrscheinlich vor rund zwei Millionen Jahren von einer primitiven *Homo*-Spezies in Tansania hergestellt (links), von Neandertalern vor rund 42 000 Jahren im Iran hergestellte Werkzeuge (Mitte), Werkzeug und graviertes Ockersteinfragment hergestellt von mittelsteinzeitlichen *Homo sapiens* in Afrika (rechts). (Fotos aus Mercader et al., 2021, *Nature Communications*; Heydari-Guran et al., 2021, *PLoS ONE*; Scerri et al., 2018, *Trends in Ecology & Evolution*)

Aus den wilden Verzweigungen des Stammbaumgestrüpps ging auch ein neuer Typ Mensch hervor, dessen erste fossile Funde ungefähr 2,8 Millionen Jahre alt sind: *Homo*, jene Gattung, der auch wir angehören. Sie – eigentlich sollte ich sagen, wir – tauchten auf, als das Klima noch trockener und wechselhafter wurde und für noch mehr Grasland und offenes Gelände sorgte. Es gab sehr viele Arten des frühen *Homo*. Die Klassifizierung unserer nächsten Verwandten ist ein schier undurchdringlicher Morast, aus dem sich eine Spezies erhob: *Homo erectus* – größer, aufrechter, mit längeren Beinen und kürzeren Armen, die vom endgültigen Abschied vom Leben in den Bäumen zeugen. *Homo erectus* hatte ein flaches Gesicht und ein sehr viel größeres Gehirn als die Homininen vor ihm, und er war ein Läufer, der seine Beute über weite Distanzen verfolgte. Befreit aus den Schatten der Wälder und der Sonne ausgesetzt, war er wahrscheinlich der erste Hominide, der sein Säugetierfell verlor. Er war sozial, beherrschte wahrscheinlich das Feuer, auf dem er seine Mahlzeiten kochte, und er war auffällig brutal. *Homo erectus* stellte wunderbare Werkzeuge her: birnenförmige Faustkeile, zugeschlagen von den kundigen Händen eines Steinmetzes und sehr viel fortschrittlicher als die einfachen behauenen Steine der ersten menschlichen Werkzeugmacher.

Und er war der erste Hominine, der sich in einem großen Radius bewegte, und – nach heutigem Wissensstand – auch der erste, der Afrika verließ.

Die lange, komplizierte und zunehmend ambitioniertere Geschichte menschlicher Migration begann mit *Homo erectus* innerhalb der Grenzen Afrikas. Vor rund zwei Millionen Jahren hatte er sich von den Grabenbrüchen im Nordosten Afrikas bis an die Südspitze des Kontinents ausgebreitet, wo er sich unter die letzten noch verbliebenen *Australopithecus* mischte – rund eine halbe Million Jahre nachdem diese im Norden vollständig gestorben und an den Rand ihrer einstigen Welt gedrängt worden waren. Aber für *Homo erectus* war das noch nicht die Endstation. Da die Ozeane seiner Reise gen Süden einen Riegel vorschoben, zog er stattdessen in Richtung Norden weiter, breitete sich nach Vorderasien aus und von dort nach Europa und Asien. Meine Schilderungen lassen vielleicht einen heroischen Kreuzzug vermuten, tatsächlich waren diese *Homo erectus* aber mit den fallenden und steigenden Temperaturen des eiszeitlichen Klimas auf der ständigen Suche nach Nahrung und geeigneten Lebensräumen. Asien erreichten sie vor rund zwei Millionen Jahren und hinterließen dort im Löss eingebettete Steinwerkzeuge. Zu den asiatischen *Homo erectus* zählt auch der Peking-Mensch, eine rund 750 000 Jahre alte Population, deren Skelette man in Höhlen in einem Randbezirk von Peking entdeckte.

Nachdem *Homo erectus* sich über ganz Asien ausgebreitet hatte, stieß er mit der Küste Südostasiens wieder an eine Grenze –

wieder lag vor ihm nur noch die unruhige blaue See. Erneut an den Rand eines Kontinents gedrängt, wagte er dieses Mal jedoch den nächsten Schritt. Die Überquerung eines Ozeans. Und in diesem Fall war es wohl tatsächlich eine heroische Überfahrt, vergleichbar mit dem ersten Flug zum Mond. Eine völlig andere Nummer als die Ausbreitung von Tieren über Migrationskorridore im Zuge klimatischer Veränderungen, denn eine solche Reise erforderte Voraussicht, Planung und Teamwork. Die *Homo-erectus*-Stämme mussten Schiffe bauen und diese durch unbekannte Gewässer navigieren. Und dazu brauchten sie wahrscheinlich auch eine Art Sprache. Aber wie auch immer sie es angestellt haben, sie haben es geschafft. Und das mehrfach.

Verschiedene *Homo*-Populationen landeten auf verschiedenen Inseln, und es entstanden mindestens zwei neue Spezies: *Homo luzonensis* auf Luzon (heute Teil der Philippinen) und *Homo floresiensis* auf Flores (heute Indonesien). Nach der Besiedlung der Inseln taten diese Homininen, was Säugetiere häufig tun, wenn sie von der Außenwelt abgeschnitten sind: Sie wurden kleiner. Der zwergenhafte *Homo floresiensis* wird nicht umsonst auch als Hobbit bezeichnet. Ausgewachsen gerade mal einen Meter groß, wog er im Schnitt 25 Kilo. Er hatte ein winziges Gehirn, das auf die Größe eines Schimpansenhirns schrumpfte, war aber gut an seine Umgebung angepasst und lebte viele Hunderttausend Jahre friedlich auf seiner Insel, bevor er vor rund 50 000 Jahren ausstarb, ungefähr zu der Zeit, als andere Menschen auf dem Weg nach Australien durch Südostasien zogen.

Während *Homo erectus* sich auf den Weg machte, neue Welten zu erkunden, entwickelte sich die Gattung *Homo* auch in Afrika weiter. Einige *Homo*-Populationen mäanderten die Mittelmeerküste entlang nach Vorderasien, in den Kaukasus, auf den Balkan und durch Europa, während andere in Afrika blieben, zumindest noch eine Weile. Vor rund 300 000 Jahren gingen im heutigen Marokko die ersten porösen Knochen von *Homo sapiens* in die fossile Überlieferung ein. Eine Begegnung mit dem Besitzer dieser Knochen wäre, als stünden wir einem von uns gegenüber.

Man müsste ihn nur in einen Anzug stecken, ihm eine Krawatte umbinden und ihn in die New Yorker U-Bahn setzen, und es würde niemandem auffallen. Dennoch waren diese ersten *Sapiens* nicht ganz wie wir. Sie hatten zwar unsere kleinen, flachen Gesichter, aber nicht den kugelförmigen Schädel, in dem unser aufgeblasenes Gehirn untergebracht ist – das größte aller menschlichen Spezies (mit einer möglichen Ausnahme, siehe unten).

Im Laufe der nächsten paar Hunderttausend Jahre versteinerten über ganz Afrika verteilt noch weitere *Homo sapiens*. Sie waren ein bunter Haufen. Manche hatten ein flaches Gesicht, andere nicht, manche ein vorstehendes Kinn, andere ein flaches, manche markante Überaugenwulste, andere nur schmale Ränder. Manche hatten riesige Köpfe, aufgebläht von kugelförmigen Gehirnen, andere nicht. Nach der klaren Abspaltung von anderen *Homo*-Spezies scheint sich *Sapiens* nicht nur in einer Ecke Afrikas entwickelt zu haben, sondern eher panafrikanischen Ursprungs zu sein – entstanden aus mehreren frühen, über ganz Afrika verteilten *Homo-sapiens*-Populationen, die in ihrer kontinentalen Petrischale hin und her wuselten, sich paarten und ihre anatomischen Besonderheiten mischten. Bis sich dann vor 100 000 bis 40 000 Jahren der Körperbau des modernen Menschen herauskristallisierte: schmales, flaches Gesicht, spitzes Kinn, kleine Wülste über den durch einen markanten Nasenrücken getrennten Augen und ein übergroßes Gehirn in einem ballonförmigen Schädel, ergänzt durch Myriaden weiterer Merkmale, die wir von vorangegangenen Homininen, Primaten und Säugetieren geerbt haben.

In jener Zeit, in der unsere modernen *Homo-sapiens*-Körper langsam Gestalt annahmen, passierten einige bemerkenswerte Dinge.

Erstens, die menschlichen Populationen wuchsen, wodurch sich ihre technologischen und kognitiven Fähigkeiten immer weiter verbreiteten. Wie bei den körperlichen Veränderungen geschah dies nicht auf einen Schlag, sondern über einen langen Zeitraum hinweg, indem verschiedene *Homo-sapiens*-Populationen neue Werkzeuge und neue Arten zu denken entwickelten und dann miteinander in Kontakt kamen. Vor rund 50 000 Jahren waren Werkzeuge und andere Artefakte dadurch sehr viel aufwendiger und komplexer geworden. Die Menschen hatten angefangen, Verzierungen und Kunstwerke zu gestalten, komplexe Beerdigungsrituale für ihre Toten auszurichten und viele verschiedene Werkzeuge zu speziellen Zwecken herzustellen – von Projektilspitzen zum Bohren über Gravierwerkzeuge bis hin zu Messerklingen. Und sie errichteten Unterkünfte und andere Gebäude, die aufwendig und stabil genug waren, um heute noch als archäologisches Fundmaterial zu taugen. In jener Zeit wurde der Mensch zum modernen Menschen – nicht nur, was sein Aussehen betraf, sondern auch hinsichtlich seiner Art zu denken, zu kommunizieren, Rituale zu zelebrieren und in der Welt, die ihn umgab, nach einem Sinn zu suchen. Diese Menschen waren wir.

Zweitens, diese Menschen – *Homo sapiens*, also wir – setzten sich wieder in Bewegung. Tatsächlich waren wir wahrscheinlich die ganze Zeit in Bewegung, kreuz und quer um das Mittelmeer herum und nach Asien hinein, kamen aber Richtung Norden aufgrund der Eisdecke nicht weiter. Der Beweis für eine dieser frühen Migrationen könnte ein schätzungsweise 210 000 Jahre alter

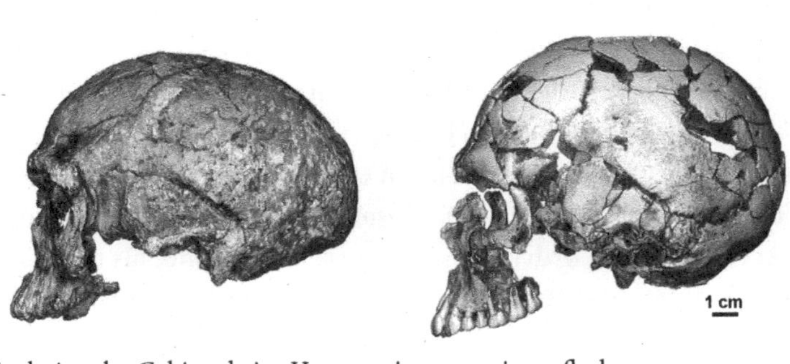


Evolution des Gehirns beim *Homo sapiens*, von einem flacheren ca. 300 000 Jahre alten Schädel aus Nordafrika zu der runderen Form eines ca. 95 000 Jahre alten fossilen Schädels aus der Levante. (Fotos aus Scerri et al., 2018, *Trends in Ecology & Evolution*)

*Homo-sapiens*-Schädel sein, der 2019 in einer griechischen Höhle gefunden wurde. Danach, vor 50 000 bis 60 000 Jahren, wurden die gelegentlichen Streifzüge des *Homo sapiens* zu einem regelrechten Tsunami, der von Afrika aus die Welt überflutete. Wir rückten sehr viel weiter vor als je ein *Homo sapiens* oder *Homo erectus* vor uns, erreichten vor rund 50 000 Jahren Australien, überquerten während einer Kaltzeit vor 30 000 bis 15 000 Jahren die neu aufgetauchte Beringbrücke nach Nordamerika, fluteten von dort Südamerika, kolonisierten etwas später selbst die abgeschiedensten Pazifikinseln, setzten Fuß auf arktisches Eis und 1969 auf den Mond.

Als die erste *Homo-sapiens*-Welle von Afrika nach Europa und Asien schwappte, traf sie nicht auf jungfräuliches, menschenleeres Land. Nein, mindestens zwei andere Spezies waren schon dort, beide nahe Verwandte und ebenfalls Angehörige der Gattung *Homo*. In Europa warteten die Neandertaler, in Asien die Denisovaner. Diese Menschen waren Nachkommen jener frühen, wanderlustigen *Homo*, die schon durch die Lande zogen, bevor *Homo sapiens* sich als eigene Spezies mit seinem typischen Körperbau herauskristallisierte.

Versetzen Sie sich für einen Moment in unsere weitverwandten Landsleute. Sie haben die warmen Gefilde Afrikas verlassen, um sich in der europäischen Steppe niederzulassen. Wollhaarmammutherden ziehen über das Grasland, und von Norden kriechen kilometerdicke Eisplatten auf Sie zu. In einer Höhle suchen Sie Schutz vor dem eiskalten Wind, als im flackernden Schein eines Feuers Darstellungen von Hirschen und Pferden an den Wänden auftauchen. Rot und ockerfarben tanzen sie im näher kommenden Licht, dann huscht der Schatten eines Tieres über die Kunstwerke. Ängstlich drücken Sie sich gegen die Wand, als etwas auf Sie zukommt, das aussieht wie Sie – nur ein wenig kräftiger, mit kürzeren Gliedern, einer dicken Nase und wilderen Haaren.

*Homo sapiens* trifft Neandertaler. Als unsere Vorfahren mit diesen in Europa heimischen Menschen in Kontakt kamen, trafen sie keine stumpfsinnigen, sabbernden und keuchenden Höhlenmenschen, im Gegenteil. Die Neandertaler waren uns in vielerlei Hinsicht sehr ähnlich. Ihre Gehirne waren in etwa so groß wie unsere. Sie waren kultiviert. Sie waren sozial. Sehr wahrscheinlich zeichneten sie, beerdigten ihre Toten und kümmerten sich um ihre Kranken, für die sie Medizin aus Pflanzen herstellten. Sie trugen Schmuck, vielleicht sogar Make-up, beherrschten das Feuer, übten Rituale aus und fertigten Konstruktionen aus Stalaktiten und Stalagmiten – vielleicht religiöse Schreine. Und sie konnten wahrscheinlich sprechen.

Über die Denisovaner im Osten, in Asien, wissen wir sehr viel weniger. Um genau zu sein, wussten wir bis 2008, als in einer Höhle in Sibirien der einzelne Fingerknochen einer jungen Frau gefunden wurde, nicht einmal, dass sie existierten. Als 2010 eine vollständige Genom-Sequenzierung des Fingers erstellt wurde, sorgte diese bei Paläoanthropologen auf der ganzen Welt für Überraschung. Man fand einen sehr ungewöhnlichen genetischen Code, der sich von *Homo sapiens* und Neandertalern deutlich unterschied und auf eine neue Spezies hinwies. Eine nebulöse Spezies, die wir noch immer nur von ein paar verstreuten Knochen kennen. Tatsächlich wissen wir mehr über ihre DNA als über ihr Aussehen oder Verhalten. Wir können sagen, dass sie vor mindestens 195 000 Jahren – das Alter der ältesten dieser sibirischen Höhlenfossilien – anfingen, sich über weite Teile Asiens auszubreiten, und sogar bis nach Tibet gelangten, wo sie ihren Hämoglobinspiegel frisierten, um die für das Überleben auf dem Dach der Welt nötige Sauerstoffmenge aufnehmen zu können. Aber wie sahen diese Denisovaner aus? Würden uns ihre Gesichter vertraut vorkommen? Wie groß waren ihre Gehirne? Hatten sie eine Kultur, fertigten sie Kunstwerke an, praktizierten sie eine Religion? Das Skelett eines Denisovaners zu finden, das mindestens genau so viel Aufmerksamkeit erregen würde wie Lucy oder Ardi, wäre – zumindest für mich – ein paläoanthropologischer Hauptgewinn.

Was geschah also, als unsere afrikanischen *Homo-sapiens*-Vorfahren auf die europäischen Neandertaler und die asiatischen

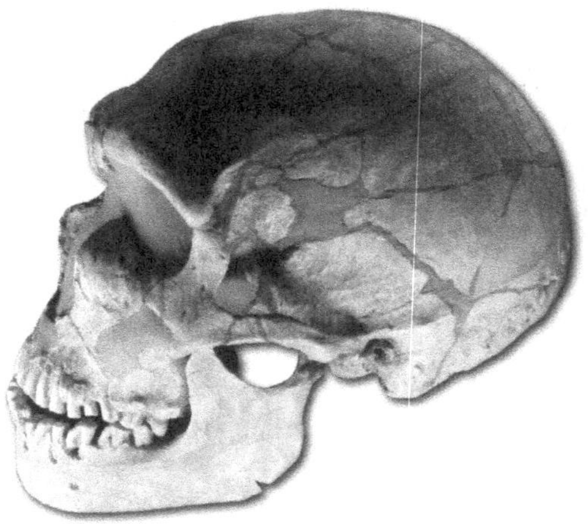

Neandertaler: Rekonstruktion einer potenziellen Bestattung in Chapelle-aux-Saints, Frankreich (oben), und ein Schädel aus La Ferrassie, Frankreich (unten). (Fotos: Wikipedia 120 & V. Mourre und Wikipedia 120)

Denisovaner trafen? Sie pflanzten sich fort – in einer verrückten transkontinentalen Orgie, die mehrere Zehntausend Jahre andauerte.

Obwohl drei unterschiedliche Spezies, waren sie nahe genug verwandt, genetisches Material auszutauschen – und genau das taten sie. Neandertaler und Denisovaner zeugten lebensfähigen Nachwuchs, was ein weiterer Glücksfund eines einzelnen Knochens in derselben Höhle in Sibirien 2018 beweist. Normalerweise bekommen Splitter von Gliedmaßen keine einprägsamen Spitznamen, nur Skelette. »Denny« hat diese Aufmerksamkeit jedoch verdient. Das dreizehnjährige Mädchen, dem das Knochenfragment gehörte, war ein Hybrid der ersten Generation mit einer Neandertalerin als Mutter und einem Denisovaner als Vater. Auch unsere *Homo-sapiens*-Ahnen paarten sich mit Neandertalern und Denisovanern, und so trug die urzeitliche Promiskuität auch zu unseren Genomen bei. Heutige Menschen aus Ostasien und Ozeanien teilen zwischen 0,3 und 5,6 Prozent ihrer Gene mit Denisovanern, während nicht afrikanische Menschen zu 1,5 bis 2,8 Prozent Neandertaler sind. (Moderne Afrikaner stammen überwiegend von *Homo-sapiens*-Populationen ab, die in Afrika geblieben waren und keinen Kontakt zu europäischen Neandertalern hatten.) Und so kommt es, dass unser Familienstammbaum keine Leiter ist, und noch nicht einmal ein richtiger Busch, sondern mehr wie eine Hecke aus mehreren zusammengewachsenen Büschen, die sich verzweigen und überkreuzen.

Nachdem *Homo sapiens* sich einmal aus Afrika hinaus- und in die weite Welt gewagt hatte, blieb kein Stein mehr auf dem anderen. Wir jagten. Wir brandrodeten. Wir schleppten unsere Tiere ein, kleine Ökosysteme invasiver Arten, wobei wir selbst die invasivste Art von allen sind. Wir eroberten, kolonisierten und töteten. Das Schicksal der meisten Neandertaler und Denisovaner besiegelte wahrscheinlich der Speer eines *Homo sapiens*, während der Rest gewissermaßen in uns überging – weiterlebt in unseren Genomen und vielleicht in einigen unserer fortschrittlichen Verhaltensweisen, Ritualen und Gewohnheiten, die *sie* einst *uns* beigebracht haben. Am Ende, vor rund 40 000 Jahren, gab es dann keine Neandertaler und Denisovaner mehr, und auch die letzten *Homo-erectus*-Insulaner – wie der Flores-Hobbit – waren Geschichte.

Der wild wuchernde Familienstammbaum der Menschheit ist auf eine einzige Spezies zurückgeschnitten – auf uns, die wir uns Gedanken darüber machen, woher wir eigentlich kommen.

**Zu jener Zeit, als *Homo sapiens* Afrika verließ** und sich über die Welt ausbreitete, traf er nicht nur andere Menschenarten, sondern auch viele für uns ungewohnte Tiere. In Nordamerika Wollhaarmammuts, Säbelzahntiger und Thomas Jeffersons Bodenfaultier, in Südamerika andere überdimensionierte Faultiere, autogroße Gürteltiere und Charles Darwins seltsam anmutende Huftiere, in Australien monströse Beuteltiere – tonnenschwere Wombats und knollennasige Kängurus. Wir sind der eiszeitlichen Megafauna noch begegnet, bevor sie weitgehend ausstarb.

Das große Sterben fand im Laufe der letzten 50 000 Jahre statt, während der sogenannten Quartären Aussterbewelle. Es war kein ausgeglichenes Sterben: Todesfälle gab es fast ausschließlich an Land, und die Opfer, viele von ihnen Säugetiere, waren unverhältnismäßig groß.

In der Hochphase der Eiszeit wogen in Nordamerika rund 40 Säugetierarten über 44 Kilogramm. Heute sind nur noch 12 davon übrig. Alles, was mehr wog als eine Tonne, starb, genauso wie die Hälfte aller Säugetiere zwischen einer Tonne und 32 Kilo – unter anderem die letzten nordamerikanischen Elefanten (Mammuts und Mastodon) und die unpaarhufigen Perissodactyla (Pferde). In Südamerika war es noch schlimmer. Dort starben über 50 große Säugetierarten aus – mehr als 80 Prozent der Megafauna –, darunter die letzten von Darwins Huftieren sowie alle Bodenfaultiere und Gürteltiere. Zurück blieben nur ihre verhärmten modernen Verwandten. Währenddessen verschwand auch in Australien alles über 44 Kilo von der Erdoberfläche, wie beispielsweise die Riesenwombats und die »Beutellöwen«. Nur die alte

Welt kam mit einem blauen Auge davon. In Europa und Nordasien starben ungefähr 35 Prozent der großen Säuger, während Südostasien und Afrika kaum Verluste zu beklagen hatten. »Supermegafauna« mit über zwei Tonnen Gewicht – Elefanten und Nashörner – gibt es heute nur noch in der afrikanischen Savanne und den asiatischen Regenwäldern.

Dass all diese Arten ausstarben, war nicht normal, im Gegenteil. Die Quartäre Aussterbewelle war eines der größten Massenaussterben, seit vor 66 Millionen Jahren der Asteroid die Dinosaurier auslöschte. Es übertraf das Paläozän/Eozän-Temperaturmaximum und den Temperatursturz in die Eiszeit bei Weitem. Und es war das einzige Säugetiersterben in diesem Zeitraum, das sich weitgehend auf große Spezies konzentrierte. Im Grunde ist klar, weshalb ausgerechnet die großen Säugetiere dran glauben mussten. Große Tiere haben niedrigere Geburtenraten als kleine, das heißt, weniger Nachwuchs, der länger braucht, um sich zu entwickeln. Daher kann alles, was die Populationsstruktur stört und die Sterblichkeit von Jungtieren erhöht, diese sich langsam fortpflanzenden Giganten zu Fall bringen. Wer oder was war also schuld? Diese Frage hat eine Debatte ausgelöst, die noch immer heftig geführt wird.

Die wahrscheinlichsten Übeltäter sind wir: die Menschen. Es gibt da ein paar unangenehme Fingerzeige, die eindeutig in unsere Richtung gehen. Fast die gesamte charismatische Megafauna Nordamerikas, Südamerikas und Australiens – bis vor Kurzem von Menschen aller Art gänzlich unberührtes Land – starb aus, *nachdem Homo sapiens* sich dort breitmachte. Und dass der Mensch problemlos ganze Spezies ausrotten kann, wissen wir auch. Denn als wir im letzten Jahrtausend von einer Insel zur nächsten hüpften, zogen wir eine Spur des Todes hinter uns her. Die Dodos auf Mauritius, die Füchse auf den Falklandinseln, die »Beutelwölfe« auf Tasmanien, die Lemuren auf Madagaskar – sie alle starben durch unsere Hand. Wenn wir allein in jüngster Vergangenheit komplette Inselpopulationen ausgemerzt haben, warum sollten wir dasselbe dann früher nicht auch auf ganzen Kontinenten getan haben? Diese Überlegung brachte den Paläontologen Paul Martin zu seiner »Overkill-Hypothese«, mit der er das Aussterben der eiszeitlichen Megafauna erklärt: Als *Homo sapiens* sich neue Kontinente eroberte, fiel er ein wie eine mordende Meute, die die großen Säugetiere jagte und tötete, bis keine mehr übrig waren.

Die Overkill-Hypothese ist provokant, brutal und äußerst traurig, und sie hat ihre Schwachstellen. Die problematischste Frage lautet: Wo sind all die Kadaver? Hätten wir Dutzende großer Säugetiere gejagt und getötet, müssten die fossilen Schichten der Quartären Aussterbewelle strotzen vor geschlachteten Mammuts und Säbelzahntigern mit Stichwunden. Ein paar Beispiele gibt es: Die Geschichte am Anfang dieses Kapitels beispielsweise basiert auf zwei Mammuts aus Wisconsin, die gemeinsam mit den Steinwerkzeugen entdeckt wurden, mit denen man sie zerlegt hat. Solch Funde sind jedoch sehr viel seltener als die von Werkzeugen beschädigten Knochen einer anderen nordamerikanischen Säugetierart: Bisons. Und die haben überlebt! Ähnliche Funde von geschlachteten Bodenfaultieren und Riesengürteltieren kennen wir aus Südamerika, aber ebenfalls sehr viel weniger, als man nach einem vernichtenden Rundumschlag erwarten würde. Und dann ist da noch Australien. Bis heute ist nicht ein eindeutiger Fall eines von Menschen getöteten Megafauna-Beuteltiers bekannt.

Dieser Mangel an Tatorten könnte auf einen anderen, heimtückischeren Mörder hinweisen – den Klimawandel. Für viele Paläontologen ist er der zweite Hauptverdächtige. Schließlich lebte die Megafauna in einer Eiszeit. Klima, Temperaturen und Niederschläge haben sich in den letzten 50 000 Jahren dramatisch verändert. Noch vor lächerlichen 26 000 Jahren war Nordamerika weitgehend von Eis bedeckt, bis sich vor nur 11 000 Jahren die Gletscher zurückgezogen. Australien lag zwar nicht unter einer Eisschicht, war aber extremer Kälte und Trockenheit ausgesetzt. Der darauffolgende Temperaturanstieg ermöglichte den Menschen, auf Wanderschaft zu gehen, hatte auf die Megafauna aber womöglich eine gegenteilige Wirkung. Der schlagartige Wechsel von kalt zu heiß und von trocken zu feucht war zu viel für sie – sie starb aus. Aber auch diese Hypothese ist problematisch, denn der letzte Gletschervorstoß war nur einer von Dutzenden, und davor war die Megafauna mit der eiszeitlichen Achterbahn aus Kalt- und Warmzeiten prima zurechtgekommen. Warum sollte das im Quartär – das nur 50 000 von über zwei Millionen Jahren ausmacht – anders sein?

Womit wir wieder beim Menschen wären. Der letzte Zyklus aus Kalt- und Warmzeit ist der einzige in der gesamten Eiszeit, in dem *Homo sapiens* auf der ganzen Welt anzutreffen war.

Während die Diskussionen um das Aussterben der Megafauna nicht abreißen, wird immer deutlicher, dass Mensch und Klima wahrscheinlich gemeinsam für deren Untergang verantwortlich waren. Sicher haben wir Megafauna gejagt und getötet, aber es war kein Overkill. Wir haben andere Methoden zu töten, die keine Spuren auf den über das Schlachtfeld verstreuten Kadavern hinterlassen, Methoden wie die Übernutzung von Beutetieren über Generationen, das Einführen exotischer Arten, die die Ökosysteme stören, oder die Zerstörung der Umwelt, beispielsweise durch Brandrodung. Nimmt man den Klimawandel noch dazu, kann das eine fatale Mischung sein. So gesehen sind die Perspektiven für unsere moderne Welt alles andere als rosig.

Aber wie genau sah die Verschwörung von Mensch und Klima gegen die Megafauna aus? Obwohl es in diese Richtung noch viel zu erforschen gibt, offenbart eine spannende Studie zur Megafauna Nordamerikas und des nördlichen Eurasiens ein mögliches Muster. Im Laufe der letzten 50 000 Jahre konzentrierte sich das Aussterben großer Säugetiere auf kurze Wärmeperioden, die die Stabilität des Klimas massiv störten. DNA aus den Knochen von Megafaunapopulationen beweist, dass diese während der warmen Intervalle abnahmen, sich dann aber im Laufe der Zeit durch Ausbreitung und das Mischen mit anderen Populationen wieder erholten. So viel zu den Auswirkungen des Klimas. Waren zudem jedoch Menschen in der Gegend, die den Kontakt zwischen den Populationen störten, konnte der Rückgang in kleinen, verstreuten Gruppen von Megafauna sich auf einen ganzen Kontinent auswirken: Aus einem klimaverursachten, lokalen Rückgang wurde ein menschgemachtes Aussterben.

Aber wahrscheinlich lässt sich nicht jedes Aussterben einer Megafaunaart mit dem Mensch-Klima-Dominoeffekt erklären. Unterschiedliche Säugetiere können aus unterschiedlichen Gründen ausgestorben sein, und auch die Geschwindigkeit, in der das geschah, war nicht überall dieselbe. In Nord- und Südamerika könnte es sehr schnell passiert sein, sodass die meisten großen Säugetiere ein paar Tausend Jahre nach der Ankunft des Menschen bereits verschwunden waren. In Australien, wo der Mensch schon früher ankam und das kalte und trockene Klima andere Nöte mit sich brachte als die Wechsel zwischen Kalt- und Warmzeiten in Nordamerika, war es womöglich ein langsamerer Prozess. Und in Afrika und Südostasien starb die Megafauna ja gar nicht aus. Vielleicht ist es ganz einfach so, dass sich die dortigen Säugetiere, die schon seit Millionen von Jahren mit Homininen (*Homo sapiens* und vielen anderen Spezies) lebten, mit uns gemeinsam entwickelt und an unsere Tricks angepasst haben.

Letztendlich läuft es aber darauf hinaus, dass die Megafauna ohne die menschliche Spezies, die sich auf der ganzen Welt ausgebreitet hat, heute noch hier wäre. Vielleicht nicht alle Arten, aber die meisten. Dinosauriern wie *T. rex* und *Triceratops* hat der Asteroid den Garaus gemacht. Für das Ende der Mammuts und Säbelzahntiger waren *wir* verantwortlich.

**Während der Mensch die Megafauna ausrottete**, fing er gleichzeitig an, etwas zu tun, das kein Säugetier vor ihm je getan hatte. Er züchtete sich seine eigenen Säugetiere.

Vor ungefähr 23 000 Jahren, während der bitteren Kälte des Letzteiszeitlichen Maximums, fanden sich *Homo sapiens* und Wolf plötzlich abgeschnitten durch die Geografie der Eisplatten gemeinsam in Sibirien wieder und machten sich miteinander bekannt. Zunächst wahrscheinlich nur flüchtig. Wölfe waren gefährliche Raubtiere, denen man besser aus dem Weg ging. Doch als ein paar von ihnen anfingen, um unsere Lagerfeuer zu streichen, konnten wir nur wenig dagegen tun. Der Duft von gegrilltem Mammut zog die Wölfe magisch an. Mit der Zeit kamen sie häufiger, blieben länger und schnappten sich die Reste. Manchmal warfen wir ihnen vielleicht auch den einen oder anderen Mammutknochen hin, und so lernten sie, mit uns zu leben. Sie halfen uns bei der Jagd und wurden zu unverzichtbaren Begleitern in der Steppe. Aber sie waren nicht einfach nur an unserer Seite, wir kümmerten uns auch um sie, kontrollierten ihre Fortpflanzung und modifizierten ihre Gene, um sie gefügiger zu machen. Aus den Wölfen wurden Hunde, die ersten domestizierten Säugetiere. Als die sibirischen *Homo sapiens* die Beringbrücke nach Nordamerika überquerten, nahmen sie ihre Hunde mit, ebenso nach Europa und in den Rest der Welt, weshalb unsere Dackel, Möpse und Golden Retriever – genau wie die restliche geschätzte Milliarde Hunde, die heute auf der Erde leben – Nachfahren dieser ersten domestizierten Eiszeitwölfe sind.

Aber mit den Wölfen war noch nicht Schluss. Auf unseren Wanderungen suchten wir uns weitere Tiere, die wir im Tausch gegen Nahrung und Schutz nach unseren Bedürfnissen formen konnten – Partnerschaften, von denen beide Seiten profitierten. Wir suchten Tiere, die wir essen konnten, die uns bei Nahrungsbeschaffung und Transport halfen oder uns Gesellschaft leisteten. Mehr als 25 wilde Säugetiere haben wir gezähmt und zu etwas gemacht, das wir vollständig kontrollieren – durch Zucht, eine vom Menschen gesteuerte Variante der natürlichen Selektion, die nichts mehr zufälligen Mutationen überließ. Aus diesen ersten Experimenten gingen die Milliarden Schweine, Schafe, Rinder und andere Säugetiere hervor, die heute ein wichtiger Bestandteil unserer Welt sind und einen gewaltigen Anteil der Biomasse auf der Erde ausmachen – vierzehnmal so viel Gewicht an Muskeln, Haut und Knochen als alle wild lebenden Säugetiere zusammengenommen.

Viele dieser Domestizierungen fanden schon in der Anfangsphase vor 12 000 bis 10 000 Jahren statt – im Neolithikum, dem letzten Abschnitt der Steinzeit. Nach der Entwicklung des *Homo-sapiens*-Bauplans und einer fortschrittlichen Sinneswahrnehmung vor rund 40 000 Jahren war die Domestizierung der nächste große Schritt in der Menschheitsgeschichte. Im Neolithikum lernten wir auch, Pflanzen zu domestizieren, und leiteten damit die erste Agrarrevolution ein. Unser Leben als jagende und sammelnde Nomaden wurde sesshafter. Viele Menschen ließen sich in Dörfern oder Städten nieder. Unsere Felder, Bewässerungskanäle und Gebäude veränderten die Landschaft, ein zerstörerischer Eingriff in die Umwelt, der über das, was wir der Megafauna angetan haben, weit hinausgeht. Dank der nicht versiegenden Nahrungsquellen nahm unsere Population exponentiell zu, und weil nur noch ein Teil sich mit der Nahrungsmittelproduktion befassen musste, hatte der Rest unserer immer größer werdenden Brut Zeit, sich anderen Aufgaben wie der Aufteilung der Arbeit und dem Aufbau einer Gesellschaft zu widmen. Und so wurden manche von uns Ärzte, andere Priester, und wieder andere Architekten, Kuriere, Bauarbeiter, Lehrer oder Politiker.

Oder Wissenschaftler. Vor etwas mehr als einem Vierteljahrhundert hat hier an der Universität von Edinburgh, an der ich heute lehre, ein Wissenschaftler etwas getan, das man lange nicht für möglich hielt. Ian Wilmut nahm ein erwachsenes Schaf – eines der zahllosen Nachkommen der im Neolithikum domestizierten Arten – und machte eine Kopie davon. Dolly, das erste geklonte Säugetier. Mittlerweile ist das Klonen fast Standard geworden. Das geht sogar so weit, dass Leute sich für mehrere Zehntausend Dollar ein Duplikat ihrer geliebten Katzen oder Hunde – ebenfalls domestizierte Säugetiere – anfertigen lassen können.

Die Klontechnologie macht rasante Fortschritte, was unweigerlich zu der schwierigen Frage führt, ob wir Menschen uns selbst klonen können – oder sollten. Es wird auch ständig darüber geredet, durch Klonen ausgestorbene Arten wie beispielsweise Wollhaarmammuts zurückzuholen. Die Mammutjäger in Sibirien finden immer mehr tiefgefrorene Mumien mit genetischem Material, und mittlerweile ist das Mammutgenom wie schon gesagt vollständig sequenziert. Mammuts sind mit modernen Asiatischen Elefanten so eng verwandt, dass diese potenziell als »Mutterspezies« für den Mammutklon dienen könnten. Ein Mammut zu basteln wird sicher nicht leicht, und es lässt sich darüber streiten, ob es ethisch und moralisch vertretbar ist (bei all dem Kohlenmonoxid, das wir in die Atmosphäre jagen, wird es bald sehr viel wärmer sein, als irgendein Mammut es je erlebt hat). Trotzdem, denke ich, wird es passieren und irgendjemand einen Nobelpreis dafür bekommen.

In diesem Fall wäre es eine der seltenen Gelegenheiten, eine unserer vielen Sünden wiedergutzumachen und etwas auferstehen zu lassen, das ohne uns heute noch am Leben wäre.

EPILOG

# SÄUGETIERE DER ZUKUNFT

*Afrikanischer Löwe*

**Es ist Ende Juli, und** ich bin in Chicago. Die Feldkampagne in New Mexico, wo ich Säugetierfossilien ausgegraben habe, ist beendet, und ich verbringe noch ein paar der seltenen Wochen bei meinen Eltern und Brüdern, bevor ich zurück nach Schottland fliege. An einem Tag wie heute, an dem die Gehsteige die sommerliche Hitze reflektieren und sich in der schwülen und stickigen Luft die Gewitterwolken auftürmen, fällt es schwer zu glauben, dass diese Gegend vor etwas mehr als 10 000 Jahren unter einer Eisdecke lag. Das Eis ist weg, aber es hat uns etwas zurückgelassen: den Michigansee, eine riesige Pfütze Gletscherschmelzwasser, von der eine kühle Brise über die »Windy City« weht.

Wir sind im Lincoln Park Zoo ungefähr 150 Meter vom Westufer des Sees entfernt. Einst schlugen Mammutjäger hier ihr Lager auf, nicht allzu lange nachdem sie die Beringbrücke überquert und eine neue Welt betreten hatten. Später ließen sich dann ihre Erben, verschiedene Stämme der Native Americans, in der Gegend nieder. Als in den 1600er-Jahren die Europäer kamen und den Potawatomi das Land streitig machten, war das Seeufer noch ein matschiger Sumpf, über dem der beißende Geruch wilder Zwiebeln hing. Die Einheimischen nannten diese Pflanzen *shikaakwa*, was sich die Franzosen als *Chicago* notierten. Eine Handvoll europäischer Eigenbrötler blieb, und irgendwann errichtete die US-Armee ein Fort, das die Potawatomi (die sich mit den Engländern verbündet hatten) während des Krieges 1812 niederbrannten. Eine richtige Stadt wurde aus Chicago aber erst in den 1830er-Jahren – vor nicht einmal 200 Jahren.

Nachdem sich die ersten paar Hundert Menschen am Michigansee niedergelassen hatten, ging es schnell voran. Man erfand Wolkenkratzer, die heute als menschgemachtes Gebirge am Ufer aufragen, und vom Zentrum breiteten sich Eisenbahnlinien aus. Wie Tentakel schoben sie sich durch die gesamten Vereinigten Staaten und erschlossen den Kontinent. Und etwas später kam dann auch noch O'Hare dazu, einer der umtriebigsten Flughäfen der Welt. *Homo sapiens* war zu einem Globetrotter geworden, der an einem einzigen Tag von einem Kontinent auf einen anderen hüpfte. Eine Zeit lang wuchs Chicago schneller als jede andere Stadt auf der Welt und war bald so vollgepackt mit Menschen, dass man versuchte, dem Seeufer mehr Land abzuringen, indem man den Morast, den das Eis zurückgelassen hatte, mit Sand auffüllte (den einst ebenfalls der Gletscher mitgebracht hatte). Als ich über die Zoomauer spähe, staut sich auf dem Lake Shore Drive der Verkehr. Jedes dieser Autos stößt unbemerkt Kohlendioxid aus, von dem ein Molekül nach dem anderen in die Atmosphäre eindringt.

Ein Brüllen zerreißt die Stille des Nachmittags, und alle bleiben stehen und sehen hinüber zum Löwenhaus.

Ein Alphamännchen mit buschiger Mähne steht auf einem Felsen wie ein Diktator auf seinem Balkon und knurrt sein Volk an. Dabei ist Chicago eigentlich die Stadt der Bären – auch wenn es nicht ganz passend ist, dass die *Bears,* mein geliebtes Footballteam, nach Tieren benannt ist, die die europäischen Siedler in den 1870er-Jahren aus Illinois vertrieben haben. Nun erhebt ein Löwe territoriale Ansprüche – eine Katze aus der Savanne, die einst in Afrika, Südeuropa und Asien verbreitet war, und heute auf ein paar Zehntausend wild lebende Exemplare in schrumpfenden Graslandschaften reduziert ist. Solange noch mehrere Tausend von ihnen hinter Zoogittern auf und ab gehen, ist ihr Schicksal nicht besiegelt. In einer modernen Metropole im mittleren Westen scheinen Großkatzen fehl am Platz, aber während der Eiszeit lebten hier amerikanische Löwen und Säbelzahntiger.

Aber der herrische Löwe ist nur eines von vielen Säugetieren im Lincoln Park Zoo. Von den mehreren Millionen Arten, die es im Laufe von 4,5 Milliarden Jahren Erdgeschichte gab, sind diese haarigen Kreaturen heute unsere liebsten Verwandten, und jede von ihnen trägt die typischen Merkmale eines Säugetiers, die sich in den letzten 325 Millionen Jahren aus den schuppigen Gesellen in den Kohlewäldern, die sich von der Reptilienlinie abgespalten hatten, nach und nach entwickelten: Haare, große Gehirne, einen herausragenden Geruchssinn und ein sehr gutes Gehör, Schneidezähne, Eckzähne, Prämolaren und Molaren, einen schnellen und warmblütigen Stoffwechsel und Nachwuchs, der mit Milch großgezogen wird. Alle heute lebenden Säugetiere – uns eingeschlossen – hatten Vorfahren, die Massenaussterben überlebten, sich in den Schatten der Dinosaurier duckten und sowohl dem Asteroiden als auch dem Eis trotzten.

Während ich mit meiner Frau die Gehege und Käfige entlangschlendere, breitet sich vor uns die Entwicklungsgeschichte der Säugetiere aus – Vergangenheit, Gegenwart und Zukunft. Die meisten Säuger hier sind Plazentatiere, aber es gibt auch ein aus Australien geliehenes Beuteltier, ein rotes Känguru, das sein Baby in der Bauchtasche mit sich herumträgt. Da sind Giraffen und Zebras, zwei von vielen Huftierarten, die sich einst gemeinsam mit den Graslandschaften ausbreiteten und den Löwen in ihren Gehegen das Wasser im Mund zusammenlaufen lassen. Ein Afrotheria (Erdferkel) und ein Xenarthra (Faultier) erinnern an die Zeit, als Afrika und Südamerika noch Inselkontinente waren und ihre ganz eigenen skurrilen Säugetiere ausbrüteten. Es gibt Fledermäuse, Säugetiere, die sich neu erfunden haben, indem sie ihre Arme zu Flügeln umfunktionierten und sich in die Lüfte schwangen. Wale gibt es in diesem kleinen städtischen Zoo zum Glück nicht, aber man kann Robben bewundern, ebenfalls eine Spezies, die ihren fürs Landleben gemachten Köper in den eines Schwimmers verwandelte. Weniger exotisch und uns allen wohlbekannt, sind die Kühe, Schweine, Ziegen und Kaninchen, die wir essen und als Haustiere halten – Säugetiere, die wir domestiziert haben, als wir unsere Zivilisation und unsere Städte errichteten.

Nicht allen diesen Säugetieren geht es gut. Viele von ihnen, wie beispielsweise die Löwen, müssen vor einer bereits unangenehmen Gegenwart geschützt werden und harren einer ungewissen Zukunft. Am nördlichen Ende des Zoos sind die Eisbären. Kein Tier verkörpert die aktuellen Verluste besser als diese schneeweißen Karnivoren – die größten an Land lebenden Fleischfresser –, die mit dem rasant schmelzenden Eis ihre Jagdgründe verlieren.

Während der Eiszeit reichte die Eiskappe der Antarktis noch bis hierher, 42. Grad nördlicher Breite. In den kommenden Jahrhunderten wird es wahrscheinlich keine Eiskappen mehr geben. Ein paar Schritte weiter sind ein paar Kamele. Ihnen wird wohl vorerst nichts geschehen. Trotzdem sollten wir nicht vergessen, dass sie hier, in Nordamerika, einst mehrere zehn Millionen Jahre lebten, bevor sie mit der Megafauna verschwanden, weshalb wir in unseren Zoos heute asiatische Kamele bestaunen und keine nordamerikanischen – und natürlich auch keine Wollhaarmammuts oder Riesenfaultiere. Die schwarzen Nashörner gibt es noch, eine der letzten überlebenden Arten der »Supermegafauna«, aber keiner kann sagen, wie viel Zeit ihnen noch bleibt. Meine Gedanken werden unterbrochen von einem fast menschlichen Geschnatter – Schimpansen und Gorillas. Obwohl sie unsere nächsten Verwandten sind, zählen beide zu den bedrohten Arten.

Es sind keine guten Zeiten für Säugetiere. Seit Ende der Kreide, als uns ein Asteroid fast ausgelöscht hätte und unsere winzigen Nagetiervorfahren aufpassen mussten, nicht von einem *T. rex* zertrampelt zu werden, war unsere Familie nicht mehr so massiv bedroht.

Seit *Homo sapiens* gegen Ende der Eiszeit anfing, durch die Lande zu ziehen, sind 350 Säugetierarten ausgestorben, davon rund 80 in den letzten 500 Jahren. Das heißt, in der kurzen Zeitspanne, seit der Mensch darüber Buch führt, sind grob 1,5 Prozent aller je lebenden Säugetierarten ausgestorben. Das hört sich vielleicht nach nicht viel an, ergibt aber eine Aussterberate, die zwanzigmal höher ist als die Hintergrundrate der prähumanen Ära. Wenn sich der Trend in diesem Tempo fortsetzt, steuern wir noch vor dem Jahr 2100 auf 550 ausgestorbene Säugetierarten zu – das sind 10 Prozent aller Säugetiere. Und falls die aktuell bedrohten Säugetierarten tatsächlich alle aussterben, bleibt verglichen mit vor nur 125 000 Jahren lediglich rund die Hälfte aller Arten übrig. Selbst wenn wir das Aussterben jetzt sofort stoppen könnten und die Säugetierpopulationen die Chance hätten, sich zu erholen, würde es Tausende von Jahren dauern, die alte Artenvielfalt wiederherzustellen.

Aber so wie die Wirtschaftslage eines Landes nicht nur anhand des Bruttoinlandsprodukts beurteilt werden kann, geht es auch hier nicht nur um die Zahl der ausgestorbenen Arten. Die Verbreitung der Säugetiere verändert sich sehr schnell, und ihre Populationen sind in einem instabilen Zustand. Viele große Säugetiere starben mit der Megafauna aus, und obwohl Arten aller Größen bedroht sind, ist ihr Verschwinden auch heute noch am wahrscheinlichsten. Setzt sich der Trend also fort, werden Elefanten und Nashörner in ein paar Hundert Jahren verschwunden und die größten Säugetiere der Erde domestizierte Rinder sein. Die Säugetiergemeinschaften werden nicht nur kleiner, sondern auch homogener. In nicht allzu ferner Zukunft werden wir in einer Welt ohne Menschenaffen und Löwen leben, dafür überrannt von Nagetieren. Und bis es so weit ist, werden die Säugetiere immer weiterziehen, verzweifelte Flüchtlinge auf der Suche nach Lebensraum. Momentan werden größere Säugetiere – wie die einst tatsächlich existierenden Chicagoer Bären – aus den von Landwirtschaft und Städten dominierten milderen Klimazonen in kältere und trockenere Gebiete verdrängt, und die kleineren Säugetiere nehmen ihren Platz ein und ziehen in die Vororte und bewirtschaften Landstriche. Wie lange sie dort überleben werden, ist jedoch unklar.

Ich überbringe die schlechte Nachricht nicht gern, aber das alles ist unsere Schuld.

Je stärker unsere Population wächst, umso mehr Ressourcen benötigen wir. Wir machen die Welt zu unserer Spielwiese und Speisekammer und lassen anderen Säugetieren immer weniger Raum. Wir roden Regenwälder und pflügen die Savanne zu Farmland um. Wir verschmutzen. Wir brandschatzen. Wir wildern und jagen. Aber mehr als alles andere verändern wir das Klima.

Die Temperaturen steigen – daran lässt sich nicht rütteln. Das gab es, wie wir gesehen haben, auch früher schon, aber die Geschwindigkeit der Erderwärmung ist eine andere. Temperaturspitzen, die am Ende der Trias und des Perms innerhalb mehrerer Zehntausend Jahre erreicht wurden – und, nicht dass wir das vergessen, mit Massenaussterben einhergingen –, entstehen nun innerhalb weniger Menschengenerationen. Schon sehr bald, spätestens im nächsten Jahrhundert, werden wir ein Klima haben wie vor der Eiszeit im Pliozän, und wenn wir weiterhin ungebremst Treibhausgase ausstoßen, in ein paar Jahrhunderten ein eozänes Gewächshausklima. Damals war die Antarktis mit Regenwald bedeckt, und wo heute – zumindest vorerst noch – die Eiskappe ist, trieben Krokodile im Wasser. Anders ausgedrückt, ein paar Jahrhunderte menschlichen Wirkens könnten die Uhr um 50 Millionen Jahre zurückdrehen und den Trend zur Abkühlung umkehren, der vorherrschte, seit die Säugetiere den Planeten dominieren.

Ich weiß nicht, was die Zukunft für uns in petto hat, und will mich hier auch nicht zu weit aus dem Fenster lehnen, aber wenn der Klimawandel weiter in diesem Tempo fortschreitet, betreten wir demnächst absolutes Neuland. Von einer Sache bin ich jedoch fest überzeugt: Die menschliche Spezies steckt in großen Schwierigkeiten, denn die neuen, höheren Temperaturen werden weit über den Temperaturen liegen, bei denen wir uns entwickelt haben. Wir werden aus unserer angenehm temperierten Kaltzeit, der Kulisse der globalen Entwicklungsgeschichte des *Homo sapiens*, in der das Polareis warme Strömungen in die höheren Breiten lenkt und auf dem nährstoffreichen Gletscherboden alle Arten von Pflanzen gedeihen, herausgerissen werden. Die Meeresspiegel werden steigen, wie sie es häufig tun, doch dieses Mal wird es unsere Städte treffen, von denen wir viele dort gebaut haben, wo heute Land und Meer zusammentreffen. Das heißt, entweder wir sterben aus, oder wir passen uns an. Eine andere Wahl bleibt uns nicht. Und da wir einfühlsame Wesen mit großen Gehirnen, Werkzeugen, Technologien und einer weltweiten Präsenz sind, haben wir tatsächlich noch die Wahl.

Aber was ist mit den anderen Säugetieren? Das Sterben wird in der einen oder anderen Form sicher weitergehen. Es ist viel die Rede von einer »Sechsten Aussterbewelle«, einem von Menschen verursachten Massensterben, das den anderen Aussterbewellen der Erdgeschichte – den »Big Five«, von denen wir drei (Ende des Perms, der Trias und der Kreide) in diesem Buch besprochen haben – in nichts nachstehen wird. Könnte unsere derzeitige missliche Lage sich zu einer ähnlichen Katastrophe ausweiten wie diese prähistorischen Massaker, oder würde sie gar noch schlimmer werden? Bisher liegt die Zahl moderner Aussterbefälle noch weit unter der apokalyptischen Sterberate vergangener Massenaussterben, weshalb wir nicht allzu pessimistisch sein sollten. Hinzu kommt, dass wir dem Ganzen entgegenwirken können: Wir können die gefährdeten Arten, die noch unter uns weilen, schützen! Setzt sich das aktuelle Artensterben jedoch fort, ist zu befürchten, dass ein Dominoeffekt entsteht und die Ökosysteme wie Kartenhäuser in sich zusammenfallen. Globale Gemeinschaften könnten kollabieren – ein kaskadierender Blackout wie nach einem Zusammenbruch des Stromnetzes. Sollte das passieren, würde für zukünftige Paläontologen alles zusammenfallen, das Sterben der eiszeitlichen Megafauna, der erst kürzliche Tod der »Beutelwölfe« und Falklandfüchse und das baldige Ende der Gorillas und Löwen, alles komprimiert in einer dünnen Gesteinsschicht mit vielen Säugetieren darunter und nur wenigen (wenn überhaupt welchen) darüber – eine Schicht nicht dicker als die Trennlinie zwischen dem Zeitalter der Dinosaurier und dem Zeitalter der Säugetiere.

Eine bedrückende Vorstellung. Gedankenverloren starre ich an den Eisbären vorbei in den sich verdunkelnden Himmel über dem Michigansee, als Schreie mich aus meinen trüben Gedanken reißen.

Die Brüllaffen brüllen.

Mit einem Lächeln wende ich mich meiner Frau zu. Diese Affen sind Nachfahren jener eozänen Floßfahrer, denen es einst irgendwie gelang, Wind und Wellen zu trotzen und den Atlantik zu überqueren. Sie haben Afrika sicher nur ungern verlassen, sich aber an eine neue Landschaft und das südamerikanische Klima angepasst. Lange davor haben die Vorfahren dieser Abenteurer bereits drei Massenaussterben überlebt. Diese Affen – Säugetiere – sind zäh.

Und noch einer Sache bin ich mir sicher. Die Evolution hat uns – *Homo sapiens*, eine brillante und einzigartige Spezies von Säugetieren – mit einem großen Gehirn und der Fähigkeit, in Gruppen zusammenzuarbeiten, gesegnet. Wir wissen, was wir unserem Planeten antun, und können gemeinsam an einer Lösung arbeiten. Mammuts, Säbelzahntiger und Millionen anderer ausgestorbener Säugetierarten hatten weder die Möglichkeit, ihre Welt zu verändern, noch sie besser zu machen. Wir schon.

Ich weiß nicht, was der Menschheit und ihrer Familie, den Säugetieren, noch bevorsteht, aber ich bin zuversichtlich, dass die Herrschaft der Säugetiere fortdauern wird.

# ANMERKUNGEN

Die nachfolgenden Anmerkungen enthalten von mir benutzte Materialien und Quellen, auf die ich Sie für weitere Informationen zu den in den Kapiteln behandelten Themen gern verweisen möchte.

Im Allgemeinen habe ich mich in meinen Ausführungen auf eine Handvoll herausragender Bücher gestützt, darunter Tom Kemp, *The Origin and Evolution of Mammals* (Oxford University Press, 2005), Liam Drew, *I. Mammal* (Bloomsbury, 2017), David Rains Wallace, *Beasts of Eden* (University of California Press, 2004), Donald Prothero, *Princeton Field Guide to Prehistoric Mammals* (Princeton University Press, 2017), Donald Prothero und Robert Schoch, *Horns, Tusks, and Flippers* (The Johns Hopkins University Press, 2002), Kenneth Rose, *The Beginning of the Age of Mammals* (The Johns Hopkins University Press, 2006), Zofia Kielan-Jaworowska, *In Pursuit of Early Mammals* (Indiana University Press, 2012) und Ross MacPhee, *End of the Megafauna* (W. W. Norton & Company, 2019). Für die paläogeografische Beschreibung der Erde habe ich die als vorbildlich geltenden Karten von Ron Blakey verwendet (https://deeptimemaps.com/).

## KAPITEL 1: VORFAHREN DER SÄUGETIERE

Die Geschichte der schuppigen Gesellen zu Beginn des Kapitels spielt in einem Steinkohlewald der Karbonzeit. In manchen Teilen der Welt wird das Karbon als ein einziges geologisches Erdzeitalter vor zwischen 359 und 299 Millionen Jahren gesehen, in anderen, insbesondere in Nordamerika, in Mississippium (vor 359 bis 323 Millionen Jahren) und Pennsylvanium (vor 323 bis 299 Millionen Jahren) unterteilt. Um die Kohlesümpfe zum Leben zu erwecken, habe ich mich auf Beschreibungen des Mazon Creek, einer Fossilienfundstätte in Illinois, gestützt, insbesondere auf den Artikel von Clements et al. (*Journal of the Geological Society*, 2019, 176, S. 1–11), auf Shabicas und Hays einflussreiches Werk *Richardson's Guide to the Fossil Fauna of Mazon Creek* (Northeastern

Illinois University Press, 1997) und Jack Whitrys Bücher *The Mazon Creek Fossil Fauna* (2012) und *The Mazon Creek Fossil Flora* (2006), beide vom Earth Science Club of Northern Illinois publiziert. Ergänzt habe ich diese Informationen mit Befunden einer vergleichbaren Kohlesumpf-Fundstätte bei Joggins (Nova Scotia), beschrieben von Falcon-Lang et al. (*Journal of the Geological Society*, 2006, 163, S. 561–576).

Meine Beschreibung der fiktionalen »schuppigen Gesellen«, die die jüngsten gemeinsamen Vorfahren von Synapsiden und Diapsiden repräsentieren, basiert auf *Hylonomus* (dem ältesten eindeutigen Diapsiden der fossilen Überlieferung) und *Archeothyris* (dem ältesten eindeutigen Synapsiden, von dem mehr oder weniger vollständige Fossilien existieren). Laut Blair und Hedges (*Molecular Biology and Evolution*, 2005, 22, S. 2275–2284) zeigt die molekulare Uhr für die Verzweigung von Synapsiden und Diapsiden ein Mittel von vor 326 Millionen Jahren an (also vor zwischen 354 und 311 Millionen Jahren). Gestützt auf eine morphologische Analyse der Phylogenie ausgestorbener Amnioten, kommen Ford und Benson zu einer ähnlich divergierenden Einschätzung (zwischen 331 und 319 Millionen Jahren, Mittelwert 324,51 Millionen Jahre) (*Nature Ecology & Evolution*, 2020, 4, S. 57–65). Die von Ford und Benson aufgezeigten phylogenetischen Beziehungen dienten mir als Rahmen für meine Darstellung der Verwandtschaftsverhältnisse von Amnioten. Ihre aufregende, auf Vergleichsdaten unterschiedlicher Analysemethoden basierende Studie brachte viele neue Verwandtschaftsbeziehungen zutage, die dem langjährigen Konsens zur Genealogie der Amnioten widersprechen. So gehören beispielsweise die Varanopiden – die lange für frühe Synapsiden gehalten wurden – der Gruppe der Diapsiden an. Aus diesem Grund tauchen in meiner Geschichte über die Entwicklung der frühen Synapsiden im Gegensatz zu älteren Publikationen keine Varanopiden auf.

Für mehr Informationen zum Klima der Kohlesümpfe und während des Kollapses des Karbonregenwalds empfehle ich zwei herausragende Artikel von Isabel Montañez und Kollegen (Montañez et al., *Science*, 2007, 315, S. 87–91; Montañez und Poulsen, *Annual Review of Earth and Planetary Sciences*, 2013, 41, S. 629–656). Mehr darüber, wie sich der Sauerstoffgehalt im Laufe der Erdgeschichte veränderte und wie Geologen diesen berechnen, lesen Sie in David Beerlings Buch *The Emerald Planet* (Oxford University Press, 2007) und bei Berner (*Geochimica et Cosmochimica Acta*, 2006, 70, S. 5653–5664).

Über den Ursprung der Tetrapoden und die frühe Entwicklung der Amnioten gibt es zahlreiche Quellen, aber keine bessere als Jennifer Clacks Meisterwerk *Gaining Ground* (Indiana University Press, 2012). Jennifer Clack, die im Frühling 2020, als ich noch an diesem Buch schrieb, leider von uns gegangen ist, war *die* Expertin für den Übergang vom Fisch zum Tetrapoden. Ebenfalls zu diesem Thema sind noch zwei populärwissenschaftliche Arbeiten der beiden besten Wissenschaftsautoren, die ich kenne, zu empfehlen: *Your Inner Fish* von Neil Shubin (Pantheon, 2008) und *At the Water's Edge* von Carl Zimmer (Free Press, 1998).

Die Florence-Synapsiden *Archaeothyris* und *Echinerpeton* beschreibt Robert Reisz in einem Artikel aus dem Jahr 1972 (*Bulletin of the Museum of Comparative Zoology*, 144, S. 27–61), und *Echinerpeton* wurde erst vor Kurzem von Mann und Paterson (*Journal of Systematic Palaeontology*, 2020, 18, S. 529–539) neu beschrieben. Über die Romer-Expeditionen in Nova Scotia und die Entdeckung der mit Skeletten angefüllten Baumstümpfe berichten Sues et al. (*Atlantic Geology*, 2013, 49, S. 90–103). Robert Reisz' Karriere wird in einem bewegenden biografischen Essay von Laurin und Sues (*Comptes Rendus Palevol*, 2013, 12, S. 393–404) porträtiert.

Emma Dunnes gemeinsame Studie mit Kollegen zum Kollaps der Karbonregenwälder wurde in *Proceedings of the Royal Society, Series B* (2018, S. 20172730) veröffentlicht und folgte teils mit Updates, teils mit widersprüchlichen Ergebnissen auf eine frühere Studie von Sarda Sahney und Kollegen (*Geology*, 2010, 38, S. 1079–1082). Eine weitere faszinierende aktuelle Arbeit zum Klimawandel an der Karbon-Perm-Grenze und dessen Auswirkungen auf die Evolution und Verbreitung der Wirbeltiere veröffentlichten Jason Pardo und Kollegen in *Nature Ecology & Evolution* (2019, 3, S. 200–206). Ausgestorbene Arten und Diversifikation in der Fossilgeschichte der Pflanzen – einschließlich der Entdeckung, dass es nur zwei Massenaussterben gab – diskutieren Cascales-Miñana und Cleal (*Terra Nova*, 2014, 26, S. 195–200), für mehr Informationen zu den Eiskappen im Karbon und Perm und die Ursachen ihrer Entstehung verweise ich auf Georg Feulner (*Proceedings of the National Academy of Sciences [USA]*, 2017, 114, S. 11333–11337) und die darin zitierten Quellen.

Die Pelycosaurier sind, was Paläontologen eine »Evolutionsstufe« nennen. Sie bilden keine »Klade«, die als Gruppe, bestehend aus einem gemeinsamen Vorfahren und allen Nachkommen, definiert ist, sondern lediglich eine Reihe von Spezies, die auf einer evolutionären Linie zu einer Klade liegen – einen Ahnenstamm. Wenn ich also von Pelycosauriern spreche, spreche ich von einer Reihe von Spezies auf der Linie zur Klade der fortschrittlichen Therapsiden (zu der auch die Säugetiere gehören). Ich spreche nur ungern von Evolutionsstufen oder benenne diese, in diesem Fall ist es jedoch angebracht, da sich die Pelycosaurier anatomisch und biologisch sehr ähnlich sind und den Stamm bilden, aus dem die Therapsiden hervorgingen. Oder um ganz genau zu sein: Die Klade der Therapsiden entwickelte sich aus einem gemeinsamen

Vorfahren aus der Evolutionsstufe der Pelycosaurier. Zu *Dimetrodon* und anderen Pelycosauriern gibt es reichlich Literatur, darunter auch Schriften führender Paläontologen aus dem 19. und frühen 20. Jahrhundert, wie Cope, Case, Matthew, Olson, Sternberg, Romer, Vaughn und so weiter. Tom Kemp hat diese in seinem Buch *The Origin and Evolution of Mammals*, das ich ausgiebig genutzt habe, professionell zusammengefasst.

Falls Sie noch immer bezweifeln, dass *Dimetrodon* näher mit uns verwandt ist als mit den Dinosauriern, sollten Sie den gut verständlichen Essay von Ken Angielczyk lesen, einem der führenden Experten für die Evolution früher Synapsiden (*Evolution: Education and Outreach*, 2009, 2, S. 257–271). Es ist zudem eine exzellente Einführung in das »Stammbaumdenken« – also wie Paläontologen Stammbäume erstellen und darüber reden. Der Unterschied zwischen Evolutionsstufe und Klade sowie die Abfolge der schrittweisen Veränderungen auf der Säugetierstammlinie von den Pelycosauriern über die Therapsiden zu den Säugetieren sollte Ihnen nach der Lektüre von Angielczyks Essay sehr viel klarer sein.

Der Niedergang der Pelycosaurier an der Grenze zwischen frühem und mittlerem Perm ist Teil eines Massenaussterbens, das auch als »Olson's extinction« bekannt ist, benannt nach dem Paläontologen E. C. Olson, der es als erster beschrieb (*Geological Society of America Special Papers*, 1982, 190, S. 501–512). Olson, ein Kommilitone am geografischen Institut der Universität von Chicago (wenn auch viele Jahrzehnte vor meiner Zeit), forschte sehr ergiebig zu permischen Synapsiden und publizierte aufsehenerregende Arbeiten wie seine Monografie aus dem Jahr 1962, in der er nordamerikanische mit russischen Arten verglich (*Transactions of the American Philosophical Society*, 52, S. 1–224). Es herrscht Uneinigkeit, ob es sich bei Olson's extinction um ein reales Ereignis oder doch nur um eine durch verzerrte Fossilienbefunde hervorgerufene Illusion handelt, eine Meinung, die insbesondere Benson und Upchurch vertraten (*Geology*, 2013, 41, S. 43–46). Vor Kurzem brachte sich dann ein anderer statistisch versierter Paläontologe aus Emma Dunnes Generation in die Diskussion mit ein, Neil Brocklehurst, der gemeinsam mit seinem Team anhand statistischer Analysen großer Datenpools nachweisen konnte, dass es ein echtes Massenaussterben war (*Proceedings of the Royal Society, Series B*, 2017, 284, S. 20170231).

Einer meiner zentralen Punkte in diesem Kapitel ist, dass die Alleinstellungsmerkmale heutiger Säugetiere (in Abgrenzung zu anderen Tetrapoden wie Vögeln, Eidechsen und Amphibien) sich nicht gleichzeitig entwickelten, sondern nach und nach in Millionen von Jahren entlang der »Säugetierabstammungslinie« – in einer langen Reihe synapsider Gruppen, darunter auch

Pelycosaurier, Therapsiden und Cynodontier. (Sowohl bei Therapsiden als auch bei Cynodontiern handelt es sich um Kladen, weshalb Säugetiere formell gesehen beiden Gruppen angehören!) Die beste Zusammenfassung der langen und tiefgehenden Literaturliste zu diesem Thema ist wie so oft bei Tom Kemp zu finden. Sein Buch *The Origin and Evolution of Mammals*, insbesondere Kapitel 3 und 4, ist für jeden Interessierten Pflichtlektüre, ebenso wie seine essayistischen Übersichtsarbeiten zu diesem Thema (*Journal of Evolutionary Biology*, 2006, 19, S. 1231–1247; *Acta Zoologica*, 2007, 88, S. 3–22) und sein Kapitel in *The Forerunners of Mammals* von 2012. Auch Bruce Rubidge und Chris Sidor haben eine richtungsweisende Übersichtsarbeit geschrieben (*Annual Review of Ecology and Systematics*, 2001, 32, S. 449–480), und erst vor Kurzem veröffentlichten Ken Angielczyk und Christian Kammerer in ihrem Kapitel des *Handbook of Zoology: Mammalian Evolution, Diversity and Systematics* (DeGruyter, 2018) eine großartige Zusammenfassung der aktuellen Befundlage. Für eine etwas fachspezifischere Perspektive empfehle ich Sidor und Hopson (*Paleobiology*, 1998, 24, S. 254–273).

Das Karoo-Becken in Südafrika ist der Ort mit den am besten erhaltenen Fossilien von Therapsiden aus dem Perm weltweit. Eine leicht verständliche Beschreibung des Beckens, seiner Gesteinsschichten und Fossilien liefern Roger Smith und Kollegen in ihrem Kapitel in *The Forerunners of Mammals* (Indiana University Press, 2012). Die Geschichte von Andrew Geddes Bains ersten Therapsiden-Funden und Richard Owens frühen Arbeiten zu den – Sie verzeihen mir den Begriff – »säugetierähnlichen Reptilien« sind in David Rains Wallaces Buch *Beasts of Eden* nachzulesen. Seine beiden bedeutendsten Schriften über Therapsiden, die ich auch im Text erwähne, veröffentlichte er 1845 (*Transactions of the Geological Society of London*, 7, S. 59–84) und 1876 (*Descriptive and Illustrated Catalogue of the Fossil Reptilia of South Africa in the Collection of the British Museum*, Taylor & Francis, London). Edward Drinker Cope zeigte 1884 die Verbindung zwischen den Säugetieren und »reptilienartigen« Vorfahren wie den Karoo-Fossilien und Pelycosauriern auf, eine Entdeckung, die auch Henry Fairfield Osborn (*The American Naturalist*, 1898, 32, S. 309–334) sowie Angielczyk und Kammerer in ihrem oben zitierten Kapitel im *Handbook of Zoology* beschreiben.

An Robert Brooms Leben und Wirken erinnern ein bewegender Nachruf von D. M. S. Watson (*Obituary Notices of Fellows of the Royal Society*, 1952, 8, S. 36–70) sowie ein Essay von Bruce Rubidge, dem Enkel des Farmers Sidney Rubidge, Brooms effektivstem ehrenamtlichen Sammler (*Transactions of the Royal Society of South Africa*, 2013, 68, S. 41–52). Brooms Opus magnum, seine Monografie von 1910, in der er die Verbindung zwischen Pelycosauriern und

Therapsiden herstellt, wurde im *Bulletin of the American Museum of Natural History* (28, S. 197–234) veröffentlicht. An dieser Stelle muss ich erwähnen, dass Broom, dessen Arbeit den Grundstein für die Erforschung der Ursprünge der Säugetiere legte, kein ganz einfacher Mensch war. So behauptete er beispielsweise, dass Geister ihn zu den Fossilien führten und diese im Inneren von Tieren auf deren Chromosomen einwirkten und so evolutionäre Veränderungen herbeiführten. Noch irritierender sind jedoch die rassistischen Ideen, die er vertrat, und seine Beteiligung an Grabschändungen (Broom erforschte nicht nur die Ursprünge der Säugetiere, sondern auch die der Menschheit). Eine Auseinandersetzung mit dem Erbe des Rassismus in der Forschung zu den Ursprüngen der Menschheit, die auch Brooms Arbeit einschließt, finden Sie in Christa Kuljians Buch *Darwin's Hunch: Science, Race and the Search for Human Origins* (Jacana Media, 2016).

Viele meiner Beschreibungen von Dicynodontiern, Dinocephaliern und Gorgonopsiern sind von Tom Kemps detailverliebter Prosa in *The Origin and Evolution of Mammals* inspiriert, und auch die Beschreibung des gemeinsamen Vorfahren der Therapsiden stammt von Kemp, aus seinem oben zitierten Artikel von 2006.

Christian Kammerers 2011 erschienene Neubeschreibung von *Dicynodon* (*Society of Vertebrate Paleontology Memoir*, 11, S. 1–158) enthält auch einen historischen Abriss der *Dicynodon*-Forschung (aus dem der Begriff »taxonomische Schutthalde« stammt!) und eine umfassende genealogische Analyse der Dicynodontier, die Christian und seine Kollegen regelmäßig überarbeiten, so 2013 (*PLoS ONE*, 8, S. e64203) und in einer (zum Zeitpunkt meines Schreibens) topaktuellen Version von 2021 (Kammerer und Ordoñez, *Journal of South American Earth Sciences*, 108, S. 103171). Zwei ebenfalls wichtige Arbeiten zu Dicynodontiern publizierte G. M. King: einen zusammenfassenden Artikel im *Handbuch der Paläoherpetologie*, Gustav Fischer Verlag, 1988, und ein Buch (*The Dicynodonts: A Study in Palaeobiology*, Chapman & Hall, 1990).

Die Kopfnüsse der Dinocephalier, die als Erster Barghusen erwähnte (*Paleobiology*, 1975, 1, S. 295–311), wurden erst vor Kurzem mittels einer Synchrotonbasierten Computertomografie der inneren Schädelanatomie von *Moschops* genauer untersucht. Es zeigte sich, dass das Gehirn und andere neurale Strukturen von besonders dicken Knochen eingeschlossen waren, die sie vor Stößen schützten (Benoit et al., *PeerJ*, 2017, 5, S. e3496). Die Informationen über den riesigen *Anteosaurus* sind zusammengetragen aus Boonstra (*Annals of the South African Museum*, 1954, 42, S. 108–148) und Van Valkenburgh und Jenkins (*Paleontological Society Papers*, 2002, 8, S. 267–288).

Über die Funktionsweise der Gorgonopsier-Kiefer wird derzeit noch debattiert. Die Arbeiten von Tom Kemp (*Philosophical Transactions of the Royal Society of London*, Series B, 1969, 256, S. 1–83) und L. P. Tatarinov (*Russian Journal of Herpetology*, 2000, 7, S. 29–40) vertreten die These, dass sie das Maul extrem weit aufreißen konnten, eine Meinung, der sich Michel Laurin (*Journal of Vertebrate Paleontology*, 1998, 18, S. 765–776) jedoch nicht anschloss. Gehirn und Sinneswahrnehmung der Gorgonopsier beschreiben Ricardo Araújo und Kollegen anhand von computertomografischen Daten (*PeerJ*, 2017, 5, S. e3119).

Eine exzellente Zusammenfassung der Hypothesen zu den Ursprüngen eines gesteigerten Stoffwechsels und einer besseren Temperaturregelung bei Therapsiden sowie eine umfassende Literaturliste zu diesem Thema finden Sie in einer Abhandlung von James Hopson (*Fieldiana* 2012, 5, S. 126–148).

Anusuya Chinsamy-Turan beschreibt ihre Methode zur Herstellung von Dünnschliffen aus Knochen in ihrem Buch *The Microstructure of Dinosaur Bone* (Johns Hopkins University Press, 2005) und ist Autorin oder Mitautorin mehrerer Kapitel über Knochentextur, Wachstum und Stoffwechsel der Säugetiervorgänger in dem 2012 von ihr herausgegebenen Buch *The Forerunners of Mammals*. Weitere wegweisende Arbeiten zu diesem Thema sind ihre mit Sanghamitra Ray und Jennifer Botha veröffentlichte Studie (*Journal of Vertebrate Paleontology*, 2004, 24, S. 634–648) sowie Huttenlocker und Botha-Brink (*PeerJ*, 2014, 2, S. e325), Olivier et al. (*Biological Journal of the Linnean Society*, 2017, 121, S. 409–419) und Rey et al. (2017, *eLife*, 6, S. e28589). Details zu Anusuyas Leben und Karriere habe ich aus einem online veröffentlichten Interview (https://scibraai.co.za/anusuya-chinsamy-turan-breathing-life-bones-extinct-animals/).

Die Entwicklung einer aufrechteren Fortbewegung bei Therapsiden thematisieren Blob (*Paleobiology*, 2001, 27, S. 14–38) und King in seinen oben zitierten Arbeiten zu den Dicynodontiern. Eine jüngere, von Ken Angielczyk betreute Studie der brillanten Doktorandin Jacqueline Lungmus zeigt, wie Therapsiden eine größere Bandbreite an unterschiedlichen Vordergliedmaßen und Fortbewegungsmethoden entwickelten, die ihre ökologische Diversität ermöglichten (*Proceedings of the National Academy of Sciences [USA]*, 2019, 116, S. 6903–6907). Liam Drews *I, Mammal* enthält ein großartiges Kapitel über die Entstehung von Haaren mit detaillierten Ausführungen zu ihrer hypothetischen Rolle bei Wahrnehmung, Ausdrucksverhalten und zum Schutz vor Nässe sowie ihrer Kooptation zu physiologischen Zwecken. Permische Koprolithe mit haarähnlichen Strukturen beschreiben Bajdek et al. (*Lethaia*, 2016, 49, S. 455–477) sowie Smith und Botha-Brink (*Palaeogeography, Palaeoclimatology, Palaeoecology*, 2011, 312, S. 40–53). Den Blutgefäßen und Nervenbahnen, die die Haare innervieren, widmen sich Benoit et al. (*Scientific

*Reports*, 2016, 6, S. 25604). Der Nachweis für Haar in den Gesichtsknochen früher Therapsiden ist derzeit noch nicht eindeutig erbracht, es besteht jedoch kein Zweifel, dass spätere Therapsiden wie die Cynodontier und ihre nahen Verwandten Tasthaare und Fell entwickelten.

## KAPITEL 2: ENTSTEHUNG DER SÄUGETIERE

Die Geschichte des *Thrinaxodon*, das die Trockenzeit in seiner Höhle aussitzt und, sobald es regnet, herauskommt, um zu fressen und sich zu paaren, stützt sich auf Fossilien- und Gesteinsbefunde des Karoo-Beckens an der Perm-Trias-Grenze. Meine Hauptquellen waren Artikel von Smith und Botha-Brink (*Palaeogeography, Palaeoclimatology, Palaeoecology*, 2014, 396, S. 40–53), Botha et al. (*Palaeogeography, Palaeoclimatology, Palaeoecology*, 2020, 540, S. 109467) sowie die Arbeiten von Peter Ward und Kollegen (*Science*, 2000, 289, S. 1740–1743; *Science*, 2005, 307, S. 709–714).

Das beste populärwissenschaftliche Buch über die Massenaussterben ist für mich *The Ends of the World* von Peter Brannen (Ecco, 2017). Peter ist für mich einer der besten zeitgenössischen Wissenschaftsautoren, dessen erdzeitgeschichtliche Arbeiten ich mindestens genauso schätze wie die meines geologischen Lieblingsautors John McPhee. Speziell über das Massenaussterben am Ende des Perms empfehle ich zwei herausragende populärwissenschaftliche Bücher, einmal das von Michael Benton, der mich einst bei meiner Masterarbeit beraten hat (*When Life Nearly Died*, Thames & Hudson, 2003), und das von Douglas Erwin (*Extinction: How Life on Earth Nearly Ended 250 Million Years Ago*, Princeton University Press, 2006). Zhong-Qiang Chen und Mike Benton veröffentlichten einen leicht verständlichen Artikel über Massenaussterben und die Erholungsphase danach in *Nature Geoscience* (2012, 5, S. 375–383). Aktualisierte Informationen über die Vulkanausbrüche, die das Massenaussterben verursachten, finden Sie bei Seth Burgess und Kollegen (*Proceedings of the National Academy of Sciences [USA]*, 2014, 11, S. 3316–3321; *Science Advances*, 2015, 1, S. e1500470), und Joachimski und Kollegen publizierten eine wichtige Studie zu Klimaveränderung und Temperaturanstieg während des Massenaussterbens (*Geology*, 2012, 40, S. 195–198), der ich die Zahl einer Erwärmung um 5 bis 8 °C entnommen habe.

Den Zusammenbruch des Karoo-Ökosystems und seine lange Erholungsphase untersuchten mithilfe ökologischer Nahrungsnetzmodelle Peter Roopnarine, Ken Angielczy und Kollegen (*Proceedings of the Royal Society, Series B*, 2007, 274, S. 2077–2086; *Science*, 2015, 350, S. 90–93; *Earth-Science Reviews*, 2019, 189, S. 244–263). Adam Huttenlockers Arbeit zum Lilliput-Effekt ist in

*PLoS ONE* (2014, 9, S. e87553) veröffentlicht. Außerdem war Adam Mitglied des Teams von Jennifer Botha-Brink, welches sich mit der Frage befasste, wie die Cynodontier in der Endphase des Perms überlebten, und zu der Hypothese kam, dass ein schnelles Wachstum und eine schnelle Fortpflanzung den Ausschlag gaben. (*Scientific Reports*, 2016, 6, S. 24053). Weitere wichtige Arbeiten zur Größenentwicklung früher Synapsiden veröffentlichten Roland Sookias und Kollegen (*Proceedings of the Royal Society, Series B*, 2012, 279, S. 218087; *Biology Letters*, 2012, 8, S. 674–677), eine wegweisende Studie zur Verbreitung der Arten in der Pangäa während des Übergangs vom Perm zur Trias Chris Sidor und Kollegen (*Proceedings of the National Academy of Sciences [USA]*, 2013, 110, S. 8129–8133).

Zu *Thrinaxodon*, dem Cynodontier-Helden des Kapitels, bietet wie gewohnt Tom Kemp in *The Origin and Evolution of Mammals* eine gewissenhafte Zusammenfassung, während eine der wichtigsten beschreibenden Arbeiten von Richard Estes stammt (*Bulletin of the Museum of Comparative Zoology*, Harvard University, 1961, 125, S. 165–180). Eine Studie zu den Zähnen publizierte A. W. »Fuzz« Crompton (*Annals of the South African Museum*, 1963, 46, S. 479–521), und die Schädelanatomie beschrieb 1938 Robert Broom persönlich, wozu er den *Thrinaxodon*-Schädel in 18 Scheiben schnitt (*Annals of the Transvaal Museum*, 19, S. 263–269). Broom, der sich sehr viel mehr und dünnere Schnitte gewünscht hätte, soll angeblich gesagt haben, dass Mediziner sich mit noch einfacherer und wenig perfekter Technik begnügen müssten. Angesichts der Tatsache, dass heutige Paläontologen, die digitale Röntgenaufnahmen von fossilen Schädeln machen, dazu oft Ärzte und Krankenhäuser um Zugang zu CT-Geräten bitten müssen, fast schon ironisch!

Wichtige Erdhöhlen mit *Thrinaxodon*-Skeletten beschreiben Damiani et al. (*Proceedings of the Royal Society, Series B*, 2003, 270, S. 1747–1751) und Fernandez et al. (*PLoS ONE*, 2013, 8, S. e64978), Letztere untersuchen das bemerkenswerte Fossil eines *Thrinaxodon* und einer Amphibie, die sich in einer Erdhöhle zusammendrängen. Den Körperbau von *Thrinaxodon* und anderen Cynodontiern untersuchte Farish Jenkins, dessen wichtigste Arbeiten eine Monografie aus dem Jahr 1971, *The Postcranial Skeleton of African Cynodonts* (*Peabody Museum of Natural History Bulletin*, 36, S. 1–216), und ein in *Evolution* veröffentlichter Übersichtsbericht (1970, 24, S. 230–252) sind. Weitere Informationen zum Körperbau der Cynodontier stammen aus Richard Blobs oben zitiertem Artikel von 2001. Knochenhistologie und Wachstum von *Thrinaxodon* beschreiben Jennifer Botha und Anusuya Chinsamy (*Palaeontology*, 2005, 48, S. 385–394). Den Fokus auf Zähne, Kiefer und Kiefermuskulatur von *Thrinaxodon* – einschließlich deren Veränderungen im Wachstum – richten Publikationen von Sandra Jasinoski, Fernando Abdala und Vincent Fernandez (*Journal of Vertebrate Paleontology*, 2013, 33, S. 1408–1431; *The Anatomical Record*, 2015, 298, S. 1440–1464). Jasinoski und Abdala beschreiben in *PeerJ* (2017, 5, S. e2875) zudem Sozialverhalten und Brutpflege. Die antarktischen *Thrinaxodon*-Fossilien beschrieben James Kitching (Sohn des straßenbauenden Karoo-Fossiliensammlers Croonie Kitching) und Kollegen (*Science*, 1972, 175, S. 524–527; *American Museum Novitates*, 1977, 2611, S. 1–30).

Sehr dankbar bin ich Christian Kammerer und seinem Twitter-Feed, der mich auf das bemerkenswerte Leben von Walter Kühne aufmerksam machte. Kühnes Monografie zu *Oligokyphus* von 1956 wurde vom British Museum of Natural History online veröffentlicht und ist gratis zugänglich (https://www.biodiversitylibrary.org/item/206348#page/5/mode/1up). Die Details zu Kühnes Leben und Internierung habe ich dieser Monografie entnommen sowie Zofia Kielan-Jaworowskas Buch *In Pursuit of Early Mammals* (Indiana University Press, 2012), Alfred Romers Übersichtsarbeit zu Kühnes Monografie in *Quarterly Review of Biology* und Rex Parringtons Abhandlung über britische Säugetiere aus der Trias, die ganz allgemein eine hervorragende Quelle für Höhlenfunde wie *Morganucodon*, *Kuehneotherium* und *Eozostrodon* (*Philosophical Transactions of the Royal Society, Series B*, 261, S. 231–272) darstellen.

Die phylogenetischen Beziehungen der Cynodontier waren in den letzten Jahrzehnten Gegenstand vieler Analysen, Neuanalysen und Debatten, und Tritylodontier wie *Oligokyphus* werden mittlerweile zusammen mit zwei anderen Gruppen, den Trititheledontiern und den Brasilodontiern, als sehr nahe Verwandte der Säugetiere eingestuft. Sie alle sind weiterentwickelte Gruppen von Cynodontiern, die sich in etwa zur selben Zeit, in der späten Trias, ausbreiteten. Meine Darstellung der Genealogie der Cynodontier basiert auf einer aktuellen Studie von Marcello Ruta und Kollegen, die ich als Gutachter begleiten durfte (*Proceedings of the Royal Society, Series B*, 2013, 280, S. 20131865).

Eine weitere wichtige Arbeit publizierten Jun Liu und Paul Olsen (*Journal of Mammalian Evolution*, 2010, 17, S. 151–176).

Veränderungen in der Cynodontier-Linie – welche *Thrinaxodon* mit *Oligokyphus* und den Säugetieren verbindet – werden ausführlich in Tom Kemps Buch behandelt. Fuzz Crompton und Farish Jenkins veröffentlichten dazu in der allerersten Ausgabe von *Annual Review of Earth and Planetary Sciences* (1973, 1, S. 131–155) eine wegweisende Übersichtsarbeit. Katrina Jones – 2014, ein Jahr nach Adam Huttenlocker, ebenfalls Gewinnerin des Romer Prize – untersuchte mit ihren Kollegen Veränderungen der Wirbelsäule bei Cynodontiern (*Science*, 2018, 361, S. 1249–1252; *Nature Communications*, 2019, 10, S. 5071). Die oben zitierten Studien von Farish Jenkins und Richard Blob widmen sich ausführlich Veränderungen von Körperbau und Fortbewegung, insbesondere der Entwicklung der für Säugetiere typischen aufrechten Haltung aus dem Spreizgang.

Zum Thema Ursprung und frühe Entwicklungsstufen der Dinosaurier möchte ich Sie ganz unbescheiden auf mein Buch *Aufstieg und Fall der Dinosaurier* verweisen (Piper, 2020) sowie auf eine Übersichtsarbeit, die ich mit meinen Kollegen Sterling Nesbitt, Randy Irmis, Richard Butler, Mike Benton und Mark Norell verfasst habe (*Earth-Science Reviews*, 2010, 101, S. 68–100). Mein Buch enthält zudem eine detailliertere Beschreibung der Pangäa und ihres Klimas und nennt die wichtigsten Quellen.

Den »nächtlichen Engpass« in der frühen Entwicklungsphase der Säugetiere thematisieren gleich mehrere Autoren, wobei ein paar von ihnen diesen in der triassischen Anfangsphase der Säuger sehen, andere in den kleinen, nachtaktiven Säugetieren, welche das Aussterben der Dinosaurier vorzugsweise überlebten. Eine erhellende Studie von Ken Angielczyk und Lars Schmitz zeigte anhand der Vermessung der Augen, dass sich nachtaktives Verhalten wahrscheinlich schon früh in der synapsiden Linie entwickelte und auch verschiedene Pelycosaurier, Therapsiden und Cynodontier ein Nachtleben führten (*Proceedings of the Royal Society, Series B*, 2014, 281, S. 20141642). Weitere Artikel hierzu publizierten Margaret Hall und Kollegen (*Proceedings of the Royal Society, Series B*, 2012, 279, S. 4962–4968), Jiaqi Wu und Kollegen (*Current Biology*, 2017, 27, S. 3025–3033) und Roi Maor und Kollegen (*Nature Ecology & Evolution*, 2017, 1, S. 1889–1895). Die Formulierung, die Säugetiere hätten »alles auf Geruch, Gehör und Tastsinn gesetzt« geht auf ein Interview mit meinem Doktorvater Mark Norell zurück, welches 2019 – ausgerechnet – von Marvel Comics veröffentlicht wurde.

Meine Ausführungen zur Warmblütigkeit (Endothermie) stützen sich überwiegend auf Tom Kemps *The Origin and Evolution of Mammals* und den Diskussionsteil im oben erwähnten Artikel in *Nature Communications* zur Evolution der Wirbelsäule bei Säugetieren von Katrina Jones und Kollegen. Dass ein warmblütiges Säugetier achtmal schneller und länger läuft als eine Echse, stammt ebenfalls aus letzterem Artikel und basiert auf Arbeiten von Kemp (*Zoological Journal of the Linnean Society*, 2006, 147, S. 473–488) sowie Bennett und Ruben (*Science*, 1979, 206, S. 649–654). Die zunehmende Häufigkeit fibrolamellarer Knochen bei Cynodontiern wird in zwei sehr gut verständlichen Kapiteln in *The Forerunners of the Mammals* besprochen, einmal von Jennifer Botha-Brink und Kollegen (Kapitel 9) und einmal von Jørn Hurum und Anusuya Chinsamy (Kapitel 10). Das Schrumpfen der Knochenzellen und damit auch der roten Blutkörperchen stellten Adam Huttenlocker und

Colleen Farmer fest (*Current Biology*, 2017, 27, S. 48–54). Kevin Rey und sein Team publizierten ihre Arbeit zu Sauerstoffisotopen in *eLife* (2017, 6, S. e28589). Den Begriff *Carrier's constraint* – nach dem Wissenschaftler David Carrier, der diesen als Erster erwähnte – prägte Richard Cowen in *Paleobiology* (1987, 13, S. 326–341). Einen netten Artikel zur Evolution der Nasenmuscheln haben Crompton und seine Kollegen verfasst (*Journal of Vertebrate Paleontology*, 2017, S. e1269116). Darüber, wann sich die mit Blutgefäßen ausgekleideten Nasenmuscheln entwickelten, herrscht noch Unsicherheit. Einige Nicht-Säugetier-Cynodontier könnten bereits welche gehabt haben, womöglich aber aus Knorpel anstatt Knochen. Der älteste eindeutig knöcherne Nachweis stammt von frühen Säugetieren. Größe, Form und Blutgefäße anhand der zerbrechlichen Fossilien genau zu bestimmen ist jedoch äußerst schwierig.

Die Entwicklung der dreiteiligen Kiefermuskulatur bei Säugetieren wird umfassend und mit zahlreichen Referenzen zu historischen Quellen von Lautenschlager et al. besprochen (*Biological Reviews*, 2017, 92, S. 1910–1940). Dasselbe Team legte mit einer wichtigen in *Nature* (2018, 561, S. 533–537) publizierten Studie noch einmal nach, die an einer Reihe fossiler Spezies mithilfe technischer Software die Funktionsweise des Kiefers testete und zu dem Schluss kommt, dass die treibende Kraft hinter der Entwicklung des neuen Squamosum-Dentale-Gelenks die Miniaturisierung war. Indem die Säugetiere immer kleiner wurden, erreichten sie einen »Sweetspot«, an dem die geringere Belastung dank ihrer geschrumpften Körpergröße den Verlust an absoluter Beißkraft durch einen kleineren Kiefer wettmachte. Chris Sidor publizierte in *Evolution* (2001, 55, S. 1419–1442) eine Studie, die zeigt, wie das Schädeldach der Säugetiervorfahren sich zunehmend vereinfachte (d. h. insgesamt weniger und stärker zusammengewachsene Knochen aufwies).

Die Definition für Säugetiere, die ich im Buch verwende – alle Nachkommen des ersten Cynodontiers mit stabilem Squamosum-Dentale-Gelenk –, ist in der historischen Literatur gebräuchlich und entspricht mehr oder weniger der Definition, die auch Kielan-Jaworowska, Cifelli und Luo in ihrer meisterhaften Übersicht früher Säugetiere, *Mammals from the Age of Dinosaurs* (Columbia University Press, 2004) verwenden. Ihre fachliche Definition von Säugetieren ist »eine durch die gemeinsame Abstammung von *Soinoconodon* definierte Klade von Morganucodontiern, Docodontiern, Monotrematen, Marsupialiern und Plazentatieren plus aller ausgestorbenen Taxa, die sich innerhalb dieser Klade befinden«, was im Grunde der Gruppe auf dem Stammbaum entspricht, die ein Squamosum-Dentale-Gelenk entwickelten. Diese Gruppe – die ich »Säugetiere« nenne – wird von Wissenschaftlern, die eine Kronengruppendefinition bevorzugen, als Mammaliaformes bezeichnet und beschränkt sich auf die Stammbaumgruppe, zu der die modernen Säugetiere (Kloakentiere, Beuteltiere, Plazentatiere) und alle Nachkommen ihres jüngsten gemeinsamen Verwandten zählen. Timothy Rowes Artikel von 1988 in *Journal of Vertebrate Paleontology* (8, S. 241–264) ist der erste, der für die auf der Kronengruppe basierende Definition von Säugetieren den Begriff Mammalia und für die größere Gruppe mit dem Squamosum-Dentale-Gelenk den neuen Begriff Mammaliaformes verwendete. Und das ist auch schon alles, was ich zur Klassifikation – die mehr mit Semantik als mit Wissenschaft zu tun hat – zu sagen habe, bevor ich an dieser Stelle meine Kollegen noch einmal inständig um Verzeihung bitte, dass ich hier nicht die Kronengruppendefinition verwende.

Was meine Darstellung des Kauverhaltens der Säugetiere anbelangt, waren wieder Tom Kemps *The Origin and Evolution of Mammals* sowie *Mammals from the Age of Dinosaurs* von Kielan-Jaworowska et al. unbezahlbare Quellen, die ich jedem, der sich für dieses Thema interessiert, sehr ans Herz lege. Kai Jäger und Kollegen veröffentlichten einen aufschlussreichen Artikel zu Kauverhalten und dentaler Okklusion bei *Morganucodon* (*Journal of Vertebrate Paleontology*, 2019, 39, S. e1635135). Bhart-Anjan Bhullar und Armita Manafzadeh und ihr Team publizierten in *Nature* (2019, 566, S. 528–532) eine faszinierende Studie, bei der sie die Kaubewegungen lebender Beuteltiere mittels Röntgenaufnahmen analysierten und das Rollen des Unterkiefers – welches sich zur selben Zeit entwickelte wie das Squamosum-Dentale-Gelenk – als zentral für die Kaubewegungen insgesamt bewerteten. David Grossnickle schrieb eine Antwort auf diesen Artikel (*Nature*, 2020, 582, S. E6–E8), befasst sich darin jedoch überwiegend mit anderen Aspekten der Studie. Meine Gespräche mit Dave haben mir sehr geholfen, die Evolution der Kaubewegungen bei Säugetieren besser zu verstehen. Außerdem muss ich an dieser Stelle noch erwähnen, dass ich mir den Ausdruck »innere Heizung«, mit dem ich in diesem Kapitel die Endothermie beschreibe, aus einem Interview mit Anjan Bhullar geborgt habe.

*Morganucodon*, das Paradebeispiel eines frühen Säugetiers, wird zum ersten Mal 1949 von Kühne beschrieben, der ihm auch seinen Namen gab (*Proceedings of the Zoological Society of London*, 119, S. 345–350) Vollständigere Skelette beschrieben später Kenneth Kermack, Frances Mussett und Harold Rigney in zwei Artikeln im *Zoological Journal of the Linnean Society* (1973, 53, S. 86–175; 1981, 71, S. 1–158). Den chinesischen *Morganucodon*-Schädel, der ihm so viel Ärger einbrachte, beschrieb Rigney in *Nature* (1963, 197, S. 1122–1123), seine Biografie, *Four Years in a Red Hell*, publizierte Henry Renery, Chicago. Die Diphyodontie – das Aufeinanderfolgen zweier Zahngenerationen – bei

*Morganucodon* wurde von Rex Parrington (*Philosophical Transactions of the Royal Society, Series B*, 261, S. 231–272) beschrieben und das postcraniale Skelett von Jenkins und Parrington (*Philosophical Transactions of the Royal Society, Series B*, 1976, 273, S. 387–431).

Tim Rowe publizierte zwei bedeutende Studien zur Gehirnevolution bei frühen Säugetieren, einschließlich der Entwicklung großer Riechkolben und des Neokortex, eine in *Science* (1996, 273, S. 651–654) und eine zweite gemeinsam mit Ted Macrini und Zhe-Xi Luo in *Science* (2011, 332, S. 955–957), in denen er CT-Bilder von *Thrinaxodon*, *Morganucodon* und anderen zentralen Arten der Cynodontier-Säugetier-Linie vorstellt.

Zu den relevanten Veröffentlichungen über andere frühe Säugetiere zählen Parringtons Beschreibung von *Eozostrodon* (*Annals and Magazine of Natural History*, 1941, 11, S. 140–144), Diane Kermacks Beschreibung von *Kuehneotherium* (*Journal of the Linnean Society [Zoology]*, 1968, 47, S. 407–423), Cromptons und Jenkins' Beschreibung von Ione Rudners *Megazostrodon* (*Biological Reviews*, 1968, 43, S. 427–458) und die *Hadrocodium*-Beschreibung von Luo et al. (*Science*, 2001, 292, S. 1535–1540). Pam Gill und Team veröffentlichten in *Nature* (2014, 512, S. 303–305) eine Studie zur Ernährung von *Morganucodon* und *Kuehneotherium*, die nicht nur die Abnutzung der Zähne berücksichtigt, sondern auch mit technischen Modellen der Kiefer arbeitet. Ein ähnlicher Artikel, der sich ebenfalls den Unterschieden in der Ernährung dieser Spezies widmet, stammt von Conith et al. (*Journal of the Royal Society Interface*, 2016, 13, S. 20160713).

Farish Jenkins war eine Koryphäe in meinem Fachgebiet, und obwohl ich ihn nie persönlich kennenlernen durfte, werde ich nie vergessen, wie ich im Publikum saß, als er, bereits vom Krebs gezeichnet, 2009 die Romer-Simpson-Medaille der *Society of Vertebrate Paleontology* erhielt. Drei Jahre später, 2012, starb er. Seinen Freunden soll er gesagt haben, er habe mit seinem Schicksal Frieden geschlossen, für ihn als Paläontologe sei der Tod ein alter Bekannter. Dieses Zitat sowie andere biografische Details habe ich Nachrufen in der *New York Times*, dem *Economist*, dem *Boston Globe* und *Nature* (verfasst von Neil Shubin) entnommen – ein Zeichen, wie bekannt Jenkins war. Die berühmte Zeichnung von *Megazostrodon* veröffentlichten er und Parrington in ihrem oben zitierten Artikel aus dem Jahr 1976 und würdigten dort in ihrer Danksagung auch die finale künstlerische Rekonstruktion von Laszlo Meszoly, einem Zeichner des Harvard's Museum of Comparative Zoology, der in einem Artikel von 2003 in der *Harvard Gazette* porträtiert wird.

Die These, dass die Diversifikation wichtiger neuer Säugetiergruppen häufig in der Nische der kleinen Insektenfresser ihren Anfang nimmt, präsentierten

Dave Grossnickle und Kollegen in einem wunderbar geschriebenen Übersichtsartikel in *Trends in Ecology and Evolution* (2019, 34, S. 936–949).

## KAPITEL 3: SÄUGETIERE UND DINOSAURIER

Das außergewöhnliche Leben des William Buckland ist in vielen Büchern über die Anfänge der Paläontologie nachzulesen, mein Favorit ist jedoch Deborah Cadburys *The Dinosaur Hunters* (Fourth Estate, 2000), das international auch unter dem Titel *Terrible Lizard* veröffentlicht wurde. Bucklands Rolle in der frühen Säugetierforschung widmet sich Wallace in *Beasts of Eden*, weitere Details habe ich einer Biografie der University-of-Oxford-Onlinereihe »Learning More« und einem Artikel im *Guardian* über Bucklands kulinarische Neigungen (»The Man Who Ate Everything«, Februar 2008) entnommen. *Megalosaurus* und die winzigen Säugetierkiefer beschreibt Buckland in einer verschriftlichten Rede, die er vor der Geologischen Gesellschaft hielt (*Transactions of the Geological Society of London*, 1824, 2, S. 390–396). Mehrere Jahrzehnte später veröffentlichte Richard Owen eine bahnbrechende Übersicht über die damals bekannten Säugetiere des Mesozoikums (»Monograph of the Fossil Mammalia of the Mesozoic Formations«, *Monographs of the Palaeontographical Society*, 1871).

Das Stereotyp der mesozoischen Säugetiere als kleine, langweilige Generalisten verdanken wir den beiden wichtigsten Übersichtsarbeiten des frühen 20. Jahrhunderts, verfasst von dem bedeutenden Säugetierexperten und Evolutionsbiologen George Gaylord Simpson (*A Catalogue of the Mesozoic Mammalia in the Geological Department of the British Museum*, Oxford University Press, 1928; »American Mesozoic Mammalia«, *Memoirs of the Peabody Museum*, 1929, 3, S. 1–235).

Für mehr Information zum Massenaussterben am Ende der Trias verweise ich auf die Lektüre meines Buchs *Aufstieg und Fall der Dinosaurier* und die darin enthaltenen Literaturhinweise. Das Buch *Triassic Life on Land: The Great Transition* (Columbia University Press, 2010) von Nicholas Fraser und Hans-Dieter Sues ist eine exzellente Zusammenfassung der triassischen Welt, ihrer Bewohner und Physiogeografie sowie des Massenaussterbens. Die am Ende der Trias ausgetretene Lava formte Unmengen von Basaltgestein, das heute Teile von vier Kontinenten überzieht, die sogenannte Zentralatlantische Magmenprovinz (Central Atlantic Magmatic Province, kurz CAMP) – sehr gut beschrieben von Marzoli und Kollegen (*Science*, 1999, 284, S. 616–618). Den zeitlichen Ablauf der CAMP-Eruptionen haben Blackburn und Kollegen untersucht (*Science*, 2013, 340, S. 941–945) und herausgefunden, dass diese sich über 600 000 Jahre in vier großen Wellen ereigneten. Arbeiten von Jessica Whiteside, Paul Olsen und Team zeigen, dass die Massenaussterben am Ende der Trias sich parallel an Land und im Meer ereigneten und die ersten Hinweise auf aussterbende Arten zeitgleich mit den ersten Lavaströmen in Marokko auftreten (*Proceedings of the National Academy of Sciences [USA]*, 2010, 107, S. 6721–6725). Veränderungen des Kohlendioxidgehalts in der Atmosphäre, der globalen Temperaturen und der Pflanzengemeinschaften an der Trias-Jura-Grenze haben unter anderen McElwain et al. (*Science*, 1999, 285, S. 1386–1390; *Paleobiology*, 2007, 33, S. 547–573) und Belcher et al. (*Nature Geoscience*, 2010, 3, S. 426–429) untersucht.

Das neue Image der jurassisch-kreidezeitlichen Säuger als vielseitige, dynamische und spannende Arten vermittelte einem größeren Publikum als Erster Zhe-Xi Luo mit einer Übersichtsarbeit in *Nature* (2007, 450, S. 1011–1019), welche die Entdeckungen der ersten zehn Jahre aus Liaoning zusammenfasst. 2014 veröffentlichte Meng Jin dann eine überarbeitete Übersicht zu den chinesischen Fossilien, welche deren unerwartete Diversität noch unterstrich (*National Science Review*, 1, S. 521–542). Roger Close und Kollegen demonstrierten mithilfe mehrerer statistischer Methoden, die sie auf die Säugetierstammbäume anwandten, dass diese sich im mittleren Jura rasant weiterentwickelten (*Current Biology*, 2015, 25, S. 2137–2142). Eine dieser Methoden – mit der sich die Evolutionsgeschwindigkeit von Skeletten berechnen lässt – habe ich mit meinen Kollegen Graeme Lloyd und Steve Wang entwickelt (*Evolution*, 2012, 66, S. 330–348). Die Hypothese, dass für die höheren Evolutionsraten und die explosionsartige Diversifikation der Säugetiere im mittleren Jura das Auseinanderbrechen der Pangäa verantwortlich sein könnte, stammt ebenfalls aus Close et al.

*Zhangheotherium*, das erste aus Liaoning bekannte Säugetierfossil, beschrieb Zhe-Xi Luo mit seinen Kollegen Yaoming Hu und Yuanqing Wang et al. 1997 (*Nature*, 390, S. 137–142). Zwei Jahre später beschrieben dann Luo, Ji Qiang und Ji Shu-an *Jeholodens*, ebenfalls in *Nature* (1999, 398, S. 326–330), und der dinosaurierfressende *Repenomamus* wurde 2005 unter Anleitung des Hauptautors Yaoming Hu von Meng Jin und Team beschrieben (*Nature*, 433, S. 149–152).

Docodontier und Haramiyiden sind Thema in Büchern wie Kemps *The Origin and Evolution of Mammals* und *Mammals from the Age of Dinosaurs* von Kielan-Jaworowska et al., die aufgrund der Flut von neuen Entdeckungen aus China mittlerweile jedoch überholt sind. In Beiträgen von Anfang bis Mitte der 2000er-Jahre wird noch beklagt, dass diese beiden Gruppen nur durch bruchstückhafte Fossilien repräsentiert sind und wohl ein ewiges Rätsel bleiben werden. Wie sich die Zeiten doch geändert haben! Mehr Informationen zu den im Text erwähnten Arten sind in den entsprechenden Beschreibungen zu finden: *Microdocodon* (Zhou et al., *Science*, 2019, 365, S. 276–279), *Agilodocodon* (Meng et al., *Science*, 2015, 347, S. 764–768), *Docofossor* (Luo et al., *Science*, 2015, 347, S. 760–764), *Castorocauda* (Ji et al., *Science*, 2006, 311, S. 1123–1127), *Vilevolodon* (Luo et al., *Nature*, 2017, 548, S. 326–329), *Maiopatagium* (Meng et al., *Nature*, 2017, 548, S. 291–296) und *Arboroharamiya* (Zheng et al., 203, *Nature*, 500, S. 199–202; Han et al., *Nature*, 2017, 551, S. 451–456). Erst vor Kurzem wurde zudem *Cifelliodon* beschrieben, ein spannender kreidezeitlicher Haramiyide, der in Nordamerika noch lange Zeit überlebte und den Adam Huttenlocker und Kollegen nach dem berühmten Säugetierexperten Rich Cifelli benannten (*Nature*, 2018, 558, S. 108–112).

An dieser Stelle möchte ich kurz unterbrechen und erwähnen, dass derzeit eine heftige Debatte um die Platzierung der Haramiyiden auf dem Säugetierstammbaum geführt wird. Ein Lager, angeführt von Zhe-Xi Luo, ist der Ansicht, dass es sich um primitive Säugetiere handelt, die auf dem Stamm in der Nähe von *Morganucodon* einzuordnen sind. Das andere, von Meng Jin angeführte Lager, spricht sich für eine höhere Platzierung innerhalb der Kronengruppe aus (die alle modernen Säugetierarten und Nachfahren von deren jüngstem gemeinsamen Vorfahren umfasst) und sieht in ihnen eine Schwestergruppe der Multituberculata, einer pflanzenfressenden Säugetiergruppe, die in der Kreidezeit zahlreiche Arten umfasste. Ich selbst habe hierzu keine feste Meinung. Auch wenn die Debatte rein akademischer Natur zu sein scheint, hat sie weitreichende Auswirkungen: Denn sollte es sich bei den Haramiyiden, die erstmals in der Trias auftauchen, um Kronensäugetiere handeln, würde das bedeuten, dass die modernen Säugetiere sehr viel älter sind als bisher gedacht, circa 208 Millionen Jahre. Handelt es sich um frühe Stamm-Säugetiere, trat die Kronengruppe höchstwahrscheinlich im frühen Jura auf, vor rund 178 Millionen Jahren.

Unsere Dinosaurierfunde auf der Isle of Skye sind in mehreren Artikeln veröffentlicht (Brusatte und Clark, *Scottish Journal of Geology*, 2015, 51, S. 157–164; Brusatte et al., Scottish Journal of Geology, 2016, 52, S. 1–9; dePolo et al., *Scottish Journal of Geology*, 2018, 54, S. 1–12; Young et al., *Scottish Journal of Geology*, 2019, 55, S. 7–19; dePolo et al., *PLoS ONE*, 2020, 15[3], S. e0229640). Die Arbeiten auf Skye habe ich mit Tom Challands, Mark Wilkinson, Dugald Ross, Paige dePolo, Davide Foffa, Neil Clark und vielen anderen großartigen Kollegen und Studierenden durchgeführt, wobei Neil Clark mehrere wichtige Artikel zu den Skye-Dinosauriern verfasste, und Dugie Ross viele der wichtigsten Fossilien entdeckte.

Hugh Millers Buch *The Cruise of the Betsey* erschien 1858 in Edinburgh und ist online unter https://minorvictorianwriters.org.uk/miller/b_betsey.htm zu finden. Eine faszinierende Biografie Millers publizierte einer meiner Kollegen vom National Museum of Scotland, der Paläontologe Michael Taylor (*Hugh Miller: Stonemason, Geologist, Writer*, National Museum of Scotland, 2007). Im Jahr 1972 veröffentlichten Waldman und Savage ihre erste Beschreibung von *Borealestes* (*Journal of the Geological Society*, 128, S. 119–125). Elsa Pancirolis Beschreibung des *Borealestes*-Schädels erschien 2021 (Panciroli et al., *Zoological Journal of the Linnean Society*, zla144). Einen separaten Artikel zu Kiefer und Zähnen veröffentlichte sie bereits 2019 (*Journal of Vertebrate Paleontology*, 39, S. e1621884) und einen weiteren über das Felsenbein in der Cochlea 2018 (*Papers in Palaeontology*, 2018, 5, S. 139–56). Elsa hat auch über andere Skye-Säugetiere geschrieben, die sich als sehr artenreich erwiesen. Da ist zum einen *Stereognathus*, ein Tritylodontier, Mitglied einer Gruppe von Noch-nicht-ganz-Säugetieren, zu der auch *Oligokyphus* und *Kayentatherium* zählen. Zuerst beschrieben wurde er von Waldman und Savage 1972, neu beschrieben 2017 von Elsa, mir und weiteren Kollegen (*Journal of Vertebrate Paleontology*, e1351448). Und dann sind da noch *Wareolestes*, ein primitives *Morganucodon*-ähnliches Säugetier (Panciroli et al., *Papers in Palaeontology*, 2017, 3, S. 373–386) und das fortschrittliche *Palaeoxonodon*, ein enger Verwandter der Theria (Plazenta- und Beuteltiere) (Panciroli et al., *Acta Paleontologica Polonica*, 2018, 63, S. 197–206).

Liam Drews Buch *I, Mammal* bietet eine herausragende Diskussion der Ursprünge der Laktation, auf die ich mich für diesen Abschnitt ebenso gestützt habe wie auf Olav Oftedals faszinierende 2002 veröffentlichte Abhandlung zu Milchdrüsen und Laktation (*Journal of Mammary Gland Biology and Neoplasia*, 7, S. 225–252). Eva Hoffman und Tim Rowe beschreiben die außergewöhnliche fossile *Kayentatherium*-Familie in *Nature* (2018, 561, S. 104–108), und die beste Quelle zur Entwicklung des Zungenbeins und der Halsmuskulatur ist der oben zitierte Artikel von Zhou et al. über *Microdocodon*.

Zu den Mittelohrknochen der Säugetiere existiert so viel Literatur, dass ich mich hier darauf beschränke, interessierte Leser zum Einstieg auf vier Artikel besonders hinzuweisen. Erstens auf eine ganz fantastische Abhandlung von Zhe-Xi Luo (*Annual Review of Ecology, Evolution, and Systematics*, 2011, 42, S. 355–380), die sich mit der Anatomie des Ohrs, den Homologien der Gehörknöchelchen und der evolutionären Sequenz der multiplen Kieferknochen der Cynodontier zum Säugetier befasst, ebenso wie mit den genetischen und embryonischen Daten, die uns helfen, die Entwicklung des Ohrs besser zu verstehen. Zweitens auf eine Übersichtsarbeit von Neal Anthwal und Kollegen, die einen historischen Abriss wichtiger Arbeiten zum Säugetierohr mit anatomischen, genetischen und embryonischen Nachweisen für dessen Evolution verknüpft (*Journal of Anatomy*, 2012, 222, S. 147–160). Drittens auf eine Arbeit von Wolfgang Maier und Irina Ruf, die darüber aufklärt, wie Wissenschaftler im Laufe der Zeit – zurückgehend bis ins 16. Jahrhundert – Ursprung und Evolution der Gehörknöchelchen bei Säugetieren erforschten (*Journal of Anatomy*, 2015, 228, S. 270–283). Und zu guter Letzt auf die bahnbrechende Publikation von Edgar Allin, in der er die Evolutionssequenz des Säugetierohrs aufzeigt (*Journal of Morphology*, 1975, 147, S. 403–438).

Weitere wichtige Arbeiten, die sich mit im Text erwähnten Arten befassen, sind die Beschreibung von *Liaoconodon*, einem Säugetier mit einer Übergangsvariante des Mittelohrs, von Meng et al. (*Nature*, 2011, 472, S. 181–185); eine Beschreibung von *Origolestes* (*Science*, 2019, 367, S. 305–308), dessen Mittelohrknochen sich vom sogenannten Meckelschen Knorpel gelöst haben. (Hier ist anzumerken, dass Zhe-Xi Luo diese als einen Bruch im Fossil interpretiert und nicht als echte Ablösung); eine Beschreibung des Multituberculata *Jeholbaatar* von Wang et al. (*Nature*, 2019, 576, S. 102–105), die offenbarte, dass die Form des Ohrgelenks dem Kaustil des früheren Kiefergelenks geschuldet ist; eine Beschreibung von Ohr und Kiefer bei frühen Monotremata, die nachweist, dass sich bei diesen die Mittelohrknochen unabhängig von den Beuteltieren und Plazentatieren abgelöst haben, von Rich et al. (*Science*, 2005, 307, S. 910–914); und die Beschreibung des Haramiyiden *Arboroharamiya allinhopsoni* mit vom Kiefer gelösten Gehörknöchelchen von Han et al. (*Nature*, 2017, 551, S. 451–456). Einige dieser Arbeiten könnten für Nichtspezialisten (wie beispielsweise Paläontologen, die sich ursprünglich mit Dinosauriern befassten) schwer verständlich sein. Ich zumindest war für die Erläuterungen von Anne Weil – einer führenden Expertin für multituberculate Säugetiere, die einige der *Nature*-Artikel kommentierte – äußerst dankbar.

Ein paar Monate nach Beendigung dieses Kapitels veröffentlichten meine ehemalige Doktorandin Sarah Shelley, mein Kollege und Mentor John Wible und noch ein paar Kollegen eine wichtige Arbeit über ein Haramiyiden-Ohr, die einen noch besseren Einblicke in die zahlreichen Ablösungen von Gehörknochen in der Geschichte der Säugetiere bietet (Wang et al., *Nature*, 2021, 590, S. 279–283). Sie haben darin mehrere veraltete Begriffe neu definiert, eine Terminologie, der ich in diesem Buch folge, wenn ich beispielsweise von einem »separierten« Mittelohr spreche, wenn die Mittelohrknochen keinerlei Verbindung mehr zu Knochen oder Knorpeln des Kiefers haben. In älteren Arbeiten wird hierfür häufig der Begriff »definitives Säuger-Mittelohr« verwendet (im Englischen Definitive Mammalian Middle Ear, kurz DMME).

Um es kurz zu machen: Wang et al. (2021) haben zur Erklärung der unterschiedlich geformten mittleren Kiefergelenke bei Kloaken- und Beuteltieren und Plazentatieren eine neue Hypothese aufgestellt. Nicht die unterschiedlichen Kaubewegungen der ursprünglichen Kieferknochen sind der Grund für die divergierenden Formen (wie von Wang et al. [2019] vorgeschlagen und in Kapitel 3 von mir dargelegt), vielmehr ist das überlappende Kiefergelenk der Monotremata einfach nur ein Vorläufer unseres komplizierten, ineinandergreifenden Gelenks – eine Hypothese, die heftig debattiert wird!

Zwei neuere Studien desselben Teams aus Embryologen und Paläontologen zeigen anhand noch lebender Säugetiere, wie naheliegend die Trennung der Ohrknochen vom Meckelschen Knorpel ist. Die eine Studie von Anthwal et al. (*Nature Ecology & Evolution*, 2017, 1, S. 0093) konzentriert sich auf Chondroplasten bei Mäusen (Plazentatieren), die andere von Urban et al. (*Proceedings of the Royal Society, Series B*, 2017, 284, S. 20162416) auf den Zelltod bei Opossums (Beuteltieren). Obwohl ich im Haupttext nicht darauf eingehe, hat die Kiefer-Ohr-Geschichte noch einen weiteren faszinierenden Aspekt: Einige der in den Kiefern von Reptilien exprimierten Gene werden auch in den Ohren von Säugetieren exprimiert (z. B. das Gen Bapx1), ein eindeutiger Beweis, dass aus Kieferknochen Gehörknöchelchen wurden. Veröffentlicht wurde diese Studie von Abigail Tucker und Team, zu dem auch mein Edinburgher Kollege, der legendäre Genetiker Bob Hill, gehört (*Development*, 2004, 131, S. 1235–1245).

## KAPITEL 4: DIE REVOLUTION DER SÄUGETIERE

Zofia Kielan-Jaworowska erzählt ihre Lebensgeschichte in ihrem Buch *In Pursuit of Early Mammals* (Indiana University Press, 2012), welches auch einen kurzen Überblick über den Ursprung der Säugetiere, den Übergang von den Cynodontiern zu den Säugetieren und die Säugetiergruppen des Mesozoikums bietet. Weitere Aspekte ihrer Biografie stammen aus Feldbuchnotizen über das Gespräch, das ich im Sommer 2010 mit ihr führen durfte. Die Ereignisse ihrer ersten polnisch-mongolischen Expeditionen schildert Zofia in ihrem 1969 erschienenen Buch *Hunting for Dinosaurs* (MIT Press). Die Funde des polnisch-mongolischen Teams sind in einer langen Reihe von Arbeiten veröffentlicht, die sie in ihrem Buch von 2012 ausgiebig zitiert. Viele dieser Arbeiten erschienen in *Palaeontologia Polonica*. Überfliegt man das auch online einzusehende Artikelverzeichnis dieser Zeitschrift, offenbart sich ein wahrer Schatz an Informationen, darunter auch Zofias bedeutende Arbeiten über Multituberculata von 1970 und 1974.

Roy Chapman Andrews' Leben und seine Zentralasienexpedition sind Gegenstand von Charles Gallenkamps Buch *Dragon Hunter* (Viking, 2001). Die gemeinsamen Expeditionen des American Museum of Natural History und der Mongolian Academy of Sciences in den frühen 1990er-Jahren schildert Mike Novacek in seinem äußerst lesenswerten Buch *Dinosaurs of the Flaming Cliffs* (Anchor Books, 1996), einem meiner Lieblingsbücher, als ich noch auf der Highschool, aber bereits ein enthusiastischer Fossilienjäger war. Ukhaa Tolgod – Fundort zahlreicher Multituberculata-Fossilien – wurde zuerst von Dashzeveg, Novacek, Norell und Kollegen beschrieben (*Nature*, 1995, 374, S. 446–449). Informationen zur Geologie des Fundorts und ein detaillierter forensischer Nachweis, dass die Fossilien unter eingebrochenen Sanddünen nach einer Flut entstanden, sind in Arbeiten von Loope et al. (*Geology*, 1998, 26, S. 27–30) und Dingus et al. (*American Museum Novitates*, 2008, 3616, S. 1–40) zu finden.

Details vom Übergang aus dem Jura in die Kreide mit allen relevanten Referenzen finden Sie in meinem Buch *Aufstieg und Niedergang der Dinosaurier*. Die wohl hilfreichste Beschreibung der damaligen Klima- und Umweltveränderungen fasst ein Artikel von Jon Tennant und Kollegen zusammen (*Biological Reviews*, 2017, 92, S. 776–814). Jon, ein junger Paläontologe und überzeugter Vertreter der Open-Science-Bewegung, die den freien Zugang zu Forschungsdaten forciert, starb 2020 tragischerweise bei einem Motorradunfall, während ich gerade dieses Kapitel schrieb.

Allgemeine Informationen zu Multituberculata liefern Zofias oben erwähntes Buch von 2012, Tom Kemps *The Origin and Evolution of Mammals* und die großartige, ebenfalls oben bereits zitierte, Enzyklopädie, die Zofia mit Zhe-Xi Luo und Richard Cifelli veröffentlichte: *Mammals from the Age of Dinosaurs*. Die von mir angegebene Zahl, dass Multituberculata 70 Prozent der Gobi-Säugetierfauna ausmachen, zitiert Chinsamys und Hurums Arbeit über Mikrostruktur und Wachstum der Knochen bei frühen Säugetieren (*Acta Palaeontologica Polonica*, 2006, 51, S. 325–338).

Wichtige Beiträge zur Ernährungsweise der Multituberculata publizierten Philip Gingerich, der 1977 in dem Buch *Patterns of Evolution* (Elsevier) die Beweise für die rückwärtsgerichtete Kaubewegung lieferte, Zofia und ihr Kollege Peter Gambaryan, die die kraniale Muskulatur beschrieben (*Acta Palaeontologica Polonica*, 1995, 40, S. 45–108), und David Krause (*Paleobiology*, 1982, 8, S. 265–313). Was die Fortbewegung der Multituberculata betrifft, haben Farish Jenkins und Krause ihre reversiblen Gelenke und die Fähigkeit, auf Bäume zu klettern, nachgewiesen (*Science*, 1983, 220, S. 712–715; *Bulletin of the Museum of Comparative Zoology*, 1983, 150, S. 199–246) sowie Paul Sereno, einer meiner Berater während des Grundstudiums, und Malcolm McKenna die fortschrittliche und schnelle Art, sich fortzubewegen (*Nature*, 1995, 377, S. 144–147). Ebenfalls bedeutende Arbeiten zu diesem Thema veröffentlichten Zofia Kielan-Jaworowska und Petr P. Gambaryan (*Fossils and Strata*, 1996, 36; *Acta Palaeontologica Polonica*, 1997, 42, S. 13–44).

Das jurassische Multituberculata *Rugosodon* – derzeit das älteste gut erhaltene Fossil der Gruppe – beschrieben Chong-Xi Yuan und Luo mit ihrem Team (*Science*, 2013, 341, S. 779–783). Greg Wilsons Studie zur dentalen Evolution der Multituberculata erschien in *Nature* (2012, 483, S. 457–460). In weiteren Studien entdeckten David Grossnickle und David Polly über einen anderen Datenpool ähnliche Muster immer diversifizierterer Zahnreihen (*Proceedings of the Royal Society, Series B*, 2013, 280, S. 20132110). Unser Team – Zoltán Csiki-Sava, Mátyás Vremir, Meng Jin, Mark Norell und ich – beschrieb 2018 *Litovoi* (*Proceedings of the National Academy of Sciences [USA]*, 115, S. 4857–4862). Dieser Artikel befasst sich auch ausführlich mit den auf einer rumänischen Insel entdeckten Kogaioniden. 2021 leitete Luke Weaver – damals noch Doktorand – ein Team, das den Fund einer sozialen Gruppe von Multituberculata in Montana publizierte (*Nature Ecology & Evolution*, 5, S. 32–37), eine Arbeit, für die er den Romer Prize der Society of Vertebrate Paleontology erhielt.

Eine gute Quelle für allgemeine Informationen zu Ursprüngen und Evolution der Angiospermen ist das Buch *Early Flowers and Angiosperm Evolution* von Friis, Crane und Pedersen (Cambridge University Press, 2011). Die ältesten, gut erhaltenen Fossilien von Angiospermen, *Archaefructus*, stammen aus Liaoning und wurden von Sun et al. beschrieben (*Science*, 2002, 296, S. 899–904). Die wichtigsten von mir konsultierten Werke zu frühen Angiospermen und ihrer extremen Anpassungsfähigkeit sind unter anderem von Wing und Boucher (*Annual Review of Earth and Planetary Sciences*, 1998, 26, S. 379–421), Boyce et al. (*Proceedings of the Royal Society, Series B*, 2009, 276, S. 1771–1776), Feild et al. (*Proceedings of the National Academy of Sciences [USA]*, 2011, 108, S. 8363–8366), Coiffard et al. (*Proceedings of the National Academy of Sciences [USA]*, 2012, 109, S. 20955–20959), deBoer et al. (*Nature Communications*, 2012, 3, S. 1221) und Chaboureau et al. (*Proceedings of the National Academy of Sciences [USA]*, 2014, 111, S. 14066–14070). Einer dieser Paläobotaniker – Kevin Boyce – war mein Lehrer im Grundstudium an der Universität von Chicago. Ein paar Jahre nachdem ich seinen Kurs besuchte, gewann er ein Stipendium der MacArthur-Stiftung!

Den Begriff »Kreidezeitliche Terrestrische Revolution« (KTR) prägten 2008 ein paar meiner engsten Freunde und Kollegen – Graeme Lloyd, Marcello Ruta und Mike Benton (meine drei MScR-Betreuer an der Universität von Bristol) – gemeinsam mit anderen Kollegen in einem Artikel über die Evolution der Dinosaurier (*Proceedings of the Royal Society, Series B*, 275, S. 2483–2490). Zusätzliche Informationen zur KTR, insbesondere zur Evolution der Insekten, erhielt ich in Gesprächen mit Mike Benton.

Die Literaturliste zu Anatomie, Funktion und Evolution der Backenzähne bei Theria ist lang – ein komplexes Thema, das ich im Haupttext notgedrungen stark kürzen musste, um die Leserinnen und Leser nicht mit seitenlangen Beschreibungen von Backenzahnhöckern zu langweilen (was ich in meinem ersten Entwurf zugegebenermaßen versucht habe, bevor meine Lektorin und meine Frau mich mit ihren Rotstiften in die Schranken wiesen). Zwei klassische Studien hierzu sind Bryan Pattersons »Early Cretaceous mammals and the evolution of mammalian molar teeth«, 1956 veröffentlicht in *Fieldiana* (13, S. 1–105), und Fuzz Cromptons Artikel von 1971 »The Origin of the Tribosphenic Molar«, publiziert im *Zoological Journal of the Linnean Society* (50, Anhang 1, S. 65–87). Neueren Datums ist Brian Davis' Schlüsselarbeit zu Ursprung und Funktion des tribosphenischen Molars, das auch die unterschiedlichen Abnutzungsmuster bei den »fast tribosphenischen« Molaren der südlichen Australosphenida aufzeigt (*Journal of Mammalian Evolution*, 2011, 18, S. 227–244), sowie Julia Schultz' and Thomas Martins Arbeit, die mithilfe von 3-D-Modellen detailliert beschreiben, wie tribosphenische Molaren kauen (*Naturwissenschaften*, 2014, 101, S. 771–871). Obwohl ich im Haupttext nicht näher darauf eingehe, müssen die tribosphenischen Molaren – mit ihren komplexen zum Schneiden und Mahlen geeigneten Oberflächen – präzise Kaubewegungen erfordert haben, um sauber zu funktionieren. Über die Kieferfunktion früher tribosphenischer Theria wird derzeit lebhaft diskutiert, und es scheint, als wären die Kaubewegungen entweder angehoben rotierend (Bhullar et al., *Nature*, 2019, 566, S. 528–532) oder angehoben schiebend (seitlich von rechts nach links) (Grossnickle, *Scientific Reports*, 2017, 7, S. 45094) gewesen oder beides. Eine Beschreibung des derzeit ältesten bekannten tribosphenischen Theria, *Juramaia*, publizierten 2011 Zhe-Xi Luo und Kollegen (*Nature*, 476, S. 442–445).

David Grossnickle untersuchte auch in mehreren Studien, wie die tribosphenischen Molaren die Evolution der Theria und Säugetiere im Allgemeinen beeinflussten. Hierzu zählen seine mit Stephanie Smith und Greg Wilson veröffentlichte Übersichtsarbeit, in der er die Ansicht vertritt, dass die Weiterentwicklung der Säugetiere ihren Ursprung häufig in der kleinen, insektivoren Nische hat (*Trends in Ecology and Evolution*, 2019, 34, S. 936–949) und sein Artikel mit David Polly über die Entwicklung der Zähne und Kiefer bei Säugetieren (*Proceedings of the Royal Society, Series B*, 2013, 280, S. 20132110), seine

Studie mit Elis Newham zur Diversifikation tribosphenischer Theria während und nach der Kreidezeitlichen Terrestrischen Revolution (*Proceedings of the Royal Society, Series B*, 2016, 283, S. 20160256; hier argumentieren die Autoren, dass die Diversifikation überwiegend nach und nicht unbedingt während der KTR stattfand). David, einen der witzigsten und (im positiven Sinne) subversivsten Wissenschaftler auf unserem Gebiet, traf ich zum ersten Mal, als er 2013 auf Einladung der Multituberculata-Expertin Anne Weil zu unserem Feldteam in New Mexico stieß. Danach schrieb er seine Doktorarbeit bei Zhe-Xi Luo in Chicago und wurde schnell zum führenden Experten für Säugetierevolution im Jura und der Kreide.

Die genetische Untermauerung der Anpassungsfähigkeit tribosphenischer Zähne bei Theria haben viele Evolutionsbiologen und Paläontologen untersucht. Schlüsselarbeiten hierzu sind: Jernvall et al. (*Proceedings of the National Academy of Sciences [USA]*, 2000, 97, S. 14444–14448), Kavanagh et al. (*Nature*, 2007, 432, S. 211–214), Salazar-Ciudadet al. (*Nature*, 2010, 464, S. 583–586) und Harjunmaa et al. (*Nature*, 2014, 512, S. 44–48).

Mit den Auswirkungen der Entwicklung tribosphenischer Molaren (und vieler anderer Säugetierinnovationen) auf Gemeinschaftsstrukturen und Ökologie befasst sich eine aktuelle Veröffentlichung von Meng Chen, Caroline Strömberg und Greg Wilson in *Proceedings of the National Academy of Sciences [USA]* (2019, 116, S. 9931–9940).

In den letzten Jahren wurden sehr viele Eutheria und Metatheria beschrieben, angefangen bei den grandiosen Liaoning-Skeletten bis hin zu nur bruchstückhaft erhaltenen – aber sehr bedeutenden – Zähnen aus Nordamerika (von denen viele Richard Cifelli und Brian Davis mit Kollegen untersuchten). Das problematische *Sinodelphys* aus Liaoning, das Luo und seine Kollegen als ältestes Metatheria beschrieben (*Science*, 2003, 302, S. 1934–1940), interpretierte Shundong Bi mit seinem Team in der Beschreibung eines neuen Liaoning-Eutheria, *Ambolestes*, neu als basales Eutheria (*Nature*, 2018, 558, S. 390–395). Ein Schlüsselwerk zur Evolution früher Metatheria ist eine von Tom Williamson initiierte Übersichtsarbeit, zu der auch Greg Wilson und ich beigetragen haben (*ZooKeys*, 2014, 465, S. 1–76). Diese Arbeit basiert auf einer genealogischen Analyse der Kreide-Paläozän-Metatheria, die Tom und ich gemeinsam mit einem großen Team veröffentlichten (*Journal of Systematic Palaeontology*, 2012, 10, S. 625–651). Die Bücher *Mammals from the Age of Dinosaurs* und *In Pursuit of Early Mammals* (oben bereits zitiert) enthalten großartige Zusammenfassungen der Gobi-Eutheria und -Metatheria, einschließlich der wichtigsten Literaturhinweise. Etwas aktueller publizierte das Team des American Museum mehrere wichtige neue *Deltatheridium*-Arten, die deren Verbindung zu den Metatheria bestätigen (Rougier et al., Nature, 1998, 396, S. 459–463). Ein weiterer interessanter Artikel befasst sich mit dem nordamerikanischen Metatheria *Didelphodon* aus der späten Kreide, ebenfalls ein Jäger, der die Nische der kleinen Arten besetzt (Wilson et al., *Nature Communications*, 2017, 7, S. 13734).

Das erste Zusammentreffen von Menschen und Monotrematen (Schnabeltieren und Ameisenigeln) überhaupt ist in der Geschichtsschreibung nicht festgehalten, was wohl daran liegt, dass die australischen Aborigines diese eigenartigen Tiere bereits seit Tausenden von Jahren kennen. Die ersten Begegnungen von Europäern mit diesen Kreaturen hingegen sind in zahlreichen Berichten überliefert. Meine Geschichte basiert auf Brian Halls Artikel über das Schnabeltier (*BioScience*, 1999, 49, S. 211–218) und Liam Drews fesselnder Erzählung in seinem Buch *I, Mammal*. Informationen zu John Hunter habe ich aus vielen Onlinequellen, darunter auch eine nette Wikipedia-Biografie (ja, auch wir Wissenschaftler klicken manchmal auf Wiki, insbesondere wenn es um Themen außerhalb unserer Expertise geht). Eine ausführlichere Quelle ist die 2009 erschienene Hunter-Biografie von Robert Barnes (*An Unlikely Leader: The Life and Times of Captain John Hunter*, Sydney University Press).

Zu den wichtigsten Quellen über fossile Monotrematen und Australosphenida der Monotremata-Linie zählen Beschreibungen von *Obdurodon* (Woodburne und Tedford, *American Museum Novitates*, 1975, 2588, S. 1–11; Archer et al., *Australian Zoologist*, 1978, 20, S. 9–27; Archer et al., *Platypus and Echidnas*, 1992, *Royal Zoological Society of New South Wales*; Musser und Archer, *Philosophical Transactions of the Royal Society of London, Series B*, 1998, 353, S. 1063–1079), *Steropodon* (Archer et al., *Nature*, 1985, 318, 363–366; Rowe et al., *Proceedings of the National Academy of Sciences [USA]*, 2008, 105, S. 1238–1242), *Ausktribosphenos* (Rich et al., *Science*, 1997, 278, S. 1438–1442), *Ambondro* (Flynn et al., *Nature*, 1999, 401, S. 57–60) und *Asfaltomylos* (Rauhut et al., *Nature*, 2002, 416, S. 165–168). Ein weiteres, im Haupttext nicht erwähntes Fossil ist *Teinolophos* von Rich, Vickers-Rich und Team 1999 benannt (*Records of the Queen Victoria Museum*, 106, S. 1–34) und 2016 detailliert beschrieben (*Alcheringa*, 40, S. 475–501).

Zhe-Xi Luo, Zofia Kielan-Jaworowska und Richard Cifelli publizierten ihre genealogische Analyse der separaten Gruppen nördlicher tribosphenischer Theria und südlicher »fast tribosphenischer« Australosphenida in *Nature* (2001, 409, S. 53–57). Hier muss festgehalten werden, dass nicht alle Säugetierexperten diese Phylogenese anerkennen. Das Rich-Vickers-Rich-Team beispielsweise vertritt die Ansicht, dass einige der südlichen Spezies nahe Verwandte der Theria seien und echte tribosphenische Zähne aufwiesen. Die

Details dieser Debatte würden den Rahmen dieses Buchs sprengen, ich habe jedoch den Eindruck, dass die Beweislage eher für separate nördliche und südliche Linien spricht. Die unabhängige Entstehung tribosphenisch-ähnlicher Molaren wird von einer Reihe erstaunlicher Fossilien unterstützt, die im Haupttext nicht erwähnt werden, sogenannten pseudotribosphenischen Säugetieren wie *Shuotherium* (Chow und Rich, *Australian Mammalogy*, 1982, 5, S. 127–142) und *Pseudotribos* (Luo et al., *Nature*, 2007, 450, S. 93–97), die umgekehrt tribosphenische Zähne aufweisen mit dem taloniden Becken vor den trigoniden Höckern. Diese ungewöhnlichen Säugetiere – die auf dem Familienstammbaum mit den südlichen Australosphenida clustern könnten – sind ein starker Beweis, dass verschiedene Säugetiergruppen unabhängig voneinander tribosphenisch-ähnliche Zähne entwickelten, möglicherweise sogar mehrfach. Ein klassischer Fall von konvergenter Evolution: ähnliche ökologische oder andere selektive Zwänge führen bei nur entfernt verwandten Gruppen zu einer unabhängigen Entwicklung ähnlicher anatomischer Merkmale (wie beispielsweise Zähne).

Der *Vintana*-Schädel wurde von Krause und Kollegen 2014 in *Nature* (515, S. 512–517) beschrieben und später dann in einer außergewöhnlich detaillierten Monografie innerhalb einer Reihe mit Beiträgen verschiedener Autoren als *Memoire of Society of Vertebrate Paleontology* 2014 publiziert. Später beschreibt Krauses Team *Adalatherium* zunächst in einer kurzen Abhandlung in *Nature* (2020, 581, S. 421–427), dann in einer Reihe von Beiträgen in einer weiteren *Memoire of Society of Vertebrate Paleontology* 2020. Mehr Informationen zu Gondwanatheria finden Sie in *Mammals from the Age of Dinosaurs* und *In Pursuit of Early Mammals*. Den argentinischen Dryolestoiden *Cronopio* beschreiben Rougier und Team (*Nature*, 2011, 479, S. 98–102).

Im letzten Absatz des Kapitels behaupte ich, dass es Ende der Kreidezeit verschiedene Gruppen von Säugetieren gab, die sich unterschiedlich ernährten (insektenfressende Eutheria, pflanzenfressende Multituberculata etc.). Hierzu ist noch anzumerken, dass dies zwar richtig ist, aber nicht bedeutet, dass beispielsweise alle Eutheria Insektenfresser waren. Die meisten der genannten Gruppen waren, was die Ernährung anbelangt, recht vielfältig.

## KAPITEL 5: SÄUGETIERE ÜBERLEBEN, DINOSAURIER STERBEN AUS

*Kimbetopsalis*, die von Carissa Raymond entdeckte neue Multituberculata-Gattung, haben wir 2016 in (Williamson et al., *Zoological Journal of the Linnean Society*, 177, S. 183–208) beschrieben. Die Zitate in diesem Kapitel stammen aus meinen persönlichen Berichten und Feldbuchnotizen, einer

Pressemitteilung der Universität von Nebraska und Carissas und Tom Williamsons Interview mit dem National Public Radio. Mehr Informationen zu den New-Mexico-Fossilien finden Sie weiter unten in diesem Abschnitt.

Zu dem Massenaussterben am Ende der Kreidezeit gibt es umfangreiche Literatur. In *Aufstieg und Fall der Dinosaurier* beschreibe ich, wie Dinosaurier und Säugetiere in Nordamerika den Asteroideneinschlag erlebt haben könnten, und nenne viele der relevanten Quellen. Die Hypothese, dass ein Asteroid das Massenaussterben auslöste, stellten als Erste Luis und Walter Alvarez mit Kollegen auf (*Science*, 1980, 208, S. 1095–1108) sowie unabhängig davon und nahezu zeitgleich der holländische Geologe Jan Smit. Walter Alvarez verfasste zudem ein fantastisches populärwissenschaftliches Buch zu diesem Thema, *T. rex and the Crater of Doom* (Princeton University Press, 1997), in dem er erzählt, wie er in endkreidezeitlichen Gesteinsschichten den chemischen Fingerabdruck von Iridium fand, der auf einen Asteroideneinschlag hindeutete, wie sich in den darauffolgenden Jahrzehnten immer mehr Indizien für seine Theorie ansammelten, bis in Mexiko der Chicxulub-Krater entdeckt wurde und damit der endgültige Beweis, dass vor rund 66 Millionen Jahren ein Asteroid (oder Komet) die Erde traf. Walters Buch enthält Quellenhinweise mit allen wichtigen Titeln bis ins Jahr seiner Veröffentlichung.

Die Debatte darüber, ob tatsächlich der Asteroid das Aussterben aller Dinosaurier, die keine Vögel waren, am Ende der Kreidezeit verursachte, ist noch nicht beendet. Kritiker der Asteroiden-Theorie machen stattdessen die Vulkanausbrüche des Dekkan-Trapp in Indien verantwortlich – Megavulkanausbrüche, vergleichbar mit jenen am Ende des Perms und der Trias. Was die Dinosaurier anbelangt, habe ich mit einem Team aus Paläontologen alle Befunde überprüft, und wir sind zu der sicheren Überzeugung gelangt, dass der Asteroid der Übeltäter war (*Biological Reviews*, 2015, 90, S. 628–642), eine Meinung, die ich auch in einem Beitrag in der *Scientific American* (Dez. 2015, 313, S. 5459) vertrete. Das Autorenteam einer aktuellen Arbeit von Pincelli Hull – zu dem auch mein Professorenkollege an der Universität von Edinburgh, Dick Kroon, und meine Mitstreiter im Gelände, Dan Peppe und Jessica Whiteside, zählten – argumentiert sehr überzeugend, dass der Asteroid für das gesamte Massenaussterben verantwortlich war und der indische Vulkanismus, wenn überhaupt, nur eine unbedeutende Rolle spielte (*Science*, 2020, 367, S. 266–272). Eine ähnliche Meinung vertreten, basierend auf klimatischen und ökologischen Modellierungen, Ale Chiarenza und Team (*Proceedings of the National Academy of Sciences [USA]*, 2020, 117, S. 17084–17093). Obwohl ich nicht glaube, dass damit das letzte Wort zu diesem Thema gesprochen ist, besteht für mich kaum noch ein Zweifel: Ohne Asteroideneinschlag wäre es nicht zu einem Massenaussterben gekommen, auch wenn der Vulkanismus dieses vielleicht verschlimmert oder die Erholung in die Länge gezogen hat. Eine weitere neue Studie, die publiziert wurde, während ich dieses Kapitel schrieb, weist nach, dass der Asteroid in einem Winkel auf die Erde traf, der ihn noch tödlicher machte (Collins et al., *Nature Communications*, 2020, 11, S. 1480).

Bill Clemens war ein warmherziger und freundlicher Gentleman, den ich von vielen angenehmen Gesprächen bei Treffen der Society of Vertebrate Paleontology kannte. Auch gegenüber meiner Doktorandin Sarah Shelley war er, als diese ihre Arbeit verfasste, mit seiner Zeit und Expertise immer äußerst großzügig. Bill schrieb zahlreiche Artikel zu den Säugetieren der Hell-Creek- und Fort-Union-Formationen in Montana, unter denen einer der wichtigsten sein Kapitel in dem 2022 veröffentlichten Band *The Hell Creek Formation and the Cretaceous-Tertiary Boundary in the Northern Great Plains* ist (*Geological Society of America Special Paper*, 361, S. 217–245). Mit Joseph Hartman schrieb Bill eine Übersichtsarbeit zu den Fossilienausgrabungen in der Hell-Creek-Formation. Diese ist Teil des 2014 veröffentlichten Bands *Through the End of the Cretaceous in the Type Locality of the Hell Creek Formation in Montana and Adjacent Areas* (*Geological Society of America Special Paper*, 503, S. 1–87). Schon früh in seiner Karriere verfasste Bill Clemens ein dreiteiliges Opus magnum zu den spätkreidezeitlichen Säugetieren der Lance-Formation in Wyoming, die ungefähr das gleiche Alter hat wie die Hell-Creek-Formation (*University of California Publications in Geological Sciences*, 1964, 1966 und 1973).

Greg Wilson Mantilla hat gemeinsam mit seinen Studierenden und Kollegen viele wichtige Arbeiten zur Evolution der Säugetiere während des endkreidezeitlichen Massenaussterbens in Montana geschrieben, die aufzeigen, welche Arten starben, welche überlebten und warum. Zu diesen zählen seine Veröffentlichungen als alleiniger Autor in *Journal of Mammalian Evolution* (2005, 12, S. 53–75), *Paleobiology* (2013, 39, S. 429–469) und dem oben zitierten Band aus dem Jahr 2014 (*Geological Society of America Special Paper*, 503, S. 365–392). Mit seinen Kollegen beschrieb Greg 2016 die faszinierende Neuentdeckung *Didelphodon* (*Nature Communications*, 7, S. 13734), und in jüngster Zeit waren Greg und Bill Teil eines Teams unter Gregs Doktorandin Stephanie Smith – heute eine der führenden jungen Säugetierpaläontologinnen –, die 2018 den Z-Line-Quarry und andere paläozäne Fundorte in Montana beschrieb, die derzeit die besten Einblicke in Säugetiergemeinschaften bieten, die kurz nach dem Asteroideneinschlag und dem Massenaussterben lebten (*Geological Society of America Bulletin*, 130, S. 2000–2014). In davon unabhängigen Studien befassen sich Longrich und Kollegen mit den kreidezeitlichen und paläozänen Säugetieren im westlichen Nordamerika (*Journal of Evolutionary Biology*, 2016, 29, S. 1495–1512) und Pires mit den Aussterberaten bei Multituberculata, Metatheria und Eutheria in Nordamerika (*Biology Letters*, 2018, 14, S. 20180458).

Mehr darüber, warum die Dinosaurier am Ende der Kreidezeit ausstarben, finden Sie auch in *Aufstieg und Fall der Dinosaurier*. Den Begriff »Dead Man's Hand« – der sich auf das traurige Schicksal von Wild Bill Hickok bezieht (geboren in der Nähe meiner Heimatstadt Ottawa in Illinois) – habe ich von Greg Erickson übernommen, der diesen ebenfalls als Metapher für das Pech der Dinosaurier gebraucht.

Die Geschichte von Cope, dem Wheeler Survey, Baldwin und anderen Entdeckungen im San-Juan-Becken basiert auf Gesprächen mit Tom Williamson und Sarah Shelley sowie auf einer Reihe fesselnder Abhandlungen des bedeutenden Säugetierexperten und Schriftstellers George Gaylord Simpson, der selbst Feldforschungen in New Mexico durchführte, die sich allerdings hauptsächlich auf jüngere Säugetiere aus dem Eozän konzentrierten, darunter Arbeiten aus den Jahren 1948 (*American Journal of Science*, 246, S. 257–282), 1951 (*Proceedings of the Academy of Natural Sciences of Philadelphia*, 103, S. 1–21), 1959 (*American Museum Novitates*, 57, S. 1–22) und 1981 (ein Kapitel in *Advances in San Juan Basin Paleontology*, University of New Mexico Press). Den »Knochenkriegen« zwischen Cope und Marsh widme ich mich in *Aufstieg und Fall der Dinosaurier* ausführlicher, zudem findet sich eine Fülle weiterer Informationen in John Fosters ausgezeichnetem Buch *Jurassic West: The Dinosaurs of the Morrison Formation and Their World* (Indiana University Press, 2007).

Cope veröffentlichte so viele Arbeiten über die Säugetiere aus dem »Puerco-Mergel«, dass es unmöglich ist, diese hier alle aufzuführen. Tom Williamsons meisterhafte, 1996 veröffentlichte Studie über die Säugetiere der Nacimiento-Formation, die auch Gegenstand seiner Doktorarbeit ist, enthält Verweise auf alle wichtigen historischen Quellen (*New Mexico Museum of Natural History and Science Bulletin*, 8, S. 1–141). Zu den bedeutendsten von Copes Arbeiten zählen sein Bericht aus dem Jahr 1875 (*Annual Report of the Chief of Engineers for 1875*, S. 61–97), in dem er den »Puerco-Mergel« zum ersten Mal erwähnt, mehrere kurze Abhandlungen, die er in den 1880er-Jahren in *The American Naturalist* veröffentlichte, und sein ausführlicher (was noch milde ausgedrückt ist) Bericht, der oft auch als »Copesche Bibel« bezeichnet wird, von 1884 (*The Vertebrata of the Tertiary Formations of the West*. Book 1. Report of the U. S. Geological Survey of the Territories [Hayden Survey], S. 1–1009). Eine weitere bahnbrechende Studie über die Säugetiere von New Mexico veröffentlichte 1937 W. D. Matthew (*Transactions of the American Philosophical Society*, 30, S. 1–510).

Die beste allgemeine Informationsquelle zu Säugetieren des Paläozäns wie Condylarthra, Taeniodonta und Pantodonta ist das Buch *The Beginning of the Age of Mammals* des bedeutenden Säugetierpaläontologen Kenneth Rose (Johns Hopkins University Press, 2016). Sarah Shelley schloss 2017 ihre Doktorarbeit an der Universität von Edinburgh ab und veröffentlichte daraus 2018 die monografische Beschreibung des Condylarthra *Periptychus*, eines engen, ebenfalls aus New Mexico stammenden Verwandten von *Ectoconus* (*PLoS ONE*, 13[7], S. e0200132). Weitere Kapitel stehen kurz vor der Veröffentlichung! Taeniodonta wurden von Robert Schoch umfassend untersucht (*Bulletin of the Peabody Museum of Natural History*, Yale University, 1986, 42, S. 1–307), und Tom Williamson und ich beschrieben 2013 *Wortmania*-Fossilien aus New Mexico (*PLoS ONE*, 8[9], S. e75886). Die Pantodontier wurden von Elwyn Simons umfassend untersucht (*Transactions of the American Philosophical Society*, 1960, 50, S. 1–99). Außerdem forschen meine Doktoranden und Doktorandinnen derzeit zu Condylarthra (Sofia Holpin, Hans Püschel), Taeniodonta (Zoi Kynigopoulou) und Pantodonta (Paige dePolo). Behalten Sie diese Namen und ihre Veröffentlichungen im Auge!

Die Plazenta von Säugetieren ist ein faszinierendes und komplexes Thema, das sehr viel mehr Platz verdient, als ich ihm in diesem Kapitel einräume. Wer mehr zu Anatomie und Entwicklung wissen will, beginnt am besten mit Liam Drews Buch *I, Mammal*. Neil Shubin erörtert in *Some Assembly Required* auf faszinierende Weise, wie Plazentas Virus-DNA kooptierten, um vom Muttertier nicht abgestoßen zu werden, und wie die Gebärmutterzellen es der Plazenta ermöglichten, buchstäblich in die Wände der Gebärmutter einzudringen. Interessante Arbeiten über die Evolution der Plazenta haben auch Chavan et al. (*Placenta*, 2016, 40, S. 40–51), Wildman et al. (*Proceedings of the National Academy of Sciences [USA]*, 2006, 103, S. 3203–3208) und Roberts et al. (*Reproduction*, 2016, 152, S. R179–R189) veröffentlicht. Über mögliche Epipubisknochen bei kreidezeitlichen Eutheria berichtete als Erste Zofia Kielan-Jaworowska, nachdem ihr Team an den Becken der Eutheria *Barunlestes* und *Zalambdalestes* Gelenkkerben für die Epipubis entdeckt hatte (*Nature*, 1975, 255, S. 698–699). Tatsächliche Epipubisknochen wurden später von Novacek et al. in den Skeletten des Gobi-Eutheria *Ukhaatherium* und einer anderen Gattung, wahrscheinlich *Zalambdalestes*, gefunden (*Nature*, 1997, 389, S. 483–486). Meine Beschreibungen des Eis als »Carepaket« und der Plazenta als »Alleskönner« sind Zitate aus einem Interview mit dem Forscher Kelsey Coolahan in der Radiosendung »Pulse« vom Januar 2020.

Erst vor Kurzem veröffentlichte meine Forschungsgruppe mehrere Abhandlungen über die Gehirne und Sinnesorgane paläozäner Säugetiere. Geleitet haben diese Arbeiten Ornella Bertrand, die als Postdoc in meinem Labor tätig war (*Journal of* Anatomy, 2020, 236, S. 21–49), der Masterstudent Joe Cameron (*The Anatomical Record*, 2019, 302, S. 306–324) und der Student James Napoli (*Journal of Mammalian Evolution*, 2018, 25, S. 179–195). Die Veröffentlichung von Ornellas Masterarbeit über die Entwicklung des Gehirns bei frühen Plazentatieren bestätigte *Science*, als dieses Buch gerade in Druck ging! Zu den bedeutendsten Pionierarbeiten über die Entwicklung des Säugetiergehirns gehören die Untersuchungen von Harry Jerison, vor allem sein 1973 erschienenes Buch *Evolution of the Brain and Intelligence* (Academic Press).

Zur Evolution der Körpermasse bei Plazentatieren gibt es mehrere bedeutende Studien, die alle zeigen, dass deren Größe und Gewicht nach dem Massenaussterben am Ende der Kreidezeit explosionsartig zunahm. Zwei der einflussreichsten Arbeiten hierzu stammen von dem bekannten Paläostatistiker John Alroy (*Systematic Biology*, 1999, 48, S. 107–118) und von Graham Slater, einem Experten für die Verwendung statistischer Modelle zur Untersuchung evolutionärer Trends (*Methods in Ecology and Evolution*, 2013, 4, S. 734–744). In jüngster Zeit untersuchte eine Reihe junger Paläontologen, wie sich verschiedene Aspekte der Säugetierbiologie während des Massenaussterbens an der Kreide-Paläozän-Grenze veränderten: David Grossnickle und Elis Newham untersuchten die Form von Backenzähnen, die auf ihre Ernährung schließen lässt (*Proceedings of the Royal Society, Series B*, 2016, 283, S. 20160256), Gemma Benevento die Kieferform, ebenfalls ein Indikator für die Ernährung (*Proceedings of the Royal Society, Series B*, 2019, 286, S. 20190347), und Thomas Halliday studierte Skelettmerkmale, die Hinweise auf die Anatomie allgemein geben (*Biological Journal of the Linnean Society*, 2016, 118, S. 152–168).

## KAPITEL 6: DIE SÄUGETIERE WERDEN MODERN

Die Tiere in meiner Geschichte kennen wir alle aus der Grube Messel, und viele der Details (der Fötus im Leib der Stute, anatomische Merkmale der Tiere und was sie fraßen) basieren auf dort gefundenen Fossilien. Ich habe mich hierzu auf die beste Informationsquelle gestützt, die es zur Grube Messel gibt, auf das Buch *Messel: Ein fossiles Tropenökosystem*, herausgegeben von Krister Smith, Stephan Schall und Jörg Habersetzer (Senckenberg Museum, Frankfurt, 2018). Darin sind Kapitel über sämtliche Säugetiergruppen, aber auch über andere Tierarten (wie Vögel, Krokodile, Schildkröten etc.), Pflanzen und Umwelt enthalten sowie Einzelheiten zur Entstehung des Sees durch einen Vulkanausbruch und die Gase, die wahrscheinlich viele der versteinerten Tiere getötet haben. Weitere wichtige Quellen waren die Website der

UNESCO (https://whc.unesco.org/en/list/720/), Gerhard Storchs Artikel in *Scientific American* (1992, 266[2], S. 64–69) und Ken Roses kurzer Überblick über die Säugetiere des Sees (*Palaeobiodiversity and Palaeoenvironments*, 2012, 92, S. 631–647).

Über unsere Heldin, die *Eurohippus*-Stute, gibt es gleich mehrere Arbeiten. Benannt hat sie 2006 einer der Dekane der Messel-Forscher, Jens Lorenz Franzen (*Senckenbergiana Lethaea*, 86, S. 97–102). Bis zu Franzens Arbeit dachte man jahrelang, *Eurohippus* sei identisch mit *Propalaeotherium*, einem anderen Messel-Pferd. Franzen und Kollegen beschrieben das faszinierende *Eurohippus*-Skelett mit Fötus in einer Reihe von Veröffentlichungen (*PLoS ONE*, 2015, 10[10], S. e0137985; *Palaeobiodiversity and Palaeoenvironments*, 2017, 97, S. 807–832), und 2009 beschrieb Franzen mit einem anderen Team – zu dem auch Phil Gingerich zählt, den wir in diesem Kapitel ebenfalls kennenlernen – unter großem internationalem Interesse den Primaten *Darwinius* (*PLoS ONE*, 4[5], S. e5723).

Die Geschichte der Säugetier-Phylogenetik – der Erstellung der Stammbäume – ist lang und verworren. Für eine allgemeine Übersicht über den aktuellen Wissensstand und die jahrzehntelangen Debatten empfehle ich die entsprechenden Abschnitte in Liam Drews Buch *I, Mammal*, den allgemeinen Überblick über die Säugetiergenealogie von Nicole Foley und Kollegen (*Philosophical Transactions of the Royal Society, Series B*, 2016, 371, S. 20150140) sowie eine detailliertere Zusammenfassung der Beziehungen der Säugetiere untereinander von Robert Asher – einem fantastischen Autor und Experten für die frühe Säugetierevolution –, die im *Handbook of Zoology: Mammalian Evolution, Diversity and Systematics* (DeGruyter, 2018) zu finden ist. George Gaylord Simpsons berühmter Stammbaum aus dem Jahr 1945 wurde im *Bulletin of the American Museum of Natural History* (85, S. 1–350) und der etwas jüngere Stammbaum von Michael Novacek 1992 in *Nature* (356, S. 121–125) veröffentlicht. Details zu Simpsons Lebensgeschichte stammen aus David Rains Wallaces *Beasts of Eden*, mehr dazu lesen Sie in einer Biografie von Léo Laporte (*George Gaylord Simpson: Paleontologist and Evolutionist*, Columbia University Press, 2000).

In den letzten 25 Jahren wurden zahlreiche DNA-basierte Säugetierstammbäume erstellt, von denen manche die Säugetiere insgesamt darstellten, während andere sich auf Beziehungen auf der Ebene der Spezies individueller Gruppen wie der Primaten oder Nagetiere konzentrierten. Die wichtigsten frühen Arbeiten, die den DNA-Stammbaum der Säugetiere etablierten – und die vier Hauptcluster Afrotheria, Xenarthra, Euarchontoglires und Laurasiatheria erkannten –, publizierte Mark Springer mit Kollegen, darunter Ole

Madsen, Michael Stanhope, William Murphy, Stephen O'Brien, Emma Teeling und viele mehr. Zu den wichtigsten Arbeiten hierzu zählen Springer et al. (*Nature*, 1997, 388, S. 61–64), Stanhope et al. (*Proceedings of the National Academy of Sciences [USA]*, 1998, 95, S. 9967–9972), Madsen et al. (*Nature*, 2001, 409, S. 610–614), Murphy et al. (*Nature*, 2001, 409, S. 614–618) und Murphy et al. (*Science*, 2001, 294, S. 2348–2351). Jüngere Arbeiten kombinieren die DNA mit anatomischen Merkmalen, um sogenannte »Total evidence«-Stammbäume zu generieren, wie beispielsweise die bekannte Genealogie der Plazentatiere, die Maureen O'Leary und Kollegen für das von der National Science Foundation finanzierte »Mammal Tree of Life«-Projekt erstellte (*Science*, 2013, 339, S. 662–667). In meiner Beschreibung der unerwarteten Gruppierungen auf dem DNA-Stammbaum bezeichne ich die Afrotheria als »äußerst ungewöhnliche Verwandtschaft, die aufgrund der Anatomie sicher niemand vermutet hätte« – was sicher richtig ist, wenngleich dazu bemerkt werden muss, dass Edward Cope selbst im späten 19. Jahrhundert anhand anatomischer Merkmale argumentierte, dass Goldmulle (von denen man heute weiß, dass sie mit Elefanten und Tenreks die Gruppe der Afrotheria bilden) sich von europäischen Mullen stark unterscheiden.

Rein anatomische Stammbäume werden immer seltener. Einen, mit dem versucht wurde, die Verwandtschaftsverhältnisse der »Ur«-Plazentatiere des Paläozäns zu entwirren, publizierten Thomas Halliday und Kollegen (*Biological Reviews*, 2017, 92, S. 521–550). Mein vom Europäischen Forschungsrat finanziertes, unabhängig arbeitendes Team versucht, diese Beziehungen mithilfe von Anatomie und DNA weiter zu klären – insbesondere wie sich die Urarten in die modernen Arten einfügen. Vorläufige Ergebnisse haben wir bereits in einigen Abstracts veröffentlicht, während ich dies schreibe, ist die Forschung aber noch in vollem Gange. Ein besonderer Dank geht an dieser Stelle an meine Mitstreiter John Wible und Tom Williamson, die von der National Science Foundation ebenfalls Gelder für unser großes Projekt erhalten haben. Sie dürfen also gespannt sein auf die Publikation unserer Ergebnisse!

Arbeiten, die mithilfe der molekularen Uhr den Ursprung der Plazentatiere insgesamt sowie verschiedener Untergruppen berechnen, gibt es reichlich, und es sieht immer mehr danach aus, dass Placentalia sowie ein paar Untergruppen in der Kreide, also zur Zeit der Dinosaurier entstanden, die explosivste Phase ihrer Evolution jedoch im Paläozän nach dem Asteroideneinschlag zu verorten ist. Diese Behauptung stützt sich jedoch ausschließlich auf die molekulare Uhr, da bisher niemand je irgendwo auf der Welt ein überzeugendes kreidezeitliches Plazentatierfossil gefunden hat. Es könnte sein, dass diese sehr selten oder auf bestimmte Regionen begrenzt waren oder aber sehr häufig und wir sie nur nicht als Plazentatiere erkennen … oder die molekulare Uhr geht schlicht falsch. Einen guten Überblick über diese Debatte bieten die Arbeiten von Archibald und Deutschmann (*Journal of Mammalian Evolution*, 2001, 8, S. 107–124) sowie Goswami (*EvoDevo*, 2012, 3, S. 18).

Das Paläozän/Eozän-Temperaturmaximum (PETM) – ein globaler Erwärmungsschub vor etwa 56 Millionen Jahren – ist Gegenstand intensiver Studien vieler Geologen, Klimatologen, Biologen und anderer Wissenschaftler. Die beste allgemeine Zusammenfassung zu Ursachen, Dauer und Auswirkungen des PETM ist eine Übersichtsarbeit von Francesca McInerney und Scott Wing (*Annual Review of Earth and Planetary Sciences*, 2011, 39, S. 489–516), in der auch alle wichtigen Veröffentlichungen zum PETM bis ins Jahr 2011 angegeben werden. Neuere geologische und klimatologische Studien identifizieren (meiner Meinung nach) überzeugend die nordatlantischen Vulkane und ihre gesteinsbildenden Magmen als Schuldige (Gutjahr et al., *Nature*, 2017, 548, S. 573–577; Jones et al., 2019, *Nature Communications*, 10, S. 5547) und bestätigen damit im Wesentlichen die Hypothesen von Svensen et al. (*Nature*, 2004, 429, S. 542–545) und Storey et al. (*Science*, 2007, 316, S. 587–589), die feststellten, dass das PETM zeitgleich mit Vulkanausbrüchen im Nordatlantik stattfand. Einen populärwissenschaftlichen und etwas poetischeren Blick auf das PETM wirft der begnadete Wissenschaftsautor Peter Brannen in einem eindrucksvollen Artikel für *The Atlantic* (August 2018).

Das PETM hatte zahllose Auswirkungen auf die Umwelt. Global gesehen, weisen Weijers et al. (*Earth and Planetary Science Letters*, 2007, 261, S. 230–238) und Eberle et al. (*Earth and Planetary Science Letters*, 2010, 296, S. 481–486) die obszön hohen arktischen Landtemperaturen nach, die Temperaturen in den mittleren Breiten errechneten Naafs et al. (*Nature Geoscience*, 2018, 11, S. 766–771), die glühende Hitze in den Tropen Aze et al. (*Geology*, 2014, 42, S. 739–742). Lokal weisen Kraus und Riggins eine vorübergehende Austrocknung im Bighorn Basin von Wyoming nach (*Palaeogeography, Palaeoclimatology, Palaeoecology*, 2007, 245, S. 444–461), während Ross Secord und Kollegen ausführlich den dortigen Temperaturanstieg beschreiben (*Nature*, 2010, 467, S. 955–958) und Scott Wing und Kollegen die Veränderungen der Flora (*Science*, 2005, 310, S. 993–996).

Die Säugetiere des Bighorn Basins und deren Reaktion auf das PETM sind Philip Gingerichs Lebenswerk und Thema der Arbeiten vieler seiner Studierenden. Einblicke in Gingerichs biografischen Hintergrund, einschließlich seiner Kindheit und Jugend als Mennonit in Iowa, bietet ein Artikel von Tom Mueller in der Augustausgabe von *National Geographic* 2010. Gingerich selbst veröffentlichte 2006 einen leicht zugänglichen Überblick zum Bighorn Basin

(*Trends in Ecology and Evolution*, 21, S. 246–253), der auf zwei fachspezifischere Arbeiten folgte, die detailliert die Veränderungen der Artenvielfalt und Körpergröße von Säugetieren während des PETM aufzeigen. Eine dieser Arbeiten betreute sein Doktorand William Clyde (Clyde und Gingerich, *Geology*, 1998, 26, S. 1011–1014), die zweite verfasste Gingerich selbst (*Geological Society of America Special Papers*, 2003, 369, S. 463–478). Zudem gab Gingerich zwei wichtige Bände zur Geologie und Paläontologie des Bighorn Basins heraus (*University of Michigan Papers on Paleontology*, 1980, 24; University of Michigan Papers on Paleontology, 2001, 33).

Wichtige Arbeiten über lokale Funde im Bighorn Basin, die das PETM und die Reaktion der Säugetiere dokumentieren, veröffentlichten Gingerich (*University of Michigan Papers on Paleontology*, 1989, 28), Gingerich und sein belgischer Kollege Thierry Smith (*Contributions from the Museum of Paleontology*, The University of Michigan, 2006, 31, S. 245–303) sowie Kenneth Rose und Kollegen (*University of Michigan Papers on Paleontology*, 2012, 24). Ross Secord stellte seine außergewöhnliche Arbeit über die Verzwergung von Pferden im PETM in *Science* (2012, 335, S. 959–962) vor, und jüngere Arbeiten von Abigail D'Ambrosia und ihrem Team ergaben, dass Säugetiere während späterer globaler Erwärmungen auf ähnliche Weise verzwergten (*Science Advances*, 2017, 3, S. e1601430). Lesenswert sind außerdem ein Artikel über die Wälder des eozänen Bighorn Basins (Secord et al., *Paleobiology*, 2008, 34, S. 282–300) sowie eine Langzeitstudie von Amy Chew zu den eozänen Säugetieren in diesem Gebiet (*Paleobiology*, 2009, 35, S. 13–31).

Die Migration des PETM-Trios – Primaten, Paarhufer und Unpaarhufer – während des Temperaturanstiegs ist in der fossilen Überlieferung eindeutig belegt. Diese Tiere tauchen mehr oder weniger zeitgleich überall auf den nördlichen Kontinenten auf. Speziell zu den Primaten forschten Thierry Smith und Kollegen (*Proceedings of the National Academy of Sciences [USA]*, 2006, 103, S. 11223–11227) sowie Chris Beard (*Proceedings of the National Academy of Sciences [USA]*, 2008, 105, S. 3815–3818). Die allgemeine Verbreitung des Trios über Asien und andere Kontinente untersuchten Bowen et al. (*Science*, 2002, 295, S. 2062–2065) und Bai et al. (*Communications Biology*, 2018, 1, S. 115), die europäischen Faunen Smith et al. (*PLoS ONE*, 2014, 9[1], S. e86229). Für weitere Informationen zu den Mitgliedern des auf der ganzen Welt verbreiteten PETM-Trios empfehle ich die folgenden Quellen.

Primaten: Einer der unterhaltsamsten und zugänglichsten Leitfäden zur frühen Primatenevolution ist das Buch des Paläontologen Chris Beard, der dafür ein MacArthur-Stipendium erhielt (*The Hunt for the Dawn Monkey*, University of California Press, 2004). Den PETM-Primaten *Teilhardina* beschreiben Ni et al. (*Nature*, 2004, 427, S. 65–68), Rose et al. (*American Journal of Physical Anthropology*, 2011, 146, S. 281–305) und Morse et al. (*Journal of Human Evolution*, 2019, 128, S. 103–131). Weitere interessante Primaten aus dieser Zeit sind *Cantius* (Gingerich, *Nature*, 1986, 319, S. 319–321) und *Archicebus* (Ni et al., *Nature*, 2013, 498, S. 60–64).

Paarhufer: Der Paarhuferpionier *Diacodexis* wurde von Cope benannt und von Ken Rose, einem der weltweit angesehensten Experten für die Anatomie und Evolution früher Säugetiere, beschrieben (*Science*, 1982, 216, S. 621–623). Weitere Beschreibungen der postkranialen Anatomie lieferten Thewissen und Hussain (*Anatomia, Histologia, Embryologia*, 1990, 19, S. 37–48), und Maëva Orliac und Kollegen beschrieben anhand von CT-Scans Gehirn (*Proceedings of the Royal Society, Series B*, 2012, 279, S. 3670–3677) und Innenohr (*Journal of Anatomy*, 2012, 221, S. 417–426).

Unpaarhufer: In vielen älteren Publikationen wird *Sifrhippus* als *Hyracotherium* bezeichnet, eine bekannte Gattung früher Pferde, die zum Papierkorb für zahlreiche Arten wurde. David Fröhlich, der das erkannte, schuf die Bezeichnung *Sifrhippus* (*Zoological Journal of the Linnean Society*, 2002, 134, S. 141–256). Die Anatomie von *Sifrhippus* – noch unter der Bezeichnung *Hyracotherium* – beschreiben Wood et al. (*Journal of Mammalian Evolution*, 2011, 18, S. 1–32). Die provokante Theorie, Unpaarhufer könnten in Indien entstanden sein und sich dann über Asien ausgebreitet haben, als die beiden Kontinente im Eozän kollidierten, stammt von Ken Rose und Kollegen (*Nature Communications*, 2011, 5, S. 5570; *Society of Vertebrate Paleontology Memoir*, 2020, 20, S. 1–147). Dass Indien eine Art »Arche Noah« gewesen sein könnte, ist ein faszinierender Gedanke; wie die Vorfahren der Unpaarhufer in der Kreide oder im Paläozän nach Indien, das damals noch eine Insel war, gelangt sein könnten, bleibt jedoch unklar.

Eine der besten allgemeinen Quellen zu eozänen Primaten, Paarhufern, Unpaarhufern und anderen Säugetieren, die ich ausgiebig genutzt habe, ist Don Protheros *Princeton Field Guide to Prehistoric Mammals* (Princeton University Press, 2017). Ebenfalls sehr hilfreich, wenn es um Huftierarten geht, ist Dons zusammen mit Robert Schoch verfasstes Buch *Horns, Tusks, and Flippers* (The Johns Hopkins University Press, 2002). Beide Werke enthalten umfangreiche Informationen zu den bizarren Brontotheria und Chalicotheria. Die beste fachliche Quelle zu Brontotheria ist die im *Bulletin of the American Museum of Natural History* (2008, 311, S. 1–475) veröffentlichte Monografie von Matthew Mihlbachler, die mit mehr als einem Jahrhundert schlampiger beschreibender und taxonomischer Arbeit zu dieser Gruppe aufräumt und eine aktualisierte Klassifizierung vorlegt.

Die Historikerin Adrienne Mayor erzählt die Geschichte der Donnerhuftiere und anderer fossiler Entdeckungen der amerikanischen Ureinwohner in ihrem 2005 erschienenen Buch *Fossil Legends of the First Americans* (Princeton University Press) und in einem Artikel von 2007 (*Geological Society of London, Special Publications*, 273, S. 245–261).

Haben die Nagetiere die Multituberculata wirklich aus dem Feld geschlagen und in die Ausrottung getrieben? Oder waren sie eher ein passender Ersatz? Diese Frage untersuchte der junge Paläontologe Neil Adams in seiner Masterarbeit mit einem cleveren biomechanischen Ansatz (*Royal Society Open Science*, 2019, 6, S. 181536). Das Ergebnis: vielleicht. Tatsächlich haben Nagetiere beim Beißen eine höhere Belastung der Schädelknochen als Multituberculata, sind aber in der Lage, ihre Beißkraft zu optimieren, was bedeutet, die beiden Gruppen kauten nicht genau gleich – ob eine Gruppe der anderen überlegen war, lässt sich daher schwer sagen.

Die beste Quelle mit Informationen und Fakten zu Charles Darwins Expedition mit der *Beagle* sind seine Bücher (die ich beide zitiere): *Die Fahrt der Beagle* (1839) und *Über die Entstehung der Arten* (1859). Darwins Säugetierentdeckungen wurden von dem Paläontologen Juan Fernicola und Kollegen besprochen (*Revista de la Asociación Geológica Argentina*, 2009, 64, S. 147–159) und dann von David Quammen in einem Artikel im *National Geographic* (Februar 2009) einem breiteren Publikum vorgestellt. Fernicola berichtet auch von den ersten Berührungen der indigenen Völker Südamerikas mit großen fossilen Knochen.

Darwins südamerikanische Huftiere wurden jüngst von Darin Croft und Kollegen besprochen (*Annual Review of Earth and Planetary Sciences*, 2020, 48, S. 11.1–11.32) sowie in den beiden oben zitierten Büchern von Don Prothero. Informationen über Richard Owen und die Ameghinos habe ich Wallace' *Beasts of Eden* entnommen. Die Vaterschaftstests, die Darwins Huftiere mit den Unpaarhufern in Verbindung bringen, wurden einerseits basierend auf Proteinen durchgeführt (Welker et al., *Nature*, 2015, 522, S. 81–84; Buckley, *Proceeding sof the Royal Society, Series B*, 2015, 282, S. 20142671) und andererseits basierend auf DNA (Westbury et al., *Nature Communications*, 2017, 8, S. 15951). Hierzu ist anzumerken, dass nur zwei Untergruppen von Darwins Huftieren – die Litopterna (Gruppe der *Macrauchenia*) und die Notoungulates (Gruppe der *Toxodon*) – den Vaterschaftstests unterzogen wurden, sodass noch nicht klar ist, ob auch die anderen Untergruppen mit den Unpaarhufern verwandt sind. Wie sich Darwins Huftiere von Südamerika in die Antarktis ausbreiteten, untersuchten Reguero et al. (*Global and Planetary Change*, 2014, 123, S. 400–413).

Eine fachkundige Beschreibung der insularen Säugetierfauna Südamerikas findet sich in Darin Crofts Buch *Horned Armadillos and Rafting Monkeys* (Indiana University Press, 2016), und George Gaylord Simpson stellt seine Ansichten in *Splendid Isolation* (Yale University Press, 1980) vor. Wichtige Arbeiten zu Sparassodonta sind u. a. die von Argot (*Zoological Journal of the Linnean Society*, 2004, 140, S. 487–521), Forasiepi (*Monografías del Museo Argentino de CienciasNaturales*, 2009, 6, S. 1–174), Goswami et al. (*Proceedings of the Royal Society, Series B*, 2011, 278, S. 1831–1839), Prevosti et al. (*Journal of Mammalian Evolution*, 2013, 20, S. 3–21), Croft et al. (*Proceedings of the Royal Society, Series B*, 2017, 285, S. 20172012), Muizon et al. (*Geodiversitas*, 2018, 40, S. 363–459) und Janis et al. (*PeerJ*, 2020, 8, S. e9346), wobei Letztere anhand einer biomechanischen Analyse nachweist, dass das »Säbelzahntier« *Thylacosmilus* seine Eckzähne anders einsetzte als echte Säbelzahnkatzen, eher zum Öffnen des Bauchs seiner Beute als zum Aufschlitzen des Kehlkopfs. Sparassodonta-Bissspuren auf Knochen von Darwins Huftieren beschreiben Tomassin et al. (*Journal of South American Earth Sciences*, 2017, 73, S. 33–41).

Die unglaubliche, aber wahre Geschichte von Primaten und Nagetieren, die auf Flößen von Afrika nach Südamerika fuhren, wird in gleich mehreren wichtigen Arbeiten erzählt. *Perupithecus*, den ältesten eozänen Neuweltaffen Südamerikas, beschreiben Mariano Bond und Kollegen (*Nature*, 2015, 520, S. 538–541). Erst kürzlich haben Seiffert und Kollegen eine zweite Linie südamerikanischer Primaten beschrieben, die ebenfalls in eine afrikanische Gruppe eingebettet ist und möglicherweise unabhängig von den Neuweltaffen Richtung Westen getrieben wurde (*Science*, 2020, 368, S. 194–197). Den floßfahrenden Caviomorpha widmeten sich Antoine et al. (*Proceedings of the Royal Society, Series B*, 2012, 279, S. 1319–1326), dem kuhgroßen *Josephoartigasia* – stellen Sie sich das vor, ein Meerschweinchen, dass so groß war wie ein Auto! – Rinderknecht und Blanco (*Proceedings of the Royal Society, Series B*, 2008, 275, S. 923–928) sowie Millien (*Proceedings of the Royal Society, Series B*, 2008, 275, S. 1953–1955). Bevor Nagetiere und Primaten von Afrika nach Südamerika gelangten, mussten sie irgendwie von Asien (oder Europa) nach Afrika gekommen sein, ein Thema, mit dem sich Sallam et al. (*Proceedings of the National Academy of Sciences [USA]*, 2009, 106, S. 16722–16727), Jaeger et al. (*Nature*, 2010, 467, S. 1095–1098) und Chris Beard in seinem oben zitierten Buch befassen.

## KAPITEL 7: EXTREME SÄUGETIERE

Der Titel dieses Kapitels ist inspiriert von einer gleichnamigen Ausstellung, die ursprünglich im American Museum of Natural History zu sehen war, kuratiert von dem anerkannten Säugetierexperten John Flynn, der der Mentor meiner Doktorarbeit und Mitglied des Promotionsausschusses war.

In diesem Kapitel geht es vor allem um Elefanten, Fledermäuse und Wale. Zu jeder dieser Gruppen gibt es eine lange Literaturliste, auf die ich unten noch eingehen werde. Die fesselndste allgemeine Lektüre zur Evolution aller drei Gruppen ist jedoch Don Protheros *Princeton Field Guide to Prehistoric Mammals* (Princeton University Press, 2017). Als zusammenfassende Quelle für die Evolutionsgeschichte und die Verwandtschaftsbeziehungen der einzelnen Gruppen ist das Kapitel von Robert Asher im *Handbook of Zoology: Mammalian Evolution, Diversity and Systematics* (siehe oben) zu empfehlen.

Elefanten: Emmanuel Gheerbrant und Kollegen haben mehrere Arbeiten über die Entwicklungssequenz fossiler Elefanten veröffentlicht, die zeigen, wie diese im Laufe der Zeit immer größer werden, darunter Abhandlungen über *Eritherium* (*Proceedings of the National Academy of Sciences [USA]*, 2009, 106, S. 10717–10721), *Phosphatherium* (Nature, 1996, 383, S. 68–70) und *Daouitherium* (*Acta Palaeontologica Polonica*, 2002, 47, S. 493–506). Gheerbrant hat auch Fossilien primitiver Afrotheria, Vorfahren der Elefanten und anderer moderner Arten, beschrieben, unter anderen *Ocepia* (*PLoS ONE*, 2014, 9, S. e89739) und *Abdounodus* (PLoS ONE, 2016, 11, S. e0157556), sowie wichtige Beiträge zur Erforschung des Ursprungs der Embrithopoda geleistet, jener ausgestorbenen Gruppe, zu der auch das bizarre Riesenhorntier *Arsinotherium* gehörte (*Current Biology*, 2018, 28, S. 2167–2173). Was andere ausgestorbene Afrotheria betrifft, so werden der ungewöhnliche Körperbau und die beeindruckende Größe prähistorischer Schliefer in gleich drei Arbeiten beschrieben (Schwartz et al., *Journal of Mammalogy*, 1995, 76, S. 1088–1099; Rasmussen und Simmons, *Journal of Vertebrate Paleontology*, 2000, 20, S. 167–176; Tabuce, *Palaeovertebrata*, 2016, 40, S. e1–12). Und noch ein letzter Punkt zu Afrotheria, um Klarheit zu schaffen: Obwohl sie auf Afrika begrenzt scheinen, müssen sie einen Vorfahren gehabt haben, der Ende der Kreide oder Anfang des Paläozäns von woanders herkam. Es ist daher durchaus möglich, dass die frühesten Afrotheria auch auf anderen Kontinenten heimisch – vielleicht sogar weitverbreitet – waren, bevor sich ihr Vorkommen auf Afrika beschränkte.

Meine Ausführungen zur Körpergröße der Elefanten im Laufe der Zeit – einschließlich der geschätzten Größen einzelner Spezies – stammen aus einer wichtigen Arbeit von Asier Larramendi (*Acta Palaeontologica Polonica*, 2016, 61, S. 537–574). Die Abhandlung befasst sich auch mit der gewaltigen Körpergröße von *Palaeoloxodon*, die man zugegebenermaßen aus fragmentarisch erhaltenen Fossilen abgeleitet hat, sowie der Größe eozäner und oligozäner Nashörner wie *Paraceratherium* im Vergleich zu den größten Elefanten. Die Lektüre zu diesem Thema brachte mich zu dem Schluss, dass wir (zumindest bisher) nicht sagen können, ob Elefanten wie *Palaeoloxodon* oder Nashörner wie *Paraceratherium* die größten Landsäugetiere aller Zeiten waren. Aber das ist auch nicht so wichtig: Die Tiere müssen mehr oder weniger die gleiche Größe gehabt haben, und die war monströs.

Meine Ausführungen zur Entwicklung der Körpergröße von Säugetieren im Laufe der Zeit und ihrem Höhepunkt um die Eozän-Oligozän-Grenze basieren auf zwei wichtigen Arbeiten derselben Forschungsgruppe unter der Leitung von Felisa Smith (*Science*, 2010, 330, S. 1216–1219) und Juha Saarinen (*Proceedings of the Royal Society of London, Series B*, 2014, 281, S. 20132049) sowie einer Art Widerlegung der ersten Arbeit durch Roland Sookias und Kollegen (*Biology Letters*, 2012, 8, S. 674–677).

Mehr Informationen darüber, wie die Dinosaurier zu ihrer enormen Größe heranwuchsen und welche anatomischen Eigenheiten dies ermöglichten, finden Sie in meinem Buch *Aufstieg und Fall der Dinosaurier* und den darin zitierten Quellen, zu denen auch die bahnbrechende Arbeit von Martin Sander und Kollegen zählt (*Biological Reviews*, 2011, 86, S. 117–155). Über Elefantengehirne und wie sie im Laufe der Zeit größer wurden, lesen Sie in einer Studie von Julien Benoit und Team (*Scientific Reports*, 2019, 9, S. 9323).

Fledermäuse: Das älteste und primitivste Fledermausfossil *Onychonycteris*, das sich auf der Titelseite von *Nature* wiederfand, beschrieben Nancy Simmons und Kollegen (2008, 451, S. 818–821). Später veröffentlichten sie dann Details zu Hals und Ohren (*Nature*, 2010, 466, S. E8-E9, als Antwort auf den unten zitierten Artikel von Veselka et al.) sowie zu Flügeln und Flugverhalten in einer Arbeit unter der Leitung von Lucila Amador (*Biology Letters*, 2019, 15, S. 20180857). Nancy war Juniorautorin einer erhellenden Übersichtsarbeit zu den Ursprüngen der Fledermäuse, angeleitet von ihrem verstorbenen Kollegen Gregg Gunnell (*Journal of Mammalian Evolution*, 2005, 12, S. 209–246), und veröffentlichte mit Jonathan Geisler im *Bulletin of the American Museum of Natural History* (1998, 235, S. 1–182) eine wegweisende Monografie zum Stammbaum der Fledermäuse.

Weitere wichtige Fledermausfossilien aus dem Eozän sind *Icaronycteris* aus dem Westen der Vereinigten Staaten (Jepsen, *Science*, 1966, S. 1333–1339), *Australonycteris* aus Australien (Hand et al., *Journal of Vertebrate Paleontology*,

1994, 14, S. 375–381), *Tanzanycteris* aus Tansania (Gunnell et al., *Palaeontologica Electronica*, 2003, 5[3], S. 1–10), ein Exemplar aus dem frühen Eozän aus Algerien (Ravel et al., *Naturwissenschaften*, 2011,98, S. 397–405), mehrere Arten aus Indien (Smith et al., *Naturwissenschaften*, 2007, 94, S. 1003–1009) und verschiedene Exemplare aus Portugal (Tabuce et al., *Journal of Vertebrate Paleontology*, 2009, 29, S. 627–630). Die Messel-Fledermäuse aus Deutschland werden in *Messel: Ein fossiles Tropenökosystem* (siehe oben) beschrieben, sowie in zwei Arbeiten von Jörg Habersetzer und Kollegen (*Naturwissenschaften*, 1992, 79, S. 462–466; *Historical Biology*, 1994, 8, S. 235–260).

Zum Flugverhalten der Fledermäuse gibt es ebenfalls eine umfangreiche Literatur. Eine der besten Quellen, wie Skelett und Flügelform ihnen das Fliegen überhaupt erst ermöglichten, ist jedoch die bahnbrechende Monografie von Norberg und Rayner (*Philosophical Transactions of the Royal Society, Series B*, 1987, 316, S. 335–427). Die von mir zitierte Geschwindigkeit von 160 Stundenkilometern wurde von McCracken und Kollegen gemessen (*Royal Society Open Science*, 2016, 3, S. 160398). Karen Sears und Kollegen veröffentlichten eine Studie zur embryonalen Entwicklung von Fledermausflügeln und deren Bedeutung für die Evolution der Fledermausflügel (*Proceedings of the National Academy of Sciences [USA]*, 2006, 103, S. 6581–6586).

Leicht zugängliche Übersichtsarbeiten zur Echoortung von Fledermäusen veröffentlichten unter anderen Arita und Fenton (*Trends in Ecology and Evolution*, 1997, 12, S. 53–58), Speakman (*Mammal Review*, 2001, 31, S. 111–130) sowie Jones und Teeling (*Trends in Ecology and Evolution*, 2006, 21, S. 149–156). Mike Novacek zeigt den Zusammenhang zwischen Cochleagröße und Echoortung (*Nature*, 1985, 315, S. 140–141), Nina Veselka und ihr Team, wie diese mit der Verbindung zwischen Kehle und Ohrknochen zusammenhängt (*Nature*, 2010, 463, S. 939–942). Andere Autoren, die sich auf die Entwicklung der Echoortung bei Fledermäusen konzentrieren, stützen sich dabei auf den Stammbaum moderner Fledermausarten sowie die Verbreitung verschiedener Typen von Echoortung unter denselben. Hierzu zählen insbesondere die Arbeiten von Emma Teeling und Kollegen (*Nature*, 2000, 403, S. 188–192) und Mark Springer und Team (*Proceedings of the National Academy of Sciences [USA]*, 2001, 98, S. 6241–6246). Teeling – wie Nancy Simmons eine der führenden Fledermausexpertinnen – führte mithilfe von DNA-Vaterschaftstests eine bahnbrechende Studie über die genealogischen Beziehungen heutiger Fledermäuse durch (*Science*, 2005, 307, S. 508–584).

Über Vampirfledermäuse, insbesondere ihr Jagdverhalten und die Abstimmung ihres Gehirns auf den Atemrhythmus ihrer Beute, habe ich viel aus den Artikeln von Gröger und Weigrebe (*BMC Biology*, 2006, 4, S. 18) und

Schmidt et al. (*Journal of ComparativePhysiology A*, 1991, 168, S. 45–51) gelernt. Die Angabe, wie viel Kuhblut eine Vampirfledermauskolonie pro Jahr trinkt, stammt aus *National Geographic* (https://www.nationalgeographic.com/animals/mammals/c/common-vampire-bat/).

Wale: Über Wale gibt es eine schier unerschöpfliche Menge an Literatur, sowohl über ihre Entwicklung aus an Land lebenden Vorfahren als auch darüber, wie sich diese extremsten aller Säuger heute ernähren, fortpflanzen und kommunizieren. Für einen schnellen Überblick über Vergangenheit, Gegenwart und Zukunft der Wale aus erster Hand kann ich Nick Pyensons populärwissenschaftliches Buch *Spying on Whales* (2018, Viking) wärmstens empfehlen. Nick ist Kurator an der Smithonian und in der Walforschung tätig, wo er schon so gut wie alles getan hat, angefangen beim Ausgraben und Beschreiben fossiler Wale über das Sezieren moderner Wale bis hin zum Markieren lebender Wale, zur Untersuchung ihrer Migration und ihres Tauchverhaltens. Eines der ersten populärwissenschaftlichen Bücher über Wale, *At the Water's Edge* (Simon & Schuster, 1999), in dem es unter anderem darum geht, wie Wale vom Laufen zum Schwimmen kamen, hat der unerreichte Wissenschaftsautor Carl Zimmer geschrieben. In jüngerer Zeit veröffentlichte Hans Thewissen *The Walking Whales* (University of California Press, 2019), einen halb fachlichen, halb persönlichen Bericht über die Evolution der Wale und seine Fossilienfunde. Annalisa Berta ist die Autorin eines allgemein gehaltenen Fachbuchs über alle Meeressäuger mit dem Titel *Return to the Sea* (University of California Press, 2012), und die Paläontologen Felix Marx, Olivier Lambert und Mark Uhen haben sich zusammengetan, um *Cetacean Paleobiology* (Wiley-Blackwell, 2016) zu schreiben, einen fantastischen Überblick über die Evolutionsgeschichte der Wale.

Bevor wir gleich noch tief ins Thema Wale eintauchen, ein kleiner Exkurs: Wenn Sie etwas für skurrile Lektüre übrig haben, sollten Sie *The Stones of the Pyramids* von Dietrich und Rosemary Klemm lesen, das sich mit dem Baumaterial der Pyramiden von Gizeh und anderer ägyptischer Monumente befasst (De Gruyter, 2010).

Zur Evolution der Wale – und der Geschichte, wie aus wandernden Walen schwimmende Wale wurden – gibt es mehrere sehr gute allgemeine Übersichtsarbeiten. Dazu zählen insbesondere die Aufsätze von Hans Thewissen und E. M. Williams (*Annual Review of Ecology, Evolution, and Systematics*, 2002, 33, S. 73–90), Hans Thewissen, Lisa Noelle Cooper und Kollegen (*Evolution: Education and Outreach*, 2009, 2, S. 272–288), Sunil Bajpai und Kollegen (*Journal of Biosciences*, 2009, 34, S. 673–686), Mark Uhen (*Annual Review of Earth and Planetary Sciences*, 2010, 38, S. 189–219), John Gatesy und Kollegen

(*Molecular Phylogenetics and Evolution*, 2013, 66, S. 479–506) und Nick Pyenson (*Current Biology*, 2017, 27, S. R558-R564). Diese Übersichtsarbeiten beschäftigen sich auch mit der DNA und anderen molekularen Nachweisen für die Verbindung zwischen Walen und Paarhufern und enthalten die Forschungsgeschichte und Verweise auf die wichtigste Primärliteratur. Obwohl ich wünschte, ich könnte diesen Vergleich für mich beanspruchen, ist »Wie Bambi zu Moby Dick wurde« der Titel eines *Guardian*-Artikels von Ian Sample (dem ich auch Einzelheiten über die Entdeckung der *Indohyus*-Fossilien entnommen habe).

Zwei nahezu zeitgleich veröffentlichte Artikel verkündeten die Entdeckung des für Paarhufer typischen Astragalus mit der doppelten Gelenkrolle bei eozänen Walen: einmal Thewissen und Kollegen (*Nature*, 2001, 413, S. 277–281) und einmal Philip Gingerich und Kollegen (*Science*, 2001, 293, S. 2239–2242).

Um jedes potenzielle Missverständnis aufgrund meines lockeren Erzählstils auszuräumen, möchte ich an dieser Stelle noch einmal ganz deutlich werden. Wenn ich von Übergangswalen spreche, könnte das den Eindruck erwecken, ein einziges *Indohyus* habe sich ins Wasser geflüchtet und dieses eine Exemplar sei Vorgänger der Wale. Ebenso könnte der Eindruck entstehen, *Indohyus* habe sich zu *Pakicetus* entwickelt, das sich zu *Ambulocetus* entwickelte, das sich zu *Rodhocetus* entwickelte, das sich zu den heutigen Walen entwickelte. Das alles ist so nicht ganz richtig. Was den ersten Punkt anbelangt, gab es auf der indischen Insel eine ganze *Indohyus*-Population (und/oder nah verwandte Arten), die das Leben im Wasser ausprobierten. Was den zweiten Punkt anbelangt, handelte es sich bei den im Text genannten Fossilien um aufeinanderfolgende Verzweigungen auf dem Familienstammbaum auf der Linie zu den Walen. Diese Arten stammen streng genommen jedoch nicht voneinander ab, sondern sind nur die Fossilien, die Paläontologen bis heute gefunden haben – Glieder in einer sehr langen Kette, zu der noch sehr viel mehr Arten zählen, die erst noch gefunden werden müssen. Hinzu kommt, dass die Arten, die ich herausgehoben habe, Mitglieder größerer Gruppen sind. *Indohyus* zählt zu den Raoellidae, *Pakicetus* zu den Pakicetidae, *Ambulocetus* zu den Ambulocetidae, *Rodhocetus* zu den Protocetidae und *Basilosaurus* zu den Basilosauridae. Tatsächlich sind es diese Gruppen – plus einer weiteren, den Remingtonocetidae, die im Text nicht erwähnt wird –, die die einzelnen aufeinanderfolgenden Stufen auf der Entwicklungslinie zu den Walen markieren. Die Spezies im Text sind lediglich die besten Beispiele aus der jeweiligen Gruppe: Von ihnen existieren die besterhaltenen und am intensivsten erforschten Fossilien, weshalb sie am einfachsten darzustellen sind. Die von mir genannten Fossilien sind also lediglich Repräsentanten einzelner Entwicklungsstufen, über die sich die rehähnlichen Vorgänger der Wale zu immer besseren Schwimmern entwickelten. Jede dieser Art ist ein Hinweis auf einen Teil der gesamten Geschichte. Auch wenn diese speziellen Arten keine lückenlose Ahnenkette bilden, gibt deren schrittweise Einordnung auf der Stammlinie der Wale die Richtung vor. Wer weiß, welche Glieder irgendwo dort draußen noch existieren und nur noch gefunden werden müssen?

Hier die wichtigsten Quellen zu den Übergangsspezies in der Entwicklungslinie zum Wal:

*Indohyus*: Die ersten, spärlichen Fossilien dieses Säugetiers beschreibt 1971 A. Ranga Rao (*Journal of the Geological Society of India*, 12, S. 124–134). Später dann beschreiben Hans Thewissen und Kollegen neues fossiles Material, das eine Verbindung zu den Walen aufzeigt (*Nature*, 2007, 250, S. 1190–1194). Ausführlicher beschreiben diese Fossilien 2012 dann Lisa Noelle Cooper, Thewissen und Kollegen (*Historical Biology*, 24, S. 279–310). Zu Thewissens Team zählten auch die indischen Kollegen Sunil Bajpai und B. N. Tiwari.

*Pakicetus*: Phil Gingerich und Kollegen beschreiben *Pakicetus* erstmals in *Science* (1983, 220, S. 403–406). Das *Pakicetus*-Skelett und das anderer Pakicetidae beschreibt S. I. Madar ausführlich (*Journal of Paleontology*, 2007, 81, S. 176–200).

*Ambulocetus*: Hans Thewissen und Kollegen beschrieben *Ambulocetus* erstmals in *Science* (1994, 263, S. 210–212) und veröffentlichten später eine umfassende Beschreibung des Skeletts (*Courier Forsch.-Inst. Senckenberg*, 1996, 191, S. 1–86). 2016 publizierten Konami Ando und Shin-ichi Fujiwara eine wichtige Studie, in der sie anhand der postkranialen Anatomie argumentieren, dass *Ambulocetus* ein guter Schwimmer und schlechter Läufer war und wahrscheinlich die meiste Zeit im Wasser verbrachte (*Journal of Anatomy*, 229, S. 768–777). Einen weiteren wichtigen Ambulocetidea, *Himalayacetus*, beschreiben Sunil Bajpai und Gingerich. Mit einem Alter von etwa 52,5 Millionen Jahren ist es der derzeit älteste bekannte Wal der fossilen Überlieferung, was bedeutet, dass der Übergang vom Land zum Wasser zu diesem Zeitpunkt bereits stattgefunden hatte (*Proceedings of the National Academy of Sciences [USA]*, 1998, 95, S. 15464–15468).

Protocetidae: *Rodhocetus* beschrieben 1994 Phil Gingerich und Kollegen (*Nature*, 368, S. 844–847). Der belgische Walexperte Olivier Lambert – mit dem ich eine Zeit lang die Zeitschrift *Acta Palaeontologica Polonica* herausgab – beschrieb in einem faszinierenden 2019 in *Current Biology* (29, S. 1352–1359) veröffentlichten Artikel das peruanischen Protocetidae *Peregocetus* und erörterte die Verbreitung und Migration früher Wale im Allgemeinen. An diesem Artikel wirkten mehrere Co-Autoren aus Peru, Italien und Frankreich mit – ein internationales Team, das die ersten globalen Wale untersuchte. Das Gehör von Walen aus dem Teil der Familie, der die Pakicetidae, Ambulocetidae und Protocetidae mit einschließt, wurde bereits in beträchtlichem Umfang untersucht, insbesondere von Thewissen und Hussain (*Nature*, 1993, 361, S. 444–445), Nummella et al. (*Nature*, 2004, 430, S. 776–778) und Mourlam und Orliac (*Current eBiology*, 2017, 27, S. 1776–1781).

*Basilosaurus* und die Wadi-al-Hitan-Wale: *Basilosaurus* glänzt mit einer schillernden Vergangenheit. Entdeckt wurde er in den 1830er-Jahren im Süden der Vereinigten Staaten, wo er auch seinen Namen – »Königsechse« – erhielt, weil er aussah wie eine Seeschlange. Dass es sich bei diesem Tier um einen frühen Wal und nicht um ein Reptil handelte, fiel unserem immer wieder gern gesehenen Bösewicht Richard Owen auf, die Regeln der zoologischen Nomenklatur verboten jedoch, den Namen *Basilosaurus* noch einmal zu ändern. Erzählt wird diese Geschichte von David Rains Wallace in *Beasts of Eden* und Don Prothero und Robert Schoch in *Horns, Tusks, & Flippers* (beide oben bereits zitiert). Beine und Füße ägyptischer Spezies beschrieb 1990 ein von Gingerich betreutes Team (*Science*, 249, S. 154–157). Gingerich selbst publizierte 1992 eine äußerst gewissenhafte Monografie über die Wadi-al-Hitan-Wale und andere ägyptische Wale aus dem Eozän, in der er die Fundorte der einzelnen Arten sowohl geografisch als auch in der Stratigrafie des eozänen Gesteins akribisch dokumentiert. (*University of Michigan Papers on Paleontology*, 30, S. 1–84). Manja Voss leitete ein Autorenteam (zu dem auch Gingerich und ägyptische Kollegen zählten), welches das erstaunliche Fossil eines *Dorudon* im Inneren eines *Basilosaurus* beschrieb (*PLoS ONE*, 2019, 14, S. e0209021). Einen anschaulichen populärwissenschaftlichen Artikel von Tom Mueller über die Wadi-al-Hitan-Wale und Gingerichs Arbeit finden Sie in der Augustausgabe von 2010 der *National Geographic*.

Wichtige Quellen zur frühen Evolution der Zahnwale sind drei Arbeiten über die namentlich erwähnten Arten *Cotylocara* (Geisler et al., *Nature*, 2004, 508, S. 383–386), *Echovenator* (Churchill et al., *Current Biology*, 2016, 26, S. 2144–2149) und *Livyatan* (Lambert et al., *Nature*, 2010, 466, S. 105–108). Zudem gibt es noch zahlreiche andere wichtige Arbeiten zu Aspekten der Biologie der Zahnwale, darunter eine Studie des Shootingstar-Paläontologen Travis Park, der mit seinen Kollegen den Ursprung und die frühe Evolution der Echoortung untersuchte (*Biology Letters*, 2016, 12, S. 20160060), und Arbeiten über die Evolution des riesigen Zahnwalgehirns von Lori Marino und Kollegen (*The Anatomical Record*, 2004, 281 A, S. 1247–1255; *PLoS Biology*, 2007, 5, S. e139).

Zu den wichtigsten Quellen zur frühen Evolution der Bartenwale zählen Arbeiten zu den beiden im Text genannten Arten *Mystacodon* (Lambert et al.,

*Current Biology*, 2017, 27, S. 1535–1541) und *Llanocetus* (Mitchell, *Canadian Journal of Fisheries and Aquatic Sciences*, 1989, 46, S. 2219–2235; Fordyce und Marx, *Current Biology*, 2018, 28, S. 1670–1676) sowie der Schlüsselspezies *Maiabalaena*, die weder Zähne noch Barten an den Kiefern hat (Peredo et al., *Current Biology*, 2018, 28, S. 3992–4000). Weitere wichtige Studien zu Aspekten der Biologie der Bartenwale sind Arbeiten über den Ursprung und die frühe Evolution der Barten (Peredo et al., *Frontiers in Marine Science*, 2017, 4, S. 67; Hocking et al., *Biology Letters*, 2017,13, S. 20170348; siehe hierzu auch die abweichende Hypothese von Demere et al. [*Systematic Biology*, 2008, 57, S. 15–37] und Geisler et al. [Current Biology, 2017, 27, S. 2036–2042]) und des Gehörs (Park et al., *Proceedings of the Royal Society, Series B*, 2017, 284, S. 20162528).

Meine Hauptquellen, was die biologischen Besonderheiten der Blauwale und die Evolution des Gigantismus bei Bartenwalen anbelangt, waren Arbeiten über die Entwöhnung bei Blauwalen und die Größe ihrer Kälber (Lockyer, *FAO Fisheries Series*, 1981, 3, S. 379–487; Mizroch et al., *Marine Fisheries Review*, 1984, 46, S. 15–19), über das Fressverhalten und die Ernährung mit Krill (Goldbogen et al., *Journal of Experimental Biology*, 2011, 214, S. 131–146; Fossette et al., *Ecology and Evolution*, 2017, 7, S. 9085–9097) und über die Evolution der Körpergröße (Slater et al., *Proceedings of the Royal Society, Series B*, 2017, 284, S. 20170546; Goldbogen et al., *Science*, 2019, 366, S. 1367–1372) sowie Nick Pyensons klare und fesselnde Darstellung der Evolution der Körpergröße bei Bartenwalen in seinem Buch *Spying on Whales* und seinem oben bereits zitierten 2017 erschienenen Übersichtsartikel in *Current Biology*.

## KAPITEL 8: SÄUGETIERE UND KLIMAWANDEL

Meine fiktionale Darstellung der Ashfall-Apokalypse in der amerikanischen Savanne basiert auf fossilen Befunden aus den Ashfall Fossil Beds (den verschiedenen Spezies, der Position ihrer Skelette in der Asche und den an den Knochen nachzuweisenden Krankheiten) sowie auf der Geologie der Fundstätte (den Ascheschichten, ihrer Stärke und Eigenschaften und deren Bedeutung für die Abfolge der Ereignisse) und einer sehr unterhaltsamen Diskussion mit zwei Kolleginnen aus der Vulkanologie, Eliza Calder und Isla Simmons.

Die besten Quellen zu den Ashfall Fossil Beds sind die Arbeiten ihres Entdeckers Mike Voorhies. Besonders informativ sind sein Artikel aus dem Jahr 1985 in den *Research Reports of the National Geographic Society* (19, S. 671–688), seine mit Joseph Thomasson verfasste Abhandlung über die in den Mäulern und Brustkörben der Nashörner gefundenen fossilen Gräser (*Science*,

1979, 206, S. 331–333), ein populärwissenschaftlicher Artikel in *University of Nebraska State Museum, Museum Notes* (1992, 81, S. 1–4) sowie ein gemeinsam mit S. T. Tucker und Kollegen verfasstes Kapitel in dem Buch *Geologic Field Trips along the Boundary between the Central Lowlands and Great Plains* (*Geological Society of America Field Guide*, 2014, S. 36). Weitere Fundgruben sind die Website der Ashfall Fossil Beds (https://ashfall.unl.edu/) und ein Artikel von Terri Cook im *Earth Magazine* aus dem Jahr 2017. Mit dem Alter der Ashfall-Ablagerungen und der geologischen Detektivarbeit, dank derer ihr Ursprung auf einen Yellowstone-Ausbruch in Idaho zurückgeführt werden kann, befassen sich Smith et al. (*PLoS ONE*, 2018, 13, S. e0207103).

Für die detaillierte Darstellung von Biologie, Verhalten, Ernährung und Herdenstruktur der Ashfall-Nashörner habe ich mehrere Quellen herangezogen, darunter die Arbeiten von Alfred Mead (*Paläobiologie*, 2000, 26, S. 689–706), Matthew Mihlbachler (*Paläobiologie*, 2003, 29, S. 412–428), Nicholas Famoso und Darren Pagnac (*Transactions of the Nebraska Academy of Sciences*, 2011, 32, S. 98–107) sowie meiner Feldforscherkollegen in New Mexico Bian Wang und Ross Secord (*Paläogeografie, Paläoklimatologie, Paläoökologie*, 2020, 542, S 109411). Außerdem gibt es von D. K. Beckon einen faszinierenden Konferenzbeitrag über die pathologischen Befunde der Ashfall-Nashörner, die an Aschevergiftung starben (*Geological Society of America Abstracts with Programs*, 1995, 27, S. 38).

Über den Klimawandel vom Treibhaus zum Kühlhaus an der Eozän-Oligozän-Grenze, seine Ursachen, Ausmaße in unterschiedlichen Teilen der Welt und Auswirkungen auf Niederschlagsmengen und andere klimatische Aspekte gibt es reichlich Literatur. Die mit Abstand beste Quelle zu der Frage, wie sich das Klima der Erde in den letzten 66 Millionen Jahren – nach dem Asteroideneinschlag – verändert hat, ist ein Artikel von Thomas Westerhold und Kollegen, zu denen auch Dick Kroon aus Edinburgh zählte, den er 2020 in *Science* publizierte (369, S. 1383–1387). Die Arbeit enthält leicht verständliche Temperaturdiagramme, welche die im Laufe der Zeit wichtigsten Verschiebungen darstellen und wann die Erde ein Treibhaus, Kühlhaus oder Gefrierschrank war (wobei das, was ich als Treibhaus bezeichne, dort in eine heiße Treibhaus- und eine etwas mildere Wärmephase unterteilt wird). Weitere wichtige Quellen zur Eozän-Oligozän-Grenze sind die Arbeiten von DeConto und Pollard (*Nature*, 2003, 421, S. 246–249), Cox et al. (*Nature*, 2005, 433, S. 53–57), Scher und Martin (*Science*, 2006, 312, S. 428–430), Zanazzi et al. (*Nature*, 2007, 445, S. 639–642), Liu etal. (*Science*, 2009, 323, S. 1187–1190), Katz et al. (*Science*, 2011, 332, S. 1076–1079) und Spray et al. (*Paleoceanography and Paleoclimatology*, 2019, 34, S. 1124–1138).

Auch zur Ausbreitung von Grasland im Oligozän und Miozän gibt es reichlich Literatur, größtenteils von Caroline Strömberg und Kollegen. Einen besonders hilfreichen und lesenswerten allgemeinen Überblick bieten Carolines Artikel in der *Annual Review of Earth and Planetary Sciences* (2011, 39, S. 517–544) und ein von Erika Edwards herausgegebener Artikel in *Science* (2010, 328, S. 587–591), an dem sie ebenfalls mitgewirkt hat. Carolines Doktorarbeit über die Koevolution von Grasland und Säugetieren in Nordamerika wurde in mehreren wichtigen Artikeln veröffentlicht (*Paläogeografie, Paläoklimatologie, Paläoökologie*, 2004, 207, S. 239–275; *Proceedings of the National Academy of Sciences [USA]*, 2005, 102, S. 11980–11984; *Paläobiologie*, 2006, 32, S. 236–258). Gemeinsam mit anderen Kollegen untersuchte sie auch Graslandschaften in der Türkei (*Paläogeografie, Paläoklimatologie, Paläoökologie*, 2007, 250, S. 18–49) und in Südamerika (*Nature Communications*, 2013, 4, S. 1478), darunter auch eine Studie zu Südamerika, die ihr Doktorand Regan Dunn leitete (*Science*, 2015, 347, S. 258–261). Die Phytolithe aus der späten Kreidezeit beschreiben Caroline und ihre indischen Mitarbeiter unter der Leitung von Vandana Prasad in *Science* (2005, 310, S. 1177–1180). Details zu Carolines Karriere und ihrer frühen Forschungsarbeit habe ich einer von der *Society of Vertebrate Paleontology* im Vorfeld der Verleihung des Romer Prize veröffentlichten Biografie entnommen.

Die Auswirkung der Entstehung von Graslandschaften auf die Säugetiere und deren reaktive Entwicklung der Hypsodontie untersuchte über viele Jahre die bekannte Paläontologin Christine Janis mit ihrem Team. Den besten und umfassendsten Überblick über das Thema, aus dem auch mein Vergleich mit dem Druckbleistift und die Angaben zu den Schutzmengen, die moderne Weidetiere fressen, und der Abnutzung ihrer Zähne stammen, verfassten Christine und John Damuth (*Biological Reviews*, 2011, 86, S. 733–758). Diese Arbeit ist in vielerlei Hinsicht die Überarbeitung der bahnbrechenden Übersichtsarbeit, die Christine 1988 in der gleichen Zeitschrift zusammen mit Mikael Fortelius veröffentlichte (63, S. 197–230). Christine war auch Teil eines Teams unter der Leitung von Borja Figueirido, das die Zusammenhänge zwischen der Evolution der Säugetiere und dem Klima der letzten 66 Millionen Jahre untersuchte (*Proceedings of the National Academy of Sciences [USA]*, 2019, 116, S. 12698–12703), sowie eines weiteren Teams unter der Leitung von Phillip Jardine, das die Muster in der Entwicklung der Hypsodontie bei Pferden und anderen hypsodonten Säugetieren in der amerikanischen Savanne untersuchte (*Palaeogeography, Palaeoclimatology, Palaeoecology*, 2012, 365–366, S. 1–10). Die Entwicklung der Hypsodontie bei südamerikanischen Säugern untersuchten Rodrigues et al. (*Proceedings of the National Academy of*

*Sciences [USA]*, 2014, 114, S. 1069–1074). Die Beziehung zwischen Hypsodontie und Zahnverschleiß sowie die bemerkenswerte Erkenntnis, dass weidebedingter Zahnverschleiß bei Pferden lange vor der Hypsodontie auftrat, sind Gegenstand eines aufschlussreichen Artikels von Matthew Mihlbachler und Kollegen, der 2011 in *Science* (331, S. 1178–1181) erschien. Die Zusammenhänge von Weideverhalten, Hypsodontie und Komplexität des Zahnschmelzes beleuchteten Nicholas Famoso und Kollegen (*Journal of Mammalian Evolution*, 2016, 23, S. 43–47), die Evolution schnell laufender Säugetiere in den Savannen David Levering und Team (*Palaeogeography, Palaeoclimatology, Palaeoecology*, 2017, 466, S. 279–286).

George Gaylord Simpson erzählt die Geschichte der »Great Transformation« in seinem 1951 erschienenen Buch *Horses: The Story of the Horse Family in the Modern World and through Sixty Million Years of History* (Oxford University Press). Heute ist Bruce MacFadden von der University of Florida die Eminenz der nordamerikanischen Pferdeforschung, der sein eigenes Buch zur Evolution der Pferde, *Fossil Horses: Systematics, Paleobiology, and Evolution of the Family Equinae* (1992, Cambridge University Press), geschrieben hat sowie eine Fülle von Publikationen zu diesem Thema, darunter eine ebenso kurze wie bedeutende Abhandlung in *Science* im Jahr 2005 (307, S. 1728–1730). Weitere Schlüsselwerke sind seine 1984 erschienene Monografie über Pferde aus dem Miozän und Pliozän (*Bulletin of the American Museum of Natural History*, 179, S. 1–196), ein 1988 zusammen mit Richard Fulbert verfasster Artikel über die Genealogie früher Pferde und die explosionsartige Ausbreitung von Pferden im Miozän (*Nature*, 336, S. 466–468), eine Studie zu Ernährung und Ökologie der Pferde in den letzten Tagen ihrer Blütezeit im späten Miozän und frühen Pliozän (*Science*, 1999, 283, S. 824–827) sowie zwei lesenswerte Arbeiten zur Evolution grasfressender Säugetiere (*Trends in Ecology and Evolution*, 1997, 12, S. 182–187; *Annual Review of Ecology and Systematics*, 2000, 31, S. 33–59).

Das Miozän war aber nicht nur das Zeitalter der Grasfresser! Christine Janis, John Damuth und Jessica Theodor veröffentlichten eine Reihe provokanter Artikel, die nachweisen, dass auch die Artenvielfalt der Laubfresser weiter zunahm – und tatsächlich sogar größer war als in vergleichbaren Lebensräumen heute (*Proceedings of the National Academy of Sciences [USA]*, 2000, 97, S. 7899–7904; *Palaeogeography, Palaeoclimatology, Palaeoecology*, 2004, 207, S. 371–398). Meine wichtigsten Quellen zu den Prädatoren, die all diese Laub- und Grasfresser gefressen haben, waren die Veröffentlichungen der renommierten Expertin für karnivore Säugetiere Blaire van Valkenburgh (*Annual Review of Earth and Planetary Sciences*, 1999, 27, S. 463–493; *Paleonto-*

*logical Society Papers*, 2002, 8, S. 267–288). Eine faszinierende Studie von Figueirido und Team zeigt, dass es sich bei den fleischfressenden Säugetieren in der amerikanischen Savanne noch überwiegend um Lauerjäger handelte, die aus dem Hinterhalt zuschlugen, oder um Prädatoren, die ihre Beute nur über kurze Distanzen verfolgten. Reine Hetzjäger, die ihre Beute über lange Strecken jagten, haben sich erst jüngst während der Eiszeit entwickelt (*Nature Communications*, 2015, 6, S. 7976). Und nicht zu vergessen die kleinen Säuger; ihre Entwicklung in den Graslandschaften beschreiben Joshua Samuels und Samantha Hopkins in einem sehr schönen Artikel aus dem Jahr 2017 (*Global and Planetary Change*, 149, S. 36–52).

Der Abschnitt über Riversleigh und die Evolution der australischen Beuteltiere basiert auf Arbeiten von und Gesprächen mit Mike Archer und Robin Beck. Mike und seine Kollegen Sue Hand und Hank Godthelp haben 1994 ein Buch über Riversleigh geschrieben (*Riversleigh: The Story of Animals in Ancient Rainforests of Inland Australia*, Reed Books) – und werden aufgrund all ihrer neuen Entdeckungen wohl bald noch ein zweites schreiben müssen! Weitere bedeutende Übersichtsarbeiten sind ein von Karen Black, einer von Mikes vielen Doktorandinnen, betreutes Kapitel über den Aufstieg der australischen Beuteltiere in dem 2012 erschienenen Buch *Earth and Life* (herausgegeben von John Talent, erschienen bei Springer) sowie ein Kapitel, das Robin 2017 für das *Handbook of Australasian Biogeography* geschrieben hat (S. 329–366). Robin betreute auch zwei wichtige Arbeiten über die frühesten Beuteltiere aus dem australischen Eozän (*PLoS ONE*, 2008, 3, S. e1858; *Naturwissenschaften*, 2012, 99, S. 715–729). Und auch Mikes fesselnde und unterhaltsame Reihe für *Nature Australia*, die so viele der Riversleigh-Funde und die Evolution der Beuteltiere im Allgemeinen abdeckt, darf nicht unerwähnt bleiben. Er sollte sie unbedingt aktualisieren und in einem populärwissenschaftlichen Buch zusammenfassen.

Mike, Sue, Hank, Robin und ihre Mitstreiter – Derrick Arena, Marie Attard, Tim Flannery, Julien Louys, Anna Gillespie, Kenny Travouillon, Steve Wroe und viele andere – haben Dutzende Forschungsarbeiten zu den Riversleigh-Fossilien veröffentlicht, darunter auch die Artikel, die ich für dieses Kapitel konsultiert habe: Arbeiten über den Regenwald von Riversleigh (Travouillon et al., *Palaeogeography, Palaeoclimatology, Palaeoecology*, 2009, 276, S. 24–37; Travouillon et al., *Geology*, 2012, 40[6], S. e273), das Alter der Riversleigh-Fauna und ihre Einteilung in vier das Oligozän und Miozän umfassende Zonen (Arena et al., *Lethaia*, 2016, 49, S. 43–60; Woodhead et al., *Gondwana Research*, 2016, 29, S. 153–167), die Erhaltung von Riversleigh-Fossilien in Höhlen (Arena et al., *Sedimentary Geology*, 2014, 304, S. 28–43), die Artenvielfalt der Säugetiere von Riversleigh (Archer et al., *Alcheringa*, 2006, 30, S1, S. 1–17) und die fossile Burdekinpflaume aus Riversleigh (Rozefelds et al., *Alcheringa*, 2015, 39, S. 24–39).

Informationen zu den im Text erwähnten Säugetieren aus Riversleigh finden Sie in folgenden Quellen: zu dem riesigen, auf Bäume kletternden Wombatverwandten *Nimbadon* (Black et al., *Journal of Vertebrate Paleontology*, 2010, 30, S. 993–1011), zu dem fleischfressenden Thylacinus *Nimbacinus* (Attard et al., *PLoS ONE*, 2014, 9[4], S. e93088), zu den wilden Beutellöwen (Gillespie et al, *Journal of Systematic Palaeontology*, 2019, 17, S. 59–89), zu primitiven Kängurus (Kear et al., *Journal of Paleontology*, 2007, 81, S. 1147–1167; Black et al., *PLoS ONE*, 2014, 9[11], S. e112705), zu dem potenziell fleischfressenden Killerkänguru *Ekaltadeta* (Archer und Flannery, *Journal of Paleontology*, 1985, 59, S. 1331–1349; Wroe et al., *Journal of Paleontology*, 1998, 72, S. 738–751), zu primitiven Koalas (Louys et al., *Journal of Vertebrate Paleontology*, 2009, 29, S. 981–992; Black et al., *Gondwana Research*, 2014, 25, S. 1186–201), zum tropischen Beutelmaulwurf *Naraboryctes* (Archer et al., *Proceedings of the Royal Society, Series B*, 2011, 278, S. 1498–1506; Beck et al., *Memoirs of Museum Victoria*, 2016, 74, S. 151–171), zum Schneckenschreck mit dem Hammerzahn *Malleodectes* (Arena et al., *Proceedings of the Royal Society, Series B*, 2011, 278, S. 3529–3533; Archer et al., *Scientific Reports*, 2016, 6, S. 26911) und zu *Yalkaparidon* (Archer et al., *Science*, 1988, 239, S. 1528–1531; Beck, *Biological Journal of the Linnean Society*, 2009, 97, S. 1–17).

## KAPITEL 9: SÄUGETIERE DER EISZEIT

Die Geschichte des Mammutfunds der Stono-Sklaven erzählt die Historikerin Adrienne Mayor, *die* Expertin für frühe Begegnungen indigener Völker mit Fossilien, in ihrem Buch *Fossil Legends of the First Americans* (Princeton University Press, 2005) sowie in einem 2014 erschienen Artikel in dem Magazin *Wonders & Marvels*. Ihr herausragendes Buch enthält zahlreiche Details zu den Fossilienfunden der Ureinwohner Amerikas und deren Deutung der riesigen Knochen – einschließlich der Geschichte von Big Bone Lick. Zusätzliche Informationen gab sie mir in einem E-Mail-Chat.

Die Mammutbesessenheit Thomas Jeffersons ist in vielen historischen und wissenschaftlichen Werken gut dokumentiert. Seine Rede aus dem Jahr 1797 über *Megalonyx*, die als Forschungsarbeit veröffentlicht wurde, ist für jedermann zugänglich (*Transactions of the American Philosophical Society*, 1799, 4, S. 246–260). Während ich dies schreibe, Mitte Januar 2021, komme ich nicht umhin festzustellen, wie undenkbar es doch ist, dass unser scheidender Vizepräsident Mike Pence je eine von Experten begutachtete wissenschaftliche Arbeit veröffentlicht. Womöglich hatte Buffon mit der Degeneration der Amerikaner doch recht. Weitere wichtige Quellen zu Jefferson waren zwei Artikel des Paläontologen Henry Fairfield Osborn aus dem frühen 20. Jahrhundert (*Science*, 1929, 69, S. 410–413; *Science*, 1935, 82, S. 533–538). Osborn war ein erklärter Verfechter der Überlegenheit der weißen Rasse, was erklärt, weshalb er die Stono-Sklaven in seinen Arbeiten nicht erwähnt. Weitere Informationen über Jefferson, Buffon, Lewis, Clark und die Mammuts habe ich Artikeln in diversen Zeitschriften entnommen, u. a. von Richard Conniff in *Smithsonian*, Cara Giaimo in *Atlas Obscura*, Phil Edwards in *Vox*, Emily Petsko in *Mental Floss* und Keith Thomson in *American Scientist*, sowie der Monticello-Website, auf der Informationen zu Jeffersons Fossiliensammlung zu finden sind. Und natürlich ein herzliches Dankeschön an Ted Daeschler in Philadelphia, der mir als Doktorand die *Megalonyx*-Knochen gezeigt hat.

Mein Wissen über die Gletschertopografie von Illinois verdanke ich zu großen Teilen dem Kurs bei Joe Jakupcak an der Highschool, ergänzt durch die zahllosen Gespräche, die ich über die Jahre mit ihm führen durfte. Einen reichen Fundus an Materialien zum Thema Eiszeit in Illinois bietet der Illinois State Geological Survey (ISGS), angefangen bei seiner Website (https://isgs.illinois.edu/outreach/geology-resources) bis hin zu den *Field Trip Guidebooks*, von denen für die hier erzählte Geschichte vor allem die Exkursionsführer 1986B (zu meiner Heimatstadt Ottawa), 1995C (zum Gebiet Streator-Pontia, südlich von Ottawa) und 2002A (zum Gebiet Hennepin, östlich von Ottawa – eine Exkursion, an der ich als Oberstufenschüler mit Mr Jakupcak teilnahm) relevant waren. Weitere Fakten und Zahlen in diesem Abschnitt stammen aus dem ISGS-Bulletin von 1942 (Nummer 66) *Geology and Mineral Resources of the Marseilles, Ottawa, and Streator Quadrangles* sowie aus einem Bericht des *United States Geological Survey* über die Hydrogeologie von LaSalle County (Scientific Investigations Report 2016–5154). Bei der Moräne südlich von Ottawa handelt es sich im Übrigen um die Farm Ridge Moraine, manchmal auch Grand Ridge Moraine, benannt nach dem auf der Moräne gelegenen Bauerndorf Grand Ridge.

Eine der besten, großzügig illustrierten und eingängigen Zusammenfassungen der Eiszeit und ihrer Megafauna ist Ross MacPhees Buch *End of the Megafauna* (W. W. Norton & Company, 2019). Neben Peter Schoutens großartigen Illustrationen der Megafauna in ihren Lebensräumen enthält das Buch Karten der Eisbedeckung während des letzten Gletschervorstoßes (in Nordamerika spricht man vom *Wisconsin Glacial Advance*, bei dem die Gletscher bis in die Mitte von Illinois reichten; in früheren Eiszeiten hatte sich die Eisdecke sogar noch weiter nach Süden vorgeschoben), Karten der Mammutsteppe und anderer eiszeitlicher Biome sowie Diagramme, die Veränderungen der Temperatur und des Eisvolumens abbilden.

Zu den wichtigsten Quellen über das Klima der Eiszeit zählen Arbeiten von Zhang et al. über Veränderungen des Kohlendioxidgehalts (*Philosophical Transactions of the Royal Society, Series A*, 2013, 371, S. 20130096), Sarnthein et al. über den Einfluss der veränderten Ozeanzirkulation im Atlantik auf die polaren Eiskappen (*Climate of the Past*, 2009, 5, S. 269–283), Bailey et al. über den Vorstoß der Polkappen auf Nordamerika (*Quaternary Science Reviews*, 2013, 75, S. 181–194) und Spray et al. über die Entstehung der polaren Eiskappen auf der nördlichen Hemisphäre (*Paleoceanography and Paleoclimatology*, 2019, 34, S. 1124–1138). Neueste Forschungsergebnisse zu den Himmelszyklen und ihren Auswirkungen auf die Gletscherbewegungen finden Sie in einer 2020 erschienenen Publikation von Bajo et al. in *Science* (367, S. 1235–1239). Es gibt drei Himmelszyklen, die in der Fachsprache als Milanković-Zyklen bezeichnet werden: die Exzentrizität (Form der Erdumlaufbahn um die Sonne), die Schiefe (Neigung der Erdachse) und die Präzession (Schwankungen der Erdachse). Bajo et al. fanden heraus, dass mit Unterstützung der anderen Zyklen vor allem die Schiefe ein wichtiger Faktor für den Beginn und die Dauer von Eiszeiten ist.

Die Arbeit von Haley O'Brien über *Rusingoryx*, das afrikanische Gnu mit der birnenförmigen Schnauze, wurde in *Current Biology* (2016, 26, S. 503–506) veröffentlicht, weitere Informationen dazu finden Sie bei Tyler Faith und Kollegen (*Quaternary Research*, 2011, 75, S. 697–707). Christine Janis und Kollegen verfassten eine faszinierende Arbeit über die Sprungkraft – oder fehlende Sprungkraft – bei den riesigen australischen Eiszeitkängurus (*PLoS ONE*, 2014, 9[10], S. e109888).

Die Faszination, die von den Mammuts ausgeht, macht sie zu einer schier unerschöpflichen Quelle von Literatur. Ein guter allgemeiner Überblick findet sich in Adrian Listers und Paul Bahns Buch *Mammoths: Giants of the Ice Age* (University of California Press, 2007) und dem von Lister allein verfassten, ähnlich betitelten Werk *Mammoths: Ice Age Giants* (Natural History Museum, 2014). Ebenfalls lesenswert sind Jordi Agustís und Mauricio Antóns Buch *Mammoths, Sabertooths, and Hominids* (Columbia University Press, 2002), Don Protheros *Princeton Field Guide to Prehistoric Mammals* und Protheros und Schochs *Horns, Tusks, and Flippers*, beide oben bereits zitiert.

Die verrückten sibirischen Mammutjäger porträtieren Helen Pilcher in ihrem Buch *Bring Back the King* (Bloomsbury, 2016) und ihrem Artikel für die BBC in *Science Focus*, Sabrina Weiss in ihrem Artikel *Wired* und einer Reportage von Radio Free Europe, in der der Fotograf Amos Chapple einen der Trupps auf seiner Jagd nach Elfenbein begleitete. Sollte die moderne Mammutjagd romantische Vorstellungen in Ihnen wecken, vergessen Sie diese am besten ganz schnell wieder. Sie ist gefährlich, illegal und verheerend für die Umwelt. Hinzu kommt, dass der Verkauf von Mammutstoßzähnen den Elfenbeinmarkt am Leben erhält und damit das Wildern der letzten noch verbliebenen Afrikanischen und Asiatischen Elefanten fördert, ein meiner Meinung nach sehr ernstes Argument.

Das vollständige Genom des Wollhaarmammuts legten 2015 Eleftheria Palkopoulou und Kollegen in *Current Biology* (25, S. 1395–1400) vor. Im selben Jahr veröffentlichten Vincent Lynch und Kollegen in *Cell Reports* zwei weitere Mammutgenome, anhand derer sie genetische Veränderungen aufgrund des Lebens in der frostigen Umgebung identifizierten (12, S. 217–228). Als ich dieses Kapitel gerade zu Ende schrieb, berichteten Tom van der Valk et al. in einer sensationellen Studie (*Nature*, 2021, 591, S. 265–269) von Mammut-DNA, die mehr als eine Million Jahre alt ist – ein Rekord! Diese genetischen Studien schließen sich mehr als zehn Jahren Forschungsarbeit mit Mammut-DNA an. Weitere wegweisende Arbeiten, die im Laufe der Jahre aufeinander aufbauten, sind Poinar et al. (*Science*, 2006, 311, S. 392–394), Krause et al. (*Nature*, 2006, 439, S. 724–727), Rogaev et al. (PLoS Biology, 2006, 4[3], S. e73), Gilbert et al. (*Proceedings of the National Academy of Sciences [USA]*, 2008, 105, S. 8327–8332), Miller et al. (*Nature*, 2008, 456, S. 387–390), Debruyneet al. (*Current Biology*, 2008, 18, S. 1320–1326), Campbell et al. (*Nature Genetics*, 2010, 42, S. 536–540; hier werden die an die Kälte angepassten Hämoglobin-Mutationen beschrieben), Rohland et al. (*PLoS Biology*, 2011, 8[12], S. e1000564; dieser Artikel beschreibt auch Mastodon-DNA); Enk et al. (*Genome Biology*, 2011, 12, S. R51; diese Arbeit weist die Inzucht von Wollhaarmammuts und Präriemammuts nach).

Das Fell der Mammuts ist Gegenstand mehrerer sowohl beschreibender als auch genetischer Arbeiten. 2006 identifizierten Römpler und Kollegen ein Kerngen, das unterschiedliche Haarfarben anzeigt (*Science*, 313, S. 62). Etwas später dann konnten Claire Workman und ihr Team, nachdem sie 47 Mammuts DNA-Proben entnommen hatten, feststellen, dass die genetische Kombination für helleres Haar äußerst selten ist (*Quaternary Science Reviews*, 2011, 30, S. 2304–2308). Im Jahr 2014 unterzogen Silvana Tridico und Kollegen über 400 Haare verschiedener Mammutmumien einer mikroskopischen Untersuchung und beschrieben ein Kaleidoskop von Farbunterschieden, einschließlich der Farbunterschiede zwischen Deckhaar und Unterwolle (*Quaternary Science Reviews*, 2014, S. 68–75).

Adrian Lister, renommierter Mammutexperte am Natural History Museum in London, hat einen Katalog von Arbeiten über die Evolution und Migration der Wollhaarmammuts publiziert, von denen zwei für dieses Kapitel besonders hilfreich waren: eine von ihm mitverfasste Übersichtsarbeit über die Evolution des Mammuts in Eurasien aus dem Jahr 2005 (*Quaternary International*, 126–128, S. 49–64) und sein aufrüttelnder Artikel aus dem Jahr 2015 über die mehrfachen Migrationen von Mammuts nach Nordamerika (*Science*, 350, S. 805–809).

Zum Thema Herden und soziales Leben der Mammuts beschreiben McNeill et al. die im Text erwähnten fossilen Fußspuren in Kanada (*Quaternary Science Reviews*, 2005, 24, S. 1253–1259), Wachstum und Laktation der Mammuts haben Metcalfe et al. untersucht und anhand von Isotopenstudien an Zähnen und Knochen gezeigt, dass Mammutmütter ihren Nachwuchs mindestens drei Jahre lang mit Milch versorgten (*Palaeogeography, Palaeoclimatology, Palaeoecology*, 2010, 298, S. 257–270). Vieles von dem, was wir über Fortpflanzung, Kindheit und Aufzucht der Mammuts wissen, verdanken wir der spektakulären, einen Monat alten sibirischen Eismumie Ljuba. Die Einzelheiten ihrer Entdeckung beschreibt Tom Mueller sehr unterhaltsam in einem im Mai 2009 im *National Geographic* erschienenen Artikel. Zu den wichtigsten Forschungsarbeiten über Ljuba zählen die von van Geel et al. über ihre Ernährung und ihren Mageninhalt (*Quaternary Science Reviews*, 2011, 30:, S. 3935–3946), Fisher et al. über die Todesursache und ihre Konservierung (*Quaternary International*, 2012, 255, S. 94–105) und Rountrey et al. über ihre Entwicklung und den Zeitpunkt ihrer Geburt (*Quaternary International*, 2012, 255, S. 106–205).

Mindestens ebenso faszinierend wie Mammuts und Gegenstand zahlreicher Forschungsarbeiten sind *Smilodon* und andere Säbelzahntiger. Drei der besten allgemeinen Übersichten hierzu sind Alan Turners und Mauricio Antóns Buch *The Big Cats and Their Fossil Relatives* (Columbia University Press, 1997), Antóns Buch *Sabertooth* (Indiana University Press, 2013) und *Smilodon: The Iconic Sabertooth* (Johns Hopkins University Press, 2018), ein von Lars Werdelin, Gregory McDonald und Christopher Shaw herausgegebener Band mit Fachbeiträgen. Eine gute Zusammenfassung der Teergrube von Rancho La Brea in Los Angeles findet sich in der von John Harris herausgegebenen Aufsatzsammlung *La Brea and Beyond: The Paleontology of Asphalt-Preserved Biotas* (*Natural History Museum of Los Angeles County Science Series*, 2015, 42, S. 1–174). Meine Angaben zur Körpergröße von *Smilodon* stammen von Christiansen und Harris (*Journal of Morphology*, 2005, 266, S. 369–384).

Der Text konzentriert sich zwar auf *Smilodon*, diese sind jedoch Teil einer ganzen Familie von Säbelzahntigern, den Machairodontinae. Die Verwandtschaft dieser Familie mit modernen Katzen klärt eine Reihe genetischer Studien von *Smilodon* und anderen Machairodontinae, darunter Janczewski et al. (*Proceedings of the National Academy of Sciences [USA]*, 1992, 89, S. 9769–9773), Paijmanset al. (*Current Biology*, 2017, 27, S. 3330–3036) und zwei Publikationen von Ross Barnett und Kollegen (*Current Biology*, 2005, 15, S. R589–R590; *Current Biology*, 2020, 30, S. 1–8). Barnett hat zudem ein faszinierendes Buch über die Entwicklung und das Aussterben der Megafauna in Großbritannien geschrieben: *The Missing Lynx* (Bloomsbury, 2019). Die Entwicklung und Verbreitung von *Smilodon* in Südamerika nach seiner zweifachen Überfahrt untersuchen Manzuetti et al. (*Quaternary Science Reviews*, 2018, 180, S. 57–62).

Wie setzten Säbelzahntiger ihre Eckzähne beim Jagen und Töten ein? Eine Frage, die Paläontologen seit Generationen fasziniert und eine umfangreiche Literaturliste hervorgebracht hat. Die texanische Höhle eines Säbelzahntigers mit Mammutknochen beschrieben als Erste Marean und Ehrhardt (*Journal of Human Evolution*, 1995, 29, S. 515–547). Blaire Van Valkenburgh ist Autorin eines spannenden Artikels, in dem sie argumentiert, dass große eiszeitliche Raubtiere wie *Smilodon* in der Lage waren, sich von den Jungtieren der Megafauna, wie etwa Mammuts zu ernähren (*Proceedings of the National Academy of Sciences [USA]*, 2016, 113, S. 862–867). Die isotopischen Beweise, dass *Smilodon* im Wald lebende Arten und Schattenwölfe Graslandspezies bevorzugten, wurden von Larisa DeSantis und Kollegen vorgelegt (*Current Biology*, 2019, 29, S. 2488–2495). Was den Einsatz von Isotopenanalysen zur Untersuchung der Ernährung und Lebensräume fossiler Wirbeltiere anbelangt, ist die Paläontologie und Chemie verbindende Arbeit von DeSantis, die ich seit Langem bewundere, wegweisend.

Die Bisskraft von *Smilodon* wurde in zwei aufsehenerregenden Studien mithilfe von Computersimulationen untersucht: einmal von McHenry et al. unter Verwendung von Ingenieurtechnik (*Proceedings of the National Academy of Sciences [USA]*, 2007, 104, S. 16010–16015) und einmal in einer neueren Studie von Figueirido et al. (*Current Biology*, 2018, 28, S. 3260–3266). Die Ergebnisse der beiden Arbeiten unterscheiden sich jedoch in mehreren Details. So argumentiert die erste Studie beispielsweise für eine außergewöhnlich geringe Bisskraft und einen schwachen Schädel bei *Smilodon*, während Letztere für einen stabilen Schädel plädiert, der größeren Belastungen standhielt. Unabhängig davon sind sich beide Studien jedoch einig, dass *Smilodon* seine Beute wahrscheinlich mit einem Säbelzahnstich (fachsprachlich einem caninen Scherenbiss) tötete. Ein Artikel von Julie Meachen-Samuels und Blaire Van Valkenburgh beschreibt besonders starke und robuste Vordergliedmaßen bei

*Smilodon* – ein Hinweis darauf, dass er diese zum Niederringen der Beute einsetzte, bevor er ihr mit den Säbelzähnen den Gnadenstoß versetzte (*PLoS ONE*, 2010, 5[7], S. e11412).

Die harten Lebensbedingungen, die Pathologie der Knochen und die abgebrochenen Zähne von *Smilodon* beschreiben Van Valkenburgh und Hertel (*Science*, 1993, 261, S. 456–459), Rothschild und Martin (in *The Other Saber-Tooths*, herausgegeben von Naples, Martin und Babiarz, Johns Hopkins University Press, 2011) und Brown et al. (*Nature Ecology & Evolution*, 2017, 1, S. 0131). Chris Carbone und Kollegen liefern 2009 (*Biology Letters*, 5, S. 81–85) Beweise für die Sozialität von *Smilodon*, was ein Hin und Her an Reaktionen auslöste, ob diese stark genug wären oder nicht. Informationen zu Zungenbein und dem Brüllen von *Smilodon* gehen auf einen Artikel von John Pickrell im *Scientific American* zurück, in dem er die laufenden Forschungsarbeiten von Christopher Shaw zitiert, die auf der Jahrestagung der Society of Vertebrate Paleontology 2018 vorgestellt und in Kurzform im Begleitband zur Tagung veröffentlicht wurden.

Die versteinerte *Smilodon*-Familie – Mutter mit zwei Jungtieren – wurde von Ashley Reynolds, Kevin Seymour und David Evans beschrieben, der wie ich eigentlich Dinosaurierforscher ist, sich aber auch mit anderen Themen beschäftigt (*iScience*, 2021, S. 101916). Abfolge und Muster des Zahnwachstums bei *Smilodon* beschreiben Wysocki et al. (*PLoS ONE*, 2015, 10[7], S. e0129847), die robusten Skelette von jugendlichen *Smilodon* Long et al. (*PLoS ONE*, 2017, 12[9], S. e0183175).

Eines der Dinge, die ich bei der Kürzung dieses Buchs auf eine verdauliche Länge am meisten bedauerte, war, dass ich den Schattenwölfen – den monströsen fossilen Hunden, die durch *Game of Thrones* unerwartete Berühmtheit erlangten – nicht mehr Aufmerksamkeit widmen konnte. Aber ich kann Ihnen versichern, es gab sie wirklich. In diesem Kapitel stelle ich sie den Säbelzahntigern in La Brea nur kurz gegenüber, tatsächlich sind ihre Knochen in den Teergruben von Los Angeles jedoch zahlreicher als die von *Smilodon*. Wölfe gehörten zu den ersten erfolgreichen Hetzjägern, ein Thema, das im letzten Kapitel und in den zu Kapitel 8 angeführten Arbeiten von Blaire Van Valkenburgh und Borja Figueirido angesprochen wird. Während ich an diesem Kapitel schrieb, wurde eine verblüffende neue Studie zur Genetik der Schattenwölfe veröffentlicht, bei der sich herausstellte, dass es sich um eine alte, in Nordamerika entstandene Gruppe und nicht um nahe Verwandten der heutigen nordamerikanischen Grauwölfe und Kojoten handelt, deren Vorfahren den Kontinent erst in jüngerer Zeit besiedelten (Perriet al., *Nature*, 2021, 591, S. 87–91).

Die Zwergmammuts von der Wrangelinsel – die letzte und eigentümlichste

Art der ausgestorbenen Megafauna – und ihre bizarren, durch Engpässe entstandenen Genome untersuchten Nyström et al. (*Proceedings of the Royal Society, Series B*, 2010, 277, S. 2331–2337), Rogers und Slatkin (*PLoS Genetics*, 2017, 13[3], S. e1006601) und Arppe et al. (*Quaternary Science Reviews*, 2019, 222, S. 105884).

## KAPITEL 10: MENSCHLICHE SÄUGETIERE

Die Mammutjagdszene, die dieses Kapitel eröffnet, ist keine reine Fiktion, sondern basiert auf zwei Skeletten, die an den Fundstätten Hebior und Schaefer in der Nähe von Kenosha, Wisconsin, entdeckt wurden und Schnitte und Kerben der bei den Knochen gefundenen Steinwerkzeuge aufweisen. Fundstellen, Alter und Umfeld der Skelette sowie Befunde, die ein Zusammentreffen von Mensch und Mammut belegen, beschreiben Overstreet und Kolb (*Geoarchaeology*, 2003, 18, S. 91–114) sowie Joyce (*Quaternary International*, 2006, 142–143, S. 44–57).

Einzelheiten zu Leigh Van Valens bemerkenswertem Leben und seinen wissenschaftlichen Leistungen sind in einem rührenden Nachruf einiger seiner ehemaligen Studenten zusammengefasst, der in der Zeitschrift *Evolution* veröffentlicht wurde (Liow et al., 2011, doi, 10.1111/j.1558-5646.2011.01242.x). Weitere Details gehen zurück auf meine persönlichen Erinnerungen an ihn in Chicago, ein Gespräch mit Christian Kammerer und Nachrufe, die in der *New York Times* (von Douglas Martin 2010) und von der Universität von Chicago veröffentlicht wurden.

Gemeinsam mit Robert Sloan beschrieb und benannte Van Valen *Purgatorius* in einer 1965 erschienenen Arbeit in *Science* (150, S. 743–745), den Van Valen dann sehr viel später (zusammen mit anderen Plesiadapiformes) in der von ihm herausgegebenen Zeitschrift *Evolutionary Monographs* detailliert monografierte (15, S. 1–79). In letztgenannter Arbeit legt er dar, wie er *Purgatorius* und andere Plesiadapiformes aufgrund der Form ihrer Zahnhöcker als frühe Primaten identifizierte. In einer etwas kürzeren Arbeit hierzu von 1965 wird seine Argumentation, zumindest für Menschen wie mich, die mit der Terminologie der 1960er-Jahre für Zahnhöcker und Schmelzleisten nicht vertraut sind, nicht ganz so klar. Weiteren wichtigen Arbeiten zu *Purgatorius* sind Abhandlungen über Kiefer- und Zahnmaterial von Bill Clemens (*Science*, 1974, 184, S. 903–905; *Bulletin of Carnegie Museum of Natural History*, 2004, 36, S. 3–13), Studien über die zu Beginn meiner Arbeit an diesem Kapitel ältesten bekannten Exemplare aus Saskatchewan, publiziert von Richard Fox und Craig Scott (*Journal of Paleontology*, 2011, 85, S. 537–548; *Canadian Journal of*

*Earth Sciences*, 2016, 53, S. 343–354), eine Studie zu einem Exemplar aus Montana, das während der Überarbeitung dieses Kapitels zum ältesten bekannten Exemplar wurde, publiziert von Greg Wilson, Stephen Chester, Bill Clemens und Kollegen (*Royal Society Open Science*, 2021, 8, S. 210050) und Stephens gemeinsame Arbeit mit Kollegen, darunter Bill Clemens, in der diese die Fußknöchel beschrieben, die beweisen, dass *Purgatorius* ein fähiger Kletterer war (*Proceedings of the National Academy of Sciences [USA]*, 2015, 112, S. 1487–1492).

Leighs bahnbrechende Erkenntnis war, dass *Purgatorius* – das kurz nach dem Massenaussterben am Ende der Kreide lebte – eine frühe Art der Plesiadapiformes und damit ein früher Primate war. Andere Paläontologen hatten die Verbindung zwischen später lebenden Plesiadapiformes und Primaten damals bereit hergestellt, darunter James Gidley (*Proceedings of the US National Museum*, 1923, 63, S. 1–38) und der uns bereits bekannte Säugetierphylogenetiker George Gaylord Simpson (*American Museum Novitates*, 1935, 817, S. 1–28; *United States National Museum Bulletin*, 1937, 169, S. 1–287; *Bulletin of the American Museum of Natural History*, 1940, LXXVII, S. 185–212).

Zahlreiche Publikationen über Plesiadapiformes und frühe Primaten stammen aus der Feder von Mary Silcox. 2001 promovierte sie an der Johns Hopkins Universität mit einer umfassenden phylogenetischen Analyse, die die früheren Hypothesen von Van Valen, Gidley und Simpson, dass es sich bei Plesiadapiformes um Primaten handelt, bestätigte. Hierzu ist anzumerken, dass manche Forscher, darunter Christopher Beard und Xijun Ni, vermuten, Plesiadapiformes könnten näher mit den Dermoptera (Riesengleitern) verwandt sein als mit den Primaten. Mary und Sergi López-Torres besprechen diese Debatten in einer exzellenten und unterhaltsamen Übersicht über die Ursprünge der Primaten und deren frühe Evolution, die 2017 in *Annual Review of Earth and Planetary Sciences* (45, S. 113–137) veröffentlicht wurde. Eine noch detailliertere Übersicht über Taxonomie, Anatomie und Evolution der Primaten schrieb Mary Silcox gemeinsam mit Gregg Gunnell, die als Kapitel in dem 2008 erschienenen Buch *Evolution of Tertiary Mammals of North America: Volume 2* (Cambridge University Press) veröffentlicht wurde, sowie eine spätere Übersicht im Jahr 2017 (*Evolutionary Anthropology*, 26, S. 74–94). Ihre Arbeit über Plesiadapiformes und die frühe Evolution der Gehirne von Primaten erschien 2009 in *Proceedings of the National Academy of Sciences [USA]* (106, S. 10987–10992), der eine weitere wichtige Studie über die Gehirne der Plesiadapiformes von Maeva Orliac und Kollegen folgte (*Proceedings of the Royal Society, Series B*, 2014, 281, S. 20132792).

Andere bedeutende Plesiadapiformes-Studien, auf die im Text Bezug genommen wird, sind die Beschreibungen des von Tom Williamson und seinen Söhnen Ryan und Taylor entdeckten *Torrejonia*-Skeletts (Chester et al, *Royal Society Open Science*, 2017,4, S. 170329), Jonathan Blochs und Doug Boyers Beschreibung des eozänen *Carpolestes* mit langen Fingern und opponierbaren Zehen (*Science*, 2002, 298, S. 1606–1610) und Blochs mit Mary Silcox, Doug Boyer und Eric Sargis publizierte Arbeit über die Fortbewegung und Phylogenie paläozäner Plesiadapiformes (*Proceedings of the National Academy of Sciences [USA]*, 2007, 104, S. 1159–1164). Obwohl alle bisher bekannten Plesiadapiformes aus dem Paläozän oder jünger sind, deuten DNA-basierte Phylogenien von Primaten auf einen kreidezeitlichen Ursprung hin (siehe z. B. Springer et al., *PLoS ONE*, 2012, 7[11], S. e49521).

Die Entwicklung, Diversifikation und Verbreitung von Lemuren ist ein faszinierendes Thema. Gregg Gunnell und Kollegen beweisen eine mehrfache Ausbreitung nach Madagaskar (*Nature Communications*, 2018, 9, S. 3193), die, wie Ali und Huber anhand von Zirkulationsmodellen der damaligen Ozeane zeigen, durch ostwärts fließende Strömungen möglich war (*Nature*, 2010, 463, S. 653–656).

Interessante Quellen zur globalen Evolution der Primaten im Oligozän umfassen Studien zu Europa (Köhler und Moyà-Solà, *Proceedings of the National Academy of Sciences [USA]*, 1999, 96, S. 14664–14667), Asien (Marivaux et al., *Science*, 2001, 294, S. 587–591; Marivaux et al., *Proceedings of the National Academy of Sciences [USA]*, 2005, 102, S. 8436–8441; Ni et al., *Science*, 2016, 352, S. 673–677), Afrika (Stevens et al., *Nature*, 2013, 497. S. 611–614) und dem Nahen Osten (Zalmout et al., *Nature*, 2010, 466, S. 360–364). Die Neuweltaffen und ihre fehlende Ausbreitung nach Norden diskutieren Bloch et al. (Nature, 2016, 533, S. 243–246).

Die frühe Evolution von Menschenaffen und ihren nahen Verwandten untersuchten Williams et al. (*Proceedings of the National Academy of Sciences [USA]*, 2010, 107, S. 4797–4804). Mit der Trennung von Schimpansen und Menschen sowie deren komplexem Verlauf befassen sich Kumar et al. (*Proceedings of the National Academy of Sciences [USA]*, 2005, 102, S. 18842–18847) und Patterson et al. (*Nature*, 2006, 441, S. 1103–1108). Das Genom des Schimpansen, das unserem sehr ähnlich ist, wurde 2005 vollständig sequenziert (Mikkelsen et al., *Nature*, 431, S. 69–87), während über die Ursprünge der menschenähnlichen Bipedie – oder deren wackelige Anfänge – bei Menschenaffen noch heftig gestritten wird. Ich verweise hier auf die Arbeiten von Thorpe et al. (*Science*, 2007, 316, S. 1328–1331) und Böhme et al. (*Nature*, 2019, 575, S. 489–493).

Dies ist kein Buch über Menschen! Es ist ein Buch über Säugetiere, einschließlich des Menschen, weshalb ich uns und unseren Verwandten, den Homininen, nur ein einziges Kapitel widme. Die Menge an Literatur zur frühen Entwicklung der Menschheit ist so gewaltig, dass ich mich hier auf Schlüsselwerke und zentrale Arbeiten beschränken möchte, die mir halfen, meine Ausführungen zu gestalten.

Zunächst möchte ich erwähnen, dass zur menschlichen Evolution aktuell mehrere hervorragende Bücher erschienen sind, unter anderen *Fossil Men* von Kermit Pattison (William Morrow, 2020), in dem die Arbeit von Tim White und Berhane Asfaw in Äthiopien beschrieben wird und dem ich die Geschichte von da Hamed (Gadi) und seiner *Ardipithecus*-Entdeckung entnommen habe, *Sediments of Time* (Houghton Mifflin Harcourt, 2020), eine Autobiografie von Meave Leakey, Sprössling und heutige Matriarchin der großen Leakey-Paläoanthropologen-Dynastie, *The World Before Us* von Tom Higham (Viking, 2021), ein minutiöser Überblick über den zeitlichen Ablauf der menschlichen Ursprünge und Migrationen und darüber, wie sich uns diese aus DNA-Analysen und Gesteinsdatierungen erschließen, *The Origin of Our Species* (Allen Lane, 2011) und *Lone Survivors* (Melia, 2012) von Chris Stringer vom Natural History Museum, einem großartigen populärwissenschaftlichen Autor aus der Paläoanthropologie, und *Almost Human* von Lee Berger und John Hawkes (*National Geographic*, 2017). Der *Nature*-Redakteur und Autor Henry Gee gibt in seinem Buch *Eine (sehr) kurze Geschichte des Lebens* (Hoffmann und Campe, 2021) einen leichten und unterhaltsamen Überblick über die menschliche Evolution. Wer eine etwas ikonoklastischere Sicht auf die frühe Evolution von Affen und Menschen sucht, findet diese in *Wie wir Menschen wurden* von Madelaine Böhme (Heyne, 2019). Zudem empfehle ich alles, was Kate Wong, unter Journalisten die führende Expertin für die Ursprünge der Menschheit und eine meiner Lieblingsredakteurinnen, für *Scientific American* geschrieben hat.

Im Folgenden finden Sie eine Auflistung wichtiger Quellen zu den im Text erwähnten frühen Homininen, ihrer Biologie und Evolution sowie ihrer Lebenswelt.

*Ardipithecus*: Kermit Pattisons Buch (siehe oben) ist ein großartiges journalistisches Werk über die Entdeckung und Bedeutung von *Ardipithecus*. Tim White, Gen Suwa und Berhane Asfaw nannten die Spezies 1994 in *Nature* (371, S. 306–312) in Bezug auf Gadis Entdeckung der Zähne *ramidus* (mit dem Zusatz »gefunden von Gada Hamed am Mittwoch, dem 29. Dezember 1993«). Ursprünglich ordneten sie *ramidus* der Gattung *Australopithecus* zu, im Jahr darauf in einem kurzen Nachtrag in *Nature* (375, S. 88) dann jedoch der neuen Gattung *Ardipithecus*. Das *Ardipithecus*-Skelett – das nahe bei Gadis Zähnen gefunden wurde, aber zu einem anderen Individuum gehörte – wird in einer Sonderausgabe von *Science* ausführlich beschrieben, die am 2. Oktober 2009 (Band 326) erschien.

*Australopithecus*: Die Entdeckung von Lucy schildert auf unterhaltsame Weise Donald Johanson in einer Reihe von Lucy-Büchern, von denen er das erste 1981 veröffentlichte. Eine wissenschaftliche Beschreibung des Skeletts publizierten Johanson und Tim White 1979 in *Science* (203, S. 321–330). Bei den im Text erwähnten Fußabdrücken handelt es sich um die berühmten Fußspuren von Laetoli, die Mitte der 1970er-Jahre von Mary Leakey entdeckt wurden. Das Gehirn von *Australopithecus* untersuchten 2020 Phillip Gunz und Kollegen (*Science Advances*, 6, S. eaaz4729). Weitere wichtige Arbeiten über *Australopithecus*, sein Alter und seine Herkunft sowie die vielen ihm zugeordneten Arten publizierten Leakey et al. (*Nature*, 1995, 376, S. 565–571; *Nature*, 1998, 393, S. 62–66), Asfaw et al. (*Science*, 1999, 284, S. 629–635), White et al. (*Nature*, 2006, 440, S. 883–889), Berger et al. (*Science*, 2010, 328, S. 195–204) und Haile-Selassie et al. (*Nature*, 2015, 521, S. 483–488; *Nature*, 2019, 573, S. 214–219).

Andere frühe Hominine vor *Homo*: Eine gute Zusammenfassung der vielen im Pliozän koexistierenden menschlichen Arten bieten Haile-Selassie et al. (*Proceedings of the National Academy of Sciences [USA]*, 2016, 113, S. 6364–6371) sowie ein Kommentar zu dem oben zitierten Artikel von Haile-Selassie et al. (2015) von Fred Spoor in *Nature*. Beide Artikel enthalten nützliche Zeitleisten, an denen abzulesen ist, welche menschlichen Arten wann lebten. Die Umgebungen, in denen diese frühen Homininen lebten – sowie das Problem der schrumpfenden Wälder und des sich ausbreitenden Graslands – untersuchten Cerling et al. (*Nature*, 2011, 476, S. 51–56). Bei den im Text erwähnten, sich von harter Nahrung ernährenden Homininen handelt es sich um sogenannte »robuste« Australopithecine, die üblicherweise der Gattung *Paranthropus* zugeordnet werden. Den flachgesichtigen *Kenyanthropus* beschrieben 2001 Meave Leakey und ihr Team (*Nature*, 410, S. 433–440). In der Nähe dieser Homininen wurden auch die ältesten Steinwerkzeuge gefunden, wenngleich schwer nachzuweisen ist, dass sie und nicht eine andere frühe Menschenart die Steinmetze waren (Harmand et al., *Nature*, 2015, 521, S. 310–315). Die ältesten Werkzeugspuren an Knochen sind etwas älteren Datums und wurden von McPherron et al. beschrieben (*Nature*, 2010, 466, S. 857–860). Ich weise hier darauf hin, dass die Unterscheidung von menschlichen Schnittspuren und Tierbissen schwierig sein kann, was zu einer Debatte über die von McPherron et al. und anderen beschriebenen Befunden geführt hat (siehe z. B. Sahle et al., *Proceedings of the National Academy of Sciences [USA]*, 2017, 114, S. 13164–

13169). Die Anfänge des Fleischessens und seine Bedeutung für die Entwicklung der Homininen erläutern Zink und Lieberman (*Nature*, 2016, 531, S. 500–503). Die Vielfalt der von frühen Homininen besiedelten afrikanischen Lebensräume beschreiben Mercader et al. (*Nature Communications*, 2021, 12, S. 3).

Der frühe *Homo*: Einen Überblick über die Entwicklung des frühen *Homo* bieten Antón et al. (*Science*, 2014, 345, S. 6192). Die derzeit ältesten bekannten Fossilien unserer Gattung sind 2,8 Millionen Jahre alt, stammen aus Äthiopien und wurden von Brian Villmoare und Kollegen beschrieben (*Science*, 2015, 347, S. 1352–1355), wobei die ältesten bekannten Fossilien natürlich häufig nicht das tatsächliche Entstehungsalter einer Art abbilden. Eine Studie unter der Leitung meines Doktoranden Hans Püschel – an der auch sein Bruder Thomas, ein bekannter Experte für die menschliche Evolution, und meine Postdoktorandin Ornella Bertrand beteiligt waren – berechnete mithilfe statistischer Verfahren, dass sich *Homo* höchstwahrscheinlich vor etwa 3,3 Millionen Jahren, vielleicht sogar vor 4,3 Millionen Jahren, entwickelte (*Nature Ecology & Evolution*, 2021, 5, S. 808–819). Die Lebensräume der frühesten *Homo*-Fossilien beschreiben als Erste Erin DiMaggio und Team (*Science*, 2015, 347, S. 1355–1359) und später dann Zeresenay Alemseged und Kollegen (*Nature Communications*, 2020, 11, S. 2480).

*Homo erectus*: Die gewalttätige Natur der frühen Menschen ist Thema eines interessanten Artikels von Gomez et al. (*Nature*, 2016, 538, S. 233–237), der basierend auf phylogenetischen Methoden den Menschen in den Kontext aller Tierarten stellt und zeigt, dass wir einem besonders gewaltbereiten Zweig des Stammbaums entspringen. Informationen darüber, wie der Mensch begann, Feuer zu nutzen, finden Sie bei Gowlett (*Philosophical Transactions of the Royal Society, Series B*, 2016, 371, S. 20150164). Die schönen Steinwerkzeuge von *Homo erectus* datieren in die Acheéulen-Kultur, Informationen zur Fortbewegung und Sozialität bei *Homo erectus* liefern Hatala et al. (*Scientific Reports*, 2016, 6, S. 28766). Belege für die Vermischung von *Homo erectus* und *Australopithecus* (und *Paranthropus*!) im südlichen Afrika präsentieren Herries et al. (*Science*, 2020, 368, S. eaaw7293). Die ältesten asiatischen *Homo*-Fossilien beschreiben Zhu et al. (*Nature*, 2018, 559, S. 608–612) und das Alter der etwa 750 000 Jahre alten Fossilien des Peking-Menschen wurde von Shen et al. eindeutig bestimmt (*Nature*, 2009, 458, S. 198–200). Die ältesten philippinischen *Homo*-Fossilien beschreiben Ingicco et al. (*Nature*, 2018, 557, S. 233–237), *Homo luzonensis* Détroit et al. (*Nature*, 2019, 568, S. 181–186) und *Homo floresiensis*, der auch in vielen aktuelleren Veröffentlichungen beschrieben wird, Brown et al. (*Nature*, 2004, 431, S. 1055–1061). Das genaue Alter von *Homo floresiensis* bestimmten Sutikna et al. (*Nature*, 2016, 532, S. 366–369), das Alter früherer *floresiensis*-ähnlicher, ebenfalls auf Flores entdeckter Fossilien geben van den Bergh et al. (*Nature*, 2016, 534, S. 245–248) mit etwa 700 000 Jahren an. Alles weist darauf hin, dass sowohl Flores als auch Luzon weit genug vom südostasiatischen Festland entfernt und durch ausreichend tiefes Wasser getrennt waren, dass selbst während des niedrigen Meeresspiegels in der Eiszeit eine Überfahrt erforderlich gewesen wäre. Obwohl mir am plausibelsten erscheint, dass der frühe *Homo* in der Lage war, ein Floß oder Boot zu bauen, ist es durchaus möglich, dass er nach Stürmen passiv auf Matten aus Pflanzenmaterial übers Wasser getrieben wurde, wie die Neuweltaffen bei ihrer Atlantiküberquerung.

Hier bleibt noch anzumerken, dass aktuelle Funde nahelegen, dass *Homo erectus* der erste Hominine war, der Afrika verließ. Unsere fossilen Beweise hierfür sind jedoch spärlich, und es werden kontinuierlich neue Funde gemacht. Es ist also durchaus möglich, dass auch schon frühere Hominine Afrika den Rücken kehrten und weit nach Asien vordrangen. Warten wir ab, was die nächsten Entdeckungen enthüllen werden.

*Homo sapiens*: Die derzeit ältesten bekannten Fossilien unserer Spezies, *Homo sapiens*, stammen aus Marokko. Beschrieben haben sie von Hublin et al. (*Nature*, 2017, 546, S. 289–292), ihr Alter bestimmten Richter et al. (*Nature*, 2017, 546, S. 293–296). Das Bild, das wir von den Ursprüngen des *Homo sapiens* haben, wird derzeit sehr schnell immer komplexer. Ältere Konzepte einer sauberen Trennung unserer Spezies von anderen *Homo*-Arten wurden durch ein panafrikanisches Netzwerkmodell ersetzt, in dem verschiedene Populationen Gene und Merkmale austauschten, bis der Bauplan des modernen *Homo sapiens* feststand. Das kann schwer nachzuvollziehen sein – auch für mich, weil ich mich in der Regel mit anatomischen Merkmalen von Fossilien befasse und nicht mit genetischen Variationen. Weitere Informationen hierzu finden Sie in den ausgezeichneten Aufsätzen von Eleanor Scerri und Kollegen (*Trends in Ecology & Evolution*, 2018, 33, S. 582–594; *Nature Ecology & Evolution*, 2019, 3, S. 1370–1372), Chris Stringer (*Philosophical Transactions of the Royal Society, Series B*, 2016, 371, S. 20150237) Chris Stringer und Julia Galway-Witham (*Nature*, 2017, 546, S. 212–214; *Science*, 2018, 360, S. 1296–1298) sowie in zwei großartigen Übersichtsarbeiten, einmal zur *Homo*-Evolution in der letzten Million Jahre von Galway-Witham, Stringer und James Cole (*Journal of Quaternary Science*, 2019, 34, S. 355–378) und einmal von Bergström et al. zu den Ursprüngen des modernen Menschen (*Nature*, 2021, 590, S. 229–237). Letztere erschien, als ich dieses Kapitel gerade in Arbeit hatte.

Der frühe *Homo sapiens* und seine nahen *Homo*-Verwandten verbreiteten sich weit über Afrika und den Mittelmeerraum (bis in den Nahen Osten, den Kaukasus und Teile Europas). Die Zusammenhänge zwischen Migration und Klima untersuchten Timmermann und Friedrich (*Nature*, 2016, 538, S. 92–95). Die ältesten bekannten europäischen *Homo-sapiens*-Fossilien aus Griechenland beschreiben Katerina Harvati und Kollegen (*Nature*, 2019, 571, S. 500–504). Wie immer hängt die Relevanz dieser Fossilien auch hier von ihrer Datierung ab, wie mein Kollege Huw Groucutt anmerkt, und das recht hohe Alter (ca. 210 000 Jahre) der griechischen Fossilien muss durch andere Funde erst noch bestätigt werden. Dass *Homo sapiens* Afrika vor etwa 120 000 bis 100 000 Jahren verließ, steht jedoch außer Frage. Weitere wichtige Arbeiten über den frühen europäischen *Homo sapiens* und seine nahen Verwandten, die etwa zur gleichen Zeit migrierten, sind die von Grun et al. (*Nature*, 2020, 580, S. 372–375) und von Hublin et al. (*Nature*, 2020, 581, S. 299–302). Neandertaler, Denisovaner und *Homo sapiens* haben sich von einem gemeinsamen *Homo*-Vorfahren abgespalten, höchstwahrscheinlich vor etwa 550 000 bis 765 000 Jahren (siehe Prüfer et al., *Nature*, 2014, 505, S. 43–49; Meyer et al., *Nature*, 2016, 531, S. 504–507). Dieser Vorfahre könnte eine Art wie *Homo antecessor*, *Homo heidelbergensis* oder ein sehr naher Verwandter gewesen sein. Anhand eines Vergleichs alter Proteine von *Homo antecessor*, *Homo erectus*, *Homo sapiens*, Neandertaler und Denisovaner wurde vor Kurzem ein Stammbaum erstellt (Welker et al., Nature, 2020, 580, S. 235–238), und auch wenn dieser Teil unseres Stammbaums äußerst verworren ist, besteht kein Zweifel, dass die verschiedenen *Homo*-Arten in Bewegung waren und miteinander interagierten.

Das große, kugelförmige Gehirn des *Homo sapiens* ist nicht nur ein entscheidendes Alleinstellungsmerkmal unserer Spezies, sondern hat vielleicht auch zu unseren kognitiven Fähigkeiten und der Herstellung von Werkzeugen beigetragen. Die Entwicklung des Gehirns beim *Homo sapiens* beschreiben Simon Neubauer und Kollegen (*Science Advances*, 2018, 4, S. eaoo5961). Informationen über die kognitive Entwicklung des Menschen stammen aus einem Aufsatz des Anthropologen Richard Klein (*Evolutionary Anthropology*, 2000, 28, S. 179–188) und einer Arbeit von McBrearty und Brooks (*Journal of Human Evolution*, 2000, 39, S. 453–563). Meine Kollegen aus der Paläoanthropologie Huw Groucutt, Bob Patalano und Eleanor Scerri erklärten mir, dass die einst populäre Vorstellung einer plötzlichen »kognitiven Revolution« (die weitgehend auf europäischen archäologischen Funden beruhte) heute überholt sei. Stattdessen zeigten afrikanische Funde, dass verschiedene Gruppen des frühen *Homo sapiens* sich über viele Jahrtausende eher stückweise technisch und kognitiv weiterentwickelten, eng verwoben mit der Ausbreitung, Migration und Vermischung der *Homo-sapiens*-Populationen. Ein herausragendes Beispiel für einen solchen Befund aus Kenia stellen Shipton et al. vor (*Nature Communications*, 2018, 9, S. 1832).

Wen interessiert, wann und wie *Homo sapiens* nach der Überquerung der Beringbrücke Nord- und Südamerika besiedelte, sollte den kürzlich erschienenen Übersichtsartikel von Michael Waters lesen (*Science*, 2019, 365, S. eeat5447). Traditionell geht man davon aus, dass *Homo sapiens* die Landbrücke vor etwa 15 000 Jahren überquerte, es gibt jedoch mehrere ernst zu nehmende Hinweise, sowohl Fossilien als auch Artefakte, auf noch ältere Menschen auf dem amerikanischen Kontinent. Zwei Funde, die eine frühere Ankunft des Menschen vor zwischen 20 000 und 30 000 Jahren nahelegen, wurden 2020 publiziert (Ardelean et al., *Nature*, 584, S. 87–92; Becerra-Valdivia und Higham, *Nature*, 584, S. 93–97). Diese lebendige Debatte hat einen entscheidenden Einfluss auf die Frage, ob der Mensch das Aussterben der Megafauna verursacht hat oder nicht (siehe unten), da es hauptsächlich um den Zeitpunkt der Migration und Besiedlung durch den Menschen geht. Eine der jüngsten Arbeiten, die sich mit der Frage befasst, wann genau der Mensch nach Australien kam – vor schätzungsweise 65 000 Jahren – publizierten Clarkson et al. (*Nature*, 2017, 547, S. 306–310), eine Übersicht über die Migration des *Homo sapiens* nach Asien – die auch den Nachweis für eine Migration vor der großen Welle aus Afrika vor 50 000 bis 60 000 Jahren einschließt – Bae et al. (Science, 2017, 358, S. eaai9067).

Neandertaler: Während ich meines schrieb, erschien ein fantastisches Buch über die Neandertaler von Rebecca Wragg Sykes: *Der verkannte Mensch* (Goldmann, 2022). Es ist die zentrale Anlaufstelle für alles, was man über diese engen *Homo*-Verwandten, mit denen wir uns einst kreuzten, wissen muss. Weitere für meinen Text relevante Quellen waren Arbeiten über die Herkunft der Neandertaler (Arsuaga et al., *Science*, 2014, 344, S. 1358–1363), ihre Höhlenbauten (Jaubert et al., *Nature*, 2016, 534, S. 111–114) sowie ihre Höhlenkunst und die Verwendung von Pigmenten (Roebroeks et al., *Proceedings of the National Academy of Sciences [USA]*, 2012, 109, S. 1889–1984; Hoffmann et al., *Science*, 2018, 359, S. 912–915; Hoffmann et al., *Science Advances*, 2018, 4, S. eaar5255).

Denisovaner: Die Existenz dieser »Beinaheverwandten« des *Homo sapiens* entdeckten 2010 David Reich, Svante Pääbo und Kollegen (*Nature*, 468, S. 1053–1060). Reich, ein herausragender Experte, was die Genetik alter *Homo*-Populationen und den Gewinn genetischer Daten aus Fossilien und archäologischen Funden angeht, schrieb 2018 auch ein Buch zu diesem Thema (*Who We Are and How We Got Here*, Pantheon). Denny, den Denisovaner-Neandertaler-Hybrid, beschrieben 2018 Viviane Slon und Svante Pääbo mit ihrem Team (*Nature*, 561, S. 113–116). Das Alter der Proben aus der Denisova-Höhle bestimmten Douka et al. (*Nature*, 2019, 565, S. 640–644). Weitere wichtige Arbeiten über die DNA der Denisovaner, ihre Populationsstruktur und das Fortbestehen ihrer Gene in den heutigen asiatischen *Homo-sapiens*-Populationen umfassen Studien von Meyer et al. (*Science*, 2012, 338, S. 222–226), Huerta-Sánchez et al. (*Nature*, 2014, 512, S. 194–197), Malaspinas et al. (*Nature*, 2016, 538, S. 207–214), Chen et al. (*Nature*, 2019, 569, S. 409–412), Massilani et al. (*Science*, 2020, 370, S. 579–583) und Zhang et al. (*Science*, 2020, 370, S. 584–587).

Wegweisende Studien zur Genetik des modernen *Homo sapiens* und zum Verbleib von Neandertaler- und Denisovaner-DNA in unserem Genom wurden 2016 vom Simons Genome Diversity Project veröffentlicht (Mallick et al., *Nature*, 538, S. 201–206) und von Pagani et al. (*Nature*, 2016, 538, S. 238–242). Einen anschaulichen Überblick über Migrationen und Kreuzungen des Menschen im Laufe der Zeit und wie diese durch die Analyse alter DNA zurückverfolgt werden können, finden Sie in einem Aufsatz von Rasmus Nielsen und Kollegen in *Nature* (2017, 541, S. 302–310). Wer eine lesenswerte und zum Nachdenken anregende Evolutionsgeschichte des *Homo sapiens* sucht, dem kann ich Yuval Noah Hararis *Sapiens – Der Aufstieg* und *Sapiens – Die Falle* (C. H., 2021) empfehlen, wobei ich mich nicht dafür verbürgen kann, wie akkurat und aktuell seine Diskussion frühmenschlicher archäologischer Funde tatsächlich ist. Als Quelle für dieses Kapitel habe ich das Buch nicht verwendet.

Kompetent und mit viel Feingefühl nimmt sich Ross MacPhee dem Aussterben der Megafauna in seinem Buch *End of the Megafauna* (W. W. Norton & Company, 2019) an, das auch eine Bibliografie der wichtigsten Literatur zu diesem Thema enthält. Hervorragende und leicht verdauliche Überblicksartikel zum Thema veröffentlichten Anthony Barnosky und Kollegen (*Science*, 2004, 306, S. 70–75) und Paul Koch und Anthony Barnosky (*Annual Review of Ecology, Evolution, and Systematics*, 2006, 37, S. 215–250).

Paul Martin stellte seine »Overkill-Hypothese« 1973 in einem Artikel in *Science* (179, S. 969–974) vor und führte sie in seinem populärwissenschaftlichen Buch *Twilight of the Mammoths* (University of California Press, 2005) weiter aus. Einige Paläontologen und Ökologen sehen jedoch den Klimawandel als Ursache für das Aussterben, eine These, die in einem Aufsatz von Stephen Wroe und Kollegen (einschließlich unseres alten Freundes Michael Archer aus Kapitel 8) aus dem Jahr 2013 dargelegt wird, der in den *Proceedings of the National Academy of Sciences [USA]* (110, S. 8777–8781) erschien, sowie einem

Artikel, der erst veröffentlicht wurde, nachdem ich dieses Kapitel geschrieben hatte (Stewart et al., *Nature Communications*, 2021, 12, S. 965). Eine ausgewogene und kritische Betrachtung der Debatte finden Sie in einem Aufsatz von David Meltzer (*Proceedings of the National Academy of Sciences [USA]*, 2020, 117, S. 28555–28563).

Jüngere Studien mit einer globalen Perspektive sehen eindeutig den Menschen als Hauptursache für das Aussterben vieler Arten, welches in einigen Fällen durch die Klimaveränderungen während des letzten Kaltzeit-Warmzeit-Wechsels noch begünstigt wurde (Sandom et al., *Proceedings of the Royal Society, Series B*, 2014, 281, S. 20133254; Bartlett et al., *Ecography*, 2016, 39, S. 152–161; Araujo et al., *Quaternary International*, 2017, 431, S. 216–222). Studien mit Fokus auf spezifische Landmassen haben ebenfalls den Menschen als Hauptursache für das Aussterben identifiziert, so auch für Australien und die angrenzenden Landmassen (Rule et al., *Science*, 2012, 335, S. 1483–1486; Johnson et al., *Proceedings of the Royal Society, Series B*, 2016, 283, S. 20152399; Saltré et al., *Nature Communications*, 2016, 7, S. 10511) und Südamerika (Barnosky et al., *Quaternary International*, 2010, 217, S. 10–29; Metcalf et al., *Science Advances*, 2016, 2, S. e1501682; Polis et al., *Science Advances*, 2019, 5, S. eaau4546). Die viel beachtete Studie, wie der Mensch durch Temperaturschwankungen in der nördlichen Holarktis ausgelöste Aussterbeereignisse mitverursacht haben könnte, publizierten Cooper et al. (*Science*, 2015, 349, S. 602–606).

Zum Thema Domestizierung hat die geniale Forscherin und populärwissenschaftliche Autorin Alice Roberts ihr Buch *Spiel des Lebens* (wbg Theiss, 2019) veröffentlicht, in dem sie die zehn wichtigsten domestizierten Arten, darunter Hunde, Kühe und Pferde, sowie wichtige landwirtschaftliche Kulturpflanzen vorstellt. Zu den herausragendsten Arbeiten über die Domestizierung von Hunden zählen Ní Leathlobhair et al. (*Science*, 2018, 361, S. 81–85) und Perri et al. (*Proceedings of the National Academy of Sciences [USA]*, 2021, 118, S. e2010083118). Meine Zahlen zum prozentualen Anteil der domestizierten Säugetierbiomasse auf der Erde heute stammen aus Bar-On et al. (*Proceedings of the National Academy of Sciences [USA]*, 2018, 115, S. 6506–6511).

Zum Thema Klonen von Mammuts empfehle ich Beth Shapiro, *How to Clone a Mammoth* (Princeton University Press, 2015) und Helen Pilcher, *Bring Back the King* (Bloomsbury, 2016) sowie die Passage über das Klonen in Ross MacPhees Buch (siehe oben).

## EPILOG: SÄUGETIERE DER ZUKUNFT

Die Aussterbezahlen von Säugetieren in den letzten rund 125 000 Jahren sowie zukünftig zu erwartende Aussterbezahlen sind einer Studie von Tobias Andermann und Kollegen entnommen (*Science Advances*, 2020, 6, S. eabb2313), die Aussterberaten früherer und aktueller Säugetierarten einer Studie von Gerardo Ceballos und Kollegen (*Science Advances*, 2015, 1, S. e1400253). Die Prognose, dass, wenn alle derzeit bedrohten Säugetiere aussterben, die Hälfte der Vielfalt von vor 125 000 Jahren verschwunden sein wird, stellt eine Studie von Felisa Smith und Kollegen auf (*Science*, 2018, 360, S. 310–313). Dieselbe Studie untersucht auch das Aussterben von Säugetieren in Bezug auf Tendenzen in der Körpergröße und kommt zu dem Schluss, dass zukünftige Säugetiergemeinschaften homogener und von Nagetieren dominiert sein könnten und domestizierte Rinder in Zukunft die größten Säugetiere der Erde sein werden. Wie schnell sich die Artenvielfalt der Säugetiere erholen würde, sollte das Aussterben aufhören, diskutieren Davis et al. (*Proceedings of the National Academy of Sciences [USA]*, 2018, 115, S. 11262–11267). Eine Prognose, wie die Säugetiergemeinschaften der Zukunft aussehen werden (Tipp: überschwemmt von kleinen, kurzlebigen, sich schnell fortpflanzenden, insektenfressenden Generalisten wie beispielsweise Nagetieren), formulieren Cooke et al. (*Nature Communications*, 2019, 10, S. 2279). Eine detaillierte Darstellung der Migrationsmuster von Säugetieren im Zusammenhang mit dem Klimawandel findet sich in einem Artikel von Silvia Pineda-Munoz und Team (*Proceedings of the National Academy of Sciences [USA]*, 2021, 118(2), S. e1922859118).

Weitere hilfreiche und interessante Studien zu den Auswirkungen menschlicher Aktivitäten auf Säugetiergemeinschaften und Ökosysteme sind Faurby und Svenning (*Diversity and Distributions*, 2015, 21, S. 1155–1166), Boivin et al. (*Proceedings of the National Academy of Sciences [USA]*, 2016, 113, S. 6388–6396), Lyons et al. (*Nature*, 2016, 529, S. 80–83), Smith et al. (*Quaternary Science Reviews*, 2019, 211. S. 1–16), Tóth et al. (*Science*, 2019, 365, S. 1305–1308) und Enquist et al. (*Nature Communications*, 2020, 11, S. 699).

Die Menge an Literatur zu Klima und der vom Menschen verursachten Erderwärmung ist kaum noch zu überschauen. Im Allgemeinen verweise ich interessierte Leser auf die Berichte des Zwischenstaatlichen Ausschusses für Klimaänderungen der Vereinten Nationen (Intergovernmental Panel on Climate Change), die unter https://www.ipcc.ch/ abgerufen werden können. Hochrechnungen für den Temperaturanstieg in den nächsten Jahrhunderten und Vergleiche mit dem Klima des Pliozäns und Eozäns finden sich in Arbeiten von Burke et al. (*Proceedings of the National Academy of Sciences [USA]*,

2018, 115, S. 13288–13293) und Westerhold et al. (*Science*, 2020, 369, S. 1383–1387).

Das sechste Massenaussterben ist Thema des mit dem Pulitzer-Preis ausgezeichneten Buches *Das 6. Sterben* (Suhrkamp, 2015) von Elizabeth Kolbert, einer exzellenten Rezension von Anthony Barnosky und Kollegen (*Nature*, 2011, 471, S. 51–57) und wird auch in Peter Brannens Buch *The Ends of the World* (Ecco, 2017), dem ich den Vergleich mit einem kollabierenden Stromnetz entnommen habe, ausführlich besprochen. Vielleicht ist Ihnen aufgefallen, dass ich den Begriff Anthropozän in meinem Text nicht verwende. Dieser wurde als offizieller Name für den Abschnitt der geologischen Zeitskala vorgeschlagen, in der der Mensch den Planeten maßgeblich beeinflusst. Letztendlich, glaube ich, wird der Mensch in der fossilen Überlieferung keine nennenswerten Spuren hinterlassen. Davon hat mich einer von Brannens Artikeln im *Atlantic*, »The Arrogance of the Anthropocene« (2019), ein für alle Mal überzeugt.

# DANKSAGUNG

Dieses Buch zu schreiben während eines einjährigen pandemiebedingten Lockdowns, mit einem Kleinkind zu Hause und der Notwendigkeit, Lehrveranstaltungen, Labororganisation und die Betreuung der Studierenden online zu bewerkstelligen, war die größte Herausforderung meines bisherigen Berufslebens. Mein tiefster Dank gilt meiner Frau Anne nicht nur dafür, dass sie mir ein tägliches Zeitfenster ermöglicht hat, in dem ich mich dieser Arbeit widmen konnte, sondern auch für ihre Liebe und emotionale Unterstützung während einer Zeit, in der wir die Tücken der Elternschaft meistern und Arbeit und Familie unter einen Hut bringen mussten und mich die Tatsache, dass ich auf unabsehbare Zeit von meinen Eltern, Brüdern und meiner Familie in Illinois getrennt war, fast verzweifeln ließ. Es ist ein großes Glück, eine so verständnisvolle Partnerin zu haben und in einem Land zu leben, in dem diese Elternzeit genießen durfte – auch wenn sie unter Pandemiebedingungen nicht ganz ihren Idealvorstellungen entsprach.

Ebenfalls dankbar bin ich für die Zeit mit meinem Sohn Anthony, die mich nicht nur zum Schreiben inspirierte, sondern mir auch Hoffnung und Zuversicht gab und ein tieferes Verständnis dafür, was es heißt, ein Säugetier zu sein: Stillen, Abstillen, Zahnen und so weiter. Nachdem der (erste) strenge Lockdown nach den ersten beängstigenden Covid-Monaten aufgehoben wurde, konnten Annes Eltern Pete und Mary uns bei der Kinderbetreuung helfen, und etwas später dann auch Annes Schwester Sarah. Ohne sie hätte ich dieses Buch nie zu Ende geschrieben oder wäre völlig durchgedreht. Und auch an meine Postdocs, Studierenden, Kolleginnen und Kollegen: Danke für euer Verständnis, dass ich euch, während ich ein Buch schreiben, ein Kind großziehen, eine Frau lieben und die Familie zu Hause täglich über FaceTime kontaktieren musste, nicht die Zeit widmen konnte, die wir uns alle für Supervisionen, Laborbesprechungen und seelischen Beistand gewünscht hätten. Danke auch dem britischen Gesundheitswesen, seinen Mitarbeiterinnen, den Entwicklern von Impfstoffen und all den anderen, die uns geschützt und einen Weg aus der Pandemie gezeigt haben. DANKE!

Ich komme aus der Dinosaurierforschung und habe erst spät angefangen, mich auch mit Säugetieren zu befassen. Zu verdanken habe ich das fast ausschließlich Tom Williamson, meinem Freund und Kollegen in New Mexico, der schon anfing, mich zu bekehren, als ich noch Doktorand war. Neben Tom hatte ich mit John Wible, Zhe-Xi Luo, Meng Jin, John Flynn, Michelle Spaulding und Ross Secord großartige Säugetiermentoren und in letzter Zeit auch immer wieder die Gelegenheit, selbst Studierende zu betreuen, von denen ich sehr viel gelernt habe. Sarah Shelley war die Erste, die sich in mein Labor in Edinburgh wagte und tatsächlich verrückt genug war, bei jemandem zu promovieren, der selbst gerade erst seinen Doktor gemacht hatte – und das auch noch über Säugetiere, wo ich gerade erst angefangen hatte, zu Säugetieren zu forschen. Mittlerweile habe ich eine fantastische, sehr internationale und vielseitige Gruppe von Studierenden und Postdocs, die verschiedene Aspekte der Evolutionsgeschichte der Säugetiere untersuchen. Sie alle wissen sehr viel mehr über Säugetiere als ich und inspirieren mich mit ihren Ideen und Erkenntnissen immer wieder aus Neue. Außerdem haben sie (zusammen mit Sarah, Tom und John Wible) den kompletten Entwurf dieses Buchs gelesen, mich auf Fehler aufmerksam und Verbesserungsvorschläge gemacht, mich taktvoll darauf hingewiesen, wenn ich albern wurde, und mich mit freundlichen Worten motiviert. Vielen Dank also an: Ornella Bertrand, Greg Funston, Paige dePolo, Sofia Holpin, Zoi Kynigopoulou und Hans Püschel.

Auch bei meinen anderen großartigen Studierenden, die sich mit anderen Dingen als Säugetieren befassen, möchte ich mich bedanken dafür, dass sie mich wach halten und zu der angenehmen Arbeitsatmosphäre in Edinburgh beitragen. Mein besonderer Dank gilt meinen Doktoranden Davide Foffa, Natalia Jagielska, Michela Johnson und Julia Schwab. Meine Kolleginnen und Kollegen in Edinburgh haben mich stets unterstützt, weshalb ich an dieser Stelle auch meiner Fakultätsmentorin und engsten Arbeitskollegin Rachel Wood, meinen Vorgesetzten Peter Mathieson, Simon Kelley, Bryne Ngwenya und Mark Chapman sowie meinen Kolleginnen und Kollegen in der Paläontologie Dick Kroon, Sean McMahon, Sandy Hetherington, Tom Challands und Mark Young meinen Dank ausdrücken möchte.

Viele Kolleginnen und Kollegen haben mir Fragen beantwortet, Informationen zur Verfügung gestellt, sich zu Zoom-Interviews bereit erklärt und Passagen aus meinem Text gegengelesen: Mike Archer, Robin Beck, Eliza Calder, Stephen Chester, Dave Grossnickle, Huw Groucutt, Tom Holland, Adam Huttenlocker, Joe Jakupcak, Christian Kammerer, Adrienne Mayor, Robert Patalano, Michael Petraglia, Eleanor Scerri, Mary Silcox, Isla Simmons, Anne Weil und viele mehr. Ein weiterer Dank geht an die Studierenden meines Seminars für Paläontologie und Sedimentologie im dritten Studienjahr 2020 und 2021, die die Entwürfe des Wal-Abschnitts gelesen und mir im Rahmen ihrer Seminararbeit Feedback gegeben haben. (Alle verbliebenen Fehler gehen natürlich auf meine Kappe.) Danke auch meinen Freunden auf Twitter für die Vorschläge, was ich in diesem Buch behandeln sollte. Ich konnte zwar nicht alles aufnehmen, habe aber mein Bestes gegeben!

Meine wissenschaftlichen Beiträge zur Erforschung der Säugetiere sind, zumindest bisher, verschwindend gering. Daher danke ich allen, die mich in der Gemeinschaft der Säugetierforscher willkommen geheißen, mit meinen Studierenden und mir an Projekten gearbeitet, Daten geteilt und an gemeinsamen Feldforschungen teilgenommen haben. Wahrscheinlich werde ich einige dieser Menschen hier vergessen, aber neben den oben schon genannten möchte ich mich ganz besonders bedanken bei: Sophia Anderson, Joe Cameron, Stephen Chester, Ian Corfe, Zoltan Csiki-Sava, Nick Fraser, Luke Holbrook, Marina Jimenez, Tyler Lyson, James Napoli, Mike Novacek, Elsa Panciroli, Dan Peppe, Ken Rose, Helena Scullion, Thierry Smith, Calin Suteu, Radu Totoianu, Carl van Gent, Stig Walsh, Greg Wilson Mantilla und vielen anderen. Einige dieser Kolleginnen und Kollegen sowie andere waren mir freundlicherweise auch bei der Beschaffung von Bildmaterial behilflich.

Mein tief empfundener Dank, wo auch immer sie jetzt sein mögen, gilt drei im Buch erwähnten Menschen, die während der Arbeit daran verstorben sind: meinem lieben Freund Mátyás Vremir aus Rumänien (Entdecker von *Litovoi* und ein Mann, auf den ich mich im Feld immer verlassen konnte, egal in welche Situationen wir gerieten), meinem chinesischen Dinosaurier-Freund Junchang Lü (der mir das mysteriöse Liaoning-Säugetier zeigte) und dem großen Experten für kreidezeitliche und paläozäne Säugetiere Bill Clemens (ein echter Gentleman, der mir und anderen jungen Wissenschaftlern immer viel Wohlwollen entgegenbrachte).

Auch wenn mein Name auf dem Umschlag steht, ist dieses Buch das Werk eines ganzen Teams, und ich weiß, dass ich das beste Team der gesamten wissenschaftlichen Verlagsbranche habe. Möglich gemacht hat dieses Buch, wie auch schon seinen Vorgänger, das Dinosaurierbuch, meine Agentin Jane von Mehren. Sie erstaunt mich immer wieder, genau wie ihre Kolleginnen und Kollegen bei Aevitas: Esmond Harmsworth, Chelsey Heller, Shenel Ekici-Moling, Erin Files, Nan Thornton und Allison Warren. In Peter Hubbard, der nach den Dinosauriern auch in den Säugetieren eine erzählenswerte Geschichte sah, habe ich den scharfsinnigsten, motivierendsten und klügsten Lektor, den man sich vorstellen kann. Er hat stets ein paar hilfreiche Worte und bügelt meine schlimmsten Angewohnheiten aus. Mein britischer Lektor Ravi Mirchandani ist nicht minder großartig, und ich habe das große Glück, viele andere bemerkenswerte Menschen aus der Verlagsbranche hinter mir zu wissen: insbesondere Maureen Cole, Molly Gendell und Kell Wilson. Ein großer Dank geht an Todd Marshall und Sarah Shelley, zwei wahre Künstler, deren Illustrationen die Prosa in diesem Buch lebendig werden lassen – denn Worte allein könnten die Majestät eines Mammuts oder Säbelzahntigers niemals vermitteln. Danke auch Colin Trevorrow, Kev Jenkins, Marc Gordon, Sandy Jarrell, Carrie-Rose Menocal, Erin Derham, Cathy Veisel, Mark Mannucci, Jon Halperin und Phillip Watson, dass sie meine kreative Energie im Fluss gehalten haben, und danke auch an die vielen Lektoren und Übersetzerinnen, die meine Worte einem internationalen Publikum nahegebracht haben, insbesondere Sylvain Collette, Thür-Bédert Prisca, May Yang, Lucas Giossi und Elisa Montanucci.

Was immer ich an Schreibkunst zu bieten habe – im Guten wie im Schlechten –, ist von zwei Orten geprägt. Zum einen der Redaktion der *Times* in meiner Heimatstadt Ottawa, Illinois, wo ich als Teenager und College-Student in den Sommerferien gearbeitet habe. Das Schreiben unterschiedlichster Texte unter Zeitdruck hat mich gelehrt, schnell zu denken und Unmengen von Informationen nach den richtigen Fäden zu durchforsten und diese zu entwirren – wahrscheinlich eine der nützlichsten Fähigkeiten, die ich mir je angeeignet habe und ohne die ich dieses Buch unter dem gegebenen Zeitdruck nie hätte schreiben können. Danke Lonny Cain, Mike Murphy und Dave Wischnowsky: Ihr wart die besten Schreiblehrer, die ich je hatte. Zum anderen habe ich während meiner prägenden Jahre als fossilienbesessener Teenager sehr viele (vielleicht *zu* viele) Artikel für paläontologische Websites und Zeitschriften verfasst und danke Fred Bervoets, Lynne Clos, Allen Debus und Mike Fredericks, dass sie sich trotz meiner jungen Jahre nicht nur mit mir auseinandergesetzt, sondern mir auch Feedback und eine Plattform für mein Gekritzel gegeben haben.

An dieser Stelle will ich auch den Instituten, die meine Forschungen finanzieren, danken: dem Europäischen Forschungsrat, der National Science Foundation, dem US Bureau of Land Management, dem Leverhulme Trust, National Geographic, der Blavatnik Family Foundation und der Royal Society. Ich danke für die finanzielle Unterstützung, die meine Feldforschungen und Laborarbeit überhaupt erst ermöglichen, und auch den Steuerzahlern und Wohltäterinnen, die das Geld bereitstellen, das diese Einrichtungen Studierenden und glücklichen Wissenschaftlern wie mir zur Verfügung stellen.

An meine Familie in Illinois: Obwohl ich euch lange nicht gesehen habe und schrecklich vermisse, danke ich euch für eure Unterstützung in all den Jahren. Meinen Eltern Jim und Roxanne, meinen Brüdern Mike und Chris; Mikes Frau Stephenie und ihrer Familie: Lola, Luca, Giorgi. Danke auch meinen Freunden auf der anderen Seite des Ozeans, insbesondere Mr Jakupcak, dem einen Lehrer, der alles ins Rollen gebracht hat.

Und schließlich bin ich, wie bereits im Dinosaurierbuch erwähnt, all den unbesungenen Heldinnen und Helden zu großem Dank verpflichtet, die normalerweise anonym bleiben, ohne die unser Fachgebiet jedoch aussterben würde: Fossilienpräparatoren, Feldtechnikern, studentischen Assistenten, Sekretärinnen und Verwaltungsangestellten der Universitäten, Gönnern, die Museen und Universitäten unterstützen, Wissenschaftsjournalisten und Feuilletonisten, Künstlern und Fotografen, Redakteuren und Gutachtern von Zeitschriften, Amateursammlern, die Gutes tun, indem sie ihre Fossilien den Museen übergeben, Menschen, die staatliche Flächen verwalten und unsere Genehmigungen bearbeiten (insbesondere meinen Freunden beim Bureau of Land Management, Scottish Natural Heritage und in der schottischen Regierung), Politikern und Bundesbehörden, die die Wissenschaft unterstützen (und sich gegen jene stellen, die das nicht tun), Lehrern auf allen Bildungsebenen und vielen, vielen mehr.

# REGISTER